建筑施工细部操作质量控制

王宗昌　尹金生　编著

中国建筑工业出版社

图书在版编目（CIP）数据

建筑施工细部操作质量控制/王宗昌，尹金生编著.
北京：中国建筑工业出版社，2007
ISBN 978-7-112-09281-9

Ⅰ. 建… Ⅱ. ①王…②尹… Ⅲ. 建筑工程-工程
施工-质量控制 Ⅳ. TU712

中国版本图书馆 CIP 数据核字（2007）第 063653 号

建筑施工细部操作质量控制
王宗昌　尹金生　编著
*
中国建筑工业出版社出版、发行（北京西郊百万庄）
各地新华书店、建筑书店经销
霸州市顺浩图文科技发展有限公司制版
世界知识印刷厂印刷
*
开本：850×1168 毫米　1/32　印张：20⅜　字数：548 千字
2007 年 7 月第一版　2007 年 7 月第一次印刷
印数：1—3500 册　定价：**42.00** 元
ISBN 978-7-112-09281-9
（15945）

本书详细介绍了建筑工程细部施工质量控制的要求、质量标准、工艺操作基本内容和做法，包括地下工程、墙体工程、混凝土工程、屋面工程、保温与节能工程、寒地施工中的有关细部做法。作者在大量实例中，结合理论与实践进行叙述，内容丰富、针对性强、方法具体。

本书适于现场施工技术人员、监理人员、质量人员在工作中学习使用，也可供建筑工程院校师生学习参考。

* * *

责任编辑：尹珺祥　郭　栋
责任设计：赵明霞
责任校对：王　爽　兰曼利

前　言

建筑是人类生存发展的产物，而社会发展到高度文明的今天，其建筑工程的功能和质量受到人们更大的关注。为使建筑房屋的各项功能指标更加完善，达到质量安全可靠、经济适用、节能环保、美观耐久的要求，国家制定了详尽的工程建设从设计、材料、施工、质监、政府监督全过程的质量控制的规范、标准和规程，使建筑行业的一切活动有章可循。鉴于工程项目施工过程细部操作多数仍为手工作业，技术要求高、难度大，且环境及人为影响因素较多，因此，造成施工质量的波动大和隐患多，严格控制建设工程质量，达到设计要求的使用耐久性年限，是所有施工企业追求的质量目标。但从目前现状来看，由于基础设施和城市化进程的加快，为满足社会日益增长的需求，促使建设规模和速度更大更快，这就形成建筑队伍的增加。大量无专业知识、无技术特长、无操作经验的人员加入施工队伍，造成施工质量的不稳定和工程质量的隐患存在，给人民生命和社会财产留下严重危害，表现在裂缝、渗漏、沉降、倾斜和承载力降低，达不到所需的安全使用寿命。

建筑工程所用的各类材料数以千计，且质量差异、离散性大，一项工程是将这些互不关联的材料，按一定的工艺方法组合成一个所需的合格建筑供人们使用，其施工细部操作过程的科学搭配、协调配合控制是质量监督控制的关键。必须要求每一个操作人员具有必备的素质和实践经验，切实重视施工质量，使所形成的产品达到合格标准。建筑工程具有其他任何产品不可比拟的特殊性，一旦形成则难以改变，更加需要对工程的全方位、全过程的监控，使所形成的产品真正达到设计标准。

尤其是现代工程结构用量最大、使用最广泛的钢筋混凝土工程，已发展到高强度和高性能，混凝土外加剂和外掺合料的应用，混凝土的商品化和泵送技术已经普及，但其后果是结构裂缝的产生则更加严重；许多中小型工程仍在现场搅拌混凝土，从原材料到拌合料入模则控制不严；禁止使用的黏土砖仍大量采用；而节能环保的各种空心砌块的使用在许多地区并不普及，还需要加大推广力度；建筑、防腐、防水、装饰材料劣质品仍有市场，需要更进一步地规范使建筑产品质量合格。

作者在工程施工现场同操作人员共同走过了40多年历程，非常熟悉了解各类工程细部操作控制的工艺方法和措施，对工序间的合格与否十分清晰，在总结各种工程细部施工操作的基础上，结合现行的国家标准、规范，建筑行业规程，以施工细部质量控制和防治通病为主题，从工程的不同侧面分析介绍了切合实际的有效的方法措施。本书主要包括：墙体工程、保温及节能、混凝土工程、设计及施工、地下工程、屋面工程、寒地施工及建筑材料选用等。本书以国家现行标准规范为依据，介绍的内容方法具体、措施有效、内容丰富实用、可操作性强，适用于现场技术人员、工程施工人员、监理人员、工程监督、设计人员及质量检查等人员学习借鉴，使这些工作繁忙又无大量时间顾及学习标准规范的技术人员，能尽快熟悉和掌握新的技术规定和建筑施工细部操作质量控制的方法措施。

在本书出版发行之际，作者衷心感谢国家建设部原总工程师许溶烈、姚兵、金德钧三位总工程师，感谢克拉玛依石化公司总经理张有林、李明科以及长期关心和支持的同事、朋友们，感谢中国建筑工业出版社的支持，才使拙作在短时间内得以问世。由于作者实践工作的局限和学识的浮浅，虽经认真努力但错误难免，希望同行提出批评指正，作者在此深表感谢。

目　录

一、建筑砌体施工质量细部控制

二、建筑节能及保温工程质量细部控制

三、混凝土工程的操作细部质量控制

四、建筑设计与施工中必须重视的细部问题

五、地下工程的设计施工细部质量控制

六、建筑屋面的防渗细部质量控制

七、北方寒地建筑施工质量细部控制

八、建筑材料在工程应用的质量控制

一、建筑砌体施工质量细部控制

1　加气混凝土砌块填充墙的施工质量控制

加气混凝土砌块具有材料来源广、材质稳定、强度较高、质轻、易加工、施工简便、价格较低，且保温、隔热、耐火性能好的优点，近10年来在工业与民用建筑工程中得到了广泛的使用。但加气混凝土砌块的使用发展不平衡，主要用于大、中城市的建筑工程，小城镇和农村应用较少或有所下降，究其原因主要有：

(1) 设计方面：设计单位没能掌握加气混凝土砌块的特性和设计要点，构造补强措施未能在图上标明。

(2) 建设单位：建设单位对构造补强措施认识不到，为压低工程造价而取消挂网等构造补强措施。

(3) 监理和施工单位：监理和施工单位现场技术人员未能掌握加气混凝土砌块的施工要领，砌筑操作人员不熟悉工艺，仍按砌筑烧结普通砖的方法砌筑砌块。

(4) 材料方面：砌块生产企业为加速周转，将产品龄期不满28d的加气混凝土砌块运到施工现场，并在不到期的情况下用于砌筑工程中。

为避免和减少加气混凝土砌块的质量通病，提高建设工程质量，本文对某住宅小区5幢框架结构加气混凝土砌块填充墙的施工进行了观察研究。为确保加气混凝土砌块填充墙的施工质量，防止填充墙容易引起的干缩变形开裂，在工程中采取了多项控制质量措施。

1. 砌块填充墙的施工准备

1.1 砌筑材料

加气混凝土砌块是由蒸压制作的，其吸水速度和蒸发速度均比较慢，在大量吸水后很长时间内会有很大的实际干缩量，严格控制块材的含水率是关键。如加气混凝土砌块在28d之前的收缩速度较快，为减少和避免砌块的较大干缩，砌块砌筑时其龄期必须大于28d。本工程按计划提前采购砌块，确保砌块性能的稳定，减少干缩量。

1.2 砌块的运输及存放

由于砌块生产厂家较远，一般到建筑工地需要较长距离运输，供货协议中明确要求供货方采用专门配套工具装运、卸货，经施工现场对砌块验收合格后再卸，签字确认后再支付砌块款，目的是要保证砌块的质量。砌块规格和数量按预先计算确定的各楼层实际需要量提前配置。砌块到达现场经有关技术人员验收合格后直接运至各楼层，避免多次搬运造成的破损，尽量减少露天堆放被雨水淋湿，造成含水率过高，干燥收缩量大而裂缝严重。

1.3 现场管理制度

各施工单位统一由工程监理工程师按照《砌体工程施工质量验收规范》（GB 50203—2002）、《蒸压加气混凝土应用技术规程》（JGJ 17）和《蒸压轻质加气混凝土板应用技术规程》（DB32/T 184—1998）的相关要求，编写加气混凝土砌块的施工技术交底，各承包企业必须严格按技术交底组织施工和质量控制。

1.4 施工准备

为减少施工现场切割砌块的工作量，砌筑墙体前，必须进行排块的设计。门洞口处宜设置现浇钢筋混凝土门形小框架；窗洞口两侧应设置固定窗用混凝土砌块，窗台设C25预制或现浇钢筋混凝土窗台板，深入洞口每侧不小于300mm、厚60mm、内配3根直径8mm钢筋。排块设计主要是依据砌筑时要上下错缝、搭接长度不小于砌块长度的1/3，且不应小于150mm，门窗洞口两侧应选用规则整齐的砌块，墙体底部预留高度不小于200mm的C20混凝土或砌相同高的实心烧结普通砖，顶部（即梁底）预留约60°斜砌砌体的空间位置。排块设计时考虑水平灰缝8～12mm，最大不超过15mm；竖向灰缝宽度不大于20mm。各填充墙的排块设计草图要经监理工程师统一审核，并依此进行现场检查和验收。

砌筑前，切割砌块要采用专用工具，为保证切割质量，工程中要采用锯床、手工锯配合，由专人根据施工作业计划和每道填充墙的排块设计尺寸预先切割，堆放到需要的部位。

2. 施工技术管理重点

2.1 制作样板间

为统一住宅工程填充墙的施工工艺，各工序施工均采用样板间的标准做法。工序施工前，先按技术交底要求，在进度较快的房间做出样板屋，各施工单位技术人员现场观看符合要求后，各楼的施工班组完成样板间，经监理工程师检查验收样板间合格后，方可进行大面积施工。该措施的实施既统一了全工地的施工工艺，避免和减少了返工，又能保证施工质量。

2.2 监量控制重点

在业主与监理公司的共同协商下，根据工程的重要性，确定将砌块填充墙也作为重要的监理工作之一。抹灰前，混凝土表面处理的界面剂涂刷作为旁站监理的内容。经现场施工检查验收，本工程砌体抹灰工程质量符合验收标准，无返工和拖延进度等问题。

2.3 砌筑的重点控制

加气混凝土砌块的填充墙在砌筑前，墙体底部按排块设计及有关规定，支设模板浇筑与填充墙同宽度、高度为240mm的C20细石混凝土。在填充墙砌筑部位放出墙厚边线，以砌块每层砌筑高度划双线固定皮数杆，以控制墙体砌筑的灰缝厚度，确保砌筑质量。砌筑时，根据现场气候情况，如砌块较干燥应提前

12h 在表面适当洒水；砌筑时，为保证砌块间的砂浆水分不被砌块很快吸干，用喷壶及时洒湿砌块表面，但砌块的含水率要小于15%。砌筑过程中控制每天的砌筑高度不超过 2.0m。因砌块自重轻，容易造成与砂浆的粘结不充分而出现裂缝，故在停砌时对最顶一层砌块要用未砌的砌块临时压上，第二天砌筑时将上层未砌砌块重新砌筑或搬走。

砌块的搭接长度不小于砌块长度的 1/3，且不小于 150mm。如不能达到搭接要求时，在水平灰缝中设置 2 根直径 8mm 加强筋，其长度不小于 1m。框架柱与墙体的拉结筋，洞口过梁、转角处、丁字交接处、施工洞的施工处理与其他的砌筑相同。局部填充墙的长度超过 5m 时，应设置构造柱，构造柱的间距通长不超过 4m。填充墙与框架柱梁应有可靠的连接，砌块高度一般为 300mm 内应设置 2 根直径 8mm 的拉结筋（砌体规范要求每 500mm 高设置拉结筋）。由于砌块两层大于 600mm，施工时只好每层 300mm 设置拉结筋。拉结筋伸入墙内不少于 700mm，且不少于 1/5 墙长；拉结筋的设置位置要准确，平直压在水平灰缝砂浆中，不得弯曲打折。填充墙与框架柱、梁接触面的灰缝砌筑砂浆必须饱满、填实并随即勾缝、压实成凹槽。砌块顶部与梁、板之间的连接按图 1-1 方法处理。

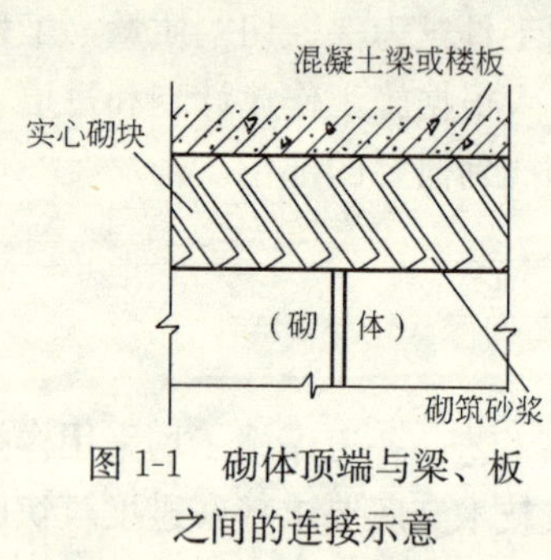

图 1-1 砌体顶端与梁、板之间的连接示意

砌筑砌块时，应注意不同干密度和强度等级的加气混凝土砌块不得混砌。加气混凝土砌块不得与其他砌块或砖类混砌。同一工程一次采购，集中供货能确保砌块的强度、外形尺寸、龄期基本一致。

砌筑填充墙的墙体质量要求灰缝必须横平竖直、砂浆饱满，砂浆饱满度水平灰缝>90%；竖向灰缝应饱满，不得出现透明缝和瞎缝，其砂浆饱满度不低于70%。在工程施工砌筑过程中应严格控制灰缝，尤其是竖向灰缝的砂浆饱满度，用内外夹板临时夹住再向缝内灌浆。灰缝饱满度用百格网实际抽查块体底面砂浆粘结的痕迹后，用百分率计算确定。填充墙砌体的砌筑允许偏差见表1-1。

填充墙砌体一般尺寸允许偏差　　表1-1

项目		允许偏差(mm)	检验方法
轴线位移		10	用尺检查
垂直度	≤3m	5	用2m托线板或吊线、尺检查
	>3m	10	
表面平整度		8	用2m靠尺和楔形塞尺检查
门窗洞口高、宽(后塞口)		±5	用尺检查
外墙上、下窗口偏移		20	用经纬仪或吊线检查

填充墙砌筑后，砌体还会有一定的变形，砂浆也会干燥收缩，且填充墙砌到梁底时，墙顶与梁底不易紧密结合，易产生开裂。因而要求用斜砌烧结普通砖顶紧梁底，砖的倾斜度为60°左右，斜缝内砂浆也应饱满。斜砌砖的时间较砌体晚，在抹灰前砌完即可。

2.4 墙体内管线的敷设

墙体中各种管线需要暗敷设，砌块砌体敷设水、电管线的一般方法是待墙体砌完后，砂浆强度达到75%以上后再进行。在砌第一皮砌块时，应按楼地坪管线预埋位置在砌块上把槽开好。墙体上开槽必须弹线定位检查，无误后，用无齿锯等专用工具进行。开槽时与墙面夹角<45°，垂直槽深度小于墙厚的1/2。为保证墙体的整体性，不得开凿水平槽。管道（线）入槽就位后其外缘距墙体外表面的净距离为20mm。槽内用水泥砂浆分层塞填密实，并在抹灰层内沿缝长加铺宽度不小于300mm的钢丝网片。管道较集中的部位，应用细石混凝土浇筑，恢复墙体。

3. 砌体饰面工艺

加气混凝土砌块墙体易产生开裂，砌块的裂缝最终反映在墙面的抹灰层上。如果抹灰层处理不当，亦会加剧墙体的开裂。因此，加气砌块的抹灰饰面不仅要求饰面本身无裂缝，同时应能对砌体裂缝有一定的抑制作用。

3.1 界面剂的正确使用

为确保混凝土梁、柱及加气混凝土砌块墙面的抹灰层与基层的粘结牢固，减少和避免脱层的空鼓开裂，抹灰前对表面界面剂的涂刷必须到位。界面剂在涂刷前，应在混凝土结构表面和加气混凝土砌块的填充墙中的管道沟槽接缝处贴紧墙面满钉钢丝网片，钢钉间距200～250mm，加强钢丝网与不同材质抹灰层基体或沟槽两侧的搭接宽度不小于100mm。为确保抹灰层与砌体粘结紧密并避免砌体吸收水分过多，抹灰前需用界面剂涂刷砌块墙表面。建筑砌体采用的界面剂的配合比为999强力胶∶水泥∶细砂＝1∶2∶2（重量比）。

涂刷前，先清扫墙面的浮尘、废浆及粘结的杂质，分多次浇水湿润墙面。由于加气混凝土砌块的吸水率比较缓慢（或先快后慢），吸水时间延续长，应增加浇水次数，在抹灰前1h浇完。抹灰时，以墙面不见浮水为宜。涂刷或满刮界面剂的厚度为2～3mm，应涂刷均匀，墙面不露底。抹灰前，先由监理工程师验收界面剂的涂刷质量，确认后格后再进行抹灰作业。

3.2 外墙面的抹灰饰面

外墙在抹灰前，采用聚合物水泥砂浆进行第一道抹灰，抹灰层厚度5～6mm。聚合物水泥砂浆的配合比为1∶4，水泥砂浆为掺加砂浆用水量20％的801胶抹面并压实平整。

3.3 内墙的抹灰饰面

内墙面抹灰采用聚合物混合砂浆，其配合比为1∶1∶6，混合砂浆掺加砂浆用水量20％的801胶，待表干后进行第二道聚合物混合砂浆的抹面并压平光洁。为避免和减少开裂，内外墙面均采用弹性腻子和带弹性的涂料饰面。

4. 小结

本住宅工程的框架结构加气混凝土砌块填充墙全部用加气混

凝土砌块砌筑，经总结以前的经验和考察相关工程，充分准备和完善施工工艺，严格施工技术管理和质量控制点的跟踪监理，填充墙的砌筑质量和抹灰层的装饰质量均符合验收要求。工程竣工1年后回访时，用户未提出质量问题，检查也未发现墙体出现裂缝及渗漏情况。实践表明：加气混凝土砌块填充墙设计合理、材料采购使用正确、现场管理到位、施工工艺和质量监理各环节严格，操作按规范进行，基本可以避免和减轻加气混凝土砌块填充墙的质量问题。

2 混凝土空心砌块砌筑应重视的问题

混凝土小型空心砌块是一种有效而实用的新型墙体材料，同传统的烧结普通砖砌体比较，如操作不当容易出现墙体开裂和渗漏现象。通过近几年对混凝土空心砌块填充墙的研讨，制定出了预防混凝土空心砌块墙体的开裂措施，并在新建的住宅楼工程中得到了应用，有4幢住宅楼基本上未出现裂缝和渗漏情况，有1幢商住楼出现裂缝的部位发生在顶层，基本达到了预控目标。

1. 裂缝的特征

检查的两幢5层框架结构，条形基础沉降观测正常，为同一施工单位施工，用同一厂家的砌块，砌块砌筑班组不同。两幢建筑的裂缝产生的部位基本相同：即在顶层西侧山墙的柱边、梁底出现多处明显的裂缝，其他部位未出现类似裂缝，经检查施工日记，砌筑时为阴雨天，气温较低。

2. 裂缝产生原因分析

2.1 操作不规范

把墙体出现裂缝的抹灰层剥离后检查，可以看出两幢工程的填充墙砌块的施工均存在着违规操作的不规范行为。如：有的裂缝部位砌体砂浆强度偏低；混凝土砌块与烧结普通砖混砌；梁底部位斜砌未顶紧；灰缝砂浆不饱满；未按规定在不同砌筑材料交接处加贴玻璃纤维网格布。这些不规范的施工是造成少量墙体开裂的主要因素。

2.2 施工措施失控

个别出现裂缝部位经检查发现，墙体砌筑是按规范和技术措施的要求进行施工的，却仍然出现了裂缝，甚至网格布也在裂缝部位被拉断，而且网格布受到水泥砂浆的碱性腐蚀，手感明显变脆弱。经核查分析：这两幢建筑出现裂缝的墙体在砌筑之前恰逢阴雨天，砌块放置覆盖不及时，被雨水淋湿，施工为了赶进度就直接用淋湿的砌块砌墙体；同时，在墙体砌筑后不到12h就进行了抹灰装饰施工。后期由于晴天墙体内的水分逐渐减少，导致砌块内干燥收缩而变形，墙面出现了开裂；再者，未使用涂覆耐碱玻璃丝布，所用的无碱玻璃丝布断裂强度偏低，耐碱性差；而顶层西侧山墙由于受到砌块自身干缩变形、温度变形的双重作用，相对于其他部位的墙体更容易产生开裂。

3. 对试验结果的分析

3.1 潮湿砌块的干缩变形分析

为弄清砌块在受潮后的干燥收缩变形规律，委托有资质的试验室对单个砌块进行了干湿循环试验：在恒湿试验室内模拟实际环境，对砌块在改变湿度条件时的变形进行观测，抽取达到28d龄期的砌块连续进行了7d的加湿，室温为20±2℃、相对湿度99％，循环2个周期。

图2-1是4种砌块湿胀干缩变形曲线，图2-2是3种砌块在恒温恒湿环境时的干缩变形曲线。从图2-2可以看出，正常条件下砌块达到28d龄期以后，其干缩率可以减小。但从图2-1可以看出，龄期达到28d的砌块，如果受潮后仍会产生膨胀变形，水分蒸发后会再次产生较大的干缩变形，其干缩率和新浇成型的砌块干缩率相近。

检查的两幢建筑的砌筑混凝土空心砌块填充墙，施工时恰逢前

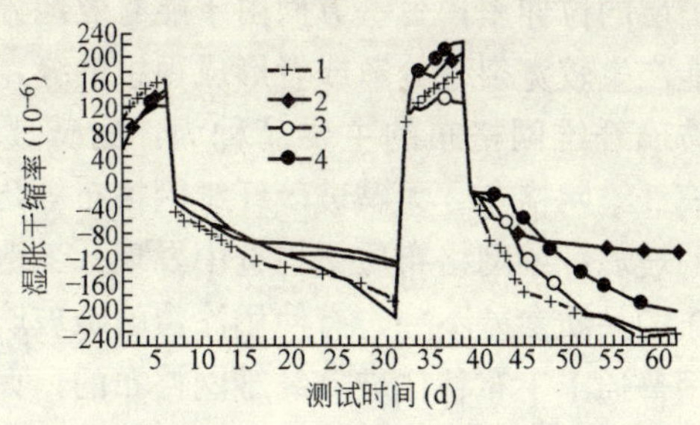

注：试验砌块为龄期达到 28d 砌块

图 2-1　干湿循环条件下砌块变形曲线

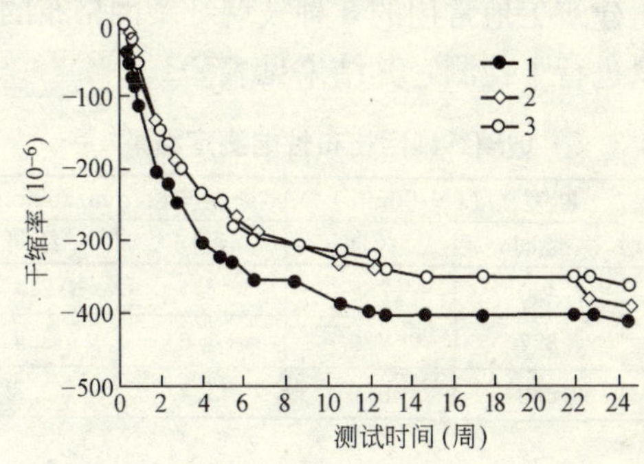

注：试验砌块为龄期达到 7d 砌块

图 2-2　恒温恒湿条件下砌块干缩曲线

后数天阴雨，砌块含水率较高，在未采取干燥的措施下就直接砌在墙体，而且砌后不足 12h 就粘贴玻璃纤维网格布进行表面抹灰，覆盖了砌块面层。抹灰后由于砌块中的水分逐渐蒸发散失，干燥的砌块慢慢产生较大的收缩变形，形成了较大的内应力。随着干燥收缩变形的进一步加大，同时温度变形和其他外力因素的共同作用，所形成的内应力越来越大，并集中在墙体的最薄弱处—墙与框架梁、柱交接处，最终以出现裂缝的形式将这些应力释放出来。

3.2　玻璃纤维网格布的强度规定

目前用于加强墙体接缝处的玻璃纤维网格布，一方面可以有效地增加保护层的拉伸率；另一方面由于能有效地分散应力，可以将原来可能产生较宽裂缝分散或者形成很细的缝，从而起到抗裂的效果。玻璃纤维网格布的主要品种为：耐碱玻璃纤维网格布、中碱玻璃纤维网格布、无碱玻璃纤维网格布等几种。在对建筑工程使用的玻璃纤维网格布质量检查中发现，工地上使用的玻璃纤维网格布的品质参差不一，有使用涂覆耐碱玻璃纤维网格布的，也有使用普通土工布替代玻璃纤维网格布的，大部分工地使用的是表面未涂覆的无碱玻璃纤维网格布。作者曾对使用一年多时间未涂覆的无碱玻璃纤维网格布进行揭开查看，发现水泥砂浆的碱性对网格布的腐蚀还是很明显的，用手触及感觉网格布较脆酥。试验室对建筑工地常用的 3 种玻璃纤维网格布的强度和断裂伸长及含胶量进行了检测，其结果见表 2-1。

玻璃纤维网格布性能测定结果 **表 2-1**

网格布编号	密度(g/m^2)	断裂强度(N/50mm)		断裂伸长(mm/200mm)		含胶量(%)
		经向	纬向	经向	纬向	
1	149	430	288	2.4	2.4	3.0
2	131	877	779	4.6	3.4	14.2
3	129	683	970	3.4	3.8	11.1

从表中可以看出，不同品质的玻璃纤维网格布的断裂强度和断裂伸长率及含胶量有很大差异。水泥的碱性对玻璃纤维网格布的断裂强度和耐碱强度保持率有很大影响，对未涂覆耐碱玻璃纤维网格布、中碱玻璃纤维网格布、无碱玻璃纤维网格布的耐碱性试验结果表明：浸入碱液中 4d，耐碱玻璃纤维网格布的强度保持率为 51.6%、中碱玻璃纤维网格布的强度保持率为 20.2%、无碱玻璃纤维网格布的强度保持率仅为 10.5%，时间越长强度保持率越低，甚至最后被碱液腐蚀而无任何强度。这主要是因为水泥是强碱性的，水泥石液相中的 $Ca(OH)_2$ 会使纤维的硅氧键出现断裂，SiO_2 与 $Ca(OH)_2$ 结合，反应后生成低钙的水化硅酸钙。这种反应可以进行到 SiO_2 被消耗殆尽而终止，因而纤维的抗拉强度随之大幅度下降，直至失去任何强度。

表面涂覆材料及涂覆量对玻璃纤维网格布的早期耐碱性具有很重要的意义。采用具有良好耐碱性的高分子材料对耐碱玻璃纤维网格布进行涂覆，并保持一定的涂覆厚度，对提高耐碱玻璃纤维网格布的柔韧性和耐碱性极为有利。工程使用中，对于玻璃纤维网格布不仅应当有其断裂强度的规定值，而且应当规定其耐碱强度保持率，以确保玻璃纤维网格布能长期有效的发挥作用，这个要求必须引起相关技术规范部门的重视才能实现。

4. 解决砌体裂缝的具体措施

4.1 施工砌筑时，严格控制砌块的含水率

遇阴雨天砌筑时堆放在露天的砌块，应有专人遮盖防淋；不能砌筑被雨淋湿的砌块，当下雨时停止作业，并对已砌筑的墙体进行遮盖，防止雨水淋湿砌体；砌块应提前一周进入施工现场并进行遮盖防护，使砌块的含水率同环境湿度相近；被雨水淋湿的墙体应待砌块含水率与室外大气基本平衡，方可进行抹灰饰面施工。

4.2 框架结构顶层填充墙应采取措施

为减轻屋面温度变形对裂缝的产生，顶层的内外墙抹灰必须待屋面保温隔热层施工完成后再进行。外墙抹灰及装饰应在砌筑3周后，经主体验收合格后进行。抹灰或装饰前应对砌筑的填充墙进行全面检查，用检测工具和日测进行实测实量。发现超标和裂缝时，要及时返修处理，经质量监理部门检查确认合格后，再进行抹灰或装饰施工。

4.3 裂缝处加强用耐碱玻璃纤维网格布

必须采用涂覆了耐碱的玻璃纤维网格布。由于墙体抹灰层必须满足正常的使用及外观功能，因此，所采用的玻璃纤维网格布的质量是经耐碱玻璃纤维机织，并经耐碱高分子材料涂覆的网格布。

混凝土小型空心砌块填充墙裂缝的出现原因是多方面的，水泥制品的干燥收缩变形特性及受潮后的二次干缩变形的特性是墙体裂缝产生的主要原因，温度变形和施工质量控制不到位会加大墙体裂缝的发生机率和形式。要彻底解决砌块的裂缝问题，必须

由有关各方的共同努力协作，严格按各自行业的规范标准控制，精心组织施工和监督，达到减少和消除裂缝质量通病的目的。

3 加气混凝土砌块砌体裂缝的施工控制

现在，加气混凝土小型砌体已经成为替代黏土砖的主导产品，同黏土砖相比具有：表观密度小、隔热性能好、几何尺寸大、能提高砌筑速度、节省能耗等优点。近10年来，在框架结构填充墙及其他工业与民用建筑围护砌体中得到广泛的应用，成为主要的砌筑材料之一。然而由于砌块的干燥收缩量较大，墙体裂缝成为砌块建筑的一种质量弊病，裂缝不仅影响建筑物的外观及安全和使用功能（引起渗漏水、透风等），而且对结构本身也会造成影响，如破坏砌体的整体性、降低结构的强度、刚度和稳定性。随着住宅的全部商品化，人们对居住环境和建筑质量的要求不断提升，对建筑墙体的裂缝控制要求更加严格。

1. 裂缝的形式及产生原因

加气混凝土砌块填充墙的裂缝多发生在抹灰层表面，表现形式为空鼓、开裂、起壳，有时还会出现整个墙面抹灰层的开裂，甚至产生裂缝贯通而影响整个墙体。其主要裂缝形式及原因有以下几种：

1.1 竖向裂缝

竖向缝一般是沿框架梁、柱、剪力墙与砌体交界处发生。尤其是墙体长度较大时更容易在墙体中间产生垂直裂缝，这种垂直缝会从墙体中间向上下延伸。此外，竖向裂缝还会在安装管道凿槽的部位，抹灰层沿凿槽与连接处或管道敷设方向出现空鼓开裂。

产生的主要原因：砌块干燥收缩变形；框架梁、柱、剪力墙与砌体间隙过大；灰缝不饱满；未按规定设置拉结筋；温度影响；砌块灰缝厚度不均；沉降不匀；抹灰前未刷界面剂；砌块水湿不透、干缩。

1.2 水平裂缝

水平裂缝一般是沿框架梁、板与砌体交界处发生，墙体与地面交界处也会出现水平裂缝。另外，砌体也会沿门窗边缘或门窗角处出现水平裂缝。

产生的主要原因：斜向砌块未顶紧梁底部；砌体沉降量过大；墙与梁板交界处灰缝不饱满；抹灰层表面未刷界面剂，粘结不牢；不同材质温度收缩变形不同；门窗边缘设计构造不合理。

1.3 斜向裂缝

斜裂缝一般出现在门窗洞口边角，向上延伸的贯穿性裂缝，表面不规则的裂缝一般是在墙体表面出现细小的龟纹状的不规则裂缝。

产生的主要原因：砌体砂浆水分被砌块吸收，失水过早；抹灰层干燥收缩；抹灰砂浆配合比不当。

1.4 阶梯形裂缝

阶梯形裂缝一般出现在沿砌体界面形成阶梯形状开裂。

产生的主要原因：砌体不均匀沉降量大；砌体砂浆强度过低；砌块过干吸收砂浆中的水分，砂浆失水过早；灰缝砌筑砂浆不饱满。

2. 裂缝的一般控制措施

2.1 对材料的控制

2.1.1 加气混凝土砌块

使用砌块前先到砌块生产厂家进行考查，最好做到货比三家。在厂家实地考查砌块的制作设备、原材料及制作工艺，产品质量等级、密度、生产日期是否分别存放、有标识；存放期是否有防雨，地面是否有排水措施；生产许可证、准用证是否齐全；是否有产品检验设备和人员；是否符合《蒸压加气混凝土砌块》规范的标准执行。选择质量等级为1级的粉煤灰为主要原材料，能减少砌块的含水率并保证砌块质量稳定。

砌块按设计需要的规格、型号采购，对进场后的砌块要按规格型号及制作时间分别存放。对存放的砌块做好通风、排水、防雨等措施，应做到先进先用，减少存放时间。砌筑时，砌块必须是经 28d 自然养护的砌块，不到养护期的砌块绝对不能用于墙上，防止因干燥收缩率过大而造成较大的开裂。

2.1.2　砌筑用砂浆

为克服砌筑砂浆因砌块吸水过早而降低强度的严重缺陷，应选择与砌块相容性好、粘结强度高的微膨胀气硬性 F-1 型石膏为砌体砂浆的胶结材料。不同品种的水泥不能在砂浆中混合；砂宜选择中砂，经过筛、不含有害杂质、含泥量小于 3%。砂浆中宜掺入粉煤灰和外加剂，其掺量由试验室试验配置确定。拌合用水必须是生活饮用水。砌筑砂浆配合比应符合《砌筑砂浆配合比设计规程》（JGJ 98—2000）的规定。现场必须采用机械拌合砂浆，拌合时间为 2min 以上，分层厚度为 30min，稠度为 50～70min，做到随拌随用，停放时间不超过 2.5h。当砂浆存放出现泌水或表面干燥时，绝对不允许随便加水拌用，必须经搅拌机另加水泥重新拌合后再用。

2.1.3　抹灰用砂浆

按照砌块组成主要材料性质来确定抹灰用砂浆的配合比。底部抹灰砂浆的强度应与面层强度基本相似，以使两层的膨胀干缩率相同；同时，要减少砂浆中水泥的用量，以控制砂浆的吸水率和干缩变形量。内墙抹灰宜采用混合砂浆，而外墙由于受环境气候尤其是雨风的侵蚀影响，宜采用纤维水泥砂浆并设分格缝。

2.2　设计构造方面

对于建筑结构的设计，必须根据现行的设计规范对砌体的细部构造及容易产生裂缝的部位，从构造措施上进行加强和预防，严格执行《砌体结构设计规范》（GB 50003—2001）的详细规定。加强砌体结构建筑的抗裂措施，特别是对新型墙面结构的防裂、抗裂构造措施，新规范由原规范的两条增加至现在的 9 条。

主要包括：加强屋面的保温措施，设置伸缩缝，增大基础圈梁的刚度，设置圈梁、构造柱，采用滑动层，提高砂浆强度，采用防裂构造钢筋和钢丝网片，增大窗间墙、女儿墙、楼梯间等细部薄弱部位的强度和拉结等构造措施。

2.3 施工措施方面

砌块砌筑施工应符合《混凝土小型空心砌块建筑技术规程》(JGJ/T 14—2004) 的相关要求；现场应配备对砌块含水率检查的设备和人员，每一层砌块砌筑前的表面含水率控制在 10%～15%之间，并在施工前 12h 和 2h 进行两次再湿水，因为砌块本身的含水率是砌体砌筑质量的关键因素。

(1) 砌筑前，在框架柱、剪力墙砌体侧面抄平画线，按砌块墙顶标高，距框架梁底标高 130mm 处控制砌体高度；按水平灰缝 10～15mm 厚度，在框架柱、剪力墙砌体侧面弹出皮数控制线，再根据皮数控制线位置和设计要求进行定位；砌筑时，放置拉结筋，沿柱或剪力墙高度每 500mm 预埋 2 根直径 8mm 钢筋，伸入填充墙的水平灰缝全长；按竖向灰缝 15～20mm 宽度及提前绘制的砌块排列图画排数线，依此来检查砌体的砌筑质量。

(2) 砌筑时，应确保砌块灰缝的横平竖直，横竖缝内砂浆饱满。水平灰缝采用平铺砂浆揉动挤压法砌筑，铺浆长度以一块长度为宜，摊浆厚度均匀、挤压紧密、砌块平整、搭接合理；竖向灰缝采用护浆板护缝，捣实砂浆法施工，不允许用水冲浆灌缝的作法。拉结筋灰缝用 M10 水泥砂浆砌筑，并适当给予养护，以利于水泥砂浆强度的增加，使柱与填充墙之间能形成整体。

(3) 砌块填充墙的砌筑高度，一般控制在一天内砌筑高度不超过 2.0m，避免连续砌筑过高干燥收缩过大，引起墙体不均匀沉降变形而产生裂缝。对门窗、预留窗洞口的边角部位应采取相应措施，防止裂缝的产生。砌至距框架梁底标高约 130mm 时停止，待抹灰前再用烧结普通砖斜向砌筑，挤紧梁底，斜砌灰缝要饱满、密实。

(4) 砌体内敷设暗管时，应使用同种材料作纵横槽的辅助砌块，土建施工与水电施工要密切配合，砌筑时预埋（或砌后开槽）管道管线并确保槽盒位置的准确，管道固定到位后对开槽的填抹必须分几次进行，抹灰前槽口表面要钉钢丝网加强防裂。

（5）砌块填充墙面的抹灰的抹灰作业程序：清除墙体表面的残余砂浆、浮尘、杂物—用压力水冲洗墙体表面—检查修补低洼不平处—喷洒湿润墙面—刷界面剂。砌块墙体表面渗水深度10mm左右，含水率抹灰时不低于10%。刷石膏∶108胶水溶液=1∶0.3—抹底层灰—中层灰—面层灰。抹灰层的总厚度为15～20mm。

（6）顶层内抹灰要等屋面保温层做完后再进行。目的是减少温差应力影响而引起上部墙体的裂缝。外墙抹灰应在结构封顶两周后进行，使墙体的沉降和干缩大致稳定，减少抹灰层开裂。

2.4　施工管理

施工前的技术交底必须进行，用样板引路：制定砌筑和抹灰质量控制点：强化工序过程的检查手段；材料抽检有专人负责：每道工序进行中间验收，合格后再进入下道工序；加大监督检查力度，专职检查员跟踪检查、监理旁站抽检，从而实现质量控制目标，达到控制墙面裂缝的目的。

4　加气混凝土砌块墙体抹灰的质量控制措施

加气混凝土砌块在墙体围护工程中的应用已有10多年的时间，这种使用时间不久的砌块材料，具有密度轻、保温隔热性好、环保节能、耐火和砌体强度利用系数高的优势，施工操作简便，便于加工成所需形状，块体较大，砌筑速度快，已广泛用在工业及民用建筑的围护砌体中。尤其是粉煤灰加气混凝土砌块在保护耕地、节省能源、废渣利用、治理环境、改善建筑砌体功能方面，具有重大的社会经济效益，使用的前景十分看好。但是，加气混凝土砌块砌筑的墙体内外抹灰层容易产生空鼓、脱层、裂缝的质量缺陷。为了克服抹灰层出现的空裂缺陷，在经过对多项工程抹灰的实践总结，采取了一些行之有效的预防和纠控措施，有效地预防和控制了抹灰层空裂的质量通病。

1. 砌块表面抹灰的工艺特点

抹灰不论在什么材质上都属于装饰工程，因此必须按《建筑装饰装修工程质量验收规范》（GB 50210—2001）的质量标准要求施工和检验。其适用于所有加气混凝土砌体的内外墙抹灰层，粉煤灰加气混凝土砌体的质量效果更明显。具有的特点是：内外墙抹灰之前，在经过认真湿润的砌体面上先刷一道既能提高基层与抹灰层粘结强度，又起封闭作用的水泥素浆，然后抹底层灰，24h 后再抹面层灰。底层和面层砂浆是由水泥、细砂、粉煤灰几种材料和 M 型胶粘剂按一定的比例拌合均匀而成，拌合料的粘结强度高、和易性好、操作方便，有效地解决了“空”、“脱”、“裂”的质量通病。虽然在砂浆中掺入了微量胶粘剂和微膨胀剂，加大了材料费用，但因采用了较多粉煤灰代替了部分水泥用量，总的费用仍未超过规定。

2. 施工工艺原理

加气混凝土砌块是经过发气剂发气后形成的一种多孔轻质砌块，它的体积收缩系数较普通水泥砂浆或混合砂浆大得多，因基层与普通抹灰层的收缩量不一致，易产生脱层和裂缝。加气混凝土砌块的砌体吸水能力较强，容易将砂浆中的水分很快吸收，砂浆中的水泥不能有效水化而降低抹灰层的强度。同时，由于加气混凝土砌块的表面较粗糙但不坚硬，抹灰层与其粘结强度较低，也容易产生脱层、空鼓和开裂，粉煤灰加气混凝土砌块的这些影响质量的缺陷更加明显。

为确保抹灰质量不受材质的影响，在了解产生空裂开脱的原因后，采取将水泥砂浆或普通混合砂浆改为水泥粉煤灰砂浆，使其收缩量接近加气混凝土砌块的收缩量。抹灰前，在湿润的基层刷一道掺有 M 型外加剂砂浆，增加抹灰层与基层的粘结强度又可将砌块表面的气孔有效封闭；水泥粉煤灰砂浆中掺入的M型胶粘剂不仅具有湿润、保水性的作用，而且更有效地增强同基层的粘结强度，使抹灰层与砌体的粘结强度大大提高，甚至比砌体本身强度还高。完全防止了抹灰层的脱层、空鼓和开裂的质量通病。

3. 对材料的质量要求

水泥：必须符合相应质量、品种、强度的要求，安定性要有保证；粉煤灰的质量要求要按《粉煤灰在混凝土和砂浆中应用技术规程》规定选用，最好用1级粉煤灰；M型外加胶粘剂和微膨胀剂要符合各自的质量标准；砂石集料、拌合养护水均应符合《建筑装饰装修工程质量验收规范》（GB 50210—2001）中相应材料的质量标准要求。对所有的原材料都必须按规定抽样复检，合格后才能用于工程。

砂浆要经过配合比设计，也可由有资质的试验室配制，但要用其抹出样板，经设计、监理人员确认后，方可用于大面积施工。

4. 施工工艺流程

墙面基层处理（湿润）—墙面冲筋—涂抹水泥素浆—抹底层灰—墙面粘贴分格条—抹面层灰—养护—检查处理。

5. 抹面的操作过程质量控制

5.1 对基层的处理

抹灰前对墙面的处理是一项重要的工序，必须自上而下认真做好。对砌筑灰缝不严实或表面不平整之处、水电管道槽盒处，用掺有M型的水泥粉煤灰砂浆修补大致平整并搓毛。补抹厚度大于15mm的必须分两次补抹，每次抹灰厚度小于8mm为宜。待其表面凝结后再扫除表面浮灰、残浆，用干净水充分湿润（水渗透到砌体内15～20mm深度）后，在表面再刷一道掺有M型胶粘剂的素水泥浆，以增强砂浆同砌块之间的粘结强度。水泥浆按 M 型粘结剂：水泥：水＝1：2：10 的比例配制，搅拌均匀，随拌随用，涂刷均匀，不露空白处。

5.2 抹底层灰的操作

墙体表面刷素浆后即可进行抹底层灰，素浆随刷随抹，不能表干。底层砂浆和面层砂浆的配合比相同，均按水泥：细砂：粉煤灰：M 型胶粘剂：微膨胀剂：水＝1：4.0：2.0：0.02：0.0015：2.5 的重量比例配制，搅拌时间不少于 2min，稠度根据施工时气温调整，拌好的素浆在 2.5h 以内用完。底层灰要分层抹，每一遍的厚度控制在 5～7mm 之间，每一遍的时间间隔要等前一遍的浆表面凝固后再抹，抹至规定的厚度后用长度 4m 的木直尺用力横竖刮平，再用木抹子搓毛，使抹底层灰密实、平整、坚实，表面粗糙。

5.3 粘贴分格条

室外大墙面的抹灰要按设计进行分格处理，分格不但美化大面功能，而且对抹灰的质量控制有利。按设计规定的范围进行分格条的埋设，目前采用的塑料分格条，粘结固定采用抹灰砂浆，分格条必须横平竖直，交叉及转角处贯通、粘结牢固，其他要求与普通砂浆抹灰相同。

5.4 抹面层灰的质量控制

底层灰抹后 24h 即可进行面层灰的抹面，面层灰的砂浆可采用与底层砂浆相同的配合比，不需要增加水泥的用量。因 M 型胶粘剂掺量虽少，但本身就可以替代少量水泥，提高砂浆的强度，明显改善砂浆的和易性，降低泌水沉淀，对抗冻和防渗漏性有很大的作用。

罩面层砂浆可以一遍成活，也可以多次抹成，操作时要根据抹灰层厚度掌握，一般每层以 5～6mm 厚较好压抹。横竖大致抹平后立即用铝合金刮尺将抹灰层与分格条表面刮平，再用木抹子搓平，最后用铁抹子压实溜光，一般压光需两到三次抹好。

5.5 抹灰层的养护要求

底层灰终凝和面层抹灰 8h 后就应立即浇水养护，但不要用压力水管直接冲墙面。尤其是粉煤灰加气混凝土砌块的砌体，养护要及早及时，在干燥炎热天气的室外抹灰，更要缩短养护时间。在抹后4～6h内就要浇水保湿，防止抹灰面失水，过早干燥和空裂。

6. 机具和劳动力组织

主要操作机具：砂浆必须用搅拌机拌合，不允许人工拌合；施工配合比用的磅秤、天平必须经过校验合格、精度达到要求、秤量专人负责。常用的抹灰工具：木抹子、铁抹子、刮尺、托线板、筛子、灰桶等。

施工人员安排：劳动组织一般以班组为单位，按工艺流程组织施工；砂浆搅拌机上配置两人，按重量进行配料，按规定的时间搅拌均匀砂浆；一台砂浆机可为8名抹灰工供抹灰砂浆。抹灰层终凝后，应设专人负责养护，抹灰工必须达到中级以上的技术岗位等级。

7. 质量验收要求

抹灰层的厚度应达到设计要求和《建筑装饰装修工程质量验收规范》（GB 50210—2001）的质量规定；各抹灰层之间及抹灰层与基层之间应粘结牢固，不得有裂缝、脱层、空鼓等质量缺陷；抹灰面层表面光滑、洁净、接槎平整、颜色均匀一致；线角和灰线平直方正，达到中级抹灰的质量要求；孔洞、线槽、线盒、管道等需要重新处理部位应做到预留尺寸正确，边缘方正、整齐、平整；允许偏差尺寸及检验方法执行《建筑装饰装修工程质量验收规范》（GB 50210—2001）的具体规定进行。

要注意所采用的外加剂无毒、不燃的安全要求；操作人员要保证自身的安全，上岗前进行安全培训，穿戴好个人保护用品，尤其高空作业要检查脚手架、系好安全带。

按此施工方法控制加气混凝土砌体的抹灰质量，操作简单、质量可靠，既节省了因空鼓、脱层开裂等质量问题返修的人工及材料费用，又提高了企业的质量信誉和工人的操作素质。

5　混凝土空心砌块墙体裂缝原因及防治措施

混凝土空心砌块是以水泥、砂石（石屑）和水为主要原料制成的一种可以替代烧结普通砖的新型墙体材料，用于建筑物的承重和非承重墙体。混凝土砌块具有原材料丰富、生产技术简单、应用技术成熟、有利于环境保护、产品性能良好等优点，在建筑上得到推广应用。但墙体容易出现各种裂缝，成为混凝土砌块推广发展的一大障碍。

1. 混凝土砌块墙体裂缝调查

1.1　裂缝状况

（1）在所调查的莆田市区 20 余幢建成时间分别为 1～4 年，以混凝土空心砌块为墙体的建筑中，都伴有墙体开裂现象，有些墙体开裂十分严重，所看到的每面墙体都有裂缝。裂缝分布与楼层没有明确的相关性。

（2）裂缝大多出现在墙体砌筑完成后第二年的春夏交接之季，其后的 2～3 年里裂缝不断出现，之后基本稳定。也有一些墙体砌筑仅 1～3 个月就出现裂缝，造成不必要的返工。

（3）裂缝宽度一般较小，最宽处不到 0.5mm，只有很少一部分裂缝最大宽度超过 1.0mm。在调查的建筑中，墙体裂缝最大宽度约为 3mm。

1.2　裂缝形式

（1）斜裂缝。多出现在梁、柱、墙交接处、主次梁交接处和门窗洞口处，尤其墙体上用来埋设电器开关和消防栓等设备而开凿的洞口或在砌块上开的洞口处，多发生在沿洞口上角向上延伸的斜裂缝，裂缝宽度、长度都较大，贯穿墙体，有些裂缝从墙体顶部延伸到底部，宽度可达 2～3mm。

（2）水平裂缝。多出现在墙体中部、顶部和梁交接处以及门窗洞口过梁下方。大多数水平裂缝可以沿厚度和长度方向贯穿整个墙体。

(3) 竖向裂缝。多出现在墙体中部、墙体和框架柱连接处，有些墙体出现数条间距和宽度接近的裂缝，竖向裂缝一般长度较大而宽度较小。框架梁相交处下方的墙体以及框架柱或剪力墙和墙体连接处出现的裂缝可以贯穿整个墙体，并从墙体顶部延伸到底部。

1.3 裂缝分类

(1) 按裂缝是否贯穿墙体可分为：贯穿性裂缝和表面裂缝。

有些裂缝在墙体的两面对称出现，延伸方向和长度一致，基本可判定该裂缝贯穿墙体。斜裂缝和水平裂缝大多数为贯穿性裂缝，而竖向裂缝有些只是墙体表面抹灰层开裂。贯穿性斜裂缝和竖向裂缝有以下几种情况：砌块开裂、灰缝开裂以及砌块和灰缝同时开裂，但一般是砌块和灰缝同时开裂；贯穿性水平裂缝一般都是灰缝开裂。

在某施工现场，从裂缝最大宽度处凿开墙体抹灰层观测裂缝的结果也显示：在凿开的十余处竖向裂缝和水平裂缝中，水平裂缝均贯穿墙体，超过70%的竖向裂缝贯穿墙体，其余为抹灰开裂。由于砌筑时间只有6个月左右，混凝土砌块墙体大多数为灰缝粘结破坏而开裂。

(2) 按裂缝出现的时间，可以分为早期裂缝和后期裂缝。

早期裂缝是指混凝土砌块墙体砌筑后前6个月出现的裂缝。早期裂缝多数是竖向裂缝和水平裂缝，斜裂缝很少。此阶段混凝土砌块墙体的裂缝主要是砌块和砂浆之间的粘结裂缝。墙体中部的水平裂缝大多数出现在早期。

后期裂缝一般指混凝土砌块墙体砌筑6个月后出现的裂缝。此阶段竖向裂缝多出现在墙体中部及墙柱连接处；而斜裂缝出现在门窗洞口、管线穿凿处和墙体开洞处。水平裂缝多出现在梁与墙交接处，门窗洞口的过梁下方砌块。

2. 墙体裂缝起因分析

2.1 温度对填充墙裂缝的影响

莆田市 7～8 月间最高温度可达 39℃，且持续时间长，光直射时墙体外表面的最高温度达到了 55℃，此时内墙面最高温度为 38℃，墙体内外表面的温差最大为 20℃。$\sigma_t = \beta E \Delta T$（$\beta$ 为混凝土砌块温度线膨胀系数，取 $\beta = 1.0 \times 10^{-5}$/℃；$\Delta T$ 为墙体内外表面温差，取 $\Delta T = 30$℃；$E = 1.10 \times 10^3$MPa)，计算出温度应力为 0.33MPa。由实测的温差 20℃计算出温度应力为 0.22MPa，而试验测出混凝土砌块的抗拉强度只有 0.15～0.40MPa（表观密度为 1200kg/m^3），混凝土砌块和砌筑砂浆的粘结强度为 0.1～0.30MPa，温度应力可能会超过砌块的抗拉强度和粘结强度，使填充墙开裂，墙体的变形与温度变化成正比，同时当温度较高，砌块表层迅速失水，不仅加剧了砌块的收缩，也造成砂浆失水量增大，使粘结强度降低，墙体开裂。

2.2 干燥收缩

虽然砂浆、混凝土和砌块都是水泥混凝土制品，但是砌块的收缩在整个墙体的收缩中占最大成分，这主要是因为砌块在墙体中所占面积最大。所以，砌块本身的收缩特性就作为控制裂缝的代表性设计参数。

对于单个砌块来讲，干燥收缩的大小取决于上墙时砌块的潮湿程度、胶结材料的性能和用量、骨料的种类、密实程度和养护。具体来讲，干燥收缩受下列因素的影响：

(1) 潮湿砌块砌成的砌体的干燥收缩要比干砌块砌体大。

(2) 水泥用量大时干燥收缩大。

(3) 含水率的变化对较敏感的骨料影响较大。

(4) 经受了至少一次干燥循环的砌块随后再受干燥循环时，收缩就没那么大了。

典型的混凝土小型空心砌块的干燥收缩系数为 0.0002～0.00045，即在 30m 墙内有 6～13.5mm 的收缩量。

2.3 碳化

碳化是胶结材料和大气中 CO_2 之间的一种不可逆的反应，在使用过程中慢慢地发生。由于目前尚无测定碳化收缩的标准方法，建议可使用 0.00025mm/mm 的值，这在 30m 的墙体上产生 7.5mm 的收缩。

2.4 砌筑砂浆对墙体裂缝的影响

目前，一些工程砌筑墙体时直接使用水泥砂浆。由于水泥砂浆保水性差、而混凝土砌块吸水性较强，影响了砂浆的水化，降低了墙体的抗剪强度及砂浆与多孔砖的粘结强度。同时，在砌筑时竖向灰缝的饱满度往往达不到要求，许多竖向灰缝宽度不到 10mm，也会造成砂浆和砌块之间的粘结强度降低，墙体容易出现竖向裂缝。水平灰缝的饱满度一般能达到要求，但厚度过大甚至达到 30mm，不仅浪费砂浆而且灰缝的收缩也将加大。由于砂浆早期收缩较大，水平灰缝厚度也将加大。水平灰缝厚度过大必然加剧了墙体的竖向沉降，会影响砌体与梁或板底的紧密结合，产生结合部位的水平裂缝。而且随着灰缝厚度的增加，灰缝内砂浆横向变形加大，加剧了砌体受压后内部拉、弯、剪等复杂应力，使填充墙开裂。

2.5 局部承压对墙体裂缝的影响

施工时门窗洞口的过梁一般都直接支撑在砌块上，梁端支承处砌块的局部受压属于局部不均匀受压。当过梁上方填充墙高度较大时，与梁端底部接触的砌块产生较大的压缩变形，梁端顶部与砌块的接触面积减小，甚至脱离，使墙体产生水平裂缝或斜裂缝。

2.6 沉降

由于土壤松软或处理不当引起建筑基础不均匀的沉降，基础下沉通常会造成沿灰缝的阶梯形裂缝。

3. 墙体裂缝防治措施

针对以上裂缝原因，建议采取以下防治措施：

（1）提高砌块质量。砌块成型时选用合格的粗细骨料，用强制式搅拌制干硬性混凝土，成型布料时应增加预振，提高砌块密实度和抗压强度。

（2）由于含水量是影响砌块收缩的主要原因，因此有必要使砌筑之前保持干燥。方法是砌块成型后，在砌块堆放场地按批量分别排水；出厂时养护龄期不得少于28d，控制出厂时相对含水率，使之符合GB 18239—1997标准要求，以减少干缩裂缝。

（3）砌块堆放、装卸、运输时，避免碰撞、摔扔，缺棱掉角严重的不能用于砌墙。

（4）施工现场采取防雨措施，砌筑及抹灰时严禁浇水，墙面抹灰要等墙体充分干燥后再作业，减少干缩裂缝。

（5）使用与砌块强度相匹配的和易性、保水性好的混合砂浆砌筑墙体，并且砌筑时应满足灰缝的砂浆饱满度。

（6）管线安装、吊挂预埋与墙体的砌筑要配合进行，严禁施工人员任意打洞开槽，损坏墙体。

（7）提高施工人员的专业素质，提高施工技术，增加责任感，严格按设计图纸和技术规范施工。

4. 结语

（1）混凝土砌块墙体裂缝起因非常复杂，影响因素较多。混凝土砌块温差应力、干燥收缩是墙体出现裂缝的主要原因。

（2）墙体早期裂缝主要由混凝土砌块的干燥收缩造成，而后期裂缝则主要是砌块在含水率较低时，因相对湿度变化产生的干湿循环变形造成的。

（3）施工措施不当也会使墙体出现裂缝。只有提高施工质量，加强施工管理，并且采用适当的构造措施才能减少墙体裂缝。

6　粉煤灰混凝土小型砌块的质量控制

粉煤灰小型混凝土空心砌块是指以粉煤灰、水泥、砂石等轻重集料为主要成分，按配合比搅拌，均匀混合，经振动挤压成型、养护而成，粉煤灰用量不低于原材料重量的20%。具有体积密度小、重量轻、强度高和良好的保温和抗渗性能等特点，是一种节能降耗的新型建筑材料，发展前景广阔。行业标准《粉煤灰小型空心砌块》（JC 862—2000）的发布实施，确保了粉煤灰小型混凝土空心砌块的质量。通过对临安市多家粉煤灰小型混凝土空心砌块生产企业生产的粉煤灰小型混凝土空心砌块进行检测，发现其质量良莠不齐，为此，在粉煤灰混凝土小型砌块的质量控制中应注意以下要点。

1. 粉煤灰小型空心砌块的生产设备

生产粉煤灰小型空心砌块的主要设备有：

（1）振动筛：用于控制粉煤灰和集料粒径；

（2）配料秤：用于集料计量，按比例配制；

（3）混凝土搅拌机：用于混合料搅拌、捏合，制备成坯料；

（4）成型机：用于拌合料挤压成型砌块；

（5）皮带运输机：用于原材料和坏料输送或只送坯料；

（6）自动同步切割机：用于坯体切割成型；

（7）粉碎机：用于砖瓦渣、煤矸石、矿渣等集料的粉碎；

（8）洒水器：用于给混合料均匀洒水；

（9）坯体养护区：用于湿坯体养护；

（10）其他运输工具。

对这些生产设备在采购时应货比三家，确保生产效率和质量，同时应编制维护保养计划，及时做好维护保养，确保设备状态完好。

2. 生产粉煤灰小型空心砌块的原料

粉煤灰小型空心砌块所用的原料包括水泥、粉煤灰、砂石等集料及外加剂，各种原料的质量必须符合相应的标准要求。

2.1 水泥的选择

水泥可根据当地条件，选择硅酸盐水泥、普通硅酸盐水泥、矿渣硅酸盐水泥、火山灰质硅酸盐水泥等，但无论哪种水泥，都必须符合相应的国家标准要求。水泥是产品质量的重要保证。

2.2 粉煤灰

2.2.1 粉煤灰的细度

粉煤灰是电厂锅炉排出的废渣，其排出方式有干排、湿排、混排和分排。无论哪种排出方式，均可用于生产粉煤灰小型混凝土空心砌块，但粉煤灰颗粒越细越利于提高砌块的性能，其细度45μm筛余应不大于55%。

2.2.2 粉煤灰的物理、化学性能

粉煤灰为多孔结构，对水的吸附能力大，含水分30%的粉煤灰仍呈松散状态，其物理性能因原煤产地（种类）和电厂锅炉效率的高低而异，差别较大。粉煤灰的物理性能应符合表6-1的规定。

粉煤灰的物理性能　　表6-1

容重 (m^3/kg)	比表面积 (m^2/kg)	密度 (g/cm^3)	细度 (45μm筛余) (%)	含水率 (%)	需水量 (%)	抗压强度比 (%)
615	0.46	1.06	23	0.8～1.1	95	70

粉煤灰的化学性能因原煤种类（产地）而异。其金属氧化物中的氧化铝、氧化铁、氧化锰含量略高。粉煤灰的化学成分应符合表6-2规定。

粉煤灰的化学成分　　表6-2

SiO_2	Fe_2O_3	MgO	Al_2O_3	CaO	TiO_2	K_2O	SO_3	烧失量
57.82	7.35	2.10	21.88	4.52	1.54	2.18	2.1	7.1

2.2.3 粉煤灰的技术指标

粉煤灰粒径可分为粗灰、中粗灰、细灰三类，经0.45mm

孔径筛筛分的筛余量分别为：粗灰30%左右，中粗灰23%左右，细灰13%左右。用于生产粉煤灰小型混凝土空心砌块的粉煤灰粒径应小于0.5mm，烧失量应小于9%，活性SiO_2应大于50%，SO_3应小于3%，含泥量应小于1%。活性SiO_2能水化生成水化硅酸钙凝胶，可减少水泥用量。如果SO_3偏大，则会影响砌块的强度和耐久性。烧失量过大，则会致使未与胶凝材料发生结合的残余碳浮于坯体表层，影响坯体的强度。

2.3 集料的选择

集料在砌块中起着骨架的作用，既增强了砌块的强度，又减少了砌块的收缩裂缝。集料粒径不得大于砌块最小壁（肋）厚的1/3，细砂用0.60mm孔径筛筛除渣。为提高砌块的密实度，防止大颗粒材料进入生产流程，在成型机入料口安装10mm以下孔径的网筛。

2.4 增塑剂的选择

加入水中的增塑剂，可采用减水剂中的木质素磺酸盐类、多元醇类、羟基酸盐类、聚氯乙烯烷基醚类或腐殖酸类。

3. 粉煤灰小型混凝土空心砌块的生产工艺

粉煤灰小型混凝土空心砌块的坯体成型，主要由空心砌块成型机完成。该工艺的特点有：

（1）生产工艺简单，便于操作，可实现连续生产作业；

（2）被挤出料为塑性，含水率低，收缩率小，坯体密实度高；

（3）粗集料之间相互搭接的空隙可通过水泥和集料填充，增强水化物间的相互结合，提高坯体的强度；

（4）产品质地均匀，表面平整，无须焙烧，砌块强度大于MU10；

（5）可提高砌筑效率，省工省料，节约成本。

其整个成型过程的工艺流程如下：

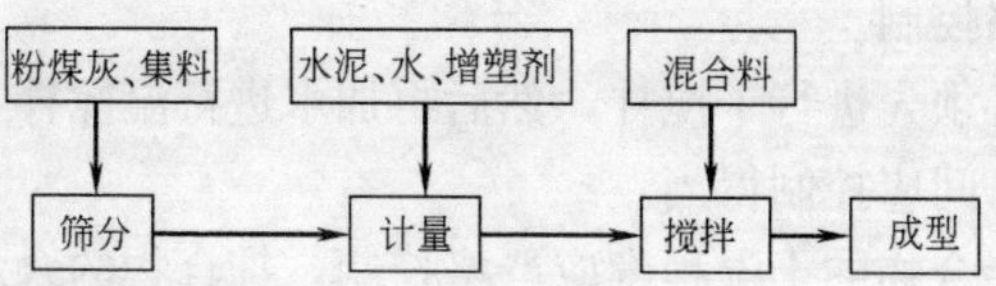

3.1 成型机

(1) 成型机按振动方式可分为模振和台振，模振是振动装置安装在模箱上，对砌块进行振动成型，台振是模箱落在振动台上，由振动台将振动传给模箱，另在压头上也装有振动器，对砌块表面施加振动。采用台振成型机的优点如下：

① 一套传动机构完成多种工艺动作，有利于脱模、压头、复位、加托板和将成型好的砌块一并推至滚轴托台上四个工艺动作。

② 模箱采用开式链传动，运动过程无死点。

③ 振动台底部设有独立振动机构，物料在垂直方向定向振动，可增加砌块的密实度，以提高强度。

(2) 模箱高度、压头与模箱尺寸公差的控制。模箱高度直接决定进料的多少决定压缩比，影响砌块的密度；压头与模箱尺寸公差直接影响产品的质量，公差越大，砌块成品周边毛边越大。

3.2 混合料的配比

合理配比混合料，是确保粉煤灰小型混凝土空心砌块质量的重要环节。粉煤灰在粉煤灰小型混凝土空心砌块中的掺量一般不超过40%。混合料中粉煤灰的掺量，既可取代相同重量的胶凝材料，又可取代相同体积的集料。科学地确定混合料配比是提高强度的关键，见表6-3。

料配比　　表6-3

水泥(%)	粉煤灰(%)	机制砂(%)	河沙(%)	石屑(%)
10	25	25	15	25

3.3 搅拌工艺控制要点

拌合物均匀程度与温度直接影响砌块的质量，因此，在工艺上必须严格控制。

（1）必须先进行干搅拌，然后再加水进行湿搅拌，干搅拌与湿搅拌的时间应控制得当。

（2）拌合物的干湿程度应严格控制，拌合物的含水量以取点料用手捏成团，表面有湿润感松开后不松散而分裂成几瓣，拌合物成均匀状态而不结团为佳。

（3）拌合量不能超量，超量会加大搅拌机的负荷，影响正常运转而导致混合料搅拌不均匀。

3.4 自然养护注意的控制要点

坯体的自然养护，工艺上应注意以下五点：

（1）坯场应高度平坦，以免坯体在养护过程中变形或断裂。

（2）坯体码垛不能过高，一般码 3～4 层，最高不要超过 5 层；否则，会压坏底层坯体。

（3）冬期生产的坯体应采取保温养护措施，或采用掺早强剂等技术促进坯体硬化。

（4）养护初期要防止暴雨袭击或烈日暴晒，避免表面损伤或产生裂纹。

（5）切实加强坯场管理，落实养护职责和措施。

4. 产品检验和堆放

砌块应进行检验，按合格品强度等级和质量等级堆放，并做好标识。堆放场地应平整，干燥通风。堆放的高度不超过 1.6m，垛堆之间保持适当的通道，以便搬运。应有防雨措施，防止砌块积水，以免砌块上墙时因含水率过高而导致墙体开裂。

7 选择标准的混凝土多孔砖用于砌体工程

混凝土多孔砖是一种新型墙体材料，是以水泥为胶结材料，以砂、石等为主要集料，加水搅拌、成型、养护制成的一种多排小孔的混凝土砖，外形特征是烧结多孔砖，而材料性能应归于普通混凝土小型空心砌块。用混凝土多孔砖代替实心烧结普通砖、烧结多孔砖，可以不占耕地，节省黏土；不用焙烧设备、节省能耗；制作工艺简单，施工方便。因此，近几年来在浙江、上海、江苏、福建、湖北、江西等省市发展较快，大部分用于建筑物的围护结构、隔墙，少量用于承重结构，受到建筑界的青睐，是一种有希望替代实心烧结普通砖、烧结多孔砖的新型墙体材料。

1. 混凝土多孔砖的命名、定义

标准名称定名为“混凝土多孔砖”是依据国标《墙体材料术语》(GB/T 18968—2003)。砖的定义为：“建筑用人造小型块材。外型多为直角六面体，也有各种异形的。其长度不超过 365mm，宽度不超过 240mm，高度不超过 115mm”。多孔砖的定义为：“孔洞率等于或大于 25%，孔的尺寸小而数量多的砖。常用于承重部位”。《混凝土多孔砖》标准中产品的主规格尺寸为 240mm×115mm×90mm，其他规格尺寸也均在砖的规定尺寸范围内，孔洞率不小于 30%，而且由水泥混凝土材料组成，因此，命名为“混凝土多孔砖”，以区别于烧结多孔砖与普通混凝土小型空心砌块。

2. 混凝土多孔砖产品的等级

按尺寸偏差与外观分为一等品（B）与合格品（C）；按强度等级分为 MU10、MU15、MU20、MU25、MU30 五个强度等级。为了提高建筑物的使用寿命，保证围护与承重结构的工程质量，标准中未列入 MU7.5 级的产品。

3. 混凝土多孔砖的原材料

为了保证混凝土多孔砖的质量，标准中规定了采用原材料的要求。水泥应采用符合 GB 175—1999 中的硅酸盐水泥与普通硅酸盐水泥，以获得较高的早期强度与相应的强度等级，减少干燥收缩。采用 GB 1344—1999 中的矿渣硅酸盐水泥，早期强度较低，尤其目前各企业主要采用自然养护情况下更为明显。不宜采用火山灰质硅酸盐水泥，因其干燥收缩率较大，如养护施工不当，会造成产品开裂，影响建筑物安全。采用粉煤灰硅酸盐水泥，尤其在掺量较大情况下，抗冻性较差，干燥收缩率较大，控制不好，会使砖产生裂纹，导致结构破坏。因此，标准中规定应采用符合 GB 175—1999 的硅酸盐水泥与普通硅酸盐水泥。细集料应符合国标《建筑用砂》（GB/T 14684—2001）、《建筑用卵石、碎石》（GB/T 14685—2001）的规定。重矿渣应符合《混凝土用高炉重矿渣碎石技术条件》（YBJ 20584）的要求，其最大粒径不大于 10mm。掺入适量石屑，可以提高砖的密实性与强度。

外掺粉煤灰标准中未予列入。在国标《普通混凝土小型空心砌块》（GB 8239—1997）中也未涉及上述内容。因为外掺粉煤灰不仅涉及粉煤灰质量及其掺量范围，而且其质量与掺量直接影响混凝土多孔砖的质量，如强度、干燥收缩率、抗冻性等，需增加碳化系数、软化系数、放射性等指标，不进行系统科学研究，无法列入标准内容。

4. 混凝土多孔砖的规格尺寸

混凝土多孔砖的外形尺寸为直角六面体。主规格尺寸为 240mm×115mm×90mm，其他规格尺寸：长度、宽度、高度尺寸应符合下列要求（mm）：290，240，190，180；240，190，115，90；115，90。此规定参照了《烧结多孔砖》（GB 13544—2000）的标准。砖的最小壁厚不应小于 15mm；最小肋厚不应小于 10mm。

按产品的外观质量分为一等品与合格品，其指标高于混凝土小型空心砌块的优等品、一等品（表 7-1）。

孔洞及其结构：为减轻墙体自重以及保温隔热功能的需要，标准规定了混凝土多孔砖孔洞率应不小于 30%。

考虑到矩形条孔对建筑节能的作用，参照国标 GB 13544—

尺寸允许偏差（mm） 表 7-1

<table>
<tr><th rowspan="2">项目名称</th><th colspan="2">JC 943—2004</th><th colspan="3">GB 8239—1997</th></tr>
<tr><th>一等品</th><th>合格品</th><th>优等品</th><th>一等品</th><th>合格品</th></tr>
<tr><td>长度</td><td>±1</td><td>±2</td><td rowspan="3">±2</td><td rowspan="3">±3</td><td>±3</td></tr>
<tr><td>宽度</td><td>±1</td><td>±2</td><td>±3</td></tr>
<tr><td>高度</td><td>±1.5</td><td>±3</td><td>±3
−4</td></tr>
</table>

2000 烧结多孔砖，规定了混凝土多孔砖条面方向至少有 2 排孔。一类为矩形孔或矩形条孔；二类为矩形孔或其他孔形（表 7-2）。根据浙江与上海等地混凝土多孔砖的砌体和墙片试验数据，从建筑设计上可望代替烧结多孔砖，规定了铺浆面应为半盲孔。为满足砌筑砂浆满铺的要求，规定了半盲孔内切圆直径不大于 8mm。为防止混凝土多孔砖在墙体抗震中产生应力集中点，以及考虑混凝土的材料特性，规定矩形孔或矩形条孔四个角应为半径大于 8mm 的圆角。

孔洞排列 表 7-2

<table>
<tr><th>孔　型</th><th>孔洞率</th><th>孔洞排列</th></tr>
<tr><td>矩形孔或矩形条孔</td><td rowspan="2">≥30%</td><td>多排、有序交错排列</td></tr>
<tr><td>矩形孔或其他孔形</td><td>条面方向至少 2 排以上</td></tr>
</table>

5. 混凝土多孔砖的物理力学性能

5.1 强度等级

在国标 GB 8239—1997 中，混凝土小型空心砌块的强度等级为：MU3.5、MU5.0、MU7.5、MU10.0、MU15.0、MU20.0；在 GB 13544—2000 烧结多孔砖中强度等级为 MU30、MU25、MU20、MU15、MU10。本标准根据当前实际生产使用情况，并考虑今后的发展，将混凝土多孔砖的强度等级分为 MU10、MU15、MU20、MU25 与 M30 五级（表 7-3）。其强度等级的平均值与单块最小值同国标 GB 8239—1997 普通混凝土小型空心砌块。其中低强度等级的主要用于围护结构，作填充墙，隔热保温，强度等级高的用于承重结构。

强度等级 表 7-3

强 度 等 级	抗压强度(MPa)	
	平均值大于等于	单块最小值大于等于
MU10	10.0	8.0
MU15	15.0	12.0
MU20	20.0	16.0
MU25	25.0	20.0
MU30	30.0	24.0

5.2 干燥收缩率

干燥收缩率是反映混凝土多孔砖在温湿度即环境条件变化下其体积收缩变形的一个重要指标，产品密实程度差，吸水率大，则其干燥收缩肯定大。混凝土多孔砖上墙后，由于其收缩变形就可能导致墙体开裂，使墙体失去围护或承重结构的功能。因此，国内外产品标准中均对此值都作出了规定。在 ASTM C 55—1997a 中，规定砌块的线干燥收缩率不应大于 0.065%；在标准 JC 862—2000 中，粉煤灰小型空心砌块干燥收缩率规定不应大于 0.06%；在国标 GB/T 15229—2002 中，轻集料混凝土小型空心砌块干燥收缩率规定不应大于 0.03%，0.03%～0.045%，0.045%～0.065%。本标准严于 ASTM C 55—1997a 规定，干燥收缩率不应大于 0.045%。

5.3 相对含水率

相对含水率是指混凝土多孔砖出厂时的含水率与其吸水率的比值。这一指标是为控制砌筑墙体干燥收缩引起墙体裂缝而制定的。美国在 20 世纪 30 年代就已控制砌块上墙时的相对含水率，日本标准也作了规定。美国 ASTM C 55—1997a 与 ASTM C 90—1992《混凝土砌块》分为两个型号：Ⅰ型控制水分；Ⅱ型不控制水分，控制干燥收缩率。日本在《混凝土空心砌块》(JIS A 5406—1993) 中规定相对含水率应小于 40%。

对墙体开裂，一般均会从房屋受力状态与构造措施等因素去分析，而美国的研究认为砌块的相对含水率是墙体开裂的主要内因。因此，为了保证出厂含水率与上墙时含水率基本一致，国外砌块生产厂产品出厂时一般采用塑料袋包装。我国砌块出厂一般不包装，砌块上墙时的含水率随出厂时间、环境温湿度条件而发生变化，砌块上墙时的含水率未得到应有的控制，这是造成砌块砌体开裂的主要成因。

在我国 GB 8239—1997 中，普通混凝土小型空心砌块对相对含水率根据 ASTM C 90—1992 线收缩 0.03 或更低一档作出了规定。本标准采用了 ASTM C 55—1997a，对不同干燥收缩率下的相对含水率作出规定，取消了 0.045%～0.065%一档的相对含水率指标，仅规定了干燥收缩率在 0.045%以下的相对含水率指标，其规定严于 ASTM 标准（表 7-4）。

相对含水率 **表 7-4**

干燥收缩率	相对含水率(%)		
	潮湿	中等	干燥
<0.03	45	40	35
0.03～0.045	40	35	30

注：1. 相对含水率即混凝土多孔砖含水率与吸水率之比：

$$W=\frac{W_1}{W_2}\times 100$$

式中 W——混凝土多孔砖的相对含水率（%）；

W_1——混凝土多孔砖的含水率（%）；

W_2——混凝土多孔砖的吸水率（%）。

2. 使用地区的湿度条件；

潮湿——系指年平均相对湿度大于 75%的地区；

中等——系指年平均相对湿度 50%～75%的地区；

干燥——系指年平均相对湿度小于 50%的地区。

生产企业严格按照标准控制干燥收缩率与相对含水率指标，可减少由于混凝土多孔砖收缩而引起的墙体开裂，保证砌体的质量。

5.4 抗冻性

抗冻性是混凝土多孔砖的耐久性指标。目前我国生产的混凝土多孔砖采用普通硅酸盐水泥、矿渣硅酸水泥或粉煤灰硅酸盐水泥，矿渣、粉煤灰等混合材的掺入会影响混凝土的抗冻性。同时一些小型生产企业采用的制砖机成型质量较差，早期养护不好，强度不够，都可能导致混凝土抗冻性下降。本标准根据国标 GB 9239—1997 作出了同样的抗冻性规定（表 7-5)。但不同之处是，非采暖地区亦需进行抗冻性试验，以检验混凝土多孔砖的耐久性能。

抗冻性 **表 7-5**

<table>
<tr><th colspan="2">使用环境</th><th>抗冻标号</th><th>指标</th></tr>
<tr><td colspan="2">非采暖地区</td><td>F15</td><td rowspan="3">强度损失≤25%
质量损失≤5%</td></tr>
<tr><td rowspan="2">采暖地区</td><td>一般环境</td><td>F15</td></tr>
<tr><td>干湿交替环境</td><td>F25</td></tr>
</table>

注：1. 非采暖地区指最冷月份平均气温高于－5℃的地区；
2. 采暖地区指最冷月份平均气温低于或等于－5℃的地区。

5.5 抗渗性

混凝土多孔砖使用于外墙，不论清水墙或外加粉刷的墙均需要进行抗渗性试验，合格才能使用，这比普通混凝土小型空心砌块提出了更严的要求。

5.6 放射性

混凝土多孔砖采用的原材料及其产品放射性应符合《建筑材料放射性核素限量》(GB 6566—2001) 强制性国家标准的规定，否则不能投入使用与生产。产品投产与原材料发生重大变化时应对其是否存在放射性物质，是否超标进行测定，如不符合国标 GB 6566—2001 规定，则应停止生产与销售。

6. 混凝土多孔砖试验方法

混凝土多孔砖的主要性能指标的确定均根据国标 GB 8239—1997，因此，其试验方法也应根据国标《混凝土小型空心砌块试验方法》(GB/T 4111—1997) 规定。尺寸偏差、外观、孔洞结构等按《砌墙砖试验方法》(GB/T 2542—2003) 进行。放射性依据国标 GB 6566—2001 测定。

检验批量的大小一是取决于生产企业的生产规模；二是企业质量的管理水平。国标 GB 8239—1997 中普通混凝土小型空心砌块是10000块的砌块为一批，每月生产的块数不足10000块者亦按一批。本标准采用国标GB 13544—2000中烧结多孔砖检验规则的规定，以其下限35000～150000块为一批，不足35000块者亦按一批计。

抽样规则，考虑到目前生产的混凝土多孔砖，一些小型生产企业质量波动较大，因此尺寸偏差与外观质量检验取样量采用烧结多孔砖国家标准的规定50块，强度等级10块，其余项目抽样同普通混凝土小型空心砌块。50块中检验后多余试件作备用。

放射性测定抽样按GB 6566—2001规定。

7. 混凝土多孔砖的产品合格证、堆放和运输

我国混凝土砌块出厂一般不包装，砌块上墙时的收缩率、含水率随出厂时间、环境温湿度条件而发生变化。砌块上墙时含水率未得到应有的控制，这是造成砌体类墙体开裂的主要的原因。因此，混凝土多孔砖就其材性同于混凝土砌块，所以，要总结经验教训，混凝土多孔砖出厂应适当包装，以保证上墙时的含水率，防止墙体开裂。

8 砌体施工中多孔砖的应用质量控制

多孔砖是一种最基本的建筑材料，因它具有节能和环保的特性，近年来在建筑工程中被逐渐采用。多孔砖和烧结普通砖在砌体施工中的技术规范要求和质量控制标准大体相同。

1. 多孔砖的生产和规格

烧结多孔砖以黏土、页岩、煤矸石为主要原料，经焙烧而成，孔洞率不小于15%，孔形为圆孔或非圆孔。孔洞径小（15～22mm）而数量多，主要适用于承重部位的砖，简称多孔砖。目前多孔砖分为P型和M型砖。P型砖的外形尺寸为240mm×115mm×90mm。M型砖外形尺寸为190mm×

190mm×90mm。各型号砖都生产有配砖，砌筑时与主规格砖配合使用（如半砖、七分头等）。多孔砖的强度等级分为：MU30、MU25、MU20、MU15、MU10、MU7.5。需要注意的是MU7.5的多孔砖只限用于四层及四层以下的多层建筑。还需要提醒的是，要把多孔砖和空心砖区别开来，空心砖是非承重砖型，孔洞率大于35%。

2. 多孔砖的湿润及含水率的控制

2.1 多孔砖含水率的控制

浇水是砖砌体施工工艺的一个组成部分，砖的湿润程度对砖砌体施工的质量影响很大。与烧结普通砖一样，多孔砖砌筑时含水率的大小，直接影响到砖与砂浆间的粘结力，即砖砌体的抗剪强度。对KP1型多孔砖的试验表明，当砖的含水率为10%和接近饱和（含水率约20%）时，砌体抗剪强度比含水率为零的干砌体分别高出64%～85%。这与普通砖的试验结果是一致的。为此，在有关规范标准中，对多孔砖砌筑时的含水率规定也和普通烧结砖相同，即控制在10%～15%范围内；同时，这样也可以使砂浆的强度保持正常的增长，提高砌体的抗压强度。

需要指出的是，多孔砖由于具有多个小圆孔，浇水时孔洞内有水流入，有利于砖的吸水，但这只是一个方面。另一方面，由于孔洞的存在（孔洞率一般为20%～25%），而多孔砖又是以面积来确定强度等级。因此，在相同强度等级情况下，多孔砖密度必然大于普通砖，从这一点看，又不利于多孔砖的吸水。故在多孔砖的浇水问题上，不要误认为多孔砖存在孔洞而可以缩短浇水时间或者马虎从事。应该在砌墙前1～2d，进行浇水湿润，否则难以达到规定的含水率要求。现场检验多孔砖含水率的简易方法：采用断砖法，当砖截面四周融水深度为15～20mm时，视为符合要求的适宜含水率。

2.2 多孔砖的运输及装卸

多孔砖因带有孔洞，薄壁部位较容易破损，破损的多孔砖难以使用，并造成损失。为此，在运输、装卸过程中应加以注意，特别要禁止随便抛掷或采用翻斗车倾卸等现象。

3. 砌筑砂浆的拌制与使用

3.1 砂浆的拌制

多孔砖砌体中使用砂浆的强度等级符合设计要求是保证砌体受力性能的基础，因此必须合格。拌制砂浆用的水泥进场使用前，应分批对其强度、安定性进行复验。砂浆用砂宜使用中砂并应过筛，不得含有有害杂物。砂中的含泥量对于水泥砂浆和强度等级不小于M5的水泥混合砂浆不应超过5%；对于强度等级小于M5的水泥混合砂浆不应超过10%。拌制砂浆用水，水质应符合现行标准《混凝土用水标准》(JGJ 63)的规定。砂浆应采用搅拌机拌合，拌合时间一般不得少于2min。砂浆应随拌随用，水泥砂浆和水泥混合砂浆应分别在3～4h内使用完毕；当气温超过30℃时，应在2～3h内使用完毕。

3.2 砂浆的稠度要求

砌筑多孔砖的砂浆，其稠度大小主要应考虑砌筑操作方便，同时，又要避免砂浆过多落入孔洞内而造成浪费。现行国家标准《砌体工程施工质量验收规范》正是出于减少砂浆过多落入空洞内这一考虑，对多孔砖砌体和普通砖砌体的砂浆稠度，分别规定为60～80mm和70～90mm。即多孔砖砌体比普通砖砌体少10mm。但是，通过对多孔砖砌体的有关试验及现场施工的观察发现，对于孔洞直径为18mm左右的多孔砖，采用与普通砖砌体相同稠度的砂浆进行砌筑。砂浆落入孔洞内的深度大小不一，但一般不超过20mm，说明落入孔洞内的砂浆并不多。而所形成的销键作用可以提高砌体的抗剪强度。不少试验对比资料得出，在相同砂浆情况下，多孔砖砌体比普通砖砌体抗剪强度约提高15%。鉴于目前多孔砖的孔洞多为小圆孔状，根据砂浆落入孔洞内的实际情况，对多孔砖和普通砖砌筑砂浆的稠度作相同的规定还是合适的。为此，在行业标准《多孔砖(KP1)型建筑抗震设计与施工规范》中规定，多孔砖砌筑砂浆稠度宜控制在70～90mm。

实际施工时，砂浆的稠度尚应根据砖的含水率情况来确定。前已述及，多孔砖的含水率要求控制在10%～15%。当砖的含水率为上限（即15%）时，砂浆稠度应取下限（即70mm左右）；反之，当砖的含水率为下限（即10%）时，砂浆稠度则取上限（即90mm）。这样，既便于施工操作，又有利于砌体质量的提高。

3.3 砂浆的饱满度问题

（1）水平灰缝砂浆饱满度。所谓砌体的水平灰缝砂浆饱满度，其含义是砖与水平砂浆层的接触面积，占砖水平面积的百分比。饱满度大小将直接影响砌体的强度，特别是抗剪强度。但是与烧结普通砖所不同的是，多孔砖与砂浆层的接触，除孔洞部位与砂浆接触外，在孔洞处还存在着因砂浆进入孔洞而形成的销键。需要指出的是，砂浆层与上、下层多孔砖的接触情况是有所不同的，砂浆摊铺于下层多孔砖上，下层砖非孔洞部位与砂浆是百分之百接触，而上层砖非孔洞部位与砂浆的接触情况则视砂浆摊铺的平整程度而定，这一点与普通砖是相同的。但对于多孔砖还涉及孔洞处砂浆进入洞内的问题，对下层多孔砖而言，进入孔洞内的砂浆，是在摊铺砂浆时因自重而形成的挂浆；对于上层砖来讲，进入孔洞内的砂浆则是靠在上层砖的压力作用下形成的凸起砂浆，其销键作用必然弱于下层砖。基于以上分析，故砂浆层与下层砖的粘结强于砂浆层与上层砖的粘结。曾对60个多孔砖砌体抗剪试验的试件破坏位置做过统计，除9个试件为灰缝本身剪断破坏外，其余51个试件的破坏均发生在砂浆层与上层砖接触处。由此说明，如在砌筑多孔砖时带一挤揉动作，必将增大砂浆层与上层砖之间的接触和砂浆进入孔洞内的深度，从而提高砌体的抗剪强度。采取这种砌筑手法的效果，比普通砖更为明显。即施工规范要求砌筑时，宜采用“三一”砌砖法（即一铲灰、一块砖、一揉压的砌筑方法）。还应注意，当采用铺浆法砌筑时铺浆长度不得超过 750mm，当气温超过 30℃时铺浆长度不得超过 500mm。

（2）竖向灰缝砂浆饱满度。现有的多孔砖主要有 P 型和 M 型两种。普通砌体的竖向砂浆由两方面形成：一方面砌砖时通过砖的推挤，将已摊铺的砂浆挤入竖缝；另一方面则是在摊铺砖面上砂浆层时，通过用瓦刀左右刮动而落入竖缝内一些砂浆。但是，对于高度 90mm 的多孔砖来说，依靠上述方法来保证竖缝砂浆的饱满度显然是不可能的。为此，砌筑时必须采用打顶头灰或加浆填缝的办法来保证竖缝的饱满，以满足规范要求的“不得出现透明缝、瞎缝和假缝”。

实际施工时，加浆填缝比较费事，故一般以采用打顶头灰的办法，这使砂浆与砖的顶面能较好的粘结。但必须使砂浆具有良好的和易性，避免打好的顶头灰在砌筑过程中脱落。

4. 多孔砖砌体施工中的几个问题

4.1 多孔砖砌筑的问题

多孔砖砌筑时孔洞应垂直于受压面，砌筑前应试摆。冷胀环境条件的地区，地面以下或防潮层以下的砌体，不宜使用多孔砖。

4.2 圈梁下面一层多孔砖孔洞的封堵

多孔砖由于存在孔洞，为避免浇筑圈梁混凝土时，水泥浆流入孔洞造成蜂窝缺陷，故必须对圈梁下面一层多孔砖事先用砌筑墙体的砂浆堵抹。当墙顶不足以砌一层多孔砖时，可改砌普通砖，防止圈梁混凝土漏浆。

4.3 砌筑时宜拉反手线

鉴于多孔砖的应用在某些地方刚刚起步，砖的尺寸偏差较大，为使墙体两面都有较好的平整度，砌筑时可采取拉反手线的方法。这样操作人员在砌筑时，正手墙面可在正面控制，而反手墙面则以拉线来控制，达到正、反手墙面都照顾到的效果。这样做，对下一道抹灰工序也是很有利的。

4.4 管线凿槽问题

多孔砖由于有孔洞存在，控制凿槽尺寸的难度比普通砖大。水平管线应考虑尽量通过楼板孔洞或混凝土圈梁内预埋管来解决，而砖墙上的垂直管线则仍然只能进行打凿。为保证墙体的强度不被削弱，一方面尽量控制好凿槽尺寸；另一方面应做好事后的修补工作。对于一般较小的凿槽，可采用1∶3水泥砂浆进行修补，而对于管线集中布置的较大凿槽，则应该采用细石混凝土浇灌密实。

目前，建筑市场比较混乱，劳动力来源比较分散，尤其是大量民工涌入建筑劳务市场，工人技术素质不一，因而在砌体施工过程中要加强管理。工人上岗操作前，要详细做好技术交底和必要的培训，特别要强调关于多孔砖砌体的特点和应注意的问题。另一方面，要在实际施工中进行锻炼提高和指导。我们在施工过程中发现有这样的现象，在某栋七层砖混结构的宿舍楼施工中，采用240mm×115mm×90mm多孔砖。在开始砌筑第一层时，质量问题比较多，竖缝宽窄不一，甚至出现瞎缝、游丁错缝，大大超过规范的规定，砂浆饱满度也达不到80%的要求，所以返工现象较多。随着加强管理和工人自身水平的提高，在上部各层中，质量缺陷逐步得到纠正，砌体质量得到提高。因此在掌握多孔砖砌筑技术的同时，操作人员还要不断增强责任心，施工管理人员必须加强检查和监督，这样才能提高多孔砖砌体的施工质量。为达到“百年大计，质量第一”的目的而奠定基础。

9 石材装饰干挂（粘）施工的质量控制及应用

装饰工程石材干挂（粘）工艺的施工技术难度较大，其干挂（粘）施工是利用高强耐腐蚀连接件，将装饰石材安装固定在建筑物外墙表面的一项新型装饰施工工艺，施工技术要求高且操作难度相对较大。作为工程承建单位，首先要根据工程设计要求和施工合同规定，建立健全工程质量管理体系和安全质量责任制，认真进行工程项目的质量控制策划，确定工程质量方针、目标，查出项目施工控制的影响难点和确定关键工序。实践表明，要达到装饰的质量目标，必须围绕“人员、机具、材料、方法、环境”五个施工质量控制要素进行全面质量控制。在施工过程的各个工序环节中，必须对这“五大要素”进行切实的控制和具体的落实，在墙面工程干挂（粘）施工中得到实际应用。

1. 干挂（粘）石材施工中人员素质的影响

施工中人员的素质是关键因素，无论是现场技术管理人员还是具体操作者，其具有的技术高低、责任心强弱、熟练程度都将直接影响到工程的质量和进度。

对于质量管理人员和施工技术管理人员，要求必须具备类似工程的施工及管理经验，责任心、敬业精神强。由于装饰石材干挂施工属于室外高空作业，安全质量管理人员必须了解脚手架的安全使用要求。要能意识和防范在高空进行焊接、安装施工存在的危险，针对施工中可能出现的危险预防进行策划，提前对操作人员进行防范风险的培训，对可能出现的风险采取具体处理措施。正式施工前，管理人员必须对操作人员进行安全技术交底，对石材干粘施工的工序要求、操作要点、质量控制方法、措施，如焊接焊缝、涂胶至挂石材的间隔时间、达到的质量标准等详细交待清楚，使操作人员心中有标准、成活有要求，减少返工浪费。

2. 机具对施工质量的影响

现在装饰施工机械化程度相对较高，机械设备的广泛使用对提高施工进度、确保施工质量更加有利。在机具的配置时，要考虑对复杂石材的加工需要。为满足外观质量要求，对异形石材应由智能自动控制的水刀切割机切割，这些加工制作应在场外进行。半成品进入现场只有安装的工序，因此，石材切割的标准对安装影响较大，外形规格误差超标，安装质量控制难度相对困难。对石材干粘的质量控制要求是：表面平整、拼缝宽度均匀、大小一致、粘结牢固。要达到外观的质量优异，实践表明，石材切割加工是关键，安装是保证。因此，对有拼花图案石材的加工精度要切实认真预控，机械切割精度的选择是重点，要防止边加工边安装而产生的质量弊病。

机械的选择要考虑切割速度及精度，还有噪声及排污对环境的污染与危害。机械设备的布置不能影响施工人员及周围相关方面的安全，做到加工材料的搬运量要小，距离要近。从施工实际来看，机械对施工质量的影响会越来越大，确保机械的工作处于良好状态，对进场前机械的维护保养显得至关重要，对机械设备的性能选择是确保质量进度的关键。

3. 材料质量的影响

3.1 材料质量检验

材料质量的影响是非常关键的。在干挂（粘）石材装饰工程中，材料是质量安全影响最主要的因素。装饰所用的材料主要是几个类型：钢（铝）骨架材料、焊接材、挂板、挂钩、石材、结构胶和耐候密封胶等。对使用的每一种材料都必须有出厂合格证和检验报告、质量保证资料，还应有材料力学性能试验及石材放射性检测报告。除出厂具备的各种试验资料符合要求外，按规定还必须对部分材料取样抽检，抽样复试合格后才准许用于施工。

3.2 石材选择

石材质量的选择是最重要的，要选择色泽均匀、花纹接近、色差小、没有裂缝、没有缺角掉楞、没有任何损伤的石材，且试验弯曲强度大于10MPa的材质。在选择时一定要重视石材的受力性能、外观尺寸误差、表面平整光洁、厚度必须符合设计要求。块体四周平直、方正，开槽正确，材质吸水率、变形量均符合相应的规定或行业标准，使干挂（粘）装饰石材质量经得起时间和环境的检验。

3.3 连接型材选择

固定石材的主要型材，钢质或铝型材都必须符合设计要求，钢材要选择镀锌型材，如需要防腐时必须采用加强级处理，铝材表面的电镀层要达到国家 AA15 级以上的厚度要求，连接挂板厚度要大于 3mm 的不锈钢板或 4mm 以上的铝板，以确保基底材料的强度、刚度和耐久性。

3.4 结构胶选用

必须选择符合国家或行业标准的专用结构胶和耐候胶，以保证不发生渗漏产生的质量弊病。一些石材干挂（粘）外墙装饰出现渗漏的问题，原因就是石材粘结缝隙内的胶不是石材专用胶，粘结质量得不到保证，容易出现渗漏现象。

4. 工艺方法的影响

工艺方法即装饰施工的具体操作实施工序过程。在外墙石材干挂（粘）饰面施工中，合理的工艺流程、先进的方法措施，才能更好、更快地完成项目的装饰施工。

4.1 工序流程

测量画线—检查预埋—检查型材—验收连接件—钢架制作安装—钢架验收—石材检验—石材安装—块体缝抹胶封闭—表面清理—验收。

4.2 施工方法

根据石材规格测量弹好纵横线。弹线前再认真熟悉、查验施工图，确定放线的方法步骤，画出测量放线控制草图，再到现场实地丈量，弹出施工控制线，将误差减小到允许范围内。

4.3 钢框架的制作安装

根据设计型材规格首先切割所需要的材料长度，需要在地面焊接拼装的，尽量在地面焊接。所用焊条必须同母材相符合，对焊接质量必须有专业人员检查。在建筑外墙相应固定的部位安装预埋构件，将已焊好的框架固定在埋件上。需要焊接的配件按要求焊接，并对焊接处经检查作隐蔽验收。需要防腐时要认真防腐，检查合格后再进行下道工序。

4.4 石材的安装

这是外饰面的最后一道工序，也是工程质量检查的重点。施工时将选择好的石材用嵌缝胶嵌进下层石材的上孔，插入连接钢针，再嵌上层石材下孔。临时固定上层石材，钻孔、插膨胀螺栓、镶不锈钢固定件，检查无任何问题后清理石材表面，粘防污染胶条、嵌缝、刷罩面涂料。

5. 环境因素的影响

自然环境对外饰面工程施工的质量影响是直接的。由于外墙在露天又是在高空作业，受气候影响较大。电焊作业不易在雨天和风天施焊，也不宜在烈日下作业。必须根据工程所处位置的具体实际，编制可操作性的施工组织措施。例如，工程外饰面即将进入冬期，日最低气温降至0℃或以下时，由于工程必须继续施工，要采取冬施保温措施的特殊方案。方案经相关部门批准后再施工，项目部根据方案要求和施工现场的实际情况，组织落实所需物资材料，对参加高空作业的人员进行安全、质量专项教育，考核合格人员才能进行施工。同时应安排专人收看天气预报，随时掌握气候变化。对冬施最主要的保温材料要准备充足，冬施人员的安全保温防护也必须到位。如遇雨天或大雾天，钢材、石材表面结露或凝湿时，要停止施工作业；罩面涂料涂刷之后的4h以内要保证其干燥不受雨淋；施焊时风速超过3级即采取遮掩措施；焊接后的高温处避免雨水冲淋急降温；当外部风力达到5级以上不允许在高空作业；尤其雨、雾气候，要做好高空的防滑安全措施。

结构胶的自身质量对工程质量和石材粘结的牢固、安全耐久、防止水的渗漏非常重要，必须严格选用并按产品说明书的要求施工。结构胶的保存要有专门的房间，室内要求通风、防尘、清洁、无火种，并配有必要的设备，室内温度夏天低于25℃、初冬不低于10℃，相对湿度在40%左右的环境下储存。现场注胶时的最低气温不能低于5℃，且在风雨天停止作业，防止雨水或砂进入胶缝。若温度过低胶液延缓固化时间，会逐渐流淌，影响到延伸变形的强度和外观质量。

6. 石材干粘的工程应用

6.1 材料的选择

强力胶选用环氧树脂型双组分石材专用胶，例如，协力牌高强石材专用胶，能和石材，混凝土、钢材牢固粘结，其强度超过石材和混凝土，能承受较高的拉力、压力和剪切力，可以在－10℃气温下施工，并具有合适的凝结时间。胶拌合后在30～40min内开始凝结，便于施工安装和调整。石材的选择，将加工合格块材中颜色均匀一致、尺寸误差最小的挑选出来，准备使用。

6.2 施工过程的工艺控制

在墙面直接干粘的工艺流程：检查清理基层—测量放线—胶点基层处理—墙面钻孔—调配胶粘剂—植筋—粘贴石材。

施工工艺：(1) 清理墙面基层及测定。用钢丝刷等手持工具将墙面残余物清除干净，认真核实墙面平整度和垂直度，记录好实际偏差并做出标志；(2) 测量画线。根据标高控制线结合石材板块尺寸，按照胶点位置在墙面上弹出分格线，同样在石材背面弹线确定相应胶点部位；(3) 胶点处基层处理。用打磨机将墙立面上胶点位置处和石材背面相应胶点位置处磨出新槎，面积为50mm×50mm；(4) 墙面钻孔。在墙面的胶点处钻直径12mm、深100mm的孔，将孔内垃圾冲洗干净；(5) 配置粘结胶。按体积比（甲组分：乙组分＝2：1）进行，在干净的容器内配置；两组分混合时一定要把胶从底部翻起混合均匀，配置好的胶必须在30min内用完，做到边拌合边粘贴施工；(6) 植筋。将已配置好的胶注入钻孔内填满，根据墙面平整度和垂直度测量结果，在孔内植入110mm长不锈钢螺杆，保证螺杆外露端头在同一平面内；(7) 粘贴石材。将配兑好的强力胶点涂在石材背面磨出的新槎上，每块石材一般有8个以上的胶粘点，胶点距块材长边边缘

20cm、距短边边缘 12cm，涂胶点 40～50mm。涂胶时将胶放在石材背面粘贴处来回揉搓，使胶液充分湿润粘贴处面。再用工具将胶旋搅堆成塔状胶柱，胶柱高度不低于 20mm，将块材安装到设定部位。仔细调整块材的平整度和垂直度、标高及周边缝宽，停置 4min 即可完成。在胶液终凝前要防止板材表面的平整度，胶点粘结节点构造如图 9-1 所示。

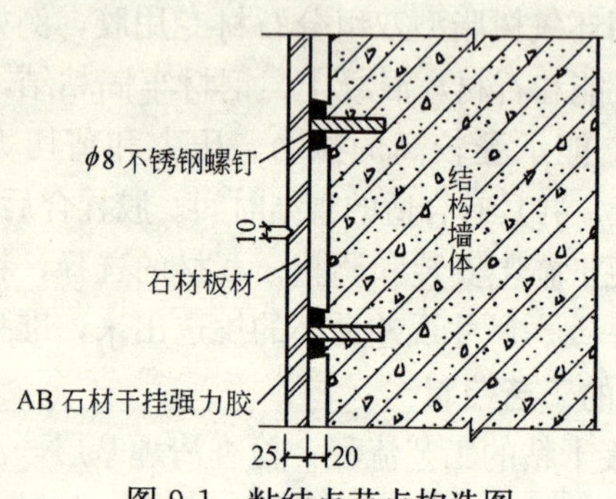

图 9-1 粘结点节点构造图

石材安装顺序应由下向上逐块分层进行，安装施工时，将块材用卡具和小木楔临时固定和调正、调平，用 3m 长直尺和水平尺随时调检，在阴阳角处石材粘贴如图 9-2 所示。

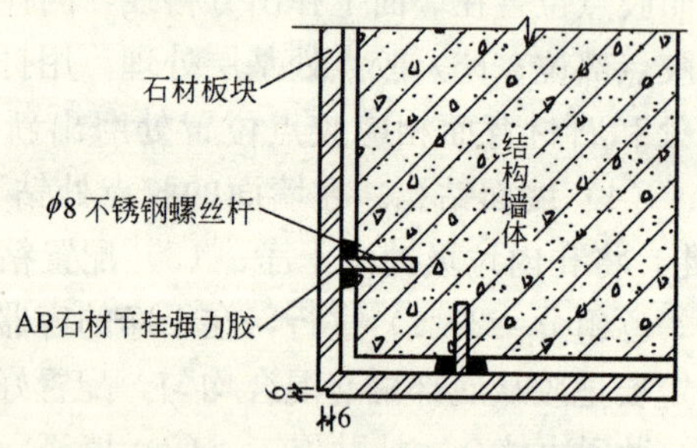

图 9-2 阳角处石材粘贴做法

另外，对粘贴合格的块材要进行拉拔试验，随机抽出几个点进行拉拔，每个点必须合格率为 100%。并检查块材不得有缺角、裂缝、划伤等缺陷。

7. 小结

在从事石材装饰干挂（粘）施工的应用中体会到，要达到装饰施工的设计和验收质量，必须围绕“人、机、料、法、环”5大施工质量控制要素展开工作，任何一个环节控制不到位，都将影响到整个施工质量达不到相应的要求。只有认真有效地对这五个影响施工质量的要素严格控制，抓好每个环节过程的施工质量，才能生产出符合质量要求的装饰效果。

10　治理外墙渗水的一些技术措施

导致建筑外墙渗水的因素多，涉及面广，一般是由于温差、结构、干缩变形和不均匀沉降等原因所造成。砌块、多孔砖的砌体比烧结普通砖砌体渗水多；窗台倒泛水、沿门窗框周边缝隙渗水率达总数的12%～15%。由于突出墙面的构件滴水槽和滴水线施工不标准，雨水沿墙面流沿和爬水；外粉刷或面砖等操作不规范，造成空鼓、脱壳、裂缝而渗水。这些都直接影响建筑物使用功能，因此，必须采取措施防治外墙渗水。

1. 抓好墙体砌筑质量

砌体质量既是工程结构质量的保证，又是外墙防水的先决条件，砌体的水平缝、竖缝、头缝中的砂浆必须饱满密实，以减少渗水通道。

1.1　禁止干砖砌墙

用干砖砌墙砂浆很难铺摊均匀，砖缝砂浆不易饱满，砌体粘结性差，抗剪强度低。按《砌体工程施工质量验收规范》（GB 50203—2002）规定，“砌筑砖砌体时，砖（烧结普通砖、烧结多孔砖、蒸压灰砂砖、粉煤灰砖等）应提前1～2d浇水湿润”，“空心砖、蒸压加气砖砌块、轻骨料小型空心砖等砌筑前块材应提前2d浇水湿润”，“蒸压加气混凝土砌块砌筑时，应向砌筑面适量浇水”。因此，必须加强管理，砌墙前先要浇水湿润砖块。

1.2　严格控制填充墙的沉缩裂缝

有的将填充墙一次砌到梁底，常因砌体灰缝干缩而沉降，沿框架梁、板底产生水平裂缝，造成渗水。

填充墙砌体与框架柱间的缝隙要用砂浆填嵌密实，框架柱伸出的拉结筋要砌入砖缝中，如拉结筋是植入混凝土柱中的，则需对拉结筋做拉结试验，确保植筋质量。当填充墙砌到了离梁、板底 500mm 左右空隙时，停止砌筑至少 7d，待填充墙灰缝干缩沉实后，再砌顶部墙，还要留 180～200mm 空隙，用斜砌丁砖的角度在 50°～80°之间，斜砖缝必须铺满挤实砂浆。

1.3　采用挤揉法砌筑

采用挤揉法砌筑，必须提高操作人员的挤揉砌砖基本功，用“三一”砌砖法，即一铲砂浆、一块砖、一挤揉的操作法。也可用“2、3、8、1”砌砖法：即 2 种步法、3 种身法、8 种铺灰手法、1 种挤浆动作的满铺满挤操作法，确保头缝挤满灰浆。

1.4　及时纠正偏差

不准在砌好后的墙上砸砖纠偏，砖和砂浆已初步凝结成整体，再去砸砖纠正偏差，会使敲动的砖块与砂浆脱离，产生渗水的缝隙。因此，操作人员要掌握砌筑要领才能上岗，严格控制砌体的平整度和垂直度，要及时检查砌筑质量，发现偏差及时纠正。

1.5　重视女儿墙的砌筑与构造

为防止女儿墙的裂缝，下部构造柱要升至与女儿墙压顶连接。两山墙的屋面板端头和砌砖的空隙宜用聚乙烯泡沫塑料板填嵌，防止屋面板在温差应力的作用下推裂女儿墙而渗漏水。施工前，浇水刷扫干净屋面结构层面，拉好通线砌平第一皮砖，用强度等级大于 M10 的砂浆满铺一次找平，女儿墙砌筑时的水平缝、头缝、竖缝，都必须挤满砂浆。

2. 堵塞墙体一切能渗水的“通道”

外墙装饰施工前，要有专职检查员，检查墙体上的空头缝、孔洞、填充墙上口的缝隙，门窗周边的缝隙，脚手架的孔洞等，记录好所有孔洞的位置和数量。安排有经验的技术工人按要求逐项堵塞。然后对照记录检验合格，方可交付外装饰施工。

2.1 堵塞砌体的空头缝和孔洞

清除空头缝中酥松的砂浆，瞎头缝要凿出的宽度大于8mm、深度大于30mm。铲除立模和脚手架的孔洞中的砂浆。凡是砌体上的螺栓孔、外墙预埋的铁脚、阳台栏杆伸入砖墙的孔隙，要凿除周边和孔内砂浆，冲洗干净，堵塞前用水泥浆涂刷一遍，随即用掺6%防水剂的1∶2.5水泥砂浆嵌补密实。深度大的孔隙要分层嵌补，每层厚度不大于8mm。孔洞用两块断砖堵塞比一块整砖嵌得密实，砂浆要随拌随用，将所有的缝隙填嵌密实，如图10-1所示。

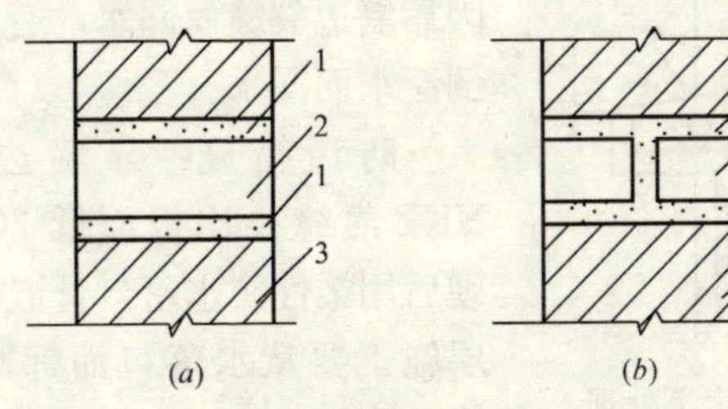

图10-1 穿墙孔洞的嵌补

(*a*) 用整砖补；(*b*) 用两块断砖补

1—灰缝中嵌满砂浆；2—砖块；3—墙体

2.2 把填充墙上口的缝隙嵌密实

框架结构的柱边、梁底缝隙处，先要刮除残余砂浆，洗刷干净，随即用干硬性1∶2.5水泥砂浆填满，嵌塞密实。

2.3 处理好门窗周边的缝隙和窗台

安装好的门窗经检验合格，清扫门窗周边及接触处墙

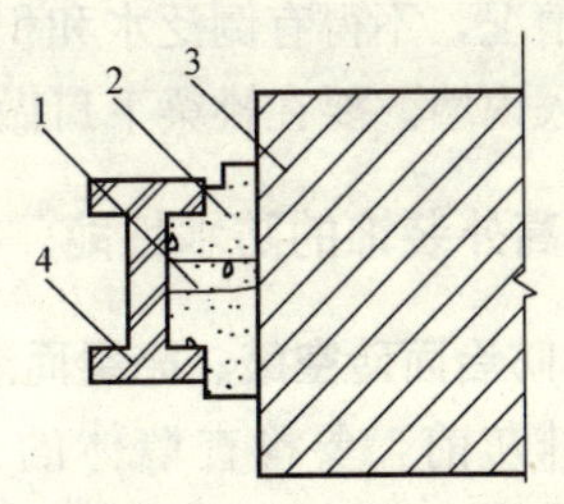

图10-2 钢窗周边的嵌缝

1—头道水泥砂浆嵌缝；2—二道嵌缝；3—墙体；4—钢窗的立框

体，冲水湿润，刷水泥素浆一遍。随即用1：2.5的水泥砂浆分两次嵌塞，嵌头道灰要内外对称嵌，隔24h后再嵌二道灰，表面压实抹干，外边留5mm的凹槽，待外装饰完成后，缝内嵌防水密封膏，如图10-2所示。

认真砌筑好窗台下的砌体，砌体的灰缝砂浆必须饱满。窗框下口距离挑出砖面不小于45mm。挑出窗台做法如图10-3所示。

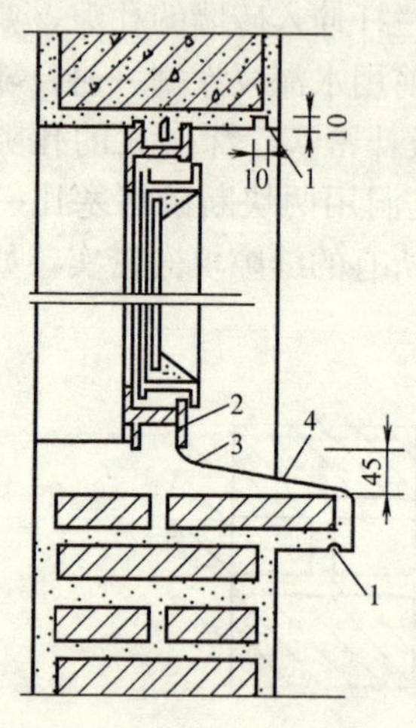

图10-3　钢窗上下处理

1—滴水槽；2—钢窗；3—窗框下20圆弧；4—挑出窗台

窗台面抹灰的流水坡上端，要缩进窗框并做20mm的圆弧，窗过梁和窗台挑出端的下口都要做10mm×10mm的滴水槽。

2.4　防治阳台渗漏水

挑阳台在荷载作用下变形，常因靠墙边裂缝而漏水，有的阳台面倒泛水而漏水。

防治措施：靠墙边的阳台YKB灌缝要比板面低20mm，干硬后用柔性防水密封膏嵌平。找平层施工要从水落口面标高拉坡度线，清扫冲洗板面，先刷一遍素水泥浆，用细石混凝土或砂浆找平、拍实抹光，隔24h浇水养护时检查排水情况，不得有倒泛水和积水现象。还要防止雨水从斜挑梁流淌渗入内墙。要在挑梁下口做两道滴水槽或滴水线。

3. 提高外装饰的防水性能

3.1　防治面砖空鼓、壳裂而渗水

抹灰前，要检查墙体的一切空洞是否按要求堵塞好，墙面的头道灰必须嵌入砖缝。面砖铺贴前要全面检查抹平层。凡有空鼓、脱壳、酥松处必须铲除、修补平整，合格后方可施工。

3.2 外墙抹灰抗裂防水措施

（1）基层浇水要适时提前进行，要注意保证均匀、适量，必须待晾干之后再开始抹灰。如遇雨期施工，则应采取相应的技术措施。

（2）基层抹灰要均匀平整，表面要粗糙。

（3）加强抹灰面的保护和养护。施工规范规定，水泥砂浆的抹灰层应在湿润的条件下养护。特别在暑期施工时，饰面经暴晒后，常常脱水过快而干燥发白，面层强度降低，严重者甚至强度完全丧失，饰面吸水性增大，一遇冻融，就会酥松剥落。

（4）外墙分格采用 PVC 塑料分格条，把分格条留在抹灰面内，PVC 分格条具有不需取出、不吸水、线条平滑规则、不积水等优点，可以防止外墙分格槽内渗水，造成外墙开裂。

（5）外墙抹灰整体性强。一旦出现问题，返工或处理都有很大困难。因而，施工操作时一定要按程序施工，确保一次成活，如一旦出现面层空鼓开裂等情况时，即使不影响观感，也要返工重做，干裂缝在外墙涂料施涂前用封底涂料处理好，否则将会给饰面的防水留下隐患。

11 高层框架梁柱节点施工质量控制措施

结构抗震性能的好坏主要依赖于自身的强度和延性，框架结构实现其优越抗震性能的基本保证是实现设计准则“强柱弱梁、强剪弱弯、强节弱杆强锚固”。这一准则强调了构件的强度及构件强度的大小排序问题，节点的强度要高于柱，柱的强度要高于梁，目的是在强调强度的同时保证结构的延性。在框架结构中梁柱节点是非常重要的，该处是剪切脆性破坏很突出的部位。在地震作用下，节点受到的水平剪力是柱的 4～6 倍。一旦节点遭到破坏，整个体系就会变为结构可变体系，丧失稳定而倒塌，所以一定要保证节点的强度和延性。

1. 施工中存在的问题

某高层钢筋混凝土框架-剪力墙结构商业写字楼工程，地下2层，地上10层，局部14层，建筑檐口高度为46.6m。地下部分柱截面为1000mm×1000mm，混凝土强度等级为C50，首层至三层柱截面为850mm×850mm，九层以下柱混凝土强度均为C50，梁板强度等级C30，梁截面450mm×450mm，采用泵送商品混凝土。本工程中梁柱节点区钢筋很多，纵横交错，安装箍筋和浇筑混凝土难度均非常大。

1.1 钢筋施工

1.1.1 加密箍筋不设或设置不到位

保证框架节点抗剪强度的主要因素是节点混凝土强度和加密箍筋的作用。在混凝土强度和梁纵筋固定之后，节点抗剪强度就取决于节点箍筋的配置情况，所以梁柱节点处的箍筋设置很重要，箍筋约束下的核心混凝土的轴心抗压强度比素混凝土提高13%~43%。按照常规施工程序，梁柱节点要与本层的梁板一起浇筑，节点箍筋与本层梁板钢筋一同安装。因为该处纵横梁和柱的纵筋交汇，另外加密箍筋又常常是井字复合筋，所以钢筋非常难定位和绑扎，现实中操作人员只是保证了梁筋的位置，加密箍筋往往被丢掉或间距不能保证，也有的箍筋绑扎松扣、缺扣、贴不到主筋、弯钩角度不够等。这其中有些是工人怕麻烦，也有些是安装确实困难。现场检查发现，由于梁筋的直径多为25、28、32mm，且多数又是双层筋，而纵横梁的标高又是一样的，这样即使不要求保证纵向钢筋间的30mm净距，梁上部纵横向的4排钢筋紧贴着排时就已超过了100mm，超出了箍筋的加密间距，所以，像这样部位的箍筋间距确实无法达到。

1.1.2 纵向受力钢筋排距不匀

现行国家标准《混凝土结构工程施工质量验收规范》（GB 50204—2002）中严格要求，梁上部纵向钢筋的净距不应小于30mm和1.5d（d为钢筋最大直径），下部纵向钢筋的净距不应小于 25mm 和 d。在实际施工中，节点内梁的上下纵向钢筋排距却达不到规范要求的净距，特别是边节点锚固下弯竖向钢筋甚至有“把子筋”现象，这样会造成浇筑后这种钢筋不能被混凝土充分包裹，影响其握裹粘结力，降低结构的整体抗震性能。

1.1.3　梁主筋的锚固

梁主筋的锚固问题常出现在边节点。按照现行规范要求，中间层边节点内的上部钢筋锚固长度应符合 $L_{aE}=1.15L_a$，并应伸过节点中心线不小于 $5d$；当纵向钢筋在边节点内的水平锚固长度不够时，沿柱节点外边向下弯折，且弯折后水平投影长度不小于 $0.4L_{aE}$，垂直投影长度取 $15d$（图 11-1）。由于高层结构荷载较大，梁内配筋较多，这样纵筋锚固下弯长度会超过节点范围高度较多。按照常规施工方法，先浇筑柱混凝土到梁底标高下 2～3cm，然后再绑扎梁钢筋，此时出现了锚固下弯筋不能就位的现象；为方便施工，时常有截短锚固长度的情况发生，或施工人员直接下料取短达不到 L_{aE}。这样，检查人员稍有疏忽就会留下质量隐患。另外，对于梁筋直径不大的钢筋锚固，锚固长度总长要求小，在节点内折弯后的垂直段长度不能达到规范要求的 $15d$（此时已满足 L_{aE}），这样在地震力的作用下，垂直段会剔破保护层，使节点提早破坏。

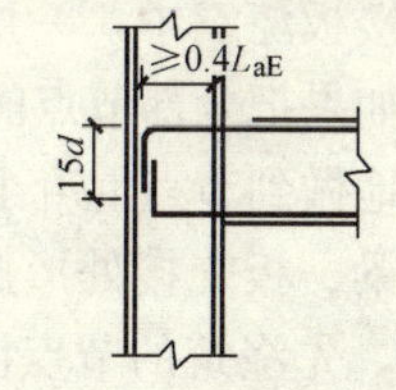

图 11-1　梁主筋锚固示意

1.2　混凝土施工

高层框架结构由于受柱的轴压比和截面的限制，下部几层柱一般要采用高强混凝土，而梁板按照《高层建筑混凝土结构技术规程》(JGJ 3—2002) 规定不能超过 C40。这是由于梁板主要受弯，不需要太高的混凝土强度，同时也为了避免采用高强混凝土带来的梁板收缩裂纹。所以，设计时普遍采用柱混凝土强度等级高于梁、板 2～4 个等级的办法。实际工程中，楼板的合适混凝土强度为C25～C35，而计算的柱混凝土强度常达到C50或C60。本工程中柱混凝土强度等级为C50，梁板为C30，相差4个等级。

目前混凝土浇筑施工几乎都采用商品混凝土泵送工艺，而且习惯于将竖向构件与水平构件分两批集中浇筑，梁柱节点被作为水平构件但又作为柱的组成部分，有“强节点”的要求，要用柱高强度混凝土浇筑，这就产生了同一浇筑层梁板与节点混凝土强度等级不一致的问题。如果按照规定，梁柱节点处不采用梁板混凝土，而要单独浇筑，则可能会产生一系列问题。首先是节点混凝土的供应量和浇筑时间不易控制，会导致质量事故。在较大面积的楼板浇筑中，一次供应的高强度等级混凝土量不易准确把握。如果把全部节点的混凝土一次进场浇筑，由于施工中不能很准确地做到节点混凝土终凝以前浇灌梁板混凝土，势必造成柱节点与梁、板交接处形成冷缝或施工缝，降低了梁板的整体性。另外，先浇筑的节点混凝土不能及时进行振捣。因为即使按照常规做法设置45°金属板网，由于钢筋穿插较多，遮挡不会很严密，振捣时同样会使节点混凝土大部分流窜到梁内，导致核心区高强混凝土量不足，需要多次补足；可是如果等梁板混凝土在节点四周浇筑后再一同振捣，此时的节点混凝土有可能已初凝，会影响节点的密实性。如果分批进场高强度混凝土，在使用1台布料机的情况下，还会造成泵管内混凝土的混合，不能保证节点质量。

2. 解决措施

2.1 节点加密箍筋设置

（1）方法1：将封闭箍筋改为2个对口箍，在梁筋绑扎后按照规定的间距插入并焊接封闭。

（2）方法2：①将节点分成若干组，每组指定1名专业技术人员负责指导钢筋安装；②提前认真核对通过每个节点的钢筋量，画出节点的钢筋安装顺序图并做好技术交底；③按照提前考虑好的顺序，将纵横梁的底筋、节点箍筋、梁腰筋、梁上部各层筋在节点处就位（此时要注意位于梁的2层负弯矩筋间的节点箍筋也要就位），不要绑扎，局部可临时固定；④按照准确位置绑扎纵横梁筋；⑤调整就位节点部位的箍筋并绑扎。

2.2 钢筋锚固

（1）方法1：①为避免弯钩较多、节点内钢筋太密，对梁底钢筋锚固可在钢筋端部绑条单面焊接3个同直径的10d长的钢筋头，以扩大端部，增加锚固力；②上部第2层钢筋仍采用弯钩的形式；③最上面的钢筋伸到节点外边处并全部焊接到1块12～16mm厚的钢板上（图11-2）。这种方法尽管未经过试验验证，却是参照国外的成熟方法“EG固定板法”设计，它既可以避免弯钩处的“把子筋”，又能保证钢筋间距，方便节点钢筋安装，不足之处是钢筋就位后需进行焊接作业。

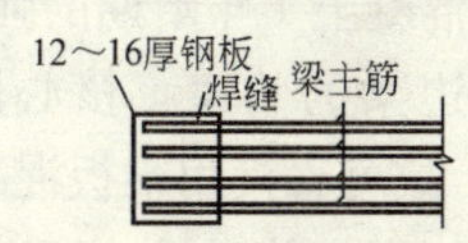

图11-2　梁主筋焊钢板锚固示意

（2）方法2：①提前认真核对进入节点的梁钢筋，按照规范要求计算钢筋需要弯折的量；②考虑满足钢筋净距的要求，按照弯钩逐渐后退的方法，画出梁筋在节点的排列安装图（图11-3），对不同长度的钢筋进行编号；③设技术人员专门负责此类节点的钢筋下料和安装检查；④按照排列图中的钢筋下料长度，对同层钢筋进行不同长度的下料；⑤按照编号将钢筋对号安装到指定位置。

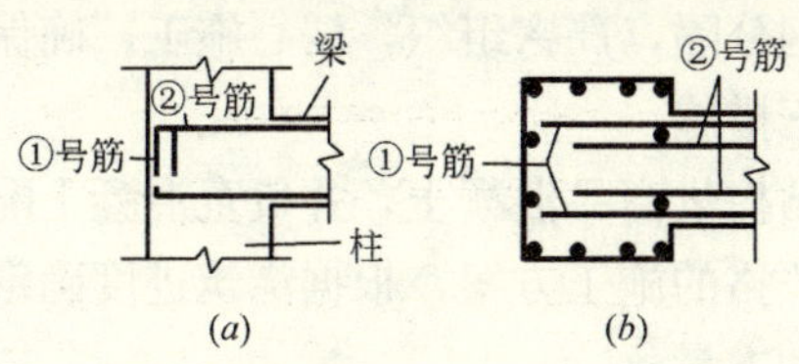

图11-3　梁筋在节点的排列安装图

（a）立面；（b）平面

2.3 对于节点不同强度等级的混凝土浇筑

2.3.1 节点与梁板混凝土强度相差1级（5MPa）

节点可与梁板混凝土一起浇筑。

2.3.2 节点与梁板混凝土强度相差大于2级（10MPa），而小于5级（25MPa）

梁柱节点可随梁板一同浇筑。但此时可能会引起节点竖向承载力不足，以及地震作用时的抗剪能力不足，故采用上述方法时要区别情况，采取一定的补足措施，并要征得设计人员的同意。

（1）当节点混凝土强度相差2级（10MPa）时。考虑节点箍筋、纵筋的约束作用，混凝土的强度可比设计值提高20%～50%；混凝土1年龄期的强度是其28d强度的1.2～1.35倍；再考虑周边梁的约束，核心区混凝土的抗剪强度可提高50%～100%，故可直接用梁板混凝土浇筑而不用采取处理措施。

（2）当相差3级（15MPa）及以上时。可采取下列任一措施进行补足；①可根据节点所处的部位及与梁板混凝土强度相差级别的多少增设不同数量的短钢筋来补足混凝土强度（中柱节点比角柱节点的短钢筋用量可减少50%），此时要验算纵向钢筋的总配筋率是否超过3%；如超过，要将箍筋焊接封闭；②在节点内增设型钢，增加节点范围内的复合箍筋；③节点水平加腋；④节点处增设X形钢筋，并确保其锚固长度。

2.3.3 边节点混凝土强度相差4级（20MPa）及以上，中间节点混凝土强度相差5级（25MPa）及以上

必须用柱混凝土浇筑。此时只能按照一般的方法，在节点区外梁上用金属网分隔，严密组织，精心施工，确保节点混凝土质量。应遵照以下措施：

（1）搅拌站提供商品混凝土，并负责混凝土配合比的确定；

（2）制定严格的施工方案，根据浇筑进度确定不同强度混凝土的进场顺序和方量；

（3）混凝土运输车要编号，并建立实时通信联系，在每车混凝土出场时，要向现场专门负责的人员讲明车号、混凝土强度等

级、发车时间等内容；

（4）梁板混凝土采用泵送，节点混凝土由塔吊用料斗调运；

（5）现场负责人要指挥混凝土车的供混凝土次序、时间，强度不同的混凝土运到作业层时要及时通知；

（6）作业层由专人负责指挥浇筑，要确保节点混凝土先行浇筑，高强度混凝土浇筑时要留有余量，高出板面一部分，以备振捣时密实下沉；

（7）梁板混凝土在节点混凝土浇筑后及时进行浇筑；

（8）节点周边梁板混凝土浇筑后，再振捣节点处，这样可避免节点混凝土的流窜。

3. 结语

实践表明，梁、柱节点处钢筋绑扎难度大的问题只要制定合理的措施是可以解决的，实施的关键是技术人员要提前考虑好节点处的钢筋安装次序，制定切实可行的措施，并将措施落实。文中的加焊钢板（钢筋头）锚固法有待进一步试验验证。

结合以往文献对于节点混凝土浇筑问题的研究表明：当梁、柱混凝土强度相差 2 级以下时，均可直接用梁板混凝土浇筑；当大于 2 级而小于 5 级时，采取一定的措施也是可以采用梁板混凝土一起浇筑的。文中提出的个别措施虽是定性而不是定量的，未经试验验证，但从充分发掘节点的抗压潜力，并考虑现场施工方便性的角度而言，它是可行且科学的。

二、建筑节能及保温工程质量细部控制

1　节能墙体的应用及产生裂缝的原因和治理

建筑节能在国家整个节能体系中占有重要的位置。为此，国家颁布了“中国节能技术大纲”，大纲中要求重视建筑节能设计，强调执行节能标准，积极推广使用新型建筑材料；改革传统外墙和屋面施工工艺；因地制宜地推广保温性能好、施工简便、经济效益高的围护结构；加强建筑节能标准化工作等。

1. 节能墙体的技术

1.1　内墙保温复合外墙

其构造特点与单一材料墙体相比，构造组合更好，有较高的热阻性，节省采暖能耗，能充分发挥保温材料的作用。在满足承重要求的前提下，墙体可适当减荷。保温材料与砖墙或混凝土之间可设或不设空气层，其做法是在外墙内侧增加木质或轻钢龙骨内充填保温材料，表面覆以石膏板后加涂料饰面。

1.2　夹芯复合墙

将墙体设计分为承重和保温两部分，中间留 30～50mm 空隙，可填充无机松散或块状保温材料，也可不填材料设空气层。

1.3　外保温墙

在承重墙外侧加设保温层，并加以外饰面。外保温对室内的热稳定性有利，热桥易于处理。但施工难度相对较大，外部罩面需要认真处理，以保证其粘结的牢固耐久。

2. 保温节能墙体材料的要求

以聚乙烯泡沫苯板抹灰节能复合墙体材料的选用为例，其构造材料主要是：聚苯乙烯泡沫塑料板、粘结抗裂砂浆、锚固钉、耐碱玻璃纤维网格布。

3. 复合墙体及施工工艺

3.1 结构构造形式

基层墙体可以是砖砌体、混凝土小型空心砌块、填充墙体等。保温层施工可根据不同形式的基层墙体采用不同规格、不同厚度的苯板。保护层采用抹面防裂砂浆，底层粘耐碱玻璃纤维网格布，以加强其同基层的粘结。

3.2 施工工艺

基层清理、冲洗、找平→测量、弹控制线→安装、固定控制面板→材料工具准备→配胶粘剂→粘贴玻璃纤维布→粘贴苯板→检查校平→填充板缝→打磨找平→安装装饰线条（用苯板制成）或分格缝→钉锚固钉→保温层检查→不合格处理→验收。

3.3 操作要点

3.3.1 配制胶粘剂

根据不同型号性能的胶粘剂厂家提供的配合比来配制，必须由专业技术人员配制，严格按规定要求量计配。配制量根据需要，随拌随用，在规定初凝时间用完。

3.3.2 粘贴翻包网格布

门窗洞口，窗墙管道或其他设施穿墙洞口、阳台栏板、变形缝等处及类似的地方为保温层断开部位。粘贴固定苯板前，应对保温层的断开部位做翻包网格布处理。在需要做翻包部位涂抹宽80mm、厚2mm胶结砂浆，迅速将网格布的一端宽大于80mm用铁抹子压入砂浆中，并确保砂浆完全盖住网格布无漏点为宜。网格布宽出的部分要绕过边端后有不小于100mm的搭接量。

3.3.3　胶粘剂的布胶方式

布胶做法应根据不同的墙体部位、不同基层墙体采用不同的布胶方法，目前常用的有点粘、框点粘、条粘等几种形式，但在接近保温层边角处、转角处、截止部位、苯板边缘处的粘结形式，应以条状满铺布胶，使该部位粘结牢固、不起边。

3.3.4　苯板的粘贴固定

苯板的粘贴固定是外保温的重要环节，粘贴固定程序应自下而上进行，上下排板时应错缝$\frac{1}{2}L$板长；布胶前应先试排板面，用一块未刷胶的苯板试安墙面，检查与相邻板面的表面平整和对缝、错边搭接质量。当发现有不符合要求的苯板，要进行处理试排，合格后方可布胶粘贴。布胶的苯板应立即粘贴就位，就位时用双手对称托住板的对角端，对准后缓慢将板平贴靠紧墙面上，通过双手对称的揉动、均匀的挤压使板面平整，对错缝紧密；压贴后胶浆的粘结面积不应小于整幅板面面积的30％。

3.4　保护层的施工要点

3.4.1　保护层的做法

一般为“一布二浆”，在设计有加强要求的部位的做法为“两布三浆”，保护层施工时应先铺设粘贴翻包网格布和加强网格布，然后进行墙大面积的正式施工。

3.4.2　铺贴网格布

在铺贴网格布时，先在苯板上涂沫第一遍1.5～2mm厚的底层抹面胶浆，将预先准备好的网格布弯曲面朝向墙面，沿水平方向拉紧、拉平，立即用抹子自中央向四周将网格布压入抹好的胶浆层中，尽量将网格布压平压紧，使网格泛出的胶浆盖住布面。若个别外有裸露，应补浆修好，直至网格布完全覆盖住。待底层抹面胶浆干硬到可以触碰时，方可涂抹第二道1.6～2mm厚的面层抹面胶浆；抹面层的抹面胶浆时禁止反复揉搓，面层抹面胶浆抹完后应表面光滑、干净、接槎平整，两布三浆做法同上。成活后抹面胶浆的厚度：一布二浆为2.5～4mm、两布三浆为 5～7mm，网格布应处于两道抹面胶浆的中间位置。

3.4.3 网格布的搭接

墙大面积网格布应连续铺设，铺设中需要断开时，应保证标准网间的搭接长度不小于 100mm。裁剪网格布时尽量沿经纬线位置进行。铺设网格布时严禁出现网纤维松弛不紧、倾斜、错位现象，网格布不允许有空鼓、皱褶、扭曲等现象。面层抹面胶浆抹好后，严禁出现网格布外露、显影，表面不应出现明显的抹痕、接槎不平现象。

3.4.4 翻包及增强部位做法

铺设翻包网格布时，将翻包部位板的端面及距板端 100mm 范围内的板面均匀抹一道 2mm 厚的抹面胶浆，将甩出部分的网格布沿端面翻转，立即用铁抹子将布压入抹面胶浆中，无网格布外露。在外墙阳角两侧 200mm 范围内增设一道标准网，标准网在阳角水平方向 200mm 范围内严禁搭接。实际施工时，可采取在墙体角部位先铺设一道每边宽大于 200mm 的处理办法护角。

4. 面层裂缝及原因分析

聚乙烯泡沫苯板面层出现可见裂缝形状不规则，互不连通；裂缝宽度在 0.5mm 以下，面层裂缝多出现在施工的 2 个月以后，经过一年后裂缝宽度会超过 1mm。

4.1 原因分析

4.1.1 设计构造方面

聚苯板自然养护不足产生收缩应力集中在板缝处，对粘附在板面的防护层产生拉应力而使面层开裂；采用点粘或框点粘，使体系存在整体贯通的空腔，正负压对保温隔热墙面产生挤压或拉力集中在板缝处，也易造成板缝的开裂；聚苯板保温隔热层热阻值较大，使防护层的热量难以通过传导扩散，热量积聚在抗裂砂浆的防护层内，在温差变化较大时造成抗裂砂浆保护层产生裂缝。

4.1.2 材料选用方面

采用 15kg/m^3 以下的聚苯板作为墙体保温层材料，由于材质密度低、易变形、抗冲击性能差，使保温层开裂；材料陈化时间不够，在保温体系完成后聚苯板仍在收缩变形，引起保温层的开裂；聚苯板受热会出现不可逆热熔缩，引起保温面层空鼓、开裂；抹面砂浆与聚苯板的导热系数相差较大，在温差变化较大的北方地区，面层出现变形的量差较大引起保护层开裂；胶粘剂粘结性能满足不了要求，与被粘结材料不相容、不匹配，造成保温板固定不牢，引起保护层开裂；配制的抗裂砂浆虽然也掺入聚合物进行改性，但柔韧性能低也会开裂，抗裂砂浆层过厚，薄厚相差大也会干缩开裂；使用了不合格的玻璃纤维布，由于断裂强度低，不能有效分散应力的作用，引起保护层开裂；涂料饰面层采用了刚性腻子，由于腻子柔韧性能不够，无法满足抗裂防护层的变形而开裂。

4.1.3　施工措施方面

砌体表面基层不平整，偏差较大，表面不洁净，有污物，含有影响粘结的物质，没有认真进行界面清除；锚固件的埋设深度和锚固数量不符合设计规范要求；粘结面积过小，不能达到粘结面积的质量需要；网格布干搭或搭接长度不够，在搭接处产生裂缝；门窗洞口的四角处沿 45°方向角未加设网格布，在应力集中的门窗洞口四角处易沿 45°方向出现裂缝；粘贴聚苯板时，一端翘曲、虚贴、空鼓，引起胶浆脱落；在高温气候下施工，导致面层失水过快，引起开裂。

5. 预防控制措施

5.1　设计的预控措施

选择有空腔的聚苯板薄层抹灰外保温设计时，由于存在空腔、隔热及防火性能较差等因素，体系适用范围应限制在建筑高度 30m 以下、对防火性能没有特殊要求的外墙保温建筑；外墙外保温层应包覆门窗框洞口外侧，封闭阳台、梁端头、女儿墙以及屋顶挑檐等热桥部位，以减小室外、气候温差引起的变形；窗口周边及墙体转角处易产生应力集中的部位，应增设强网格布，以分散其应力。

5.2 材料预控措施

外墙外保温体系中使用的聚苯板密度为 18～22kg/m³，尺寸稳定性小于 0.3%，导热系数小于 0.041W/(m·K)，抗拉强度大于 0.1MPa。聚苯板宽度不宜大于 1200mm，高度不宜大于 42d 或在 60℃蒸汽中陈化 5d，以避免聚苯板上墙后继续收缩变形，引起墙面开裂；玻璃纤维经向和纬向耐碱拉伸断裂强力值均不得小于 750N/50mm，耐碱拉伸断裂强力保留率不得小于 50%，使复合在抹面砂浆中的网格布，能有效分散应力，增加抹面层的拉伸强度，从而形成抗裂效果；粘结性能应能满足相应保温隔热系统的要求。粘结材料与被粘结材料应相容匹配。胶粘剂与水泥砂浆的拉伸粘结强度在干燥状态下不得小于 0.6MPa；浸水 48h 后，不得小于 0.4MPa；与聚苯板的拉伸粘结强度在干燥状态下和浸水 48h 后均不得低于 0.1MPa，并且破坏部位应位于聚苯板内。

5.3 施工工艺预控措施

5.3.1 对基层的处理

砌块及混凝土表面应清洁，无油污、脱模剂、废浆等影响粘结的附着物，凸凹、空鼓、局部不平应剔除、修补；找平层与墙体粘结牢固，面层不得有起皮、粉化、爆灰现象；基层与胶粘剂的拉伸粘结强度不得小于 0.3MPa，粘结界面脱开面积不得大于 50%。

5.3.2 保温层的施工

粘贴聚苯板时应以满粘法为主，找平后的基层表面平整度不大于 3mm，将胶粘剂满涂在聚苯板背面，采用点框粘时实际粘结面积不得小于板面的 40%；聚苯板粘贴应按顺砌方向进行，竖缝应逐行错开，板面要平整、牢固，不得空鼓、松动；聚苯板在墙角处要交错互锁；门窗洞口四角处聚苯板不得拼缝，以避免因板直缝而开裂；应使用整块板切割成型粘贴，聚苯板接缝应离开角处 200mm。

5.3.3 表层抹灰施工

表面抹灰属于薄层施工，抹灰时检查聚苯板是否粘结牢固，贴后 24h 方可进行抹面。应将大于 2mm 的板缝用聚苯板条填充，不能用胶粘剂填缝隙。塞缝条不用涂胶粘剂，有表皮的板面应磨去表皮，应将板面高大于 1mm 的部位打磨平，阳角要弹线并打磨直；抹面胶浆应随拌随用，拌合好的胶浆必须在 1.5h 内用完；抹面层应用二次抹成，用铁抹子在聚苯板面均匀涂抹一层厚 2mm 浆，立即将网格布压入湿浆中，待胶浆稍干发硬时再抹二道浆，使网格布全部覆盖在浆中；网格布在规定的部位进行翻包，并使搭接长度不小于 100mm；装饰缝、外墙转角、门窗四角和阴阳角应做好局部加强网施工，以减少应力集中的开裂；建筑物一层易受撞击处一般要增铺加强网，加强网施工应顶边对接铺设，纤维布应覆盖在加强网上；变形缝处应做好防水和保温构造处理。施工密封膏时应先用胶带保护相邻墙面，用 2 倍缝宽的聚乙烯圆棒填满变形缝腔体，然后分两次填塞密封膏，密封膏应凹进抹灰层外表面 5mm；伸缩缝处的网格布应铺设至苯板的根部断开，在用苯板做成的装饰线条及墙面分格缝处的网格布应连续铺设；网格布的经纬向搭接长度不得小于 100mm，网格布严禁出现纤维松弛不紧、皱褶，纤维不能倾斜、错位；抹灰层面应光滑，接槎平整，无网格布显影外露现象。

复合保温墙体实质上存在的问题虽然很多，但从长远看，它可节省能源，减少墙体厚度和自重。只要从设计、材料选择和施工严格要求，工程质量是完全能保证的。

2 外墙外保温系统的构造、工艺及施工质量控制措施

ETICS 是指置于建筑物外墙的保温及饰面系统，国外以膨胀聚苯板 ETICS 最常见，它是由阻燃型膨胀聚苯板、胶粘剂、抹面胶浆、耐碱网布和必要时使用的锚栓等材料组成的系统产品。在该节能系统中，保温隔热材料复合在建筑物外墙的外侧，并被覆以保护层。这样，建筑物的整个外表面（除门窗洞口外）

都被保温层覆盖，有效抑制了外墙与室外的热交换。

ETICS作为一种有效的建筑物保温隔热系统，其热阻值要超过1$(m^2 \cdot K)/W$，在国外已有近20年的成功应用经验，而对于我国建筑业来说，它还处在一个逐渐被认识的新阶段。

1. ETICS的构造和组成

ETICS置于建筑物外墙的外侧，其构造必须能满足水密性、抗风压及抗温湿度变化的要求，不致产生裂缝，并能抵抗外界可能产生的冻融循环作用和冲击作用；另外，它还必须能与相邻部位（如门窗洞口、穿墙管道等）之间建立较好的连接，在边角处、面层装饰等方面均能得到合适的处理，以满足使用功能要求和耐久性。但也必须注意的是，ETICS的功能仅限于增加外墙保温效能以及由此带来的相关要求，而不应指望这层保温构造对主体墙的稳定性起到较大改善。其主体墙，即外保温层的基底，必须满足建筑物的力学和稳定性的要求，能承受垂直荷载、风荷载，并能经受撞击而保证安全使用；另外，它还应能将被覆盖的保温层和装饰层牢固固定。

1.1 构造

不同类型的ETICS，其构造、组成材料和施工工艺有一定差异，但通常情况下，附有锚栓的薄抹灰处保温系统，如图2-1所示。

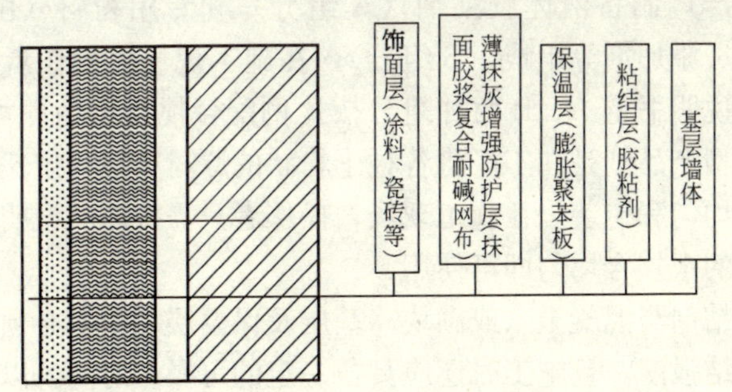

图2-1 附有锚栓的薄抹灰外保温系统

1.2 组成材料及性能要求

(1) 主体保温材料。是ETICS的核心，应采用热阻值高(即表观密度小、导热系数低)的高效保温材料，其导热系数一般要求小于0.05W/(m·K)。根据设计计算，保温材料应具有足够厚度，以满足节能标准对该地区墙体的保温隔热要求。此外，保温材料的吸湿率要尽可能低（吸水、吸湿将会增加导热系数），而粘结性能要好。为使所用胶粘剂及其表面的应力尽可能减小，一方面要采用尺寸稳定性好的保温材料；另一方面则要求其尺寸变动时所产生的应力尽量小。实际工程中可采用的主体保温材料有：膨胀型和挤塑型聚苯乙烯板、岩棉板、玻璃棉毡和超轻保温浆料等。其中以阻燃型EPS板（简称“膨胀聚苯板”）的应用最为普遍，我国已制定ETICS中膨胀聚苯板的标准，对其技术性能提出明确要求，即：表观密度介于18.0～22.0kg/m^3之间；导热系数小于0.041W/(m·K)；垂直于板面方向的抗拉强度大于0.10MPa；尺寸变化小于0.30%。

(2) 胶粘剂。是指将主体保温材料（板）粘结在基体外墙面上的材料。ETICS中使用的胶粘剂一般有两类。一类是在现场配料现场搅拌的，但由于ETICS对胶粘剂性能要求很高，现场配料显然较难满足，且难以实现质量均一稳定性。目前广泛使用的胶粘剂采用商品化供应，称作ETICS专用胶粘剂。ETICS专用胶粘剂有双组分型和单组分型两种类型的产品。双组分型产品即在生产厂制备液体胶粘剂（A组分）和专用粉料（由水泥、石英砂、添加剂等组成，B组分），在施工现场由操作者根据产品使用说明书将A、B两种组分按比例配合搅拌均匀即可使用。单组分型产品则是在工厂将各种干粉状的原材料按一定比例配合并搅拌均匀和包装。在施工现场，操作者只需按产品说明书加入一定量的水拌合均匀即可使用。

胶粘剂与混凝土（或砌块）基层及保温层之间都必须具有足够的粘结强度，且施工时还应具备一定的可操作时间，以便能对聚苯板的位置进行必要调整。胶粘剂在凝结硬化及失水干燥过程中的收缩率应尽可能小，以免产生过大的内应力，影响基体与聚苯板的粘结质量。胶粘剂的技术性能要求见表 2-1。

膨胀聚苯板 ETICS 胶粘剂的性能指标　　表 2-1

项　目		JG 149—2003 标准
拉伸粘结强度(与水泥砂浆)(MPa)	原强度	≥0.60
	耐水	≥0.40
拉伸粘结强度(与膨胀聚苯板)(MPa)	原强度	≥0.10,破坏界面在膨胀聚苯板上
	耐水	≥0.10,破坏界面在膨胀聚苯板上
可操作时间(h)		1.5～4.0

(3) 抹面胶浆。是 ETICS 中保温材料的罩面和保护层材料，为满足低变形、抗开裂、抗冲击和防水要求，抹面胶浆应为掺有一定量纤维的聚合物水泥浆体（或细砂砂浆）。抹面胶浆常由水泥或其他无机胶凝材料、高分子聚合物和填料、纤维等材料配合而成。将抹面胶浆薄层涂抹在已粘贴好的膨胀聚苯板外表面，可保证 ETICS 的机械强度和耐久性。薄抹面胶浆与保温层之间必须具有较好的粘结强度，且其耐水、耐冻融、耐气候性应十分优异。为满足抗冲击性要求，它还必须同时具有较好的柔韧性。

(4) 锚栓。为增强保温层在外墙上的固定，在 ETICS 中除采用胶粘剂外，还常需专用的锚栓。由此可见，此处的锚栓是指把保温材料固定于基层墙体的专用连接件。它包括塑料钉或具有防腐蚀性能的金属螺钉和带圆盘的塑料膨胀套管两部分。塑料钉和带圆盘的塑料膨胀套管应采用聚酰胺、聚乙烯或聚丙烯等材料制成，且制作塑料钉和塑料套管的材料不得采用回收的再生材料。锚栓的有效锚固深度不小于 25mm，塑料圆盘直径不小于 50mm。锚栓应具有足够的抗拉强度，但锚栓的存在也不得过分增加系统的传热，具体要求为：单个锚栓抗拉承载力标准值不小于 0.60kN；单个锚栓对系统传热增加值不大于 0.004W/（K·m^2）。

(5) 耐碱网布。为增强薄抹面胶浆与保温层的粘结整体性，提高 ETICS 的表面抗冲击性，在抹面胶浆施作时，要求铺设一层网布，通常采用玻纤网布。由于抹面胶浆一般为水泥基材料，呈碱性，而普通玻璃不耐碱侵蚀，因此必须采用耐碱玻纤网布。耐碱玻纤网格布或由添加一定量铬的耐碱玻纤制成，或由表面涂敷耐碱聚合物的普通玻纤制成。将耐碱玻纤埋入抹面胶浆中，形成薄抹灰增强防护层，改善抹灰层的机械强度，保证其连续性，分散面层的收缩应力和温度应力，避免应力集中，防止面层出现塑性裂纹和干燥收缩裂纹。如果抹灰胶浆本身也配有乱向分布的短纤维，则系统的抗裂、抗冲击性和耐久性将更佳。因此，耐碱网布在二维方向上必须具备较好的抗拉强度和断裂应力；为与胶浆层协同作战，其断裂应变不得过大，见表 2-2。

ETICS 耐碱网布的技术性能指标　　表 2-2

项　目	JG 149—2003 标准
单位面积质量(g/m²)	≥130
耐碱断裂强力(经、纬向)(N/50mm)	≥750
耐碱断裂强力保留率(经、纬向)(%)	≥50
断裂应变(经、纬向)(%)	≤5.0

2. ETICS 的施工及注意事项

2.1　保温板的粘贴和固定

在施工前，必须除去基层墙体表面的灰尘，为使保温板粘贴良好，建议在基层墙体表面先刮（刷）涂一遍界面处理剂。

保温板的粘贴必须采用专用胶粘剂。并且保证 30%～40%的粘结率。

为保证保温板在胶粘剂固化期间的稳定性，建议用机械方法作临时固定，一般用塑料钉钉固即可。

锚钉作为永久性固定件，必须与胶粘剂配合使用。

2.2　薄抹面胶浆的施作

薄抹面胶浆的施作指在保温层的所有外表面涂抹专用胶浆。直接涂覆于保温层上的抹面胶浆厚度应控制在 3～5mm（普通型）或 4～7mm（加强型）。抹面胶浆层内部应包覆有加强材料（网格布）。抹面胶浆厚度应适中，不得过厚；否则，加强材料离外表面较远，难以发挥其改善抗裂的作用。

在下列系统终端部位应对网格布翻包：门窗洞口、管道或其他设备需穿墙的洞口处；勒脚、阳台、雨篷等部位；变形缝等需要终止系统的部位；女儿墙顶部的装饰构件。当遇到门窗洞口时，应在洞口四角处沿 45°方向补贴一块网格布，以防止开裂。

3. ETICS 的技术性能

ETICS 具有良好的保温隔热效果，且由于配套的专用胶粘剂的使用和抹面胶浆（包含耐碱网布）的罩面，其在粘结强度、隔热、防水、抗冲击、耐变形、耐候性等方面均具有较理想的指标。为能及时排出渗入膨胀聚苯板表面的雨水，保证 ETICS 的热阻，抹面胶浆还应具备良好的水蒸气透过性。

必须指出的是，ETICS 的综合性能也同时反映了其采用的胶粘剂、保温材料和抹面材料的性能以及它们之间的结合和施工构造的合理性。

4. ETICS 的技术特点

对外墙进行保温隔热施工，无论采用 ETICS 还是 ITICS，都能够使冷天室内温度有所升高，热天室内温度有所降低，并且有助于改善室内空气质量。相比较而言，ETICS 要优于 ITICS，具体体现在以下方面：

(1) 避免产生冷、热桥，保温效率高。与 ITICS 相比，采用 ETICS 可有效避免产生冷桥和热桥，因而保温效率较高。试验结果显示，在保温材料品种和厚度相同的情况下，采用 ETICS 的热损失要比 ITICS 减少约 1/5。

(2) 能实现冬暖夏凉的愿望。由于内部的实体墙热容量大，所以采用 ETICS 情况下，冬季室内能储存更多的热量，使诸如太阳辐射或间歇采暖造成的室内温度变化减缓，室温较为稳定，人体感觉较为舒适。采用 ETICS 也使太阳辐射得热、人体散热、家用电器及炊事散热等因素产生的“自由热”得以较好储存，有利于节能。而在夏季，采用 ETICS 能减少太阳辐射热的进入和室外高气温的综合影响，使外墙内表面温度和室内空气温度得以降低。可见，设置 ETICS 有利于使建筑物室内冬暖夏凉。

（3）有效保护墙体。采用 ITICS（图 2-2*a*），墙体冬夏温度变化大，易开裂，影响其耐久性。而采用 ETICS 可有效保护内部混凝土或砌块墙体。在采用 ETICS 情况下，尽管室外气候复杂多变，却不致引起墙体内部较大的温度变化（图 2-2*b*），则内部的主体墙即使在冬季也具有较高的温度，不会结露，热应力减小，因而主体墙产生裂缝、变形、破损的危险大为减轻，寿命得以延长。

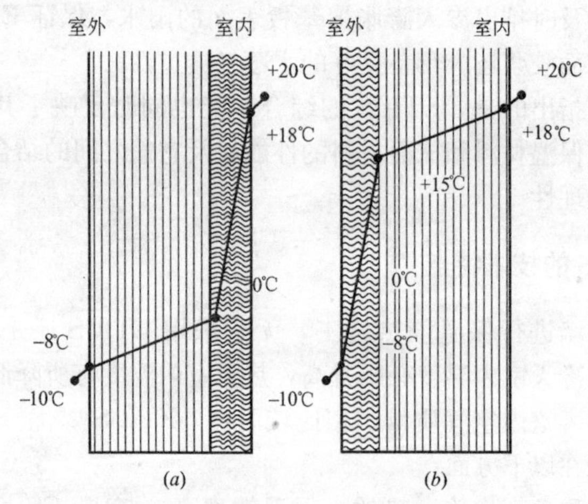

图 2-2　几种情况下外墙面内外温度分布示意图
（*a*）采用 ITICS；（*b*）采用 ETICS

（4）不减少房屋净使用面积，不影响室内墙面挂物。采用 ITICS 的墙面上难以吊挂物件，甚至连安设窗帘盒、散热器都相当困难；对旧房施作 ITICS 时住户不得不搬动家具，甚至需要临时搬迁，麻烦诸多，有时还会引起不必要的纠纷；采用 ITICS

也必定会减少房间净使用面积。而采用 ETICS 则可完全避免上述问题的发生。当外墙必须进行装修或抗震加固时，加做 ETICS 是最经济、最有利的技术措施。

(5) 加快施工进度。如果采用 ITICS，房屋内部装修、安装暖气等作业必须等保温层施工完毕方可进行，工期较长。而 ETICS 则可与室内装修工程同时作业。

(6) 有效防止墙体开裂。抹面胶浆中聚合物和纤维材料的掺入，可以改善面层的防水性和抗开裂性，有效避免墙体开裂和渗漏。

(7) 易实现优美的建筑物外观。膨胀聚苯板便于雕刻和加工成各种优美线条，能够实现各种装饰风格的造型。

(8) 综合效益明显。虽然 ETICS 每平方米造价比 ITICS 略高，但只要技术选择适当，单位面积造价增加并不明显。由于采用 ETICS 比 ITICS 约增加房屋净使用面积 2%，实际上相当于降低了单位使用面积的造价。ETICS 还有节约能源、改善热环境等其他诸多优点，因此，其综合效益十分显著。

5. 结语

2002 年，上海市共新建住宅 2000 万 m^2，其中 30%采用节能技术；2004 年，新建建筑中 40%采用节能技术；2005 年，所有新建建筑均必须采用节能技术。建筑节能必然会增加建筑总造价，但增加的造价只需居民入住 10 年左右便可从节省的电能中得到弥补。

ETICS 作为一种对新建建筑和既有建筑均十分方便实施的保温系统，其技术、经济和环保等各方面的优势已开始凸现。随着砂浆商品化步伐的加快，ETICS 的配套材料，尤其是胶粘剂和抹面胶浆两种材料的生产供应已初具规模。ETICS 的构造处理日趋合理，施工组织、施工技术和验收标准日趋完善。在我国正在制定的各项节能建筑建设政策的积极引导下，ETICS 必将迎来良好的发展机遇。

3 建筑外墙外保温工程质量的保证措施

建筑外墙外保温技术历经十多年的发展创新，从无到有，从小到大，并在全国全面推广开来，发展势头令人欣喜。经过多年推广应用，事实证明，外墙外保温工程只有采用了完善的外保温技术系统、选择多种外保温技术系统组成的外保温成套技术，才能从根本上保障工程的质量。

1. 外墙外保温工程质量破坏因素的影响

外保温是复合在外墙的建筑构造，因而必须自始至终能够保证不脱落、不开裂，安全可靠地固定在外墙上，以保证保温节能的长期有效性和建筑物使用的安全性。一方面，建筑物作为城市环境的组成者，表面的美观性是对质量的一个特殊要求，因而外保温工程表面必须做到无明显裂纹或饰面脱落现象发生；否则，不仅影响到保温层的长期可靠性，也会直接破坏建筑物外表美观。外墙外保温工程质量和其他专项工程同样有很多的多质量指标。由于外保温工程一般是由保温层和保护层共同构成，因此外保温工程质量的长期安全可靠性和外观质量的长期稳定性是其中两个关键的指标。

1.1 外保温工程长期安全性破坏原因

外保温工程质量长期安全性的破坏主要来自于地震、风力、外力冲击、火灾、雨雪、冻胀等因素。地震、火灾、外力冲击均为不常见偶发性因素，而风力、雨雪、冻胀是我国北方各地较常见的破坏因素。这些因素产生破坏作用的主要原因是保温层与主体墙连接固定不牢而直接发生，或保护层开裂而间接发生，以负风压掀落或冻胀剥落为主。

1.2 外观长期稳定性损坏因素

工程外观质量长期稳定性主要是指外墙外保温的外饰面的耐久性。外饰面主要是指粘贴的各种饰面砖和各种涂料等。

（1）由于保温材料松软、强度低等物理特性和受气候条件的影响，在其表面直接粘贴面砖极易发生保温结构层破坏和冻胀破坏，造成面砖脱落。

（2）在涂料饰面时，因为存在保温材料和保护层材料物理性能的巨大差异及因气候变化、冷缩热胀应力的作用，饰面层经常产生裂纹。

2. 外墙外保温工程质量的技术保证措施

外保温工程同其他专业工程一样，同样都应该由设计、产品、施工、工程维护构成的系统工程，任何一个环节出了纰漏，都会影响工程的质量。

2.1　工程设计是基础

外保温工程设计是外保温工程质量的基础。建筑物结构、外墙体材料和构造方式、不同地区气候特点、保温材料产品、技术方式、施工环境条件等，都是确保外保温工程质量所必要考虑的因素。要充分熟悉所选择外保温技术的完善程度，尽量避免只选择一种保温产品，不要使用不完善的技术系统。

2.2　材料和施工技术是核心

保温材料产品和外保温技术系统是外保温工程质量保证的核心内容。

（1）保温材料产品对外墙保温效果、工程长期可靠性和外观质量都有重要的影响。块状材料有拼缝，易发生较大的热桥效应。同时，由于与主体墙连接方式不同，易受负风压影响而脱落破坏。市场上较广泛使用的浆体保温材料可以有效避免板状材料以上缺陷，可以保证工程的质量。

（2）外保温技术系统是保温材料产品性能的重要保证。各种保温材料与主体墙的连接方式，保温层、保护层材料的选择及其相应施工的方法，各节点构造、耐久性、完整的施工技术、质量控制方法、验收项目及方法等都是外保温技术系统重要内容。只有在材料选择、性能标准、施工方法、质量控制、验收方法都得到良好的系统应用，才能从根本上保证外保温工程的质量。

（3）从技术完整性、适用性和可靠性角度，外保温技术系统应由同一供应单位配套、系统供应才能使外保温技术更完善和有质量保证。如果不采用完善的技术系统或在不同单位采购保温材料和配套产品，在施工现场由施工单位进行“现场技术组合”，往往极易发生外保温工程质量事故。尽管选择的保温材料保温性能卓越，也会因外保温工程质量事故，而无法达到预期的保温效果，同时还可能带来其他方面的损失。

2.3 好的施工质量是外保温工程质量的重要保证

（1）外保温工程施工因外保温技术来源不同而效果也不尽相同。施工单位以“现场技术组合”方式施工时，保温材料选择、配套产品选择，都会给工程质量埋下严重的质量隐患。由技术系统供应单位提供完整的应用技术和全部配套产品，同时提供完整施工技术文件和现场技术服务人员，则因工程质量保证程度高而不易发生工程质量事故。

（2）外保温工程施工因质量控制方式不同而产生不同效果。在施工中严格按施工技术方案对每一个环节和层次认真进行施工，逐项按顺序及时检查，验收后再进行下道工序施工，最终工程效果才能得到保证，即坚持严格的施工过程控制和管理是必须坚持的施工方式。施工中不重视过程控制和管理，而采取施工完成后对工程一次性验收方式，极易留下工程质量隐患，是不可取的。

2.4 好的管理和维护是保证

外保温工程的管理和维护是保证外保温工程质量的长期性工作。工程施工顺序不合理，先进行外保温施工后进行其他安装等极易破坏外保温工程。施工后不注意维护，都容易使外保温工程局部性破坏扩大甚至造成整体破坏。另一个需要注意的问题是：不同功能的建筑物的外保温部位，应采取不同的保护性措施或维护措施。

3. 外保温技术系统是外保温质量的保证

外保温技术系统包括保温材料、外保温构造的配套材料、完成外保温构造的施工技术、针对具体工程项目的现场设计技术方案、工程验收及标准等等。

3.1 保温材料的性能应同时满足两项主要技术指标要求，也就是保证达到节能设计指标的热工性能要求和保证达到工程质量设计标准的长期可靠性要求。因此，对保温产品性能指标应该是一个完整合理的指标体系，而不单单是突出一项指标。

3.2 外保温是一项建筑构造，必须由辅助配套材料产品与保温材料共同构成这个构造，而配套产品性能也必须达到外保温构造的综合性能指标体系。所有产品必须是综合性能指标满足外保温构造需要，同时又能在工程中确保施工正常完成的相互配套的产品。

3.3 保温材料和配套材料要形成一个完美的工程构造，必须由相应的施工技术才实现，因而应用技术的完善，是外保温技术系统的重要组成部分。同时，构造因素、施工规程在工程现场因各工程特殊性而发生的现场二次设计、验收技术规程都是应用技术十分重要的组成部分，缺一不可。因此，对于外保温技术系统企业，必须有专业人员现场向用户提供、传授、指导使用应用技术系统，在现场完成个别节点的二次设计。技术服务人员和技术服务能力同样是技术系统的重要组成部分。一项完善的应用技术系统必须有必要的传输渠道传递，得到正确的应用，并且保证技术系统的完善性和完善性不受到破坏，这样工程质量效果才能得到保证。

3.4 技术系统的完善、完整和有效性紧密相连。产品性能和配套性能好，有完善的应用技术，提供的服务人员有良好的技术能力，所有这一切都应由同一企业完成，才能保证技术系统的完善、完整，从而保证工程的质量。正确的外保温技术系统概念应是：保温材料、配套产品、应用技术、技术服务、二次设计都完整地由同一单位提供，形成若干个技术系统组成的外保温成套技术。

4 房屋建筑外窗的节能影响效果

窗户是所有建筑物必须具有的设施，正如动物的眼睛一样不可缺少。窗户的设置只代表了它的外观，而作为建筑物围护结构的组成体，其物理性能显得更加重要，由于窗的特殊功能使得窗的热传导系数很难降到最低，对大量建筑物来说，外窗户是所有构件中能耗长期损失最大的部位，大约占 50%。因此，建筑物窗户的节能尤其在北方地区就显得更加重要了。

1. 窗框的功能

窗框是窗户的最重要组成部分，框是窗的支撑固定体系，由非金属材料、金属型材和复合型材制成，现在及原有建筑的窗框材料主要有木框、钢框、PVC 塑料框、普通铝合金框和断热铝合金框。

1.1 木材窗框

在各种材质窗框中，木框的保温隔热性能优良，容易加工制作成各种复杂断面，传热系数可降低至 2.0W/(m^2·K) 以下，可采用多种色彩装饰，效果理想。但从北方寒冷地区使用的木质窗框来看，一种是全用木框的，抗老化能力较差，冷热伸缩变形量大，日晒雨淋湿冻胀容易腐蚀；另一种是铝包木框，其特点是保温性好，节能抗老化。由于在木材外部又包了一层铝合金，使框的密封性能好、不结冰、结露，铝合金又起到了对框的保护且利于保养，还可进行多种颜色的喷涂，对建筑物外观较好，但因价格较高，应用范围有限。

1.2 钢质窗框

钢窗框的强度很高、防火能力强、抗风压性好、透光面积大约为木框的 150%以上，但也容易腐蚀，热工性能较差，保温隔热不好，传热系数较木框大一倍以上，通常在 5.0W/(m^2·K) 以上。在 20 世纪 70～90 年代因窗的材质单一，采用钢窗框的较多，现在采用钢窗框的较少。

1.3 PVC 塑钢窗框

PVC 塑料框是用钢材内衬与空腔的塑料构架紧密结合制成，钢内衬起支撑骨架作用，而塑料（PVC）自身有良好的阻隔热传导的性能。现在采用的型材断面由原来的二三腔室逐渐发展到四腔室型材，高档次窗框有五腔室型材。按照北方地区冬期保温需要，南向塑钢框厚度应采用 60mm 以上的单框双玻璃窗，其他朝向的塑钢框采用厚度 65mm 以上单框四腔三玻窗。PVC 塑钢框型材基本为白色，色彩单一无选择余地，同时具有不耐高温、耐候性差、时间长表面发黄、窗框容易变形等缺点，使用年限一般在 20 年左右。

1.4 铝合金窗框

铝合金框材质强度、刚度较高，抗风压性能略差，断面能加工成所需要的复杂形状，耐高温、耐潮湿冻胀性能好。从材质上讲，保温隔热性较差，即使采用多腔型材，其保温性能也不理想，传热系数约为 4.5W/(m^2·K)。这是由于铝材的导热性能好，通过腔壁传导的热量远大于腔内空气的导热、对流和壁面辐射传热量之和。为提高铝材窗框的保温性能，目前已开发出多种热桥阻断技术，包括用聚酰胺尼龙条方法穿入后滚压复合，用聚氨酯发泡材料灌注铣开等，其中以穿入尼龙条方法使用较多。经过断热处理后称作第二代铝合金窗，处理后的框保温性能可提高 30%～50%，断热处理好的铝框传热传系数甚至低于塑钢框。采用断热处理技术的金属框由于断面形状和断热材料强度的限制，断面中的隔热材料宽度不大，其断热铝框的传热系数很难做到 2.0W/(m^2·K) 以下。但这个问题随着材料技术的提高已开始得到逐步解决，如玻璃钢材料开始用于窗框型材的制作，能较好地解决窗框隔热与强度的矛盾。

2. 窗用玻璃

玻璃在建筑工程中是一种独特材料。北方地区的冬期，一方面玻璃窗要阻挡室内的热空气向室外流失；另一方面又想让太阳辐射更多地透过玻璃进入室内，减少采暖的能量消耗。与之相对应的窗户热工性能参数有综合传热系数 K 值，太阳传热系数 SHGC，前者反映的是窗户本身的隔热保温性能，K 值越小则窗户的保温性能越好，即在相同条件下向室外的散热越少；后者表示的是透过玻璃进入室内的太阳能总量与投射在窗户外表面的太阳能总量的比值，SHGC 值越大，表明窗户的太阳能透过的越好，这主要与玻璃的种类、玻璃的厚度、玻璃表面镀膜与否相关。因此，了解玻璃的透光特性与保温隔热特性是有必要的。

现在的窗玻璃已由早期的单层白玻、双层白玻，发展到中空白玻、中空充气、中空镀膜以及低辐射玻璃（Low-E 玻璃）。因普通玻璃对可见光和短波红外线是透明的，但却能够有效地阻挡长波红外线辐射，但这部分能量在太阳辐射中所占的比例很少，因此普通玻璃就有对辐射热进多出少的温室效应。为能使玻璃具有对太阳光的透过能有选择性，通常会在玻璃表面镀上一层金属或者其氧化物的薄膜来改变太阳光的透过率，比较好的有热反射膜、低辐射 Low-E 膜。其中 Low-E 对可见光保持较高的透过率，对红外长波段透过率却很少，因此可以大大增加玻璃表面的辐射换热热阻，具有良好的保温性能。

但 Low-E 玻璃对短波红外线的透过率却相当低，而这一波段的太阳辐射能量几乎与可见光波段相同，因此，用此种玻璃的得热量远低于普通白玻璃，因而并不适合用于北方建筑的南向外窗。而对于东西向窗户，在冬季得到的热量少而夏季得热多，在这种情况下，窗的大小从满足采光需要考虑，玻璃应选择低辐射 Low-E 玻璃。为适应不同地域的自然环境，现在研制了夏季型、遮阳型、冬季型等 3 种不同使用功能玻璃，其中冬期型 Low-E（Sun-E）玻璃，是专门针对寒冷地区冬期的使用需求，可以形成在整个太阳辐射光谱范围内均具有较高的透过率。其可见光的透过率约为 0.86，太阳辐射透过率约为 0.73，长波发射率约为 0.08。

目前，建筑节能中北方最普遍采用的是中空玻璃。使用后的情况是：一方面中空玻璃的使用量比较有限，另一方面使用中空玻璃的节能效果和质量也不相同，在用量不很大的中空玻璃使用中，低性能、低档次的中空玻璃产品占绝对多数。低性能中空玻璃虽然采用了密封做法，玻璃间隔空气层内的干燥空气在15mm范围内，处于静止不流动状态，基本解决了热的对流，但是热传导的热辐射和热传递并未得到解决，由于多数是个体小作坊制作，普遍存在密封性能差、密封材料质量低劣、使用寿命短的实际问题。为了进一步提高建筑窗的节能效果，应该提高现在中空玻璃的配置质量，应用高性能的中空玻璃窗是建筑节能的重要措施。从节能的效果看，高性能的中空玻璃应同时解决热传递方面入手，配置低辐射玻璃、惰性气体和高性能边密封间隔条技术是必须的3个基本条件，缺一不可。

随着建筑节能的需要，现在研制了一种新型的节能玻璃—真空玻璃，这是基于保温瓶原理发展的新一代节能玻璃。真空玻璃是将两片平板玻璃四周密封严密，将其间隙内抽成准真空并将排气孔密封。由于夹层间空气极为稀少，热传导和声音传导的性能变得有限，因而这种玻璃具有比中空玻璃更好的隔热、保温性能，同时对隔声和防结露效果也较好。标准的真空玻璃传热系数可降低至1.3～1.5W/(m^2·K)。北京新立基公司已建成国内规模较大的真空玻璃生产厂，为窗户的节能提供可靠的物资技术保证。

3. 气密性问题

为了更有效的节能，建筑外窗的气密性能很重要，密封性能是抵御冬季和夏季空外空气过多的向室内的渗透，因此对建筑外窗的气密性能有严格的要求。提高外窗的气密性应从以下几个方面入手：

(1) 从开启方式分析，各种材料制作的平开窗扇大多数能达到4级以上，而推拉窗扇由于两片不在同一个平面，压得不紧，搭接不严，密封性能差，因为结构的这种形式，有一半达不到4级而只有3级。因而选择平开窗或固定窗的气密封性能要首先保证。普通翻转窗由于一半窗是内开，另一半窗是外开，窗扇周围的密封难以保证。要达到能单纯内开或外开窗相同的密封效果，翻转窗的造价会高。

(2) 窗框规格尺寸加大。通过提高窗用型材规格尺寸，扇的制作精度，组装的精确度，减少开启缝的宽度，达到减少空气渗透的作用。

(3) 改进密封方法。对窗框与扇扇和玻璃之间的处理，现在多采用双级密封的方法，而国外在框与扇之间已普遍采用3级密封方法，通过这样处理能使空气泄露量降低到1.0$m^3/(m \cdot h)$左右，国内应逐渐推广采用3级密封的方法。

(4) 选择密封材料。质量好的密封材料与密封方法较好结合十分重要。从密封效果分析，密封材料更重要。但框扇材料和玻璃是在干湿温度变化作用下发生的变形，会造成密封的失效。而密封件虽然对变形的适应能力较强，使用也方便，但其密封效果却不是很可靠。因此，只是简单的将密封材料嵌固于窗缝，或仅仅使用密封条的方法是不恰当的。建议采用的密封方法：在玻璃下端安放密封衬垫块、在玻璃两侧以密封条加密封、在密封条上再加密封材料。

最理想的方法是在窗框上设置具有自动换气功能的设施，在正常情况下，和厨房的抽油烟机或卫生间的换气扇同时开启。室外的新鲜空气可通过窗户的换气设施进入室内，而在刮风时或室内热空气超过一定范围时，换气设施能自动关闭。这种设施应具有可防尘性，将来成为热交换功能。

4. 应注意的其他问题

影响窗户节能的因素较多，如窗型的本身质量不好，窗户的密闭不能保证，五金件安装不配套，平板玻璃质量欠佳，窗扇安装不专业，玻璃角度不正等。中空玻璃一般是垂直放置使用，目前，中空玻璃的应用范围越来越广。如果使用在室内或屋顶时，内部气体的对流状态也会发生变化，这必然会影响气体对热量的传导效果，最终导致中空玻璃传热系数的变化。垂直 90°放置的传热系数 K 值为 2.70W/(m^2·K)、水平放置 0°时传热系数为 3.3W/(m^2·K)，增大了 20%以上。所以，当中空玻璃被水平放置使用时，必须考虑 K 值变大对建筑节能效果的影响。但这种变化是指室内温度高于室外温度的条件下，当室外温度高于室内温度时则不明显。窗户的节能效果已引起人们的普遍关注，它的功能会在建筑节能中发挥更重要的作用。

5 建筑保温隔热屋面的薄抹灰细部质量控制

1. 建筑外墙保温要求

建筑节能已成为既定的国策，在原建筑节能基础上再节能 50%的建筑设计被广泛采用，北京采取高于全国标准，达建筑节能 65%的标准已在 2004 年下半年开始实施，当建筑体形系数小于 0.3、南向窗墙比小于 0.55、北向窗墙比小于 0.3 的情况下，新老标准围护结构传热系数限值的对比可参考表 5-1。

新、老标准围护结构传热系数限值对比（W/(m^2·K)） 表 5-1

节能标准(%)	屋顶	外墙	外窗/阳台门玻璃	阳台门下部门芯板	地板		地面	
					接触室外空气地板	不采暖地下室上部地板	周边地面	非周边地面
50	0.80	1.16	4.00	1.70	0.50	0.55	0.52	0.30
65	0.60	0.60	2.80	1.70	0.55	0.55	0.52	0.30

从表 5-1 可以看出，新标准对外墙传热系数的限值，较老标准提高了近一倍。新标准对于购买房者会产生一定影响，这就是略增加少量资金，但达到了节能 65%的目标，则是十分有意义的。特别是住宅建筑节能改造以后，采暖费用与每户挂钩，节能高的房屋效益好。

建筑墙体是外保温还是内保温，目前的观点已趋向于一致，即外保温的做法。这是由于：

（1）避免了冷桥的产生，而且不占室内空间；

（2）增加室内环境的空间舒适度；

（3）在材料应用和施工技术措施上已很成功，现在的保温隔热做法很常规了。

不仅如此，由于是在建筑墙体外表面再增加一层保温结构，对减少急热剧冷给墙体带来的温度应力，增加防水抗渗漏能力是有利的。保温隔热不仅是墙体，屋面的保温同样重要，现在提倡在屋面做“倒置式保温层”的施工，将防水层保护起来。

2. 外墙外保温的几种做法

（1）EPS板薄抹灰外保温隔热体系，这是采用最早也是用量最多的保温形式。关键在于薄抹灰层的抗裂性能和EPS板与基层的粘结固定质量。

（2）胶粉EPS颗粒保温隔热浆料外保温隔热体系，采用这种形式的整体性好，适合外墙面变化较复杂的立面，尤其是曲面的墙体。但使用厚度受到限制，不适用于65%节能建筑的保温隔热层。

（3）现浇混凝土复合无网、有网EPS板外墙外保温隔热体系。无网或有网EPS板外保温隔热做法。

这两种形式经济性好，但施工较麻烦，特别是对于外形复杂的建筑物，由于混凝土的重力胀模及苯板的弹塑性，外表面垂直平整度不易掌握。

（4）聚氨酯硬泡喷涂外墙外保温隔热系统。

聚氨酯保温隔热效率高，热阻约为EPS板的一倍，可以适用于节能65%标准，整体性也好。但是，这种系统造价最高，喷涂外表面平整度不好掌握，还要再抹聚苯颗粒胶浆作找平层。

3. 影响薄抹面层抗裂性的因素及解决办法

（1）EPS板不是刚性材料，强度也不高，在其上抹面的材料必须是柔性体才能适应其伸缩变化（但也不能过多掺加有机乳液造成透气性的损失）。通过“柔性应变逐层释放应力”的原则分散和消解应力是抗裂技术的基本原则。

（2）表层抗裂砂浆的抗裂性能是关键。抗裂砂浆的组成，可以添加“ELOTEX 可再分散胶粉”、“聚合物水性分散体”、“强纶建材纤维”等材料加强砂浆自身的抗裂性能。

（3）无论是胶粘剂还是表层抹面胶浆，从施工角度而言，都希望是单组分的；如果需在现场多组分配制，则容易出现弊病。单组分干胶粉只需加定量的水即可使用，是较好的选择。TDL等几家企业的外墙外保温系统，就是用在工厂精确配制好的单组分干胶粉。

（4）玻纤网格布是薄抹灰抗裂胶浆、腻子层等外保温系统中必备的材料，其作为抗裂防护层的增强作用在整个系统中是非常关键的。但玻纤网格布有严格的技术标准，用于外保温工程中的玻纤网格布，必须用耐碱型玻纤网格布，而决不能用中碱或无碱型玻纤网格布。耐碱玻纤网格布中氧化锆含量在15%以上，能长时间耐得住碱性材料的腐蚀；外墙外保温系统至少要满足25年的使用要求，耐碱型玻纤网格布完全能与整个系统匹配，保证工程的百年大计；而中碱或无碱玻纤最怕碱性腐蚀，在很短时间内就会被砂浆中的碱性物质粉化而被融蚀，失去强度，导致面层出现裂缝。据权威机构——中国玻璃纤维工业协会介绍，国内生产耐碱玻纤网格布（氧化锆含量大于15%）的厂家仅有以下六家：北京润驰祥玻璃纤维制品有限公司；河南郑州安达公司；陕西兴平玻璃纤维厂；湖北襄樊玻璃纤维厂；四川天池玻璃纤维厂；北京兴旺玻璃纤维厂。六家之中又以北京润驰祥的设备及工艺最先进，质量有保证，价格也较低。

4. EPS板薄抹面外保温隔热系统与主体结构的连接安全性

EPS板受到的外力主要有重力、风力、地震力和温度应力；板的固定一般依靠专用胶粘剂，要求粘胶面积大于等于30%；

对于高层建筑而言，可以增加塑料卡钉等机械锚固。据介绍，选用合格的胶粘剂胶结其拉拔强度为海南岛最大风压值的8倍，再加上机械锚固之后，其安全度是没有问题的。

5. 防火问题

所有材料都必须是不燃或难燃自熄的，包括EPS板和网格布在内。胶粉EPS颗粒保温隔热系统和硬泡聚氨酯保温隔热系统，EPS颗粒和硬泡聚氨酯本身仍然是自熄性材料，但因有“不燃”的胶浆的覆盖，其防火性能要优于EPS板薄抹面系统。

6. 经济性

外墙外保温市场指导价/参考价已经出台，见表5-2。

外墙保温材料价格　　表5-2

系统名称	市场指导价（元/m²）	备注
EPS板薄抹灰	84～87	包含人工费用15～18元
胶粉EPS颗粒保温浆料	65	不包含人工费用
EPS板现浇混凝土（涂料，无网）	80	包含人工费用15元
EPS板现浇混凝土（涂料，钢丝网架板）	59	不包含人工费用
机械固定EPS钢丝网架板	59	包含抹面砂浆及网架板安装费用14元
面砖饰面装配式聚氨酯板	98元（参考价）	聚氨酯保温厚度40mm；每增加10mm，增加15元。不含面砖费用
喷涂聚氨酯、用聚苯颗粒浆料复面找平	84.70（参考价）	保温层共厚40mm，其中聚氨酯厚度25mm，聚苯颗粒浆料15mm。不包含人工费用等

注：1. 含与现场总包配合费，但不含脚手架（吊篮）、水电费；
2. 地面2m以上保温层，不含加强网布费；
3. 聚苯板厚度以50mm计，每增加10mm增加8元；
4. 做到可刷涂料的保温面层为止，不包括涂料费；
5. 如基层偏差过大，需要处理的，费用根据偏差情况商定。

7. 施工实例（可能与表 5-2 矛盾，但更具参考意义）

珠江绿洲：超高层——面砖饰面，喷涂聚氨酯、抹聚苯颗粒浆料找平：不算面砖，180 元/m^2（保证 15 年）。

长岛澜桥：二层别墅——蘑菇石饰面，喷涂聚氨酯、抹聚苯颗粒浆料找平，不算蘑菇石，145 元/m^2；涂料饰面，喷涂聚氨酯、抹聚苯颗粒浆料找平，不算涂料，110 元/m^2。

8. 结论

(1) 按节能 65%标准执行，花费不多，节能意义大。否则，用户会有"长远吃亏"的感觉，因为采暖期费用都是自己按月交纳的。按节能 65%做，窗传热系数已基本满足，墙面外保温则以选择 EPS 薄抹灰系统增加造价最少，而胶粉 EPS 颗粒保温因不能再加厚，只能改作"喷涂聚氨酯、用聚苯颗粒浆料找平"系统，造价增加较多。

(2) 外墙外保温构造看似简单，实际技术含量很高，每一种材料的技术规格参数、施工工艺要求都比较高，必须要找技术力量强、工程管理信誉好的企业。

(3) 外墙外保温贴瓷砖，虽然已经有个别厂家在超百米高层建筑中应用，但是仍然不推荐采用。

6 城镇现有住宅房屋节能改造细部技术处理

由于自然环境的制约和国家对住宅建筑节能的要求，建筑节能已引起社会各方所关注。我国夏热冬冷地区约占全国面积的 1/4，是传统的非采暖区。该地区人口稠密、经济发达、城市化水平较高，居住建筑虽有节能要求，但长期没有实施。绝大多数建筑没有节能措施，现有建筑的保温隔热效果差。该地区居住建筑的体形系数多数在 0.5 以上，围护结构一般无保温隔热措施，是以砖混结构为主，外围护墙多采用 240mm 厚空心砌体，内外抹灰其热阻为0.45～0.48（m^2·K)/W；屋面多以120mm厚空心板为结构层，保温用水泥珍珠岩、炉渣及加气混凝土块，湿作业施工为主，实际热阻为0.65～0.70（m^2·K)/W，气密性和水密性差；窗多为单层木框、单层钢窗或铝合金窗，热传系数达6.4（m^2·K)/W，保温性能很差。这些材料的热工性能导致居室夏季闷热，而冬季室内温度很低，内墙面结露潮湿使物品发霉变质等问题。因此，对建筑保温隔热性能的改造必须认真处理。

1. 现有居住建筑节能改造的技术指标

在经济适用的前提下，已有居住建筑的节能改造应优先使外墙、隔墙、楼梯间、屋顶、门窗等外围护结构的保温性能符合现行的《民用建筑节能设计标准》的要求。目前建筑节能的技术经过多年的研究和实际应用比较成熟，如外墙外保温、屋面改造、节能门窗等实用技术，可以经过改造、嫁接到现有建筑节能工程上，其技术效果是较好的。因此，开展现有居住建筑节能改造技术的重点主要是以下一些内容：

（1）现有非节能住宅建筑的改造不应破坏原有结构体系，尽量减轻墙体和屋面的重量；不损坏除门窗以外的室内装饰装修；不影响建筑的正常使用功能；

（2）应以改造外墙、门窗、楼梯间等围护结构的保温为重点，这是由于外墙、楼梯间隔墙的节能改造项目，相对于内墙改造对住户影响较小，楼梯间也可以在增加单元保温防盗门的前提下，提高楼梯间的整体热工性能；

（3）现有的非节能住宅建筑要提高门窗的隔热保温效果，减少周围的空气渗透传递；

（4）在外墙保温改造的同时要充分考虑建筑竖向立面的外观效果，处理好外墙可能出现的渗漏问题，应确保做好保温、防水、装饰的整体效果；

（5）不同的建筑结构体系或不同的建筑高度以及不同位置的既有建筑的改造会有很大的差异，应该因地制宜。

2. 既有居住建筑节能改造方案

由于既有居住建筑的布局、体形、朝向、围护结构、构造等已确定，不能更改或难以更改，因此极大地限制了建筑师、工程师的创造力，而只能在原来的基础上进行改造。因此，既有居住建筑的节能改造要比新建建筑节能设计要困难得多。既有居住建筑的改造只能从围护结构（屋面、墙体、窗户）和外部环境着手。由于该地区热比冷更令人难以容忍，所以，住宅节能改造时侧重隔热，同时兼顾保温。

2.1 外墙节能改造

减少外墙传热有两种方法：其一是严格控制体形系数，减少传热面积；其二是增强外墙体的保温、隔热性能。对于既有建筑，只能采用第二种方法。实践证明，外墙的外保温隔热与外墙内保温隔热相比，在保温隔热性能、减少冷桥、减少结露及施工干扰方面有着较大优势。既有建筑节能改造，选用外墙外保温为最佳方案。从技术经济比较及热工设计的角度考虑，粘结固定方式薄抹灰外保温系统，更适用于现有住宅建筑节能改造。粘结固定方式薄抹灰外保温系统简称 EPS 板薄抹灰外保温体系，在法国、瑞典、美国、加拿大等国家已有 30 多年的历史。我国从 20 世纪 80 年代末、90 年代初开始引进，并进行了试点研究和推广使用，近几年内在诸多外墙保温的技术体系中 EPS 板薄抹灰外保温体系最受市场青睐。EPS 外保温墙体保温隔热性能见表 6-1。采用图 6-1 的构造，节能外墙总热阻：$R=0.81(m^2\cdot K)/W$，$K=1.24W/(m^2\cdot K)$，非节能外墙 $R=0.373(m^2\cdot K)/W$，$K=2.0191(W/m^2\cdot K)$，采用节能外墙后节能率为 38.59%。另外，采用外墙外保温改造技术，应注意改造的施工保护、墙面基层清理、基层界面的处理，保温隔热层施工时按 7m×7m 内布置伸缩缝，最后做好面层的施工。

2.2 屋面节能改造

（1）平改坡。将保温性能较差的平屋顶改为坡屋顶或斜屋顶，

EPS 外墙外保温的墙体保温隔热性能　　　　表 6-1

墙　体	K 值 W/(m² · K)	无保温措施 $Q_{i,max}$(℃)		K 值 W/(m² · K)	外保温(EPS 板 30 厚) $Q_{i,max}$(℃)	
		自然通风条件	室内空调(26℃±1℃)		自然通风条件	室内空调(26℃±1℃)
240mm 厚实心烧结普通砖墙	2.00	35.1	30.3	0.86	34.5	27.8
240mm 厚多孔烧结普通砖墙	1.70	35.1	29.9	0.80	34.7	27.8
190mm 厚单排孔混凝土空心小砌块墙	2.53	39.2	33.7	0.95	35.5	28.4
200mm 厚钢筋混凝土墙	3.22	37.7	33.3	1.02	34.8	28.1
250mm 厚钢筋混凝土墙	2.93	36.1	32.1	0.99	34.6	28.0

注：$Q_{i,max}$——夏热冷地区高温季节时室外最大温度值。

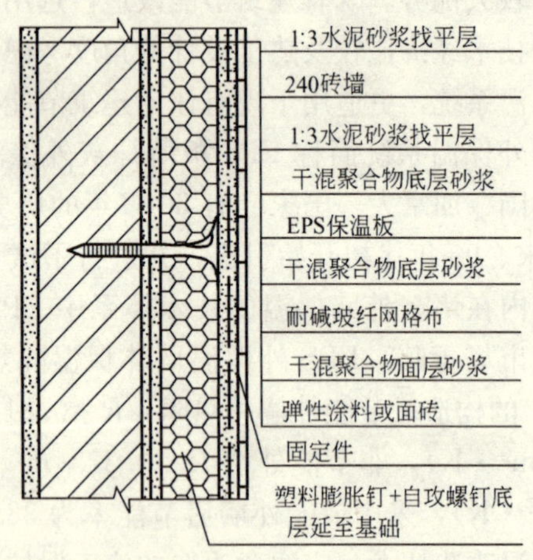

图 6-1　外墙外保温构造

同时还可以利用“烟囱效应”原理，把屋面做成屋顶檐口与屋脊通风或老虎窗通风（冬天关闭风口），以达到保温目的。坡屋顶利用自然通风，可以把热量及时送走，减少太阳辐射，达到降温作用。既改善屋顶的热工性能，又有利于屋顶防水，设计得当能增加建筑的使用空间，还有美化建筑外观的作用。

（2）架空平屋面。方案有两种：一种是在横墙部位砌筑100～150mm高的导墙，在墙上铺设配筋加气混凝土面板，再在上部铺设防水层，形成一个封闭空间保温层，这种做法适用于下层防水层破坏、保温层失效的屋面；第二种是在屋面荷载条件允许下，在屋面上砌筑150mm×150mm左右方垛，在上铺设500mm×500mm水泥薄板，一般上面不作防水层，主要解决隔热问题，同时对屋面防水层也起到一定保护作用。

（3）干铺保温材料屋面。在防水层确实已老化造成渗漏、必须翻修的情况下，在屋面修漏补裂，进行局部翻改；完成防水层改造后，再在改善后的防水层上做保温处理。具体做法是留出排水通道，干铺保温材料。该方法类似倒置屋面做法，保温材料可采用B03或B04级加气混凝土，干铺在现有屋面防水层上，并在表面做防水涂料。保温材料厚度应视下层结构及保温要求，经热工计算确定，并注意不要超过允许计算荷载。这种做法的优点是加气混凝土本身具有较好的保温隔热和整体抗冻性能；其次是铺保温材料施工方便，便于层面防水的维修和保护及保温层的更新，并且非常经济。

（4）种植屋面。在屋顶上种植植物，利用植物的光合作用，将热能转化为生化能；利用植物叶面的蒸腾作用增加蒸发散热量，均可大大降低屋顶的室外综合温度；利用植物培植基质材料的热阻与热惰性，降低内表面温度与温度振幅。据研究，种植屋面的内表面温度比其他屋面低2.8～7.7℃，温度振幅仅为无隔热层刚性防水屋顶的1/4。

（5）倒置屋面。即在原防水层上，干铺防水性能好、强度高的保温材料，然后在其上再铺设一层4～5mm厚油毡，再在其上干铺挤塑聚苯保温板，板上铺设过滤性保护薄膜，最上面铺设卵石层。

3. 门窗节能改造

门窗是建筑围护结构的重要组成部分，有 1/3 多的热能经门窗损失掉。对门窗的改造更为简单易行。

（1）门：居住建筑的门多为木门，在木门中间或内外贴置聚苯乙烯板，可以提高保温效果。

（2）窗户：对于钢窗框和铝合金窗的窗框要避免冷桥。应按照规定，设置双玻或三玻窗，并积极采用中空玻璃、镀膜玻璃，有条件的建筑还可采用低辐射玻璃。对于双玻或三玻，两层玻璃之间的密封一定要做好；否则经过不长时间的使用后，玻璃层间会因密封不好而进入灰尘，无法擦洗，而影响玻璃的透明度。

（3）窗帘：内置窗帘固然装饰效果较好，但低垂的窗帘会把散热器挡住，使热量更易从窗玻璃处损失。室内可使用镀膜窗帘，冬季，镀膜层使热量在室内循环，以减少供热用能；夏季，可防止强烈的太阳辐射而减少制冷用能。发达国家早就重视室外遮阳及室外窗帘。

（4）采用遮阳措施。该地区既有居住建筑大多没有采用遮阳，实测表明，暴露于炎炎烈日之下的外墙（尤其西墙）的外表面温度可达 50℃以上。可在东、南、西向采用可调的遮阳措施，降低进入室内的太阳辐射量，使室内空气温度降低。根据该地区的气候特点，遮阳是非常适合该地区的夏季节能措施。

（5）可在现有透明玻璃表面粘贴薄膜，降低遮蔽系数，增大热阻。

4. 结语

既有住宅的节能改造主要包括：人的节能意识的改造、围护结构和建筑设备的改造。节能改造的关键在于人们对节能的认识和节能对人类可持续发展的作用。对既有住宅进行建筑节能改造，虽然会引起不少投资，但有着极其深远的经济与社会效益，是我国解决能源危机的必经之路。

7 新型住宅墙体保温形式的应用问题

在我国三北地区，特别是严寒地区的东北，最理想的节能墙体应该是具有承重、抗震、保温节能和装饰性等功能的多功能复合保温墙体。目前，我国的复合保温墙体结构仍处于发展的初级阶段，很多领域需要深入研究和探讨。复合保温墙体结构是一种很有发展前途的体系。该体系可以大体分为砌体复合保温墙和混凝土复合保温墙两大类。复合保温墙又可分为内贴保温复合墙、外贴保温复合墙和夹心保温复合墙三种形式。其中内贴保温墙主要用于节能技术初期阶段，它具有保温隔热效果差、热桥处理困难、占用室内使用面积、保温层易开裂等缺点。随着节能标准的提高，墙体内保温的做法已不再适应发展需要，将被外墙外保温形式所取代。目前，外墙节能技术主要采用外贴保温复合墙和夹心保温复合墙两种形式。

1. 承重砌体复合墙

1.1 配筋多孔砖保温夹心墙

配筋多孔砖保温夹心墙体结构，是在结构外墙及楼梯间墙内设置一定厚度的保温材料（如苯板）所组成的夹心墙结构体系。自重轻，有利于结构的抗震性能，又能改善墙体的热工性能，因而与烧结普通砖相比有较多优点，是目前国家大力推广的一种抗震保温墙体结构。夹心墙体节能建筑是寒冷地区考虑墙体节能的要求出现的一种新型的结构体系，其保温节能效果显著，符合国家建筑节能标准的要求。目前，国内外对保温夹心墙体的受力性能研究相对较少，从结构上讲，该墙体由内外两片叶墙组成，两叶墙之间嵌入一定厚度的保温材料（如苯板），内叶墙主要起承重作用，并在墙叶内一定位置设置水平和竖向分布钢筋或采用集中配筋形成配筋带。外叶墙起保护层作用，并通过拉结件连结。

配筋多孔砖保温夹心墙显著提高了墙体的保温隔热性能，也提高了砌体的抗剪承载力及延性，限制墙体裂缝的开展，可以防止墙体因严重破坏而倒塌的可能性，与圈梁、构造柱相配合，进一步提高了砌体的抗震可靠性。该墙体与混凝土结构相比却有如下不足，砌体各项物理力学指标较低，自重大，抗震能力较差，只适用于多层及小高层住宅。

但是夹心墙中的钢筋拉结件或钢筋网片在夹心墙中容易生锈，采用镀锌防锈效果不好，且污染环境。国外多采用不锈钢拉结件，但造价很高，不适于我国国情。目前可以采用造价较低的、使用方便的钢筋防腐剂（如 DFJ 型防腐剂）。这种墙体受力后性能如何，在承载力、变形、稳定性方面的性能及拉结件的影响都值得去研究。

1.2 配筋混凝土小型空心承重砌块夹心墙

配筋混凝土小型空心承重砌块夹心墙体结构，是为了满足节能 50%要求提出的一种新型抗震保温复合墙体结构体系。在我国北方地区有很大发展前景。用它可以代替黏土砖，节土、节能、保护环境，符合国家节能标准要求。承重混凝土空心砖块采用单排孔砌块，其主尺寸为 390mm × 190mm × 190mm，辅助砌块为 390mm×190mm×90mm，单纯混凝土空心砌块墙体的保温隔热性能较差，190mm 厚混凝土空心砌块墙体保温性能仅相当于 140mm 左右厚的烧结普通砖墙。因此，在寒冷地区，使用混凝土空心砌块做外墙，必须采用复合墙的构造方式。混凝土小型空心承重砌块夹心墙，其内侧墙采用 190mm 厚空心砌块，外侧采用 90mm 厚的混凝土砌块，中间夹入 60～80mm 厚的聚苯板及 20mm 厚的空气层。两侧混凝土砌块墙用拉结筋连结。分别在两侧砌块墙内的孔内插入竖向变形钢筋，灌注专用混凝土并捣实形成芯柱。并在墙两端、内外墙衔接处及门窗洞口处设芯柱或构造柱，芯柱、构造柱均与圈梁整浇在一起，提高整体抗倒塌性及抗震延性。砌块墙用专用砂浆砌筑。按砌块施工规程严格施工，确保质量要求。该复合外墙的平均传热系数为 0.42W/(m^2·K)，符合节能标准要求。目前，在我国黑龙江省的一些地区推广使用该种住宅体系，如大庆市已建住宅 20 多万 m^2，节能效果良好。

1.3 轻集料混凝土砌块承重夹心墙

轻集料混凝土砌块由于质轻，保温性能好，又有一定强度，因而逐渐得到开发应用。主要有浮石混凝土砌块、火山渣混凝土砌块。主产于我国黑龙江和吉林省。其他如大同、海南等地也有。火山渣混凝土砌块为三排、两排孔及一排孔。主规格为 390mm×190mm×190mm（三排、两排孔），390mm×90mm×190mm（一排孔）。组砌成两排、三排的 400mm 厚的外墙。主块空心率为 35%。该 400mm 厚墙中间填入 20mm 厚的聚苯板，保温效果相当于 740mm 厚的烧结普通砖墙。为了提高抗震性能，通常在水平灰缝内布置 ϕ4 水平分布钢筋网片，在转角处、内外墙交接处等结合部设插筋芯柱或构造柱，并与圈梁整浇成整体。

2. 混凝土复合墙

2.1 混凝土外保温剪力墙

混凝土外墙外保温的一般做法是，在主体墙结构的外侧，用粘结材料粘贴一层保温材料，在保温材料外侧抹砂浆或其他保护层。目前，主要流行的混凝土外墙外保温形式包括聚苯板保温砂浆外墙保温形式、聚苯板现浇混凝土外墙保温、聚苯颗粒浆料外墙保温等形式，外墙外保温复合墙具有技术含量高、耐久性好、基本消除热桥、减小内墙裂缝、经济效益好等优点，是一种很有应用前景的保温做法。

2.2 混凝土夹心保温剪力墙

（1）CL 墙板：这类复合板均为钢丝网桁架结构复合板（如泰柏板、舒乐舍板）。他们的组成为：用低碳冷拉钢丝 ϕ3mm 焊接形成网格为 50mm×50mm 的钢丝网片，然后用横向短钢丝（水平交叉或斜向交叉）将两片钢丝网焊接成一个空间桁条结构，并在两片钢丝网中间夹入某一厚度的聚苯乙烯泡沫板，最后将苯板两侧用混凝土或水泥砂浆制成混凝土面板（保证混凝土保护层厚度）。从而形成由两面为混凝土板、中间为苯板的三层板构成的复合板。这类复合板的优点为：墙体质量轻，热阻较大，隔热、隔声、抗震效果较好，施工效率高，节能效果和增加使用面积较好，如泰柏板的热阻为 1.128 是烧结普通砖墙的 1.6 倍，泰柏板的墙重为烧结普通砖墙的 1/12。缺点为：由于所用钢丝为冷拔钢丝，且直径较细，网架刚度、耐腐性及耐久性都较差。基本性能指标见表 7-1。

不同地区外墙节能计算比较　　　　表 7-1

	外墙厚度(mm)		传热系数(W/m²·K)		体形系数
地区	混凝土＋苯板＋混凝土	总厚度	限制值	计算值	≤0.3
北京	60＋60＋60	180	0.90	0.712	≤0.3
哈尔滨	60＋90＋60	210	0.52	0.470	≤0.3
沈阳	60＋70＋60	190	0.68	0.622	≤0.3
济南	60＋50＋50	160	1.00	0.894	≤0.3
青岛	60＋50＋60	170	1.00	0.765	≤0.3
兰州	60＋60＋60	180	0.85	0.765	≤0.3

实际上，CL 板是在舒乐舍板的基础上改进后形成。改进后，提高了复合板的强度和整体刚度。CL 板附加边缘构件（暗柱及异形柱）后可以形成以复合剪力墙和异形柱共同承载的 CL 体系，适用于多层住宅建筑。

（2）ZW 墙板：ZW 板除了具有上述其他复合板的优点之外，还弥补了其他板的不足。ZW 板是一种新发展起来的承重保温复合板。该板的构成为：将钢筋焊接成网格间距为 100、150mm 的钢筋网片，通过短钢筋（斜杆和直杆）将两钢筋网片焊接形成正交平板钢筋网架，并将整块苯板（阻燃型）夹入网架中间，将网架（上下）弦杆浇筑在两片混凝土板内，从而形成两旁混凝土板、中间为保温芯板的三层复合板。如图 7-1 所示。夹芯钢筋网架由插筋、焊接设备自动完成。ZW 板可工厂化生产，现场组装，提高工效。从制作到安装，技术含量高。采用冷轧带肋钢筋或 HRB400 钢筋，基准网架钢筋直径为 $\phi5\sim\phi8$mm，网架高度、芯板厚度及混凝土板厚度、强度等级等可以根据不同地区、不同设防烈度、不同层数的设计要求加以选定。混凝土采用压注细石流态混凝土技术，免振捣。利用 ZW 板可以用作楼板和墙板，并可构成剪力墙体系—ZW 结构体系。用于烈度 8 度及 8 度以下地区的中高层建筑。

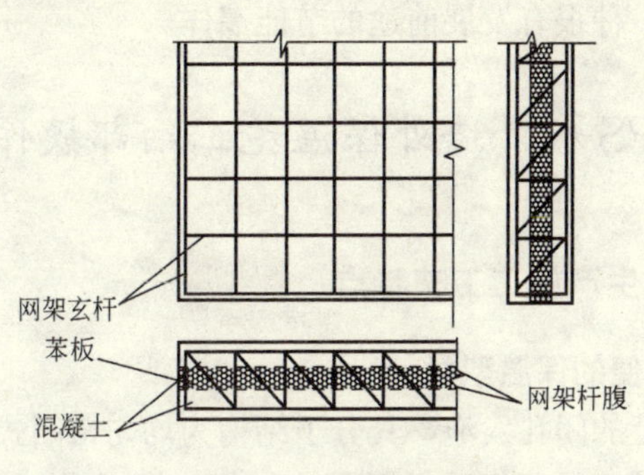

图 7-1　ZW 板构造示意图

ZW 板用作楼板时，可通过调整网架的高度及受压混凝土板的厚度来保证，混凝土和网架共同承载，其中网架起主要作用。楼板芯层具有隔热保温、隔声、隔振、隔渗等功能。ZW 板用于墙板时，在水平和竖向荷载作用下，混凝土板和钢筋网架将共同工作。外墙芯层的厚度可根据保温节能要求计算，混凝土板厚度和强度等级可按设计要求确定。ZW 楼板和墙板中的混凝土板厚度还应满足防火及耐久性要求。ZW 板质量轻，由于板中间用苯板代替，与同体积的混凝土楼板及墙板比较，其质量约减小 1/3；刚度和强度高，ZW 板中混凝土至少为 C20，三维钢筋网架提高了板的抗剪承载力，也提高了板的抗弯刚度；耐火保温及耐久性好，板的中间的阻燃型苯板起到了保温作用，板中混凝土对钢筋的锈蚀起到了保护作用，提高了耐久性。

将 ZW 板在不同地区的外墙节能计算进行比较，发现按节能 50%要求，不同地区的外墙厚度不同，可以通过调整夹芯苯板的厚度满足节能要求。

3. 结语

复合墙具有节能、承重等特点，各种复合墙的节能效果不同，施工工艺不同，造价也不同。通过比较认为，夹心复合墙比外保温复合墙具有更大的发展优点，尤其是ZW夹心复合墙更有生命力，是一种很有发展前途的节能墙体。

8 XPS板外墙外保温施工细部操作控制

1. XPS板的生产施工工艺特点

1.1 轻质方便的保温型材

具有完全的闭孔发泡，其分子结构为均匀密闭式蜂窝状，密度为45kg/m^3，属于轻质保温隔热材料，搬运方便，切割容易，固定简单。

1.2 高品质的环保产品

XPS板一般采用进口聚苯乙烯经科学方法挤塑成型，其化学性能稳定，无有害物质的挥发，不会分解或霉变，施工中不产生有害气体，其废料可回收利用，是可回收的环保产品。

1.3 施工操作方便简单

可开展“流水”作业，即单组安装挤塑板由下到上施工，抹灰由上到下施工；双组粘钉挤塑板和抹灰均由下到上施工。

1.4 安全可靠

挤塑板用高强粘结与机械固定相结合的固定方法，该系统与墙体的结合非常牢固，安全可靠，适用于不同状况的墙面和不同高度的建筑物。

2. XPS板在外墙外保温体系常见问题分析

外墙外保温施工中有三分材料、七分施工的说法，由于外墙外保温施工过程是一个系统过程，任何环节有纰漏都可能造成工程质量事故，使XPS具有的优点反而在保温墙体应用中成了其致命的缺陷。

2.1 XPS板透气性差

XPS板的水蒸气渗透系数小于3ng/(m·h·Pa)，透气性差，容易导致气态水不能通过XPS板渗透出来而积聚在XPS板后的空腔内形成液态水，会使粘结砂浆长期处于湿状态或冻融状态，对粘结砂浆的冻融性和耐老化性是一种巨大的考验，同时也易孳生霉菌。

2.2 XPS板变形应力大易造成面层裂缝

XPS板密度大、强度高，由于自身变形、温差变形或正负风压作用时产生的变形应力较大，应力释放通常出现在板缝处，因此易造成面层尤其是板缝处的裂缝，影响美观和保温效果。

2.3 XPS板防火性能差

《绝热用挤塑聚苯乙烯泡沫塑料》(GB/T 10801.2—2002)中规定，XPS板的燃烧性能等级为B2级。由于成本和技术水平等因素，当前国内市场上应用的XPS板很多都达不到B2级阻燃等级的，也很少有厂家提高成本去生产B1级的XPS板。即使燃烧性能达到B2级，也属于可燃性建筑材料。一旦发生火灾，火将随着XPS板后面的50%～70%的空腔通道迅速蔓延，形成烟囱效应，燃烧过程中对建筑结构的破坏和释放的有毒气体将给人们的生命财产带来巨大的威胁。

2.4 XPS板与砂浆粘结性能差

XPS板表面光洁度高、低吸水率的特点造成了与砂浆粘结不良。提高XPS板保温系统粘结力的方法如下：

(1) 通过打塑料锚栓提高机械锚固力，但只能增加局部点的锚固。

(2) 增大砂浆中聚合物胶粘剂的含量可实现有效粘结，但又大大增加了砂浆的成本。

(3) 将XPS板去皮拉毛、涂刷界面砂浆。通常去皮拉毛能在一定程度上提高粘结强度，但是光靠拉毛还不足以解决粘结问题，涂刷丙烯酸类界面砂浆才是有效解决 XPS 板界面问题的办法。

3. XPS 板外墙外保温施工要点

XPS 板具有许多优点。在外墙外保温施工过程中，若控制不好，也会使 XPS 板产生一些质量问题，从而影响整个 XPS 板外墙外保温体系效果，所以应加强 XPS 板外墙外保温施工过程控制。

3.1 弹控制线

根据建筑立面设计和外墙外保温技术要求，在墙面弹出外门窗水平、垂直控制线及伸缩缝线、装饰缝线等。

3.2 挂基准线

在建筑外墙大角（阳角、阴角）及其他必要处挂垂直基准钢线，每个楼层适当位置挂水平线，以控制挤塑板的垂直度和平整度。

3.3 配制聚合物砂浆胶粘剂

根据生产厂使用说明书提供的配合比配制，专人负责，严格计量，机械搅拌，确保搅拌均匀。拌好的胶粘剂在静停 10min 后还需经二次搅拌才能使用。配好的料注意防晒避风，以免水分蒸发过快。一次配制量应在可操作时间内用完。

3.4 粘贴挤塑板

（1）外保温用挤塑板标准尺寸为 600mm×1200mm×30mm，非标准尺寸或局部不规则处现场裁切，但必须注意切口与板面垂直。整块墙面的边角处应用最小尺寸超过 300mm 挤塑板。挤塑板的拼缝不得正好留在门窗口的四角处，采用粘结方式（条粘法）固定挤塑板时，不得在挤塑板侧面涂抹胶粘剂。

（2）粘板应用专用工具轻柔、均匀挤压塑板，随时用 2m 靠尺和托线板检查平整度和垂直度。粘板时，注意清除板边溢出的胶粘剂，使板与板之间无“碰头灰”。板缝拼严，缝宽超出 2mm

时用相应厚度的聚苯片填塞。拼缝高差不大于1.5mm，否则应用砂纸或专用打磨机具打磨平整。

3.5 锚固件固定

设计要求采用机械锚固件固定挤塑板时，锚固件安装应至少在胶粘剂使用24h后进行，用电锤（冲击钻）在挤塑板表面内打孔，孔径视锚固件而定，进墙深度不得小于设计要求。拧入或敲入锚固钉，钉头和圆盘不得超出板面，锚固件数量与型号根据设计要求确定。

3.6 配制抹面砂浆

按照生产厂提供的配合比配制抹面砂浆，做到计量准确，机械二次搅拌，搅拌均匀。配好的料注意防晒避风，一次配制量应控制在可操作时间内用完，超过可操作时间后不准再度加水（胶）使用。

3.7 聚合物砂浆抹灰

挤塑板安装完毕，检查验收后进行聚合物砂浆抹灰。抹灰分底层和面层两次。在挤塑板面抹底层抹面砂浆，厚度2～3mm。同时将翻包网格布压入砂浆中。门窗口四角部位所用的增强网格布随即压入砂浆中。

3.8 网格布处理

将网格布绷紧后贴于底层抹面砂浆上，由中间向四周把网格布压入砂浆的表层，要平整压实，严禁网格布皱褶。网格布不得压入过深，表面必须暴露在底层砂浆之外。铺贴遇有搭接时，必须满足横向100mm、纵向80mm的搭接长度要求。

3.9 抹底层抹面砂浆

在底层抹面砂浆凝结前再抹一道抹面砂浆罩面，厚度1～2mm，要以覆盖网格布、微见网格布轮廓为宜。面层砂浆切忌不停揉搓，以免形成空鼓。

3.10 外饰面涂料做法

待抹灰基面达到涂料施工要求时可进行涂料施工，施工方法与普通墙面涂料工艺相同。一般宜使用配套的专用涂料或其他与外保温系统相容的涂料。

9　胶粉聚苯颗粒复合型外保温在严寒地区的应用

胶粉聚苯颗粒复合型外墙外保温体系是适合我国严寒地区建筑节能的一项成熟的技术体系，可以在严寒地区推广使用。

1. 体系介绍

胶粉聚苯颗粒外墙外保温系统（简称胶粉聚苯颗粒外保温系统）是设置在外墙外侧，由界面层、胶粉聚苯颗粒保温层、抗裂防护层和饰面层构成，起保温隔热、防护和装饰作用的构造系统。它确立了“外保温优于内保温”的技术理念、确立了外墙外保温各构造层“柔韧变形量逐层渐变、逐层释放应力”的抗裂技术路线、确立了“外墙外保温无空腔”的理论体系，解决了外保温面层易出现裂缝的关键性技术难题。

胶粉聚苯颗粒保温材料及其成套技术是指采用界面处理砂浆、胶粉聚苯颗粒保温浆料、耐碱涂塑玻璃纤维网格布、水泥抗裂砂浆、高分子乳液弹性底层涂料、抗裂柔性腻子、保温墙面砖专用胶结砂浆、面砖勾缝胶粉等系统材料在现场成型的新型墙体保温技术体系。

胶粉聚苯颗粒外墙复合型外保温体系按基本构造不同，分为胶粉聚苯颗粒贴砌聚苯板保温体系、聚氨酯复合胶粉聚苯颗粒保温体系、现浇无网聚苯板复合胶粉聚苯颗粒外墙外保温体系、现浇有网聚苯板复合胶粉聚苯颗粒外墙外保温体系等 16 种体系；可以满足全国不同地区、不同建筑墙体（屋面）50％或 65％的建筑节能保温要求。

2. 在严寒地区应用的优势

（1）保温隔热性能

ZL 胶粉聚苯颗粒的导热系数为 0.059W/(m·K)、蓄热系数为 0.95W/(m^2·K)，良好的保温隔热性能适合在全国各气候区使用。该成套技术不仅可适用于多层建筑的墙体保温工程，而且还适用于高层建筑的墙体、屋面及顶棚保温工程，不仅满足节能 50%的要求，而且还满足对外墙保温节能 65%的要求。

(2) 抗裂性能

在很长一个时期内，保温墙面出现裂缝一直没有得到解决，形成技术瓶颈，长期困扰着我国的建筑节能工作。通过多年的理论研究和技术应用总结认为，常规刚性防水技术路线的影响是保温墙体防裂失败的主要原因，常规技术路线采用的材料为预应力、高强、高弹性模量，没有留给热应力充分释放的出路。

在保温构造设计上，该成套技术摒弃了“刚性防水技术路线”，而采取“逐层渐变、柔性释放应力”的抗裂技术路线。实践证明，这种柔性抗裂体系的建立，保温墙面能够有效地吸收和消纳热应力变形，从而解决了国内外保温表面不出现有害裂缝的技术难题，是目前国内抗裂技术最可靠、抗裂效果最好的外墙保温做法。胶粉聚苯颗粒复合型外墙外保温技术是在严寒地区抗裂技术的合理做法，其满足外保温相邻构造层逐层渐变的原则，解决了相邻构造层材料导热系数相差过大、在严寒地区易产生裂缝的通病。

(3) 耐候性能

外保温工程在实际使用中会受到相当大的热应力作用，这种热应力主要表现在保护层上。由于聚苯板的隔热性能，其保护层温度在夏季可高达 80℃。夏季持续晴天后突降暴雨所引起的表面温度变化可达 50℃之多。夏季的高温还会加速保护层的老化。耐候性试验模拟夏季墙面经高温日晒后突降暴雨和冬季昼夜温差的反复作用，是对大尺寸的外保温墙体进行的加速气候老化试验，是检验和评价外保温体系质量的最重要的试验项目。耐候性试验与实际工程有着很好的相关性，能很好地反映实际外保温工程的耐候性能。大型耐候性试验要求试样经 80 次高温 (70℃)—

淋水（15℃）循环和20次加热（50℃）—冷冻（−20℃）循环后不得出现空鼓、脱落及开裂。

胶粉聚苯颗粒复合型外墙外保温系统做法经中国建筑科学研究院物理所根据欧洲规范ETAG 004的规定进行大型耐候性试验，试验结果均满足欧盟耐候性标准要求及国内现行相关标准要求。

（4）防火性能

该成套技术采取ZL胶粉聚苯颗粒保温浆料（难燃B1级，无次生烟尘，复合为A级不燃体）或岩棉、泡沫玻璃（不燃A级，无次生烟尘）作为主保温材料；同时改进了目前点粘聚苯板、现浇混凝土复合聚苯板或钢丝网架聚苯乙烯板做法，开发了利用胶粉聚苯颗粒保温浆料或岩棉等不燃性材料，做垂直方向的耐火分隔材料来阻挡和延缓火灾蔓延的技术，杜绝了引火通道，进一步提高了高层建筑外保温层的安全性。

（5）抗风压能力

不同于目前粘贴聚苯板技术，该成套技术全部采取无空腔体系做法，内无接缝，与基层墙体形成一个整体，这些做法大幅度提高了外墙外保温层抗风压的能力，减少了风压特别是负风压对高层建筑外墙外保温层的破坏。

（6）适用范围广

在国外，如意大利、德国、法国、南斯拉夫等，均有大面积、大规模地采用类似“胶粉聚苯颗粒保温材料”的材料进行施工的实例，而且在德国、奥地利、丹麦等国，有保温抹灰材料的国家标准，并纳入外墙外保温体系。从该成套技术涉及材料看，应用该材料与技术进行墙体保温，其基本构造包括界面处理层、保温层、抗裂防护层和饰面层等部分，属无空腔体系，构造合理，能够满足热应力、地震、风压、火灾、水或水蒸气等破坏力量对建筑物，尤其是高层建筑影响的安全性要求；在保温层组成上既可以是纯胶粉聚苯颗粒保温材料，也可以是现场喷涂聚氨酯硬泡、满粘聚苯板、现浇有网或无网聚苯板、岩棉、泡沫玻璃等多种保温材料与胶粉聚苯颗粒保温材料的复合保温层。该复合保温层综合了高效保温材料或不燃保温材料及胶粉聚苯颗粒保温材料的优势；在饰面作法上不仅包括涂料作法，而且还包括粘贴面砖、干挂石材等作法。

胶粉聚苯颗粒外墙外保温体系成功应用于新疆最严寒地区（富蕴县，冬期室外测温－52℃）的外保温工程；应用胶粉聚苯颗粒外墙外保温体系50％节能，创造了首个全国严寒地区外墙外保温百米高层贴瓷砖的记录（哈尔滨黄金公寓），是目前全国严寒地区贴面砖建筑高度最高的工程；应用聚氨酯复合胶粉聚苯颗粒系统外保温现场实测，达到严寒地区65％节能标准，并成功应用在国家示范小区乌鲁木齐华美·文轩小区。

（7）利废再生，环保建材

通过物理或化学回收方法将其改造成高效、绿色、生态，同时不造成二次污染的建筑节能材料及其配套材料，满足垃圾处理减量化、无害化、资源化的综合治理要求。同时，系统解决目前建筑节能保温技术存在的技术品种少、保温墙面空鼓或开裂的质量通病以及耐候、抗震、防火、透气、抗风压等性能差的问题，提高建筑节能产品的科技含量，促进我国建筑节能事业的跨越式发展。作为一种典型的绿色建材，胶粉聚苯颗粒保温材料总体积80％是利用回收的废聚苯包装物制成，同时，粉煤灰材料占保温层总重量的1/3。

采用胶粉聚苯颗粒保温技术进行外墙保温，每推广应用100万m^2的保温面积，就将消纳5万m^3城市白色污染，消耗2300t的粉煤灰。

3. 典型工程应用概况

（1）哈尔滨黄金公寓

该工程主体结构是框架-剪力墙，建筑面积7万m^2，建筑层数地上34层，地下2层，建筑总高度107.8m，节能设计50％，外墙为饰面砖，是严寒地区贴面砖最高的工程。外墙保温采用北京振利高新技术公司的ZL胶粉聚苯颗粒保温浆料外墙外保温技术，保温层中间用六角钢丝网加强，先锚固绑扎热镀锌六角钢丝网与基层墙体连接，抗裂砂浆厚抹灰，饰面粘贴瓷砖，满足体系的安全性要求。

工程竣工后经测试，瓷砖粘结强度符合国家标准要求，平均粘结强度大于 0.4MPa；保温效果符合国家标准，达到节能 50% 设计要求，工程顺利通过验收。工程自 2002 年竣工至今墙面无开裂、脱落现象，质量稳定。

(2) 沈阳五里河大厦

该工程为框架-剪力墙结构，建筑面积 75000m^2（2 栋），建筑层数为 28 层，由于有 4 座泳池，对保温隔热有特殊的要求。其中，第 27～28 层带泳池的豪宅面积为 2600m^2，外墙保温采用北京振利高新技术公司研制开发的"ZL 无溶剂聚氨酯硬泡喷涂复合胶粉聚苯颗粒粘结面砖外墙外保温技术"；26 层以下的（约 6200m^2）窗口及热桥部位的处理采用胶粉聚苯颗粒外饰面粘贴面砖外保温技术。其中无溶剂聚氨酯硬泡喷涂厚度为 40mm，复合 20mmZL 胶粉聚苯颗粒保温浆料。

该工程质量符合标准要求，是东北地区首次应用无溶剂聚氨酯硬泡喷涂复合胶粉聚苯颗粒粘贴面砖外保温技术的工程。

(3) 新疆昌吉世纪花园

该工程外墙保温面积 6 万 m^2，采用北京振利高新技术公司的 ZL 胶粉聚苯颗粒外墙外保温体系。经中国建筑科学研究院建筑节能检测室检测达到节能 50%效果。该工程是建设部建筑节能示范工程，荣获中国房地产住宅 AAA 奖、国家康居示范奖、环保节能示范奖、中国华夏奖、A 级住宅认定项目奖等十余项大奖。

10 建筑屋面节能技术应用的正确选择

1. 屋面耗能分析

建筑能耗在我国总能耗中所占的比例约为 25%～40%。与世界发达国家相比还有相当大的差距。例如，我国绝大多数采暖地区围护结构的热功性能都比气候相近的发达国家要差许多，外墙传热系数为他们的 3.5～4.5 倍，外窗为 2～3 倍，屋面为 3～6 倍；而且单位建筑面积的能耗还很高，能源利用率很低，仅为 28%，欧美平均近 50%，日本为 57%。但是我国的可利用能源是极为有限的，这已经引起了国家的高度重视。提高围护结构的保温性能是降低建筑能耗的关键。屋顶作为一种建筑物外围护结构所造成的室内外温差传热耗热量，大于任何一面外墙或地面的耗热量。华中大部分地区属湿热性气候，全年气温变化幅度大，干湿交变频繁。如武汉市区年绝对最高与最低温差近 50℃，有时日温差接近 20℃，夏季日照时间长，而且太阳辐射强度大，通常水平屋面外表面的空气综合温度达到 60～80℃，顶层室内温度比其下层室内温度要高出 2～4℃。因此，提高屋面的保温隔热性能，对提高抵抗夏季室外热作用的能力尤其重要，这也是减少空调耗能，改善室内热环境的一个重要措施。在多层建筑围护结构中，屋顶所占面积较小，能耗约占总能耗的 8%～10%。据测算，每降低 1℃，空调减少能耗 10%，而人体的舒适性会大大提高。因此，加强屋顶保温节能对建筑造价影响不大，节能效益却很明显。

2. 倒置式屋面

倒置式屋面是与传统屋面相对而言的。所谓倒置式屋面，就是将传统屋面构造中的保温层与防水层颠倒，把保温层放在防水层的上面。倒置式屋面的定义中，特别强调了“憎水性”保温材料，工程中常用的保温材料如水泥膨胀珍珠岩、水泥蛭石、矿棉岩棉等都是非憎水性的，这类保温材料如果吸湿后，其导热系数将陡增，所以才出现了普通保温屋面中需在保温层上做防水层，在保温层下做隔汽层，从而增加了造价，使构造复杂化。其次，防水材料暴露于最上层，加速其老化，缩短了防水层的使用寿命，故应在防水层上加做保护层，这又将增加额外的投资。再次，对于封闭式保温层而言，施工中因受天气、工期等影响，很难做到其含水率相当于自然风干状态下的含水率，如因保温层和找平层干燥困难而采用排气屋面的话，则由于屋面上伸出大量排气孔，不仅影响屋面使用和观瞻，而且人为地破坏了防水层的整体性，排气孔上防雨盖又常常容易碰踢脱落，反而易使雨水灌入孔内。倒置式屋面与普通保温屋面的比较见表 10-1。由表中可知，倒置式屋面的优越性显而易见。

节能屋面优劣比较 **表 10-1**

性能	USD 屋面(XPS)	BUR 屋面	水泥珍珠岩屋面
保温隔热性	极佳	视选用材料	高厚度才能达到 XPS 的标准
施工方便性	施工简易、质轻好搬、易切割、施工期短、成本无形中降低	需考虑防水层的施工与防水材料的选用，要配合绝热材增加施工麻烦	施工困难、搬运慢，且需要做隔气层与排气孔，施工期长，成本无形中增加
屋顶结构负荷	极小(0.4kN/m^3)	视选用材料	极大(4kN/m^3)
老化性	几乎不老化，可以说与建筑物同寿，无翻修问题	防水层一旦破裂，绝热材可能也会老化分解	一旦受潮就开始有老化分解现象，时候一到就要翻修
排气孔隔气层	不需要	某些情况需要，如室内是潮湿环境	一旦受潮就开始有老化分解现象，时候一到就要翻修
屋顶使用性	屋顶可再利用，如花园	高	因有隔气层，再利用性低与不便
施工气候性	无特别要求，甚至雨天也可施工	需晴天	需好天气
施工队专业性	不需专业训练，施工极为简易，人人都会	因在防水层下方选用材料决定施工难易	施工人员需训练过
防水层日后维修性	方便，只要移开 XPS 即可	一旦修补可能连绝热层都一齐伤损	不易

注：USD 工法——将绝热层放在防水层上方的工法（UP-SIDE DOWN）；BUR 工法——将绝热层放在防水层下方的传统工法；XPS——挤塑式聚苯乙烯保温板。

3. 屋面绿化

随着我国城市化进程的高速发展和建筑面积的急剧增加，建筑能耗将更加巨大，“城市热岛”现象将更为严重。城市建筑实行屋面绿化，可以大幅度降低建筑能耗、减少温室气体的排放，同时可增加城市绿地面积、美化城市、改善城市气候环境。

3.1 屋面绿化的保温隔热性能

当平屋面上的找坡层平均厚 100mm，再加上覆土厚度为 80mm 的屋面，其传热系数 $K<1.5$W/(m^2·K)，若覆土厚度大于 200mm 时，其传热系数 $K<1.0$W/(m^2·K)。夏季绿化屋面与普通隔热屋面比较，表面温度平均要低 6.3℃，屋面下的室内温度相比要低 2.6℃。因此，屋顶绿化作为夏季隔热有着显著效果，可以节省大量空调用电量。例如，上海夏季空调的负荷最高值 1048 万 kV·A（最高气温时），一般负荷 600 万 kV·A（11 月份），而上海的发电能力约为 800 万 kV·A，电力谷峰差的缺口要靠外地输入。提高建筑物的隔热功能，可以节省电能耗 20%。对于屋面冬季保温，采用轻质种植土，如 80%的珍珠岩与 20%的原土，再掺入营养剂等，其密度小于 650kg/m^3，导热系数取值为 0.24W/(m·K)，基本覆土厚度为 220mm，可计算出 $K<1$。由于我国地域广阔，冬季温度的差别很大，因此可结合各地的实际情况作不同的工艺处理。

3.2 屋面绿化对周围环境的影响

建筑屋顶绿化可明显降低建筑物周围环境温度（0.5～4.0℃），而建筑物周围环境的温度每降低 1℃，建筑物内部空调的容量可降低 6%，对低层大面积的建筑物，由于屋面面积比墙面面积大，夏季从屋面进入室内的热量占总围护结构得热量的 70%以上，绿化的屋面外表面最高温度比不绿化的屋面外表面最高温度（可达 60℃以上）可低 20℃以上。而且城市中心地区热气流上升时，能得到绿化地带比较凉爽空气流的自然补充，以调节城市气候。种植屋面保温效果很明显。不论北方或南方都有保温作用。特别是干旱地区，入冬后草木枯死，土壤干燥，保温性能更佳。保温效果随土层厚度增加而增加。种植屋顶有很好的热惰性，不随大气气温骤然升高或骤然下降而大幅波动。冰岛和斯堪的那维亚半岛的种植屋面，已有百年历史，证实上述情况。绿色植物可吸收周围的热量，其中大部分用于蒸发作用和光合作用，所以绿地温度增加并不强烈，一般绿地中的地温要比空旷广场低 10～17.8℃。另外，屋面绿化可使城市中的灰尘降低 40%左右；可吸收诸如 SO_2、HF、Cl_2、NH_3 等有害气体；对噪声有吸附作用，最大减噪量可达 10dB；绿色植物可杀灭空气中散布着的各种细菌，使空气新鲜清洁，增进人体健康。

3.3 绿化屋面的防水

不少人认为，屋顶绿化对抗渗防漏不利，这是一种比较片面的看法。实际上土壤在吸水饱和后会自然形成一层憎水膜，可起到滞阻水的作用，从这个角度看对防水有利。并且覆土种植后，可以起到保护作用：使屋面免受夏季阳光的暴晒、烘烤而显著降低温度，这对刚性防水层避免干缩开裂、缓解屋面震动影响，柔性防水层和涂膜防水层减缓老化、延长寿命十分有利。当然也有不利影响：当浇灌植物用的水肥呈一定的酸碱性时，会对屋面防水层产生腐蚀作用，从而降低屋面防水性能。克服的办法是：在原防水层上加抹一层厚 1.5～2.0cm 的火山灰硅酸盐水泥砂浆后再覆土种植。同普通硅酸盐水泥砂浆相比，火山灰硅酸盐水泥砂浆具有耐水性、耐腐蚀性、抗渗性好及喜湿润等显著优点，平常大都用于液体池壁的防水上。将它用于屋顶覆土层下的防水处理，正好物尽其用，恰到好处。在它与覆土层的共同作用下，屋顶的防水效果将更加显著。

3.4 绿化屋面的荷重及植被

屋顶绿化与地面绿化的一个重要区别就是种植层荷重限制。应根据屋顶的不同荷重以及植物配置要求，制定出种植层高度。种植土宜采用轻质材料（如珍珠岩、蛭石、草炭腐殖土等）。种植层容器材料也可采用竹、木、工程塑料、PVC 等以减轻荷重。若屋顶覆土厚度超过允许值时，也会导致屋顶钢筋混凝土板产生塑性变形裂缝，从而造成渗漏。所以必须严格按照前面所述，确定覆土层厚度。由于层顶绿化的特殊性，种植层厚度的限制，植物配植以浅根系的多年生草本、匍匐类、矮生灌木植物为宜。要求耐热、抗风、耐旱、耐贫瘠，如彩叶草、三色堇、假连翘、鸭跖草、麦冬草等。

屋面绿化的造价为 70～120 元/m^2，与普通隔热屋面相似，从使用角度分析，改造一个上人活动的绿化屋面每平方米只需增加 100 元左右。总之，屋面绿化的普及和实施是有利于环境、城市、居民的，应积极推广。

4. 蓄水屋面

蓄水屋面就是在刚性防水屋面上蓄一层水，其目的是利用水蒸发时，带走大量水层中的热量，大量消耗晒到屋面的太阳辐射热，从而有效地减弱了屋面的传热量和降低屋面温度，是一种较好的隔热措施，是改善屋面热工性能的有效途径。

4.1 蓄水屋面的隔热性能

在相同的条件下，蓄水屋面比非蓄水屋面使屋顶内表面的温度输出和热流响应要降低得更多，且受室外扰动的干扰较小，具有很好的隔热和节能效果。对于蓄水屋面，由于一般是在混凝土刚性防水层上蓄水，既可利用水层隔热降温，又改善了混凝土的使用条件：避免了直接暴晒和冰雪雨水引起的急剧伸缩；长期浸泡在水中有利于混凝土后期强度的增长；又由于混凝土中有的成分在水中继续水化产生湿涨，因而水中的混凝土有更好的防渗水性能。同时，蓄水的蒸发和流动能及时地将热量带走，减缓了整个屋面的温度变化。另外，由于在屋面上蓄上一定厚度的水，增大了整个屋面的热阻和温度的衰减倍数，从而降低了屋面内表面的最高温度。经实测，深蓄水屋面的顶层住户的夏日温度比普通屋面要低 2～5℃。因此，由于上述优点，蓄水屋面现在已经被大面积推广采用。

4.2 蓄水屋面的水深

但是，要设计一个隔热性能好，又节能的蓄水屋面，必须对它的传热特性进行动态分析和计算，以确定蓄水的深度究竟为多

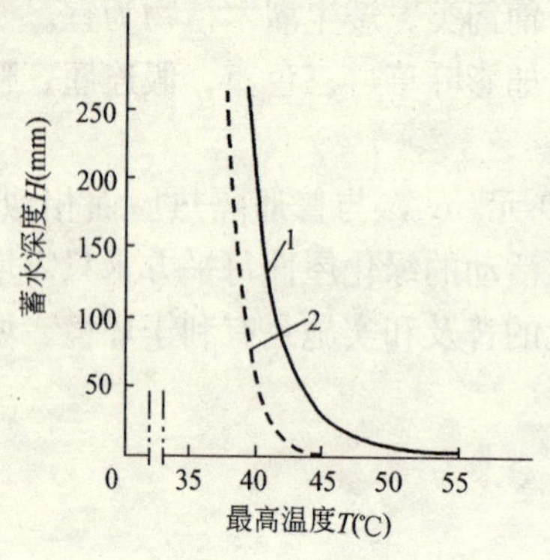

图 10-1　蓄水深与屋面内外表最高温度关系曲线
1—屋顶外表最高温度；
2—屋顶内表最高温度

大才比较合适。蓄水屋面有普通的和深蓄水屋面之分。普通蓄水屋面需定期向屋顶供水，以维持一定的水面高度。深蓄水屋面则可利用降雨量来补偿水面的蒸发，基本上不需要人为供水。不同水深与屋面外表和内表的最高温度如图 10-1 所示。由图可知，当水深 $H=0$ 时，即屋面仅作防水处理时，其屋顶外表面及屋顶内表面的最高温度都远远高于最高气温。水深为 50mm 时，屋顶外表面及顶棚面最高温度比不蓄水时降低了许多。由水深曲线可知，单纯增加水深对降温效果不很明显。气象资料表明，华中地区由于夏天天气炎热，蒸发量较大，日平均蒸发量在 9mm 左右，若无降水期长达 30～50d，水太浅无人看管时，可蒸发掉水深 270～450mm 水，一般水深 400mm 较适宜。蓄水深度超过一定程度则降温效果不明显，且蓄水过深，使屋面静荷载增加，将会增加结构设计难度。

4.3　蓄水屋面的防水

蓄水屋面除增加结构的荷载外，如果其防水处理不当，还可能漏水、渗水。因此，蓄水屋面既可用于刚性防水屋面，也可用于卷材防水屋面。采用刚性防水层时也应按规定做好分格缝，防水层做好后应及时养护，蓄水后不得断水。采用卷材防水层时，其做法与卷材防水屋面相同，应注意避免在潮湿条件下施工。例如，可设置一个细石混凝土防水层，但同时也可在细石混凝土中掺入占水泥重量 0.05％的三乙醇胺或 1％的氧化铁，使其成为防水混凝土，提高混凝土的抗渗能力，防止屋面渗漏。为了避免池壁裂缝，应采用钢筋混凝土池壁或半砖、半钢筋混凝土池壁。前者用于现浇钢筋混凝土屋面，后者适应于预制板屋面。采用砖砌池墙时，靠近池底应做 60～100mm 高混凝土反边，且砖池壁应适当配置水平钢筋。以上几种做法，均避免了池墙渗漏现象。不再出现池壁裂缝，池壁内抹灰同池底。

5. 浅色坡屋面

目前，大多数住宅仍采用平屋顶，在太阳辐射最强的中午时间，太阳光线对于坡屋面是斜射的，而对于平屋面是正射的。深暗色的平屋面仅反射 30%的日照，而非金属浅暗色的坡屋面至少反射 65%的日照，反射率高的屋面大约节省 20%～30%的能源消耗。美国环境保护署 U. S. Environmental Protection Agence（EPA）和佛罗里达太阳能中心 Florida Solar Energy Center 的研究表明，使用聚氯乙烯膜或其他单层材料制成的反光屋面，确实能减少至少 50%的空调能源消耗。在夏季高温酷暑季节节能减少 10%～15%。因此，隔热效果不如坡屋面。而且平屋面的防水较为困难，且耗能较多。若将平屋面改为坡屋面，并内置保温隔热材料，不仅可提高屋面的热工性能，还有可能提供新的使用空间（顶层面积可增加约 60%），也有利于防水，并有检修维护费用低、耐久的优点。特别是随着建筑材料技术的发展，用于坡屋面的坡瓦材料形式多，色彩选择广，对改变建筑千篇一律的平屋面单调风格，丰富建筑艺术造型，点缀建筑空间有很好的装饰作用。在中小型建筑如居住、别墅及城市大量平改坡屋面中被广泛应用。但坡屋面若设计构造不合理、施工质量不好，也可能出现渗漏现象。因此，坡屋面的设计必须搞好屋面细部构造设计，保温层的热工设计，使其能真正达到防水、节能的要求。

6. 结语

如今建筑节能工作已在全国开展，节能住宅也是一项正在兴起的事业。我们必须跟随世界和国家建筑节能发展的大趋势和大潮流，抓住机遇，迎接挑战、开拓进取，搞好建筑屋面的节能，改善市内热环境，促进建筑技术和建筑产业的发展，为合理利用资源、保护生态环境、提高人民生活质量而努力。

11 保温砂浆中有机胶结材料的正确应用

建筑界一般认为外墙保温技术和节能材料是建筑节能的主要实现方式，国内研制开发了多种新型的节能材料和技术，在建筑节能工程中已得到广泛采用。在各种保温材料中，聚苯颗粒保温料浆以其优异的性能得到认同，成为大力推广应用的一种有效外墙保温技术。

1. 有机胶结料的发展现状

建筑中使用的有机胶结材料主要是水溶性的高分子聚合物。自20世纪80年代国内研发出一批有机胶结材料的品种，从国外引进了环氧树脂、EVA、丙烯酸脂等生产线，使国内的建筑保温胶结料获得了飞速发展。当时建筑上使用最多的是以液态聚合物为基料的有机胶结料，如白乳胶、共聚物（EVA）、108胶等。工程现场施工时将填充料和聚合物乳液混拌使用，这样水泥与聚合物配合的比例因多种原因而不能严格控制。同时，聚合物乳液存在着贮存问题，包装桶使用非环保型的，冬期施工涉及防冻问题等。

为了解决这些问题，建筑用有机胶结料由溶剂型向水性、无溶剂型使用发展，如制成粉状、膏状、预混型。目前，建筑上使用的有机胶结料多为固体粉末状，常用的有甲基纤维素、羧甲基纤维素、羟丙基甲基纤维素等。现在在施工中使用的胶结料在化工厂预先混合干拌装袋，以干粉称量准确的袋装运到工地，使用时加水即可溶解，在工厂严格的配料，能得到很好的效率发挥。

2. 外墙用保温料浆

现在施工用聚苯颗粒保温技术主要由保温隔热层和抗裂防水层组成。保温隔热层材料以聚苯乙烯（简称 EPS）颗粒为集料的保温料浆。使用前，聚苯颗粒和保温胶粉料按配比分别包装。保温胶粉料采用预混干拌技术在生产厂将水泥与有机胶结料、引气剂等多种添加剂混匀后包装。使用时，倒入容器按比例加水，把胶粉料在搅拌机中搅拌成需要浆体后，再加入聚苯颗粒，充分拌匀，形成塑性良好的膏状体，用普通抹灰的方法将其抹在外墙体上，干燥后形成保温性能优良的隔热保温层。抗裂防水保护层材料是由抗裂水泥砂浆复合玻璃纤维网格布组成，可长期有效地控制保护层裂缝的出现。

采用保温浆料外墙外保温材料，施工工艺简单、施工方法容易掌握、可减少劳动强度、提高工作效率。对于墙体表面存在的缺陷，在抹面时可直接用保温材料分层修补抹平，避免了以前因抹灰层局部过厚产生开裂、脱落的质量弊病。由于保温料浆对基层墙面的平整度要求不高，易于在各种材料的基层墙体上抹面，且抹灰质量容易控制。同时，也可以利用回收废旧聚苯板破碎加工成轻集料，可节能利废。

3. 胶结料对保温性能的影响

对聚苯颗粒保温料浆进行试配时发现，独立使用这些胶结料时，从技术和经济两个方面考虑，效果还不够好。为了能达到优化效果，将有机胶结料按预先设定的组合再配置。有机胶结料的掺量为无机胶结料的 4%～10%，聚苯颗粒与胶结料的重量比例为 1∶10，控制拌合物的稠度为 50～70mm。有机胶结料组合分别与无机胶结料拌合均匀后再加水搅拌成塑性浆体，然后再加入聚苯颗粒搅拌成膏状制成试件，养护 28d 后分别测定其抗压、抗折、粘结强度，以及软化和导热系数等。

试验过程中发现，每一种有机胶结料的组合加入后都对保温料浆的工作性有所改善，料浆变得黏稠、成团，施工操作工作性提高。由于有机胶结料所具有的水溶性和引气性，随着有机胶结料掺量的增加，保温料的抗压强度和软化系数都会在一定程度上有所降低，但抗拉强度、粘结强度提高，其导热系数大大降低，保温性能得到提高。所以，有机胶结料的加入使保温料浆的综合性能得到了很大的改善，部分试验结果见表 11-1。其中试验组 0 号中不掺加有机胶结料，1～5 号中有机胶结料的掺量依次增加。

有机胶结料对保温料浆性能的影响　　表 11-1

技术指标	0 号	1 号	2 号	3 号	4 号	5 号
抗压强度（kPa）	632	523	485	378	362	330
抗折强度（kPa）	279	302	318	356	463	419
粘结强度（kPa）	185	214	260	306	325	383
导热系数（W/(m·K)）	0.092	0.080	0.078	0.074	0.072	0.044
软化系数	0.94	0.86	0.84	0.80	0.72	0.65
备注	黏聚性差	黏聚性较好	黏聚性好流动性好	黏聚性好流动性好	黏稠	黏稠，硬化快

试验发现，有机无机胶结料比对材料的抗压强度影响较大，不同的有机无机胶结料比的试件其抗压强度差别较大。而对抗拉强度的影响则表现在有机胶凝材料的含量提高后，抗拉强度增幅加大。尤其是采用优化的有机胶结料组合时，当有机胶结料总用量高于某特定值后，抗拉强度可保持在与抗压强度相近的水平上。

合理配比的胶粉料，靠有机无机胶结组分在水的作用下乳化，产生良好的黏聚性、保水性和适宜的流动性。该胶结料浆体能与聚苯颗粒很好亲和，具有极强的吸附粘结能力，硬化后既产生强度，又保留了有机材料的黏弹性，并具有可靠的耐水性、耐久性和耐老化性能。有机胶结料和无机胶结料的合理组合，会在很大程度上改善保温料浆的性能。

值得注意的是，有机胶结料价格昂贵，在满足指标要求的前提下不宜多掺，否则会使材料成本大幅度上升。

4. 有机胶结料的作用机理

4.1 对保温料浆工作性的改善

有机胶结料是高分子聚合物，其分子链由亲水基团和憎水基团两部分组成，具有表面活性。一般具有表面活性的物质，都能起到润湿、分散、润滑、起泡和洗涤的作用。

(1) 当有机高分子溶解于水溶液后，其分子中的憎水基将吸附在聚苯颗粒的表面上，并在其表面上作定向排列，亲水基向外指向溶液，使得聚苯颗粒由憎水性改为亲水性。所以，聚苯颗粒表面很容易被水泥浆所润湿。同时，有机高分子还会以其长长的分子链包裹或围绕在聚苯颗粒表面，使颗粒间的结合力大大增加，加强了浆体的黏聚性。

(2) 被有机高分子包裹的聚苯颗粒表面上带有同性电荷。由于静电斥力的作用，聚苯颗粒在水泥浆中均匀分散，被水泥浆紧紧包裹而不会出现“上浮”现象。

(3) 有机高分子定向吸附在聚苯颗粒表面上，亲水基团指向水溶液，又吸附了大量极性水分子，增加了聚苯颗粒表面溶剂化水膜的厚度。这些水分子不能自由移动，减少了泌水的可能性，使得料浆的保水性提高，这可以减少料浆表面水分的损失，避免边缘发生裂缝，并可以改善料浆的粘附性和施工性能。

(4) 聚苯颗粒表面的溶剂化水膜减小了浆体的内摩擦力，润滑作用增强，增大了颗粒之间的滑动能力，使浆体易于涂抹。当将料浆涂抹在墙面上后，溶剂化水膜被墙面吸收，高分子聚合物膜层发挥其粘结力作用，使得料浆和墙面粘结良好；因钢抹子不吸水，故溶剂化水膜使得抹子与料浆不易粘连，施工工作性良好。综合以上作用，有机胶结料的加入，可显著改善聚苯保温料浆的工作性能。

4.2 对保温料浆硬化后性能的改善

（1）在料浆搅拌中有机胶结料发挥其发泡作用。微小气泡的存在有利于降低料浆的导热系数，提高保温性能。

（2）保温层施工后，表层的有机胶结料首先失水而干燥成膜，将水分封闭在保温层内，避免料浆干燥失水开裂。

（3）有机胶结料在水泥浆体和聚苯颗料浆体之间的界面相内干燥成膜，改善界面相性能，使二者结合得更牢固。

（4）硬化后的水泥料浆中存在着很多的毛细孔，分散在水泥浆体中的胶结料，在水泥水化硬化的同时，会聚集在毛细孔并凝聚成膜，贯穿在水泥料浆的孔隙中形成具有粘结性的弹性薄膜网络，使保温料浆具有较高的抗折强度、粘结强度、抗裂性和耐水性。

有机胶结料适用于聚苯颗粒保温料浆中，对改善料浆的保水性、黏聚性、黏度和收缩率，加强粘结力，提高初始强度等起重要作用。因其具有的保水能力，减少了料浆表面水分的损失，避免边缘发生裂缝，改善粘附性和施工性能。

5. 简要小结

（1）有机胶结料的使用，可以显著改善保温料浆的工作性及粘结强度等一系列性能，使得聚苯颗粒保温料浆的技术优越性更加突出。

（2）目前市场中有机胶结料单独使用时效果都不太理想，应进一步开发高性能、低成本的多功能型有机胶结料。

三、混凝土工程的操作细部质量控制

1 普通混凝土的配制强度及检验要求

混凝土的配制强度关系到建筑工程的使用年限和耐久性问题，本文从配制混凝土强度的检验评定考虑，以统计原理为依据，提出合理的配制普通混凝土的强度控制方法。

1. 混凝土强度等级的定义

现行的《混凝土强度检验评定标准》（GBJ 107—87）施行了多年，考虑到当时制定时的实际国情，标准在现在应用仍然是科学合理的。标准中明确规定了混凝土的强度等级应按立方体抗压强度标准值划分。立方体抗压强度标准值系指对按标准方法制作和养护的边长为 150mm 的立方体试件，在 28d 龄期、用标准方法试验测得的抗压强度总体分布中的一个值，强度低于该值的百分率不超过 5%。这里对混凝土的强度等级给出了一个科学、全面、统计学的定义。同时，标准在此用了这样一种解释："试验测得的抗压强度总体分布中的一个值，强度低于该值的百分率不超过 5%。"对这个解释可以这样理解：在需要检验评定的一批混凝土试件中，假如我们按标准方法制作了多组试件，采用标准方法试验得到了多个混凝土的抗压强度值，每次检验的强度结果不是固定的一个数值，但这些数值是服从正态分布规律的。混凝土的强度标准值可以按该正态分布中的平均值减去 1.645 倍的标准差的数值表示。据此得到这样的一个公式：

$$f_{cu,k} < mf_{cu} - 1.645\sigma \quad (1)$$

式中 $f_{cu,k}$——混凝土的强度标准值，MPa；

mf_{cu}——混凝土的强度平均值，MPa；

σ——混凝土强度的标准差，MPa。

2. 混凝土强度的合格性判断

在现行的混凝土强度检验评定标准中，对混凝土强度的评定不是一一对应的，而是采用了分批检验评定的统计方法。也就是说假如一个检验批中有梁、板、柱构件，如果浇筑的某一柱留置的试块强度偏低，不符合要求，导致该验收批的混凝土强度不合格，不能单独只对柱进行评定而不评定其他梁板的构件。在标准中，对混凝土强度的合格性评定规定了3种方法，这些方法是建立在统计学的基础上。一个是标准差已知的按统计方法评定；二是标准差未知的按统计方法评定；三是用非统计方法评定。3种评定方法都有一个共同的先决条件，就是需要评定的混凝土有可靠的质量保证。否则，误判的概率非常的大，特别是非统计方法的评定。

举例说明：

［**例1**］ 若设计要求混凝土强度等级为C25混凝土，施工时强度等级按C20配制了混凝土，试求用非统计方法评定该批混凝土误判为合格的概率有多大？标准差按《混凝土结构工程施工质量验收规范》GB 50204标准取5.0MPa，假定与实际施工混凝土强度相符。

［**解**］ 按《普通混凝土配合比设计规程》（JGJ 55—2000）求得：C20混凝土的配制强度为：20＋1.645×5.0＝28.3MPa；按抽样检验要求随机制作n组试件：

当n<10时，评定标准GBJ 107要求C25混凝土必须满足下列要求：

$$mf_{cu} > 1.15 f_{cu,k} = 1.15 \times 25 = 28.8\text{MPa}$$

且 $$f_{cu,min} > 0.95 f_{cu,k} = 0.95 \times 25 = 23.8\text{MPa}$$

从统计学上要求，可按随机抽样方法简便的求得正态总体

$N\{28.3, 5.0\}$ 的分布值大于最小值 23.8MPa 的概率为：

$$P[(28.3-23.8)/5.0]=81.6\%$$

正态总体 $N(28.3, 5.0^2)$ 的样本平均值在可信区间 $(28.8, x)$ 的概率 $P(mf_{cu}>28.8)$ 见表 1-1。

表 1-1

n	1	2	3	4	5	6	7	8	9
t	−0.10	−0.14	−0.14	−0.20	−0.22	−0.24	−0.26	−0.28	−0.30
$P/\%$	46.0	44.4	43.2	42.1	41.2	40.5	39.7	39.0	38.2

概率系数：$t=(28.3-28.8)/(5.0/n)=-0.1n$

从表中可以看出，当留置的混凝土试件组数在 1～9 组时，将不合格的一批混凝土强度误判为强度合格的概率为 46.0%～38.2%之间，这会对工程留下极大的质量隐患，事实上是不能允许的错误。

［例 2］ 若设计的混凝土结构强度等级为 C25 的混凝土，施工时配合比没有正确按 C25 的强度等级进行，也就是配合比没有按下式设计：$f_{cu,0}>f_{cu,k}+1.645\sigma$；

而是按：$f_{cu,0}=f_{cu,k}+\sigma$ 设计。

即配合比的配制强度为 $f_{cu,0}=f_{cu,k}+\sigma=25.0+5.0=30.0$MPa

试求用非统计方法评定该批混凝土误判为合格的概率有多大?

［解］ 现按抽样理论随机制作 n 组试件，当 $n<10$ 时，评定标准要求 C25 混凝土必须满足如下要求：

$$m_{fcu}\geqslant 1.15f_{cu,k}=1.15\times 25=28.8\text{MPa}$$

且 $$f_{cu,min}\geqslant 0.95f_{cu,k}=0.95\times 25=23.8\text{MPa}$$

从统计学上我们可以按随机抽样方案方便地求得正态总体 $N(30.0, 5.0^2)$ 的分布值大于最小值 23.8MPa 的概率为：

$$P((30.0-23.8)/5.0)=89.2\%$$

正态总体 $N(30.0, 5.0^2)$ 的样本平均值在置信区间 $(28.8, \infty)$

的概率 $P(m_{fcu}\geqslant 28.8)$ 详见表 1-2：

概率系数：$t=(30.0-28.8)\div(5.0/\sqrt{n})=0.24\sqrt{n}$

表 1-2

n	1	2	3	4	5	6	7	8	9
t	0.24	0.34	0.42	0.48	0.54	0.59	0.63	0.68	0.72
P(%)	59.5	63.3	66.3	68.4	70.5	72.2	73.6	75.2	76.4

从表 1-2，我们仍可发现在留置试块组数为 1～9 组时，我们将不合格的一批混凝土强度误判为混凝土强度合格的概率从 59.6%到 76.4%不等。

从以上两例我们可以看到，单单从控制以混凝土试块强度来对混凝土质量进行评定是不科学的，是不可行的。

3. 混凝土配制强度 $f_{cu,0}$ 的确定

混凝土配制强度的确定在《普通混凝土配合比设计规程》(JGJ 55—2000) 中有专门的一章节的内容，混凝土配制强度按下式：

$$f_{cu,0}\geqslant f_{cu,k}+1.65\sigma \tag{2}$$

上式中 σ 前的系数在规程中为 1.645，这里主要考虑数据修约规则，取 1.65 更合理、规范。

规程编制者在这里玩了一个符号游戏，即配制强度值用了一个大于等于号，具体如何大法、大多少，留给了具体的混凝土配合比设计人员，由他们自己去定夺。

由公式 (2) 我们可以知道，当混凝土的标准差固定下来之后，混凝土的配制强度基本上是一个可以固定的数值，与水泥强度无关。其实规程中在这里忽视了一个重要的问题，即水泥强度也是个不确定的量，这个不确定的量同样是服从正态分布的变量。如果我们以一次抽检结果的实测值来设计混凝土配合比的话，将会造成施工中混凝土在 28d 龄期，用标准方法试验测得的抗压强度总体分布中的一个值，强度低于该值的百分率超过 5%

的可能性是极大的，混凝土不合格的概率是极高的。也许有人会说规程用了这么多年，也没有发现问题，是经得住检验的，其实这话不对。因为，规程中评定混凝土强度合格与否是在建立在假设合格的前提下的，否则误判的可能性极高。对水泥强度的取值，我的看法是以水泥标准的强度等级值为基准，如 P.O32.5 水泥我们就取 32.5MPa 作为水泥强度设计时的基准值。对一些质量控制较好、水泥强度稳定的水泥生产厂，如使用时间较长，对其强度有把握时，可以适当提高水泥强度基准值的取值，但该值不能高于出厂时控制出厂强度的最低值，即：水泥厂 28d 抗压强度目标控制值减去 2 倍的水泥强度的标准差。如果没有资料时，可按国家建材局 1996-07-01 发布的水泥企业质量管理规程中的公称强度等级（这里原文是标号）加上 2.5MPa 取用。当然这里是指出厂时间不长的水泥，对出厂时间较长的水泥我们还要按标准规定降低此值。

为此，我们可以将式（2）后面加上一个水泥强度修正项，即：

$$f_{cu,0} \geqslant f_{cu,k} + 1.65\sigma + \alpha_{ce}(f_{ce} - f'_{ce}) \tag{3}$$

式中 α_{ce}——水泥强度修正系数，具体数值的选取可参见表 1-3；

f_{ce}——水泥 28d 强度实测值，MPa；

f'_{ce}——水泥强度设计时的基准值，该值不能大于水泥厂 28d 抗压强度目标控制值减去 2 倍的水泥强度的标准差；建议取水泥强度的等级值，即：

$$f'_{ce} = f_{ce,g}$$

式中 $f_{ce,g}$——水泥强度等级值。

另外，在用非统计方法评定混凝土强度时，还要考虑试块留置组数的影响。GBJ 107—87 中对试块组数少于 10 组的混凝土验收批，要求按非统计方法评定强度，其合格评定条件是同时满足如下两条要求：

平均值条件：$m_{fcu} \geqslant 1.15 f_{cu,k}$

最小值条件：$f_{cu,min} \geqslant 0.95 f_{cu,k}$

水泥强度修正系数　　表 1-3

混凝土强度等级 \ 水泥强度等级 / 强度修正系数	32.5		42.5		52.5	
	碎石	卵石	碎石	卵石	碎石	卵石
C15	0.65	0.65	—	—	—	—
C20	0.80	0.80	0.65	0.65	—	—
C25	1.00	1.00	0.80	0.75	0.65	0.65
C30	1.10	1.15	0.90	0.85	0.70	0.70
C35	1.25	1.30	1.00	1.00	0.80	0.80
C40	—	—	1.10	1.15	0.90	0.90
C45	—	—	1.25	1.20	1.00	1.00
C50	—	—		—	1.10	1.10
C55	—	—	—	—	1.20	1.20

我们可以按抽样检验理论方便地得到 $f_{cu,0}$：

n 组试件的平均值：

$$f_{cu,0} \geqslant 1.15 f_{cu,k} + t_{1-\alpha}\sigma/\sqrt{n} \tag{4}$$

n 组试件的最小值：

$$f_{cu,0} \geqslant 0.95 f_{cu,k} + 2\sigma \tag{5}$$

式（4）中的 σ 为生产方风险系数，参照工业产品标准 α 一般取 0.10，此时 $t_{1-\alpha}=1.28$，由于采用非统计方法评定混凝土的量一般都较少，而一旦混凝土被评为不合格，处理时花费相对较多，有得不偿失的感觉，故建议 α 取值为 0.05，此时 $t_{1-\alpha}=1.65$

式（5）中取了二倍的标准差是参照钢材和水泥等建材以及其他工业产品标准的取值。

因式（4）、式（5）二式中没有考虑水泥强度是不确定值的影响，故二式中都应该加上水泥强度修正项即得如下式（6）、式（7）二式：

$$f_{cu,0} \geqslant 1.15 f_{cu,k} + t_{1-\alpha}\sigma/\sqrt{n} + \alpha_{ce}(f_{ce} - f'_{ce}) \tag{6}$$

$$f_{cu,0} \geqslant 0.95 f_{cu,k} + 2\sigma + \alpha_{ce}(f_{ce} - f_{ce'}) \tag{7}$$

在具体混凝土配合比设计时，混凝土的配制强度取式（3）、式（6）、式（7）三式中的较大值。

注：由于采用统计方法评定混凝土强度时，考虑合格评定条件时，所得到的强度一般都小于式（3）的计算值，因此可以不考虑其影响。

［**例 3**］　某工程结构混凝土设计强度等级为 C30，$\sigma=4.5$MPa，强度等级为 32.5，水泥强度实测值为 35.6MPa，采用中砂和碎石材料，$\alpha=5\%$。按抽样检验要求计算试块组数分别为 1、2、3、4、5、6、7、8、9 组时的混凝土的配置强度。

［**解**］　首先取水泥强度基准值为 32.5MPa，查表 1-3 得 $\alpha_{ce}=1.10$

由式（3）得：$f_{cu,0}\geqslant f_{cu,k}+1.6\sigma+\alpha_{cu}(f_{ce}-f'_{ce})$

$$=30+1.65\times4.5+1.10\times(35.6-32.5)$$

$$=40.8\text{MPa}$$

由式（7）得：$f_{cu,0}\geqslant 0.95f_{cu,k}+2\sigma+\alpha_{ce}(f_{ce}-f_{ce'})$

$$=0.95\times30+2\times4.5+1.10\times(35.6-32.5)$$

$$=40.9\text{MPa}$$

由式（6）得：$f_{cu,0}\geqslant 1.15f_{cu,k}+t_{1-\alpha}\sigma\sqrt{n}+\alpha_{ce}(f_{ce}-f_{ce'})$

$$=1.15\times30+1.65\times4.5/\sqrt{n}+1.10\times(35.6-32.5)$$

$$=37.91+7.42/\sqrt{n}$$

从上面的分析可知：该混凝土的配制强度见表 1-4。

表 1-4

试块预留组数(n)	由式(3)求得的配制强度(MPa)	由式(6)求得的配制强度(MPa)	由式(7)求得的配制强度(MPa)	最后确定的配制强度(MPa)
1	40.8	45.3	40.9	45.3
2	40.8	43.2	40.9	43.2
3	40.8	42.2	40.9	42.2
4	40.8	41.6	40.9	41.6
5	40.8	41.2	40.9	41.2
6	40.8	40.9	40.9	40.9
7	40.8	40.7	40.9	40.9
8	40.8	40.5	40.9	40.9
9	40.8	40.4	40.9	40.9

从表1-4我们可以发现，当预留试块组数少于6组时，配制强度数值不相同。当n增大时，配制强度相对减小。这就是说，适当增加试件组数，可以节约成本。这对工程施工人员来说是愿意接收的。因事后我们无法得到混凝土强度的数值，只能采用鉴定方法。而鉴定所花费的人力物力都较大，建议在混凝土检验评定标准中，对混凝土批量的要求中增加最少试块组数，试块组数最好不少于5组。

另外在此需要一提的是，由于试块预留组数不足，配制强度大于$f_{cu,k}+2.5\sigma$的情况是肯定会出现的，这里与GB 50204规程并不矛盾。

综上所述：

目前我国现行的混凝土强度检验评定标准，采用了统计学原理按批对混凝土强度进行评定，并不是一一对应的评定。标准编制者从混凝土生产者角度考虑了评定标准的具体数据，即混凝土强度评定标准是在有严格的技术措施保证混凝土质量符合标准要求的前提下制定的。而在工程实际施工中，不符合混凝土强度标准的混凝土验收批按此标准评定时，加上我国大部分工程的混凝土强度都是采用的非统计方法评定，部分采用方差未知的统计评定方法，造成误判合格的可能性非常大。

现行的普通混凝土配合比设计规程中的配制强度仍然是经验性质，没有考虑抽样检验的影响，没有考虑水泥强度是个不确定值的影响，因此不尽完善，需要加以改进。

考虑到混凝土强度标准中对取得混凝土强度数据的条件苛刻，因为事后无法获得其数据，建议适当提高混凝土配制强度，增加试块的留置组数。

2　建筑施工中混凝土裂缝的控制措施

建筑工程施工中如果混凝土结构件出现裂缝，有可能影响到混凝土结构的刚度和整体性抗力，即使裂缝的出现不会导致结构的破坏或建筑物的倒塌，也会影响建筑物的外观。当裂缝宽度超过一定限度时，环境中的有害介质侵入造成钢筋的锈蚀，影响结构体的耐久性能。对混凝土产生的裂缝一定要引起重视，准确掌握了解裂缝产生发展的原因和规律，从设计和施工两个关键环节采取相应措施，预防和控制裂缝的产生和发展。

1. 混凝土裂缝性质的认识

我们知道混凝土裂缝产生的原因是多种因素影响的结果，情况比较复杂，综合因素多。对于出现的某种裂缝，很难给予一个准确的原因说清。工程实践应用表明：裂缝形成的主要原因来自3个方面：变形、荷载及材料性质。一般由温度、收缩、不均匀沉降引起的变形而造成裂缝产生占总量的80%，荷载等原因造成的裂缝约占20%，同时还要考虑综合因素的影响。根据这些主要的影响因素，一般习惯地把混凝土裂缝总结归纳为：收缩裂缝、温度裂缝、沉降裂缝、徐变裂缝、应力裂缝和施工裂缝几类。

混凝土裂缝一旦出现后，将会随着时间的变化而变化，其宽度、深度、形状可能会随时出现变化，处于运动变化状态，一般称之为“不稳定裂缝”。其中有一些裂缝呈可逆状态，会随着气温的热胀冷缩、荷载的增减不断发生变化。在大多数情况下，建筑物在建成后的两三年内，裂缝的活动比较频繁，因为各种建筑材料在新的组合部位，要逐渐适应自己承担的角色，诸如不均匀沉降、水泥收缩、温度变化等。随着时间的延长，裂缝的变化幅度也相应减弱，到最后趋于稳定或在气温较大变化时出现微小的运动状态。

对于混凝土裂缝的性质不能简单而论，应根据其对混凝土结构及建筑整体的危害程度，认真检验鉴定分析，加以区别对待。从理论上讲，无论什么混凝土都是一种非匀质的复合型建筑用材，加之外部许多作用效应影响的多样性，混凝土裂缝的出现是必然的，也允许裂缝的存在。正是有这些原因，各不同国家在制定的规范中，都承认裂缝的存在并对裂缝的宽度进行了限制措施。我国现行的混凝土结构规范对裂缝的宽度允许值为0.15～0.3mm。最主要的是裂缝出现后对混凝土结构的质量能有多大程度的影响，同时如何才能采取有效的方法措施加以预防和控制。

目前的技术条件下，控制混凝土结构的裂缝技术措施主要有4种方法：一是“放”的方法，即按照规范要求设置伸缩缝，让混凝土在不受约束的情况下自由伸缩；二是采取“抗”的方法，采取措施减少收缩，增加温度配筋，提高混凝土的极限抗拉强度；三是“预控”，采用后浇带等形式，减少和预防混凝土的收缩变形；四是采取遇水膨胀的技术，在混凝土产生裂缝并出现渗漏时，用遇水膨胀材料处理，起到堵漏效果。

2. 控制混凝土裂缝的具体措施

2.1 干燥收缩裂缝的控制

干燥收缩裂缝的控制主要是控制湿度的变化，使混凝土结构尤其是早期有相对稳定的湿度。为此，可采取的措施有：

（1）加强混凝土的早期保温保湿工作，混凝土浇筑完后，必须根据环境气温对裸露的表面分别用草帘、麻袋或塑料薄膜及时覆盖保温，即时浇水保湿。

（2）进行混凝土表面的二次振捣和抹压工作，使表面初凝时产生的裂缝能够愈合。

（3）采取密封的保湿方法，如在混凝土表面喷涂养护剂或覆盖塑料膜，使水分不向外蒸发；或采取在混凝土表面喷淋水，使混凝土表面不同大气接触保湿。也可采用其他减少空气流动的方法，延缓混凝土表面水分的蒸发。

（4）预应力构件要及时张拉，减少放置停留的时间。

（5）认真选择配合比，尽量使水泥用量、水灰比、砂率不大；严格控制骨料的含泥量，控制原材料的质量。

（6）混凝土预制构件不能长时间露天堆放，在安装前应洒水并适当覆盖，尤其是薄壁构件更要延长养护时间。

2.2 温度裂缝的控制

温度裂缝多发生在大体积混凝土表面或温差较大地区的混凝土结构，其主要原因是混凝土内外温差过大产生拉力造成的。因此，在工程施工中，可根据具体情况采取相应措施。

（1）防止混凝土内部约束引起的表面温度裂缝，一般采用控制混凝土表面与外界或内部的温差的方法，使其小于25℃。常用控制措施是：对加热养护的构件，采用缓慢升降温，使升降温速度不大于10℃/h，并注意缓慢揭盖、脱模，避免表面急剧冷却引起表面温度应力过大；对大体积结构，当混凝土与外界温差较大时，采用保温养护，适当延长拆膜时间，使温差控制在25℃以内。

（2）预防结构受外部约束引起的混凝土温度裂缝，一般可采取的措施是：

① 选用低热或中热水泥（如矿渣水泥、抗硫酸盐水泥、粉煤灰水泥）配制混凝土；在混凝土中掺加粉煤灰或减水剂；利用后期（90d、180d）强度以降低水泥用量和温升；在基础内预埋冷却水管，通入循环冷水，将水化热导出；在厚大少筋大体积混凝土中，掺入20%以下块石吸热，并可节省混凝土。

② 避开炎热天及夜间浇筑混凝土；采用低温水拌制混凝土；对砂石进行冷水降温或设置简易遮阳装置，以降低混凝土拌合物温度。同时，采用薄层浇筑混凝土，每层厚度不大于20cm，加快热量散发，并使热量分布均匀。

③ 做好混凝土的保温、保湿养护，缓慢降温，充分发挥徐变特性，削减温度应力；夏季避免暴晒，冬期采取保温覆盖，以免出现急剧的温度梯度；采取长时间养护，规定合理的拆模时间，充分发挥混凝土的“应力松弛效应”；加强温度监测，及时调整保温及养护措施，控制混凝土内外温差不大于25℃；混凝土拆模后及时回填土，避免结构侧面长期暴露。

④ 大体积基础采取分层分块浇筑，合理设置水平或垂直施

工缝，在适当位置设置后浇带，以加快散热，减少约束程度；在岩石地基或厚混凝土垫层上浇筑大体积混凝土，应在垫层上设置滑动层（平面浇沥青玛琋脂、铺砂或铺设卷材等），在垂直面设置缓冲层（贴聚乙烯泡沫塑料），以消除嵌固作用，释放约束应力。

⑤ 选择良好级配的粗骨料，严格控制其含泥量；加强混凝土振捣，提高混凝土密实性和抗拉强度；在基础内设置必要的温度配筋；在接缝部位，适当增大配筋率，设暗梁，以减轻边缘效应，提高抗拉强度；同时，加强混凝土的早期养护，提高早期抗拉强度和弹性模量。

⑥ 避免降温与干缩共同作用，导致应力叠加；在混凝土中掺加水泥用量5%～10%的UEA混凝土微膨胀剂，配制微膨胀补偿收缩混凝土，以抵消由于干缩和降温引起的混凝土收缩，控制混凝土开裂。

⑦ 采取“双控计算”措施，即在浇筑混凝土前按施工条件和拟采取的防裂控制措施，计算可能产生的最大降温收缩拉应力。当发现超过计算龄期的混凝土抗拉强度时，调整所采取的措施使应力控制在允许范围内；混凝土浇筑后，根据实测温度和温度升降曲线，计算每阶段降温时混凝土的累计拉应力。当其大于该龄期的混凝土抗拉极限强度时，应采取保温养护措施，控制内外温差在25℃范围内，使各阶段降温时混凝土的累计拉应力小于该龄期混凝土允许的抗拉强度，以控制裂缝出现。

2.3　沉降裂缝的控制

沉降裂缝主要在混凝土表面沿水平钢筋通长方向出现，分布面比较广，一般在拆模后3～7d出现。其主要原因在于：若混凝土浇捣时，骨料颗粒下沉，水泥浆上浮，受到钢筋或埋件或大骨料的阻挡，造成混凝土的分离。在工程施工中，一般采取的措施为：

（1）在混凝土施工时，应注意布点下料的位置尽量要少。

（2）振捣下层钢筋时可轻轻地对上部钢筋进行振动，尽量减少上部钢筋粘带水泥浆。

（3）浇筑混凝土以前可对钢筋及模板用水湿润，降低钢筋及模板的温度。

（4）夏季混凝土浇筑尽量选在早晨或晚间温度较凉爽时。

（5）施工时应严格控制钢筋的保护层厚度。

（6）混凝土浇筑时应严格控制振捣时间，振捣充分，且分层间隔不宜过长。

2.4 徐变裂缝的控制

影响混凝土徐变裂缝的因素很多，在工程施工中为较有效的达到控制徐变裂缝的目的，可采取以下措施：

（1）适当加大端头截面高度，配置承受水平力钢筋、放射式配筋或弯起构造筋（弯起方向平行于主拉应力）。压低预应力筋弯起角度，减少非预压区。

（2）支撑节点采用微动连接，如采用螺栓连接，预留孔内设橡胶垫圈、柔性连接等，以削减约束应力。

（3）构件吊装前应有一个较长的堆放时间，吊车梁的最后固定尽可能晚些（徐变3个月可达60%，4个月基本稳定，半年徐变可完成70%～80%，使徐变变形在吊装前（或固定前）完成大部分，此时混凝土具有较长龄期，强度也较高。

（4）预应力混凝土构件不要过早放张，以减少收缩徐变变形，提高抗裂能力。

（5）加大端头支承垫板，改进压力分布层，减少应力集中。

2.5 应力裂缝的控制

应力裂缝控制的措施有：

（1）加强施工中钢筋、模板、混凝土配料、振捣的质量控制检查，确保结构构件钢筋位置、安装支撑系统、支撑位置正确，混凝土强度达到要求。

（2）正确掌握拆模时间，避免过早拆模，敲击过重；严格控制施工临时堆载；构件堆放、运输、吊装时保持支承和吊点位置正确、稳定，避免振动、碰撞。

（3）避免直接在松软土或松填土上支模或制作预制构件，场地周围做好排水并注意养护，避免水管漏水，浸泡地基。

（4）预应力构件张拉或放张时，混凝土必须达到规定的强度；控制应力应准确，不应超张，应缓慢放松预应力筋；胎模端部加弹性垫层（木或橡胶），减缓胎模角度，以使构件回缩不被卡住。

（5）预应力吊车梁、桁架等构件端部节点处劈裂应力区全高增配箍筋或钢筋网片，并保证预应力钢筋外围混凝土有一定的厚度。

（6）板面采用二次或三次压光，改善板面质量。

2.6 施工裂缝的控制

施工裂缝控制的措施有：

（1）木模板浇水湿透，防止胀模，将混凝土拉裂。采用翻转脱模时应平稳，防止剧烈冲击和振动，并应在平整、坚实的铺砂地面上进行。

（2）预应力构件预留孔时管芯要平直，混凝土浇筑后定时（15min 左右）转动钢管，抽管时间以手压混凝土表面不显印痕为宜，抽管时应平稳缓慢。

（3）胎模应选用有效的隔离剂，起模前先用千斤顶均匀松动，再平缓起吊。

（4）构件堆放要按支承受力状态设置垫木，重叠堆放时，支点应保持在一条直线上，同时做好标记，避免板、梁、柱构件反放。

（5）运输中，构件之间设置垫木并互相绑牢，防止晃动、碰撞。

（6）屋架、柱等大型构件吊装，应按规定设置吊点；吊装屋架等侧向刚度差的构件时，应用脚手架横向加固，并设牵引绳，防止吊装过程中晃动、碰撞。

（7）混凝土冬期施工在掺加氯盐早强剂的同时，也应掺加亚硝酸钠阻锈剂（为水泥重量的 1%～2%）。

（8）滑动模板应确保安装尺寸和质量要求，施工中若因某种原因停滑时间过长，应松开模板后再滑升，以防止拉裂混凝土。

3. 混凝土裂缝处理的基本方法

3.1 温度、收缩、徐变裂缝的处理

温度、收缩、徐变等因结构变形变化引起的裂缝，对钢筋产生的附加应力一般很低，对结构的承载力影响较小，但会引起钢筋锈蚀，影响长期强度和耐久性。对于表面裂缝的处理，可在裂缝稳定后采用涂刷2遍环氧胶泥、加贴玻璃纤维布、抹（喷）水泥砂浆等方法，进行表面封闭处理。对有整体性、防水、防渗要求的结构，缝宽大于0.1mm深进的或贯穿的裂缝，应根据裂缝可灌程度，用水泥灌浆或化学注浆等方法进行补缝处理。也可采取灌浆与表面封闭相结合，恢复原有性能。对于宽度小于0.1mm的裂缝，由于后期水泥生成氢氧化钙、硫铝酸钙等物质，使裂缝自行愈合，一般可不进行处理。

3.2 应力、沉降裂缝的处理

应力裂缝产生的应力较高（缝度0.2mm时，应力可达180～250MPa），影响结构强度和刚度。对梁、板类结构构件主筋处最大竖向裂缝宽度在0.3mm内的，可作表面封闭处理；缝宽大于0.4mm，或斜裂缝超过3/4梁高者，应作加固处理；对不稳定和发展的裂缝应进行卸荷或加固处理；沉降裂缝多为深进或贯穿性的，对结构的承载力和整体性有较大影响，应根据裂缝的严重程度进行适当加固处理；轻微的张拉裂缝，在结构受荷后会逐渐闭合，基本上不影响承载力，可按温度、收缩裂缝的处理方法进行表面封闭处理；缝宽大于0.2mm较严重的裂缝，将明显降低结构的刚度，应根据具体情况，采取预应力加固或用钢筋混凝土围套、钢套箍加固，以及用结构胶粘剂粘薄钢板加固等方法处理；预应力板（梁）横向裂缝深度至大肋（梁）高1/3的，则不能使用。

3.3 施工裂缝的处理

纵向施工裂缝一般对结构承载力的影响远比横向裂缝小，一般采用环氧胶泥或水泥浆进行修补；当缝较宽时，应先沿裂缝凿成倒八字形凹槽，再用水泥砂浆或环氧胶泥嵌补；对于构件边角纵向裂缝，可将裂缝处松散混凝土剔除，然后用水泥砂浆或细石混凝土修补。由于运输、堆放、吊装等原因引起的表面较细的横向裂缝，可先将裂缝处冲洗干净，待干燥后，用环氧胶泥进行表面涂刷或贴环氧玻璃纤维布封闭；当裂缝较深时，可根据受力情况，采用灌环氧或甲凝浆液、包钢丝网水泥或钢板套箍等方法处理；裂缝贯穿整个截面的构件，则不能使用。由滑模产生的水平或斜向裂缝，可将松散混凝土部分清除干净，用细石混凝土补捣密实，接缝处用水泥砂浆修补。

建筑工程施工中，混凝土裂缝控制是一项系统工程。作为施工单位，为了能够有效地预防混凝土构件裂缝的产生与发展，除了运用先进的施工技术和施工设备外，尚需要做好三个方面工作：一是提高对建筑材料试验与检测质量的动态控制与管理；二是大力提高施工人员的技能素质和业务水平；三是制定并长期有效地落实各项施工操作规章制度。这样，才能更好地促进混凝土构件施工质量的提高。

3 钢筋混凝土结构现有的裂缝控制措施

钢筋混凝土的裂缝控制是建筑工程中一直被重视的大问题，特别是近几十年来采用了高强和高性能的泵送混凝土技术，在混凝土的均质性有一些改善的同时，裂缝控制的难度却有所增加。由于结构在荷载作用下的破坏是从裂缝开始的，因此控制裂缝是一个迫切要认真解决的技术难题。如正常配筋受弯构件的破坏状态是指受拉区钢筋达到极限屈服强度，受压区混凝土达到受弯的抗压强度，此状态被称为承载力极限状态。这一状态的过程是伴随着荷载的继续增加裂缝也随之出现，裂缝扩展，最后达到完全破坏。此时的荷载往往达到裂缝出现时的几倍，因此，很多大型钢筋混凝土结构，仅自重就超过极限荷载的25%以上，在此条件下的结构带有微裂缝是正常的，结构也是安全的，不应有恐惧心理。

国内外对荷载作用下钢筋混凝土的设计有一套经验公式，被列入设计规范，尽管在计算结果上有差别，但仍可作参考。近些年混凝土结构裂缝的大量出现，并非与荷载作用有直接关系。通过工程实践和实测表明，这些裂缝是由于变形作用引起的，包括温度变形（水化热、气温变化、环境热）、收缩变形（塑性收缩、干燥收缩、碳化收缩）及地基不均匀沉降变形。由于这些变形受到约束导致的裂缝为变形作用引起的裂缝。

1. 产生裂缝的直接原因

1.1 水化热增加，收缩量越大

自20世纪80年代国内混凝土施工采用泵送集中搅拌混凝土工艺，从过去的干硬性、低流动性、现场搅拌转入预拌商品混凝土的大流动性泵送施工，其特性是：水泥用量增大、水灰比增加、砂率加大、骨料粒径减小、用水量增多、外加剂和掺合料加大等，导致收缩及水化热量的增大。

1.2 混凝土强度等级不断提高

现在的建筑混凝土结构混凝土强度等级日趋提高，但不一定是所有结构都应该使用高强度混凝土的。人们习惯地认为：混凝土的强度等级越高越安全、越高越好、强度高没坏处。有时为了施工方便采用较高强度等级混凝土，其实这是没有必要的误导。这种结果导致水泥用量的增加、水用量的加大、粗细骨料粒径偏小、砂率加大等，使水化热及收缩增大。

1.3 结构约束应力增大，抗拉性不足

建筑结构体增大，形式更复杂，超长超厚及静定结构成为现在常用的结构形式，并采用现浇施工，这种结构形式有显著的约束作用，对于各种变形必然引起较大的约束应力。

1.4 忽略结构约束

在许多结构设计中会出现忽视构造钢筋的重要性，因而会出现构造性裂缝。结构设计中也会忽略约束的性质，不善于利用“抗”与“放”的设计原则，缺乏对现行设计规范的熟悉掌握。

1.5 外加剂的负面效应

目前混凝土用外加剂和外掺合料品种较多，只有用量及强度指标，缺乏对水化热及收缩变形的影响，有一些外加剂能增加混凝土的收缩变形，还可能降低混凝土的耐久性。有些外加剂（如微膨胀剂）早期对水的需求迫切，而现在的养护方法仍沿用过去的简易方法，这种方法已不适应泵送混凝土的收缩变形需求。

综上所述，对广泛应用的泵送混凝土的均质性有一定的提高。集中预拌混凝土的供应方式有一些改进，但混凝土出现裂缝的机率更高，控制裂缝的难度却大大增加。因此，这类问题不是我们的技术水平低，而应该是国际上钢筋混凝土的共性所在。

2. 钢筋混凝土承受变形应力的特点

2.1 “抗”与“放”设计准则

结构承受的约束作用分内约束（自约束）和外约束两类。结构的变形如果是完全自由的变形达到最大值，则内应力为零，也就不可能产生任何裂缝。如果变形受到约束，在全约束状态下则应力达到最大值，而变形为零。在全约束与完全自由状态的中间过程，即为弹性约束状态，亦即自由变形分解成为约束变形和显现变形（实际变形）。实际变形越大，约束应力越小；实际变形越小，约束应力越大，这种约束状态与荷载作用下的结构受力状态（虎克定律）有着根本区别。

在约束状态下，结构首先要求有变形的余地，如结构能满足此要求，不再产生约束应力。如结构没有条件满足此要求，则必然产生约束应力，超过混凝土的抗拉强度，导致开裂。所以，提出了“抗与放”的设计准则，应当在工程设计中，根据结构所处的具体时空条件加以灵活应用。从结构形式选择方面（微动、滑动及设缝措施，提供“放”的条件）及材料性能方面（提高抗拉强度、抗拉变形能力及韧性等提供“抗”的条件）采取综合措施，如抗放相结合、以抗为主或以放为主的措施。

2.2 约束内力与结构刚度的关系

外荷载作用下结构的内力只与荷载及结构几何尺寸有关，但在变形作用条件下，结构的约束内力不仅与变形作用及结构几何尺寸有关，尚与结构刚度有关，这是约束内力与荷载内力的重要区别。

例如：一个简支架的两端受到转动的约束，当梁沿截面高度为 h，承受温差 ΔT 时（如预制板两端焊接于屋架上弦），则梁上的约束力矩 M：

$$M=EJ\,\frac{\alpha\Delta T}{h} \tag{1}$$

式中 α——混凝土的线膨胀系数。

约束力矩不仅与温差和截面高度有关，而且与梁的抗弯刚度成正比，刚度越大，约束力矩越大，这适宜于裂缝出现及扩展阶段，当然应当考虑钢筋混凝土的抗弯刚度是变化的。

当温差不断增加，钢筋混凝土构件进入极限状态时，裂缝充分发展，刚度下降并趋近于零时则力矩也趋近于零。所以，变形力矩不影响结构的极限状态，这一论断已为实验证实。但是裂缝影响使用（渗漏）及耐久性（钢筋锈蚀）。如果结构的承载力由抗剪、抗冲切作决定，变形作用引起的贯穿性裂缝可能降低承载力。

2.3 钢筋混凝土与素混凝土裂缝控制的区别

任何尚未荷载作用的混凝土，它的组合材料包括水泥、水、砂、石、外加剂及掺合料等组分相互物理化学作用硬化成为一种多孔隙复合材料。由于初始温度收缩应力作用而形成内部许多微观裂缝，这种裂缝在外力作用下不断扩展，成为宏观裂缝，继续扩展对素混凝土将导致迅速破坏。

但是，对于钢筋混凝土，特别是有充分构造配筋的钢筋混凝土出现一定程度的裂缝，不会迅速导致破坏，只是限制裂缝宽度问题，使其不达到有害程度。因此，构造配筋显得十分重要，可以有效地控制裂缝的出现及分散裂缝（用许多微细无害裂缝取代少量粗大的有害裂缝）。

3. 混凝土的某些基本物理力学性质

3.1 混凝土的收缩及水化热

在工业民用建筑领域，大部分结构构件（板墙梁等构件）均属薄壁结构，泵送混凝土浇筑的构件收缩量很大，因此经常出现收缩裂缝。混凝土的收缩机理至今尚未统一，但大多数的研究成果认为混凝土是具有大量孔隙的材料。孔隙的半径颇不一致，半径较小的毛细孔，半径约小于300Å（Å=10^{-10}m）。其中水分蒸发引起孔壁压力的变化，导致混凝土体积的缩小。混凝土内除了少部分水提供水泥水化的需要，其余大部分水分都要蒸发掉。收缩变形同时发生，最终收缩完成的时间大约20年，但其主要部分的收缩是在最早的1～2年内。由于近来水泥活性和强度等级的增加，收缩量显著增加，并且拖延时间较长。影响收缩的因素很多，如水泥品种采用矿渣水泥比普通硅酸盐水泥水化热低了，但其收缩约大25%。遇到超厚的大底板或大块式基础，则水化热起控制作用，宜选用粉煤灰水泥或矿渣水泥。所以，应根据截面的厚度分别选用不同品种的水泥。其次，水泥颗粒越细，活性越大，强度等级越高，用量越多，其收缩越大，因此提高水泥强度的方法不应靠磨细的途径，而应当依靠改善矿物成分的办法。

众所周知，水灰比大，收缩将显著增加，同时抗拉强度降低。如水灰比为0.6的收缩比水灰比为0.4的收缩增加约40%。有时尽管水灰比不变，增加用水量，同时增加水泥量即水泥浆量，如水泥浆量为0.2（水泥浆占混凝土总重量比例）比0.4时的收缩量增加约 45%。减水剂可有效地降低水灰比及用水量，而粉煤灰具有圆珠润滑效应和火山灰效应，所以“双掺技术”对泵送混凝土既可提高和易性又可减少收缩。

养护条件对混凝土的收缩影响很大，养护 14d 的收缩比养护 3d 的收缩降低约 20%。环境的相对湿度越高，收缩越小，许多结构所处的环境湿度波动很大，如最低 30%～40%，最高达 80%～90%。环境温度越高，风速越大，收缩越大，高空浇灌容易引起开裂，如高架桥梁及桥墩。

混凝土的配筋对于收缩值起一定的约束作用，但是与配筋率的高低有关。按目前构造配筋率的情况看来，降低收缩的影响是比较小的。根据泵送商品混凝土的收缩试验，其收缩值约在 $6\sim8\times10^{-4}$，有的试验还远远超过了这个数量，有些大桥的桥墩和高层建筑的厚壁立柱由于施工质量及过大的坍落度，形成了中部骨料多、外部或上表面砂浆厚，从而形成极不均匀的收缩，砂浆和水泥浆的收缩比混凝土的收缩大约增加 2～5 倍，并由于表面水分蒸发快从而形成大面积的表面裂缝。混凝土粗细骨料的含泥量和粉料含量都增加收缩。

目前，建筑市场出现了很多新型的外加剂和掺合料，质量保证主要靠强度试验的结果，几乎没有进行体积变形稳定性方面的试验，而许多材料都有增加收缩的特点，必须进行长时期准确的收缩试验，才能得到有利于控制裂缝的材料。

各种水泥的水化热试验比较容易，一般水泥厂家都已进行专门的试验，有资料可查，不再赘述。

3.2 混凝土的徐变（蠕变）因素的考虑

混凝土的徐变机理也有许多种，如弹性徐变理论、老化徐变理论、继效徐变理论等等。作为工程裂缝控制的应用，我们只能应用其中主要的成果，以常系数的形式，考虑在弹性计算的结果中，从而简化了非线形分析。由于混凝土的徐变作用，给钢筋混凝土和预应力钢筋混凝土带来有利和不利两方面的影响。从不利方面看来，它可以造成预应力损失，增加挠度，可以降低钢筋和混凝土的黏着力等。从有利方面来看，它可以使弹性的温度收缩应力大大的松弛，根据变形速率及混凝土龄期，它对应力降低的程度约 0.3～0.8 倍，保温保湿养护越好，降温越慢，松弛系数越小。

3.3 混凝土的抗拉强度及极限拉伸

泵送混凝土浇筑后，其抗压强度和抗拉强度都随着时间而增长，但增长的速率，抗拉滞后于抗压，水泥强度等级的提高及水泥用量的增加，对抗压强度增长较为显著，而对抗拉强度增长较小。

相对变形约束应力，混凝土的极限拉伸尤为重要，国内外曾进行过一些试验研究。例如，前苏联布拉茨克和克拉斯诺雅尔斯克水电站的试验表明，混凝土轴向拉伸应变值变化范围为 0.5×10^{-4}～1.0×10^{-4}。法国鲍斯进行的轴向拉伸试验，在抗拉强度为 2.05MPa 时，局限拉伸值为 0.9×10^{-4}。美国卡普兰在轴向拉伸试验中，极限拉伸值为 0.81×10^{-4}。前苏联齐斯克列里提出当轴向抗拉强度为 1.2MPa 时，极限拉伸为0.7×10^{-4}。我国水工系统（研究单位和工程单位）对混凝土的极限抗拉强度也作过不少研究，并在工程中采用。如丹江工程混凝土极限拉伸值为 $(0.58\sim0.8)\times10^{-4}$，乌江渡工程为 $(0.86\sim1.02)\times10^{-4}$等等，极限拉伸很小，抗裂能力很弱（收缩变形超过极限拉伸 5～10 倍）。

冶金系统不少设备基础，特别是高炉基础、炼钢基础，混凝土的浇筑量大多在 5000m^3 以上，轧钢机基础炉的混凝土量为 100000～200000m^3，厚度 2.5～9.5m，长度由 35～600m，均属超长超厚的大体积钢筋混凝土，开裂后可引起钢筋的锈蚀、降低持久强度、刚度和防水性能，严重者影响自动化生产工艺。防止和控制这类基础的温度裂缝也是很重要的。为此，我们在民用建筑工程中开展了混凝土轴向拉伸强度及变形性能的试验研究。

通过对双掺（减水剂及粉煤灰）混凝土的抗拉试验，发现混凝土随着荷载速率及养护条件，其极限拉伸和抗拉强度波动很大，在极慢速（接近实际温度和湿度缓慢变化速度）的条件下，其极限拉伸可达（2～3）$\times 10^{-4}$，显然这里包含了徐变变形，这对温度收缩应力是很有利的（在强度计算中，用松弛系数乘以弹性应力与按变形计算增加极限拉伸是等同的）。

特别值得注意的是，混凝土中的较大含泥量及其他杂质可以明显地降低混凝土的抗拉性能，有的混凝土骨料中混入了有害膨胀物引起混凝土的崩裂，因此要求泵送混凝土必须遵循“精料供应”的原则。

合理的配筋，特别是构造配筋，细一点、密一点可以提高混凝土的极限拉伸，推荐齐斯克列里经验公式：

$$\varepsilon_{p\cdot a}=0.5f_{tc}\left(1+\frac{p}{d}\right)\times 10^{-4} \tag{2}$$

式中 $\varepsilon_{p\cdot a}$——混凝土的极限拉应变；

f_{tc}——标准抗拉强度；

p——配筋率，%；

d——钢筋直径，cm。

这是瞬时荷载作用下的公式，如果极慢速约束变形作用考虑徐变作用，至少可以增加一倍。

4. 结构设计或施工中近似计算的模型选择

我国在工民建领域解决变形作用引起裂缝的问题，主要是按混凝土设计规范采取设永久性变形缝的办法，根据现浇、预制、土中、室内、露天等条件，有明确的伸缩缝许可间距规定。该规定自 20 世纪 50 年代沿用前苏联规范规定，我们当时曾多次向前苏联有关单位和前苏联专家咨询有关规定的依据，他们的回答“全凭经验”，采取相似规定的还有东欧及其他一些国家。

的确，该法解决了许多工程裂缝问题，其缺点是伸缩缝止水带经常渗漏并难以维修。更重要的是在实践中发生了许多反常现象：有的工程尺寸很小，却出现了严重开裂；另外，也有的工程超长而未出现明显开裂，说明设缝与否，不是决定开裂与否的唯一因素。其他如材料级配、结构约束、结构配筋、施工工艺、养护条件以及环境温湿度气象条件等综合因素都影响结构约束内力及裂缝的出现。通过实际工程裂缝反算与现场推力试验，假定结构相互连续式约束采用水平弹簧模型，弹簧侧移刚度由试验和经验给出。推导出长墙中部正截面法向拉应力、端部剪应力、伸缩缝许可间距以及一再从中间开裂的机理。在排架及框架约束应力分析中提出了考虑弹性抵抗作用、装配式系数、徐变影响系数、开裂刚度及利用混凝土后期强度的计算，多年来通过裂缝处理实践近似理论计算进行了反复的校核与补充。

5. 裂缝控制设计原则与措施

钢筋混凝土结构的裂缝是不可避免的，但其有害程度是可以控制的，有害与无害的界限由结构使用功能决定的。裂缝控制的主要方法是通过设计、施工、材料等方面综合技术措施将裂缝控制在无害范围内。综合技术措施包括：

（1）合理选择结构形式，降低结构约束程度，对于水平构件梁、板、墙等采用中低强度级混凝土，加强构造配筋，如板顶部的受压区连续配筋、板的阳角及阴角配置放射筋、增加梁的腰筋间距 200mm。

（2）优选有利于抗拉性能的混凝土级配，尽力减小水灰比、减少坍落度、降低砂率增加骨料粒径，降低含泥量及杂质含量。

（3）选用影响收缩和水化热较小的外加剂和掺合料。

（4）采取保温保湿的养护技术，尽量利用混凝土后期强度（60d）。

（5）对于超长结构可采取跳仓浇灌或后浇带方法施工。

（6）对于复杂的结构，难免出现少量裂缝影响正常使用和耐久性，裂缝分为表面裂缝、浅层裂缝、纵深裂缝（深层裂缝）、贯穿裂缝等。少量有害裂缝采用近代化学灌浆技术处理，满足设计使用和耐久性要求，不应因此降低工程质量评定标准。

4 混凝土结构工程的裂缝防控

混凝土工程结构裂缝的关联因素很多，防控手段各异，在现实工程中要把各主要致裂因素和防控措施了解掌握，才能有效地采取具体防范应对，达到预期效果。

1. 温降与温控裂缝

混凝土凝结过程热裂缝起因于混凝土温度收缩变形受到的阻碍约束。混凝土降温幅度（温差 ΔT）是其最高温度（T_{max}）与环境温度（T_0）之差，$\Delta T = T_{max} - T_0$，最高温度是混凝土浇筑（T_p）与水泥水化热引起的温升（T_r）之和，$T_{max} = T_p + T_r$。目前较为实用的防裂手段就是在混凝土材料、配合比与施工中采取相应措施进行温控，主要控制 T_r、T_p 及 T_0。

许多混凝土工程中，尤其大体积混凝土的最高温度控制是选用低、中热水泥和掺混合料（矿渣、粉煤灰）水泥并限制水泥用量，以此配制低发热的混凝土，多数情况是对混凝土浇筑温度与水化热升温进行双控。在现今实际工程中，设计要求的混凝土强度较高，这就要求水泥高活性高用量，难以降低水化热。钢筋混凝土工程结构构件的承载钢筋大多都可兼作控裂作用，但也可起到温度控制。控制混凝土的最高温度用冷水拌合或掺冰块。有些大体积混凝土的做法是最高温度降至 10℃或更低，就不会出现难以允许的裂缝产生。采用低拌合浇筑的低温混凝土，不只是有利于防控裂缝，而且还有利于浇筑振捣密实和水泥的后期水化。混凝土的人工排热降温也是防控手段之一。在厚大的混凝土内部预先埋设管路系统，浇筑混凝土后利用流动管中温度较低的水流将水化热带出结构体外，借以对混凝土的升温过程进行合理调控。

大体积混凝土温度的较快升高，也要有热量外散，所以混凝土内截面内的温度分布并不均匀，而实际的升温峰值（T_{max}）则要低于绝热温度。用以计算温降收缩、温度拉应力的最高温度，通常取为最高的截面平均温度。混凝土的实际温降幅度还受到混凝土结构的体表比（V/S），即混凝土结构体积与其可向外散热裸露面积之比及环境温度所影响。为了保持相应的环境温度，在混凝土开始温降后就宜于进行适当的保温，冬期地基内混凝土在拆模后需要尽快回填，热混凝土构件直接裸置于冷气温中随即引发裂缝的现象必须避免。

现实工程防裂多是结合经验控制温差（$T_{max}-T_0$），如低于30℃以下。致使混凝土裂缝的温度（T_{cr}）是另外一个值得重视的数值，通过试验对比不同混凝土的致裂温差值，应优选材料、配合比及浇筑温度之值，有实质的应用意义。混凝土由夏季的最高温度下降至冬期的负温以下，所出现的降温收缩，也可以使一些混凝土结构产生后期裂缝或是将旧裂缝加宽。

混凝土热胀系数（σ_t）是混凝土降温收缩应变的参数，资料及规范一般取热胀系数 σ_t 为 10^{-6}/℃，但此值可随条件不同而变化较大。当混凝土处于饱和水状态下的热胀系数可比通常气候干燥时低 20%，也就是说，对混凝土养护水饱和并延长时间，其早期热裂风险可减少 20%。

2. 干燥收缩裂缝

混凝土的干燥收缩起因于混凝土的早期蒸发脱水。混凝土的用水量对干燥收缩影响很大，水灰比也有一定影响，不同品种水泥配制的混凝土干缩性能也会不同，不同混合料、外加剂的影响也不同。混凝土组成内骨料含量的影响比较明显，凡是能影响混凝土用水量，如骨料级配、粒径尺寸、砂率及含泥量等，都可发生影响。对于混凝土的干燥收缩的试验资料介绍很多，但对明确的控制指标尚未见到。在此需要认真思考的是，控制浇筑时最高温度除减小温差、温缩外，还可减少用水量，以减少干缩。当然，混凝土拌合用水必须满足混凝土的施工和易性需求，这种特性对工程质量极其重要。拌合的混凝土的适应性即流动性要求拌合均匀、运输泵送均匀、振捣均匀、抹面加工的整个施工过程。和易性已用了几十年，以后还要用。

混凝土结构的体表比和环境大气的相对湿度、温度、风速等可影响混凝土的蒸发脱水，也可影响干缩性。需要指出的是，混凝土内部所含水由里向外蒸发迁移的速度十分缓慢，由表向里的干燥收缩进展也较慢，有危害的干缩入内不会很深，引发裂缝则多是表面性的。截面细小的薄壁构件可出现整体干缩并引发贯穿性裂缝；截面厚大体积混凝土则不可能整体干缩，也不会引发贯穿性裂缝。有时混凝土干缩应变也可与温降应变相伴出现，对于这种现象通常是将干缩应变值换算为当量温度值，再与温差相加，以其和计算联合作用下的干缩应变值。

3. 变形约束

混凝土的收缩变形只是在受到阻缩约束之下才能引发拉应变-拉应力以至产生裂缝。不受约束的自由收缩变形不会引发裂缝产生。

外约束是指混凝土收缩变形受到来自体外的阻缩约束作用，始混凝土块体、墙体横向收缩受到其底部、基面或原有混凝土的阻缩约束，混凝土梁体、墙板横向收缩受到其两端框架柱体的嵌固约束，T形、I形梁中薄腹板的横向收缩受到其上下两侧更厚大混凝土体或密配筋混凝土体（顶板、底翼）的阻缩约束等等。混凝土结构构件在外约束下引发裂缝，通常是贯穿性的。

混凝土收缩受到的约束作用程度用约束度（R）来表达。不受约束可自由收缩时，$R=0$；受到完全（固定）约束时，$R=1$（100%）。而在这中间的受到某种程度约束（$0<R<1$）之下产生的约束拉应变是 R_ε（$R_{\varepsilon sh}$ 或 $R_{\varepsilon\Delta T}$），约束拉应力是 $\sigma_t=R_\varepsilon E_e$（$E_e$ 是混凝土在当时的（即出现徐变效应后的）有效弹性模量，$E_e=E_c/(1+\varphi)$（E_c 普通的（初始的）弹性模量，φ 是徐变系

数），于是可将$\sigma_t \leqslant f_{ct}/k$视为混凝土工程的裂防条件（$f_{ct}$是混凝土抗拉强度，$k$是裂防系数，$k>1$）。

混凝土构件受约束程度取决于其与外部约束体之间在形状尺寸、强度刚度上的相对关系以及约束方式等，其R值通常是参照经验、试验资料酌选。有些结构的外约束也可通过特定措施予以减免，如在简支梁的一端设置滑动支座以解除梁体收缩时的梁端约束，在有的结构基底铺设可滑移层，以减免基底约束。

内约束是指混凝土截面内表里不同区位（层次）之间的相互约束。在混凝土降温期间，表层降温快，冷缩潜能大；里层降温慢，冷缩潜能小。因为实际上不会出现收缩差异，所以表里不同层次之间就要互相约束并引发约束应力（内平衡应力）：里区受压，表区受拉。表层拉应力（σ_t）大到混凝土抗拉强度（f_{ct}），$\sigma_t = f_{ct}$，出现表面性的裂缝。有关文献列出的σ_t计算式是

$$\sigma_t = \frac{2}{3} \cdot \frac{\Delta T_{\alpha T} E_e}{1-\nu}$$

式中，2/3是假设截面温度沿抛物线形分布，其平均高度相对于顶点高度的比值，并以此平均高度（温度）考虑温度降幅，$(2/3) \cdot (T_{max} - T_0) = (2/3) \cdot \Delta T$（这里的$T_{max}$是顶点温度，$T_0$是表面温度）；$1/(1-\nu)$是将混凝土表层应力按二维考虑引入波松比（$\nu$）影响的关系。式中没有约束度，大概是考虑为1因而略去，但除气温骤降等情况外，不大可能会有100%的完全约束。如果把上列计算式改写为$\sigma_t = K \cdot \Delta T \alpha_T E_e$，则系数$K$的含义较为含混，如实取值较难。

4. 配置钢筋

混凝土中配置钢筋通常是为了满足结构承载强度需要，但大多也兼起控制裂缝的作用，将由外力或由收缩引发裂缝的宽度控制在可容许的限度以内。某些结构或其中的某些部位虽不受力，无承载要求，但往往也需要适当配筋，以防控收缩裂缝。配筋控

裂的两种主要方式是控制裂宽和规定指标。①控制裂宽：规定可容许的裂宽限值［w］和给出裂宽计算式，要求检算构件裂缝宽度（w_k）是否在容许限度内（$w_k \leqslant [w]$）或要否调整配筋设计。② 裂控指标：规定裂控技术指标，如：最小配筋面积（$A_{s,min}$），或最小配筋率（ρ_{min}），最大钢筋直径（d_{max}），最大钢筋间距（S_{max}）；认为只要配筋符合指标要求，裂宽就可处在容许限度内，不必检算裂宽。

国内外各种规范的裂控配筋原理是共通的，但结合各自的理论分析、工程经验所制定的具体裂控条件（裂宽计算式、裂控指标）却互不相同，颇有差异。

5. 施工分段

这是针对某些长（厚）大工程结构所采取的另一类的防裂措施。

长大混凝土建筑结构往往是按适当长度分段，在相邻段间设置“伸缩缝”，借以解除各段结构收缩时的两端约束，结构长度分段缩减后，其基底的约束程度可相应减轻。混凝土规范按不同条件建议有不同的分段长度（伸缩缝间距）。

长（厚）大基础混凝土有些也是按适当长度分段以减轻约束，各段之间留出较窄空位（≤100cm），待先浇段混凝土，经过一定长时间其温降收缩已大部出现后，再补浇预留空位（后浇带）混凝土，将整个基础工程联筑成为一体。有的混凝土工程也按等长分段，先后隔段浇筑。需要指出，在建筑结构和基础工程中往往是配有相当数量的钢筋，这当然也要起到相应的裂控作用。在“后浇带”或“后浇段”施工中还有个新老混凝土的接面（施工缝）问题，操作上比较麻烦，质量上易出缺欠；以至有的工程就是依靠加强温控及其他有效措施（如配筋）防裂，而不再分段留空，一次连续浇筑完成，结果也很成功。

厚大体积混凝土工程通常是分段（分块）、分层施工，按适当间隔时间及适当顺序浇筑；通过缩短块体边长以减小基底对块体温缩的约束度，通过缩减层厚（一次连续浇筑的块体高度）以利于内热外散，从而减小 ΔT。其在各个块体之间预留缝（槽）则在间隔一定时间之后压灌水泥浆（或填灌混凝土），将各个单块联筑成为整体。

混凝土路面板、墙板之类结构通常是按适当长度分段施工并设置接缝——缩缝（及必要时的胀缝）。缩缝的一种做法是在板面上切（留）出一个窄槽（如 0.6～1.2cm 宽，4～6cm 深），填以可塑性密封材料，借以将分段板长内的有限宽的收缩裂缝诱发于（控制于）此减薄截面后的槽下混凝土中，起到另一种有“裂控”作用。

各种工程结构的分段、分块方式各有特点，接缝构造各不相同，甚至名称术语也不一致，但除有的在施工组织上也必需者外，其通过施工分段、分块、设缝以减小变形约束（R）或减小温差（ΔT）收缩的裂防机理是共通的。

5　混凝土墙体裂缝的原因及质量控制

建筑混凝土墙体的裂缝是结构常见的缺陷，也是房屋工程质量控制难以处理的技术问题。裂缝的产生首先影响建筑物的外观质量，给使用者带来不安全感；其次，从承载力分析，因早期裂缝发展扩大成深度超过主筋或贯穿性裂缝将改变结构的受力状态，降低结构的承载能力，影响建筑物的整体质量和安全使用；另外，从耐久性来说，混凝土结构的裂缝对该部位的防水、抗渗、抗冻、抗腐蚀都造成严重影响，使用年限将大大降低。导致混凝土墙体裂缝的原因是多方面的，一般原因认为是由于混凝土墙体发生体积变化时受到约束，或是因荷载作用，在混凝土内部引起较大拉应力或拉应变，墙体混凝土裂缝的产生不但损坏其整体性和外观，更重要的是反映出在墙体设计、施工及材料的选择上存在的问题，还反映出结构的严重缺陷、混凝土材料的不合格造成的结构体破坏。造成混凝土墙体裂缝的具体表现形式有塑性收缩、塑性沉降、荷载、干燥收缩、冻融侵蚀、锈蚀、硫酸盐侵蚀、碱集料反应等。

1. 混凝土墙体硬化前的裂缝

1.1 塑性干缩（收缩）裂缝

（1）裂缝的形成原因：

新拌制的混凝土在水化的干燥收缩过程中，混凝土表面水分蒸发引起的裂缝，常见于新浇筑的混凝土外露部位。当新浇混凝土墙体表面水分蒸发速度大于混凝土内部向外的泌水速度，表面就出现干缩。这种收缩受到表层下混凝土的约束，于是在表面出现塑性干缩开裂。这种裂缝在混凝土浇筑后的几个小时内不断的引发和扩展，裂缝数量增加，长度宽度扩大，一直持续到混凝土的终凝有一定强度时为止。除早期因表面失水过快产生的塑性裂缝，同时也常常出现在水平筋表面、预埋件周围及结构截面突变处，裂缝的形状宽且浅，呈梭形，宽度约 1.0～3.0mm 之间，深度达到主筋的表面。

（2）裂缝形成的影响因素：

1）环境的干燥影响。环境的相对湿度越低，混凝土的固体质点间毛细孔隙水形成的弯液面的曲率半径减小，形成的拉力增大，塑性收缩程度增加。

2）水泥用量和水泥细度影响。增加水泥用量和细度，则影响毛细孔的平均直径变小，弯液面的最小曲率半径也相对减小，导致最大拉力增加，塑性收缩量也增大。

3）用水量影响。正常情况下增大用水量，拌合料稠度降低，浆体稀软，抵抗干燥收缩能力变弱，最终的塑性收缩量增大。若用水量过小，施工操作不易，随着水化的进行，混凝土内部会产生自真空现象，增加混凝土的自收缩，对抗裂性能不利。

4）外加剂和外掺合料的影响。不同品种的外加剂对降低混凝土的收缩所起的作用是不同的。掺入减水剂，减少拌合用水量，可以减少塑性收缩。加入缓凝剂能延长终凝时间，也增大塑性收缩。在拌合料中掺入矿物掺合料，使粉体总量增加，也会加大塑性收缩。

5）外部环境因素的影响。如风速过大，混凝土表面蒸发过快塑性收缩量越大；施工现场的温度越高，收缩越大；温差越大，越容易出现裂缝。

6）混凝土振捣密实度影响。浇筑的混凝土必须振捣密实，一个振点的时间不超过 30s、不少于 15s，在柱、梁、墙板的变截面处必须分层浇筑、分层振捣，在浇筑后 1h 左右尚未终凝前进行二次振捣，以排出混凝土因泌水在粗骨料水平筋下部产生的水膜和空隙，提高混凝土的密实度和钢筋的握裹力，消除混凝土已形成的裂缝。

（3）预防混凝土表面塑性开裂的措施：

1）预防混凝土入模后的外表面过多失水，模板内首先冲水湿润必不可少，模板缝隙必须严密，混凝土表面用塑料膜覆盖或及早喷水保湿；

2）预冷降低混凝土入模温度，设置风障，减小风速带走表面水分；

3）原材料及搅拌站遮挡，避免阳光直射；

4）搅拌时间不能过长，缩短从搅拌到入模，以及振捣、抹压覆盖至养护的时间；

5）重视振捣时不漏振、欠振和过振问题。如果塑性裂缝出现在混凝土墙体的施工抹压面之前，可以通过抹压收光工序使之愈合；

6）掺入的加气剂应该使混凝土的含气量保持在 3%～4.5% 之间，可以有效地减少塑性收缩裂缝的产生。而掺入氯化钙作为早强剂则会加剧混凝土的塑性开裂，最好别用此类早强剂。

在实际施工中，混凝土墙体的塑性干缩开裂又往往与塑性沉降裂缝相互对应，经常交结一起互相影响。在正常的气候环境下，出现塑性裂缝是组成混凝土原材料及施工质量控制不到位的结果反应。

1.2 墙体塑性沉降裂缝

(1) 裂缝的产生原因：

在组成混凝土的拌合料中，粗细骨料颗粒、水泥浆体、水泥细度及水的相对密度不同，则会发生沉降重组合，出现轻组分上浮现象，即“沉降”与“泌水”现象。新拌墙体混凝土的内部沉降会造成塑性沉降裂缝。沉降裂缝可发生在初始振捣一直到表面抹光之后，此时的混凝土仍处于硬化前的可塑状态。当垂直下沉的固体颗粒遇到水平设置的钢筋或螺栓等预埋件，或受到侧模的摩擦阻力时，就会受到阻拦并与周围的混凝土形成沉降差，结果在墙体混凝土顶部表面处造成塑性沉降裂缝。此外，如果墙体与梁、板、柱同时浇筑，由于这些构件的深度不同，有着不同的沉降，从而在这些构件交界面处形成沉降差并产生沉降裂缝。墙体混凝土的坍落度越大，沉降开裂的可能性也越大。在接近表面的水平钢筋上方最容易形成沉降裂缝，并随钢筋直径加粗和保护层减薄而愈发严重。当保护层薄时，塑性沉降裂缝甚至会伸入钢筋表面，并沿着钢筋通长发展。

(2) 防止塑性沉降开裂的主要措施：

1) 在满足工作度的前提下，混凝土坍落度应尽可能地低，混凝土的配合比应保证其良好的稠度和保水性。

2) 在浇筑墙体与梁、板、柱等相互连接的不同深度的构件时，如果不能在高度差处设置施工缝，则宜分层浇筑。待每层沉降稍稳定后再往上浇筑，每层的浇筑时间间隔一般不少于 2h (天热则应适当缩短)，防止在构件的连接部位出现裂缝。

3) 增加表面钢筋的保护层厚度。

4) 合理的振捣，如果振捣时间过长也会加剧沉降开裂。

5) 外掺引气剂也有利于防止沉降裂缝。

1.3 墙体其他塑性裂缝

墙体其他塑性开裂包括：模板松动、模板支架下沉、钢筋和预埋件移动以及斜面上的混凝土滑动所造成的裂缝，这些均属施工原因。在支模前未能夯实地基或者未能察觉地基土有遇水膨胀倾向，往往会造成模板移动并引起早期的塑性开裂，振捣不充分或振捣时移动振捣棒的位置采用拖动（而不是从混凝土中拔出后再插入）的方法，也会造成塑性裂缝。

2. 墙体混凝土硬化后的裂缝

2.1 墙体自生收缩裂缝

（1）成因：

1）水泥水化失水引起的收缩。水泥水化后固相体积增加，但水泥-水体系的绝对体积减少。在已硬化的水泥浆体中，未水化的水泥继续水化是产生自生收缩的主要原因。水化使空隙尺寸减少并消耗水分，如无外界水分补给，就会引起毛细水负压，使硬化水化产物受压产生体积变化，即自生收缩。

2）墙体混凝土的自生收缩。是与湿度交换、温度变化无关的一种宏观收缩。由于墙体养护较困难，有的在拆模后就会发生裂缝，有的在拆模后几天或几周出现裂缝，随后发展为纵向贯穿裂缝，这与墙体混凝土的自生收缩有关。对低水灰比混凝土，如目前较流行的高性能混凝土（HPC），自生收缩比普通混凝土大。

（2）控制墙体自生收缩的措施：

1）必须重视早期养护。初凝后立即供水，采用内衬塑料钢模或透水模板。

2）用饱水轻质多孔骨料或多活性细掺料进行“自养护”。

3）掺加粉煤灰。最好选用Ⅱ级或Ⅱ级以上的粉煤灰，掺量宜为10%～30%。

4）掺入膨胀剂。尤其是选用可控制膨胀速度的膨胀剂，用以补偿混凝土的自收缩，减免早期内部裂缝。

5）增加构造筋。配筋率不低于0.5%，同时采用直径较小、间距不大于150mm的配筋，以提高墙体混凝土的极限拉伸变形值和分散收缩应力。

6）掺入保水外加剂。

2.2 墙体混凝土的温度收缩裂缝

(1) 成因:

墙体混凝土结构的早期温度变化主要是由水化热和环境条件引起的。温度的变化造成墙体结构内应力过大而引起裂缝。一般发生在混凝土变硬的最初阶段，这时的混凝土水化热处于高温或较高温度下。对于厚度较大（超过 30～40cm）的墙板构件，应该视为大体积混凝土。在施工过程中进行混凝土温度控制，当混凝土内外温差超过 25℃时，就很有可能开裂。

(2) 控制墙体混凝土温度收缩的主要途径:

1) 尽可能减少墙体混凝土因水化热和环境温度引起的温度变化幅度，尤其要降低混凝土的最高温度，以减少外部约束下的温度应力。

2) 尽可能减少墙体混凝土的内外温差，以减少内部约束下温度应力。水化热引起的温差通常发生在大体积墙体混凝土内，而环境温度引起的温差则对所有结构都有影响。

3) 控制混凝土温度变化（冷却）的速度，尤其要防止温度的骤然变化。

4) 在墙体的用料上，选择热膨胀系数较低和抗拉变形能力较高的混凝土。

(3) 防止墙体混凝土温度收缩裂缝的主要措施:

防止早期墙体混凝土温度收缩裂缝的根本办法是进行温度应力分析和现场温度监控，并采取相应防裂措施。

1) 降低水化热及其释放速度：减少水泥用量，选用低水化热的水泥，掺加粉煤灰等矿物掺合料都能降低水化热。

2) 降低混凝土的入模温度和浇筑温度：控制投料时的原材料温度，减少混凝土在输送过程中的温升。浇筑时保持混凝土的温度均匀，天热施工浇筑速度放慢，墙体浇筑完毕后要尽快覆盖，以利于保温、保湿等。

3) 控制散热过程并防止墙体混凝土表面温度的骤然变化：混凝土表面设置隔热层，大体积墙体采用分层浇筑，使用缓凝剂、延缓施工速度以利于散热等。

4）改善墙体混凝土的强度和热学性能。

5）设置伸缩缝，配置构造钢筋，采用膨胀混凝土或后浇带施工。

6）墙体最易开裂，拆模时间应不少于7d，以减少温度收缩。为及早养护，在硬化1d后即可松动模板螺栓2～3mm，并在墙体顶端架设淋水花管，不断地淋水养护，7d后拆模，然后用麻袋片紧贴墙体表面，继续养护7d。

2.3 墙体混凝土的干燥收缩裂缝（干缩裂缝）

（1）成因：

由于墙体混凝土内固相水泥浆体体积会随含水量而改变，导致混凝土干燥时收缩（而产生裂缝），受湿时膨胀。墙体混凝土干燥时首先失去的是较大孔径的毛细孔隙中的自由水分，但这几乎不会引起固相浆体体积的变化，只有很小孔径毛细孔隙水和凝胶体内的吸附水与胶体的层间孔隙水减少时才会引起明显的收缩。

（2）影响因素：

1）水泥组分：现代水泥过分追求早期强度，导致水泥的碱含量越来越高，细度越来越大，C_3S的含量越来越高，这些原因使水泥的抗裂性能越来越差。

2）骨料类型和用量：骨料的弹性模量越高，减少收缩作用越明显；吸水率较大的骨料所配制的墙体混凝土有较大的干缩值；骨料颗粒大能减少需水量，也能有效地降低水泥浆体的收缩；骨料含量越高，干燥收缩就越小。

3）用水量、水泥用量和水灰比：用水量大会使骨料体积减少而加大混凝土干缩，水泥用量大的墙体混凝土有较大的干缩值。

4）化学外加剂：氯化钙作为速凝剂的使用会增大混凝土的收缩量。

5）环境条件：风速越大、环境越干燥，墙体混凝土干缩越大。

(3) 墙体混凝土干缩裂缝的控制：

1) 配制低收缩量的混凝土：减少水的用量、加大粗骨料的最大粒径和骨料含量，减少水泥用量。

2) 降低混凝土的干燥速率，延缓表层水分损失，养护时保持湿润。

3) 设置构造钢筋，可将收缩变形分布在钢筋上，即使开裂也能使裂缝较细、较密。

4) 采用补偿收缩混凝土和后浇带施工，设置伸缩缝。

5) 提高墙体混凝土的抗裂能力。

2.4 墙体混凝土的腐蚀裂缝与钢筋锈蚀裂缝

(1) 成因：

1) 墙体混凝土的腐蚀裂缝是由于墙体混凝土受碱集料反应或受硫酸盐、镁盐等化学物质侵蚀造成体积膨胀而引起的裂缝。这类裂缝多呈龟裂状，深而密，甚至出现块状崩裂。另外，对于早期热养护的预制墙板，或高水泥含量（$500kg/m^3$）的现浇墙体，在一年或几年以后，水泥水化的钙矾石才有可能生成，这种延缓的钙矾石也会使墙体开裂。墙体混凝土的腐蚀也可能出于物理原因，例如墙体在潮湿情况下反复遭受冻融循环的侵害，逐渐形成密排的细裂缝。含游离氧化钙太多的劣质水泥在硬化后的混凝土遇水发生体积膨胀也容易使混凝土崩裂。

2) 钢筋锈蚀裂缝是钢筋锈蚀后膨胀引起的，裂缝的方向与钢筋平行并沿钢筋长度发展，严重时造成混凝土保护层剥落。另一种情况是混凝土内含有两种不同金属时，就如同形成一个电池，可使其中一种金属快速腐蚀，发生膨胀，导致墙体开裂剥落。

3) 通常混凝土显碱性，在高碱性环境中的金属表面会形成一层氧化保护膜（钝化膜），如墙体混凝土发生碳化，则混凝土中碱性降低，钢筋表面的钝化膜会被破坏，钢筋就有可能遭到锈蚀。

4）因收缩、荷载的原因发生在钢筋横截面上的混凝土横向裂缝，通常不会导致钢筋连续锈蚀，这是由于横向裂缝处的钢筋暴露表面非常有限，因锈蚀或某种原因在钢筋与混凝土之间形成的纵向裂缝则危害较大，纵向裂缝可为氧气、水分或氯离子提供长驱直入的通道，锈蚀和裂缝会连续、长期发展下去。

(2) 控制墙体混凝土的腐蚀裂缝与钢筋锈蚀裂缝的方法：

对墙体混凝土结构来说，防止混凝土腐蚀和钢筋锈蚀的最好保护手段是采用增加混凝土的密实性、提高混凝土的抗渗性、适当加大保护层厚度。抗渗性好的混凝土不但能阻止水分和侵蚀介质的侵入，减少混凝土的腐蚀程度，而且碳化速度也非常缓慢。保护层较厚时，虽然墙体混凝土表面裂缝宽度会增大，但却能很好地防止钢筋锈蚀。

2.5 荷载引起的墙体结构裂缝

由外加荷载引起的结构裂缝。这种裂缝比较容易辨认，比如弯曲受拉裂缝发生在墙体受弯构件的最大弯矩截面附近，弯曲受拉裂缝是横向裂缝，一般不需做任何处理；如果裂缝宽度较大，就要找出合理解释，确认是否存在强度不足等重要问题（如设计有误或实际钢筋配置不足等），需做处理。当裂缝宽度超过0.4～0.5mm 以上时，横跨裂缝的钢筋很可能已经屈服。

与横向的弯曲受拉裂缝相比，墙体出现的斜裂缝则需要更加警惕。墙体出现剪力或扭转引起的斜裂缝一般是不允许的，出现后要具体分析原因并采取适当的结构补救措施。

由荷载引起的结构裂缝有时发生在墙体局部应力集中处，如墙板洞口边角处的斜裂缝、墙体截面突变处的裂缝等，这些裂缝的发生还往往与混凝土的收缩和塑性沉降有关。

墙体如果出现平行于压力方向的裂缝，有时并伴随局部的表皮剥落，往往表示墙体混凝土已临近受压破坏，必须迅速采取应急加固措施，这种情况有时也发生在墙体端部的不均匀局部承压处。

2.6 由不均匀沉降造成的墙体裂缝

因地基沉降或支座沉降不均匀造成的墙体裂缝。这类裂缝在施工时往往不被注意，而一旦发生则后果严重。有些商品住宅地基建在砂砾层、回填土层上，墙体结构难免出现不均匀沉降。不过在实际施工中，只要严格控制，这类裂缝出现的机率较小。

3. 裂缝处理

在事后裂缝的诊断工作中，应结合具体的施工工艺、地理环境、材料条件寻求引发裂缝的主次原因，从而便于采取合理的补救措施。

(1) 表面较浅裂缝，可将裂缝附近的混凝土表面凿毛，或沿裂缝方向凿成深为15～20mm、宽为100～200mm的V形凹槽，清理干净并洒水湿润，先刷水泥净浆一遍，然后用水泥砂浆分层涂抹，并压实抹光。为使砂浆与混凝土表面结合良好，抹光后的砂浆面应覆盖塑料薄膜，并用支撑板顶紧压实。

(2) 当裂缝宽度在0.1mm以上时，可用环氧树脂压力灌浆嵌补。

(3) 当裂缝宽度大于0.5mm时，可采用水泥压力灌浆补缝。对结构强度产生严重影响的裂缝应经过设计采取结构加固、补强的办法。

4. 小结

(1) 住宅墙体混凝土的开裂往往是混凝土原材料选择不当、混凝土配合比不当、施工质量低劣的综合反应，裂缝的出现表示墙体混凝土在强度、渗透性等方面存在更大问题。

为了提高墙体混凝土防裂性能而防止开裂，在确定混凝土的配比时应减少水泥用量、外掺粉煤灰，并使用适当的引气剂、缓凝剂、膨胀剂、纤维等，同时选择中水灰比（0.45左右），选用温度膨胀系数低的粗骨料和含泥量低的细骨料；在施工过程中应搅拌均匀、合理振捣并及时养护。

(2) 防止墙体混凝土硬化前的塑性开裂，关键在于控制混凝土表面水分的蒸发速度，并采取相应措施。

（3）住宅墙体混凝土的早期硬化过程中的开裂，主要是温度应力引起的，而干燥收缩可以加剧温度裂缝的发展，所以对早期墙体混凝土的温度养护与湿度养护具有同样的重要性。

防止墙体混凝土早期硬化开裂，关键在于降低温度应力。墙体混凝土浇筑后的初期，表面在升温过程中保持冷却散热状态，但一旦温度下降，应立即采取覆盖保温措施。重要墙体工程施工前应进行温度和温度应力分析，同时在施工时实测监控实际温度，并采取相应防裂措施。

（4）墙体混凝土出现裂缝受多种因素影响，裂缝的出现往往不是单一和有序的，应根据具体情况进行分析，总结裂缝出现原因并加以控制。

6　混凝土结构的温度裂缝控制措施

现代建筑工程中的混凝土用量和作用是极其重要的，各种基础设施、工业建筑、房屋、广场道路工程都是混凝土结构，混凝土结构在现代建筑中占有更加重要的位置。随着城市化进程的加快，建筑规模和速度向更高的目标进行，超高层和大跨度建筑的特点是：结构体厚大、施工条件复杂、技术要求高。这些结构体需要的大体量混凝土，水泥的早期水化热的升温及昼夜温差、环境温度引起的温度应力所产生的温差裂缝是极其普遍的，如何采取有效措施防止混凝土温度裂缝的产生，是混凝土工程施工中需要长期解决的问题。

1. 混凝土温度裂缝产生的一般原因

混凝土产生裂缝的原因是多方面的，最常见的如温度和湿度的变化、混凝土的不均匀与脆性、模板变形支撑不稳、原材料碱集料反应、基础不均匀沉降、结构构造不合理等。混凝土温度裂缝的产生主要原因应该是：

（1）混凝土结构内外温度变形相互作用的结果。一方面体积较大混凝土由于混凝土内外温度及外界气温、昼夜温度差别过大而产生温度应力和温度变形；另一方面是由于结构体受到内外的较强约束阻止了这种变形。当温度应力超过混凝土当时所能承受的极限抗拉强度时，即在薄弱处产生了开裂。

（2）体积厚大，混凝土水化期间水泥释放出很大的热量，在混凝土内部释放不出使温度不断上升，在结构体表面引起很大拉应力。在后期逐渐降温过程中，由于受基础、钢筋或外模板的约束，在混凝土内部又产生拉应力。环境温度的降低也会在混凝土表面引起很大的拉应力。当这些拉应力超过混凝土的抗拉强度时，即会出现裂缝。大体积混凝土内部湿度变化很慢也很小，但表面的湿度变化不但很大而且剧烈。如养护不及时干湿差别大，表面蒸发量大，干燥收缩变形会受到内部混凝土的约束，也会导致裂缝。

（3）由于混凝土是一种不均质的脆性材料，抗拉强度不足抗压强度的1/10，在钢筋混凝土中，拉应力主要是由钢筋来承担，混凝土只是承受压应力。在无筋的素混凝土内部或钢筋混凝土的边缘部位，如果结构内产生了拉应力，则须依靠混凝土自身承担。一般设计时均要求不出现拉应力或者只出现很小的拉应力。但是在厚大体积混凝土施工中，混凝土由最高温度冷却到正常的环境温度，往往在混凝土内部产生相当大的拉应力。浇筑后的2～3d水化热产生的应力可以超过其他外荷载所引起的应力，因此控制温度应力的形成和变化规律，对于正确的结构设计和施工是极其必要的。

2. 混凝土温度应力的计算

厚大体积混凝土内部的最高温度，在结构体周围没有任何散热和热损失的条件下，是混凝土的浇筑温度与水泥水化热温度的总和。但实际施工中，由于混凝土与外界气温间有温差存在，而结构四周又不可能做到绝对隔热，在新浇筑的混凝土与其周围环境之间就会发生热交换（散热或吸热）现象。所以大体积混凝土内部的最高温度，实际上是由浇筑温度、水泥水化热引起的升温和混凝土的散热温度 3 个部分所组成。在这 3 部分温度组成中，由水泥水化热引起的混凝土升温是占最主要的因素。当环境温度在 20℃左右，初期升温阶段升温占总温度的 70%以上。

由水泥水化热引起的内部升温，虽然要延续几天的时间，但内部温度的峰值一般出现在浇筑后的 2～4d 以内。要减少水泥水化热引起的升温值，是控制厚大体积混凝土温度升高、防止裂缝产生的关键。理论计算和工程实际表明，温度应力和温差成正比关系，即温差越大温度应力也越大。其次，温度应力的大小，还与结构体的内外约束条件有关。根据温度应力产生的一般原理，对于不同龄期混凝土的温度应力计算公式：

$$\delta = E(t) \times a \times T(t) \times S(t) \times R/(1-\nu)$$

式中 δ——混凝土温度应力，N/cm^2；

$E(t)$——混凝土计算龄期的弹性模量，N/cm^2；

t——混凝土的龄期，d；

a——混凝土的膨胀系数 1.0×10^{-5}/℃；

$T(t)$——混凝土水化热、收缩当量温差与气温差的代数和；

$S(t)$——徐变的松弛系数（按表 6-1 取）；

R——混凝土的外约束系数，岩石地基 $R=1$；可滑动的垫层 $R=0$；一般地基 $R=0.25 \sim 0.50$；

ν——混凝土的泊松比，取 0.15～0.20。

混凝土的徐变松弛系数 $S(t)$　　表 6-1

龄期 t	0	1	3	7	15	28	60
$S(t)$	1	0.617	0.57	0.502	0.411	0.366	0.288

按上述公式计算出的温度应力超过混凝土的抗拉强度时，可采取调整混凝土的浇筑温度，以及改进施工工艺和混凝土性能（提高抗拉强度），改善约束条件等措施，使应力保持在允许范围内。

3. 温度裂缝的施工控制措施

3.1 控制混凝土组成材料

（1）水泥

水泥活性和强度等级增高，其收缩量显著增高、收缩周期长。不同品种的水泥水化热和收缩量相差显著，应尽量采用水化热低的水泥品种，且控制水泥的用量，避免使用高强或早强水泥。

（2）砂、石

砂、石含泥、含粉较多或含有其他杂质时，明显降低混凝土的抗拉性能。必须严格控制砂、石的含泥量、含粉量和有害杂质含量。

（3）坍落度和水灰比

泵送混凝土对流动性、和易性要求高，坍落度大，水灰比增大，水化热也大幅度提高。采用适宜的外加剂，降低水灰比，提高混凝土的流动性。

3.2 控制混凝土温度

混凝土允许的内外温差与混凝土材料的抗拉强度有关。如混凝土质量好，抗拉强度高，就能抵抗较大的温度应力。应根据混凝土所在龄期的抗拉强度来确定混凝土内外温差的控制标准。

通过大量工程的实践和理论研究，得出这样的经验：当混凝土结构内外温差控制在 20～25℃时，混凝土一般不会因温度应力过大而使结构物产生早期的裂缝。因此，必须控制混凝土内部的最高温度，其控制方法主要为降温法和保温法。

（1）降温法

在大体积混凝土结构中预埋设冷却水管，混凝土浇筑成型之后，通过循环的冷却水进行降温，以减少混凝土的内外温差。如某隧道工程，在闭合段 70cm 厚的侧墙中埋设半径 35～40cm 左右的镀锌水管做冷却水管，间距 70～80cm。通过在不同部位埋设测温孔，用数字电子测温计、水银测温计测量混凝土内部温度、表面温度和环境气温。监测表明，原来未埋设时混凝土的内部温度变化基本相同，初期温度快速增长，36h 达到最高值 55℃；如养护充足，可降至 45℃左右。混凝土浇筑 2d 内，水化热释放量最大；4d 内温度继续上升，5d 后温度呈下降趋势，10d 后温度下降速度减缓，且逐渐趋向稳定。而埋设冷却管后，混凝土提早 1d 开始降温，内部最高温度降低了 8～12℃。又通过对流量、出入口水温的调节，实现了混凝土降温速度为 3℃/d、内部温差小于 15℃的目标，取得了良好的效果。现场监测结果表明，主体结构没有出现贯穿裂纹，侧墙外土方回填后，经历了几个冬雨期的考验，结构未出现任何渗漏现象。但此降温法钢材消费多，造价较高。

（2）保温隔热法

它是在混凝土浇筑成型后，通过保温材料（如麻包袋、塑料膜等）或定时喷热法等办法，来提高混凝土表面及四周散热面的温度。其基本原理是：利用混凝土的初始温度（即浇筑温度）加上水泥水化热的升温，在缓慢的散热过程中，控制混凝土的内外温差，从而防止混凝土因温度变化而引起的裂缝。此保温隔热法方法简单，费用不高，因而在工程中经常使用。以隆中碧苑高层住宅地下室底板为例：混凝土初凝前用刮尺赶平，用木抹子第一次抹面。初凝后到终凝前用铁抹子碾压表面数遍，将混凝土表面不均匀、不规则的裂缝闭合。最后用木抹子第二次抹面，闭合收水裂缝，随后立即在混凝土的表面覆盖塑料薄膜，使混凝土内蒸发的游离水积在混凝土表面，进行保温养护，薄膜上再盖一层草帘子。现场监测结果显示，结构未出现裂缝。

（3）蓄水法

它的具体做法是：先在混凝土表面覆盖双层麻袋，浇水湿润。待混凝土初凝后，在基础周围砌挡水，蓄水深 10cm，养护 28d。为及时掌握混凝土内部温度与表面温度的变化值，在基础内埋设测温点 20 个，深度分别设在板中及距表面 10cm 处，分别测量中心最高温度和表面温度，测温管均露出混凝土表面 12cm。

另外，根据实践经验和理论分析，大体积混凝土要取得理想的温差控制效果，还需注意混凝土的入模温度。大体积混凝土的入模温度不低于+10℃。因为混凝土入模温度过低，就无法控制混凝土内外温差在20～25℃之间的要求。夏季施工应尽量降低混凝土入模温度，如对骨料加设遮阳棚、喷洒冷水降温，采用冰水拌制混凝土等。

3.3 合理选择浇筑工艺流程，尽量改善约束条件

（1）改善外约束力

通常是改善边界和约束条件，当外约束力小于混凝土龄期的抗拉强度时（即当混凝土的自身强度足以抵抗外约束力时），混凝土就不会发生裂缝。如果结构设计在松软地基上，那么对基础的约束力就不大，此时发生的裂缝可能性也不大；如果设置在基岩上，对结构就有很大的约束力，这时就应很好考虑地基的约束影响。如在基础下面设置缓冲的滑动垫层，其效果就比较好。

（2）改善内约束力

通常是设置后浇带，既减少了前期混凝土自身的约束，又有利于混凝土温差应力和早期收缩应力的有效释放。实践表明，后浇带的间距不宜超过30m，填充时间不宜少于45d，60～90d后填充后浇带的效果最为明显。

4. 综述

大体积混凝土结构施工中常见和较难解决的问题之一是如何防止、控制温度裂缝的产生。实践证明：加强对混凝土组分材料、温度的控制和约束条件的改善等措施，对于提高大体积混凝土本身强度及抗裂性能效果显著，能有效地减少和防止裂缝的出现。

7 混凝土裂缝形成原因及控制措施

正常情况下混凝土的裂缝可分为荷载裂缝和变形裂缝。荷载裂缝可又分为外荷载裂缝和荷载次应力裂缝；变形裂缝也可分为材料自身变形和结构变形裂缝。

1. 混凝土结构体（制品）裂缝产生的原因分析

1.1 裂缝产生的原因

受基础和模板约束的混凝土，当温度、混凝土干燥收缩等因素所产生的拉应力大于混凝土的极限抗拉强度时，混凝土就被拉开而形成裂缝，使混凝土整体质量受到不同程度影响。资料介绍，美国在1996年普查了混凝土桥面板后得出的结论是：

（1）混凝土收缩导致大部分裂缝，而不是由于混凝土硬化期交通荷载或振动作用；

（2）这些桥面板都是用高强混凝土制备，早期具有高弹模量，因此在温度变化一定或干缩量相同时，产生更高的应力；更重要的是混凝土的徐变对这种应力没有什么释放作用；

（3）高强混凝土通常水泥用量比较大，因此收缩量也大，早期水化时的温度更高；现在的水泥细度更大、含较多的碱和C_3S能更容易开裂。从这些原因可以知道，导致混凝土裂缝的主要原因是由于混凝土的收缩引起的。

1.2 混凝土的收缩

混凝土的收缩包括：混凝土的自身收缩和干燥收缩。混凝土的自身收缩主要是指在于外界绝湿条件下的体积收缩；混凝土的干燥收缩是在混凝土毛细孔中多余的游离水蒸发所导致混凝土的缩小，不论是混凝土的自身收缩还是干燥收缩，也包括了混凝土的化学收缩。

（1）水泥性能对混凝土收缩的影响：以前曾认为水泥品种不是导致混凝土开裂的主要原因。根据最新的研究表明，水泥抗裂性能的劣化，是导致混凝土收缩量增加、导致开裂的主要原因。追求水泥的早期强度和高强度，使水泥的含碱量越来越高，水泥的细度更细，C_3S的含量越来越多，这就导致了水泥的抗裂性能的大幅度降低。

（2）外加剂对混凝土收缩的影响：掺入的高效减水剂是集中

搅拌混凝土不可缺少的组成材料，而高效减水剂的性能直接影响到混凝土的收缩性能。现行的混凝土外加剂标准中规定：高效减水剂的收缩率应小于等于135%。就是说在混凝土稠度相同的条件下，允许掺加高效减水剂的混凝土收缩可以比不掺加高效减水剂的普通混凝土的收缩率大35%。一般的高效减水剂的收缩率比在115%～135%范围。这就是为什么泵送混凝土比非泵送混凝土、集中搅拌商品混凝土比现场搅拌混凝土容易开裂的原因，因为前者比后者更多的掺入了高效减水剂。

(3) 混凝土硬化前的收缩：以前对混凝土收缩的研究只注重于硬化后的收缩，而混凝土的硬化前特别是混凝土的前期收缩缺乏重视。根据一些资料表明，混凝土硬化前的收缩率比硬化后的收缩率大20倍左右。在实验室恒温恒湿环境中，混凝土在硬化前是能够流动的。它的收缩不会造成混凝土的裂缝而被混凝土的流动变形所弥补。但工程现场施工的情况完全不同。浇筑后的混凝土受到模板、钢筋等因素的约束，使变形受到很大的限制。尤其在高温天气干燥蒸发量大、大风天气浇筑大面积混凝土时，由于混凝土表面温度高、水分蒸发快，脱水失去流动性而表面硬化，但内部混凝土并未凝结。在表面至内部未硬化的混凝土之间存在一硬化梯度层。这层硬化梯度层制约了混凝土的继续变形；反之，内部混凝土的变形也拉动硬化层的变形。由于未硬化的混凝土变形快，当变形达到一定程度时，表层的硬化壳被拉裂。此时尽管采用拍、压、抹等方法处理，混凝土裂缝表面可暂时消失，但已无济于事。过渡层的裂缝不会消失，随着时间的推进，表面裂缝会重新出现，而且宽度会增大，数量也会更多。据此可以认为，混凝土的裂缝大多是在混凝土未硬化以前其表面已形成细小的未贯穿裂缝，只不过裂缝细小肉眼不易看出。由于这些细小裂缝的存在，当混凝土收缩时裂缝顶端处应力集中，极容易使裂缝扩展而形成贯穿性的。

1.3 混凝土早强造成的影响

为追求效益，必须加快施工进度，对混凝土早期强度要求更高。早强使混凝土的水灰比减少而增大了自身收缩量；早强使混凝土的早期弹性模量增大，而混凝土的早期抗拉强度几乎没有增加，反而因混凝土早期收缩不但未减少反而增大。我们知道混凝土的收缩所产生的拉应力与混凝土的收缩量和弹性模量成正比，进而增加了混凝土收缩所产生的拉应力。这对于脆性材料来说，无疑是一个致命的弱点，使本可以抵抗收缩所产生的拉应力显得毫无意义，其结果是混凝土被轻易拉裂。

2. 混凝土裂缝控制技术措施

2.1 材料方面

严格控制原材料质量，从源头上把住混凝土质量关，精心设计混凝土配合比，以达到增加混凝土抗拉强度、减少混凝土收缩的目的。

现代研究认为，混凝土的收缩包括化学减缩（由于混凝土中的水泥水化导致的收缩）、自收缩（混凝土与外界温湿条件下产生的收缩，在水灰比小于0.35的条件下收缩严重）、塑性收缩（在混凝土初凝前，由于混凝土拉应力难以抵抗约束作用而产生的收缩）、干燥收缩（由于混凝土毛细孔中多余的水分蒸发而导致的收缩），混凝土中各种原材料对收缩的影响如下：

（1）水泥：水泥是混凝土中主要的胶凝材料，也是混凝土中强度的主要提供者，水泥的品种、细度、强度等级都会对混凝土的性能产生影响。在单方水泥用量一定的情况下，水泥中的 C_3A 和 C_3S 的含量越高、水泥越细，对混凝土的抗裂越不利。在水泥品种一定的情况下，单方水泥用量增多，一方面会增加水泥水化反应产生的化学收缩和因水泥水化热增加导致的温度变形；另一方面也会提高混凝土的强度和弹性模量，对混凝土的抗裂性能不利。如果单方水泥用量太小，则易造成混凝土的和易性不好，从而导致混凝土产生离析、泌水等现象，增加混凝土的干燥收缩。

（2）水：水对混凝土收缩的影响主要通过单方用水量的多少

来体现。一般情况下，单方用水量（水灰比）越小，混凝土的干燥收缩越小，但单方用水量（水灰比）太小（小于 0.35）时，混凝土内部不能形成连通的毛细孔，外界的水分难以进入，随着水化的进行，使混凝土内部出现自真空现象，使混凝土的自收缩效应明显增加，对混凝土的抗裂性能不利。

（3）粗、细骨料：粗、细骨料是混凝土的重要组成材料，它在混凝土中主要起到骨架的作用，并且对胶凝材料的收缩具有一定的抵抗作用。集料的级配越好，所组成的混凝土骨架越稳定，抵抗变形能力越好。同时，集料的级配越好，能降低混凝土中单方水和水泥的用量，降低混凝土的收缩。此外，粗细骨料的含泥量、泥块含量对混凝土的收缩也有很大的影响，由于泥块的吸水膨胀与失水收缩作用，含泥量、泥块含量越高，对混凝土的收缩越不利。研究还表明，碎石与卵石相比，对减少混凝土的收缩更有利。

（4）粉煤灰：粉煤灰是一种活性较好、堆积密度较小的掺合料，且其水化热远低于水泥，在混凝土中主要起到改善混凝土的工作性、降低水热化、节约成本等作用。水化热的降低减少了混凝土的温度变形，并且掺入混凝土中使得混凝土早期弹性模量降低，对混凝十的抗裂是有利的。此外，粉煤灰的加入可以取代部分水泥，从而降低水泥的用量，对混凝土的收缩是有利的。粉煤灰的作用随着粉煤灰的等级降低而减少，有时甚至起到相反的作用。在选择粉煤灰时，应优先选用Ⅰ级具有活性的粉煤灰。

（5）外加剂：在混凝土中使用外加剂已是非常普遍的现象，目前使用较多的是具有高效减水作用的外加剂。高效减水外加剂的主要作用在于降低混凝土的水灰比以及改善混凝土的孔结构，减少泌水及保证混凝土在一定时间内具有一定的流动性。水灰比的降低和孔结构的改善在一定程度上可以减少水泥用量及混凝土的收缩，对混凝土抗裂有利。不同的外加剂对降低混凝土的收缩作用是不同的。在实际工程中，应优先选用收缩率低的混凝土外加剂。

（6）膨胀剂：混凝土膨胀剂主要通过水化产生具有膨胀作用的物质，在限制条件下，膨胀能转变为预压应力，改善了混凝土内部应力状态，相当于提高混凝土的抗拉强度。由于混凝土膨胀发生在混凝土水化的早期，此时混凝土的抗拉强度还较低，对混凝土抵抗开裂是非常有利的。同时，膨胀剂的加入也推迟和减少收缩的产生。因此，膨胀剂的加入对防止混凝土收缩裂缝是有利的。但是，膨胀剂能否充分起到作用，与混凝土的养护（特别是混凝土的早期养护）密切相关。如果没有充分的养护，则不能充分发挥膨胀剂的膨胀性能，造成掺膨胀剂的混凝土仍然出现了大量的裂缝。

（7）纤维：纤维掺入混凝土中后，起到物理性加筋作用，依靠纤维在混凝土中巨大数量的均匀分布，以及纤维同水泥基料紧密之结合力，形成混凝土内部之乱向支撑体系，有效地控制水泥基体收缩及离析裂纹的形成，截断并防止微裂纹之发展，避免了贯通毛细孔道的形成，抑制了塑性龟裂的产生，保证集料的均匀沉降，大大提高混凝土抗裂防水能力。同时，纤维还能改善混凝土的受力状况，使混凝土的抗拉强度得到提高。因此，混凝土掺入纤维对混凝土的抗裂是有利的，但纤维造成单方用水量增加，给施工振捣带来困难，同时价格昂贵。

2.2　施工方面

可以说，混凝土施工的整个工艺过程都对混凝土收缩或楼屋面板混凝土收缩裂缝有影响，包括装模、钢筋绑扎、混凝土用料质量、配合比控制、振捣和养护等。下面仅就一些对楼屋面板裂缝影响较大且容易被施工人员忽略的因素及其对策进行分析：

（1）楼屋面板混凝土早期振动的影响

20 世纪 80～90 年代的工程施工工期一般较短，施工单位为了赶工期，常常是半夜浇完楼屋面板混凝土，第二天早上放线和绑扎构造柱钢筋，下午即开始上砖和砌墙。此时混凝土刚终凝不久，强度很低。在斗车轮压或卸料的振动下，极易在混凝土内部产生较多的微裂隙，这些微裂隙开始时互不连通，后在结构应力、混凝土收缩变形和温度变形的反复作用下逐步发展、连通而形成可见裂缝。20 世纪 80 年代以前的工程和目前农村的民房，因工期一般要求不紧，浇完混凝土后一般停工养护几天，这是其楼面板混凝土裂缝相对较少的重要原因之一。

要解决混凝土早期振动的问题，首先需要建设、施工和监理三方共同重视和相互配合。目前国内少于 3d 龄期的混凝土强度试验数据很少，3d 龄期的混凝土强度一般在 5.0～7.0MPa 之间，且 7d 的龄期混凝土强度与龄期的线性关系较好，估计 1d 龄期的混凝土强度约在 1.7～2.3MPa。为此，要解决混凝土早期振动问题，建议采取如下对策：

《混凝土结构工程施工质量验收规范》(GB 50204—2002) 规定：在已浇筑的混凝土强度未达到 1.2N/mm^2 以前，不得在其上踩踏或安装模板及支架。建议 12h 内严禁在混凝土面上踩踏（包括浇水养护人员）；12～24h 内应尽量避免踩踏；必要时也仅允许浇水养护人员轻走轻踏；24～48h 内允许放线，尽量避免安装模板及支架，必要时应对吊运物件采取适当措施，严防振动或斗车轮压过大；48～72h 内尽量避免吊运砌体、大捆模板或钢筋等可能引起较大振动的作业，必要时应在斗车经过的地方铺设竹排及铺设能减轻振动对混凝土影响的卸料平台。

(2) 混凝土浇水养护的影响

多数施工单位对混凝土早期的浇水养护重视不够，仅早晚或早中晚各淋水一遍。楼屋面板混凝土蒸发面积大，尤其在夏天表面干燥较快，早龄期混凝土的干缩即可能引起内应力和微裂隙，也可能因混凝土表面与混凝土内部之间的湿度差使表面混凝土龟裂或直接开裂，从而降低屋面板的抗裂性能。为此，建议采取如下工艺对策：

1) 混凝土结构施工规范规定：应在混凝土浇筑完成后 12h 内加以覆盖和浇水。因楼屋面上需继续施工，实际操作中覆盖有一定难度，建议 8～12h 内先视天气和混凝土表面的干湿情况浇水养护；12h 左右开始覆盖或撒上木糠并继续浇水，但覆盖人员应轻走轻踩；应保证在整个养护期间混凝土表面处于湿润状态，上部墙柱放线时撤除需要部位的覆盖物。

2）为节省养护成本，安装上一层顶木前，可撤除所在板块的覆盖物，但应加强浇水。

3）养护达到规范要求的 7d 后，有条件时仍应在 14d 内每天浇水 1～2 次，以减少混凝土的最终收缩量。

2.3 设计方面

现在设计过分依赖规范、计算程序和标准图。规范不是万能的，不是设计手册，更不是百科全书。结构设计规范主要解决的是结构的安全问题。规范的规定是结构安全的下限，而不是给出优化的设计值。因此，设计工作要解决的问题是，在满足规范安全要求的前提下解决适用性问题。

以混凝土收缩裂缝问题为例。一般的设计文件只给出混凝土的强度等级，没有针对结构具体情况对混凝土的收缩量的限制值及收缩量限制值相匹配的后浇带设置。特别是某些工程师盲目地相信某些补偿收缩混凝土的作用，不留混凝土后浇带甚至不留变形缝，使得裂缝发展得很快。再者，现行的混凝土结构设计规范中根本没考虑收缩应力的计算模型和计算公式，《混凝土结构设计》（GB 50010—2002）中只在第五章中规定了进行温度收缩问题的计算，也没有给出具体的计算方法和计算参数。今后的规范修订可能也不会给出相应的计算模型和参数。这些需要设计人员依据设计经验自行解决。另外，混凝土收缩裂缝与现在设计的板和墙的尺寸越来越大也有关系。近年来，随着我国经济实力的提高和建设的需要，高楼大厦不断拔地而起。住宅的面积也越来越大。这些都使混凝土梁、板和墙的尺寸增大。尺寸大，构件总的收缩量大，容易出现混凝土收缩裂缝。另一个原因是，泵送混凝土的使用。泵送混凝土的骨料粒径小、流动性大，收缩量可能相对较大。不考虑这些差异，盲目沿用过去的设计经验，肯定会出现问题。

再以构件挠度问题为例。混凝土结构设计规范虽然有关于受弯构件的挠度限制，但是这种限制值并不一定适合所有的墙体材料。当墙体材料的抗裂性能较好时，在这种挠度下墙体可能不出现裂缝；当墙体材料抗裂性较差时，在这种挠度下墙体可能就会出现裂缝。因此，设计者应根据墙体材料的抗裂性能合理控制挠度，而不应死搬硬套规范的数值。

第三，以顶层温度裂缝为例。如果说，造成顶层构件温度裂缝的客观原因是的太阳辐射热，则人为的原因是屋面保温层设置得过薄或质量较差。有些设计单位认为，屋面保温层的厚度是按标准图设计的，应该没有设计问题。实际上，一些标准图所给出的保温层的厚度是针对冬期室内保温问题的，不是针对阻隔太阳辐射热的。因此，即使完全按标准的要求设置保温层也不能有效地阻隔太阳辐射热。针对太阳辐射热，应该有相应的隔热措施。如设置架空隔热层、阳光反射涂层或适当加厚保温层等。

3. 防裂混凝土发展方向

防裂混凝土应向高性能混凝土方向发展，这是不言而喻的。根据防裂混凝土的特点，其发展方向如下：

(1) 具有高度体积稳定性的混凝土。即具有较小的收缩，达到在约束状态下的混凝土，其极限收缩所产生的拉应力小于混凝土的极限拉应力，使混凝土自身具有抵抗开裂的能力。

(2) 具有较小的水化热。避免混凝土因内外温度梯度所产生的拉应力而拉裂混凝土。

(3) 具有良好的耐久性。包括：很强的抗水渗透能力、抗氯离子渗透能力、抗硫酸盐腐蚀能力、抗碳化能力和抗冻能力。

(4) 向绿色混凝土方向发展。尽量减少水泥用量，以减少因生产水泥所产生的二氧化碳；利用工业废料或城市废弃物，生产混凝土原材料，保护人类环境资源，保护人类生存环境。

8 混凝土构件产生裂缝的原因及控制措施

1. 一般混凝土构件裂缝产生原因的分析

混凝土构件的裂缝问题，是带有一定普遍性的技术问题。裂缝是混凝土这种固体材料中特定的不连续现象。也就是说，混凝土构件中必然存在裂缝。本文所提及的裂缝是指除微裂缝以外的宏观裂缝。对于裂缝的产生原因，将从设计、施工、材料三个方面加以分析。

1.1 设计方面

一是荷载计算有误，或对较大活荷载的不利布置未做认真复核。二是结构设计人员对混凝土构件的裂缝控制不够重视，而偏重于承载能力极限状态设计。实际上，正常使用极限状态设计也是非常重要且必要的。混凝土构件裂缝的宽度必须满足一定的要求，即必须满足下式的要求：

$$w_{\max}\leqslant w_{\lim}$$

其中，$w_{\max}$按荷载效应的标准组合并考虑长期作用影响计算的最大裂缝宽度。

$w_{\lim}$最大裂缝宽度限值见表8-1。

结构构件的裂缝控制等级及最大裂缝宽度限值　　表8-1

环境类别	钢筋混凝土结构		预应力混凝土结构	
	裂缝控制等级	$w_{\lim}$(mm)	裂缝控制等级	$w_{\lim}$(mm)
一	三	0.3	三	0.2
二	三	0.2	二	—
三	三	0.2	一	—

在这里特别指出的是，配筋较小的钢筋混凝土梁，跨度比较大的双向板，露天挑檐、雨罩，跨度大的钢筋混凝土梁以及钢筋

保护层大于 40mm 时的钢筋混凝土构件等，都是容易产生裂缝的地方，应引起设计人员的足够重视。

1.2 施工方面

造成混凝土构件产生裂缝的原因较多且复杂，这里包括施工顺序、施工质量、模板变形、拆模时间、混凝土构件约束变形等等。其中温度控制和养护措施尤为重要，因为从理论上讲，混凝土构件是时时刻刻存在裂缝的。

混凝土从开始浇筑到硬化期间，水泥将放出大量水化热，内部温度不断上升，同时混凝土的弹性模量也急剧变化，在构件表面将引起拉应力。当这些拉应力超过混凝土的抗拉裂能力时，即会出现裂缝。另外，施工时外界气温的变化也会导致混凝土构件出现裂缝。总之，温度与混凝土裂缝有着不可分的关系。

另外，水分的多少也与混凝土裂缝的产生有着不可分割的关系。理论上，现浇混凝土中所含水分完全可以满足水泥水化的要求，但由于外界蒸发或其他原因，经常导致混凝土中水分的损失或缺乏，从而有碍水泥的水化。表面的混凝土最容易直接受到这种不利因素的影响而出现裂缝。例如，北方冬期施工时，离炭火（炉）近的混凝土表面，常常会出现这种裂缝。故混凝土浇筑以后的水分养护是至关重要的。

1.3 材料方面

造成混凝土构件产生收缩和裂缝的主要因素有：

（1）水泥用量越大，含水量越高，坍落度越大，收缩就越大。一般来讲，高强混凝土比中低强度的混凝土收缩大。

（2）水泥活性越高，颗粒越细，比表面积越大，收缩越大。如矿渣水泥，多数的早强水泥收缩较大，而粉煤灰水泥、矾土水泥收缩较小。

（3）砂岩作骨料的混凝土，收缩幅度明显增大。骨料的半径越粗，收缩越小；骨料粒径越细，砂率越高，收缩越大。另外，骨料中含泥量越大，收缩就越大。

（4）环境湿度越大，收缩越小。早期养护时间越长，收缩越小。当外界降温与混凝土收缩同时发生时，会加剧收缩和裂缝的产生。

（5）暴露的面积越大，包罗面积越小，收缩越大。因此，地下室应尽早回填土，尽早封闭混凝土构件对外界的暴露，这对减少裂缝的产生十分有利。

（6）外加剂的选用与混凝土的收缩关系十分密切，应该合理地选用外加剂，适量应用。

2. 避免或减少混凝土构件裂缝的措施

混凝土构件中的裂缝虽然是不可避免的，但只要我们按不同的裂缝控制等级合理调控，就能把裂缝控制在工程实践所允许的范围之内。

2.1 设计方面

（1）选用合理的设计模型及适宜的长度或体积。特别考虑温度变化和混凝土收缩对结构的影响。现行国家标准《混凝土结构设计规范》（GB 50011—2002）中对此提出了几项具体措施：一是设置伸缩缝，对不同结构形式、外露环境有不同的要求，详见表 8-2。二是混凝土浇筑采用后浇带分段施工。这只能解决混凝土收缩应力问题，不能解决温度缝问题。三是采用专门的预加应

钢筋混凝土结构伸缩缝最大间距（m）　　表 8-2

<table>
<tr><th colspan="2">结构类别</th><th>室内或土中</th><th>露天</th></tr>
<tr><td>排架结构</td><td>装配式</td><td>100</td><td>70</td></tr>
<tr><td rowspan="2">框架结构</td><td>装配式</td><td>75</td><td>50</td></tr>
<tr><td>现浇式</td><td>55</td><td>35</td></tr>
<tr><td rowspan="2">剪力墙结构</td><td>装配式</td><td>65</td><td>40</td></tr>
<tr><td>现浇式</td><td>45</td><td>30</td></tr>
<tr><td rowspan="2">挡土墙、地下室墙壁等类结构</td><td>装配式</td><td>40</td><td>30</td></tr>
<tr><td>现浇式</td><td>30</td><td>20</td></tr>
</table>

力措施，以此抵消温度、收缩应力的影响。还有其他措施，如加强屋盖保温隔热措施，以减少结构温度变形；加强结构的薄弱环节，以提高其抗裂性能，采用可靠的滑动措施，以减小约束变形的摩擦阻力等。

（2）适当加强构造配筋，提高配筋率，尽量配置细而密的钢筋，以减少裂缝的宽度。在温度收缩应力较大的地方配置温度收缩钢筋。但对大体积混凝土，提高配筋率没有太大效果，因为其配筋率往往很低。

（3）选用合理的水泥品种，确定适宜的混凝土强度等级。

（4）计算中重视裂缝控制等级。

2.2 施工方面

（1）控制浇筑时间及温度。

（2）做好混凝土构件保温、保湿的技术措施。

（3）保证混凝土搅拌质量，控制混凝土坍落度及水灰比。

（4）做好混凝土的级配及优选外加剂品种。

（5）选择合理的施工方案、施工顺序。

2.3 材料方面

（1）严格控制混凝土原材料的质量和技术标准。

（2）优选缓凝型外加剂和掺合料。

（3）通过混凝土试配，优选材料和配合比。

（4）选择合适的骨料品种，控制骨料级配及含泥量。

（5）做好设备及计量装置的检验。

3. 混凝土构件裂缝的处理

在现实工程实践中，裂缝是不可能避免的。对裂缝的处理，首先要分析其形成原因，是由设计、施工、材料还是其他因素引起的。混凝土构件的裂缝大致分三类。第一类是很细小的裂缝，或者说是规范所允许范围内的裂缝。这种裂缝一般不需要处理；第二类是超出规范允许范围内的，但并不影响结构安全问题的裂缝。这种裂缝一般需处理才能满足使用功能以及结构耐久性等；第三类是裂缝较大、影响到结构安全性的裂缝，这种裂缝的构件往往需要进行结构加固处理或拆除重建。

处理方法大致有两种。一是抹面处理，材料可为高强微膨胀砂浆，抗渗聚合物砂浆或用环氧玻璃封闭；二是压力灌浆法，材料可为水泥灌浆、水泥-水玻璃灌浆、环氧树脂以及现在所应用的一些化学聚合物等。

9 混凝土裂缝的预防和处理细部控制

混凝土是一种由砂石骨料、水泥、水及其他外加材料混合而成的非均质脆性材料。由于混凝土施工和本身变形、约束等一系列问题，硬化成型的混凝土中存在着众多的微孔隙、气穴和微裂缝，正是由于这些初始缺陷的存在才使混凝土呈现出一些非均质的特性。微裂缝通常是一种无害裂缝，对混凝土的承重、防渗及其他一些使用功能不产生危害，但随着混凝土受到荷载、温差等作用后，微裂缝就会不断地扩展和连通，最终形成肉眼可见的宏观裂缝，也就是混凝土工程中常说的裂缝。

混凝土建筑构件通常都是带缝工作的，由于裂缝的存在和发展通常会使混凝土内部的钢筋等材料产生腐蚀，降低了混凝土构件的承载能力、耐久性及抗渗能力，影响建筑物的外观，使用寿命，严重者将会威胁到人们的生命财产安全。很多的工程失事都是由于裂缝的不稳定发展所致。

混凝土裂缝产生的原因很多，本文仅讨论荷载作用以外的裂缝产生的原因及预防措施。

1. 混凝土工程中最常见收缩裂缝、温度裂缝的成因及预防措施

1.1 干缩裂缝的形成及预防措施

干缩裂缝多出现在混凝土养护结束后的一段时间或者是混凝

土浇筑完毕后的一周时间左右。水泥浆中的水分蒸发会产生干缩，且这种干缩是不可逆的。干缩裂缝产生的主要原因是由于混凝土内外水分蒸发程度不同而导致变形的不同。混凝土受外部条件的影响，表面水分损失过快，变形较大；内部湿度变化较小，变形较小，较大的表面干缩变形受到混凝土内部的约束产生较大的拉应力而产生裂缝。相对湿度越低，水泥浆体干缩越大，干缩裂缝越易产生。干缩裂缝多为表面性的平行线状或网状浅细裂缝，宽度多在0.05～0.2mm之间，大体积混凝土中平面部位多见。较薄的梁、板中多沿其短向分布。干缩裂缝通常会影响混凝土的抗渗性，引起钢筋的锈蚀，影响混凝土的耐久性。在水压力的作用下会产生水力劈裂，影响混凝土的承载力等。混凝土的干缩主要和混凝土的水灰比、水泥的成分、水泥的用量、集料的性质和用量、外加剂的用量等有关。

主要的预防措施：

(1) 选用收缩量较小的水泥，一般采用中低热水泥和粉煤灰水泥，降低水泥用量；

(2) 混凝土的干缩受水灰比的影响较大。水灰比越大，干缩越大。因此在混凝土配合比设计中，应尽量控制好水灰比的选用，同时掺加合适的减水剂；

(3) 严格控制混凝土搅拌和施工中的配合比。混凝土的用水量绝对不能大于配合比设计所给定的用水量；

(4) 加强混凝土的早期养护，并适当延长混凝土的养护时间。冬期施工时，要适当延长混凝土保温覆盖时间，并涂刷养护剂养护；

(5) 在混凝土结构中设置合适的收缩缝。

1.2 塑性收缩裂缝是指混凝土在凝结之前，表面因失水较快而产生的收缩

一般在干热或大风天气出现。裂缝多呈中间宽、两端细且长短不一，互不连贯状态。较短的裂缝一般长20～30cm，较长的可达2～3m，宽1～5mm。其产生的主要原因为：混凝土在终凝

前几乎没有强度或强度很小或者混凝土刚刚终凝而强度很小时，受高温或大风的影响。混凝土表面失水过快，造成毛细管中产生较大的负压而使混凝土体积急剧收缩，而此时混凝土强度又无法抵抗其本身收缩，因此产生龟裂。影响混凝土塑性收缩开裂的主要因素有水灰比、混凝土的凝结时间、环境温度、风速、相对湿度等。

主要预防措施：

(1) 选用干缩值较小、早期强度较高的硅酸盐或普通硅酸盐水泥；

(2) 严格控制水灰比。掺加高效减水剂来增加混凝土的坍落度和和易性，减少水泥及水的用量；

(3) 浇筑混凝土前，将基层和模板浇水均匀湿透；

(4) 及时覆盖塑料薄膜或者潮湿的草垫麻片等，保持混凝土终凝前表面湿润，或者在混凝土表面喷洒养护剂进行养护；

(5) 在高温、大风天气要设置遮阳和挡风设施及时养护。

1.3　温度、湿度裂缝的成因及预防措施

混凝土在硬化期间水泥放出大量水化热，内部温度不断上升，在表面引起拉应力。后期在降温的过程中，由于受到基础或老混凝土的约束，又会在混凝土内部出现拉应力。气温的降低也会在混凝土表面引起很大的拉应力。当这些拉应力超出混凝土抗裂能力时，即会出现裂缝。许多混凝土的内部湿度变化很小或者变化很慢，但表面湿度可能变化较大。如养护不周，时干时湿，表面干缩变形受到内部混凝土的约束，也往往导致裂缝。混凝土是一种脆性材料。由于原材料的不均匀、水灰比不稳定及运输和浇筑过程中的离析现象，在同一块混凝土中其抗拉强度又是不均匀的。存在着许多抗拉能力很低，易于出现裂缝的薄弱部位。在混凝土中，拉应力主要由钢筋承担，混凝土只承受压应力。在素混凝土内或钢筋混凝土的边缘部位，如果结构内出现了拉应力，则必须依靠混凝土自身承担。一般设计中均要求不出现拉应力或出现很小的拉应力，但是在施工中混凝土由最高温度冷却到运转时期的稳定温度，往往在混凝土内部引起相当大的拉应力，有时温度应力可超过其他外荷载引起的应力。因此，掌握温度应力的变化规律，对于进行合理的结构设计和施工极为重要。

根据温度应力的形成可分为三个阶段：

（1）早期：自浇筑混凝土开始至水泥放热基本结束，一般约30d。这个阶段有两个特征：一是水泥放出大量水化热；二是混凝土弹性模量急剧变化。由于弹性模量的变化，这一时期在混凝土内部形成残余应力。

（2）中期：自水泥放热基本结束至混凝土冷却到稳定的温度止。这个时期中，温度应力主要是由混凝土的冷却及外界气温变化所引起，这些应力与早期形成的残余应力相叠加，在此期间混凝土的弹性模量变化不大。

（3）晚期：混凝土完全冷却后的运转时期。温度应力是由外界气温变化所引起。这些应力与前两种的残余应力相叠加。

根据温度应力的产生原因，分为自生应力、约束应力两种。

（1）自生应力。边界上无任何约束或完全静止的结构。如果内部温度是非线性分布的，由于结构本身互相约束而出现的温度应力。

（2）约束应力。结构的全部或部分边界受到外界的约束，不能自由变形而引起的应力。以上两种温度应力往往和混凝土干缩引起的应力共同作用。

温度应力引起的裂缝的走向一般无一定规律，大面积结构裂缝通常纵横交错；梁板类长度尺寸较大的结构裂缝多平行于短边；深入和贯穿性的温度裂缝一般与短边方向平行或接近平行，裂缝沿着长边分段出现，中间较密，裂缝宽度大小不一，受温度变化影响较为明显，冬期较宽，夏季较窄。高温膨胀引起的混凝土裂缝通常中间粗两端细，而冷缩裂缝粗细变化不明显。此种裂缝出现会引起钢筋的锈蚀、混凝土的碳化，降低混凝土的抗冻融、抗疲劳及抗渗能力等。

防止裂缝、减轻温度应力可以从控制温度和改善约束条件入手，主要的预防措施为：

(1) 尽量选用低热或者中热水泥；

(2) 减少水泥用量；

(3) 降低水灰比；

(4) 改善骨料级配，掺加粉煤灰或高效减水剂等来减少水泥用量，降低水化热；

(5) 改善混凝土搅拌加工工艺，降低混凝土浇筑温度；

(6) 在混凝土中掺加一定量具有减水、增塑、缓凝等作用的外加剂，改善混凝土拌合物的流动性、保水性，降低水化热，推迟热峰的出现时间；

(7) 高温季节浇筑时可采用搭设遮阳板等辅助措施，控制混凝土的升温，降低混凝土的温度；

(8) 大体积混凝土的温度应力与结构尺寸有关，混凝土结构尺寸越大，温度应力越大。因此要合理安排施工工序，分层、分块浇筑，以利于散热，减小约束；

(9) 在大体积混凝土内部设置冷水管道，通过冷水或冷气冷却，减小混凝土内部温差；

(10) 预留温度伸缩缝；

(11) 减小约束，浇筑混凝土前宜在基层和老混凝土上铺设5mm左右的砂垫层或使用沥青等材料涂刷；

(12) 加强混凝土的养护，混凝土浇筑后及时用温湿的草帘、麻布等覆盖，并注意洒水养护，适当延长养护时间，保证混凝土表面缓慢冷却。在寒冷季节应设置保温措施，以防止寒潮袭击；

(13) 在混凝土中设置少量钢筋或者纤维材料，将混凝土温度裂缝控制在一定范围内。

在混凝土的施工中，为了提高模板的周转率，往往要求新浇筑的混凝土尽早拆模。当混凝土温度高于气温时应适当考虑拆模时间，以免引起混凝土表面的早期裂缝，在表面引起很大的拉应力。在混凝土浇筑的初期，由于水化热的散发，表面引起相当大的拉应力，此时表面温度亦较气温为高。这时拆模表面温度骤降，必然引起温度梯度，从而在表面附加一拉应力，与水化热应力叠加，再加混凝土的干缩，表面拉应力达到很大数值就会导致裂缝出现。但如在拆模后及时在表面覆盖一轻型保温材料（如海绵、泡沫等），对于混凝土表面产生的过大拉应力有显著效果。

为了确保混凝土工程质量、防止开裂、提高混凝土的耐久性，正确使用外加剂也是减少开裂的有效办法。

2. 混凝土的早期养护

混凝土的早期养护主要目的在于适宜的温湿条件，以达到两方面的效果。一方面使混凝土免受不利温湿变形的侵袭，防止有害的冷缩和干缩；另一方面使水泥水化作用顺利进行，以期达到设计的强度和抗裂能力。适宜的温湿度条件是相互关联的。混凝土的保温措施常常也有保湿的效果。从理论上分析，新浇筑的混凝土中所含水分完全可以满足水泥水化的要求而有余。但由于蒸发等原因常引起水分的损失，从而推迟或妨碍水泥的水化，混凝土表面最容易而且直接受到这种不利影响。因此，混凝土浇筑后的最初几天是养护的关键时期，在施工中应切实重视起来。

3. 小结

裂缝是混凝土结构中普遍存在的一种现象，它的出现不仅会降低建筑物的抗渗能力，影响建筑物的使用功能，而且还会引起钢筋的锈蚀。混凝土的碳化，降低材料的耐久性，影响建筑物的承载能力。虽然学术界对于混凝土裂缝的成因和计算方法有不同的理解，但对于具体的预防和改善措施意见还是比较统一，同时在实践中的应用效果也是较好的。在对混凝土裂缝的成因上，仍需认真研究，区别对待，以更合理的措施来预防处理裂缝的出现和发展，保证建筑物和构件的安全与稳定。

10 混凝土裂缝的分析及处理方法

裂缝是混凝土结构工程最常见的质量缺陷，裂缝的出现不但给人一种不安全感，而且长期暴露在自然环境下，有害物质的不断侵入会腐蚀钢筋，裂缝也逐渐增大，使结构体的耐久性受到严重影响。控制混凝土结构裂缝不产生是可能的，裂缝可以在事前即从设计构造、材料选择、施工控制几个方面采取措施进行综合防治；当裂缝出现后即事后采取修补、加固、补强等方法措施处理。

裂缝问题处理的大体思路是：发现裂缝—情况调查—原因分析（判断）—分析影响程度（加固或补强否）。

1. 裂缝情况调查

对已出现裂缝情况的调查是获得第一手资料，用以分析推断裂缝产生的原因，并判断裂缝是有害或无害的，有无处理的必要及选择何种修补、加固补强的处理措施，其调查内容主要有：

1.1 裂缝的分布现状

裂缝形式、所在位置、长度、宽度、深度是否是贯穿开裂。

1.2 裂缝出现及发展情况

发现裂缝出现的时间、开裂及发展过程、裂缝展开速度等。

1.3 裂缝对建筑物的影响程度

是否渗漏水、对钢筋锈蚀造成的影响程度、外观影响等。

1.4 设计资料

施工图纸文件、设计变更、竣工图纸、结构设计计算资料等。

1.5 施工情况

（1）原材料及混凝土包括：粗细骨料的品种、产地、规格、颗粒级配、含泥量及针片状、空隙率、有害物质含碱量等；

（2）掺合料种类、细度等级和掺量；

（3）外加剂的种类、用量、与水泥的相容性；用水量及水质；

（4）水泥的品种、用量、强度等级及检验的相关资料；

（5）拌合物的用水量、坍落度、流动性、泌水、黏聚性、初凝时间等。

（6）混凝土的设计配合比及制作运输：搅拌机型号、容量、搅拌时间、出机坍落度、运输机械及停置时间；

（7）混凝土成形浇筑：入模温度、分层厚度、浇筑方向、振捣顺序、施工缝的留置和处理、表面的压抹、覆盖及养护等。同时，还要调查模板是否下沉变形、地基下沉变形、混凝土浇筑时的环境、风速、温湿度、下雨等影响因素。

2. 原因分析

分析推断造成混凝土开裂原因对判断裂缝是否需要修补、加固或补强以及采取何种处理措施方法至关重要。原因分析查找不准确，做出的判断有误，可能会导致处理效果的无效。

2.1 采用原材料及施工期间产生裂缝的主要原因分析

（1）原材料方面：水泥存放时间长、受潮产生凝结、非正常膨胀、水化热高；骨料连续级配不均匀、含泥量大、骨料表面含碱；掺合料比例过大、细度不达标；外加剂掺量过大或过小，与水泥或掺合料的相容性不好。混凝土初凝的塑性和沉降收缩、硬化过程中缺水产生的干燥、水化和自身收缩、混凝土硬化后期的温度体积变化、碳化、干湿体积变化等。

（2）施工控制方面：原材料、外掺合料、外加剂掺量不准；搅拌时间过长或不足、拌合物不均匀、任意加水；运输停置时间长、泵送输不出加生水改变混凝土的水灰比；浇筑顺序不当、入模速度快、摊铺分层过厚、振捣不及时、过振或漏振、施工缝处理不当；养护不到位，未及时覆盖保湿或保温、早期失水补充不及时、在强度很低时过早上人或吊装材料，造成混凝土结构的内伤；钢筋移位或保护层过薄或超厚、人员踩踏、碰撞扰动；

模板支撑间距大、刚度不够、养护水浸地基下沉、滑模工艺不当、模板变形、漏浆（水）、拆模过早或不当，造成混凝土的损害等。

2.2 混凝土自身在环境中变化的原因分析

（1）沉降收缩：发生在混凝土硬化过程前的塑性阶段，普通混凝土的浆体密度低于骨料，骨料在浆体中在未凝结前一直处于下沉趋势，同时浆体中的粉煤灰与水泥向上飘移，因而造成水平钢筋底部和粗骨料底部形成一层水膜，水分蒸发后即成为空隙，成为质量的隐患。当下沉的固体颗粒遇到水平钢筋或受侧模板的阻碍时，就会与周围的混凝土形成沉降差，在混凝土顶部表面形成塑性沉降裂缝。混凝土振捣不密实，坍落度越大，越易产生沉降裂缝。

（2）塑性收缩：混凝土在浇筑振捣后开始凝结硬化，拌合物表面在自然环境下水分也较快蒸发，内部水分不断向表面迁析，形成混凝土在塑性阶段体积的微小收缩。泵送混凝土施工时，为加大流动性而任意添加水量，则会加大混凝土的塑性收缩开裂。

（3）干燥收缩：这种收缩发生在混凝土的硬化过程中，由于失水而逐渐干燥产生的水泥石体积收缩。

（4）自身收缩：水泥浆在模板内形成所需要的形状后，与外界无质量交换时，由于拌合物中水的不断减少，微毛细管中水分形成凹液面产生负压，导致混凝土自身收缩。

（5）水化收缩：水泥水化反应生成水化物的体积小于在反应前水泥与水的体积，绝对体积减少。

（6）碳化收缩：$Ca(OH)_2$ 和 CO_2 结合，生成 $CaCO_3$，其密度变大但体积缩小。

（7）干湿对体积变化的影响：混凝土硬化后在高湿环境下会因水过多而膨胀，干燥失水后体积产生收缩。

（8）温度对体积变化的影响：水泥遇水后产生水化热，导致混凝土体积膨胀，温度降低则体积缩小。

3. 外表面修补处理方法

根据对裂缝产生的原因调查分析，根据结构使用条件、安全耐久性及外观的综合考虑，需要采取措施进行处理。对裂缝小而浅的可采用表面处理。表面修补是为了防止裂缝的再发展，使外部有害气液体不浸入混凝土中，保护钢筋不被腐蚀，达到外观质量及结构的耐久性。

处理时要考虑到开裂的原因、修补条件、环境因素、安全、工期、外观、经济适用性等。适合的修补方法是很重要的。修补施工对操作人员素质要有要求，并进行详细的技术交底。对修补用料认真选择，从计量、拌合比例、注入量严格控制；修补后根据需要采取一些方法检查修补效果。在一般情况下，表面处理分为：表面处理、灌浆、填充等方法处理。

3.1 表面处理

当裂缝宽度小于 0.2mm 及以下时，钢筋未受到侵蚀时，用表面处理措施进行处理。主要用来提高结构的防水、防止裂缝的扩大、延长结构的耐久性。这种表面处理措施的不足，是砂浆无法深入到裂缝内部，不能彻底对裂缝补好；对于裂缝宽度有变化的，应采用有弹性的材料填充。大面积处理时，应注意防止空鼓、起皮、防裂，加强早期的保湿防护。

施工前，先用钢丝刷清除修补部位表面的污染，并打毛表面，用压力水冲洗干净。处理时，表面要干燥，均匀涂刷修补材料；处理用材料根据建筑物所处环境、位置、缝的形状而定，可用水泥素浆、水泥砂浆、弹性涂膜防水、聚合物砂浆等。由于是薄层施工，对修补后表面的保湿很重要。

3.2 灌浆处理

灌浆处理是将水泥类材料或环氧树脂在一定压力下注入到裂缝的内部深处，填满缝隙。为保证注浆效果，必须采用压力达到缝的内部空隙。压力灌浆法分为高压和低压两种。用低压注入时其用量可以控制，裂缝不会因压力过大而加宽，修补材料易于渗入到缝隙内部，适用于裂缝宽度较窄、深度较浅的裂缝。对于裂缝较宽、深度较深的裂缝，低压力无法达到深度范围，必须采用高压力注浆才可将浆注入到内部，达到目的。高压注入时如压力过大，可能会导致裂缝宽度增加，注意控制压力不宜过大。

一般压力注浆的粘结材料以环氧树脂为主，要注意防火安全，施工时环境气温不低于 15℃。

3.3 填充处理

填充法适合于修补比较宽的裂缝，即宽度大于 0.5mm 的缝。施工前沿裂缝凿成八字形，冲洗干净再填充修补材料。如钢筋已出现锈蚀时，应将钢筋除锈并经防锈处理后再填充修补。

4. 加固补强处理方法

当情况比较严重，影响到正常使用功能时才可进行加固补强，其目的在于恢复因裂缝产生而降低的混凝土结构件的承载力。与表面处理不同，加固处理涉及建筑物的结构安全和使用功能，因此，必须在确保安全的基础上对承载力进行计算，再提出加固方案。目前采用的加固方法有多种，如粘结钢板法、粘结碳纤维布法、预应力法、增大截面积法、包钢加固法等。

4.1 粘结钢板法

粘结钢板法加固是常对钢筋用量不足时采用。施工时，将钢板作为补强用材料，通过结构胶粘结在需要加固的表面处。一般粘贴在构件的侧面，使其与混凝土结构件形成一体共同受力，以提高结构体的承载力。

粘结钢板法使用的材料主要是钢板和结构胶。利用结构胶的粘结力来传递混凝土与钢板之间的剪应力，将钢板作为受拉钢筋的一部分，起到增加抗拉强度的功能。由于钢板粘结在构件的表面，腐蚀环境下要注意其防腐蚀问题。结构胶的粘结强度和在不同环境下的耐久性以及钢板的腐蚀，都直接影响到最终的加固效果。

4.2 粘贴碳纤维布法

粘贴碳纤维布的方法加固，是使用碳纤维配套树脂将碳纤维布作为补强材料粘贴在混凝土构件表面，与构件成为一个整体共同承担结构的荷载。粘贴碳纤维布方法与粘贴钢板的加固机理基本相似，但更高强、效果好，施工简捷方便，具有极好的耐腐蚀性和耐久性。

4.3 预应力法

采用预应力方法是借助所施加的预应力，来减少构件中的拉应力。结构件施加压应力，使裂缝闭合或减少裂缝的宽度，增加结构件的承载能力和刚度。预应力法不仅可以用于局部加固补强，还可以改变构件或整个结构的受力状态，但要有相应设备，施工过程比较复杂。

4.4 增大截面积法

在已有的构件外部补浇混凝土，使其增大截面积以提高承载力。施工时，必须注意新旧混凝土的粘结强度，使其粘结牢固，成为一体。

4.5 包钢加固法

是采用不同型号的型钢，在结构件的外部或四周焊接加固，这种方法用于柱、梁的加固较多。由于某种原因，柱、梁截面较小而采取包钢方法加固，其同构件接触的效果较好，对提高承载力效果明显，但要注意对钢材的防腐蚀保护问题。

由于混凝土裂缝问题涉及面广而且产生的原因复杂，其预防及处理已经有许多相对成熟的方法和措施，但裂缝产生的机理尚不能很准确地辨明，综合治理方法还需要进一步总结完善。

11 钢筋混凝土结构收缩温度应力及构造措施

混凝土的抗拉强度比抗压强度小得多，在不大的拉应力下就可能出现明显的裂缝。钢筋混凝土构件产生裂缝的原因很多，主要有以下 4 类：

(1) 荷载和约束或外加变形引起的裂缝；

(2) 施工过程中形成的裂缝；

(3) 因混凝土组成成分所产生的裂缝；

(4) 因使用和环境条件导致的裂缝。

为此，混凝土结构设计规范规定了各类钢筋混凝土结构伸缩缝的最大间距。但符合此规定的结构出现裂缝的仍然为数不少，有些还很严重。因此，在工程设计中应引起足够的重视，并采取必要的相应措施。

1. 收缩、温度应力的产生

1.1 混凝土的收缩

混凝土在空气中结硬时，其体积将在很长的一段时间内不断缩小，这种现象称为混凝土的收缩。反之，在水中结硬的混凝土其体积将逐步略有膨胀。

一般认为混凝土的收缩是由于水泥凝胶体本身的体积收缩（即所谓凝缩）和混凝土失水产生的体积收缩（即所谓干缩）这两部分所组成的。因此，凡是能够影响这两部分变形的因素都将对混凝土的收缩产生影响。

下面主要分析一下混凝土的初期收缩。

在混凝土尚处于未完全硬化状态时，如果环境相对温度较低，则会产生失水收缩裂纹。这种裂纹走向不规则、缝宽小，通常发生在混凝土表面。虽然不是什么大的缺陷，但若在容易遭受冻融的部位发生，将会成为破坏的间接原因。

混凝土初期收缩裂纹是由于水分蒸发而产生的。混凝土内部的水分主要由三部分组成：一是用于水泥水化变成结合水；二是吸附在凝胶体内外表面称为吸附水；三是毛细孔水，只有这部分水才能用于水泥的继续水化。如果环境相对湿度较低，毛细孔水则易于蒸发。当相对湿度低于8%时，毛细孔水可以完全蒸发掉，水泥的继续水化也就基本停止，混凝土的强度也就不再增长，甚至还会由于失水收缩而引起粗集料界面产生裂纹，使混凝土强度有所下降。

例如，某办公楼为现浇钢筋混凝土框架结构。在达到预定混凝土强度拆除楼板模板时，发现板上有无数条走向不规则的微细裂纹，如图 11-1 所示。裂缝宽 0.05～0.15mm，有的上下贯通，但其总体特征是板上裂纹多于板下裂纹。

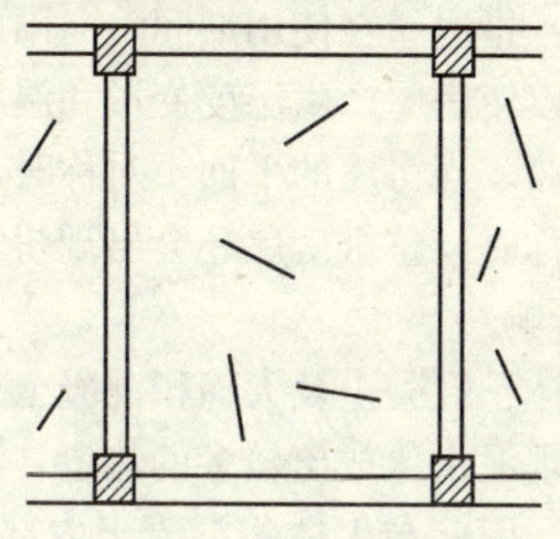

图 11-1　楼板裂纹

为了分析裂纹产生的原因，查得当时施工时的气象条件是：上午 9 时气温 13℃，风速 7m/s，相对湿度 40%；中午温度 15℃，风速 13m/s（最大瞬时风速达 18m/s），相对湿度 29%；下午 5 时温度 11℃，风速 11m/s，相对湿度 39%。灌筑混凝土就是在这种非常干燥的条件下进行的。由于异常干燥加上强风影响，故使得混凝土在凝结后不久即出现裂纹。根据有关资料记载，当风速为 16m/s 时，混凝土的蒸发速度为无风时的 4 倍；当相对湿度为 10%时，混凝土的蒸发速度为相对湿度 90%时的 9 倍以上。根据这些参数推算，本工程在上述气象条件下的蒸发速度可达通常条件的 8～10 倍。因此，可以认为与大气接触的楼板上面受干燥空气和强风的影响成为产生较多失水收缩裂纹的主因，而曾受模板保护的楼板下面这种失水收缩裂纹会比较少一些。

1.2　混凝土的温度变形

混凝土和其他材料一样，也具有热胀冷缩的性质。混凝土的温度膨胀系数约为 1.0×10^{-5}/℃。

1.2.1　造成温度变形的温差

（1）季节温差：指构件在混凝土初凝时的温度与构件在使用期间由于季节变化而出现的最高（或最低）温度间的差值。

（2）内外温差：指房屋在使用期间，由于室内外不同的气温，在构件内外表面间所产生的温度差。

（3）日照温差：指房屋在使用期间，向阳面与背阴面之间的温差。这种温差不仅使房屋产生温度变形和温度内力，并且还将使整个框架发生弯曲。当房屋的平面不对称时，甚至当整个房屋的结构布置得不对称时，整个房屋还会出现扭转。

1.2.2　温度变形影响

温度变形对大体积混凝土及大面积混凝土工程极为不利。在混凝土硬化初期，水泥水化放出较多的热量。混凝土又是热的不良导体，散热较慢，因此在大体积混凝土内部的温度较外部高，这将使内部混凝土的体积产生较大的膨胀，而外部混凝土却随气温降低而收缩。内部膨胀和外部收缩互相制约，在外表混凝土中将产生很大拉应力，严重时使混凝土产生裂缝。因此，对大体积混凝土工程，必须尽量设法减少混凝土发热量。如在浇筑大体积混凝土时，浇筑应在室外气温较低时进行；选择合适的水化热较低的水泥（如矿渣水泥等），掺加有缓凝作用的外加剂，选择合适的砂石级配，尽量减少水泥用量，降低水灰比；浇筑后的大体积混凝土应采取控温措施（如降温），并测定混凝土表面和内部温度，温差不宜超过25℃；浇筑方案按体积大小选用不同的方式（①全面分层；②分段分层；③斜面分层）。

例如，某工程在微风化软质岩石地基上浇筑两块2.5m厚的大体积基础板（27.2m×34.5m，29.2m×34.5m）。采用C30混凝土，配合比1∶2.48∶5.04，水灰比0.51，水泥262kg/m^3，掺0.006%～0.01%松香热聚物加气剂，距板上下表面50mm处配置网格300mm×300mm的ϕ28钢筋网。施工时将大板分成小块，用图11-2所示键槽形施工缝做法分隔。为进行温度观测，在板中埋设电阻温度计和测温管，进行了4个多月的温度观测。

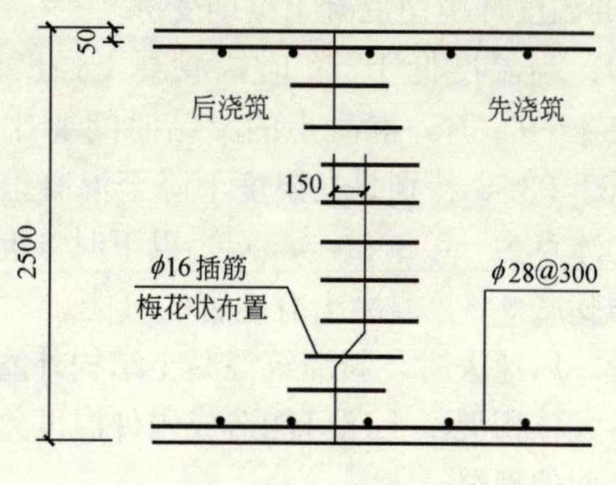

图 11-2　板裂缝

混凝土浇筑后发现以下情况：

(1) 拆模后 1～2d 内大部分板的表面出现宽 0.1～0.25mm 裂缝，短的几厘米，长的达 1600mm；

(2) 裂缝逐渐开展，第一条裂缝约在拆模后第 1 天发现，长 150mm，宽 0.15mm；隔一天发展为 400mm，宽 0.2mm。

(3) 施工缝全部开裂，发生时间在后浇板的 20～40d 期间，裂缝宽 0.1～0.35mm。

温度观测情况如下：测温时气温为 6℃左右。浇后第 6 天时，内部与表面温度差为 23℃左右，内部温度与气温差 26℃。从测温记录看，凡板的内部温度高于 30℃的，混凝土表面都有裂缝；凡温度小于等于 20℃的，都无裂缝；在 20～30℃之间的，有的裂、有的不裂。从概念分析，本例板浇筑在岩石地基上，水化热使内部升温，在基岩约束下产生压应力，后来经过恒温后降温，混凝土收缩，在基岩约束下产生拉应力。由于升温较快，此时混凝土的弹性模量很小，因而压应力不大，但降温混凝土的弹性模量较高，在板内除抵消升温时的压应力外，建立了较高的拉应力，导致混凝土开裂。这种拉应力靠近基岩面最大，此处裂缝也较宽。混凝土板外表面干缩较快，也可能使表面干缩裂缝与内部温差裂缝连接，导致贯穿全截面的裂缝，它们对结构的安全和正常使用影响较大。

1.2.3 过低的温度环境使混凝土早期受冻

试验表明：当温度低于5℃时，混凝土强度的增长明显延缓；当温度在4～0℃时，混凝土的凝结时间要比15℃时延长3倍；当温度低于0℃，特别是在温度下降至混凝土冰点温度（新浇筑混凝土的冰点为－0.3～－0.5℃）以下时，混凝土中的水开始结冰，体积膨胀9%，混凝土有冻害的可能。

当温度低、风速大时，新浇筑混凝土结构外露部分的冷却速度也加快，对大体积混凝土还可能造成内外温度差的增加，形成混凝土结构表面的裂缝。

例如，某工程为三层砖混结构，现浇钢筋混凝土楼盖，纵墙承重、灰土基础。施工后于当年10月浇灌二层楼盖混凝土，11月浇灌三层楼盖混凝土。全部主体结构于第二年1月完工。在4月间进行装修工程时，发现各层大梁均有斜裂缝，其现象是：

（1）裂缝多为斜向，倾角为50°～60°，且多发生在300mm的钢箍间距内；近梁中部为竖向裂缝。

（2）斜裂缝两端密集，中部稀少（在纵筋截断处都有斜裂缝）；其沿梁高度方向的位置较多地在中和轴以下，个别贯通梁高。

（3）裂缝宽度在梁端附近约0.5～1.2mm，近跨中约0.1～0.5mm；裂缝深度一般小于梁宽的1/3，个别的两面穿通；裂缝数量每根梁少则4根，多则22根，一般为10～15根。

分析混凝土开裂原因如下：

（1）施工原因。浇灌二层梁板时，未采用专门的养护措施，浇灌后2h就在板面铺脚手板、堆放砖块进行砌墙。11月初浇灌三层梁板时，室内温度为0～1℃，未采取保温措施。根据试验资料，混凝土在21d后的强度只达28d理论强度值的42.5%，一个月后才达到52%。因此，混凝土早期受冻是这起质量事故的重要原因。另外，混凝土的水泥用量偏低（只有210kg/m^3，略少于225kg/m^{3}的最低值）也是因素之一。

（2）设计原因。其一是箍筋间距过大。《混凝土结构设计规范》规定，“当梁高为 500mm 且 $V>0.7f_tbh_0+0.05N_{p0}$ 时，箍筋的配筋率尚不应小于 $0.24f_t/f_{YV}$，梁中箍筋的最大间距为 200mm”。而本工程箍筋间距却为 300mm，这就是斜裂缝多发生在箍筋之间的原因。其二是纵筋在梁跨中间截断。《混凝土结构设计规范》规定，“梁支座截面负弯矩纵向受拉钢筋不宜在受拉区截断”。而本工程梁中部分纵向受拉钢筋在受拉区截断，截断处都出现斜裂缝，这说明受拉纵筋对梁截面的抗剪能力能起到一定作用。

比较施工和设计原因，显然可见，施工中混凝土早期受冻是产生本工程质量事故的主要原因。

1.2.4　配筋因素影响

在配有钢筋的混凝土构件中，由于钢筋具有和混凝土几乎相同的温度膨胀系数，因此，单纯由于温度变化不会在两者之间造成强制压力。但钢筋没有收缩的性质，因此，它将对混凝土的收缩产生阻碍作用，从而使钢筋受到强制压应力，使混凝土受到强制拉应力。截面的配筋率越大，这种强制拉应力就越大。当截面中配筋过多时，甚至使混凝土受拉开裂。

2. 收缩温度应力的影响

当房屋的长度愈大，楼板等纵向连续构件由收缩和温度变化引起的长度改变就愈大。如果这些纵向构件的变形受到竖向构件（柱、墙）的约束，在纵向构件中也会相应地受到水平推力和拉力，严重时就会在构件中出现裂缝。

在多层及高层建筑中，收缩和温度应力的危害，在底部和顶部楼层较为明显。因为在底部房屋基础埋在地下，其收缩和温度变形会受到基础的约束。在顶部，日光直接照射在屋盖上，相对其下各层楼盖，顶层温度变化剧烈，故可以认为顶层相对受到其下数层楼盖的约束。而中间各楼层，由于使用期间温度变化情况基本相同，相互间几乎没有约束，因而温度应力影响较小。所以，在房屋建筑中常可在顶部看到收缩和温度裂缝。

屋面板面的裂缝是由于混凝土固结收缩或外界温度降低使混凝土产生收缩，而这种收缩又受到下部数层的约束，因而在板面产生收缩裂缝。在南方，夏季日照温度很高，屋面温度有时高达50～60℃以上，而突然间来场暴雨，屋面温度迅速降到10℃左右。在这么短的时间里，温差在40～50℃以上，收缩与温度应力很大，最易产生裂缝。

总之，收缩和温度应力对建筑物的影响主要表现在两个方面：一是结构构件的收缩温度应力，处理不好会导致构件开裂和损坏；二是构件间产生相对变形，处理不好会导致外墙、隔墙和建筑物装修的开裂和损坏，其主要部位是建筑物的顶部、底部和两端。

3. 构造措施

为消除收缩和温度应力对结构造成的危害，应采取一些必要的措施。

3.1 伸缩缝

《混凝土结构设计规范》对伸缩缝的间距做了具体规定。当房屋长度超过其限值时，如无专门措施，就应按《混凝土结构设计规范》设伸缩缝。设伸缩缝的方法通常是采用设置双墙或双柱的构造措施，将建筑物断开，分成独立的温度区段，使构件可以自由伸缩。但是屋面设缝的部位，防水构造一定要处理好；否则，常常漏水，也影响建筑立面。

3.2 设置后浇带

设置后浇带是利用混凝土早期收缩量占收缩大部分这一性质。当建筑物过长时，在适当距离选择对结构无严重影响的位置设置后浇带。通常每隔30～40m设置一道，后浇带宽一般为800～1000mm。后浇带混凝土的浇灌时间一般为两个月后。在此期间，后浇带两侧的混凝土能相对自由的收缩，其收缩变形可完成大部分。但后浇带只能解决混凝土结硬时的收缩应力，并不能解决温度应力。

3.3 混凝土添加剂

在混凝土搅拌过程中，添加少量的化学添加剂，补偿混凝土收缩，堵塞毛细孔。

3.4 配筋要求

屋面板宜采用双层配筋，钢筋间距不宜大于200mm。在梁的两侧配腰筋，其间距为200mm，以限制梁侧裂缝的扩展。

12 现浇混凝土楼板产生裂缝的原因及综合治理

预制空心板的拼缝处由于混凝土强度的不同而容易产生开裂，随着经济的发展，预制空心板在住宅建筑中逐渐被淘汰，现浇钢筋混凝土楼板在民用建筑中得到广泛应用。通过几年的施工，发现现浇楼板同样出现开裂问题，由于混凝土的抗拉强度很低，只要楼板中某一处的拉应力超过了混凝土的抗拉强度，就很容易在垂直拉应力作用的方向产生裂缝，如新浇筑楼板板角出现不同程度的斜向切角裂缝，这种裂缝已成为通病。虽然不会影响到建筑物的安全性能，但会给用户造成心理不快。因此，要重视建筑中现浇混凝土楼板的裂缝产生，分析出现的原因，设计、施工控制和修复成为当前需要认真解决的一个新问题。

1. 裂缝产生的现象及原因

1.1 裂缝产生的现象

现浇钢筋混凝土楼板在房间的阳角处出现斜向切角裂缝，裂缝通常与纵横墙形成近似45°方向的夹角，裂缝宽度小于1mm且上下贯穿，多数出现仅一条，个别也有两条平行的裂缝。因其为45°方向斜向切角，十分明显，外观很难被接受，成为质量的通病。但检查绑扎的钢筋和施工混凝土的强度均达到设计要求。

通过对许多同类裂缝的检测研究发现，裂缝的一般特征是：(1) 裂缝均出现在新建住宅完工以后；(2) 裂缝均出现在房屋阳角处的板角，均是斜向切角裂缝，常与纵横墙形成近似45°方向的夹角；（3）裂缝宽度较小，一般小于1mm；（4）裂缝深度贯穿板厚、水平方向延伸至墙面；（5）多数为一条裂缝、少量出现两条裂缝也是平行的；（6）裂缝无明显的周期性扩大和闭合现象；（7）楼板配筋和混凝土强度均达到设计要求。

1.2 裂缝产生的原因分析

1.2.1 裂缝产生的各种可能性分析

经现场检验，认定楼板配筋和混凝土强度均符合设计和施工规范要求，楼板又是新浇筑的混凝土，又无重力冲击和不利荷载影响，所产生的裂缝不会是因承载力不足而引起的，即不是由外荷载的应力所引起的；一般情况下裂缝出现在新建工程完工后的1～2年内，不可能是因钢筋锈蚀膨胀引起的裂缝；建筑楼板的厚度在120mm左右，而水泥的水化热不可能造成楼板的开裂；楼板也不是在顶层屋面板，也不是暴露在自然环境的恶劣气候下，裂缝无明显的周期扩大和闭合现象，不属于温度裂缝；整体楼板未有洞口，也不会形成应力集中，其板的配筋无特殊构造，不存在引起应力集中裂缝的可能性。

如果是混凝土碱集料反应，其裂缝通常呈龟裂，不会是一条裂缝；徐变是混凝土在长期荷载下产生的连续变形，它的影响只有在几年以后才有所反应，因此不存在因徐变引起的板面裂缝。房屋均没有出现不均匀的沉降现象，墙体等部位也没有不均匀沉降的裂缝，板的裂缝不会是由沉降而引起的。

1.2.2 产生裂缝的原因分析

现浇混凝土楼板板角处的斜向切角裂缝属于混凝土干燥收缩产生的裂缝。干燥收缩是由于水泥浆湿度减小而造成的。当混凝土开始凝结硬化时收缩轻微，进一步加大收缩是在混凝土脱水并碳化时开始的。当收缩受到限制时，拉应力不断增大，裂缝逐渐出现。因浇筑楼板用的是水泥混凝土，为便于泵送加大流动性，水灰比坍落度均大，因而含水率也高。掺有外掺合料和外加剂，导致混凝土拌合料中水分太多而加大了收缩量。在房屋的阳角即板角处，其干燥收缩受到上下墙体或构件自身纵横两个方向的约束。这种约束可能来自楼板上下的梁或墙体，包括剪力墙或砖墙，而剪力墙的约束更加明显。由于受到纵横两个方向的较强约束，干燥收缩拉应力越来越大。当这种应力超过混凝土当时的极限抗拉强度时，楼板就会产生与主拉应力垂直的切角裂缝，且裂缝贯穿板厚。当楼板呈方形，纵横向约束条件又接近时，裂缝就与纵横墙形成约45°角；若楼板的长宽比较大，则会产生沿长边的贯穿开裂。

混凝土干缩变形的过程非常复杂，影响干缩的因素也是多方面的。如水泥的品种及强度、水泥的用量、水灰比；骨料的品种、用量、外加剂及外掺合量；混凝土的浇筑状况、养护措施；钢筋的用量及分布等。总之，新建筑现浇筑混凝土楼板的切角裂缝主要原因，是由于混凝土干燥收缩时板角受到纵横两个方向的约束而产生的。这是因混凝土的特性所决定的，这种裂缝通常是产生在施工后的一段时间内。如果环境干燥缓慢，出现裂缝的时间就会晚一些，但裂缝的产生只是时间长短问题，是难以避免的现象。

2. 设计阶段应采取的控制措施

现浇混凝上楼板产生裂缝的主要原因是混凝土干燥收缩引起的，防止和控制裂缝的措施应从设计、材料选择和施工几方面进行。设计是建筑质量最重要的环节，设计阶段各专业的协调互补合作是最有效的控制裂缝措施。这种控制措施不仅能减少非结构性裂缝的产生，而且能控制危及建筑安全的结构性裂缝的产生。

2.1 建筑设计的控制

保证在满足建筑使用功能的前提下，尽量使所设计的建筑平面规整。就已建成的大量住宅体形来看，过多复杂和不规则的平面很少；而绝大多数平面采用的是规整的单元套型组合，尽量不出现或少出现如凹形过深的平面形状。

(1) 要了解熟悉结构体系。按一般习惯是先考虑建筑平面的布置，再据此确定结构体系。但在具体工作中也有已确定了结构体系的情况，那样在设计中就应有针对性地进行考虑。如采用框架结构时，平面布置就较为灵活；对于砖混结构，设计中就会受到许多限制。在《砌体结构设计规范》和《建筑抗震设计规范》中，有关房屋的静力计算规定，如构造柱、圈梁、窗间墙、墙体高厚比、伸缩缝留置等都有明确规定，必须认真遵守。如在平面布置中，如有楼板刚度突变或建筑物体形特别不规则时，应在适当部位设置变形缝，以避免收缩变形产生裂缝。

（2）要了解熟悉地基及基础形式。建筑设计时要对地基以下的情况有所了解，并对当地常采用的基础形式心中有数。如采用天然地基作条形基础或筏形基础时，因难以避免地存在基础的沉降，特别是软弱土地区，最终可能使建筑物沉降量较大。这时如果建筑平面布置很不规则，就会使不均匀沉降量增大，进而导致建筑物出现裂缝。设计人员必须根据现场实际，采用《建筑地基基础设计规范》中相应有关规定，具体落实到各有关控制措施中。

2.2　结构设计的控制

要了解建筑设计、深入分析其对裂缝控制的利弊影响，并在此基础上有针对性地采取结构措施，弥补建筑设计中的薄弱环节，尽量使整个建筑物避免出现结构裂缝（楼板）。

（1）地基处理和基础设计。对建筑结构专业如何充分利用现有工程地质资料，全面考虑上部结构与基础的共同作用，选择一种经济合理的基础形式，这是结构设计中真正要解决的关键问题。从经济角度看，利用天然地基做浅基础能节省费用，但浅基础的沉降量较大，特别是在有软弱下卧层的情况更加严重，其不均匀沉降量较大，从而造成建筑物的开裂。当出现这种情况时，可以按《建筑地基基础设计规范》第 7.4 节中各种建筑措施加以控制，这样对控制沉降量较为有利，也可以避免楼板出现裂缝。

（2）建筑梁、板设计。楼板产生裂缝是因混凝土干燥收缩所致，但更进一步分析可知，混凝土在干燥凝结过程中因收缩导致的裂缝在规整的构件中应该是间距较均匀、细小，甚至肉眼不易看出、小于 0.2mm 的细缝。但是当构件的截面尺寸有突变时，应力往往会集中到某一点出现，并形成较宽的缝。对于这种情况，在结构设计时，就要采用将钢筋配置成双排双向，其间距应控制在 150mm 以内，产生裂缝的可能性就会大大降低。

(3) 考虑其他影响因素。建筑房屋四周阳角由于受到纵横两个方向刚度相对较大的长墙、梁或剪力墙的约束，限制了楼板混凝土的自由伸缩。当这种伸缩变形较大时，会产生 45°左右的斜向裂缝。因此，结构设计时应对四周的阳角处楼板的配筋设防裂加强筋，负筋尽量采取沿房屋全长配置，不要采取分离式切断，间距适当减小。

在荷载作用下，钢筋混凝土构件的裂缝主要受两个方面的影响。在纵向长度受拉钢筋表面上通过粘结可能传递的剪力太小，若剪力大就会在比较短的距离内把足够的拉应力传给混凝土，使它的拉应力达到混凝土的抗拉强度，从而使裂缝的间距减小。而剪力的大小取决于钢筋与混凝土之间的粘结锚固强度高低和单位长度内纵筋的表面积大小。因此，在进行结构设计时，当钢筋截面积不变时，可适当选配直径较小且数量多的筋，使钢筋的表面积增大，从而提高粘结性能。此时混凝土的质量也是影响粘结力强弱的主要因素，在设计时必须根据房屋的不同部位和性质，提出对混凝土强度等级的要求。

(4) 专业之间的配合。除了混凝土干燥收缩引起的裂缝外，预埋各种套管管线部位也容易产生非结构性裂缝。这是由于在预埋管线处（尤其是多根管的交汇处），混凝土截面受到严重削弱，引起应力集中导致表面混凝土开裂。因此在进行结构设计时，应会同设备专业人员做好配合，避免各种管线的集中埋设。采取在预埋管线处增加垂直于管线的钢筋网片，在多根管线的集散处宜采用放射状分布筋，尽量减少密集平行排列，确保管线底部的混凝土能振捣密实。如无法避免时，结构设计要采取适当加厚楼板的混凝土，加密钢筋间距的措施。在管道井、排气道穿过楼板处，应按照孔洞大小采取加固构造措施。

3. 施工阶段控制裂缝措施

施工阶段即建筑产品的形成过程，主要是建筑材料的选择和工艺过程的全面工序质量控制。

3.1 建筑材料的质量控制

钢筋混凝土的主要材料即钢筋、水泥、砂石料、外加剂及外掺合料等。钢筋是最重要的受力构件，其质量必须符合相应检验标准规定的抗拉强度，有出厂合格证及试验报告；水泥的强度等级和品种必须符合检验标准的要求，有出厂合格证及检验报告。这两种主要材料进场后必须按规定取样，送有资质的试验机构复检，合格后才可用于工程施工。

砂石料属大宗的地产材料，其质量差别很大。石子要求质地坚硬、连续级配好、有害颗粒少、含土量少的天然或机械加工的优质石子；混凝土用砂以中、粗砂较好，要求颗粒坚硬、含杂质少。细度模数为2.8的较好，砂石料进场后必须取样复检，其混凝土配合比由试验室配置。

用于混凝土的外掺合料有矿粉及粉煤灰等，外掺合料可以减少水泥用量、降低水化热对大体积混凝土控制裂缝和提高强度有利。外加剂的种类繁多，性能各异。用于现浇混凝土楼板的外加剂有早强减水剂即可，但要重视同水泥的适应性试验，防止产生与混凝土的不相容问题。

3.2 施工过程的质量控制

施工过程中对原材料的计量不容忽视，这是组成混凝土最基础的成分。严格控制配合比、水灰比和砂率；搅拌时间不能过短，要拌合均匀；入模厚度要控制，振捣要按顺序进行，振捣时间要掌握好，不过振和漏振；重视浇筑后的覆盖保湿和养护。

施工过程中当钢筋的截面积不变时，不要擅自用直径较大的钢筋代替直径较小的钢筋，人为减小钢筋的表面积。如果受拉区混凝土的截面积较小，就需要一个较长的距离方能把足以使混凝土开裂的较大拉应力由钢筋传入混凝土，裂缝间距就比较大。钢筋混凝土的受弯构件的受拉钢筋位置偏于受拉区下方。当受拉区相对面积不变时，保护层越薄构件受拉边缘就越容易达到混凝土的抗拉强度。因此，受拉钢筋截面积与受拉区有效混凝土面积之比越大，受拉区保护层越薄，裂缝间距就越小。对此，在施工过程中重点加强钢筋混凝土楼板上层钢筋网的有效保护，避免钢筋保护层混凝土过厚。而板的上层钢筋网片保护，一直是施工中的一个较难处理的问题，这是由于钢筋混凝土楼板的上层钢筋一般采用直径较小的光圆筋，钢筋自身较软且距模板高度大，无法受模板的依托保护，而且许多工程对上层钢筋网的钢筋支撑（小马凳）要求的间距过大或无要求，这就造成钢筋容易在施工中受人员踩踏，弯曲变形下坠，造成混凝土保护层的增大。因此，在钢筋制作绑扎中，必须考虑到小马凳对上层钢筋位置的控制作用，制作绑扎好马凳，使上层保护层厚度得到保证。在做施工组织设计时，应尽可能合理地安排工种交叉作业。在板钢筋绑扎完成后，预埋各种管线和模板封口，及时穿插进行其他作业，减少后期人员对钢筋的踩踏；在人员必须行走和浇筑进行的部位，一定要铺设临时简易通道，提供必须通行时用；在混凝土浇筑前，对模板内的冲洗必须认真，浇筑混凝土过程中要有足够的钢筋工、木工、架子工配合作业，及时处理出现的问题，使混凝土的浇筑能顺利进行。

4. 裂缝的修复补强

虽然新建住宅现浇混凝土楼板的切角裂缝较细小，又不是荷载造成的裂缝，对于整个房屋结构的影响甚微。但其于纵横墙形成45°斜向切角十分明显，外观上不易被接受，引起人们对整个房屋质量的怀疑。而这种裂缝会造成上层水渗漏到下层住户，轻的造成顶棚受污染、粉刷层受潮起壳或霉变，严重的渗漏会影响到用户的正常使用功能。裂缝内的潮湿会成为湿气、CO_2和生成其他有害物质，影响到楼板的耐久性能。因此，对现浇楼板的切角裂缝虽细小但不容轻视，及时修复封闭是保证房屋正常使用的最好措施。

4.1 裂缝的简单修复

经济简单的方法就是对裂缝的表面封闭处理。即将裂缝用机械或人工凿成V形槽，清理松散部分并冲洗干净，用高强度等级水泥砂浆抹压补平，但必须加强对薄层施工的养护。为了提高封闭的质量，采用灌注环氧树脂结构胶修复更好，环氧树脂作为粘结密封剂使用，能更有效地恢复裂缝的粘结强度，更有效地阻止水汽、CO_2 和其他有害化学物质的浸入，而且混凝土外观也好。

4.2 气候环境差房屋楼板缝的修复

对于厨房、卫生间等湿度较大、环境差房间楼板的切角裂缝，修复的要求要相对高一些。不但需要采取上述用环氧树脂方法封闭裂缝，还要加上表面粘贴补强封闭方法修复。碳纤维网格布是目前最新的表面粘贴补强材料，用柔性的碳纤维布材料在缝上粘贴，提高垂直于裂缝方向的抗拉强度，再在碳纤维布上涂覆一层耐磨材料，通常用改性环氧树脂或氨基甲酸乙脂。考虑到造价和表面平整度的使用需要，也可以在楼板下部单面粘贴补强处理。

现浇钢筋混凝土楼板裂缝的产生是较普遍的质量问题，本文只是简单地介绍了楼板角裂缝的质量问题及防治措施。不论楼板的裂缝出现在那个部位，都会造成质量缺陷。在控制裂缝时，除了设计、材料、施工及后期养护不到位外，与混凝土自身性能有关。随着科技进步和混凝土组成材料的改善，其影响因素会逐渐减少。在目前的条件下，只要有关各方都能严格按照国家规范，按标准设计和施工、监督检查和全过程的质量控制，就可以使现浇混凝土楼板的裂缝得到有效的控制。

13 混凝土表面色斑形成原因及防治措施

随着现代生活质量的提高，人们生活环境的日趋美化，混凝土外观质量问题已逐渐受到人们的重视。一方面人们在混凝土结构物上进行装饰，达到美化结构物的目的；另一方面又重新把注意力放在混凝土外观质量的改进上，特别是目前高速公路、铁路等大型建筑工程，已把混凝土外观质量作为优质工程建设的一个重要方面。许多建设、施工单位的技术人员组成混凝土外观质量专题攻关小组，深入施工现场，对一些出现频率较高、影响范围较宽的外观质量通病进行解剖诊断，相继取得了一定的效果，也积累了一定经验。但对颜色或深或浅，面积或大或小，形状极不规则地出露在混凝土表面且影响广泛的混凝土表面色斑（即表面色差），一直没有很好解决，至今已逐渐成为影响大体积混凝土工程创优的一个障碍。当前，对于如何有效克服混凝土表面色斑，确保混凝土表面颜色的均匀性，还缺少现成的经验，可参考的资料也较少。经过多年的积累，在本文中列举了一些在混凝土施工中曾遇到的问题，以及如何进行分析、解决这些问题的方法。

1. 混凝土的本色

混凝土的颜色主要是水泥颜色形成的。普通混凝土常以灰色为主，但由于水泥原料有所不同，只是其灰色的深度稍微有所差异而已。在评价混凝土颜色的时候，通常要设一基准色，即颜色变化前的“本色”。设色的方法是在玻璃板上浇以混凝土，待干燥后，以从玻璃面所看到的颜色作为基准色；也可使用干燥后混凝土断面的颜色作为基准色。现场可以通过混凝土的本色来判断其颜色变化程度的大小。

2. 表面色斑的原因及防治措施

混凝土在硬化后，某些表面色斑也在逐渐形成。因其变化随着混凝土的组成成分、时间长短、外界环境情况等不同而不同，故混凝土表面色斑种类繁多。尽管色斑种类复杂，但工地常见混凝土表面色斑从形成深度划分，总体上可以分为两类：

（1）表层型色斑。即混凝土颜色的差异仅发生在混凝土表层，可以通过对混凝土的冲洗与打磨来消除其差异。

（2）深层型色斑。主要来自混凝土内部，有一定深度，是混凝土本身颜色差异造成的，暂无可靠的方法消除它。

2.1 表层型色斑

由于混凝土组织为多孔质，表面相对较粗糙，极容易吸收污水或粘附粉尘等。从最初的模板、脱模剂的影响到形成后外界环境的污染来看，常见表层色斑，主要来自污染。

2.1.1 模板锈斑污染

由于潮湿环境模板的涂刷不能很好阻止局部氧化，这些铁锈等氧化物很容易被混凝土表面吸附，形成锈斑，颜色多呈黄褐色。

根据铁锈产生的原因，防止表层锈斑的办法有：

（1）对施工用模板的涂刷应及时，并且使用质量好的脱模剂，如环氧树脂型脱模剂等，以阻止锈源的产生。

（2）一旦混凝土出现锈斑，应及时处理。通常表层小面积可用钢刷刷除，范围较大采用 1∶10 的草酸溶液进行擦洗后再进行砂轮机打磨，以还原混凝土本色。

2.1.2 脱模剂污染

工地使用的脱模剂种类很多，质量也高低不一。常用的油质脱模剂，都具有一定的染色，也就是污染问题。如采用柴油作脱模剂，混凝土表面颜色多发暗；采用机油（一般较黏稠，不易刷开）作脱模剂，表面颜色多发白。施工经验证明，使用液压油是油质脱模剂中对混凝土表面颜色污染最小的品种。

针对脱模剂的污染，通常的办法有：

（1）采用优质脱模剂。目前工地上使用的优质脱模剂主要为环氧树脂型脱模剂，不污染混凝土，表面光洁，色泽均匀，并且可多次倒用。当使用液压油作脱模剂时，尽量选用质量好的品种。

（2）按比例配合使用。由于柴油和机油作脱模剂，各自出现不同程度的颜色差异。在使用过程中，如没有合适优质的脱模剂，可采用一定比例来掺配，以调合其颜色，通常柴油和机油按1∶4的比例进行掺配，也可收到较好的颜色效果。

（3）由于低质脱模剂污染面积通常较大，表面处理的难度大。小面积颜色较深可用磷酸配成溶液，对混凝土表面进行擦洗，再用钢刷刷除，使其先变成白色，后恢复混凝土本色。如颜色污染轻，可采用漂白剂进行擦洗。

2.1.3 外界环境污染

混凝土是一种极易受污染的物质。在城市、工厂等烟尘和粉尘污水多的地方，污染最为严重，影响面积也最广。通常对外界环境污染造成混凝土表面色斑，如粉尘污染、青苔污染、污水污染等，处理的技术难度不大，但重复污染的可能性大。唯一有效的办法是尽量减少各种污染源，净化环境，以保护混凝土颜色不受或少受侵害。

2.2 深层型色斑

混凝土深层色斑，不是污染造成的，而是混凝土的内部成分发生了变化。一旦混凝土表面形成色斑，基本上用简单的冲洗打磨等办法无法消除，从理论上说只能防止此类色斑的发生。对混凝土深层色斑影响的原因很多，常见的有：

2.2.1 水泥质量的变化

（1）水泥质量不稳定。由于水泥厂家生产工艺较差，或者出现生产量小供应量大的情况，致使水泥质量不稳定，经常发生波动。水泥成分的剧烈变化，极易导致混凝土表面色斑的产生。从某种程度上说，水泥的颜色基本上决定了混凝土的颜色，混凝土深层色斑，主要来自水泥成分的变化（骨料的颜色对混凝土颜色的影响远没有水泥大）。通常水泥的颜色随化学成分和生产条件变化而变化，其颜色主要由水泥成分中的氧化铁和氧化镁的含量以及它们的比例而定。一旦成分含量及比例失调，颜色就会急剧变化。当然，水泥熟料的烧成温度、冷却速度和水泥的细度也有一定影响，但影响程度小。

（2）不同种类、不同厂家水泥混用。工地施工时出现水泥备料不足，或者原有水泥生产厂家供应不及时，发生水泥混用的现象。普通硅酸盐水泥一般为青灰色，矿渣水泥、粉煤灰水泥等是在硅酸盐水泥中掺入了灰颜色的高炉矿渣、粉煤灰等，虽基本成灰色但仍与普通硅酸盐水泥的颜色有所不同。另外，相同品种不同厂家水泥，由于生产差异，也不能混用，施工中一旦发生混用，混凝土产生色斑的机率会急剧增加。

为防止水泥发生变化，主要措施为：

(1) 严格控制水泥来源，避免不同种类、不同厂家水泥混用。所用水泥尽量选用生产工艺先进、生产供应能力强的大厂，对水泥质量无法保证的厂家，要予以更换。一般来说，小厂由于生产条件限制以及供应能力有限，所产水泥很难保障其质量长期稳定及所有成分不发生剧烈的波动，特别是有些小厂在供应紧张时常出现东拼西凑的现象，一旦供应不上就将附近小厂家的水泥纳入自家的门下，进行临时替代供应。

(2) 加强水泥颜色的检测。工地上常有同种水泥不同批次的颜色却有很大差异的现象发生，有时呈灰色，有时呈青灰色，有时又呈黑色，这种现象在某些正规的大厂也没有很好杜绝。从而要求工地每进一批水泥，就要对其颜色进行目测对比和混凝土本色的试验。如颜色发生较大的变化，应禁止使用。

2.2.2 拌合质量差

通常在混凝土使用的水泥质量不发生变化的条件下，拌合质量对混凝土表面颜色的影响占了主导地位。其影响因素主要有：

(1) 水灰比变化的影响。由于对用水量掌握不准，搅拌的混凝土时干时稀，水灰比变化幅度大。一般情况下，水灰比小（坍落度小于40mm）的混凝土干硬后多呈青灰色，颜色相对较深；水灰比大（坍落度大于160mm）的混凝土干硬后多呈灰白色，颜色较浅。施工中混凝土水灰比的变化常使结构物混凝土出现盘与盘之间颜色明显的差异。

(2) 混凝土内部质地不均。混凝土拌合质量不良影响了混凝土内部各处均匀性发生变化，极易造成颜色上的差异，这是为什么同一盘混凝土灌注的结构物表面颜色会出现明显差异的原因。

对混凝土拌合质量差问题的防治，主要有：

(1) 工地混凝土拌合站应做到混凝土配合比各组分用量准确，特别是用水量的准确，确保水灰比在极小范围内波动。

(2) 严格控制混凝土的拌合质量，适当延长混凝土的拌合时间，确保拌合质量稳定。

2.2.3 施工缝

在混凝土深层型色斑影响较明显的方面，除开混凝土本身质量原因外，就是结构物上出现的施工缝。通常施工缝的附近混凝土颜色深，且多呈条带状斑块，与混凝土浇筑的分层厚度基本一致，特别影响混凝土的外观形象。其主要形成原因为：

(1) 工地浇筑作业不连续。由于施工安排不当或者施工不方便等原因，导致混凝土施工出现长时间的中断，交界面处混凝土已出现初凝。如果对初凝的混凝土实施强行振动，极易破坏混凝土内部硬化机制，导致水化反应变缓，使得颜色加深。

(2) 混凝土凝结时间短。由于混凝土未掺缓凝剂或缓凝时间不够，在长途运输或温度较高的夏季，最易出现混凝土施工缝。

主要防治处理措施：

(1) 合理安排施工，避免出现长时间的中断，确保工地浇筑作业的连续。

(2) 改善混凝土的性能。对运输距离远以及温度高的夏季，混凝土掺一定量的缓凝剂，适当延长混凝土凝结时间，以应对工地出现的各种突发事件发生。

3. 结语

近几年，混凝土表面色斑已逐渐引起建设单位、施工单位高度重视，许多单位把之作为科研课题之一进行研究。笔者从多年来施工单位处理混凝土表面色斑的实践出发，深深认识到尽管混凝土表面色斑影响因素错综复杂，处理起来比较棘手，施工单位如能认真结合现场的实际情况，对症下药，处理混凝土表面色斑的难题同样可以迎刃而解。

14 清水混凝土的施工质量控制

清水混凝土具有建筑外部装饰的效果，也称装饰混凝土。其浇筑的混凝土质量是很高的，在拆除浇筑后模板的混凝土表面不再进行任何抹灰处理。它不同于普通混凝土而表面非常光滑、棱角方正分明，外墙不作装饰。只在混凝土表面涂刷一层透明的保护剂，显示出天然庄重的色泽。

1. 清水混凝土的质量要求

目前混凝土的设计、施工质量检查评定标准中尚未有针对清水混凝土的具体要求，施工时只能参考国外有关混凝土的技术标准，根据实际混凝土工程的施工经验，经设计人员认可、监理和施工技术人员的深入研讨，在普通结构混凝土的经验基础上，制定出施工质量控制和验收检查标准。

1.1 混凝土质量控制标准

阴阳角方正、线条顺直；平面尺寸准确、轴线通直；表面平整、洁净、色泽一致；表面无明显气泡、无砂粒和斑点；表面无蜂窝、麻面、裂缝、裂纹和露筋现象；模板接缝、拉杆、堵头、明缝和施工缝留置要规律；接槎表面平整。

1.2 结构表面质量控制

清水混凝土结构必须一次成型，不能做任何修补装饰，直接用现浇混凝土的自然色作为结构饰面，因此清水混凝土的表面应平整光洁，色泽均匀一致，无碰损和污染，更不能出现普通混凝土的许多质量通病。详细控制内容见表 14-1。

2. 混凝土施工质量控制措施

清水混凝土施工的成品质量对其结构表面颜色、平整度、接

清水混凝土表面质量控制表　　　表 14-1

质量问题	问题成因	控制办法
气泡	模板不吸水或其表面湿润性能不良 混凝土拌合料含砂过多 振捣不足	控制混凝土分层布料厚度在 30cm 以内 控制混凝土坍落度及和易性 充分振捣、控制振捣深度 加引气剂
黑斑	脱模剂不纯或使用过量 模板上有铁锈或模板没处理干净	采用无色脱模剂，要均匀涂刷 模板使用前要清理干净
色差	原材料变化及配料偏差 混凝土搅拌不足 浇筑过程中的离析现象 模板的不同吸收或模板漏浆脱模剂施加不均匀或养护不稳定 冬期施工，温差变化幅度高	原材料采用同品牌、同规格、同颜色、同产地 严格按配合比投料和搅拌，并根据气候和原材料变化，随时抽检含水率，及时调整水灰比 采取吸水性适中的模板材料 采用无色脱模剂，并及时养护 安排好施工组织设计，尽量不进行冬期施工
花纹斑或粗骨料透明层	含砂量低 石子形状不好 光滑或挠曲的模板 振捣过度或在外部振捣	控制含砂量 采用级配和形状好的石子 模板刚度要适中 振捣方式应正确，避免外部振捣和拆模过早
表面泌水现象	含砂量低 由于天气冷或混凝土外加剂配料不当而延长了硬化时间 刚度不够或表面有水 坍落度太大	控制含水量、含砂量、使用减水剂 采用刚度足够的模板 对光滑的模板采用轻机油脱模剂 控制混凝土坍落度
接缝挂浆、漏浆和出现砂带	接缝不严密，模板底部不够严密 模板拼板太柔 混凝土中水分太多 振捣过度	设凹槽施工缝，接缝处用油膏或发泡剂嵌实 采用刚度适中的模板面板材料 混凝土坍落度应严格控制 浇捣方法应正确，避免直接振捣接缝处
蜂窝麻面	细骨料不足 振捣不充分 接缝不密闭	严格控制混凝土配合比 振捣应密实 接缝应采用油膏或发泡剂密封好
表面裂纹	混合料水泥用量太多，水灰比大 养护不足 脱模太早	严格控制混凝土配合比，适当降低水泥用量 选择合适的模板 及时做好养护工作 严格控制拆模时间

楼方面的要求极其严格，为了能保证质量，要求设计、施工及质量监督、监理技术人员进行工序过程全方位的控制，从原材料入场、拌合前的计量、搅拌时间、外掺合料和外加剂的用量、入模温度、分层厚度、振捣时间的跟踪监理控制，及时协调处理好施工过程中的问题，保证施工顺利进行。

2.1 模板安装控制

由于清水混凝土不允许对表面进行修复的要求，也就造成对模板本身质量和模板安装工艺的高度要求。为保证质量和施工进度，可以采取早拆模板工艺进行施工。早拆模板是指：在楼板混凝土强度尚未达到拆除模板强度时，为加快模板的周转速度，将小跨度支撑范围内的模板拆除，垂直支撑体系中的斜撑和水平架在拆模后再拆除，而垂直支撑依然支撑着楼现浇板。待楼板混凝土强度达到拆模强度时再拆除，此工艺称作早拆模板晚拆支撑工艺，也叫早拆模板工艺。

(1) 清水混凝土使用的模板宜采用酚醛树脂浸渍纸覆面混凝土用胶合板，现在此类浸渍纸胶合板国产的质量可以满足浇筑混凝土的需要。也有进口的胶合板产品，但进口产品价格高。

(2) 模板拼缝处理：首先对两块相拼接的板缝进行刨光试拼合格后，涂刷专用封口漆，然后按图逐块拼装到位。在板缝外选用 2cm 宽纸质胶带纸粘贴，可达到拼缝密封的要求。模板拼缝部位、对拉螺栓和施工缝的设置位置、形式和尺寸须经建筑师认可。

(3) 为确保安装精度，采以如下措施：

1) 墙模采用预制成大模板吊运拼装。墙厚及内模面平整度采用 $\phi12$ 穿墙螺栓外套 $\phi14$ 硬塑管（壁厚 2mm）控制，其长度等于墙厚。然后用螺栓双向锁紧。墙螺栓孔洞事先弹线定位，间距排距统一。多余孔洞用胶带纸从内侧封堵；为防止墙脚漏浆，用 1∶2 水泥砂浆封堵。

2) 垂直度控制。选用激光经纬仪准直，内控与外检相结合的投测方法，在结构楼层上逐层预留孔洞后准直投测在每一层新浇楼面上，对引出的轴线点进行封闭校核后，弹出墙模安装控制线，在墙脚的墙体两侧引出30cm线，弹通长墨线用于控制和检查墙模位置的准确性，并分别在楼板沿墙向上每距50、150、250cm高处，靠墙模处拉通长透线，以控制墙模水平平直度及表面平整度等。

3）模板装拆和精度管理控制。对班组实施全过程技术指导和质量监督检查，严格三检制度，使质量隐患消灭在安装过程中。

（4）模板保护技术措施：

1）刷脱模剂：采用东皇牌脱模剂效果良好，每次拆模后及时清理、修整，涂刷脱模剂1~2遍后再用，不仅保护模板也利于拆模。

2）贴胶带纸：采用贴胶带纸确保拼缝不漏浆，收到较好效果。

3）堆放钢筋时，模板面用麻袋和短木垫底，安装时轻拿轻放，严禁拖拉和碰撞模板，及时绑扎垫好保护层，安装时不得用铁撬垫在模板上撬。

4）在模板面用电焊钢筋、钢管及电线管时，在施焊处的模板面要用薄钢板垫底，防止焊渣溅落在板面。安装各水电管，板面钻孔时应严格按图样放定位线，一经钻孔则该板应进行编号，定位翻转上一层使用。

5）浇筑混凝土要求规范操作，严禁在模板面翻拌混凝土。振捣时振动器不能碰撞模板和钢筋。浇筑20cm厚以内板混凝土用平板式振动器。

6）拆模要预先设计好拆模顺序。拆下的模板要由人接下地面轻放，严禁乱扔乱掷。脱模后立即修整，用腻子刀刮去浮浆，湿布擦净，刷脱模剂后归堆。

2.2　清水混凝土的浇筑

除对模板安装质量及原材料要求外，需专门编制浇筑技术和管理组织措施，做到措施周密、管理有力。浇筑时派经济管理人员指导，检查监督，同时采取如下措施：

(1) 在材料和浇筑方法允许的条件下，应采用尽可能低的坍落度和水灰比，坍落度一般为 (90±10)mm，以减少泌水的可能性。同时，控制混凝土含气量不超过1.7%，初凝时间6～8h。

(2) 清水混凝土原材料的控制措施：

1) 水泥：首选硅酸盐水泥，要求确定生产厂商、定强度等级、定批号，最好能做到同一熟料。注意不要选择带有粉煤灰的水泥，因为粉煤灰颜色比较深，浇筑后的混凝土墙外表面的颜色容易出现色差，会严重影响清水混凝土的质量。

2) 粗骨料（碎石）。选用强度高、5～25mm粒径、连续级配好、同颜色、含泥量小于0.8%和不带杂物的碎石，要求定产地、定规格、定颜色。

3) 细骨料（砂子）。选用中粗砂，细度模数2.5以上，含泥量小于2%，不得含有杂物，要求定产地、定砂子细度模数、定颜色。

4) 外加剂。可采用EA-1(2) 普通型减水剂，要求定厂商、定品牌、定掺量。对首批进场的原材料经监理取样复试合格后，应立即进行"封样"，以后进场的每批来料均与"封样"进行对比，发现有明显色差的不得使用。清水混凝土生产过程中，一定要严格按试验确定的配合比投料，不得带任何随意性，并严格控制水灰比和搅拌时间，随气候变化随时抽验砂子、碎石的含水率，及时调整用水量。也可以加一些防止气泡生成的引气剂。

(3) 清水混凝土振捣技术：除与一般混凝土要求相同外，还必须注意消除混凝土中气泡，实行分开浇筑，严格遵守操作程序，同时由专人在模板外侧或底侧适当敲击，排除混凝土表面气泡。为确保混凝土振捣时模板不变形，严格控制振捣延续时间。为此操作前进行详细技术交底，确定作业人员，实行定人定岗，分清职责，便于检查反馈。

(4) 拆模前进行技术交底，按与装模相反顺序拆模。拆模时用小木楔在模板与混凝土间楔入，使之逐渐脱离，注意边角的完整。

（5）清水混凝土表面处理方法：由于实行规范化施工管理，混凝土脱模后不会产生较大范围观感缺陷。如存在少量气泡和微小麻面，模板拼缝痕迹等，允许进行修整，其方法是：先凿掉或洗掉松散部位的水泥浆突出部位，然后用与构件同强度等级、同品种、同批号的水泥加胶粘剂配成专用腻子，对缺陷部位进行修补抹光。待一定强度后，用细砂纸对修补部位连同模板痕迹一起打磨抛光。重复几遍直至与原结构混凝土表面平整度、色泽光洁度一致时为止。

2.3 墙面保护剂

要想表现清水混凝土建筑风格的最佳效果，最重要的仍是混凝土墙体的浇筑、保养及处理。清水混凝土墙面最终的装饰效果，60％取决于混凝土浇筑的质量，40％取决于后期的透明保护喷涂施工。众所周知，混凝土表面吸水率较大，如不做任何保护，历经风吹雨打，混凝土在自然界的环境下会遭受来自阳光、紫外线、酸雨、油气、油污等破坏，逐渐失去其本来面目。混凝土也会随着天长地久而日趋被中性化和破坏，其表面效果将日趋污浊，影响观瞻。因此，对混凝土表面进行透明保护性喷涂，不仅能解决保护混凝土的问题，使其更加耐久，而且可以起到防止污染、保持清洁的作用，不会因为吸水而颜色变深。

外墙采用了防止潮湿变色的 AC 涂料新品种，并且采用了常温固化型氟碳树脂涂料，这样使清水混凝土建筑可以维持 10～20 年不被破坏。

2.4 保温层处理

清水混凝土如地处北方，则保温问题要求高。由于混凝土材料保温性能很差，本身就是冷桥。按保温层位置的不同，混凝土工程的保温方式分为外保温、内保温和中间夹层保温，由于清水混凝土表面本身的要求我们只能采用中间夹层保温的方式，只有这样才能保证内外表面的混凝土气质，符合美观现代审美的要求。清水混凝土墙中间夹厚度 30mm 的苯板做保温层。

从清水混凝土工程的设计、施工过程来看，在北方使用清水混凝土结构相对来讲质量要求更高，需要注意的问题也更多，由于目前清水混凝土结构在我国还属于新鲜事物，在北方更是少见，可借鉴的施工经验并不多。但是经过不断的努力和实践，所施工的清水混凝土工程达到了预期的效果要求。

15 高性能混凝土应用存在的问题及对策

高性能混凝土（HPC）在我国的推广应用还不普及，许多混凝土工作者和建筑施工人员对它认识不深，一般认为 HPC 就是高和易性、高强度和高耐久性，即所谓“三高”混凝土，或认为是掺有高效减水剂和掺合料、工作性满足泵送要求的高强混凝土，即 HPC 是对高强混凝土（HSC）的补充与完善，这种认识与理解是片面的。1998 年，美国标准局与 ACI 对 HPC 的定义修改为：“高性能混凝土是符合特殊性能组合与均质性要求的混凝土，采用传统的原材料和一般的拌合、浇筑与养护方法，往往不能大量地生产出来。这里所指的特殊性能为易于浇筑和振捣，不离析、早强、长期力学性能、抗渗性、密实性、水化温升、韧性、体积稳定性、恶劣环境下的较长寿命。”其定义明确了 HPC 与 HSC 的区别，而 HPC 并不一定高强，不像 HSC 那样可以用普通工艺制作。

1. 原材料的质量问题

材料品质优良、离散性小，是生产 HPC 最关键的先决条件。全国各地混凝土原材料的质量离散性均较大，粗细骨料的质量很差，是混凝土产品中最为薄弱的环节，也是混凝土质量低劣的主要原因。

1.1 水泥质量

目前国产水泥由于执行了新修订的同国标接轨的标准，大厂生产水泥的品质标准与发达国家相比，几乎没有什么差别。但生产控制不稳定，并有一定的质量波动，同生产厂不同批次水泥的离散性同样存在。由于工程建设需要追求水泥的早期强度，实行新标准的水泥细度过细，即提高了粉磨耗能，又降低了水泥与外加剂的相适容性，加重了 HPC 早期收缩开裂的趋势。

（1）矿渣水泥问题

新水泥标准规定矿渣水泥中矿渣的掺量为 20%～70%。实际生产中，矿渣的掺量大多数在 30%，很少能超过 50%，这是生产方式不合理及过分追求水泥粒径过细所致。现在矿渣水泥的生产几乎都采用水泥熟料，石膏与矿渣一起进入水泥研磨成细粉，即混合磨的制作方式。由于矿渣比水泥熟料硬度高，难磨细，造成矿渣水泥中矿渣的粒径较大，而熟料的粒径很细。水泥产品的细度越小，矿渣与水泥熟料的这种粗细差别越明显。由于矿渣颗粒在水泥中较粗大，因此其活性不能得到充分的发挥。如果矿渣掺量较多，水泥的早期强度则必然降低，不能满足水泥标准的要求。水泥生产厂为使产品质量达到优质，往往过分追求水泥的早期强度，不但水泥颗粒过细，同时减少了矿渣的掺量。

生产混合磨细的矿渣水泥，矿渣的掺入量是属于粗放式的，矿渣资源利用率低。特别是由于水泥的组成中水泥熟料与矿渣的细度存在一定的差异。因矿渣颗粒较粗，水泥配制出的混凝土容易泌水，抗渗性和抗冻性能会差。用混合磨细的矿渣水泥配制的 HPC，工程需要时还外掺入矿渣细料。这样从水泥生产到配制 HPC，需两次掺入矿粉。第一次由水泥厂控制进行，第二次则是试验室配制掺入。现在水泥生产厂并不会将水泥中矿渣的真正掺量及波动范围向用户报告，属于商业秘密。在这种情况下的商品混凝土集中搅拌站很难实现 HPC 的准确配制与及时调整，导致其性能的不稳定。

（2）水泥中的碱含量问题

用于配制 HPC 所需的水泥，应该是碱含量越低越好，含碱量高会造成与混凝土的适应性变差，影响到 HPC 的施工质量。

现行的水泥标准中，只规定了硅酸盐水泥和普通硅酸盐水泥有低碱含量的要求。对于大量生产使用的矿渣水泥，则没有低碱含量的要求。由于水泥生产企业对 HPC 的要求知之甚少，在矿渣水泥的生产中会忽视对含碱量的控制，按照规范标准常规组织生产，矿渣水泥中的碱含量会过高。

通过上述分析，应该采取以下具体控制措施：

1）水泥生产厂要严格控制原材料的质量，严格工序质量，稳定产品过程，将出厂水泥质量离散性降低。

2）水泥生产厂家要了解水泥细度对 HPC 质量的影响，适当降低水泥研磨的细度。

3）采取分开研磨方式生产矿渣水泥，分开是将掺入的矿渣与水泥熟料分别按粒径需要磨细，水泥熟料比表面积达到 300～320m^2/kg，矿渣用立磨研磨。其比表面积达到 420m^2/kg 以上，然后混合均匀配制成矿渣水泥，区别于混磨矿渣水泥。在分别磨细的水泥中，由于矿渣细度高于水泥熟料细度，提高了矿渣活性，可以较多地掺入矿渣细料，降低混凝土的泌水。如果重新考虑掺料方式，将两次掺入矿渣改为生产水泥时一次加足，拌制混凝土时不再另掺矿渣，实现水泥生产和集中拌制混凝土的一体化生产方式，则可以用少量水泥熟料，大量生产高掺量矿渣水泥，提高 HPC 的质量。

4）严格控制水泥中的碱含量，即使是生产矿渣水泥、火山灰和粉煤灰水泥，水泥厂也必须严格控制黏土和混合料的碱含量，加大力度降低水泥中的碱含量。

5）水泥厂要稳定混合料的粉磨工艺，尽量控制混合料的掺量准确性。如果掺量波动大应及时通知用户，以便于配制混凝土时调整配合比和外加剂及外掺合料的用量。同时，集中搅拌混凝土站应稳定水泥的货源，尽量采购新型干法水泥，不能采用小立窑生产的水泥。

1.2　粗骨料质量

粗细骨料质量低劣是造成国内混凝土技术落后的重要原因，

成为发展 HPC 的障碍之一。目前国内粗骨料生产绝大部分仍由分散的小采石场生产，采用落后的颚式破碎机破碎石块，石子形状不规范，针片状粒径含量多，小于 10mm 的颗粒多为针片状。造成粗骨料级配连续性差，石子间空隙率过大达 50%以上。用这样的粒径生产的混凝土，既浪费了水泥，又降低混凝土结构的抗变形、抗冲击韧性及耐久性。如果这种状况不改善，HPC 的推广应用存在较现实问题。

其实粗骨料粒形远比其自身强度重要，只要粗骨料粒形好，接近于等径颗粒，级配合理，用一般石子能生产出高强混凝土，原因在于混凝土中水泥石—骨料界面过渡区减小了，也就是最薄弱的环节减小了，混凝土的密实度和流动性也提高了。根据粗骨料的现状，第一，要先解决认识问题。如“石子差一些不要紧，只要多加点水泥就行，提高石子质量会增加混凝土的成本等”。这样水泥并未浪费，但是在混凝土中多用水泥也会带来一系列质量问题，如混凝土的收缩开裂增大、水化热升高、徐变增大、耐久性下降等。虽然提高了石子质量会使石子价格升高，但混凝土的质量提高了，水泥用量相应降低，综合衡量还是很值得的。

第二，集中搅拌的商品混凝土站能有自己的料石场，以利控制石料的粒径质量。务必除净石块上的表土和夹层土，用先进的反击式破碎机加工料石，或再用不同类型破碎机进行分级破碎，以改善石子粒形，减少针片状粒形。这样石子货源稳定，质量波动小，混凝土配合比也易控制。

第三，将粗骨料水洗。经过水洗，粗骨料表面及夹杂泥土洗净，更利于与水泥砂浆的粘结力，改善界面弱区。轻骨料经水洗还可起到内养护的作用，抑制混凝土的自干燥收缩开裂。

第四，集中搅拌商品混凝土站应有均匀骨料的设施，把来自不同货源的骨料进行均化后再用。

第五，石子要分级购进，级配优化后再上料。

第六，掺入适量石粉。石粉是石子与人工砂加工过程中产生的粉料，是一种混凝土泵送剂。在当前石子粒形不好、级配不合理尚难解决的情况下，在混凝土中加入适量石粉，可减少胶凝材料用量，改善混凝土性能，又能有利于混凝土泵送施工。

1.3 细骨料质量

在我国许多地区，天然砂尤其是河砂资源已近枯竭，毁田挖砂现象也未得到有效遏制，人工砂行业尚未发展起来，砂已成为典型的卖方市场，其细度模数与颗粒级配已无法讲究。由于不同货源、不同批次砂子的细度模数相差太大，相差 0.5 并不罕见，合理级配又难以实现，由此导致混凝土单方用水量居高不下、浆骨比太大，加重了混凝土结构开裂的倾向。

解决细骨料问题的根本出路是政府扶持，大力发展人工砂产业。人工砂总是在固定场地生产，生产控制严格，其质量可以一直处于受控状态；人工砂可按国标组织生产，产品是稳定的、优良的。另外，人工砂可在生产过程中按照要求进行颗粒级配调整，这个优点是天然砂无法相比的。使用人工砂作混凝土细骨料，目前技术上已成熟，经济上也合算，特别适合于生产高性能混凝土、泵送混凝土和高强混凝土。自 2002 年 2 月 1 日起正式开始实施的国家标准《建筑用砂》（GB/T 14684—2001），已将人工砂正式列入建设用砂之列。从保护环境、改善生态、促进建筑业发展的角度出发，各级政府应制订优惠政策，各级行业管理部门做好规划，扶持企业建设人工砂生产线，鼓励商品混凝土多用人工砂。商品混凝土搅拌站若能创造条件，自建人工砂生产线，则是明智之举，应得到政府大力支持和帮助。

值得一提的是，人工砂在生产及使用时，不少人用水冲洗砂中的石粉，以使人工砂清洁。殊不知石粉不是天然砂中的泥粉，泥粉在混凝土中是有害成分，它严重影响水泥石与骨料之间的粘结力，导致混凝土收缩增大，密实度下降。而石粉是人工砂在加工前经除土处理，加工后形成粒径小于 75μm、其矿物组成和化学成分与被加工母岩完全相同的粉状物质，虽然呈粉状，但在混凝土中不影响水泥石与骨料的粘结，而且还能产生微骨料效应，提高混凝土密实度。另外，适量石粉还可作为混凝土外掺料，是一种良好的泵送剂，既改善混凝土和易性，又提高混凝土的泵送性能。因此，人工砂中掺有适量石粉，不但无害，而且有益。用水冲洗掉石粉，既浪费了水和矿产资源，又造成污染。经水冲洗后的人工砂反而颗粒级配不佳，质量下降。

另外，如无人工砂可用，可在混凝中掺入适量原状粉煤灰，以此改善颗粒级配，也不失为保证混凝土质量的有效措施之一。

1.4 高效减水剂质量

高效减水剂在 HPC 中的作用是，能显著降低混凝土的水灰比，增大混凝土的坍落度，赋予混凝土优异的施工性能和高密实度，是 HPC 中的高技术。我国高效减水剂技术取得了长足进步，除传统萘系高效减水剂外，还开发了不少新产品如聚羧酸系高效减水剂、蜜胺树脂系高效减水剂、氨基磺酸盐系高效减水剂等。这些新型高效减水剂在性能方面都具有一些特点，如减水率更高、混凝土保坍性好等，对于发展 HPC 起了一定作用。但由于它们的资源受限，价格太高，性能也不尽人意，推广应用受到限制，影响了我国 HPC 的发展。

再则，传统产品萘系高效减水剂因其具有广泛的实用性、与其他外加剂（如调凝剂、引气剂、抗离析剂等）的适应性好、使用经验多、经济效益高等优点，在目前乃至今后较长时期内仍将是我国高效减水剂的主导产品。但是，我国的萘系高效减水剂质量与国外先进水平相比，还有不小的差距。一是不少减水剂厂为降低成本，在生产原料方面用低纯度工业萘代替高纯（96%以上）工业萘，导致产品中杂质含量太高；二是许多小厂设备落后，控制手段不完善，缩合过程波动太大，产品质量难以保证；三是产品中硫酸钠及氯离子含量偏高，降低了产品质量；四是不同批次产品之间，质量波动太大，给 HPC 生产与施工带来不利影响。

针对上述问题，笔者认为：

(1) 当务之急是提高萘系高效减水剂质量。首先要加强行业监管力度，整顿外加剂市场，确保不合格原料不用于生产，陈旧落后的生产设备立即淘汰，迅速提高从业人员技术水平。二是通过改进合成工艺、改良分子结构以及复配等措施，提高产品质量，改善整体性能，扩大使用范围。

（2）从长远着眼，应加大混凝土外加剂科研力度，利用高新技术，努力开发资源丰富、利于环保、综合性能更加优越、价格低廉、符合我国国情的新型高效减水剂，并按照循环经济理念，将外加剂生产纳入生态产业链，促进 HPC 可持续发展。近期可加强研究，努力推广应用以聚羧酸系高效减水剂为主的新型减水剂。

1.5　掺合料质量

掺合料是 HPC 必不可少的第六组分，它的作用不仅是节约水泥，改善混凝土的流变性，更重要的是填充胶凝材料的空隙，参与胶凝材料的水化，改善混凝土的界面结构，大幅度提高混凝土的致密性和耐久性，还能赋予混凝土特殊功能，配制出功能混凝土。

目前，可用于生产 HPC 的掺合料品种不多，主要是硅灰、矿粉和粉煤灰。鉴于 HPC 是高密实混凝土，不少人认为必须掺用硅灰，因为硅灰极细，比表面积是水泥的一百多倍，具有极好的填充效应和早强效应。也有许多人认为，HPC 并不一定要高强，因此可不掺用价格昂贵的硅灰，而是掺用较为廉价的矿粉、粉煤灰等。认识不一致虽是正常现象。为便于推广应用 HPC，统一认识还是必要的。对于高强、超高强 HPC，目前必须掺加硅灰；对于中低强度等级 HPC，为降低成本，不必掺加硅灰，改掺其他价格较低、资源丰富的掺合料。

再者，硅灰资源十分有限，价格又昂贵，不利于高强、超高强 HPC 的推广应用，必须研发代用材料。有资料显示，煅烧高岭土是一种新型高级掺合料，其作用效果据说不亚于甚至超过硅灰。高岭土资源比较丰富，煅烧加工成本也不高，作为硅灰代用材料，发展前景广阔，应加强研究开发。

第三，矿粉和磨细粉煤灰作为中低强度等级 HPC 常用的掺合料。存在的主要问题是，不少企业采用球磨机粉磨，粉磨效率低，粉磨电耗高，产品质量波动大，价格居高不下，影响了商品混凝土搅拌站的技术经济效益，不利于 HPC 推广。改用进口立磨进行粉磨生产，是解决这一问题的有效途径。

第四，目前矿粉、磨细粉煤灰仍是钢铁厂、电厂的副产品，生产规模小，企业领导重视不够，产品技术含量不高。应将掺合料产业化，从钢铁厂、电厂中分离出来，进行大规模生产，就像新型干法水泥一样。

第五，不少混凝土厂家将符合国标 GB/T 18736—2002 的掺合料拿来就用，这种做法难免有些盲目。殊不知，掺合料与高效减水剂之间存在着一定的适配性，即相互适应性。适配性好，则有利于 HPC 的配制与施工，否则会导致失败。掺合料的酸性愈强、活性愈高、细度愈大，则它与高效减水剂的适配性趋向变差。反之，掺合料的碱性强、活性低、细度适当，则它与高效减水剂的适配性趋向变好。因此，在配制 HPC 时要合理选择掺合料种类，适当调整酸性掺合料与碱性掺合料、活性掺合料与非活性掺合料的搭配比例，并适当控制粉磨细度，以改善掺合料与高效减水剂的适配性，均衡、有效地提高 HPC 和易性、耐久性以及强度。

第六，不同品种掺合料进行复合，会产生互补优势，有利于提高 HPC 质量；将复合掺合料与复合高效减水剂再一次复合，配成 HPC 专用辅料，进行专业化生产，不但可以进一步提高质量，而且可以简化 HPC 生产工艺，应加强该项研究工作。

2. HPC 的生产

2.1 配比设计

开发商过分要求缩短工期，使得施工单位过分要求混凝土早强，导致商品混凝土生产商在进行 HPC 配合比设计时，往往使用高强度等级水泥并增加水泥用量，且少掺掺合料。这样做不但不能保证 HPC 的高耐久性，违背了推广 HPC 的初衷，而且有悖于加快混凝土绿色化进程。

其实，水泥强度等级越大，早强越高，水泥用量越多，混凝土早期开裂的危险越大。只要满足设计强度与施工和易性要求，水泥用量越少越好，掺合料用量越多越好，这是保证 HPC 耐久性和体积稳定性的关键所在。

2.2 拌制

HPC 具有良好的黏聚性，浆液比较黏稠，较难拌匀。立轴强制搅拌机难以满足拌匀要求，应选用逆流式或行星式搅拌机。

2.3 生产控制

HPC 对原材料变化和环境变化颇为敏感，及时调整生产工艺参数非常重要。例如，商品混凝土搅拌站用某水泥厂某品种水泥，所生产的 HPC 质量一直很稳定，突然有一批 HPC 发生几天不凝现象，而水泥是符合新国标的，无法追究水泥厂的责任。经分析，是这批水泥的 C_3A 含量降低了，而混凝土搅拌站未改变缓凝剂种类，也未调整缓凝剂掺量，这就等于是缓凝剂超量掺加，故出现几天不凝现象。再如，某工程浇筑了三块底板，前两块均正常，第三块浇筑后 10 多天，混凝土还未凝固。经分析，原来是突然而至的冷空气使气温下降 10℃，引起混凝土各原材料组分的温度均下降，浇筑时的混凝土拌合物温度明显降低，水泥水化减慢，掺有缓凝剂的混凝土的凝结时间对环境温度十分敏感，出现浇筑后 10 多天不凝也就自然在情理之中了。

3. HPC 的振捣

HPC 黏聚性好，浆液黏稠，在运输、浇筑过程中不易离析，捣实虽比干硬性混凝土容易，但比塑性混凝土困难。用插入式振动器振捣时，振动作用衰减加剧，易出现漏振和过振现象。拔出振动器时还较易出现局部离析现象，这些都需要施工人员予以高度重视，振捣点加密是完全必要的。

4. HPC 的养护

HPC 水胶比小，密实度大。当混凝土表面水分蒸发后，内部水分难以向表面补给。因此，浇完后表面极易干燥失水，产生塑性收缩裂缝，这比水胶比大、密实度小、内部水分容易向表面迁移补充的普通混凝土要严重得多。对此，目前施工人员尚缺乏认识，仍按传统混凝土养护方法进行养护，早期收缩开裂现象时常发生，使 HPC 失去了高耐久性，导致设计失败。

对待 HPC，必须及早覆盖和湿养护，这是确保 HPC 设计成功的关键措施之一。正确的养护方式是，要比传统混凝土适当提前覆盖湿麻袋或其他保湿物品，并不断喷雾，借助水分蒸发以尽量降低混凝土的温峰，防止早期开裂；当环境温度与 HPC 温度相差较大时，需要不断进行温度检测。当 HPC 达到温峰后再撤去湿麻袋并铺设塑料薄膜和保温材料，以减小 HPC 降温阶段结构内外温差。在 HPC 升温阶段覆盖塑料薄膜或浇水养护以及盲目延长浇水养护时间等“加强养护”的做法，都有错误的，会加剧 HPC 结构的开裂，白白浪费宝贵的净洁水。

5. 水泥与混凝土外加剂的“双向适应”

水泥与混凝土外加剂只有“双向适应”即相互适应，才能生产出满足要求的 HPC，保证工程质量。为此，水泥厂应在工艺技术人员中普及 HPC 知识，商品混凝土技术人员应加强业务学习，精通现代混凝土技术并掌握水泥工艺原理；商品混凝土搅拌站与水泥厂应建立协作关系，互派技术人员到对方学习，经常交流，及时提供与反馈有关信息，共同确定和实施水泥产品及水泥生产适应混凝土外加剂的技术方案，把促进 HPC 推广应用作为双方共同的事业。如若实现水泥生产——商品混凝土拌制——混凝土施工一体化经营，一家集团公司同时经营水泥制造、商品混凝土生产和混凝土施工，集团公司总工程师统一协调指挥，使这三个环节的信息畅通，政令通达，密切合作，那么“双向适应”问题则更易解决。

任何一门新技术、一种新材料的发展都要走过一段曲折的道路。HPC 在推广应用过程中出现一些问题，经过一些反复，属于正常现象，只要认真对待，科学分析，不断摸索，就会不断进步，推动 HPC 的发展。

16　高性能混凝土自身收缩的抑制措施

高性能混凝土的配制的主要技术措施包括增加胶凝材料、掺入活性矿物如硅粉、矿渣细粉，添加超塑化剂降低水胶比等方法。低水胶比和高活性细掺料的较多掺入，促使高性能混凝土的硬化特点与内部结构，同传统的普通混凝土相比存在一定差异，所带来的是容易开裂及体积稳定性差。混凝土结构的开裂将导致结构的渗漏、钢筋锈蚀、强度降低、耐久性差，影响建筑物的安全性能与使用寿命。高性能混凝土在国内的应用时间不长，但早期裂缝问题成为制约在工程中广泛使用的重要因素。研究资料表明，混凝土的自身收缩和温度收缩是引起高性能混凝土早期裂缝的主要原因。对于混凝土的温度收缩开裂及预控方面的研究介绍较多，可供高性能混凝土的应用参考。相比之下，介绍高性能混凝土自身收缩的研究较少，特别是抑制自身收缩的资料更少。本文通过理论及实践探讨抑制高性能混凝土自身收缩的技术措施。

1. 自养护抑制混凝土的自身收缩

自养护是指混凝土水化过程中，某组分内的水分供给未水化颗粒或矿物掺合料，使混凝土能继续水化硬化的进行。理论上轻质多孔集料和多孔活性掺合料具有自养护的功能。掺用自养护组分的混凝土含有水化产物中的微管系统与掺合料或集料中微孔系统，按水分的供给形式将自养护可分两类：第一类是供水体系的孔隙比较粗，混凝土内部产生自干燥现象时，毛细管作用下水分向水化部位迁移而使该部位继续水化；另一类是供水体系的孔隙比水化产物内部的毛细孔细得多，不能产生毛细管水迁移现象，而供水体系自身参与水化反应的形式，将其内部的水分释放出来，供给体系继续水化。它们的共同特点是：先吸收较多的水分，再向水化部位释放水分。

现在常用的多孔陶粒等轻质材料浸水饱和后作为骨料掺入混凝土中，在不影响混凝土拌合物流动性的同时，将其内部粗大孔隙的水分供给水泥石体系。一方面促进胶凝材料的进一步水化，另一方面可减少因水化引起的内部湿度的减少，进而通过供水作用来达到自养护、抑制自身收缩的目的。对于混凝土强度要求较高的高性能混凝土，浸水多孔骨料与普通砂石骨料按一定的比例使用。在保证不影响强度的前提下，可以有效地抑制混凝土结构的部分自身收缩。

沸石粉等多孔活性掺合料内部含有很多的微孔，在浸水时可吸收较多的水分。因此，对浸水饱和的沸石粉作为掺合料掺入到高性能混凝土中，通过沸石粉自身的活性参与水泥的水化，将其内部的水分释放出来，减少水化引起的水泥石内部的自干燥程度，进而通过供水体系自行参与水化反应作用，达到减少体系自收缩的目的。沸石粉的高活性不会降低混凝土的强度。

2. 掺粉煤灰抑制高性能混凝土的自身收缩

混凝土体积的自身收缩量大小取决于水泥石内部的自干燥程度、水泥石的弹性模量及徐变系数。混凝土的早期（初凝至1d）弹性模量低、徐变系数大，因此自干燥速度是决定早期自收缩的主要因素。粉煤灰虽然也是活性混合料，但是在水泥浆体中的水化速度极慢。因此，在相同的水胶比条件下，用粉煤灰代替部分水泥，相当于增大早期有效的水灰比。因此，粉煤灰可降低混凝土的内部早期自干燥速度，显著降低混凝土的早期自身收缩。粉煤灰的继续水化使水泥石内部自干燥程度提高，但是此时混凝土已有一定的弹性模量和很低的自徐变系数，因此，在相同自干燥程度下产生的自身收缩同早期相比要小得多。粉煤灰的这种作用称作“能量滞后释放效应”。

研究表明，水胶比为0.29、胶凝材料用量为550kg/m^3、粉煤灰掺量分别为0%、10%、20%、30%的高性能混凝土，28d的自收缩分别为273×10^{-6}、220×10^{-6}、163×10^{-6}、151×10^{-6}，可见自收缩随粉煤灰掺量的增加而降低。

3. 掺入外加剂抑制高性能混凝土自收缩

高性能混凝土可通过掺加外加剂的方法减小干燥收缩。其方法归纳起来有以下几种：①通过掺加减水剂降低单位用水量的方法减小收缩；②掺加有机收缩低减剂的方法减少收缩；③通过掺加具有膨胀性的外加剂导入化学预应力的方法补偿收缩。

3.1 掺加有机收缩低减剂抑制自收缩

混凝土的自收缩由毛细管负压$\Delta P=\dfrac{2\gamma}{r_0}\cos\theta$引起。毛细管负压$\Delta P$主要与临界半径$r_0$、表面张力$\gamma$有关。因此，降低水泥石内部水的表面张力可降低毛细管负压ΔP，达到减少自收缩的目的。

有机收缩低减剂原用来降低混凝土的干燥收缩。其作用机理是通过降低混凝土内部水表面张力的方法减小干燥收缩。从理论上完全可以用它来减小混凝土的自收缩。常见的有机收缩低减剂有丁醇、聚乙二醇、聚醚、低级乙醇环氧化物的衍生物等。正丁醇水溶液的表面张力与浓度的关系如图16-1所示。其他有机收缩低减剂也具有类似的性能。

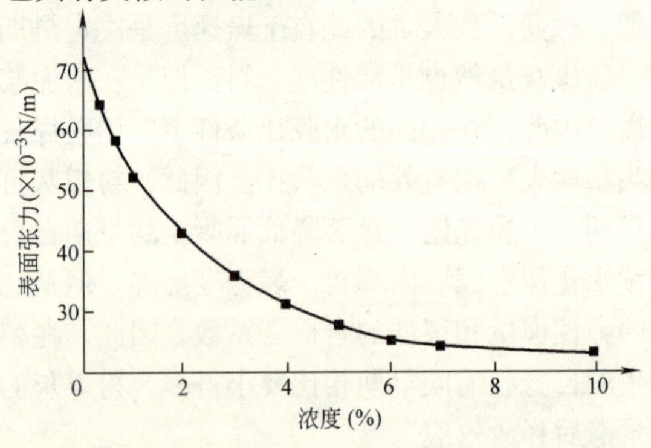

图16-1　正丁醇的浓度与溶液表面张力的关系

由试验中的高性能混凝土自收缩力学模型可知，混凝土的自收缩大小与表面张力成线形关系。如果有机收缩低减剂不影响水泥的水化历程和水泥石内部结构的形成，则掺入适量的有机收缩低减剂可显著降低高性能混凝土的自收缩。

3.2 掺加膨胀剂抑制自收缩

膨胀剂与水分反应过程体系的宏观体积发生膨胀。利用这种膨胀作用可补偿混凝土体系产生的部分自收缩。

膨胀剂按膨胀源可分为钙矾石类和石灰系列膨胀剂等。这两种膨胀剂在水泥浆体系中反应速度较快，早期具有较好的补偿收缩作用，但是后期膨胀剂的膨胀作用并不明显，而且早期其水化膨胀过程消耗大量的水分，因此后期仍产生自收缩。

钙矾石类膨胀剂的水化形成带有 32 个结晶水的钙矾石，其水化过程所需要大量的水。钙矾石类膨胀剂完全水化时，需要的水量占膨胀剂的比例最小值为$\frac{26H_2O}{3CaO+Al_2O_3+3CaSO_4+6H_2O}=0.5954$。石灰系列膨胀剂水化膨胀过程形成 $Ca(OH)_2$，水化过程所需要的水量占参加水化的膨胀剂总量的比值$\frac{H_2O}{CaO}=0.3214$。可见相对于钙矾石类膨胀剂，石灰系列膨胀剂水化膨胀过程需水量少，有利于减少后期的自收缩。为此，建议采用水化膨胀过程耗水量少的石灰系列膨胀剂，抑制高性能混凝土的自收缩。

图 16-2 是掺入 10%不同膨胀剂（E_1、E_2、E_3、E_4）的水泥浆自收缩测定曲线，其中 E_3 为石灰系列膨胀剂。掺入 E_1、E_3 的水泥浆自膨胀值 2d 就达到最大值，与其他品种的膨胀剂相比膨胀值小，分别为 250×10^{-6}、400×10^{-6}；2d 后开始收缩，相比之下 E_1 的收缩值要比 E_3 大得多，2d 到 4d 时掺入 E_1 的水泥浆收缩速度要比 E_3 小，但是 2d 到 120d 时掺入 E_1 水泥浆的收缩值高达900×10^{-6}，绝对收缩值为 500×10^{-6}。而掺入 E_3 的水泥浆 2d 到 120d 的收缩值为 400×10^{-6}，绝对收缩值仅为 100×10^{-6}。掺入 E_2、E_4 的水泥浆膨胀值较大，4d 时基本上达到最

大值，膨胀值分别为 500×10^{-6} 和 1600×10^{-6}；4d 后开始收缩，4d 到 7d 掺入 E_4 的水泥浆收缩速度要比掺入 E_2 的小，7d 以后两者收缩速度基本上差不多，掺入 E_4 的水泥浆 4d 到 70d 的收缩值达到 900×10^{-6}，而掺入 E_2 的水泥浆 4d 到 120d 的收缩值也达到 900×10^{-6}；70d 时 E_4 的绝对应变仍以膨胀形式表现，绝对膨胀值为 700×10^{-6}；120d 时掺入 E_2 的水泥浆绝对应变呈收缩，绝对收缩值为 450×10^{-6}。

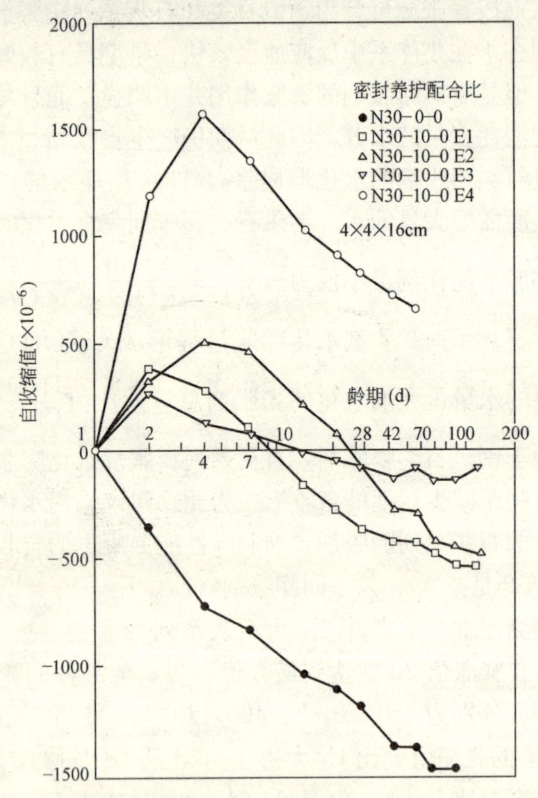

图 16-2　膨胀剂对水泥净浆自收缩的影响

从膨胀与收缩对高性能混凝土体积稳定性的影响来看，体系的大幅度膨胀与收缩均对混凝土的性能起到劣化作用。因此，上述的几种膨胀剂中石灰系列膨胀剂 E_3 较有利于改善高性能混凝土的体积稳定性。

4. 骨料与纤维对高性能混凝土自收缩的抑制作用

高性能混凝土中引起自收缩的组分是水泥石，因此混凝土中存在的骨料，约束水泥石的变形，降低体系的自收缩，其作用机理和干燥收缩相同。一方面骨料的掺入相对来说降低了水泥浆用量，另一方面自收缩引起的骨料弹性变形反过来抑制水泥浆的自收缩，因此混凝土的自收缩小于同尺寸水泥浆的自收缩。由此可知，骨料的体积含量与弹性模量对自收缩的影响很大。一般情况下，高性能混凝土的自收缩均随骨料体积含量的增加而减小，并且同配比的混凝土其自收缩随骨料弹性模量的增加而减少。

纤维对高性能混凝土自收缩的抑制作用也类似骨料，通过对水泥石自干燥变形的约束作用减少自收缩。考虑到高性能混凝土的自收缩早期（初凝至 1d）很大，而此时水泥石尚无很高的弹性模量，因此采用低弹性模量的聚合物纤维也可以有效抑制早期自收缩。高弹性模量的钢纤维或碳纤维不仅可以有效抑制早期自收缩，还有利于克服后期体系的自收缩。Paillere 的研究表明，高弹性模量纤维可以抑制高性能混凝土的自收缩。有关纤维抑制自收缩方面的工作尚需进一步深入进行。

5. 工程中早期养护对自收缩的抑制作用

混凝土浇筑后，水分通过胶凝材料的水化与向周围环境的散发等形式消耗。采取措施防止水分散发，可避免水分散发而引起的消耗，但是胶凝材料水化引起的消耗却无法避免。成型完毕的混凝土可供消耗的水分包括表面泌水和混凝土体系内部的水分。实际上水分消耗首先以表面所泌的水消失的形式表现出来，表面所泌的水消失完毕后混凝土体系内部的水分开始消耗。

高性能混凝土掺入高效减水剂和磨细掺合料后，拌合物的工作性能得到改善，不仅和易性好，而且泌水量少。因此，它不同于普通混凝土，没有较多的表面泌水量供体系消耗。表面泌水消耗完毕后，体系内部的水分消耗，在初凝前后对混凝土体系内部结构的影响并不相同。

混凝土尚未初凝时，通过拌合物的良好塑性，以宏观体积收缩的形式补偿水分消耗引起的绝对体积减小，因此在混凝土表面并不形成毛细管弯液面。

初凝后混凝土体系逐步失去塑性，水泥石的骨架作用使水分消耗引起绝对体积的减少，以形成孔隙的形式得以补偿。此时大部分毛细孔相互连通，而且毛细孔半径很大，因此水的表面张力可以克服毛细管壁的阻力向内部迁移，使混凝土内部的水分保持连续性。故在表面形成毛细孔弯液面，并且毛细管临界半径由大到小逐步变小。毛细孔弯液面对于孔壁产生拉力，使混凝土表面处于受拉状态。由于此时混凝土的抗拉强度非常低，极易产生表面裂缝和管壁裂缝，如图 16-3 所示。

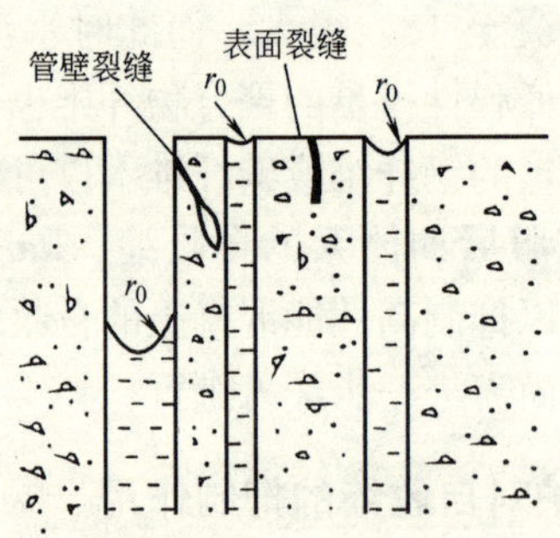

图 16-3　混凝土表面临界半径的形成与开裂示意图

水分的进一步消耗使临界半径不断减小，同时胶凝材料的水化使毛细孔不断细化和隔断。毛细管壁的阻力超过水的表面张力，使毛细管水间断，混凝土内部也开始产生弯月面。此时水分不能从表面向内部迁移，故即使表面进行养护，水仍对内部无法起到养护作用。毛细管负压在混凝土内部产生应力场，使混凝土收缩。

混凝土开始凝固时，表面尚未形成毛细管弯月面，故此时表面进行湿养护，可使养护水与毛细孔的水分连为一体，供给混凝土内部胶凝材料使之水化。混凝土的进一步水化，使毛细孔细化。当毛细管壁的阻力超过水的表面张力而不能继续向混凝土内部迁移时，这种水分的供给作用才消失。由此可见，早期供水作用可良好地抑制混凝土的早期自收缩。

如果初凝后没有及时养护，表面已经形成了临界半径为 r_0 的毛细管弯液面，则必须对养护水加以 $P=\frac{2\gamma\cos\theta}{r_0}$ 的压力，才能使水分进入毛细管内与管内的水连为一体。实际养护过程可利用蓄足够深度的水，使养护水的自重产生的压力超过 $P=\frac{2\gamma\cos\theta}{r_0}$，完成养护水与毛细管水的连接。开始养护的时间越晚，表面形成的弯液面临界半径越小，故需要外加的压力越大，养护也就越困难。当混凝土内部毛细管壁的阻力超过水的表面张力时，水分无法向内部迁移，因此，表面水分对混凝土内部无法起到养护作用。

用钢模板、木模板、塑料模板等进行施工时，与模板相接触的混凝土面，拆模前无法供水养护，而恰恰此时产生很大的自收缩。因此浇注高性能混凝土时建议采用可带模供水养护的内衬憎水塑料绒钢模板或透水模板。它们的共同特点是模板内衬的多孔材料可吸收大量的水分，同时具有憎水性而极易释放出水分，供给混凝土养护。因此，混凝土初凝后向内衬的多孔材料供应水分，达到养护模板内混凝土的目的。图 16-4 给出了通过饱水塑料绒养护高性能混凝土的示意图。

综上所述，必须重视高性能混凝土的早期养护，初凝后立即进行供水养护，模板宜采用内衬憎水塑料绒钢模板或透水模板。

6. 小结

(1) 利用轻质多孔集料和多孔活性掺合料的“自养护”作

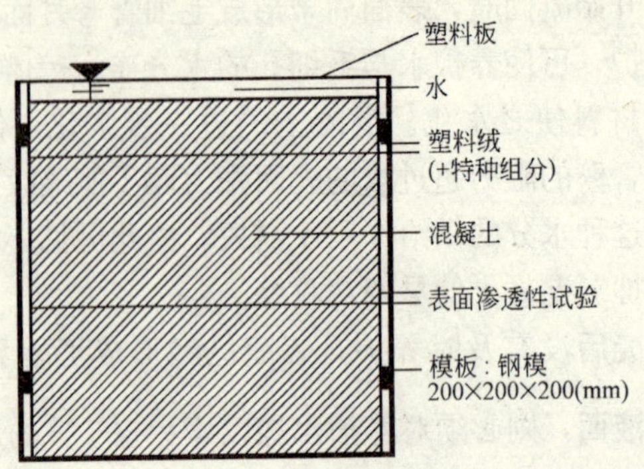

图 16-4　饱水塑料绒养护高性能混凝土的示意图

用，可以抑制高性能混凝土的自收缩。为了不损失混凝土的强度，可用浸水轻骨料替代部分砂石骨料。

（2）利用粉煤灰的自收缩“能量滞后释放效应”，粉煤灰掺量在10%～30%范围内，不仅不损失后期强度，而且还可以有效地抑制自收缩。

（3）理论上膨胀过程耗水量少的石灰系列膨胀剂，可以抑制高性能混凝土的自收缩。今后有待于研究可控制膨胀速度的膨胀剂，掺入混凝土中使膨胀剂的膨胀速度与自收缩速度大体保持平衡，可有效地降低混凝土体系的宏观体积变形。另外，目前常用的钙矾石类膨胀剂对高性能混凝土自收缩的抑制作用还有待于进一步研究。

（4）理论上有机收缩低减剂可以抑制混凝土的自收缩，但是它对水泥水化与水泥石结构的影响尚不清楚。今后有待通过试验研究可有效地抑制自收缩的有机收缩低减剂。另外，掺入纤维（钢纤维、聚合物纤维）可抑制高性能混凝土的自收缩，但是有关纤维品种、形状、掺量对自收缩的影响还用待于进一步研究。

（5）实际施工过程早期养护对高性能混凝土自收缩的影响很大。初凝后立即养护可有效地抑制高性能混凝土的早期自收缩，高性能混凝土的施工过程宜采用内衬憎水塑料绒钢模板或透水模板等。

17 高性能混凝土的密实性与耐久性关系

多年来，工程技术人员一直把追求混凝土的密实性作为提高混凝土耐久性的重要手段。在一般情况下，混凝土的密实度越高，耐久性应越好，这已基本成为混凝土工程界多数人的共识。然而在最近几十年来在混凝土施工过程中，随着高效减水剂和矿物掺合料的使用，使混凝土结构的致密孔隙细化，总体来看其耐久性能并没有以前的混凝土结构体那样耐久。这种不正常的事实不能不引起人们的深刻反思。特别是从20世纪80年代前后，发达国家出现混凝土的耐久性下降的现象比较明显和普遍。如美国各利州的桥梁破坏的速度比设计建造速度快50%，其中一些桥梁使用不到20年就不同程度的破坏状态，这些事实令人震惊。我们深知对于以通用水泥为胶结材料的混凝土，在正常施工条件下硬化的混凝土特别是高性能混凝土必然是一种毛细多孔体。因此，不充分考虑目前施工技术条件和施工性能要求，一味地追求尽可能大的密实度与尽可能小的孔隙率，实在是不可取的。从另外一个角度考虑，任何事物都具有正反两个方面双重作用，片面认为混凝土的密实度越大其耐久性越好、毛细孔径越大密实性越差，未免有失偏激。因为过细的毛细孔径与过粗的毛细孔径，即过大的密实度和过小的密实度对高性能混凝土的耐久性同样具有不利的影响。

1. 混凝土含湿度与毛细孔径及抗冻性能

混凝土中的孔隙可分为4类：即超微孔（半径 $r<0.005\mu m$）；过渡微孔（半径 $r0.005\mu m<r<0.1\mu m$ 也称微毛细孔）；大毛细孔（$10\mu m>r>0.1\mu m$）与非毛细孔（$r>10\mu m$）。当混凝土中的毛细孔半径 $<0.1\mu m$ 的时候，就会在孔内产生凝结现象，导致混凝土的吸湿性增加；而当其中的毛细孔半径 $>0.1\mu m$ 的时候，即可避免混凝土内部产生毛细孔凝结现象。因此，具有这种大毛细孔的混凝土不仅不会吸收空气中的水分，而且空隙内部原有的水分反而会进入空气中，导致混凝土排湿性的提高。

由于混凝土的吸湿性和排湿性即混凝土孔隙内部的含湿量存在，在混凝土的抗冻性和抗大气的稳定性能密切相关，所以过多的吸湿性和过低的排湿性必然会加剧实际使用环境中反复冻融对混凝土的破坏，同时腐蚀气体如空气中的 SO_2、CO_2 对混凝土的侵蚀。从这方面看，处于潮湿环境中的混凝土结构，只要不是浸于水中（大毛细孔的吸湿率虽然低，排湿率大，但吸水率相对高），其中的大毛细孔比微毛细孔具有更好的耐久性能。同时要指出的是：并非所有混凝土的大毛细孔的孔径越大越好，过粗的大毛细孔会使混凝土的孔隙率提高，结构强度和抗渗性能下降，同样更不利于混凝土的耐久性能。

另外，混凝土的超微孔中的水分因其冰点很低并且数量较有限，对水泥混凝土的抗冻性和抗大气稳定性能影响很小。在有腐蚀性气体存在的情况下，随着水泥水化产物 $Ca(OH)_2$ 在空气中的中性化，新的产物 $CaSO_4 \cdot 2H_2O$ 和 $CaCO_3$ 体积膨胀较容易填微孔的空隙，使结构更加致密，从而减轻和避免混凝土的中性化体积收缩，并抑制腐蚀性气体的进一步侵蚀。如存在于凝胶体内的水化物的碳化不产生收缩，而发生在毛细孔中的中性化反应则因孔径较大。在 $Ca(OH)_2$ 数量相同的情况下，反应产物体积很难充满其空间，难以避免个体收缩的发生和腐蚀性气体的更加侵蚀。因此细小的微孔，尤其半径小于 0.003μm 的超微孔对混凝土均属于无害的孔隙。这样的孔隙会更有利于提高混凝土的耐久性能。由此可知，关键是半径小于 0.1μm 的微毛细孔（过渡微孔）对混凝土的抗冻性和抗大气稳定性影响最大。这种孔隙既易吸湿又易结冰，使混凝土遭受冻害与腐蚀等多重破坏。

目前的高性能混凝土为了追求尽可能大的密实度和尽可能小的孔径尺寸，采用了较低的水灰比和磨细掺合料，使混凝土结构相对致密，孔隙尺寸更加细小。但从理论上来讲，水灰比的变化只能影响毛细孔孔隙率的变化，而与凝胶孔孔隙率无关。高性能混凝土因其高流动性的要求，很难使其内部的大多数孔隙均为无害的凝胶孔，只能使大多数孔隙由大毛细孔变为微毛细孔以及介于微毛细孔和凝胶孔之间的超微孔。如水灰比由 0.65 变为 0.35，水泥石的最可几孔径（出现几率最大的孔径）由 0.0105μm 和 0.210μm 变为 0.0045μm 和 0.055μm。又如水灰比由 0.5 变为 0.3，水泥石的孔隙率由 33%变为 18.9%。虽然混凝土的总孔隙率大幅降低，密实度提高，但却使其中的微毛细孔和半径大于凝胶孔的超微孔数量相对增多，大毛细孔基本消失。结果必然造成混凝土的吸湿性加重，而排湿困难。即使微毛细孔的绝对数量和体积不增加或有所减少，但因大毛细孔的绝对数量和体积显著减少，造成混凝土孔隙率的显著下降，仍然会使混凝土相对孔隙体积的含湿量保持较高的状态。同样，磨细掺合料和水泥的颗粒组成对混凝土孔隙结构和含湿情况的影响，也有相似之处。如笔者的试验表明：含有小于 5μm 细颗粒的普通水泥与分离出细颗粒后的普通水泥相比，硬化 28d 的水泥石在潮湿空气中放置 3d 的吸湿率增大了 20%～58%；而在干燥空气中放置 1d 的自然干燥速率降低了 28%～42%；具有明显的吸湿性增大和排湿性降低的双重作用。由于混凝土孔隙内部长期处于含湿量较高的状态，不仅极大地影响混凝土的抗冻性和抗大气稳定性，而且会加速混凝土内部钢筋的锈蚀、增大碱集料反应及其他化学腐蚀的破坏程度。因此，笔者认为相对较多的微毛细孔和较少的大毛细孔也即较大的密实度，导致混凝土孔隙内部含湿程度的提高，是目前高性能混凝土耐久性普遍下降的一个重要原因。

2. 毛细孔半径与混凝土自收缩及抗渗等性能的关系

目前，人们已经认识到高性能混凝土的自收缩是造成混凝土早期裂缝的主要原因之一。而自收缩幅度的大小主要取决于两种因素：一是混凝土早期化学收缩的大小，它是引起混凝土自收缩的主要原因之一；二是混凝土内部毛细孔半径的大小，它是影响自收缩幅度大小的重要条件。根据毛细孔压力计算公式可知：产生凹液面的毛细孔半径越小，形成的毛细孔压力越大，呈直线关系。混凝土由此产生的自收缩幅度必然相应增大。如 20 世纪 40 年代，Davis 就发现混凝土存在自收缩现象，但由于水灰比大、混凝土孔隙率高等原因，测定的自收缩值只有 (50～100)×10^{-6}。而目前的高性能混凝土由于水灰比低，混凝土毛细孔较细，测定的自收缩值可达 400×10^{-6}左右。在此应强调一下，毛细孔是指能产生毛细作用的孔（即能形成弯月面的孔）。不能产生毛细作用的凝胶孔等细小的超微孔不属于毛细孔，也不会产生毛细孔压力和混凝土的自收缩。高性能混凝土在采用低水灰比的同时，掺加了细磨掺合料。现有的研究中，硅灰、超细矿渣均有增大自收缩的趋势，粉煤灰有降低自收缩的作用。其中原因也有两个：一是硅灰和超细矿渣活性较高，二次水化反应速度较快，产生的早期化学收缩幅度较大，故造成了较大的自收缩；二是粉煤灰不但二次水化产生的早期化学收缩幅度较小，且含有较多表面光滑的玻璃微珠。在固相颗粒体积相同的情况下，具有相对较低的比表面积和颗粒之间的接触面积，故能形成较大的空隙体积和毛细孔孔径（注：粉煤灰有利于混凝土浆体粒子的紧密堆积，但不等于提高了混凝土的表观密度即密实度），从而减小混凝土的自收缩。

密实度较大的高性能混凝土由于具有较多的微毛细孔和较少的大毛细孔，毛细孔中的凹液面主要出现在微毛细孔当中，形成的毛细孔压力和自收缩幅度比普通混凝土大，再加上某些掺合料活性较高，二次水化产生的化学收缩幅度大，进一步加大了混凝土的自收缩，因而较易造成混凝土的早期开裂现象。尽管高性能混凝土的总体密实度大幅提高，本应具有更好的抗渗性，但由于混凝土早期裂缝的增多，反而使混凝土整体结构的抗渗性（而不是试块的抗渗性）受到了影响。因为对混凝土结构整体（如坝体）的抗渗性来讲，最主要的还是结构裂缝及其他水通道的影响。从这方面来看，采用适当的水灰比和掺合料，控制合适的毛细孔最可几孔径和混凝土密实度，使之不致过细和过大，不仅能减小混凝土的自收缩，而且能提高混凝土整体结构的抗渗性。

此外，由于混凝土早期自收缩裂缝的增多，不仅降低了混凝土的抗渗性，而且会进一步影响混凝土的抗冻性、抗大气稳定性、耐化学腐蚀性和钢筋的锈蚀等一系列与耐久性有关的性能。这是造成高性能混凝土耐久性下降的另一重要原因。

3. 结语

综上所述可知，混凝土中的微毛细孔数量越多，大毛细孔数量越少，混凝土孔隙内部的含湿量和混凝土的自收缩越大。笔者认为在目前的施工条件和施工性能的要求下，生产高性能混凝土时过度追求尽可能大的密实度和尽可能小的孔径尺寸，不但不能提高混凝土的耐久性，相反是导致混凝土孔隙体积的含湿量和混凝土自收缩过度增加，从而使耐久性下降的根本原因。因此，应当从根本上扭转高性能混凝土密实度越大、毛细孔半径越小、耐久性越好的习惯认识，以最佳的密实度和毛细孔孔径尺寸取代尽可能大的密实度和尽可能小的毛细孔孔径尺寸。而最佳的密实度和毛细孔孔径尺寸则应是在正常施工条件下，不增加或少增加混凝土孔隙体积含湿量和混凝土自收缩的最大密实度和最小孔径尺寸。在保证高性能混凝土耐久性的同时，兼顾它的强度和施工性能。

18　高性能混凝土的自由收缩与限制收缩

对高性能混凝土的收缩与限制收缩的研究表明，由于混凝土的早期开裂与混凝土的收缩密不可分，材料与工艺存在着许多影响因素。当收缩部分或全部受到约束时，混凝土内部的自由拉应力随之产生，混凝土在硬化早期表现为明显的黏弹性能，所以在这一拉应力作用下，混凝土也随之产生蠕变，混凝土的早期开裂取决于收缩和蠕变的综合作用。为此，对高性能混凝土的配制途径一般包括降低水灰比、掺加硅粉及其他矿物外加剂等。采取降低水灰比，材料表现出较大的收缩性，其中相当一部分是自身收缩。而高性能混凝土的自身收缩与干缩大体相当。水灰比分别为0.3和0.4的高性能混凝土，自身收缩的量分别占收缩总量的50%和40%。当部分或全部的收缩变形受到限制时，在混凝土内部必然产生拉应力。混凝土本身受这一拉应力的持续作用，当瞬间拉应力超过当时混凝土的极限抗拉应力的50%～60%时，混凝土最薄弱处即产生开裂。

1. 混凝土的收缩

1.1 化学收缩与自身收缩

混凝土的化学收缩是指水泥水化产物的绝对体积小于水化反应前水泥与水的绝对体积之总和这一化学现象。而混凝土的自身收缩是指在较低的水灰比条件下，由于水化反应的进行，使混凝土内部水分减少，混凝土内部孔隙的相对湿度降低（自干燥作用）而导致的混凝土宏观体积的收缩。该收缩不包括因水分减少、温度变化和外力作用而导致的收缩量。化学收缩由自身收缩和孔隙两个部分组成。因此，化学收缩和自身收缩存在着本质上的区别，尽管自身收缩是由化学收缩产生的，而宏观的体积收缩（自身收缩）要远比化学收缩量小。

1.2 自身收缩的测量

长期以来混凝土或水泥砂浆自身收缩测量方面存在着两种截然不同的方式：体积变形的测量和线性变形的测量。体积变形的测量是把新拌的砂浆置于一个弹性的密闭的胶囊，排出囊内的空气并把胶囊放于水中，经过观察液面的变化来测量砂浆体积的变化；而线性变形的测量是把混凝土或砂浆制成条形试件，变形的测量是在模具中进行，要求尽量降低模具与试件的摩擦，通过置于试件两端的线性变形传感器来测量线性变形。

两种测量方法有各自的优点与自身存在的不足。体积法的优点之一是测量可以在试件成型后立即进行，其测量的结果是体积的真正变化；其不足之处在于：如果试件与胶囊之间的空气排除不彻底时，将会影响到测量的准确性。而线性法的优点在于能够更直接地表征混凝土或砂浆的变形；其不足之处在于凝结前的体积变化不表现为线性变形，同时在凝结早期的试件可能无法克服与模具的摩擦而不产生线性变形。同时在材料相同、总变形一定的情况下，线性试件的长径比不同时也会影响到测量的结果。

1.3 影响自身收缩的因素

（1）水灰比。当水灰比减小时，混凝土的自收缩呈增大趋势，且自收缩发生的时间也要提前。

（2）水泥品种及矿物成分的影响。

铝酸盐水泥和早强水泥的早期与后期自收缩都较大；相反，中热水泥和低热水泥具有较小的自收缩。

依据不同品种的水泥在不同的龄期测得的收缩，我们可通过多元回归的方法得到如下式子来推测任一龄期水泥的自收缩。

$$\varepsilon_{as}(t)=-0.012\alpha(t)(\%C_3S)-0.070\alpha(t)(\%C_2S)+2.256\alpha(t)(\%C_3A)+0.859\alpha(t)(\%C_4AF)$$

式中 $\varepsilon_{as}(t)$——龄期为 t 时的自收缩；

$\alpha(t)$——水泥矿物在龄期为 t 时的水化程度；

$(\%C_3S)$——C_3S 含量，其他类同。

从上式可看出，C_3A 和 C_4AF 的含量较高，自收缩就越大。

（3）养护温度的影响。提高养护温度可明显加速混凝土早期的自收缩变形。但是，高温条件下的混凝土的最终收缩值并不比具有相同水灰比的混凝土在 20℃时的收缩值大，这与强度的发展规律有相似之处。

（4）矿物掺合料的影响。矿物掺合料，比如：硅灰、粉煤灰、偏高岭土、磨细矿渣等都对混凝土的自收缩产生影响。在5%～10%取代水泥时，偏高岭土的掺入会增大自收缩量。当取代量达到 15%～20%时，将会使自收缩减小。

硅灰掺入将大幅度增大自收缩的量。试验表明，掺入 10%

的硅灰可使 14d 自收缩应变值增大 1000 个微应变。

自收缩受粉煤灰和磨细矿渣的影响很小。

(5) 化学外加剂的影响。超塑化剂轻微减小混凝土的自收缩，但超塑化剂掺量对自收缩的影响甚小。

(6) 水泥细度的影响。水泥细度越细，混凝土所表现出的早期自收缩越大。

(7) 骨料含量的影响。混凝土的自收缩源自水泥浆，而并非骨料。所以，骨料的体积含量越高，混凝土所表现出的自收缩越小。

2. 限制收缩

对混凝土施加限制是研究混凝土早期变形特征行之有效方法，国内外普遍采用四种方法对混凝土施加约束。

2.1 钢棒约束

钢棒约束混凝土试件在日本被广泛采用。施加轴向约束的是埋设于试件中心的钢棒，试件长 1m，断面为 100mm×100mm。钢棒为一直径 25mm 的变形钢，表面做特殊加工，以增加与混凝土之间的握裹力。钢棒的中部的 100mm 加工成光滑的表面，并在表面粘贴应变计用于测量钢棒由于受压而产生的变形，中间部分与混凝土之间做隔离处理。这种约束方法的局限在于：混凝土的收缩变形只有部分受到了约束，同时钢棒受压所产生的变形在整个长度范围内是不均匀的，中部的收缩变形最大。

2.2 板型约束

N. Banthia 等人提出对混凝土的限制收缩试验可通过所谓的板型约束来实现。限制收缩试件的制备分为两步：①制备厚 40mm、强度为 80MPa 的混凝土板，板的表面可通过部分嵌入的粗骨料使其表面粗糙。该基层在 50℃的水中养护 3d，脱模后在空气中干燥 2h；②把有待考察的混凝土浇筑于基层的表面，放在控制温度、湿度的养护环境中。

在此试验中，混凝土的约束只来自底部，只能通过观察上部混凝土是否开裂来判断或预测混凝土在工程中的表现，对上部混凝土内部的应力状态无法量化。

2.3 环形约束

环形约束是另一种对混凝土施加约束的试验方法。在该试验中，混凝土浇在两个同心圆环的中间（图 18-1）。内层圆环通常是钢环，用于对混凝土产生的收缩施加反向约束；外层圆环可采用 PVC、薄钢板或其他材料。内层钢环的内侧粘贴四个互成 90°的应变片，应变片组与数据采集系统相连。混凝土中由于收缩被限制而产生的张拉应力可通过应变片的读数进行计算而得到。混凝土的开裂以钢环应变计读数的突然变化为标志。

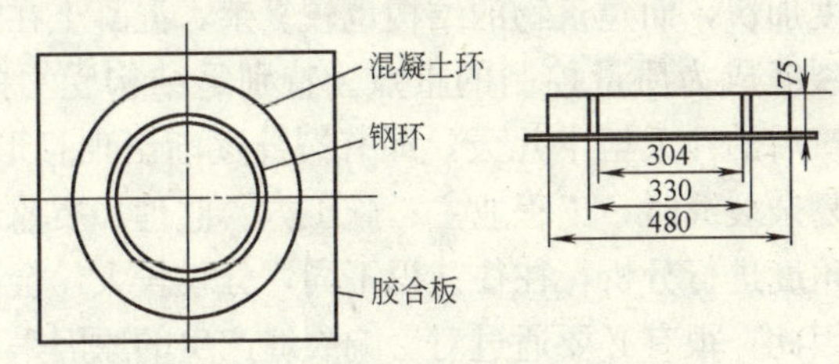

图 18-1　环形约束试验装置

不同的研究者所采用的环形试件的尺寸不尽相同，原理和计算的方法是一样的。

以上三种对混凝土施加约束的方法并不能使混凝土的收缩变形完全得到限制，钢棒、混凝土板以及钢环都会在外力作用下发生变形，所测得的或计算而得的混凝土应力、变形并非是混凝土在完全约束状态下的真实情况。

2.4 线性约束

A. M. Paillere，M. Buil，J. J. serrano 是最早尝试在完全约束状态下对混凝土的收缩变形进行研究的学者。所采用的设备装置通过微型千斤顶对混凝土柱体试件施加拉力，同时监控试件的长度变化以力争使混凝土试件的长度保持恒定，通过拉力计及数据记录系统记录不同龄期混凝土所承受的拉力。对拉力的测量从混凝土浇筑完成时就可开始。混凝土的自由收缩是在与之完全相同的装置上与限制收缩试验同时进行。试件一端固定，另一端自由，通过观测自由端的位移，计算得到混凝土试件的应变。

在混凝土试件被完全约束条件下，试件的长度始终保持不变，试件内部的应力呈现有规律变化的趋势。由此而导致的一系列力学现象都是在这一规律变化的外力作用下而产生的。

19　高性能混凝土施工阶段裂缝的控制措施

现在建筑工程对混凝土的强度及其他性能有更高的要求，由于施工速度加快，而建筑物的结构也较复杂，混凝土在施工中出现较多的裂缝成为质量控制的重点。特别是结构受力的重要部位，在浇筑后的几天至十几天，即有裂缝逐渐出现且形态各异。当出现较复杂裂缝时，工程业主、施工方、监理、质监部门从各自的不同角度进行分析，往往认识不同，分歧较大，会影响工程的进行。因此，很有必要通过对影响裂缝产生的原因采取综合分析，得到符合实际的处理意见，切实解决好施工期间的裂缝控制，使工程顺利进行，质量达到预期的目标。

1. 高性能混凝土施工期间出现裂缝的原因

1.1　混凝土自身特性因素

要了解混凝土在施工期间出现较多裂缝的产生因素，必须知道混凝土的特性。混凝土是一种完全的脆性材料，它的抗拉强度是抗压强度的1/10，只要外部受力或内部变形，受到约束时产生的拉应力大于混凝土的极限抗拉强度时，混凝土随之出现裂缝；混凝土又是一种胶凝性的复合材料，本身具有收缩的特性。其收缩可分为：塑性沉降收缩、干燥收缩、自身收缩，这些特性又为裂缝的产生提供了推动力。混凝土是由塑性状态逐渐发展成为固体，强度也不断增高。施工阶段正是混凝土处于塑性状态逐渐向设计强度发展的过渡时期，其极限抗拉应力也是一个变量。一旦外界扰动产生的拉应力超过当时的抗拉强度时，裂缝随即出现；在混凝土施工期间会受到各种外界因素的影响：如温度湿度的变化、拌合物水灰比的波动、原材料含水率、拌合物的运输、入模浇筑、振捣、模板材料及支撑刚度等多种因素的叠加与抵消，就会出现相同的配合比在不同的环境温度及结构中，裂缝的形态及分布也不尽相同，造成裂缝问题的因素更为复杂。

1.2 高性能混凝土的特点

高性能混凝土的特点是低水胶比，掺加磨细矿物掺合料和高效外加剂。对于高性能混凝土的配合比设计，尽管已采取了降低混凝土收缩的一些措施（减少水泥用量、控制砂率、降低水胶比）。由于使用了高效减水剂，大幅度降低混凝土中单方水用量，为改善可工作性能又掺入缓凝剂，混凝土的凝结时间延长了，如果此时混凝土表面因气温高干燥，表面自由水会急剧蒸发，塑性收缩裂缝就难以避免的出现了。高强度混凝土的胶凝材料总量一般在 600kg/m^3、水泥用量不超过 500kg/m^3。虽然有大量的矿物细掺合料加入，但骨料总量却低于普通混凝土，总体收缩量会加大；同时，还应考虑到由于水泥用量的增大，当结构厚度较大时，水泥水化热导致混凝土内部温度的升高，结构尺寸虽然未达到大体积混凝土的限度，但当混凝土内外温差超过限量的 25℃时，仍会产生因温差过大而出现的开裂。总之，在施工期间配制的高强、高性能混凝土出现裂缝的机率比普通混凝土大得多，这个特性必须了解清楚。

2. 高性能混凝土施工裂缝控制措施

2.1 结构设计要控制裂缝措施

当进行混凝土结构设计时，基础钢筋混凝土筏板、柱、梁的设计中对混凝土抗裂性能的处理一般比较完善，而相对于薄壁结构，在构造筋的配置上，还存在认识和经验上的较大差别。王铁梦教授提出：增加构造筋、提高抗裂性能，薄壁结构

(200～60mm）如墙、板、梁等，采取增配构造钢筋，使构造筋达到温度筋的作用，能有效提高抗裂性能，配筋应尽可能采用小直径、小间距钢筋，采用 $\phi8\sim\phi14$mm 的钢筋和 100～150mm 的间距是比较合理的。全截面配筋率不小于 0.3%，应在0.3%～0.5%之间。

从一些资料介绍表明：墙体混凝土强度等级 C40～C50、用泵送混凝土；墙体厚 300～400mm，按习惯设计构造筋分布间距在 200mm 以上时，垂直于地面的裂缝出现的机会相当地多；而当构造配筋间距小于 150mm 时，有个别施工单位为提高抗裂性能而在墙中部增设了钢丝网片，同样取得了防裂效果。对于梁高大于 500mm 的结构，也应适当增加构造措施，来提高梁的抗裂性能。

2.2 施工中对混凝土结构要保湿保温

对浇筑成型的混凝土结构要采取有效的保温保湿措施，利于防止裂缝的早期出现。对普通混凝土的养护因其强度等级不高，水泥水化热升高不明显，只有冬期施工时才有保温的需要，而高性能混凝土因胶凝材料用量较多，水泥强度等级高，常温条件下水化会出现明显的升温效应。为此，养护过程不但要注意保湿而且还要重视保温，才能有效防止混凝土早期产生的塑性收缩和温差引起的裂缝。在不同季节，不同混凝土强度等级，不同的混凝土结构，不同的模板材料，其保温保湿措施有明显的不同。总体而言，保湿条件对无膨胀剂的混凝土应至少大于 7d，对有膨胀剂的混凝土保湿应不少于 14d。保温条件一般是使混凝土表层和混凝土中心温差小于 25℃，因我国地域辽阔，气候变化大，各地区应根据当地当时的气温来决定保温、保湿的措施。

2.2.1 对大体积混凝土保温保湿措施

混凝土浇筑达到设计标高后，在相对湿度低于 60%条件下，应在 1～2h 内覆盖塑料薄膜，覆盖要严密，对于剪力墙柱有钢筋部位，应将塑料薄膜剪成条状或块状填入空间。在混凝土终凝后应覆盖棉毡，覆盖的厚度和时间应通过温度监控来指导作业，如混凝土中心温度在60～70℃，夏季用单层棉毡或麻袋即可，使混凝土表面温度达到40～45℃，满足规范规定内外温差小于25℃的要求。在冬期，虽然因拌合物温度下降导致混凝土中的最高温度下降，但因外界气温低，仍要盖二层棉毡或在棉毡上再盖一层塑料薄膜，形成空气保温层，有相当好的保温效果。保温的时限控制，应以中心温度降至与外界温度之差小于25℃为止。如西安地区，夏季外界最低温度20℃，则混凝土中心温度降至45～50℃，冬期外界最低温度可能到5℃，则混凝土中心温度则就应降至30～35℃，达到上述温度之时可结束保温作业。

保温措施中还应考虑的一个主要因素是降温速度的快慢。混凝土内部应力可以通过混凝土徐变作用予以降低，降温越慢，混凝土内部应力降低越明显，温差应力裂缝出现的可能性越小；降温速度过慢，又影响施工进度。

根据多年大体积混凝土施工质量控制的经验，认为对大体积混凝土中心温度日降温2～4℃是比较合理的，1.0～1.5m厚混凝土降温过程5～7d，2.0～2.5m厚降温过程10～12d，3.0m以上混凝土应采用内部水冷却系统降温比较合适；否则，降温时间将延长至20～30d，对后续工序的施工不利。

2.2.2 对混凝土柱和梁的保温保湿措施

对于厚度大于600mm、强度等级C40以上的柱和梁，因混凝土中心温度一般高于环境温度20℃以上，就应有保温保湿的措施，与普通混凝土的梁、柱混凝土施工最大的区别在于侧模拆除的时间应加以控制。不应认为，只要混凝土终凝后即可拆模。对厚度较大的柱和梁的温度监测表明，混凝土中心在浇筑后20～30h即可以达到最高温度。如果此时拆模，必然会使混凝土内外温差大于25℃，开裂可能性大增，应采用钢模板外保温，同时延长拆模时间一般到4～5d。也有采取混凝土终凝后几小时，混凝土在升温阶段快速拆模，立即用塑料布棉毡包裹梁柱侧面达到保温和保湿的效果，但后一种做法风险较大，如不能及时保温、保湿，仍会产生塑性收缩裂缝和温差裂缝。

2.2.3　现浇混凝土楼板的养护措施

因混凝土楼板厚度一般在80～200mm，水泥水化热效应不明显，内外温度不大，主要应以保湿养护为主，楼板面积大，空间宽阔。特别在天气炎热、有风的季节施工，对北方干旱地区，必须在抹平收浆后1h内覆盖塑料薄膜，混凝土终凝后即可浇水养护，保持表面湿润7d以上，可以避免塑性收缩裂缝的产生。

2.3　减小外界对混凝土扰动有利于避免早期裂缝的产生

高强高性能混凝土，通常掺有高效减水剂或缓凝剂，混凝土24～36h的早期强度比较低。此时，混凝土已无塑性，但强度很低；如若受到外界扰动，就可以形成不可恢复的裂缝。

2.3.1　早期施工荷载的扰动

地下室楼板通常层高4～6m，钢管支撑间距较大，再使用复合木模板，底模刚度不够。混凝土终凝后，有人行走作业或是材料搬运产生振动，都会造成楼板的变形形成裂缝。这类裂缝的特点是长度长，拆模后底部有明显裂缝，呈河流主流支流状分布，裂缝的交汇点即是受力集中点。预防的方法是：

(1) 加强模板体系的支撑刚度，层高在3m内钢管支撑间距应小于1.2m。如层高达4～6m，钢管间距应小于1.0m，而且应加剪刀撑，提高支撑体系的整体刚度。

(2) 预留试块现场养护，了解混凝土强度增长规律，找到满足施工进度要求强度的时间。

(3) 可在塑料薄膜上覆盖棉毡、麻袋，提高混凝土养护温度，加快强度发展，提高混凝土抗拉强度，可减少裂缝产生。

2.3.2　早期钢筋振动形成顺筋裂缝的主要原因

此类裂缝的特点是：裂缝宽度0.5～1.0mm，裂缝分布基本与钢筋位置相对应，裂缝深度仅达到钢筋部位，不再向下延伸。

其成因是混凝土初凝后，钢筋受振动（振动棒较长时间与钢筋接触，振动传递到已初凝混凝土部分）。包裹钢筋的混凝土受振动产生离析，加上保护层厚度薄，水分集中蒸发而留下裂缝。

预防顺筋裂缝产生的措施：

（1）振捣时严禁将振捣棒插在钢筋网片上；

（2）泵送混凝土的泵送管道应与钢筋网片分离，减少钢筋网片的晃动；

（3）条件许可时，在混凝土终凝前二次收面，消除已形成的裂缝。

高强高性能混凝土在施工期间，产生早期裂缝的原因是复杂的，除严格控制混凝土自身收缩外，还应通过设计、施工、养护等各个环节进行有效控制，采取综合治理的措施，能够避免大部分的裂缝产生。

20　高性能混凝土用水量的控制问题

在混凝土的配合比设计和施工中，用水量是一个重要参数，直接影响到混凝土的强度、工作性及耐久性问题。美国阿伯拉姆斯著名的水灰比定律早已指出：在一定的混凝土组成材料和试验条件下，只要混凝土是可塑的，混凝土的强度则取决于拌合用水的数量。

混凝土的工作性主要包括：流动性、可塑性、稳定性和易密性。流动性决定分散系统中固相、液相的比率；可塑性是混凝土在外力作用下塑性变形的能力，与水胶比及浆体材料的含量有关；稳定性是指分散系统中固体的重力所产生的剪切应力不超过液相的屈服应力。稳定性良好的拌合料集料颗粒不产生大小分层和泌水现象；易密性是指混凝土拌合物在施工振捣中，能克服内部和表面的阻力，达到较理想的密实程度。工程实践应用表明，工作性良好的拌合物便于施工操作，并能获得均匀、密实的混凝土。

混凝土用水过多使自由水（游离水）、毛细水、凝胶水等蒸发性水量增多，增大了材料离析和泌水。同时，也增加了材料的空隙率，混凝土体积的稳定性亦下降，对混凝土的耐久性能有较大影响。对用水量的选择在《普通混凝土配合比设计规程》(JGJ 55—2000）中已作了规定。在一般情况下，当水灰比在0.4～0.8范围时，按粗骨料品种和粒径、施工要求的拌合物稠度，用水量可查表选取。而在高性能混凝土配合比设计中，多数水灰比小于0.4、坍落度也大大超出表的范围值。因此，对高性能混凝土的配合比设计，现在的普通混凝土配合比设计规程一些条文已不能完全适应。

随着科技的发展，应用现代混凝土科学技术而配制的高性能混凝土已开始用于工程施工中。高性能混凝土的广泛应用已经开始，众多的实践经验和论文中，对高性能混凝土的配合比设计都涉及用水量问题。国内混凝土的配合比设计用水量同国外相比，差距表现在单方混凝土用水量高出发达国家30kg/m^{3}左右。基于此，根据从事工程施工40多年的不同工程实践，浅述高性能混凝土的特征、最高用水量及理论计算、影响高性能混凝土用水量因素及调整问题简述如下，供工程技术同仁参考。

1. 高性能混凝土的一般特征

何谓高性能混凝土（HPC)，吴中伟院士认为：高性能混凝土是一种新型的高技术混凝土，是在大幅度提高普通混凝土性能的基础上采用现代混凝土技术制作的，是以耐久性作为设计主要指标的混凝土。针对不同的用途需求，高性能混凝土必须对混凝土的施工性、适应性、耐久性、强度、体积稳定性和经济性得到充分的保证。

为此，高性能混凝土配制的特点是低水胶比，用优质材料，除水泥、水、集料外，必须掺加足够数量的矿物细掺料和高效外加剂。

参照以上定义，笔者对高性能混凝土特征提出以下几点：

(1) 组成高性能混凝土的材料应在六组分以上，即水泥、水、细集料、粗集料、矿物细掺料、高效能复合减水剂等。

(2) 高性能混凝土强度等级可放宽到C30，凡设计强度等级大于等于C30的混凝土均可配制高性能混凝土，从而扩大高性能混凝土的应用范围，为提高我国混凝土耐久性创造条件。

(3) 高性能混凝土配合比设计中的三个参数较普通混凝土配合比设计应有一些变动与提高，即水灰比变动为水胶比，这是因为组成高性能混凝土材料之一的矿物细掺料多数为内掺，与水泥共同组成胶凝材料，而至今沿用的水灰比与强度的关系式同样也适用于水胶比与强度的关系。

(4) 高性能混凝土多数属于大流动性混凝土，因此，砂率一般较普通混凝土高，以适应现代混凝土技术的制作及施工工艺的要求。

(5) 为提高其耐久性，高性能混凝土的用水量应严格遵守“最小单位体积用水量定则”，只要混凝土拌合物能满足施工工艺对工作性的要求，用水量应尽全力降低。

(6) 高性能混凝土拌合物在进行常规的流动性检测中（目前，仍沿用坍落度试验方法检验其流动性），应注意观察其稳定性并检测其扩展度。稳定性好的混凝土拌合物，不粘结、不离析、不泌水，而扩展度可作为衡量其易密性的指标。

2. 高性能混凝土最高用水量及计算值

武汉工业大学北京研究生部陈建奎教授在“高性能混凝土(HPC)配合比设计新法”一文中，根据美国Mehta和Aitcin教授的观点，要使HPC同时达到最佳的施工和易性和强度，其水泥浆与骨料的体积比应为35∶65，故对高性能混凝土中浆体的体积V_e值取350L。在此基础上，根据浆体的体积与水胶比定则相联系，求得高性能混凝土配合比设计中用水量公式，即：

$$W=\frac{V_e-V_a}{1+0.335\left(\frac{f_{cu,0}}{Af_{ce}}+B\right)} \tag{1}$$

当混凝土含气量为2%时，则 $V_a=20L$。

设 $W/C+f=M$，则用水量公式可简化如下：

$$W_{HPC}=\frac{330}{1+\frac{0.335}{M}} \tag{2}$$

公式（2）计算得出的用水量所配制的混凝土拌合物坍落度大于等于200mm，故为最高用水量。当施工要求的坍落度小于等于200mm时，可按每减少20mm坍落度，用水量相应减少5kg。

按公式（2）计算得出的最高用水量详见表20-1。

高性能混凝土最高用水量（W_{HPC}）计算值（kg/m³） 表20-1

强度等级	C30	C40	C50	C60	C70	C80
配置强度(MPa)	38	48	60	70	80	90
水胶比	0.461	0.451	0.379	0.334	0.299	0.270
用水量	191	189	175	165	156	147

注：除C30采用32.5级普通硅酸盐水泥外，其他各强度等级均采用42.5级普通硅酸盐水泥，并考虑水泥强度富余系数1.13。

3. 影响高性能混凝土用水量的因素

影响高性能混凝土用水量的因素有水胶比、坍落度、碎石粒径及级配、砂的细度模数、砂率、水泥标准稠度需水量、水泥品种及水泥中掺入的混合材料的种类、环境温度、矿物细掺料的性能、高效能复合减水剂等。

由于诸多因素影响高性能混凝土用水量，而为了达到设计要求的高性能混凝土的强度、耐久性及满足施工要求的流动性，其用水量在不超过表20-1最高用水量限值的前提下，均由高效能复合减水剂利用其减水率及掺量来进行调整。因此，必须科学地确定高效能复合减水剂的掺量及减水率。

3.1 普通混凝土用水量 W_0

普通混凝土用水量可根据需水性定则或查表得出。根据需水性定则："在集料级配良好的条件下，当集料最大粒径为一定时，混凝土拌合物的坍落度（流动性）取决于单位体积用水量，而与水泥用量（在一定范围内）的变化无关。"

$$\text{其计算公式 } W_0=\frac{10}{3}(T+K) \tag{3}$$

式中 T——坍落度，cm；

K——常数；

碎石最大粒径——5～25mm 时，$K=53.5$；

碎石最大粒径——5～31.5mm 时，$K=50.8$。

3.2 水泥标准稠度需水量

水泥熟料的矿物组成、含碱量、颗粒级配及比表面积均在一定程度上影响水泥标准稠度需水量。特别是水泥熟料矿物中 C_3A 的含量，当 C_3A 含量大于 5% 时，标准稠度需水量大于 24%。

笔者将水泥标准稠度需水量为 25%时作为标准值，凡标准稠度需水量大于 25%的水泥，可按以下经验公式估算增加的用水量。即

$$W_1=C(N-0.25)\times 0.8$$

式中 C——每立方混凝土水泥用量，kg/m³；

N——水泥标准稠度需水量，%。

如为火山灰质水泥或水泥中掺有火山灰质混合材料，每立方米混凝土用水量应增加 10～18kg。

3.3 环境温度

在炎热条件下，混凝土拌合物的需水量随温度升高而增加，因此，所增加的需水量应考虑用减水剂的减水率去弥补。

其增加的需水量可用下列经验公式得出：

$$W_2=(t-20℃)\times 0.7\text{kg/m}^3℃ \tag{4}$$

式中，t 为混凝土处于高温季节施工时的温度（℃）。

笔者于 1987 年曾结合工程实践，对公式（4）进行过验证，详见表 20-2。

减水剂不同温度下的减水率 **表 20-2**

试验温度	外加剂品种	掺量（%）	W/C	W（kg）	减水率（%）	坍落度（mm）	试验日期
20℃	空白	0	0.485	195	0	35	87 年 5 月 15 日
20℃	DH4A	0.5	0.485	178	8.7	30	87 年 5 月 15 日
32℃	DH4A	0.5	0.485	186	4.6	30	87 年 7 月 20 日

注：DH4A 为缓凝减水剂，粉剂。

综上所述，考虑诸多因素对普通混凝土需水量的影响，混凝土总的用水量可用下式表示：

$$W=W_0+W_1+W_2+W_n \tag{5}$$

3.4 高效复合减水剂

作为高性能混凝土主要组成材料的高效能复合减水剂，为满足高性能混凝土对耐久性、强度、工作性及其他特殊要求，必须是多元复合的多功能减水剂。这种减水剂应具备以下性能：

（1）分散、减水作用强，按厂家推荐掺量的下限，减水率应大于等于 20%；

（2）能控制水泥初期水化过程，延长诱导期，延缓坍落度损失；

（3）能调节混凝土凝结和硬化速度；

（4）有一定引气性能，能改善混凝土的孔结构，提高混凝土抗渗、抗冻融及耐久性等；

（5）含碱量低（小于等于 0.7kg/m^3）；

（6）对水泥的适应性（或相容性）好。

根据水灰比定则，由于高性能混凝土的强度等级的逐级提高，用水量将随着水胶比的降低而减少（详见表 20-1）。从表 20-1 得知，当混凝土强度等级从 C30 提高到 C80 时，用水量将从 191kg/m^3 降低到 147kg/m^3。因此，高性能混凝土用水量

W_{HPC}与普通混凝土用水量W存在较大的差值。即使不考虑其他影响混凝土需水量的因素，W_{HPC}与W_0的差值也十分明显。

例如，普通混凝土，使用5～25mm碎石、中砂、坍落度等于200mm时，按公式（1）计算，$W_0=245kg/m^3$；而高性能混凝土，即使是C30，$W_{HPC}=191kg/m^3$；$W_0-W_{HPC}=54kg/m^3$。

因此，为求得较高的减水率，必须加大高效能复合减水剂的掺量，其掺量将随水胶比的降低而提高。

由于高效能复合减水剂的减水率与掺量具有一定的相关性，因此，各施工单位可根据使用的高效能复合减水剂的品种及施工时所选用的水泥进行室内混凝土试验，建立其掺量与减水率的关系式，以具体指导施工。

高效能复合减水剂在应用于HPC施工时的减水率P，可按下式求得：

$$P=\frac{W-W_{HPC}}{W}\cdot 100\%$$

4. 小结

（1）高性能混凝土用水量的最高限值，可根据水胶比按公式（2）计算得出。自密实高性能混凝土可在最高限值的基础上酌情考虑。

（2）用于高性能混凝土的外加剂，必须是高效能复合减水剂，其减水率按厂家推荐的下限掺量应大于20%。

（3）随着高性能混凝土强度等级逐级提高，用水量将相应降低，因此，高效能复合减水剂的掺量将相应增加，其增加值可根据施工环境温度、施工工艺及高性能混凝土组成材料性质，通过初步估算得出减水率并按关系式计算，然后经混凝土试配检验，从而达到科学地指导施工。

（4）高性能混凝土应以高耐久性及高工作性作为设计的主要目的，而其强度等级可从C30作为起点。

（5）高性能混凝土配合比设计中水胶比与强度之间关系式有待进一步研究与探讨。

21　高强混凝土非结构性裂缝形成原因及控制方法

混凝土是由固、液、气三相组合而成的非均质复合材料，成型后在温度、湿度等环境条件的影响下会形成肉眼看不到的微裂缝。高强混凝土与普通混凝土比较，存在水泥用量多、砂率大、坍落度大等3个特点。随着高强混凝土应用的日益增多，许多平面尺寸较大的全现浇梁板构件部位会出现一些非结构性微裂缝。据国内大量的调查资料总结，裂缝有如下规律：(1) 混凝土强度越高，流动性越大，沉缩量越大，越容易产生裂缝；(2) 裂缝一般发生在浇筑后1～3h，板面裂缝多在梁板交界处、厚度变化处、梁板钢筋上部。混凝土表面搓毛裂缝较少，表面压光裂缝反而较多；(3) 楼层越高，由于高空风速大且高强混凝土坍落度大，裂缝越不易控制；(4) 楼板厚度越大，裂缝越少。

1. 裂缝分类及原因分析

高强混凝土非结构性裂缝主要分为塑性收缩裂缝、干燥收缩裂缝、骨料塑性沉落裂缝、温度应力裂缝几类。

1.1　混凝土塑性收缩裂缝

混凝土塑性收缩是混凝土在塑性状态时表面失水过快造成的。新拌混凝土颗粒之间完全充满水，在高风速、低相对湿度、高气温等因素的影响下，水从浆体向表面移动，表面脱水，产生毛细管负压力。随着失水增加，毛细管负压力逐渐增大，产生收缩力。当收缩力大于基体的抗拉强度时，就会使表面产生塑性收缩裂缝。这类裂缝常发生在混凝土梁板或比表面积较大的墙面上，多在表面出现，形状不规则，长度、宽度、深度表现不一，呈龟裂状，一般长度大约0.2～2mm，宽度为1～5mm，深度30～50mm，但薄板构件如果混凝土使用含泥量很大的粉砂时则可能被穿透。施工时的气象条件是影响混凝土塑性收缩裂缝的主要因素。经验证明，在气候干燥和大风、高温季节，混凝土浇筑后不覆盖会很快开裂。据资料介绍，风速为16m/s时，混凝土中水分蒸发速度为无风时的4倍；相对湿度为10%时，蒸发速度为相对湿度90%时的9倍以上。如果将风速和湿度影响叠加，则可推算出此时混凝土干燥速度是通常条件下的10倍之多，平面尺寸较大的楼板上容易产生这种裂缝。

1.2 混凝土干燥收缩裂缝

混凝土干燥收缩是混凝土硬化后在较长的时间内由于水分蒸发引起水泥石干燥收缩而导致的。混凝土的水分蒸发、干燥过程是由外向内、由表及里逐渐发展的，在这个过程中会产生干燥收缩裂缝。由于混凝土中水分蒸发、干燥非常缓慢，产生干燥收缩裂缝多数在一个月以上，有时甚至一年半载，而且裂缝多在表面很浅的位置，裂缝细微，呈平行线状或网状。影响混凝土干燥收缩裂缝的因素主要有水泥品种、水泥用量、水灰比、骨料品种、砂率、外加剂、混凝土的养护等。比如使用石灰石为粗骨料的混凝土与使用砂岩为粗骨料的混凝土相比，可降低收缩20%～30%。

1.3 混凝土骨料塑性沉落裂缝

骨料塑性沉落裂缝是混凝土在浇筑时，在振动和重力的作用下，水泥浆上升，混凝土拌合物中粗骨料颗粒下沉，而这种塑性沉落裂缝是受到模板、钢筋及预埋件的抑制所引起的。这种沉落一般到混凝土硬化时停止。这种裂缝大多出现在混凝土浇筑后0.5～3h之间，混凝土尚处在塑性状态，混凝土表面消失水时立即产生，沿着梁及板上面钢筋的走向出现。主要原因是混凝土坍落度大、沉陷过高所致。另外，在施工过程中如果模板搭设得不好、模板沉陷、移动时，也会出现此类裂缝。

1.4 混凝土温度应力裂缝

水泥水化过程会产生一定的水化热，并且其大部分热量是在3d以内产生，混凝土是热的不良导体，内部水化热不容易散发，温度不断上升，而混凝土表面散热较快，使内外截面产生温度梯度。特别是昼夜温差大时，内外温度差别更大，内部混凝土热胀变形产生压力，外部混凝土冷缩变形，产生拉应力。由于混凝土此时抗拉强度较低，当混凝土内部拉应力超过混凝土抗拉强度时，混凝土便产生裂缝。影响混凝土温度应力裂缝的主要因素有水泥品种、水泥用量，外加剂、掺合料等。在实际施工中，截面尺寸较大的构件较易产生温度应力裂缝。

2. 混凝土裂缝的控制措施

混凝土的裂缝是不可避免的，其微观裂缝是由本身物理力学性质决定的，但可以通过合理调整混凝土配合比设计、提高混凝土生产质量、加强混凝土施工质量来控制高强混凝土非结构性裂缝的有害程度。

2.1 混凝土设计质量控制

（1）混凝土的合理设计首先是混凝土配合比设计。单方混凝土水泥的用量应合理，水泥用量大、用水量偏高，水泥浆体体积大、收缩大。混凝土水灰比是影响强度和裂缝的主要因素之一，水灰比大的混凝土，其收缩亦大，也就越容易产生裂缝，塑性沉落裂缝、干燥收缩裂缝都是由于混凝土单方用水量过大、混凝土过稀、坍落度过大，而且水分蒸发过快、过多造成的。因此，严格控制混凝土水灰比即严格控制混凝土的用水量是减少裂缝的根本措施。

（2）可以在混凝土中掺加钢纤维、碳纤维、聚丙烯纤维等来控制裂缝。纤维的掺入可以在混凝土中产生一种乱向的支撑体系，有利于提高混凝土的抗折、抗拉强度，能改善混凝土早期泌水性，阻止混凝土发生塑性沉降，从而有效地防止混凝土发生塑性收缩裂缝和早期干缩裂缝。

（3）结构设计应合理。板的设计厚度不宜过小，薄板比厚板易产生裂缝。楼板含钢率过小或含钢率不变而配置钢筋直径过大，钢筋间距过大会降低楼板抗裂性能，设计时可采用增配构造筋或小直径、小间距的配筋原则提高抗裂性能。全截面的配筋率应在 0.3%～0.5%之间。而且要重视构造钢筋的配置，严禁对构造钢筋的随意抽掉，特别是对于楼板更应注意构造钢筋直径和数量的选择。梁板构件断面突变或楼板开洞处易造成应力集中而开裂，设计时应尽量避免或在易产生应力集中的薄弱环节采取加强措施，在易裂的边缘部位设置暗梁，提高该部位的配筋率，提高混凝土的极限拉伸。

2.2 混凝土生产质量控制

混凝土具有很高的抗压强度和很低的抗拉强度，应严格控制混凝土原材料的质量，从而降低收缩应力和温度应力，减少裂缝的产生。首先，在混凝土生产时优先选用低水化热、低收缩量水泥，如中热硅酸盐水泥或低热矿渣硅酸盐水泥，在掺加泵送剂或粉煤灰时，也可选用矿渣硅酸盐水泥（几种水泥的熟料含量及水化热见表 21-1）。水泥的细度要符合国家标准，细度大的水泥易产生干燥收缩裂缝。

几种水泥的水化热 **表 21-1**

水泥品种	硅酸盐水泥	普通硅酸盐水泥	矿渣硅酸盐水泥	粉煤灰硅酸盐水泥	火山灰质硅酸盐水泥
熟料含量	>95%	>80%	25%～75%	45%～75%	55%～75%
水化热	大	较大	较小	较小	较小

其次，优先选用优质骨料。粗细骨料的含泥量应尽量减少（1%以下），含泥量大的砂石界面强度低、粘结力弱，影响混凝土的抗拉强度，易开裂。选用合理砂率，一般可控制在 38%～40%之间，砂率过大，不仅会影响混凝土的工作性能和强度，而且能增大收缩和裂缝。优先选用天然连续级配的粗集料，根据构件最小断面尺寸和泵送管道内径，选择合理的最大粒径，尽可能选用较大的粒径。例如，5～40mm 粒径可比 5～25mm 粒径的碎石或卵石混凝土可减少用水量 6～8kg/m^3，降低水泥用量 15kg/m^3，因而减少泌水、收缩和水化热。优先采用级配良好的中粗砂。实践证明，采用细度模数 2.8 的中砂比采用细度模数 2.3 的中砂，可减少用水量 20～25kg/m^3，可降低水泥用量 28～35kg/

m^3，因而降低了水泥水化热、混凝土温升和收缩。

最后，在混凝土中掺加适量的矿物细掺料和外加剂。粉煤灰及磨细矿渣在混凝土中具有形态效应、活性效应、微集料效应。因此，它能改善和提高新拌混凝土和硬化混凝土的性能，改善混凝土的和易性、降低混凝土泌水性，特别对于泵送混凝土可改善其可泵性，减少在输送管中的堵塞和分离，降低混凝土与管壁的阻力，延长泵机和管道的寿命。由于其可泵性的提高和泌水性降低，在相同坍落度情况下，混凝土用水量可降低，从而减少混凝土早期沉缩量，有利于裂缝的控制。具有减水、增塑、缓凝、引气的泵送剂，可以改善混凝土拌合物的流动性、黏聚性和保水性。由于其减水作用和分散作用，在降低用水量和提高强度的同时，还可以降低水化热，推迟热峰出现的时间，因而减少温度裂缝。根据具体工程特点，还可采用掺加 UEA 补偿混凝土收缩。

2.3 混凝土施工质量控制

不正确的振捣方式会造成混凝土分层离析、表面浮浆、混凝土面层开裂或使混凝土产生不均匀沉降收缩裂缝。所以，应加强混凝土的振捣，提高密实度。振捣要适宜，不过振、漏振，以混凝土振捣面无气泡冒出为宜。振捣混凝土时振捣棒移动间距400mm 左右，时间以 5～15s/次为宜，振捣时间过长，骨料下沉，混凝土表面砂浆层过厚，容易产生裂缝。浇筑混凝土时下料速度不宜过快。采用二次振捣技术，可以消除因塑性沉降而引起的内分层，阻断因泌水而留下的连贯通道，改善骨料界面结构，提高强度和抗裂性，对减少混凝土裂缝有利。在混凝土浇筑 1～2h 后，可对混凝土二次复振，可提高混凝土强度 5%～20%。根据天气情况选择浇筑时间，尽量避免大风和高温天气浇筑。如果在气象条件不好的季节施工，可在楼板混凝土浇筑后 1h 左右再进行捣固，其用意是待混凝土沉缩一阶段后，再振捣将其裂缝消除。混凝土除复振外可采用二次抹面技术，即在混凝土表面水基本收干前后，用木抹子磨平搓毛 2～3 遍，拍打液化混凝土，愈合裂缝。养护条件对混凝土的收缩影响很大，做好养护对裂缝的防治有很大作用。养护 14d 的收缩比养护 3d 的收缩降低约 20%。环境的相对湿度越高，收缩越小，许多构件所处的环境湿度波动很大，如最低 30%～40%，最高达 80%～90%。环境温度越高，风速越大，收缩越大，因此，混凝土成型后应有很好的温度、湿度环境，防止大风袭击和阳光暴晒造成表面水分急剧蒸发，形成上下部硬化不均和差异收缩，具体可采取人工喷雾、浇水养护，加大空气湿度，及时围护挡风等措施。例如，为避免风和日光的影响，宜在混凝土浇筑面周围脚手架上四面用苫布围好，再用塑料膜水平覆盖养护，避免楼板表面风吹日晒，保持板面湿润，防止水分蒸发，从而防止裂缝产生。

现浇构件模板及支撑过早拆除，会造成梁板构件开裂。施工单位应按构件类型、构件跨度、构件同条件养护试件实际达到的强度占设计强度的百分率，按规范规定的数值指导拆模。混凝土幼龄时期（常温下 1～3d）应防止脚手架、钢筋、模具等过早集中堆放在楼板上，特别是防止上述荷载冲击振动混凝土及模板支撑，造成混凝土裂缝。按《混凝土结构工程施工质量验收规范》规定，已浇筑混凝土强度未达到 1.2N/mm^2 以前，不得在其上踩踏或安装模板及支架。

3. 结语

高强混凝土，特别是在高强度、大流动性条件下，由于水泥用量多，单位用水量大，砂率高，产生裂缝的潜在危险大，对此必须引起足够重视。混凝土的裂缝是不可避免的，混凝土裂缝的形成是一个复杂的问题，裂缝的控制是一个综合性的问题，随着我们对混凝土裂缝的深入研究，材料科学的不断发展和建筑技术水平的不断提高，相信混凝土的裂缝会在我们的控制之中。

22　提高小城镇应用高性能混凝土的质量

发展建设小城镇是加快城市化进程的重要措施，而高性能混凝土是一种绿色的生态建材，能利用工业废渣，减少污染，对小城镇的生态建设与发展具有重要的长远意义。而当前小城镇在信息、能源利用、污水处理、建筑体系开发、智能建筑、住宅成套技术、新型节能建材利用等方面处于弱势，成为大城市转移落后材料技术、成套设备、污染项目的地带。小城镇的发展建设需要技术支持，更需要建筑材料的开发利用。

1. 高性能混凝土（HPC）

1.1 HPC的概念

HPC不同于高强混凝土（HSC），要求配制出能满足各阶段要求的特殊混凝土，在施工时工作性好，浇筑时不产生任何缺陷，且耐久性和强度均能达到要求。它应具备的特点是：

（1）高工作性：HPC在配料、拌制、运输、浇筑时有良好的流动性，不泌水离析，施工时能达到自流密实，坍落度经时损失小，可泵性好；由于有良好的可工作性能，保证混凝土的质量均匀，避免一些原始缺陷，提高施工速度和经济效益。

（2）体积稳定性好：在凝结和强度提高过程中体积稳定，水化热低；温差小，干燥收缩量低，硬化过程中不开裂，徐变小；结构密实，不易产生各种裂缝。

（3）高耐久性和强度：HPC必须具有良好的抗渗性和抗冻融性、抗腐蚀耐候性能。由于HPC结构致密稳定，可有效抵抗硫酸盐、氯离子介质的侵入，对碱骨料反应有抑制作用，使混凝土在恶劣的环境下具有较长的寿命；同时HPC具有早期及后期强度，可达到较高强度是HPC的重要特征之一。目前一些国家设计的混凝土寿命达200年，国内混凝土结构的设计寿命一般为50年。

1.2 绿色HPC及其应用

吴中伟教授对绿色HPC的定义：HPC是一种新型高技术混凝土，是在大幅度提高常规混凝土性能的基础上，采用现代混凝土技术及优质原料，在妥善的质量管理下制成；除水泥、集料、水以外，必须采用低水胶比，掺加足够的细掺料与高效外加剂。同时应保证下列诸性能：耐久性、工作性、各种力学性能、适用性、体积稳定性与经济合理性。对绿色的涵义概括为："节约资源能源，不破坏环境，更应有利于环境，可持续发展，既要满足当代人的需要，又要不危害后代人，满足其需要的能力。"绿色HPC的特征表现在：

(1) 更多地节约水泥熟料，减少环境污染和能源消耗。由于绿色HPC尽量减少了熟料用量，减少CO_2对大气的污染，降低资源与能源的消耗，并代之以工业废渣为主的细活性掺合料。据资料介绍细活性掺合料可代替60%～80%水泥熟料，水泥最后将成为少量掺入混凝土的外加剂。

(2) 更多地掺入工业废渣，改善环境，减少再次污染。HPC尽量多掺入工业废渣，以改善环境，保持混凝土的可持续发展。水泥中可代替熟料的活性细工业废渣掺合料的有：粉煤灰、矿渣、硅灰等。其取代水泥后不仅不降低性能，反而改善了混凝土的抗腐蚀性能和耐久性，成为性能稳定的HPC。

(3) 混凝土自身具备较高的流动性和密实性能，减少施工机械的噪声，减轻结构的自重，节省材料和人力资源，降低建设费用。

(4) 掺加多种化学矿物外加剂，提高混凝土的性能质量，以减小结构的外形尺寸，节约资源能源，尽量做到施工无缺陷，延长结构寿命。尤其是处于恶劣环境（如工业重度腐蚀、冻融、盐渍土、潮湿、海水条件）下的使用寿命。

掺入高效减水剂和超细矿物掺合料的HPC是现代对水泥基材的发展需要，高流动性和高耐久性能混凝土是发展的自身特点，自密实混凝土和高强混凝土是今后发展的需要。同普通混凝土相比，水灰比很低的HPC的性能更好、结构外形尺寸更小、体积稳定性更好、维修少、在恶劣环境下寿命长、耐久性好；轻集料混凝土的抗震性能和耐久性能是其他HPC无法比拟的，随着建筑的大跨度、更高层发展，为减轻结构自重而缩小断面，发展轻质、高强、节能的轻集料混凝土也是发展的趋势。

1.3 HPC 在工程中应用的现状

现在 HPC 的研究与应用技术在国内外已经成熟，国内建筑工程使用的混凝土强度等级一般在 C50 以下，C30 左右的混凝土最为普遍。在经济发达地区和城市 HPC 的推广应用较普及，在部分大城市、大工程中得到了应用，但 C30 左右的 HPC，在小城镇没有得到足够的重视和应用。目前混凝土的配合比设计、施工质量标准，包括对原材料的检验，主要是针对高水灰比的普通混凝土制定的，其结果与施工配合比中反映出的结果之间有一定差异。这些问题是影响 HPC 在小城镇应用的主要因素，绿色 HPC 的应用同时还受到建材市场的限制。

2. 小城镇建材市场运行中存在的主要问题

小城镇建设中的建材应用基本是在低技术水平下粗放型的外延式发展，建设中存在的诸多问题不仅与技术水平落后直接相关，更重要的是政府和行业统筹不足，使用者和生产者之间的对话处于一个不平等地位，制约了小城镇建设中新型建材的应用与推广。小城镇建材市场存在的问题主要表现为以下几个方面：

（1）推广新型绿色、节能建材缺乏政策和立法支持。建筑材料生产与使用方面的法律和制度不健全，高能耗、高消耗、高污染的材料充斥市场，严重影响生态环境和建筑、居住质量。

（2）新型建材应用结构不合理，专业化配套水平低。缺乏对新型建材应用的指导和推广机制，因为使用者缺乏对材料本身性能和使用方法的认识，造成不能有效发挥材料应有性能，使许多新型适用建材产品难以推广。

（3）缺乏对市场的严格监督，小城镇建材产品质量差。因为小城镇建设普遍存在建设范围广、建设规模小的特点，而且在小城镇缺乏专门的检测专门人才和设备，因此，建材产品质量低劣、以次充好现象比较严重。

（4）各级政府部门缺乏重视力度，投入不足，科技开发能力差，地域特色资源没有合理利用。各级政府部门没有相应的资金和政策引导科研、生产部门结合小城镇资源和环境特色进行有针对性的特色建材开发研究，造成地方资源的闲置浪费和建材产品长途运输的建设成本增高。建工、化工、冶金、轻工、农林、煤炭等部门缺乏协调，工业废渣没有得到综合利用。

（5）缺乏专业机构和组织加强小城镇建材性能与要求的指导，全民生态意识与环保意识不强。我国大部分小城镇地区经济欠发达，甚至刚刚解决了温饱问题，居住人口对生活质量的要求还没有达到生态适应性和环境安全的高度，造成环境污染和不可再生资源破坏现象的日益严重。

以上这些现象严重制约了我国小城镇建设事业的发展和小城镇人口生活质量的提高，必须制定切实可行的方案尽快加以解决。

3. 建立小城镇建材技术政策平台的建议

建立小城镇建材技术政策平台，是促进高性能混凝土在小城镇中推广与应用的重要政策保障。因此，要按照“五个统筹”的思想，树立全面、协调、可持续性科学发展观，深入研究小城镇建设战略，加强整体规划，制定具有针对性、可操作性的技术政策，供小城镇建设与规划主管部门和市场主体进行参考，规范小城镇建筑业发展对建筑材料使用行为，提升小城镇建筑质量与层次，促进小城镇的可持续发展。

3.1 完善法律、政策，促进新型适用建材应用

坚持“环保一票否决”的原则，制定市场进入许可制度，加强各项新型建材的立法工作，加大限制、淘汰落后技术、工艺和产品的政策力度，加强对伪劣产品查禁的执行力度，使新型建材的发展纳入从政策引导逐步转变到以法律、法规调控为主的轨道上来。对于符合国家产业政策、发展规划、投资导向，真正具有市场需求和良好经济效益、社会效益和环保效益的项目，给予一

定优惠政策支持。

3.2　建立以经济为杠杆的新型市场调节机制

小城镇建材生产与应用需要国家的宏观调节。但以往以产品性能和工艺为标准的市场准入制度存在着一刀切的弊病，已不能适应建材产品快速的更新频率和繁多的地区、品种差异。因此，建立一种以经济为杠杆的市场调节机制，通过地区专家委员会对每个产品的进行不同税率的审定，对低效能、高污染的产品提高附加税，对节能、环保、经济的产品降低税率。

3.3　建立建材应用指导体制

根据地域特色和科技发展，定期发布建材应用指导意见。

加强政策引导和宏观调控，防止低水平重复建设。坚持因地制宜原则和可持续发展经济模式，统筹规划，合理布局，有计划、有重点地扶持一批有条件的企业，以资产为纽带，以品牌为龙头，建立跨地区、跨部门、跨行业，符合专业分工又有规模经济的大型企业集团发展，成为“规模大、技术精、牌子响、效益好”的行业排头兵，成为具有国际竞争能力的大型企业。

3.4　建立有效的技术培训与推广宣传机制

在小城镇建立广泛的建材应用技术培训体系和宣传与推广机制，推广新型适用建材及其使用方法和应用技术。

要加强小城镇建材技术政策落实相关人员的培训。一要培养建材企业的领导干部成为高素质的经营管理者；二要提高工程技术人员和管理人员的科学理论知识和技术实践能力；三要大力提高工作的技术水平与工程质量。

要加强市场研究，注意市场动态，跟踪市场的变化，预测市场发展，随着消费水平的提高和消费需求的变化，不断更新产品，发展优质高档产品和“绿色建材”，提高产品的配套化水平。

3.5　建立完善的有形、无形建材市场和物流发展规划

建材应用的无序化很大程度上受制于小城镇建材市场的无序化，进而限制和影响了小城镇的建设发展，增大了政府和人民的负担。因此，在小城镇建立完善的有形、无形建材市场，并进一步根据每个地区的产业布局制定本地区的物流发展规划，将极大地降低小城镇建设成本，减轻居民负担。

3.6 建立、完善监督、检测体制建设

完善的监督、检测体制是小城镇建材应用规范化的重要保证。在我国，监督和检测机构基本上设在中心城市，小城镇中建材应用基本上是大型工程到大城市送检，小型工程靠商家的信誉和施工者的经验。同时，建设的审批和验收也存在着多头审批的现象。这种监督、检测体制的缺失，造成了建筑质量的可信度降低和新型绿色建材应用的受阻。

必须尽快在小城镇中建立完善的监督、检测体制，制定建材使用的规划审批、调整、修改的法律程序，明确应用的审批权限。

3.7 充分利用地方特色资源

小城镇周边农村和矿山、工业企业存在大量农作物秸秆、矿渣、工业灰渣等可利用生产建材产品的资源。在我国大中城市矿渣、工业灰渣等一般集中处理应用于建材产品。但在小城镇因这些矿渣、工业灰渣年产生量较小，不适合建立大型企业生产，所以一般采用自然排放的方法，而对大量农作物秆一般也只作为燃料使用，污染环境、占有农田，也极大地浪费了资源。地方政府应根据当地情况，扶持建立利用这些资源生产建材产品，变污染物、废弃物为可用之材。

4. 促进高性能混凝土应用与推广的支撑政策

(1) 形成“政府领导、部门负责、企业治理、环保监督、公众参与”的工作机制，建设小城镇建设与规划的网络平台，促进小城镇生态建设与小城镇生态建材的应用与推广。

(2) 建立政府宏观调控、市场主导、依法运行的小城镇建材市场自我调节机制。

(3) 形成法规健全、规范明确、监督到位的配套措施完整的

建材技术政策。

(4) 建立小城镇新型材料技术推广与应用平台，为高性能混凝土等新型环保、节能建材推广与应用提供信息服务与咨询。

(5) 依据小城镇的特点与建设质量要求，建立小城镇高性能混凝土技术指标指导意见，加强对高性能混凝土的配合比设计与应用指导。

(6) 建立健全小城镇科技示范的推广研究、技术促进机制，引导与推动高性能混凝土的推广与应用。

(7) 成立政府领导、有关部门参加的国家绿色建材协调领导小组，建立“建材、建工、化工、冶金、轻工、农林、煤炭”等部门协调配合、工业废渣综合利用的绿色、生态建材生产与使用通道。

(8) 建立与实施环保“绿色”标志认证制度，对符合绿色标准的产品，由绿色建材标志认证委员会发给“绿色”标志证书，方可在市场上流通。

(9) 实施“环保一票否决制”，确保投资建厂、新材料生产、使用、建筑工程施工等方面对环境与资源的保护。

(10) 发挥地方资源特色，合理利用地方资源及工业废渣、农作物物杆与建筑废弃物，建立产品结构合理、基础设施配套、技术水平先进、管理体制完善的小城镇建材生产与应用体系。

5. 综述

小城镇中高性能混凝土的推广与应用是一项系统工程，要与社会经济发展目标相结合、与产业发展和经济结构调整相结合、与资源的合理利用和配置相结合，要顺应国内外新材料与新技术的发展趋势与整体态势，更要依托国家宏观政策的制定与小城镇发展的整体规划，依靠科技示范促进机制来推广。政府部门要发挥宏观调控的能力，应用市场经济手段，通过法律、经济、行政措施，不断完善法制建设，制定切实可行的技术政策，加强技术研究与开发的投入，并加强监督、检测力度，通过科学的评价体系规范市场行为，建立新型建材应用与推广的信息平台与网络平台，创造良好的市场环境。这对于小城镇推广与应用高性能混凝土等新型生态建材，促进小城镇可持续发展都具有十分重要的意义。

23　预拌混凝土的质量通病及防治措施

集中搅拌混凝土的应用已有多年，但存在的质量通病依然影响到工程施工质量，现就近些年施工实践和在不同工程中的应用问题，浅述通病存在的原因及防治的一般方法措施。

1. 混凝土裂缝

集中搅拌混凝土也就是商品混凝土，最大的质量问题是裂缝的问题，特别是梁、柱、板裂缝始终是较难彻底解决好的。

1.1　沉降收缩裂缝

预拌混凝土早期沉降收缩裂缝往往出现在梁、柱、板构件浇筑后的几个小时内，许多缝是沿钢筋走向开裂，长度从几厘米至几米不等，宽度 0.1～2mm，甚至 5mm 宽的贯穿裂缝也会出现。产生裂缝的主要原因是板面上钢筋保护层过薄，混凝土水灰比大，拌合用水过多，坍落度偏大，浇筑后沉降收缩导致产生较多裂缝。

在正常施工中，预防此类裂缝产生的主要方法是：控制配合比和水灰比，严格搅拌用水量。在达到可以泵送的条件下，尽量降低混凝土的砂率；在满足强度不受影响的前提下，尽量减少水泥用量，采取加外掺合料和外加剂措施，保证施工的正常进行，且质量也能得到可靠保证。

1.2　干燥收缩裂缝

北方地区春季风大且多，夏季干旱高温，空气湿度相对很低。由于环境因素，混凝土表面水分的蒸发是急速的，形成较大的混凝土内外温差梯度，混凝土表面在很大的拉应力作用下而拉裂，这种裂缝上宽下窄，尤其浇筑板面混凝土时最为普遍。

预防和控制干燥收缩裂缝出现的措施是：

(1) 改变传统的养护时间观念，混凝土浇筑后及早进行养护，减少内外的温差梯度。预拌混凝土对环境温度的敏感程度比现场搅拌混凝土要高得多，养护时间也要大大提前，这是预防混凝土干燥裂缝的主要措施。根据多年施工的观察和摸索总结的办法是，在混凝土浇筑振捣后，立即用压力水向上部空间喷淋水雾，加大空气湿度，保持混凝土表面湿润状态。此时无论如何不能使混凝土表面裸露在干燥空气中，立即在表面覆盖塑料薄膜也是可以起到保湿效果的。但往往由于局部收压或放线等原因影响，表面覆盖材料有时不能及时或存在一定难度。当混凝土表面初凝开始（用手按无手印）收水时，板面混凝土即可开始浇水养护保湿。混凝土表面变色终凝时，要进行蓄水养护。这种养护方法不少于4d，因为4d以后水泥浆体中的毛细孔被水化物填充的部分孔径变窄，水的蒸发速度减弱，对干燥的敏感程度降低，但浇水养护不能停止，坚持养护到规定时间。

(2) 适时“搓毛抹压”，抹压过早起不到消除早期裂缝的效果，过晚则混凝土已终凝搓不动，所以抹压必须在混凝土初凝后、终凝前的短时间内抓紧进行。抹压时第一遍应全面抹，第二遍重点寻找出现裂缝部位，用木抹子用力拍打，使表面液化愈合，最关键的是抹压的时间。

1.3 缓凝产生的裂缝

北方地区春季多风气温偏低，发现浇筑的混凝土缓凝无强度达几天时间，也产生一些缓凝的裂缝，在混凝土的表面一层硬化膜，表层下的混凝土未凝结，或人走上去发软，此类裂缝很难靠抹压达到愈合。对出现混凝土缓凝的原因分析主要是缓凝剂用量过多，尤其是采用了糖蜜类作为缓凝剂的，与柠檬酸、木钙类比较，在相同的掺量下，糖蜜的缓凝作用最大，会造成较长时间缓凝，掺用时剂量要严格控制。春季采用了糖蜜的缓凝剂混凝土表面接触阳光照晒处先凝结，导致浇筑的混凝土构件硬化速度、化学收缩不同而出现开裂。对此类裂缝用抹压拍搓愈合比较困难，较好的办法是用微膨胀水泥在终凝前，对裂缝处搓抹补平后及早覆盖保湿养护。

1.4　温差产生的裂缝

温度裂缝多出现在厚大体积的混凝土中，由于混凝土浇筑后的 3～4d 水化热释放出 50%以上，混凝土中部温度可达 70℃以上，而表面环境温度不到 30℃。若未采取有效的降温措施，导致混凝土内外的温差大于 25℃，因内外温差梯度过大而产生裂缝。因此，对大体积混凝土要进行热工计算，采用低热水泥、掺粉煤灰、矿渣粉、石块及冰块以降低其水化热，减小内外温差梯度。混凝土中最高温度（T_{max}）计算用如下公式：

$$T_{max}=T+C\cdot a$$

式中 T——混凝土入模温度，℃；

C——混凝土单方水泥用量，kg/m^3；

a——经验系数，如矿渣水泥 $a=0.1$。

为控制混凝土内外温差不大于 25℃，混凝土表面覆盖物的厚度应为：

$$q=0.5H\lambda_1(T_b-T_q)K/\lambda(T_{max}-T_b)$$

式中 T_b——混凝土表面温度，℃；

T_q——环境温度，℃；

λ_1——保温材料导热系数，W/(m·K)；

K——修正系数（1.3～2.0），视保温材料透风性能和风力而定；

λ——混凝土导热系数，W/(m·K)；

H——混凝土厚度。

施工单位根据测得混凝土表面及内部温度，确定表面是否需要覆盖保温材料以及保温材料的厚度。

混凝土裂纹应尽力在终凝前消除，一旦形成，最简易的办法是“无压注浆法”。具体步骤是：裂纹清理（可用气管风吹），待裂纹内部清洁干燥后，采用注射器将环氧浆注入（一般 3～4 次将裂纹注满）。如果贯穿性裂纹，应提前从下面用环氧浆加水泥和成胶泥，将裂纹底部堵塞，待其硬化后再从上部注浆。环氧浆可将裂纹密封，保护钢筋不锈蚀。

2. 混凝土速凝、假凝

混凝土搅拌后，在运输和泵送过程中，偶而可见假凝或速凝现象，严重者造成运输车或运输泵的损坏，造成速凝原因大概有以下几种：

2.1 速凝

水泥熟料加石膏共同磨细时，磨机温度过高，二水石膏脱水成半水石膏。这种半水石膏会造成混凝土速凝。

2.2 假凝

水泥生产时采用无水石膏，在外加剂掺入木钙溶液中，无水石膏吸附木钙能力很强，被吸附的木钙起了硫酸钙溶解的屏蔽作用，因而硫酸钙的溶解速度大大降低，水泥中 C_3A 不能充分与硫酸钙水化生成钙矾石，而直接与水生成水化铝酸钙，因而引起速凝。此外多羟基碳水化合物和羟基羧酸类外加剂也有与木钙类似的作用，造成混凝土速凝。鉴于以上原因，搅拌站在采用水泥时，应事先对水泥厂生产原料进行调查，不能采用无水石膏、半水石膏、磷石膏等配制的水泥。

3. 混凝土坍落度损失过大

混凝土搅拌后，经一定时间后，搅拌料逐渐变稠，流动性逐渐变低，称为“坍落度损失”。这将给泵送、浇筑等过程带来很大困难，或混凝土振捣不实，出现蜂窝麻面；或施工现场为满足泵送要求，随意在运输过程中加水，会造成强度和耐久性降低。

造成坍落度损失的原因是：

(1) 高温季节混凝土运输和现场等待过长，混凝土中水分蒸发；

(2) 混凝土早期水化，尤其是含 C_3A 高的水泥，水化消耗部分水分，气温越高水泥反应越快，坍落度损失越快；

(3) 新形成的水化产物表面吸附部分水分；

(4) 水泥生产采用硬石膏、磷石膏等，由于其溶解速度很慢，水泥水化早期 C_3A 在 SO_4^{2-} 不足的液相中水化，造成混凝土迅速稠化，坍落度损失。

解决坍落度损失的办法是：

(1) 采用与水泥匹配的缓凝剂。近几年来，随着外加剂技术的发展，保塑粉日趋取代木钙，其用量可随季节变化，大部分掺量大后，不会造成混凝土强度下降，而且一般不会造成混凝土成型后长时间缓凝，影响工程进度。

(2) 混凝土配合比设计时，考虑掺加微矿粉、粉煤灰等混合材，根据笔者实际考核，在北方地区，微矿粉混凝土早期强度较粉煤灰混凝土高，坍落度损失较小，取代水泥量大，比较适用。

(3) 混凝土中适量引气，不仅提高混凝土保塑性，而且可提高其耐久性、可泵性、抗冻性。

4. 混凝土离析

混凝土搅拌后其各组分相互分离，而造成不均匀的自身倾向，称为离析。混凝土离析后在泵送过程中易堵管、爆管，泵送到模板中结构易分层，上部出现砂浆层，造成柱、墙强度不均或楼板开裂。产生离析的原因是：

(1) 高效减水剂掺入过量，混凝土会产生离析，但不会缓凝；

(2) 混凝土骨料级配不良，石子过大；

(3) 搅拌用水量过大。

防止离析的办法是：

(1) 改善集料级配，适当提高砂率；

(2) 混凝土中掺入微矿粉或粉煤灰，提高胶结料保水性；

(3) 混凝土中适量引气，控制混凝土水灰比。

24 集中搅拌混凝土施工裂缝原因及预防措施

集中搅拌混凝土也称作预拌混凝土，是指在混凝土搅拌站集中拌制后以商品的形式供应到施工现场浇筑用的混凝土。其优点是：原材料集中、质量相对较稳定；配料计量准确、拌制自动化控制；施工机械化效率高；节省场地、环境污染小等。但是集中拌制的商品混凝土坍落度较大、砂率高、水泥用量多的特点，同时因拌制控制人员专业知识缺乏，经验少，所以造成集中拌制普通混凝土施工裂缝极容易产生的弊病。

1. 容易出现裂缝的主要原因

造成集中拌制混凝土裂缝的原因是多方面的，总体可分为混凝土自身原因和外施工因素，最常见的混凝土裂缝原因有以下一些。

1.1 混凝土自身特性的原因

（1）混凝土收缩出现的裂缝

组成混凝土的材料是粗细骨料、水泥、外掺合料、外加剂及水，经水泥水化后与骨料组成的水泥石。混合料在经过化学收缩、塑性收缩、干燥收缩和碳化收缩以后，总的收缩量约为0.04％～0.06％；同时，随着水泥强度的提高，细度和单位用量增加，混凝土的收缩值也进一步增大。也就是混凝土的自身收缩固有物理的特性产生的开裂是很正常的现象。

（2）混凝土干燥收缩裂缝

混凝土在浇筑后的凝结过程中体积发生变化。混凝土在干燥收缩而又受到外部的限制时，当约束力大于收缩力时即产生裂缝，造成混凝土干缩裂缝的主要原因是混凝土在硬化后内部水分的继续蒸发。

（3）温度引起的裂缝

厚大体积混凝土浇筑以后水泥水化反应产生大量水化热，内部热量很难散发出来，结构体内部温度最高，而表面外露部分散热很快，内外形成温差梯度。促使混凝土内部产生较大应力，表面为拉应力。当拉应力超过结构件允许的极限抗拉强度时，就会在表面薄弱处产生开裂，随着水化反应的减弱，混凝土内部温度逐渐降低，在降温过程中也会产生开裂，必须控制降温速度。

（4）塑性沉降引起的裂缝

混凝土浇筑过程中特别是墙板表面系数较大的结构体，经常会出现中间宽两端窄的裂缝，出现的位置一般在板面肋交接处、梁板交接处、梁柱交接处及结构截面的变化部位。这种裂缝产生的原因是混凝土浇筑时，在材料的自重作用下，粗骨料自身密度大出现缓慢的下沉，水及气体密度小被挤浮到混凝土的表面，形成塑性阶段粗细骨料分布不均匀，结构内部形成一些缺陷而产生裂缝。下沉越大表面浆水层越厚，由于缺少粗骨料而容易开裂。即出现均匀的沉降，因内部受钢筋的阻挡影响，骨料也会分布不匀，下沉使钢筋底面形成水及净浆，也会产生裂缝。

1.2 施工造成的原因

在混凝土浇筑施工的过程中，对混凝土或泵送混凝土的特征认识不全，由此产生的裂缝原因是：

（1）用插入式振动棒振捣混凝土时，造成混凝土浆的流淌、下移，从而形成局部石子的集中，也使某一区块成为砂浆层，在砂浆集中的部位强度降低、收缩量大而裂缝的产生也较多。

（2）因拌合料和易性差加水或过多掺用外加剂，改变了混凝土的水灰比和其他性能，不但大大降低了混凝土的强度，也使混凝土的泌水更加增大，泌水通道在混凝土中及表面形成软弱层。在失水后产生毛细孔收缩应力，增加了裂缝的产生。

（3）混凝土表面的覆盖保温及早期养护及时与否，不但影响混凝土的质量，而且更影响到混凝土收缩量的增大，导致裂缝的产生；同时，结构过早地增加承载力，容易使混凝土局部塌陷或因应力集中而产生更多开裂。

2. 混凝土裂缝的一般预防

2.1 原材料及配合比控制

（1）原材料选择

首先是粗骨料。常用粗骨料粒径要满足结构钢筋净间距和泵送混凝土管径的要求，优先选择粒径较大、连续级配好的骨料。粒径较大可减少水泥和水的用量，减少混凝土的收缩性裂缝。但粗骨料的软弱颗粒要少，减少砂率，增加可泵性，达到减少混凝土自身收缩的目的。其次是细骨料的质量。混凝土用细骨料要尽量选择中粗粒径的砂，洁净粒径可减少水泥用量，降低混凝土的收缩。要控制砂的含泥量，也是降低收缩，减少裂缝产生的可能性。第三，不论何种混凝土必须掺用减水剂，可以大幅度减少用水量，还确保在水灰比不变的情况下，可减少水泥的用量，降低混凝土的收缩量；加入适量的粉煤灰、矿粉等掺合料，可改善混凝土的特性，提高可泵性，降低水化热，增加密实度，减少混凝土的收缩。

（2）配合比的优化设计

配合比的设计应符合《普通混凝土配合比设计规范》（JGJ 55—2000）和《预拌混凝土》（GB 14902）。除要满足强度要求外，还要考虑运输、泵送等因素。科学的配合比设计，应该考虑适宜的坍落度、适当的砂率及适宜的掺合料。总之，在保证强度前提下，尽量减少水泥用量和减小坍落度。

2.2 大体积混凝土温差裂缝的防治

对于大体积混凝土的施工，应在施工前先计算混凝土升温峰值、估计内外温差及降温速率，制定切实可行的技术措施，同时选择适宜的材料及合理的配比，浇筑后及时养护等。

（1）选择适宜的材料，降低混凝土水化热。

选择中低热水泥和掺入适宜的粉煤灰、矿粉或膨胀剂等。

（2）采用二次抹压施工技术，可有效消除由于沉缩、干缩及塑性收缩而引起的表面裂缝，增加内部密实度。

（3）加强施工后的养护：

1）保湿养护：二次抹压后，迅速覆盖塑料薄膜，减少水分蒸发。

2）保温养护：按温控措施，选择养护材料、覆盖厚度及养护时间，目的为了减缓降温速率，减少内外温差。

3）拆模后快速回填，减缓温差变化，减少开裂。

2.3 塑性（沉陷）收缩引起裂缝的防治

此种裂缝的防治，应严格控制好混凝土的坍落度。一般来说，坍落度值应控制在设计值的±20mm以内为宜；振捣充分，避免过振；表面保湿、保温养护及时、充分（一般不少于14d）；对大面板的拆模要防止其表面产生干燥收缩，可加涂养护液等。高温、风大、干燥时施工，可加挡风墙，减少风速，喷水保湿。

2.4 施工原因造成的裂缝防治

不要在同一处连续给料及同一处连续振动赶料，应同时在2～3m范围内移动布料，避免同一处连续振动；严禁在施工中随意加水及外加剂等；施工后，按照可行的技术方案进行保温、保湿、防风等养护；避免过早加载，一般在混凝土强度达1.2MPa以上才可在表面工作。

混凝土结构件裂缝的存在，不仅影响构件的承载能力，更影响到构件的耐久性和安全性。所以，混凝土的施工必须按照现行国家标准《混凝土泵送施工技术规范》（JGJ/T 10—95）、《混凝土质量控制标准》（GB 50164—92）、《混凝土结构工程施工质量验收规范》（GB 50201—2002）等的要求进行，才可能有效控制混凝土的各种裂缝及进行有效防治，保证混凝土的质量。

25 集中搅拌混凝土的坍落度损失控制

集中搅拌的商品混凝土在施工时的坍落度损失，是预拌混凝土容易产生影响正常施工的重要问题。长期以来，国内外建筑科研单位对混凝土坍落度损失较快的机理及控制方法做了许多研究，并提出了一些控制坍落度损失的措施。一些可抑制坍落度损失的产品也较多投入应用。但实践表明，任何一种能抑制混凝土坍落度损失的措施都不是万能的，用于不同品种水泥、不同环境条件的混凝土工程、不同结构的混凝土时，应用效果也有较大的差别。

1. 坍落度损失的机理及影响因素

(1) 水泥颗粒的物理凝聚是造成坍落度损失的主要因素。水泥中掺入减水剂后粒子迅速分散，水泥浆稠度发生变化而增大了流动性。随着水化反应的继续进行，吸附在水泥颗粒表面的或早期水化产物上的减水剂，或被水化物包围，或与水化物产生反应，变得不能继续发挥分散作用，造成水泥颗粒的再凝聚，坍落度损失速度加快。这是混凝土中掺减水剂特别是掺高效减水剂混凝土坍落度损失更大的主要原因。由于水泥加水后很快进行水化反应，消耗了大量拌合水也是坍落度损失的一个方面。使用水化速度快的水泥，能加快水泥水化快的外加剂的坍落度损失更快。

(2) 水泥中的不同组成矿物也影响到混凝土坍落度的损失，水泥中 C_3A、C_4AF、C_3S、C_2S 对外加剂尤其是减水剂的吸附作用不同，特别是水泥中石膏掺量不足或石膏溶解不好时，C_3A 对减水剂的吸附量最大，水泥中量最大的 C_3S 就显得吸附量太少，动电位明显下降，因此水泥中 C_3A 含量过多，不但影响混凝土减水率，也加快了坍落度的损失。

(3) 环境温度也直接影响水泥的水化速度，温度较高时，水泥水化速度加快，同时坍落度损失也加快；水泥品种、用量、配合比例、施工时湿度、外加剂用量和掺入方式、混凝土的搅拌运输方式都会对坍落度的损失造成一定的影响。

2. 控制坍落度损失的方法

虽然目前施工中控制坍落度损失的方法不少，但较为方便和实用的还是在外加剂产品的提高和改进。

2.1　用水化控制方法

缓凝剂是掺入混凝土中可抑制水泥水化加快的外加剂，用于拌制混凝土使其在一定时间内保持塑性状态，延缓凝结时间和水化热的过早出现。现在预拌商品混凝土所用外加剂多数是采用复合型缓凝剂。常用的有机类缓凝剂有：木质素磺酸盐、蔗糖、糖蜜，羟基羧酸及盐类如柠檬酸盐、酒石酸及盐类、苹果酸等。无机酸有：磷酸盐、锌盐、氟硅酸盐等。

有机和无机类缓凝剂由于其分子结构不同，用于混凝土中缓凝机理也是不同的。溶于不同水泥的缓凝效果也是不一样的。

糖蜜类是抑制 C_3S 水化效果最优的缓凝剂，但用于 SO_3 含量低或高碱水泥时又会出现促凝作用。主要是由于糖蜜的掺入加速了 SO_3 的消耗，液相中 SO_3 含量不足以抑制 C_3A 的水化，造成了水泥的快凝。羟基羧酸类缓凝剂用于低碱水泥能抑制 C_3A 的水化，但用于 C_3A 含量较高的水泥时却缓凝效果不好，更难控制混凝土坍落度的损失。多聚磷酸盐也是常用的缓凝剂，正确掺用能有效地控制混凝土坍落度损失，但用量不正确时，会降低缓凝的效果。

木质素磺酸盐能使 C_3A 水化延缓，更能阻碍 C_3A 水化，但水泥中 C_3A 含量较高时 C_3A 又会重新水化，并会产生不可逆吸附。

木钙、糖蜜虽能抑制混凝土坍落度损失，但用于硬石膏作调凝剂的水泥会使混凝土产生假凝。

葡萄糖酸钠能明显影响 C_3A 的水化，用于 C_3A 含量不高的水泥有一定保塑效果，糖及葡萄糖用于 C_3A 含量高的水泥却效果不明显。

最近国外报道了一种醇胺与二元羧酸类反应的新型缓凝剂，此外加剂对多种水泥的缓凝效果较好，特别是控制坍落度损失较为有效。

目前国产商品混凝土专用外加剂几乎都只单一固定掺某种缓

凝剂，虽然应用于某种水泥确有明显抑制坍落度损失效果，但由于我国水泥品种复杂，因此很难适应多种水泥使用。只有根据不同水泥对所用缓凝剂品种、掺量、做适当调整，才能取得最佳保塑效果。

2.2 粒子隔离法

减水剂用于混凝土中能有效迅速使水泥颗粒分散，达到增大混凝土流动性，减少拌合用水的效果。但随着时间的延长，混凝土中的水泥颗粒又会重新聚合。掺入适量引气剂可有效地将水泥粒子隔离，防止水泥颗粒凝聚，对减小混凝土坍落度损失应该是十分有效的。

我国有不少商品混凝土外加剂采用上述粒子隔离法，但也有不少产品复合引气剂后不但达不到控制坍落度损失的效果，而且会加大坍落度损失，笔者通过试验认为，这与引气剂性能有关。

引气剂是一种掺入混凝土中能有效引入大量均匀分布稳定封闭微小气泡的外加剂。国内常用的品种有松脂碱金属盐，如松香热聚物及松香皂，国外常用的还有文沙树脂、烷基苯磺酸盐、烷基硫酸盐、脂肪酸盐等。

引气剂最大的作用应该是提高混凝土抗渗、抗冻等耐久性能，改善混凝土和易性、可泵性。许多国家将引气剂列为必不可少的混凝土组合材料，而将不掺入引气剂的混凝土称为特殊混凝土。用于控制混凝土坍落度损失只是在20世纪80年代末才被发现应用。

优质的引气剂应该是掺量适当，形成的气泡泡径细密，并有较好和稳泡性能，对混凝土强度影响小。笔者曾对比试验过多种国产引气剂，发现它们的性能差别较大（详见表25-1）。

从表25-1和表25-2可以看出，不同引气剂由于气泡性能差别，对保塑性能影响较大，对混凝土抗压强度影响区别也较大。这就不难看出一些外加剂掺入引气剂后，混凝土坍落度控制效果不好的缘故。

不同引气剂气泡间隔系数也有一定区别。经测试，江都厂引

不同引气剂气泡性能　　表 25-1

引气剂品种(掺量%)	泡径小于200微米气泡占有量(%)	起泡高度(mm)	消泡时间(min)	泡沫形状
山东××厂松香热聚物引气剂(0.008)	70	120	45	上层气泡较大
烷基苯磺酸钠(0.008)	60	120	30	气泡较大
江都JD-U引气剂(0.008)	78	120	150	气泡较细密

不同外加剂对混凝土强度及保塑性能的影响　　表 25-2

引气剂品种(掺量%)	混凝土含气量(%)	28d抗压强度降低比(%)	坍落度(cm)		
			起始	30min	60min
山东××厂松香热聚物(0.014)	8.2	18	22	14	12
江都JD-U引气剂(0.014)	8.5	8	22.2	20	20

注：1. 试验水泥为南京中国水泥厂42.5级石城牌普硅，试验温度21℃；
2. 表25-2引气剂皆为过量使用，常用掺量为0.004%～0.01%；
3. 表25-2坍落度为同时掺加0.45% FDN高效减水剂后坍落度。

气剂间隔系数只有0.15mm，而山东某厂引气剂却有0.18～0.23mm。经分析，间隔系数越小，同含气量时隔离水泥颗粒凝聚效果越好。

2.3 新型能有效抑制混凝土坍落度损失的外加剂的应用

国内外有关能抑制混凝土坍落度损失的外加剂产品研制成功报道颇多。笔者现将亲自参与研制过的几种产品简介如下。

2.3.1 马来酸酐烯类共聚物

该产品采用马来酸酐与丙烯酸或甲基丙烯酸或乙烯、异丁烯酸胺等进行共聚反应，得二元或三元共聚物，使共聚物分子链上具有活性羧基和磺酸基，利用聚合物链上的活性羧基与聚乙二醇等进行接枝。在聚合物链上引进的活性羟基。该产品有较好的保塑效果，但单一使用减水性能不够，一般常与萘系高效减水剂复合使用。

2.3.2 酚类高效减水剂

该产品采用酚类磺化物与甲醛进行缩聚除去低分子物而成。

产品与常用萘系高效减水剂的区别在于相对带电基因较少，产品分子中的—OH 等缓凝基因和体系中的一些金属离子形成稳定络合物，能有效延缓水泥粒子水化。随着水化的继续进行，拌合物中仍有大量未被吸附的分子补充被吸附，因此使水泥颗粒在一定时间内保持分散状态。

2.3.3 改性木质素磺酸盐

木质素磺酸盐是一种价廉物美的普通减水剂，常用品种为木质素磺酸钙。该产品具有一定的抑制坍落度损失的性能，低掺量时（0.15%～0.3%）减水增强性能皆优于高效减水剂。但随着掺量的增加对混凝土强度影响较大，因此很难满足有效高减水增强性能要求的混凝土的技术要求。长期以来，国内外曾研究出多种对木质素磺酸盐进行技术改性的方法，这些产品不但保证了较高强度的要求，并能有效地抑制混凝土坍落度损失。主要改性方法如下：

物理改性：即通过超滤、分子吸附等方法，除去会过分延缓水化的相对分子质量较大的成分，及能增大引气量影响混凝土强度的相对分子量较小的成分。使其减水增强效果与高效减水剂相同，并保持一定的保塑性能。

化学改性：多采用氧化法，即应用过硫酸盐或高锰酸钾过氧化氢等氧化剂在一定 pH 值及温度下对木质素磺酸盐进行氧化反应，使缓凝基因羟基（O—OH）醚链（—O—）氧化成不太缓凝的且具有一定保塑性能的羧基（—COOH），分散性能也相对提高。

化学改性还有采用将木质素磺酸盐与高效减水剂共同缩聚的方法。

多品种外加剂复合改性法：此复合方法不只是不同的外加剂品种的复合，取长补短以改善木质素磺酸盐的性能。更重要的是不同分子结构的外加剂品种同掺，利用不同分子之间的协同效应及相互作用，以提高外加剂性能。在日本经常采用两元、三元甚至四元，分子结构不同，减水剂、缓凝剂共同复合使用。

3. 小结

（1）混凝土掺用减水剂后坍落度损失加快是正常现象。

（2）混凝土产生坍落度损失的机理是多方面的。采用水化控制法、粒子隔离法都能有效抑制坍落度损失，但应结合不同配料及施工条件进行应用。

（3）一些新型能抑制混凝土坍落度损失的外加剂应用效果显著，应结合材料实际进行使用。

26　商品预拌混凝土梁板早期裂缝及预防

集中预拌商品混凝土应用以后，现浇梁板结构混凝土裂缝控制问题成为关注的重点。现将混凝土结构施工早期裂缝的规律、原因分析及预控措施做简要介绍。

1. 结构裂缝产生的规律及部位

春秋季是北方地区干旱、多风、少雨时期，这时是施工的梁板早期裂缝多发期，干燥风天浇筑的楼板若不采取有效措施，则裂缝不但多而且宽；而阴天、无风雨天施工的楼板早期裂缝较少；混凝土楼板早期裂缝一般出现在浇筑后的3h以内，板面裂缝多在梁板的交界处、厚度变化处及梁板钢筋的上表面。振捣后用木抹搓毛的面裂缝少，而压光的表面裂缝反而多；楼层越高，因风无遮挡速度快，如采用泵送混凝土的坍落度大，这时浇筑的楼板面裂缝更难控制；板厚度越大裂缝则越少，实践表明，板厚大于140mm以上时，则裂缝较100mm厚少80%左右。

2. 产生裂缝原因

混凝土的早期裂缝主要的是沉降和干燥收缩引起的。集中搅拌商品混凝土为满足运输、泵送的需要，其水泥用量较现场拌合的用量多；同时，配合比的砂率增大以及掺用了外加剂，使拌合物的坍落度大于100mm以上，过大的水灰比使混凝土的收缩量增加。混凝土沉降变形的大小与混凝土的流态相关，其流动性越大，相应的沉缩越大。如不采取有效控制，极易引起早期裂缝；此外，在混凝土凝结硬化过程中，水分蒸发会因失水收缩而引起早期裂缝；混凝土表面水分蒸发速度越快，其干缩值越大。从混凝土的特性来说，影响其沉降和干缩的因素有以下几个方面。

2.1 拌合物的流动性和体积影响

总体来说，拌合物流动性越大，沉缩值也越大。中、高流态的混凝土相对沉缩变形几乎可以达到普通混凝土干燥收缩变形的20倍以上。较大体积混凝土由于水化热聚集在内部，不易向外散发，内部升温产生内外较大温差，由此形成的温差应力造成早期混凝土的开裂。

2.2 水泥细度影响

水泥颗粒的粗细对其性能有很大的影响。颗粒越细，其水化越充分，凝结硬化速度越快，早期和后期强度均较高，需水量也增加。如水泥颗粒过细，其在空气中的收缩值也大，对此，水泥质量标准对细度有严格的规定。

2.3 外加剂掺合料对收缩的影响

现在商品混凝土中掺用外加剂成为必须，减水剂对改善混凝土和易性、用水量减少有好处，却增大坍落度值，其收缩值接近或略大于不掺者。在预应力混凝土中，为减少预应力值损失，宜掺入少量微膨胀剂配制，对膨胀剂用量必须严格掌握，否则效果相反。掺入引气剂会使拌合物有一定的含气量，同时又极大地改善混凝土的和易性，减少用水量，尽而能减少由于增加引气对干缩的影响。混凝土中外掺合料也是不可缺少的，适量掺用粉煤灰和矿渣细料，不但减少水泥用量、降低水化热，而且混凝土的强度有一定的提高，因此混凝土中适量掺用外加剂和外掺合料对干缩没有影响。

2.4 原材料和配合比对收缩的影响

（1）粗骨料：石子粒径较大，混凝土配合比不变的情况下，其水泥用量和用水量相对减少，混凝土的收缩值随之减小；但泵送混凝土却因运输距离、时间和输送管径、泵送高度的制约，粗骨料粒径不宜过大；同时，骨料的含泥量对其收缩值有一定影响。

（2）细骨料：砂的粒径及含泥量对混凝土的干缩有较大影响。采用细砂时，单位用水量比粗砂多25kg左右，由于用水量加大，导致混凝土的干缩值增加；同时，由于含泥量对混凝土的收缩值影响较大，随着含泥量的增加，其收缩值增加，抗拉强度相应降低。

（3）水泥用量：混凝土中水泥用量增加，其收缩随之加大。

（4）砂率：混凝土中粗骨料是抵抗收缩的主要材料，在配合比完全相同的情况下，混凝土干缩随砂率增大而增大。砂率降低，即增加粗骨料用量，对控制混凝土裂纹有显著效果。因此，泵送混凝土在满足泵送要求前提下，宜尽可能降低砂率。

（5）水灰比：水是影响混凝土收缩最主要因素。混凝土中用水量越大，坍落度越大，则干缩越大。因此，严格控制水灰比是十分重要的。

2.5　环境温度影响

施工时的气象条件也是影响混凝土板面裂缝的主要因素。在气候干燥和大风季节，混凝土浇筑后不覆盖立即开裂。据介绍，风速为16m/s作用时，混凝土中水分蒸发速度为原风速时的4倍；相对湿度10%时，蒸发速度为相对湿度为90%的9倍以上。如果将风速作用和湿度影响叠加，则可推算出此时混凝土干燥速度是通常条件下的10倍之多。因此，表面较大的楼板就极易产生裂纹，这种裂纹往往是上下贯通的，其特征是楼板上表面比下表面开裂处多，经强度检验证明，这种开裂一般对楼板刚度及承载力降低很小。

2.6　施工因素

（1）混凝土振捣时间过长，石子下沉，表面就会出现一层浮浆层，因而降低了楼板表面粗骨料含量，加大了收缩，导致混凝土表面出现网状裂纹。

（2）混凝土振捣后，未及时搓毛和抹压，使沉缩裂纹得不到及时愈合就硬化了。

（3）混凝土浇筑后，表面不及时覆盖浇水养护，表面水分迅速蒸发，会产生干缩裂纹。

（4）厚大体积基础底板不按热工计算采用温控措施，会使混凝土内外温差升高且大于25℃，因而产生较大温度应力而开裂。

（5）基础底板混凝土在浇灌振动过程中，会产生大量泌水；若不采取措施及时排出，会降低混凝土质量和抗裂性。

（6）混凝土梁板工程模板支承不牢，刚度不足，会使混凝土梁板变形导致裂纹。

（7）楼板上部架立筋保护层过小，一旦混凝土产生沉降塑性收缩，板面极易沿钢筋方向产生裂纹。

（8）梁板结构支撑过早拆除或过早上荷载，会因混凝土强度不足而使梁板产生裂纹。

3. 防治裂缝技术措施

通过最近几年在施工监理过程中对裂缝控制的观察、分析，初步总结出一些防治裂纹的措施，效果很好。

3.1　混凝土生产质量控制

（1）材料选择和控制

砂：宜采用细度模数2.8～3.0中砂，严格控制含泥量不大于2%。

石子：采用级配良好卵石，并控制含泥量不大于1%。

水泥：采用矿渣水泥或低热水泥。

（2）配合比及生产控制

粗骨料可阻止水泥收缩，从而防止裂缝的产生，因此楼板用混凝土在满足泵送的基础上尽可能降低砂率，一般可控制在38%～40%。

混凝土水灰比是影响强度和裂纹的主要因素。正常情况下，大坍落度是靠掺外加剂来获得，坍落度大不等于水灰比大。但是施工现场临时掺水很普遍，所以要特别注意因掺水而造成的大坍落度。应严格控制混凝土坍落度，一般以不超过 18cm 为宜。

粉煤灰及磨细矿渣在混凝土中具有形态效应、适性效应、微集料效应，因此，它能改善和提高新拌混凝土的性能，改善混凝土和易性，降低混凝土泌水性，特别对泵送混凝土可改善其可泵性，减少输送管中的堵塞和分离，降低与管壁的阻力，延长泵机和管道的寿命。由于其可泵性的提高和泌水性降低，在相同坍落度情况下，混凝土用水量可降低，从而减少混凝土早期沉缩量，有利于裂纹的控制。另外，掺磨细粉煤灰混凝土孔体积和孔径分布明显改善，孔隙率大大降低，其微观结构的改善有利于提出高抗冻性和耐久性，粉煤灰微珠自身具有很好的强度，阻碍裂纹的延伸和扩展，削弱主裂纹断裂能量，有利于提高混凝土耐久性。

此外高温季节为避免混凝土过快硬化，应采取适当措施缓凝，为施工抹压提供条件。

3.2 施工质量控制措施

（1）布料。混凝土布料应均匀，防止一处集中堆料造成混凝土过振。

（2）振捣。混凝土振捣时振动棒移动间距宜为 400mm 左右，每次振捣时间一般以 10～20s 为宜，振捣时间过长，粗骨料下沉，混凝土表面砂浆层过厚，表面晚期的产生裂纹。混凝土浇灌后 1～2h，有条件的工地可对其进行二次复振，复振可提高强度 5%～15%，同时复振时混凝土液化可愈合楼板早期裂纹。

（3）抹压。除复振外，还应在表面水基本收干前后，适时用木抹子磨平搓毛两遍，拍打，愈合裂纹。

（4）养护。混凝土成型后，适时提供良好的温度，湿度环境，防止大风袭击和阳光暴晒，使表面水分剧烈蒸发，形成楼板上部和下部硬化速度不均和差异收缩，是控制裂纹的关键工序。混凝土初凝前后用手按其表面无坑时，开始设专人浇水养护。水量随混凝土表面强度增长而加大，当混凝土表面刚一变白时，用 5～10mm 水膜覆盖表面 12h 以上，此方法为水膜养护法。至此混凝土早期裂纹基本可得到良好控制，然后再一日数次浇水养护，保持混凝土表面潮湿 7d 以上，确保混凝土强度正常增长。

(5) 幼龄混凝土保护。目前各工程都处在快节奏、短工期的施工条件下，3～5d 一层楼，因此往往楼板施工完几小时，就上荷载，个别缺乏素质的施工队伍，将模具、脚手架、钢筋过早集中堆放在楼板上，造成楼板安全隐患和开裂。因此，提高施工队伍的素质也是保证混凝土质量的重要措施之一。

(6) 拆模。现浇梁板结构模板及支撑过早拆除，容易造成梁板结构开裂，因此施工队伍拆模前应根据专业单位（商混厂家）提供不同龄期混凝土自然养护试件强度，严格按照规范要求指导拆模。

3.3 裂纹处理

楼板裂纹应及时消灭在萌芽之中，因此，在混凝土终凝前应设专人检查及早发现裂纹并在沉缩裂缝拍打。若裂纹不愈合时，可用水泥∶膨胀剂＝9∶1（重量比）搅成水泥浆在裂纹处（待裂纹宽度停止增大时）搓抹。

商品混凝土梁板结构裂纹的控制涉及原材料质量、配合比、混凝土生产重量控制，施工气象（风力、气温、空气湿度施工）、施工、设计诸多因素的课题，需各单位、各部门共同努力，精心配合才能奏效。通过多年实践证明，只要严格遵守施工程序，按规范施工，裂纹是可以控制在最少范围的，或者说是可以基本上得到控制的。

27　泵送混凝土塑性裂缝的成因及防治

集中预拌商品混凝土的普遍使用以后，大量工程采用泵送工艺施工。与普通混凝土相比，泵送混凝土具有坍落度、黏聚性大的特性，造成在普通混凝土施工后不易出现的问题，在泵送混凝土工程中却显得十分突出，如塑性裂缝的出现。这种裂缝是指混凝土浇筑成型以后还未硬化、仍处于塑性状态时出现的裂缝，塑性裂缝的出现不仅会影响混凝土结构外观质量，更重要的是会造成混凝土防水性能的下降，钢筋容易锈蚀等不良后果，影响建筑结构的耐久性安全使用年限，这是设计和施工必须充分引起重视的。

混凝土的塑性裂缝一般可分为两类：即塑性沉降裂缝和塑性收缩裂缝，这两种裂缝的形成过程都与混凝土的泌水性有关。泌水是指混凝土浇筑捣实抹压后尚未凝结之前，从外表面看，在混凝土面上产生的一层水或者从底模、侧模板缝中渗出（流出）一些水的现象，这是因为水在混凝土拌合物各组分中密度最小。当混凝土浇筑后的静止过程中，部分密度较大的固体颗粒还会慢慢向下沉降，而水只能向上浮移，一部分水泌出到混凝土的外表面，称为外泌水；而另一部分被截留在钢筋及粗骨料的下面形成水膜，水分蒸发后形成空隙及界面裂缝，从而降低了钢筋与混凝土之间的粘结强度，以及水泥石与骨料之间的界面强度，致使混凝土的抗冻抗渗和抗腐蚀性能减弱，抗压、抗折强度的大大降低，这部分水称之为内泌水。只有待水泥水化产生的凝结强度足以阻止固体颗粒相对运动或者各种固体颗粒经过迁移已达到紧密堆积状态时，沉积相对停止，泌水才能结束。泌水使混凝土的体积减小，促使混凝土塑性裂缝的产生。

1. 混凝土的塑性沉降裂缝

混凝土的塑性沉降裂缝是由于固体颗粒在沉降时受到阻挡而形成的，混凝土沉降受阻挡的形式一般可分为 3 种类型。

1.1 体内钢筋或螺栓阻挡

混凝土结构中的钢筋或固定模板螺栓、预埋件阻碍了混凝土的自沉降，在混凝土的浇筑面上形成塑性沉降裂缝，这类裂缝的分布形状与钢筋的布置有关，如图 27-1 所示。

1.2 模板表面粗糙或吸水

混凝土柱较细或墙板较薄，会因两侧模板不平或构件尺寸变化限制了混凝土的均匀下沉，再加上木模板吸水太快，造成该部位混凝土很快失去流动性时，也会出现塑性沉降裂缝，如图27-2

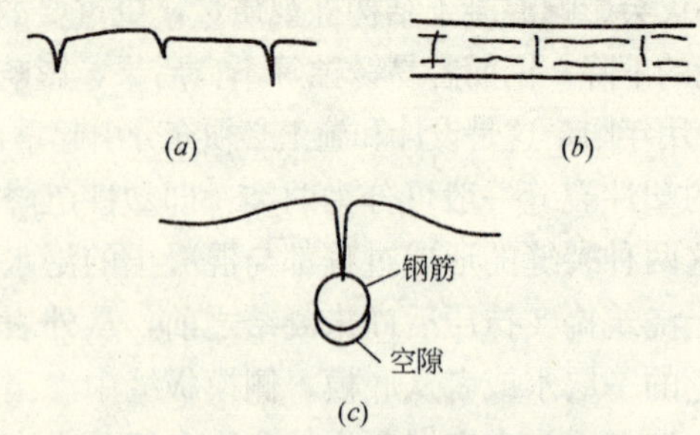

图 27-1　由钢筋造成的沉降裂缝示意图

(a) 剖面图；(b) 平面图；(c) 详细图

所示。

1.3　沉降深度不相同

厚大体积混凝土较薄混凝土的沉降量要大，所以当混凝土的沉降深度不相同时，也会产生沉降裂缝，如图 27-3 所示。

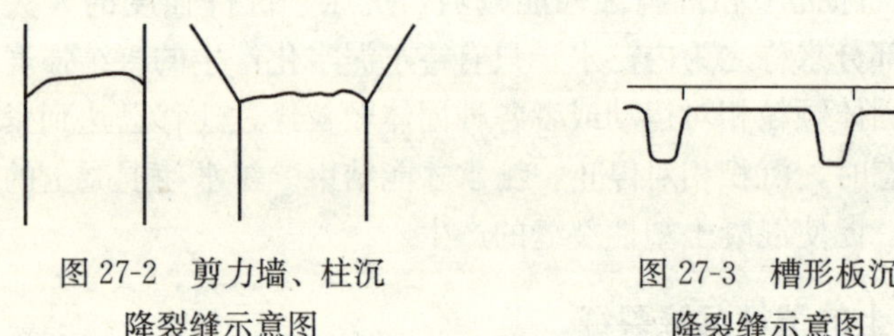

图 27-2　剪力墙、柱沉降裂缝示意图

图 27-3　槽形板沉降裂缝示意图

同时，由于模板支撑的变形或不均匀的地基沉降也会造成混凝土的塑性裂缝，裂缝的分布呈现有规则。因此，为消除混凝土塑性沉降裂缝的产生，要设法减少泌水和混凝土的下沉降受阻挡的可能性。目前最有效的方法是对浇筑后的未终凝混凝土进行二次振捣，尤其是沉降量不同、沉降受阻处如柱头等。如某工地细心检查了柱头有多个裂缝，缝虽细小但对构件本身的使用寿命会造成影响。对具有可塑性的混凝土进行终凝前的适时振捣，不仅会消除已经产生的塑性裂缝，还可以改善混凝土和钢筋的粘结力。第二次振捣的时间是最重要的，一般应是以振动棒插入振捣后再慢慢抽出时混凝土沉降且表面不留明显痕迹为最佳时间。因为影响混凝土凝结时间的因素很多，所以现场对二次振捣的时间必须掌握准确。

2. 混凝土的塑性收缩裂缝

2.1 塑性收缩裂缝成因

造成混凝土塑性收缩裂缝的主要原因，是混凝土在塑性状态时混凝土表面失水过快造成的，常发生在混凝土板或比表面积较大的墙面上，一般长度约为0.2～2m，宽度为1～5mm，从外观上分为无规则网络状和稍有规则的斜纹状或反映出混凝土布筋情况和混凝土构件截面变化等规则的形状，深度一般为3～10cm。它与塑性沉降裂缝相比，贯穿整个混凝土板的裂缝是极少的，而且塑性收缩裂缝通常延伸不到混凝土板的边缘，这一点可作为混凝土早期塑性收缩裂缝与混凝土长期干燥收缩裂缝相区别的依据。在实际上很难区别塑性收缩裂缝与塑性沉降裂缝，但如果裂缝的走向与钢筋布置的形状和混凝土构件的几何形状有关，则可以判定沉降在裂缝的形成过程中起了一定的作用，有时这两种裂缝是同时存在的，只不过是以何种为主罢了。

混凝土可以被认为是一种人造的沉积岩，泵送混凝土刚刚浇筑成型后，由于混凝土各种固体颗粒在减水剂的作用下形成了溶剂化层，导致各种固体颗粒之间存在一层水膜，在混凝土的表面处则形成凹形液面。在一般情况下，水分挥发会使固体颗粒进一步靠近，毛细管进一步变细，增大了将水从混凝土内层提升到表面的能力，同时混凝土的泌水也有利于水上升到混凝土表面。普通混凝土所含的水分少，在泌水和毛细管的双重作用下，混凝土的体积收缩小而且较均匀，所以普通混凝土较少产生塑性收缩裂缝。对于泵送混凝土而言，因其所含的水分较多，若环境温度高风速大而且干燥，水分挥发迅速，混凝土的泌水和毛细管提升水的综合作用还低于水的挥发作用时，使混凝土表层脱水速度远大于混凝土内层提供水的速度，造成了混凝土面层体积收缩大。若这时混凝土还未产生足够的强度，则在混凝土表面产生塑性收缩裂缝。商品混凝土因运输距离长，为防止流动性损失过大，常常加入缓凝剂、保塑剂等，更增加了形成塑性收缩裂缝的可能。因为混凝土的坍落度大，对模板的侧向压力也大，使模板容易发生变形也会形成塑性裂缝，消除塑性收缩裂缝的积极方法与消除塑性沉降裂缝的方法基本相同，也可以采用二次振捣工艺。所不同的是可以采用平板振捣器进行施工，特别是对表面积大而厚度小的混凝土板，通过振捣使混凝土的体积收缩减小而且均匀。而有的施工单位采用碾压和抹平的方法来消除塑性裂缝，其效果是值得怀疑的。

2.2 收缩裂缝防治

从根本上讲，为预防泵送混凝土产生塑性裂缝应从三方面考虑并采取如下措施。

2.2.1 混凝土配合比

（1）使用高效减水剂，降低混凝土单方用水量，并适当采用偏粗的中砂。

（2）加入引气剂，切断毛细管，可以减少水分的挥发，而且引气剂对泵送混凝土工作性的改善也十分有利，是降低混凝土塑性裂缝的有效措施。

（3）掺入优质粉煤灰，降低混凝土的泌水和干燥收缩值。

（4）在满足强度条件下，尽可能减少水泥用量，尽可能不用矿渣水泥，以利于降低泌水量。

2.2.2 改善施工混凝土构件的外界条件

（1）防止混凝土成型后在烈日下暴晒，应加设临时遮阳棚或挡风墙，有利于降低混凝土表面的温度和混凝土表面的风速。

（2）在未浇筑混凝土前，对模板进行预湿。

2.2.3 施工措施

（1）在施工时，尽量缩短浇筑与开始养护的时间差。

（2）及时覆盖塑料薄膜或喷施混凝土养护剂。

（3）及时复振。

有时在负温条件下也会产生塑性收缩裂缝，如在长春香格里拉酒店的冬期泵送混凝土施工时，尽管气温很低，但因混凝土与环境的温差大、空气干燥水分挥发快，也能产生混凝土塑性收缩裂缝。

3. 对已硬化塑性混凝土裂缝的处理

如果带有塑性裂缝的混凝土已经硬化，这时应如何处理呢？一般塑性裂缝常在混凝土建筑结构的表面形成，像粗梁、细柱和剪力墙上部的沉降裂缝和混凝土板、墙表面早期失水形成的塑性收缩裂缝还会因降温、干燥而进一步开裂，所以不能采用硬质材料来填充塑性裂缝。在塑性裂缝出现后应及时进行处理才行，以便阻止各类杂物掉入裂缝中；否则，易使钢筋锈蚀，防水性能下降，并在多次冻融循环作用后导致混凝土剥落，缩短建筑物的使用寿命。在混凝土依然是潮湿状态时，常用的处理措施有：

(1) 在裂缝很小时，为临时措施可以扫入水泥和膨胀剂的混合物填充到裂缝中。

(2) 在裂缝尺寸稍大一些时，可以沿着裂缝注入具有膨胀性能的水泥浆。

(3) 如裂缝再大一些时，可以直接浇筑具有微膨胀的水泥砂浆，采用的水灰比与原混凝土的相同即可。

若混凝土已经硬化，而且已十分干燥了，可考虑采用环氧树脂水泥砂浆或聚合物水泥砂浆灌缝。若强度要求不高的混凝土构件还可以采用柔性材料进行密封，如各种防水密封胶等，防止渗水和钢筋锈蚀。

综上所述，商品混凝土和泵送混凝土都很容易出现早期塑性裂缝现象，造成混凝土早期塑性裂缝的根本原因是混凝土的早期失水或不均匀失水及不均匀沉降所致。为防范沉降裂缝为主的塑性裂缝比较可行的措施是及时对混凝土进行二次复振，特别是对容易产生塑性沉降裂缝的部位更应如此。对于防范收缩裂缝为主的塑性裂缝比较可行的措施是对浇筑后的混凝土及时养护，防止混凝土水分挥发速度过快，对混凝土楼板而言可以采用平板振捣器进行复振。但无论如何降低混凝土单方用水量，掺入一定量的引气剂，及时养护和复振对减少混凝土塑性裂缝的出现均是可行的。只有使建筑物具备良好的耐久性和结构稳定性，才能充分发挥泵送混凝土和商品混凝土的优点。

28 商品混凝土早期裂缝的成因与防治措施

商品混凝土系指由水泥、骨料、水以及根据需要掺入的外加剂和掺合料等组分按一定的比例，在集中搅拌站（楼）经计量、拌制后出售的，并采用运输车在规定时间内运至使用地点的混凝土拌合物。欧洲和日本从20世纪50年代开始采用，在经济比较发达的国家里，现已在混凝土总产量中占有绝对的优势。我国的商品混凝土近些年发展更为迅速，用量逐年增加，在不同结构中普遍使用，混凝土的早期开裂问题尤其重要，本文根据实际施工经验分析了商品混凝土裂缝产生的原因及对策。

1. 商品混凝出现裂缝的种类与原因

1.1 商品混凝土干燥收缩引起的开裂

混凝土是一种非均质脆性材料，它具有强度高、耐久性好而抗拉强度低、容易开裂等特点。商品混凝土由于是集中搅拌后，再运输至使用地点，多采用泵送浇筑成型。因此，要满足必要的可泵性，在商品混凝土中常需加入泵送剂。另外，砂率也比普通混凝土的高，相应的水泥用量则变大，随着高性能混凝土的大量使用，胶凝材料的量也在加大，凝结时间一般在7～9h，在初凝之前混凝土是没有强度的。商品混凝土在硬化过程中会由于胶凝材料的量增加而引起体积收缩性增大，在干燥过程中，毛细孔水分的蒸发，使毛细孔中形成负压，随着空气湿度的降低，负压逐渐增大，产生收缩力。当收缩受限制产生的拉应力超过其本身的抗拉强度时，混凝土就会开裂。此类裂缝无方向性，裂缝较细，为0.1～0.3mm，裂缝数量较多。

1.2 商品混凝土的塑性开裂（沉陷收缩）产生原因和特征

在泵送商品混凝土现浇的各种结构中，特别是板、墙等表面积大的结构之中，经常出现一种早期裂缝，这种裂缝为断续水平裂缝，裂缝中部较宽、两端较窄，呈梭状。并且经常发生在板结构的钢筋端部、梁板交接处、梁柱交接处、结构变截面的地方。这种裂缝产生的原因主要是商品混凝土浇筑成型后水泥初凝前，由于重力作用，粗骨料及水泥颗粒相对密度大，产生沉降，水分相对密度小，上浮至混凝土表面，产生泌水，水泥净浆浮至粗骨料下方，产生内分层。混凝土泌水造成塑性收缩，是一种不可逆的变形。

1.3 混凝土的温度应力引起裂缝产生

混凝土硬化初期，水泥水化放出较多的热量，混凝土又是热的不良导体，散热较慢。因此，使混凝土内部温度较外部高，有时可达 50～70℃，这将使内部混凝土的体积产生较大的膨胀，而外部混凝土却随气温降低而收缩。混凝土内部的最高温度大约发生在浇筑后的 3～5d，因为混凝土内部和表面的散热条件不同，所以混凝土中心温度高，形成温度梯级，造成温度变形和温度应力，内部膨胀和外部收缩互相制约，在外表混凝土中将产生很大拉应力，导致混凝土出现裂缝。这种裂缝的特点是裂缝出现在混凝土浇筑后的 3～5d，初期出现的裂缝很细，随着时间的发展而继续扩大，甚至达到贯穿的情况。

高层、超高层建筑物及特殊结构的基础，以及大型设备基础，多采用大体积混凝土结构。如何降低施工时期的温度应力，降低混凝土由于水化热开裂，以及体积变化引起的开裂，是大体积混凝土施工技术的关键。

1.4 混凝土初凝后受到扰动，出现的裂缝

混凝土在未凝结前，受到外力，混凝土具有恢复作用，但初凝后，混凝土逐渐失去可塑性，出现了裂缝就不可能恢复了。扰动的来源有以下几个方面：

（1）泵送管道支撑对楼板的冲击和振动造成的。当楼板面积比较大时，泵送管道通常架设在模板上，泵管输送混凝土时的来

回运动，影响到钢筋的振动，这种振动对初凝后的混凝土影响很大，只要经过一定的时间，在混凝土中会形成裂缝，裂缝的方向性很强，与钢筋走向相同，呈方格状或等距离分布。

（2）底板模板刚度不足，受力变形亦会造成裂缝。此种裂缝常见于联合板模板，下部支撑杆布置较稀时，模板刚度不够，浇筑混凝土之后混凝土虽然凝固，但未能达到足够的强度时，则上人做抹平、浇水、养护工作，就会出现不规则放射网状裂缝，裂缝集中在受外力集中的地方。

（3）浇筑混凝土在其初凝后，在挑檐处，作立柱钢管过长，无水平支撑造成模板轻微下沉，混凝土的裂缝多为沿墙方向分布，长度在2m之间。

2. 防治商品混凝土裂缝产生的措施

2.1 控制干缩裂缝产生的措施

（1）降低混凝土的用水量：混凝土中用水量增加，干燥收缩增大，混凝土就易开裂。为保证混凝土的耐久性就得降低混凝土的用水量。因此，在混凝土配比设计时，就要在保证混凝土设计要求的前提下，尽可能降低单位用水量。

（2）骨料、水泥对裂缝的影响：混凝土干燥收缩是由于水泥石的干燥收缩而产生的，混凝土中特别是粗骨料能够对混凝土收缩起约束作用。骨料的品种不同，即使混凝土配比相同，干燥收缩也有很大的差别。使用石灰石碎石的混凝土，比使用其他品种岩石的混凝土，干燥收缩小，不同品种骨料对收缩抵抗性不同，例如，石灰石＞安山岩＞砂岩，使用石灰石为骨料混凝土比使用砂岩混凝土大，收缩率可以降低20％～30％左右。

为提高混凝土的抗拉强度而采用级配良好的骨料，并限制砂石中的含泥量。在细骨料方面，优先选用中砂或粗砂，来降低用水量和水泥用量，这样就可降低混凝土的温升减少收缩；反之，细砂会增大混凝土的收缩。在粗骨料方面，在满足可泵性的条件下，尽量选用粒径较大、级配良好的石子。

水泥不同，混凝土干燥收缩也不同，按收缩值排序为：矿渣水泥＞普通硅酸盐水泥＞粉煤灰水泥，所以应尽可能选用水化热低、强度等级高的水泥如42.5级的矿渣水泥等。在保证混凝土设计要求的前提下，尽可能降低单位水泥用量。

（3）外加剂方面：在商品混凝土中掺入外加剂之后，可能降低毛细管张力，使混凝土干燥收缩变形降低。常采用高效缓凝减水剂，因混凝土的裂缝主要是由温度变形和自身收缩引起的。因此，在混凝土配比设计时就要在保证混凝土设计要求前提下，尽可能地降低单位水泥用量，减少混凝土的温升值，从而降低以后混凝土的降温幅度。掺入适量缓凝剂，以延缓混凝土温峰产生的时间和降低温峰值。

（4）掺合料：在混凝土中可考虑掺入一定数量的粉煤灰，这是由于粉煤灰具有一定活性，不但可代替部分水泥，而且因其含有大量微小的球状颗粒，能改善混凝土的后期强度。但其早期强度可能会有所下降，因此，对其掺量应作适当控制，否则混凝土表面易出现细微裂缝。

（5）构造钢筋尽可能细筋密布：在通过优选材质和配比的前提下，进行结构设计时应考虑合理配置构造钢筋和温度钢筋，以提高混凝土的抗拉能力，如混凝土结构配筋设计时，应尽可能采用“细筋密布”的办法，在大体积混凝土中形成网状结构，分散混凝土收缩应力，达到细化裂缝的目的，从而提高钢筋的“中心质效应”以增强抗裂性。

2.2　防治塑性开裂的措施

（1）要严格控制混凝土单位用水量在170kg/m^3以下，水灰比在0.6以下，在满足泵送和浇筑要求时，宜尽可能减少坍落度；

（2）掺加适量、质量良好的泵送剂和掺合料，可改善混凝土的工作性和减少沉陷；

（3）混凝土搅拌时间要适当，时间过短、过长都会造成拌合物均匀性变坏而增大沉陷；

（4）混凝土浇筑时，下料不宜太快，防止堆积或振捣不充分；

（5）混凝土应振捣密实，时间以 10～15s 为适宜，在柱、梁、墙和板的变截面处宜分层浇筑、振捣。在混凝土浇筑 1～1.5h 后，混凝土尚未凝结之前，对混凝土进行两次振捣，表面要压实抹光；

（6）在炎热的夏季和大风天气，为防止水分剧烈蒸发，形成内外硬化不均和异常收缩引起裂缝，应采取措施缓凝和覆盖。

2.3 温度应力产生裂缝的防治措施

混凝土内部的温度与混凝土厚度及水泥品种、用量有关。混凝土越厚，水泥用量越大，水化热越高的水泥，其内部温度越高，形成温度应力越大，产生裂缝的可能性越大。因此，防止大体积混凝土出现裂缝最根本的措施就是控制混凝土内部和表面的温度差。尽量采用水化热小的水泥，控制水泥用量，掺入优质的掺合料如粉煤灰，不但能代替部分的水泥，减少水化热，还可改善混凝土的可泵性，掺加具有减水、增塑、缓凝、引气的泵送剂，由于其减水作用和分散作用，降低水化热，推迟放热峰值的时间，因而减少温度裂缝。

2.4 浇筑施工过程中的温控与养护可防治裂缝的产生

为充分说明混凝土浇筑施工因素对混凝土裂缝的影响，下面用工程上常见的大体积混凝土底板施工为例阐述一些观点。

（1）温度场状况：工程底板混凝土由于一次浇筑量大，在施工前要经多方讨论，选取较为合理的施工方案，同时注意控制好浇筑温度和浇筑层的厚度，以利散热。在施工过程中有条件的可设置测温装置，加强观测。

（2）加强早期保温保湿：为提高底板混凝土的极限拉伸，在施工时精心组织，充分保证混凝土捣实的质量，同时为防止表面散热过快，防备气温骤降，造成内外温差过大，就要加强混凝土早期保温等养护工作。

（3）多次搓压表面：混凝土浇筑完毕，接近初凝后，采用木制抹子每隔半小时左右搓压一次，并搓压多遍，形成粗糙表面而不能直接压光，从而避免了底板混凝土的表面龟裂。

(4) 缓慢降温降湿：为了有效地控制底板温度收缩裂缝，在养护过程中采取了保温与缓慢降温，缓慢干燥等多方面相结合的办法，并严格执行。在施工过程中还注意温湿条件对裂缝控制的影响。因为降湿和干燥的叠加作用常常会引起严重开裂，同时采取防雨措施，确保水灰比不产生显著波动。

2.5 消除商品混凝土初凝后的扰动

由于商品混凝土加入泵送剂后，缓凝时间如按常规操作，表面水分已在5～6h内挥发，裂缝已经形成。为此，可以在振捣完成后边收浆抹面，边覆盖塑料薄膜，由于塑料膜不透气、水分不易蒸发，有利于混凝土的养护。混凝土抹平后至少24h禁止上人及搬运物品，浇筑前要认真检查模板牢固程度，对跨度大、采用复合模板的部位应加密支撑；合理布置混凝土输送管，消除对模板的扰动。

3. 结论

本文是在对相当数量工程实例进行调查研究之后，归纳总结出来的。实践证明，如果采取了上述措施，在施工中，加强混凝土的早期养护，保证混凝土强度的正常增长，大部分的早期裂缝都可以避免，以确保建筑工程质量。

29 商品混凝土及泵送剂技术应用注意的问题

商品混凝土一般为流态且可泵送的混凝土。混凝土的流变性能一般以工作度来综合评判，工作度是混凝土拌合物的黏性、流动性和稳定性的综合表现。在现场和实验室中常以坍落度和扩展度的大小表示，并考察是否离析或泌水等。本文着重探讨影响混凝土工作度和坍落度经时损失的各种因素及控制方法。

1. 商品混凝土的配制及常见问题

搅拌站作为商品混凝土的生产者，一般要求所生产的混凝土坍落度大、工作性能和泵送性能良好，而且混凝土的坍落度经时损失小，同时具备良好的初期强度和后期强度，以期达到改善混凝土的施工性能和质量、加快施工速度、节省能耗、经济等的使用目的。

1.1 商品混凝土的配制技术

商品混凝土的配制技术关键是在用水量基本不变的情况下，掺加混凝土外加剂等使新拌混凝土获得大的流动性，以满足施工工艺的要求。

（1）原材料的选用。

根据所配混凝土的要求，选择合适的水泥、砂、石等原材料。其中水泥宜选用 SO_3 和 C_3A 配合合理、含碱量低的水泥。石子的粒径和种类根据配制混凝土的强度等级、泵管尺寸等选用。砂子的选用对商品混凝土的工作性能影响较大，当配制混凝土强度较低，石子级配或粒型不理想时宜适当调高砂率，增大砂子用量，防止离析和泌水，改善混凝土的黏聚性，保持良好的泵送性能。适宜的掺合料，在配制高强混凝土和低强混凝土时尤为有效。可大大改善混凝土的工作性能，而且比较经济。

（2）配合比设计及调整

适宜的配合比是商品混凝土获得良好性能和经济性的重要手段。根据强度和施工要求、原材料情况，选择适当的水泥用量、砂率、用水量及合适的补加剂和掺合料，经试拌后进行相应的调整，可获得工作性能优良、强度及耐久性良好的混凝土。

（3）外加剂的选用原则

外加剂作为混凝土的第 5 种组分，已是商品混凝土中不可缺少的一部分。选用商品混凝土外加剂以其减水率、保水率、保水性和保塑性为主要指标。在不增加用水量的前提下，使商品混凝土具有大坍落度、不离析、不泌水、坍落度经时损失小等性能的外加剂是优选产品。

1.2 商品混凝土常见问题

商品混凝土生产及施工中常遇到的问题主要有：

（1）离析、泌水，工作性不好。

（2）异常凝结，水泥与外加剂适应性不良。

（3）混凝土坍落度损失大，不能满足搅拌站及泵送需要。

（4）泵压过高或堵塞泵管。

（5）早期强度过低或后期强度不足。

这些问题无疑是混凝土工作性能不良和材料问题的综合表现，尤其是坍落度损失问题更为常见。解决这些问题。除了控制好原材料质量、调整好配合比外，外加剂和掺合料是原因之一。

2. 工作度、坍落度经时变化及其影响因素

目前，反映流态混凝土工作性能的具体指标大多以坍落度大小来表示，现实工作中，除了考察坍落度大小外，还应考察混凝土的扩展度，即混凝土的流动性能，这样才能更好、更全面地反映混凝土的流变性能。在生产及实验室测试时，工作度应包含坍落度和扩展度两个主要指标。

影响混凝土工作度和坍落度经时变化的主要因素有以下几个方面：

（1）原材料；

（2）混凝土的配合比；

（3）温度；

（4）外加剂的掺量和掺入时间；

（5）搅拌工艺制度；

（6）掺合料等其他方面。

2.1 不同水泥品种和用量的影响

不同水泥品种因矿物成分含量不同，对混凝土的工作度和坍落度经时变化的影响不同。C_3A 含量在10%左右的水泥比 C_3A 含量5%左右的水泥，其坍落度损失率高30%，扩展度损失也大很多。

单方混凝土用量不同时，混凝土坍落度的经时变化规律基本一致。但水泥用量越大，坍落度损失越快。

2.1.1　外加剂掺入时间和掺量的影响

掺高效减水剂可以使基准混凝土的坍落度从 6～8cm，提高到 18～24cm，但损失较快。减水剂掺入量大时，坍落度损失相对较小。无论减水剂先掺或后掺，坍落度经时损失都较快，必须在浇灌混凝土前掺入减水剂才能体现出后掺法的效果。实际上，这种方法是避开了经时损失。

2.1.2　温度的影响

拌合物的温度越高，混凝土的坍落度经时损失越快。在低温时（例如 5℃）混凝土坍落度损失很小。

2.1.3　掺合料的影响

混凝土的坍落度经时损失与掺合料有关，掺入一定量的掺合料可大大降低坍落度经时损失。试验表明，在相同的条件下，用Ⅱ级粉煤灰取代 10％～15％的水泥，由混凝土坍落度经时损失试验数据对比，动态状况下，坍落度经时损失约小 30％～50％。

2.1.4　运输过程中的动态影响

动态运输过程对混凝土的坍落度经时损失有利。经与实验室静态混凝土坍落度经时损失试验数据对比，动态状况下，坍落度经时损失约小 10％～15％。

3. 混凝土坍落度损失机理及控制方法

3.1　坍落度损失机理

对于混凝土坍落度损失机理，目前尚无明确的统一解释。日本的服部健一等做过研究，认为主要是水泥颗粒物凝聚的原因。另外一些学者则认为减水剂对水泥水化反应的影响是坍落度损失的主要原因。

由于减水剂使得水泥颗粒分散程度增加，加速了水泥颗粒的水化，使部分自由水变为结合水。吸附在水泥颗粒或早期水化产物上的减水剂，或者被水化产物包裹，或是与水化产物反应，消耗大量减水剂，使减水剂含量降低，导致 Zeta 电位下降。降低了减水剂的分散能力，造成水泥颗粒凝聚。宏观上使得混凝土流动性下降。

掺减水剂后，破坏了可溶性硫酸盐与 C_3A 之间的平衡，或水泥中可溶性硫酸盐的形态不合适，C_3A 和碱含量高，都是可能引起不同程度的异常凝结或流动性降低，使坍落度损失增大。

C_3A 和用于水泥调凝的石膏对水泥初期水化和结构形成的作用特别重要，钙矾石沉积在水泥颗粒表面阻碍了水化过程。由于减水剂的掺入，使可溶性硫酸盐减少，导致钙矾石生成不足，使水化加快，坍落度损失就加快。

由于混凝土在运输过程中，混凝土的气泡会溢出，也可使坍落度损失加快。

3.2 控制坍落度损失的方法

(1) 采用后掺法，在混凝土出罐之前加入外加剂。此法在采用时有一定难度，一般不采用。

(2) 采用减水剂造粒技术。此法为清华大学发明，但由于生产造粒难等不利因素，未能推广应用。

(3) 采用 C_3A 和碱含量低的水泥，坍落度损失相对较小，且不易发生异常凝结。

(4) 适当增加减水剂用量。

(5) 减少混凝土失水及低温拌合运输。

(6) 采用高效减水剂与缓凝剂复合技术。此法为大多数人采用，且效果令人满意。

(7) 采用新型合成减水剂。在合成过程中引入相应的官能团，使混凝土经时变化在 2～3h 内波动小，且和易性良好。此法为目前最理想的办法，也是现在最新的控制办法。

4. 泵送剂的配制原理及应用

4.1 混凝土泵送剂的配制原理

混凝土泵送剂不同于高效减水剂，除了应具备比较高的减水率之外，还应具有良好的可泵性。基于此原理，按照高效减水剂复合保塑剂、保水剂、引气剂，并引入适合的缓凝成分，来配制适合于搅拌站和工地现场使用的泵送剂，这样配制的目的是为了控制 C_3A 的早期水化速度，使水泥浆体的动电电位保持在一定的水平。缓凝成分的引入，并非单纯的为了缓凝，而是为了控制混凝土坍落度的损失，其掺量也不同于常规意义上的掺量。

4.2 混凝土泵送剂的应用实例

按照以上配制原理，北京市建筑工程研究院配制生产了AN10-2 泵送剂，该产品广泛适用于搅拌站和工地现场的生产和施工。1998 年，搅拌站和工地现场使用的数量已超过 4000t，效果良好。使用 AN10-2 泵送剂配制的混凝土配合比及坍落度经时变化和强度结果见表 29-1 和表 29-2。

混凝土配合比 **表 29-1**

序号	设计强度	混凝土配合比					水泥强度等级	外加剂型号
		C	*S*	*G*	*W/C*	拌合料		
1	C55	478	671	1096	0.32	53	大同 42.5	高强
2	C40	372	809	995	0.38	92	大同 42.5	普通
3	C30	337	827	1043	0.54	—	长城 42.5	普通
4	C60	486	646	1004	0.32	108*	长城 42.5	高强

注：带*掺合料由硅粉 27kg+粉煤灰 81kg 组成。其余为Ⅱ级粉煤灰。

混凝土坍落度变化及强度 **表 29-2**

序号	坍落度经时变化(cm)			强度(MPa)		
	初始	60min	120min	3d	7d	28d
1	21.5	21.0	19.5	49.5	62.9	77.0
2	22.0	2.0	19.0	28.8	43.5	59.9
3	23.0	21.0	20.5	15.4	30.4	40.8
4	22.0	22.0	19.0	45.6	69.0	84.9

由此结果可见，AN10-2 泵送剂实际使用效果良好，可控制 2h 坍落度经时保持率在 90%左右。

5. 新型高效减水剂研究与应用

北京市建筑工程研究院还开发了一种带有保持混凝土流动性官能团的新型合成高效减水剂 AN3000。此产品的原理是在合成高效减水剂的过程中引入官能团，使水泥初期水化延缓，从而达到控制坍落度经时损失、提高减水率、保持良好的工作性的目的。

该产品性能检测结果见表 29-3，工程应用表明本产品具有减水率高，坍落度经时变化小，与水泥适应性良好，并具有不离析，不泌水的特点。可泵送性优越，而且使用 AN3000 的混凝土，其 28d 强度较萘系高效减水剂有较大提高。工程应用结果见表 29-4。

用于水泥检测 AN3000 的结果　　表 29-3

检测项目		标准指标		检验结果
		一等品	合格品	
减水率(%)		≥12	≥10	25.0
含水量(%)		≤3.0	≤4.0	1.7
泌水率比(%)		≤90	≤95	8.3
凝结时间(min)	初凝	−90+120		+40
	终凝			+45
坍落度增加值(cm)		≥10	≥8	13.2
坍落度保留值(cm)	30min	≥12	≥10	18.5
	60min	≥10	≥8	17.5
抗压强度比(%)	1d	≥140	≥130	150
	3d	≥130	≥120	164
	7d	125	115	132
	28d	120	110	125

AN3000 工程应用结果　　表 29-4

设计强度	坍落度变化(cm)			抗压强度(MPa)		
	初始	60min	120min	3d	7d	28d
C35	22.0	21.0	—	27.6	40.4	48.4
C50	20.0	21.5	20.5	33.5	49.8	68.7
C60	21.0	22.0	20.5	31.5*	69.1	81.3

注：* 为 1d 强度。

综上所述，由于商品混凝土发展迅速，外加剂和掺合料作为混凝土的第 5 和第 6 组分，已越来越广泛地应用。商品混凝土的高要求促进了外加剂的发展及坍落度经时损失控制技术的进步。随着混凝土向着高强度、高性能、低能耗的方向发展，势必会出现更多的新型的混凝土外加剂。

30　泵送混凝土施工质量与关键技术控制措施

1. 泵送混凝土技术发展状况

据介绍，多层建筑、高层建筑，尤其是超高层建筑中，钢筋混凝土结构占绝大多数。自颁布实施《混凝土泵送施工技术规程》以来，我国混凝土泵送施工技术水平不断提高，尤其是上海市的泵送混凝土技术已达到了国际先进水平。这可从以下几方面说明。

（1）混凝土泵送高度。1981 年，上海宾馆首次采用混凝土泵送技术，接力泵送高度达 80m；1985 年，上海电信大厦接力泵送高度达 130m；1988 年，上海商城一次将 C28 混凝土泵送到 166.25m；1993 年，上海杨浦大桥工程，一次将 C50 混凝土泵送到高度为 208m；1994 年，东方明珠工程一次将 C40 混凝土泵送到 350m；1997 年，金茂大厦工程一次将 G40 混凝土泵送到 382.5m。

（2）泵送混凝土外加剂。在泵送混凝土制备中，普遍采用了混凝土外加剂、泵送剂，并使用了高性能减水剂 FTH-2、TTH-2A 配制 C50 泵送混凝土，还成功地采用了磨细粉煤灰，进一步提高了混凝土的可泵性。

（3）泵送混凝土设备。混凝土搅拌楼（站）及泵送设备进口的主要有德国、日本等国设备，多数设备是国产的。预拌混凝土和泵送混凝土技术的发展，提高了混凝土的施工质量。

然而，由于种种原因某些工程的施工还存在质量问题，甚至是很严重的。针对当前混凝土泵送施工中存在的某些质量问题，探讨泵送混凝土施工质量控制与关键技术问题，旨在进一步提高混凝土泵送质量，从而提高混凝土工程的施工质量。

2. 泵送混凝土施工质量控制

2.1 混凝土质量控制

2.1.1 《预拌混凝土》(GB/T 1490—2003) 对混凝土质量控制指标

(1) 强度。控制指标是抗压强度，通过按规定测混凝土强度，计算均值、最小值、标准差，检查商品混凝土质量水平，判定强度是否合格。

(2) 坍落度。反映和易性的指标。

(3) 含气量。影响耐久性、和易性、强度。不掺引气剂的外加剂一般含气量不会超标。掺引气剂的混凝土对含气量应特别注意测试并进行控制。

(4) 氯化物总含量。氯离子可导致钢筋锈蚀，应予以测定并严格控制。

判断预拌混凝土质量是否合格时，强度、坍落度、含气量应以交货地点取样为依据。这主要是考虑运送途中可能有些变化。氯化物的总含量可以出厂检验为依据，主要是氯化物在运送途中不会发生明显变化。

交货检验是供需双方在交货地点共同对预拌混凝土质量进行的检验。在合同中有关质量内容应注意两点：①不得违反现行标准的规定；②现行标准没有规定的，在合同中应明确规定。

2.1.2 泵送混凝土对原材料和配合比的主要要求

根据目前施工实践，当采用预拌混凝土时，为确保质量，对原材料及配合比中骨料、混凝土坍落度、可泵性等提出明确要求，主要有：

(1) 粗骨料与输送管径之比，按泵送高度 50m 以下、50～100m、100m 以上 3 个档次分别给出控制数据，大致在 1∶2.5～1∶5。

(2) 粗骨料应连续级配、针片状颗料含量不宜大于10%。

(3) 粗细骨料最佳级配曲线（见有关规程）。

(4) 细骨料宜采用中砂，通过 0.315mm 筛孔的砂不应少于15%。

(5) 按要求掺入粉煤灰和外加剂，尤其高效减水剂或泵送剂。

(6) 10s 时相对压力泌水率不宜超过 40%。

(7) 混凝土坍落度按泵送高度 30m 以下至 100m 以上分别给出数值在 100～200mm。

2.1.3 混凝土可泵性

这是混凝土泵送施工中的一项特殊要求。可泵性是代表混凝土拌合物在压力作用下，在管道中流动能力的一项综合性指标。即在泵压作用下，混凝土拌合物通过管道的流变性能。

目前，混凝土泵送施工中往往只用坍落度反映混凝土的可泵性，这是不确切、不全面的。混凝土泵送施工规程根据国内外理论研究和实践经验，提出了用相对压力泌水率和坍落度 2 个指标控制可泵性。据了解，混凝土泵送施工中出现堵塞事故，主要原因之一是忽视了用压力泌水率控制混凝土的可泵性。关于混凝土和易性，世界各国学者曾提出了不少定义。但至今尚未有统一的定义，我国学者对混凝土的和易性提出比较完整全面的定义："混凝土拌合物在拌合、输送、浇灌、捣实、抹平一系列的操作过程中，在消耗一定能量情况下达到稳定和密实的程度。"

2.1.4 最佳砂石级配曲线的选用

(1) 第 1 步　按普通混凝土用砂石标准及检验方法找出由累计筛余上下限组成的级配范围。

(2) 第 2 步　调整实际砂石级配曲线，使其掺量接近第 1 步中上、下限级配曲线的中部区域，这样就可确定最佳砂石级配曲线。

当砂石级配不合格时，可用下述步骤解决：采用各类大小粒径砂石、按搭配比例混合使用，将累计筛余（%）调整到累计筛余标准（%）允许范围内，从而满足《混凝土泵送施工技术规程》中粗、细骨料最佳级配图的要求。

2.2 混凝土泵送过程控制

2.2.1 泵送混凝土供应

（1）泵送混凝土供应应确保连续、均匀供料，应在交货地点，进行交货检验，并应符合《预拌混凝土》、《混凝土泵送施工技术规程》等标准的要求。

（2）泵送混凝土的拌制，其采用的搅拌设备、投料次序、搅拌时间应符合标准及有关规定的要求。

（3）泵送混凝土的运送应采用搅拌运输车运送，每台混凝土泵所需配备的搅拌运输车台数、运途中的转速、运输延续时间等重要参数均应符合标准要求。

2.2.2 混凝土泵送设备

设备选型和布置、配管设计、布料设备等均应符合标准要求。

2.2.3 混凝土的泵送与浇筑

这是《混凝土泵送施工技术规程》的核心内容，混凝土泵应严格遵守其安全使用及操作要求，严格执行混凝土泵的使用说明书和其他有关规定。混凝土的浇筑应按预先划分的浇筑区域，按标准要求的浇筑顺序进行。

2.2.4 故障排除

应根据故障具体情况采取相应的排除措施。

2.3 泵送混凝土质量控制

（1）原材料（包括水泥、砂、石、外加剂、粉煤灰等掺合料、水）及其计量均应符合标准要求。

（2）泵送混凝土的质量控制：①可泵性应满足泵送要求；②混凝土入泵时的坍落度允许误差应符合标准要求；③评定混凝土强度的试件应在浇筑地点取样；④建立质量控制与管理的质量体系，执行 ISO 9002 质量体系认证要求，对泵送混凝土进行系统、科学的管理。

3. 泵送混凝土的关键技术

3.1 高层建筑采用泵送混凝土的适用条件

一般来说，高层建筑在下列条件下适宜于采用泵送混凝土施工：

（1）全现浇混凝土结构；

（2）现浇大体积混凝土基础；

（3）施工场地狭窄，不宜采用塔吊运输混凝土；

（4）采用塔吊或混凝土快速提升斗（机）不能满足混凝土连续浇筑施工的要求；

（5）施工场地具备商品混凝土供应条件，或现场具有满足供应的混凝土搅拌站。

3.2 采用塔吊或混凝土泵输送混凝土的判别式

当采用塔吊输送混凝土达到条件 $m>[m]$ 时，宜考虑采用混凝土泵输送混凝土。

$$m=\frac{(H_{\max}/v_1+H_{\max}/v_2+t_3+t_4)Q}{60bcq}$$

式中：m 为用塔吊提升混凝土每个标准层所需工期（d）；q 为塔吊每吊混凝土量（m^3）；Q 为每个标准层所需混凝土量（m^3）；$H_{\max}$为标准层最高一层标高（m）；v_1 为吊钩上升速度（m/min）；v_2 为空钩下降速度（m/min）；t_3 为起重臂每节回转时间（min）；t_4 为装卸吊钩时间（min）；b 为每个台班工作小时数（h）；c 为每天每台塔吊的台班数；$[m]$ 为每标准层允许混凝土工期（d），由网络计划计算确定。

3.3 垂直换算高度计算

高层建筑混凝土施工，需向高处泵送混凝土，向高处泵送混凝土的高度界限基本上取决于混凝土泵的出口压力，计算步骤如下：

（1）根据实际配管情况，计算水平换算长度 L，并应满足 $L\leqslant L_{\max}$。

（2）垂直换算高度 $H=L/K$，要求 $H\leqslant 0.8H_{\max}$，式中：H 为垂直泵送高度；K 为每米垂直管的换算系数，（注：10.16、

12.70、15.24cm 管，换算系数分别为 4、5、6）。

以上是理论计算结果，据许多工程，如上海宾馆、上海雁荡大厦、青岛中银大厦等实践表明：混凝土泵送高度与产品说明书上的泵送高度均有一定的差距。究其原因：①泵送高度超过某一值时，泵压与泵送高度呈非线性关系（其规律有待研究）；②与混凝土配合比和泌水率、坍落度有关。

3.4 泵送混凝土原材料和配合比

（1）粗骨料最大粒径与输送管径之比。粗骨料最大粒径与输送管径之比与建筑高度（或层数）有关。根据经验，50m 以上的高层建筑易发生混凝土泵送堵塞事故，故规定：泵送高度50～100m 时，粗骨料最大粒径与管径之比宜为 1∶3～1∶4；泵送高度在 100m 以上时，宜在 1∶4～1∶5。

（2）针片状颗粒含量，不宜大于 10%。对高层和超高层建筑尤其采用 C50 以上混凝土，建议针片状颗粒含量要尽量减少，C60～C80 混凝土应不大于 5%，这样可有效地防止混凝土堵塞。

（3）细骨料宜采用中砂，通过 0.315mm 筛孔的砂，不应少于 15%。

（4）按有关规程要求掺外加剂和粉煤灰等掺合料。

（5）10s 的混凝土相对压力泌水率不宜超过 40%。

（6）不同泵送高度入泵时混凝土坍落度，按规程规定采用。

（7）原材料和配合比的其他有关要求，按混凝土泵送施工技术规程相应规定执行。

3.5 混凝土泵的选型和布置

混凝土泵的选型，应根据高层建筑混凝土工程的特点，要求的最大输送距离，最大输出量及混凝土浇筑计划确定，宜选用优质名牌混凝土泵。

高层建筑泵送混凝土，选用混凝土泵的台数，在按规程计算确定的基础上，宜有 1～2 台的备用泵。

3.6 配管

垂直向上配管时，地面水平管长度不宜小于 1/4 垂直长度，这是泵送高层建筑混凝土应特别注意的问题。其他要求按《混凝土泵送施工技术规程》执行。

4. 高强泵送混凝土

近年来，我国在上海、北京等地对高强泵送混凝土进行了深入地试验研究，并在工业与民用建筑中，已有较多的工程应用实例。北京京城大厦泵送 C60 混凝土、广东国际大厦泵送 C60 混凝土、青岛国际金融中心（中银大厦）泵送 C60 混凝土、上海杨浦大桥工程一次将 C50 混凝土泵送到 208m 高度。

31 大体积混凝土裂缝的主要原因及工程防治

随着国内基础设施和城市化进程的加快，大型工程建设项目日趋增多，而大体积混凝土是构成其主体的重要组成体。大体积混凝土通常被认为是指结构物实体最小尺寸大于 1.0m 的部位的混凝土。在厚大体积混凝土连续浇筑和强度增长过程中，水泥水化反应产生较高的热量，而且这种水化热较集中的释放出来。由于结构体截面尺寸大、内部热阻力大、升温高、热量聚集不易散发出去，而表面在自然环境下散热很快，这样在混凝土内部和表面形成较大温差。结构体内外的温差升降的变化及环境、保温、拆模等因素影响，导致温度不均匀变化产生应力。当这种应力超过混凝土的极限抗拉强度时，就会在混凝土内外产生裂缝。混凝土裂缝的产生与扩展不但外观差，更重要的是直接影响建筑物的安全和耐久性使用。裂缝的问题一直是大体积混凝土的质量通病，多年来受到国内外工程技术人员的重视。

1. 大体积混凝土裂缝的主要原因

1.1 混凝土内部温度造成的影响

水泥水化时，升高温度 T_r 存在关系如下式：

$$T_r = C_0 \times H_0 \times (1 - e^{-at}) / P_c \times C_t \tag{1}$$

式中 C_0——单位水泥用量，kg/m³；

H_0——单位质量水泥的水化热，J/kg；

C_t——混凝土的比热，J/(kg·℃)；

a——试验常数，与水泥的放热速度有关（中热硅酸盐水泥为0.9、普通水泥为1.0、早强水泥为1.20）。

可以看出：在混凝土比热和表观密度一定时，水化的升温主要取决于水泥的用量、水化热、水泥的品种与龄期，而水化热是混凝土体内温度升高的关键因素。同时也表明了混凝土的体积越厚大，需要的水泥量就越多，其结果是释放的水化热越高，结构体内的温度也越高。例如绝热条件下浇筑100h混凝土时，用相同品种的水泥，但单位用量不同拌制的混凝土其内部升温是不同的：（150kg/m³）时的最高温度为35℃、（300kg/m³）时的最高温度为57℃、（400kg/m³）时为70℃、（500kg/m³）时为78℃。而混凝土的表面温度为：

$$T_b(t)=T_q+4h'(H-h')AT(t)/H^2 \quad (2)$$

式中 $T_b(t)$——为龄期t时混凝土的表面温度，℃；

T_q——为龄期t时大气的平均温度；

H——$h+2h'$，其中，h为混凝土的实际厚度；

h'——为混凝土的虚铺厚度，$h'=Kr/B$；r为混凝土的导热系数，取2.33W/(m²·K)；K为计算折减系数。

可以看出，在外界气温和其他条件相同时，混凝土体积越厚外表面的温度就越低，而混凝土用量越大内部温度就越高；也就是说浇筑的混凝土越厚，其内部储存的热量就越多。对于一般建筑工程大体积混凝土的厚度多在0.8～2m之间，在此厚度下混凝土的散热相对较快，一般3d即达到最高温度，随后混凝土的温度逐渐降低。当混凝土厚度达到5m以上，混凝土的实际温升接近于绝热温升，高温持续时间长，这就要求设法减少混凝土的绝热温升。对于厚度大于5m的大体积混凝土，如果再使用高强度等级的水泥，较高的水泥用量，则温升就很高，导致温度应力就非常大。由于大体积混凝土的混凝土用量很大，产生的水化热很大，且不易均匀散出，结构内的温度就很高，内部的体积膨胀就很大，在硬化体积收缩时体积变化量就很大，当水化比较集中时，则更为明显。由混凝土的各龄期弹性模量 $E_{(t)}=E_0(1-e^{-0.09t})$（其中 E_0 为混凝土的最终弹性模量，$E_0=3.25\times10^4\text{N/mm}^4$）可以看出，在混凝土浇筑后的早期阶段，混凝土尚未硬化，其弹性模量较小，体积膨胀所产生的应力影响较小。但到了后期阶段，随着水化的充分进行，表层混凝土产生收缩，此时混凝土已经开始硬化，其弹性模量也不断增大，受内部混凝土的约束而产生较大的拉应力。当其超过混凝土极限抗拉强度时，便产生裂缝。

1.2　外界气温的影响

外界温度越高，水泥的水化反应速度越快，当外界温度为20℃时，第一个 24h 内水泥水化产生了 7d 全部水化热的 43%；当达到 30℃时，第一个 24h 内水泥水化产生了 7d 全部水化热的62.5%，因此，外界温度越高，水泥的水化放热越集中，从而使内部温度很高。据规范要求，大体积混凝土表面温度与中心温度之差应小于 25℃。如果水化比较集中，中心温度可以达到 80℃，则表面温度应高于 55℃，但是也很难保证在一定的时间内表面温度都高于 55℃。如果施工处于冬期，外界气温低且变化幅度大，即使有一些保温措施，也很难保证较高表面温度，从而导致温差梯度很大，由此产生的收缩可达 7×10^{-1} mm/m，大大超过混凝土的极限拉伸值，必然出现裂缝。

1.3　约束条件的影响

约束条件是指各种结构物在变形变化中所受之约束而阻碍其变形，约束种类分外约束和内约束（又称自约束）两类。外约束指结构物的边界条件如支座或其他外界因素对结构变形的约束；内约束是指较大断面结构中，由于内部非均匀的温度及收缩分布不均匀而产生的相互约束。大体积混凝土由于温度变化会产生变形，而这种变形又受到约束便产生了应力，应力超过允许值便可能产生裂缝。

此外，由于混凝土硬化后的体积小于硬化前各种原材料与水的总体积，同时混凝土中由于水化作用而消耗水分约为25%左右，其余水分将挥发或贮存于空隙之中，从而产生混凝土干缩，这对于大体积混凝土干裂亦有显著影响。

所以，解决大体积混凝土开裂的关键在于尽量减少水化热的影响并使其能均匀散热，使其产生膨胀的持续时间能尽可能与混凝土内部降温同步。

2. 大体积混凝土工程中的防裂技术措施

2.1 改变水泥的矿物组成

水泥的水化热与水泥的矿物组成和性质密切相关，要减小水泥的水化热，必须降低熟料中 C_3A 和 C_3S 的含量，相应提高 C_2S 和 C_4AF 的含量。但也要考虑到，C_2S 的早期强度很低，不宜增加太多，亦即 C_3S 的含量不能过少，否则会使水泥的强度发展太慢。一般认为，尽可能降低 C_3A 含量，相应使 C_4AF 提高到不超过20%时，对水泥性能和烧成都会有好处。因此配制大体积混凝土时，要采用 C_3A 和 C_3S 的含量低的水泥，以降低内外温差。

2.2 减少单位水泥用量

水泥的用量越大，产生的水化热越多，因此在不改变其他性能的条件下，尽最大可能减少水泥用量。

（1）在混凝土中加入引气剂，产生了一定量的微小的封闭气泡，能有效地减小骨料间的摩擦阻力，使混凝土拌合物的和易性提高，也即在保证和易性不变的条件下可以减少水泥用量，而对混凝土的强度也没有不利影响。

（2）加入高效减水剂能大幅度减少混凝土拌合用水量，在 W/C 保持基本不变的情况下，可大幅度减少混凝土的水泥用量。

（3）选用最大尺寸的粗骨料、级配良好的中粗砂及合理的砂率，在给定的 W/C 和稠度，水和水泥用量都有所下降。

（4）加入掺合料如优质粉煤灰、磨细矿粉、超细硅粉等，可以改善拌合物的工作性和强度，同时降低了水泥用量。因此，在保证强度和和易性，通过上述方法可以实现最低水泥用量配制混凝土。

2.3 延长水化放热时间

水泥水化热过于集中，而水化放热速率不是很大时，混凝土内部的水化热没有足够时间散发出去，很容易使内部温度很高。如果降低水泥矿物的水化速度，使内部的热量得以传递出去，从而使混凝土发生缓慢而有不太大的变形，同时可以使体积的后期的收缩得以补偿。缓凝型的外加剂能使水泥水化初期水化速度减慢，水化热缓慢释放，减小升温的幅度。

2.4 补偿收缩

混凝土体积收缩而导致裂缝的产生。如果能改变水泥的矿物组分或者引入膨胀剂来减少收缩量，就可以减少裂缝的产生。MgO 水化速度比较慢，且其膨胀持续时间较长。如果产生膨胀的时间又能与混凝土内部降温基本同步，将能有效地补偿大体积混凝土的收缩作用，从而能有效地阻止混凝土裂缝的产生。已经研制成功并运用于三峡大坝的双膨胀水泥，就是借助钙矾石和水镁石的膨胀的衔接，保持了较长膨胀期。膨胀剂是一种能使混凝土产生一定体积膨胀的外加剂，它以一定比例的掺量加入混凝土中，能够有效地抵消混凝土自身的收缩。其作用主要在于混凝土凝结硬化的初期 1～14d 龄期内产生一定的体积膨胀，在有约束的条件下，在混凝土中建立 0.2～0.8MPa 的自应力，同时推迟收缩过程，使混凝土有充足的时间较大幅度地增长抗拉和抗压强度。当混凝土开始收缩时，足以抵抗收缩应力的作用，从而保证混凝土体积的稳定性，防止混凝土裂缝的产生。所以选择合适的膨胀剂使混凝土在硬化过程中具有微膨胀性，以抵消绝大部分冷缩、干缩及化学缩减。此外，膨胀剂的掺入可以等量取代水泥，减少水泥用量，降低水化热，膨胀剂水化时几乎没有水化热。

2.5 降低浇筑温度

降低浇筑温度可以降低温差，从而减小温度应力。降低浇筑温度的措施主要有：

（1）预冷骨料（水冷法、气冷法等）和加冰搅拌等。

（2）浇筑时间最好安排在低温季节或夜间，在高温季节施工时，应采取减小混凝土温度回升的措施，如尽量缩短混凝土的运输时间，加快混凝土的入仓覆盖速度，缩短混凝土的暴晒时间，混凝土运输工具应有隔热遮阳措施等。

2.6 分层浇筑混凝土

将每层浇筑混凝土的厚度控制在 2m 以内，以加快混凝土水化热的散发，降低最高温度。但由于钢筋的绑扎有一定困难，施工速度过慢，因此比较难实施。加上浇筑时两块混凝土温度不一致，相互约束较大，易在结合界面处出现裂缝并扩展，这种方法只有在结构允许的时候才能用。

2.7 保温养护法

采用防水隔热材料将大体积混凝土的所有裸露表面覆盖住，降低表面散热速度，减少内外温差，防止过大的温度应力出现。同时也能有效阻止表面水分过快蒸发而产生过大湿度梯度导致的表面塑性细裂缝的产生。这一办法对一次完成浇筑的混凝土比较有效，对分层浇筑、配筋很少的大体积混凝土，可采用可重复使用且不易粘附混凝土表面的 PVC 发泡保温养护垫。对于配筋较多的大体积混凝土，只能采用先喷养护剂成膜后再撒聚苯乙烯泡沫粒的方法保温养护。

2.8 水化热导出

采取适当的散热方法，加快内部热量的散发，常用预埋冷却水管导出法，常用方法有单回路、双向双回路、分层双回路及多回路法，这些冷却管将永久留住混凝土内部，起一定的“钢筋”作用。但需做适当处理，以防止电化腐蚀。

通过从混凝土内部温度和外界温度对于大体积混凝土裂缝影响进行探讨，提出了混凝土基本原料的组成和用量以及外加剂、掺合料，施工方面的一些措施。工程实践证明这些技术措施是有效可行的。

32 大体积混凝土结构裂缝的施工控制

施工后产生的裂缝是大体积混凝土最常见的质量通病，裂缝的出现直接影响到结构的刚度、整体性、耐久性和防腐蚀。如何有效控制大体积混凝土的施工裂缝，保证施工质量和结构的安全是必须首先重视的。本文以某大厦工程为例，浅要介绍基础大体积混凝土施工过程的裂缝控制。

1. 工程特点

本大厦在某市区路口，为L形，地下一层，地上13层，地上4层为商业用房，以上为住宅层。总建筑面积为2.2万m^2，基础底板为C35级混凝土，厚度1.2m，现浇框架-剪力墙结构。基础底板混凝土施工要求一次浇筑，不留施工缝，由后浇带处分开。施工时仍存在一定困难：混凝土底板厚度大、水泥用量多、产生的水化热高、易产生温差及收缩裂缝；基础筏板面积大，施工期间气温高，环境温度超过30℃，混凝土终凝时间加快，易形成施工缝；混凝土施工一次完成，而工地处于闹市交通道口，场地狭窄，交通疏导难度大，增加了施工困难。

2. 大体积混凝土施工裂缝主要原因

2.1 温度裂缝

大体积混凝土在凝结硬化初期，水泥水化时会逐渐产生大量水化热，使混凝土中间部位温度较快升高，而结构混凝土表面和边界温度受环境气温影响，气温较中间偏低，这样则形成内外温差梯度，造成结构内部产生较大压应力，而混凝土表面则形成拉应力。当表面拉应力超过混凝土当时的抗拉极限强度时，混凝土表面就会产生有害裂缝。

2.2 收缩裂缝

一般在混凝土浇筑的3～5d后，水泥大量的水化热已基本释放，混凝土从最高温度逐渐向下降低，降温的过程会引起混凝土体积的收缩，同时由于混凝土内部多余的游离水向外蒸发引起的体积变形，受到地基、周围模板和结构自身的较大约束，不能形成自由变形，导致产生温度应力（主要是拉应力）。当这种拉应力超过混凝土此时的抗拉极限时，则从结构最薄弱的部位开裂即形成收缩裂缝。

3. 预防裂缝的一般措施

3.1 从材料选择上控制

大体积混凝土所用的水泥通常采用水化热较低的矿渣硅酸盐水泥，强度为P42.5。由于矿渣水泥中熟料掺合量低，早期水化热释放也低；砂一般采用中粗砂，细度模数2.5左右，含泥量小于2%；石子选用5～31.5mm粒径卵石或机械加工碎石，含泥量小于0.5%：如果结构允许可掺入一定比例的毛石，其粒径小于300mm，掺量小于混凝土体积的15%，毛石不但其自身强度高，且能降低混凝土内部的温度。

3.2 优化施工配合比

施工前，针对工程实际和环境气候情况，由公司试验室进行优化配合比对比试验，最后选用最合理的施工配合比。该基础大体积混凝土的施工配合比为：水泥：石子：砂：水：粉煤灰：减水剂：膨胀剂＝345：1070：710：210：85：3.3：35（单位：kg）。

3.3 合理使用外加剂

为减少水泥用量，降低混凝土的水化热，减少混凝土的收缩量，延缓混凝土的初凝时间，改善和易性，配制混凝土时采用了掺入粉煤灰、减水剂和膨胀剂的三掺技术。粉煤灰采用当地热电厂的二级粉煤灰，烧失量小于5%，可替代水泥15%以上；减水剂采用复合型减水剂，减水率达20%以上，可延缓混凝土初凝时间6～8h，延缓产生高温的时间；膨胀剂采用UEA-I型普通膨胀剂。

3.4 控制混合料入模温度

该工程基础混凝土施工进入6月下旬，日气温平均超过30℃，必须采取有效措施降低各集料的拌合温度和拌合后混合料的入模温度（<30℃）。采取的措施是：混凝土输送泵、搅拌机站全部搭棚，以防太阳光直射；水泥存放工棚内随用随取；砂石料存放处搭遮挡阳光棚，并用自来水冲洗降温；输送泵管用岩棉毡包裹，并浇水降温；拌合水为自来水，其实际温度低于18℃，采用如上措施后拌制的混合料入模温度小于预控30℃的目标。

3.5 分段施工和分层浇筑

按照基础设计形状，整个基础混凝土以后浇带分为两个部分，两段可独立浇筑，但必须一次浇筑完成，不留施工缝。混凝土基础厚，采取分层浇筑施工，优点在于增大了散热面积，减小了应力约束，加快了热量释放，减少热量释放和收缩应力，确保下层与浇筑层间隔不超过初凝时间。

3.6 加强保温保湿养护

振捣抹压的混凝土表面达到初凝后，在表面立即覆盖一层塑料薄膜和两层草袋或麻袋，保温袋要错开搭铺，使混凝土表面有均匀的温度和湿度，减轻同外界的热损失。由于气温偏高和水泥水化热逐渐升高的共同作用，结构表面水分蒸发散失很快。为防止表面干燥收缩裂缝，表面最好进行蓄水养护，在水化热高峰后(约5d)，逐渐掀起保温材料，并由专人养护不少于14d。

4. 大体积混凝土施工过程控制

4.1 现场设备布置

混凝土采取集中搅拌站商品混凝土与现场搅拌相结合的方式浇筑。本工程联系好商品混凝土搅拌站集中拌合搅拌车送混合料，如果搅拌站或运送车出了问题，则现场布置了两台500L的搅拌机，立即启动搅拌，确保混凝土浇筑的正常连续进行。

4.2 混凝土浇筑方法

施工的顺序是：两个作业队同时进行浇筑，从后浇带分开，各施工一段。先从基础的最深部位开始，分层向上浇筑。在浇筑过程中按照“条形分段、斜面分层、一次到顶、循序渐进”的工艺方法，各自从起点端头开始沿底板高度自下而上逐层拉开距离浇至顶面，每斜面层均由混凝土自重及振捣流淌形成斜坡层面，坡层面要求平缓。然后沿长方面按斜坡形层逐层向前推进，直至终点。浇筑顺序按“之”字形后退方向进行，避免浇筑到顶面的混凝土人员的扰动。每层的浇筑厚度控制在 500mm 以内，同时确定浇筑斜面上、下新旧料接触时间不超过 2h，防止形成施工“冷缝”。

4.3 混凝土浇筑的振捣

每一个施工浇筑段配置 4 台 ϕ50 插入式振动棒，分别布置在浇筑面的出料口、坡角及浇筑斜坡面处，先振捣泵管出口拌合料，形成可自然流淌的坡度，然后全面振捣，间距小于 500mm，每一振点处振捣棒周围混凝土开始泛浆和不再冒气泡为止，方法是快插慢拔，使拔棒周围混凝土充实。振捣时要特别注意漏振、过振，防止边界外侧振胀模。同时可采取二次振捣，减少表面的开裂。方法是在混凝土终凝前再次振捣混凝土，使混凝土内部自由下沉的粗骨料更密实，表面出现的龟裂消除掉。振捣后再次抹压平，对提高防水抗渗性、减少结构的开裂效果十分明显。

5. 大体积混凝土的温控

温控和测温可用简单的方法进行，在混凝土浇筑时，在确定的位置预埋直径 25mm 的钢管，管下端焊死，上部高出混凝土面 50mm 以上，上口临时堵封，用普通测温计测温。测温孔的布置应均匀考虑，纵横间距基本相等，但不能超过 10m；测温点应具有代表性，能全面反映大体积混凝土各部位的真正温度。该基础布置测温孔 30 个，每队 15 个孔。每个测温点设上、中、下 3 个测温孔。温度的监控，在混凝土浇筑后 10h 开始测温，升温阶段每 4h 测温一次。浇筑后的 2～4d 混凝土的内部升温最高，应 2h 测温一次；在降温初期 4h 测温一次，以后 8h 测温一次即可。在混凝土浇筑 7d 后每天测温一次，直至 14d 为止。测温从混凝土浇筑后第二天开始，环境温度 22～36℃，混凝土入模温度小于 30℃，混凝土内部水化热峰值在浇筑后第 3 天开始达到 74.8℃，维持 28h 以后逐渐降低。

6. 施工裂缝控制小结

某大厦筏形基础大体积混凝土浇筑，经过实体检验和质量评定，混凝土的实际强度达到设计强度的 130％以上，未出现任何有害裂缝的发生，施工方法和温控措施达到了预期目标。应注意的是：

6.1 设计采用 60d 或 90d 的强度作为检验强度

多层或高层建筑一般施工周期较长，工期会超过 12 个月，所以上部荷载不会很快增加到基础，重量只是建筑物的自身重量，因此应考虑混凝土的后期强度，减少水泥用量降低水化热。现行的混凝土设计规程中规定了对于大体积筏形基础宜采用 60d 或 90d 的强度作为混凝土的设计强度。由于该工程（事实上许多建筑工程）设计人员不同意以 60d 代替 28d 的强度，因此只有采取一系列的温控措施，才能达到预防裂缝的目的。

6.2 优化配合比和合理的掺合料

大体积混凝土的配合比不能按常规计算，应多做配方，在满足使用功能的基础上，确定最佳配方来减少水泥用量，同时掺入水泥用量 25％左右的粉煤灰、高效减水剂和膨胀剂。采取这些技术措施不但降低水泥用量，重要的是降低水化热及费用，还满足工程的强度需要，确保混凝土的施工和易性和可泵性。

6.3 混凝土的养护时间要保证

认真的保温保湿是大体积混凝土质量不可缺少的措施之一，由于施工时气温高、表面热损失快、水分蒸发快，且膨胀剂早期需水量大，必须在非常湿的条件下补偿混凝土的收缩，混凝土的早期强度增长快也需要充分的湿环境，因此，混凝土的早期湿养护必须得到保证，应该是湿环境越长越好，水泥水化越充分强度越高，但考虑到施工因素，一般养护时间不少于14d即可。

6.4 严格控制混凝土内外温差

大体积混凝土结构的内外温差控制一般按25℃考虑，根据实际测温和工程实体观察，确定25℃的温差控制比较偏严，事实上的最大温差达到33.8℃，结构混凝土未采取措施也未开裂，可以适当放宽25℃的限制，温差控制在30℃左右。但测温工作必须改进和加强，采用电子测温仪测温，利用计算机分析数据和处理。

33 现场搅拌混凝土的质量控制措施

1. 现场搅拌混凝土状况分析

当今在混凝土行业中，有两个根本变化，一个是混凝土材料科学的进步和发展，高性能混凝土的出现；一个是商品混凝土，在20多年里，经历了初期萌芽成长、中期徘徊前进和近年快速发展的阶段，使混凝土制备、输送和施工的技术达到先进水平。两者结合相互促进，大大提高了混凝土技术的高科技含量，确保混凝土施工和结构工程的质量。

然而，现在广大的中小型施工企业，仍承担着大量中小型房屋建筑工程。尤其是在工期不长、建筑面积不大的房屋建筑工程中，混凝土搅拌技术呈滞后的状态，突出表现在施工现场搅拌混凝土方式还停留在旧传统的水平上：设备落后，与城市预拌混凝土技术装备有着极大的差距；观念陈旧，对混凝土的性能要求，仅仅是局限在强度性能上；忽视原材料质量，发现问题均用增加水泥量的办法来补救，比如骨料含泥量超指标时，不从骨料处理出发，而盲目增加水泥；工艺简单，作业粗糙，缺乏科学性。

笔者所在的铁路房屋建筑工程公司，承担着较多的中小型房屋建筑工程项目，在现场混凝土搅拌作业中，就存在一些实际问题。比如，砂石缺乏选择，集料级配不规范，含泥量高，质量不稳定；砂石计量用小车按体积配料，误差大；现场无条件测定砂石的含水率，不调整配合比；水灰比不准，用水超量等。即使一些大型企业，在较大工程中，无法得到供应商品混凝土而采取现场搅拌混凝土时，同样会有类似的问题。可以说这种状况具有普遍性。

我们认为要改善现场搅拌混凝土状况，在当前应该做的工作是要更新观念，强调一些工艺关键，采用一些新技术，更新一些新装备；结合提高自身素质，在实际工作中严格把关，把现场搅拌混凝土技术提高到一个新的水平，真正改善和提高现场搅拌的状况。

2. 改变观念，提高认识

2.1 提高对混凝土耐久性的认识，重视混凝土骨料的质量

现场拌制的混凝土质量，通常以保证混凝土的强度为惟一重点，也出自为满足施工进度要求，对耐久性未予考虑。如今高性能混凝土中，耐久性是决定混凝土使用寿命的主导因素，研究混凝土的耐久性已是研究混凝土性能的重要方面。影响混凝土耐久性的因素很多，就混凝土拌制这一环节而言，材料的选用，包括骨料的品种、级配、含泥量、含水量等，都是影响混凝土耐久性的主要因素。现场拌制混凝土时，必须将混凝土的强度和耐久性结合起来加以重视，把好材料质量关。

2.2 重视混凝土的施工配合比，严格按施工配合比配料

混凝土配合比的设计从理论配合比到试验室确定试验配合比，最后调整为现场拌制使用的施工配合比，是一个科学的全过程，它是混凝土强度质量的保证。在商品混凝土搅拌站内，搅拌中心与试验室相邻近，试验室能严格监督拌制的全过程，它能随时取样，掌握即时的砂石含水率变化，通过试验指导生产，使施

工配合比准确无误，搅拌出满足混凝土坍落度、和易性等性能要求的拌合物。因此，混凝土性能稳定，不存在较大的质量问题。而在工地现场拌制混凝土中，试验室一般在施工公司基地，距施工现场很远，试验室在做出试验配合比后，很难每天根据现场砂、石含水率变化调整出施工配合比，现场得到的只能是试验配合比。此时，现场只能用此配合比制备混凝土，并根据浇灌混凝土时的工作度情况凭经验增减用水量。违背了确定和使用混凝土配合比的原则，人为地把试验配合比与施工配合比混淆起来，造成概念上的错误，失掉了配合比的科学性和严肃性。在中小型施工单位企业中，要纠正这种现象，必须重视混凝土配合比的确定和应用。

2.3 外加剂和掺合料的使用

外加剂和掺合料作为混凝土除胶凝材料、粗集料、细集料和水之外必不可少的第 5 种组分和第 6 种组分，已在商品混凝土中得到广泛应用。掺合料与胶凝材料（水泥）又组成复合胶凝材料，水灰比已被水胶比取代，用来更准确地控制混凝土的性能。实践证明，应用混凝土外加剂和掺合料，使混凝土达到了前所未有的高性能，基本解决了目前对混凝土的高性能要求和施工技术要求。外加剂和掺合料的应用，还能够节约材料（水泥）用量，节约能源，加快施工进度，提高生产率，改善工人劳动条件和保护环境，有着重大的经济效益和社会效益。而在许多现场混凝土搅拌中，外加剂用得很少，一般情况下不用或迫不得已时才用。如在秋末冬初抢工程时才用防冻早强型外加剂。外加剂作为现代混凝土的第 5 组分，又有系列的特征优势，在现场拌制中可以结合工程要求、施工特点更广泛选用，同样可达到提高现场拌制混凝土质量的目的，取得良好经济和社会效益。

3. 加强技术管理，改进工艺操作

现场拌制混凝土技术管理相应要加强，对某些工艺环节要改进，这是提高现场拌制混凝土的质量的具体措施。

3.1 加强对原材料管理

收料人员应把好质量关，不允许不合格的材料进场，当遇到原材料质量发生变化、不符合要求时，及时汇报并与试验室联系，采取相应措施，以保证混凝土的质量。进场的材料要有序存放，对通常用的袋装水泥，要有防潮透风的棚库；砂石材料要有围挡。当就地取材时，砂石粒径不合格，现场要增设筛分作业，含泥量超标时要用筛分机械加以冲洗。

3.2 改原材料体积计量为重量计量

多种材料必须准确过秤，并控制在允许误差范围内，特别是对加水和掺外加剂，更应严格计量。

3.3 要及时测量砂、石含水率，调整施工配合比

要密切与试验室配合，现场做好材料的取样和砂石的测检工作，提交试验室，对试验室下达的配合比要严格执行，不马虎。

3.4 合理使用外加剂和掺合料

首先针对工程施工要求选择好外加剂，派专人负责外加剂的保管和使用，按比例严格配制，准确计量掺入。采用液态外加剂时，要防止溶解不完全，存放时间过长，浓度变化较大，掺量不准的现象。当选用磨细矿粉时，其比表面积应在 $400 \sim 450m^2/kg$，同时掺用粉煤灰会取得更好的效果。掺用外加剂和掺合料，必须在试验员的指导下进行。

4. 提高机械装备的水平

要改变用两台小车、一台搅拌机进行现场配料这种粗放型的操作，必须在机械装备上考虑，要提高资金投入，添置新型设备，在各工艺环节提高工艺操作水平，保证混凝土的搅拌质量。

4.1 加强资金投入

随着经济的发展，国家经济实力不断提高。应该说有条件投入资金，提高机械装备水平。商品混凝土搅拌站所使用的混凝土机械设备已达到国际先进水平。现场工地搅拌混凝土所使用的配

套系列装备，其实在建筑工程行业的科研设计部门，早就研究出各种拆迁式或移动式的适合现场工地使用的中小型混凝土搅拌装置，在一些建筑机械制造厂也有产品，可以根据施工能力和实际需要来选购。

4.2 建议配备几项重点机械设备

（1）石子筛洗机。有滚筒式和摆动式简易筛洗机，构造简单、动力小。在现场接上水源，就可以筛分和清洗，清洗用水可以经过沉淀泥沙后重新使用。

（2）砂石上料仓。通过皮带机上料，将砂石存放在料仓内，然后经过皮带给料，往重量计量斗内给料，达到精确的重量计量。这种存料和计量方法十分简单，在混凝土行业中，被广泛使用。各种大小类型，均有设备厂成套生产。

（3）采用强制式混凝土搅拌机。改变采用自落式混凝土搅拌机，使搅拌混凝土速度快、能耗低、搅拌质量均匀。常用的有250、350、500公升的单轴或双轴强制式搅拌机，它是自落式鼓筒或锥型搅拌机的替代产品。

（4）配置外加剂装置。将固态粉状外加剂先加入外加剂搅拌筒内，按比例注水后均匀混合，通过液体计量器定量，再注入搅拌机。绝不能用勺任意加料，使计量不准，影响混凝土质量；干粉投料使搅拌不易均匀或延长搅拌时间，还浪费能源。

（5）配制水泥和掺合料筒仓。

34 水工混凝土裂缝的成因及施工质量控制

裂缝是水工混凝土最常见的缺陷之一。工程统计表明，大多数混凝土建筑物都存在不同程度的裂缝。裂缝既影响建筑物的美观，也破坏了建筑物的完整性，从而影响水工建筑物的安全运行，造成渗水、漏水、降低水工建筑物的稳定安全系数等。虽然多数表面裂缝危害程度较小，但也存在着危害性很大的深层裂缝和贯穿裂缝，而且原来危害较小的表面裂缝会因外界条件的变化可能发展成为严重的深层或贯穿裂缝，因此，必须认真对待每一条已被发现的裂缝，科学地提出裂缝的控制和处理措施，减少裂缝的危害，以保障水工建筑物安全运行和发挥其应有的工程效益。

1. 水工混凝土裂缝的成因分析

水工混凝土裂缝的成因非常复杂，影响因素众多，从内因上讲，有原材料的质量不合格、混凝土的配合比及其均匀性欠佳、水化热温升、自身体积变形及其热学、力学性能达不到抗裂能力的要求；有结构设计不合理，造成过大的应力集中；分缝分块不恰当，难以承受外界条件和荷载的影响等。从外因上讲，有温湿度等环境变化；有基础、老混凝土的约束；有基础不均匀沉陷和外荷超载等。

在上述原因中，温度应力和周边约束是最主要的。由于水工混凝土结构体积庞大，内部水化热引起的温升高且不易散发，当受到自身和周围介质温度、湿度变化的影响制约，以及基础和相邻混凝土块的约束时，就会在不同部位产生很大的温度应力而产生裂缝。混凝土浇筑后，在早龄期遇到寒潮袭击而又无保护或保护欠佳，往往一次寒潮过后就检查出一批裂缝，丹江口和葛洲坝工程都曾有过深刻的教训。

当然裂缝的产生往往是以某种因素为主、在多种不利因素综合作用下的结果。据统计，由施工不规范造成的混凝土裂缝约占80%，材料质量不合格或配合比不合理产生的裂缝约占15%，设计不当引起的裂缝约占5%。根据《混凝土坝养护修理规程》，裂缝按深度可分为表层裂缝、深层裂缝和贯穿裂缝；按裂缝开度变化可分为死缝、活缝和增长缝（死缝是指缝的宽度和长度不随环境条件和荷载变化而变化的裂缝；活缝是指宽度随外界环境条件、荷载变化而变化，长度不变或变化不大的裂缝；增长缝是指宽度、长度随外界条件的变化而增长的裂缝）；按裂缝成因可分为温度裂缝、干缩裂缝、钢筋锈蚀裂缝、荷载裂缝、沉陷裂缝、冻胀裂缝、碱骨料反应裂缝等。在引起裂缝的各种原因中必有主要原因与次要原因，因此分析裂缝的成因必须找出主要成因并进行综合分析。

在实际工程中，我们一般根据裂缝基本调查结果去推断开裂原因，然后根据开裂原因确认其所属类别。弄清裂缝类别后，才能正确选用相应的技术处理措施。所以，我们应科学分析开裂原因，正确判断裂缝类别，为进一步采取控制措施提供依据。

1.1 材料原因

(1) 水泥品种选择不当，如矿渣硅酸盐水泥收缩比普通硅酸盐水泥收缩大、粉煤灰及矾土水泥收缩值较小、快硬水泥收缩大；一般情况下，C_3A 含量大、细度更大的水泥干缩大。水泥的非正常凝结、水泥的水化热过高、水泥的非正常膨胀及水泥含碱量高等原因也会诱导水工混凝土开裂。

(2) 使用了泥土含量较高、质量低劣或碱活性骨料而导致混凝土裂缝。

(3) 骨料颗粒级配不良或采取不恰当的间断级配，容易造成混凝土收缩的增大，诱导裂缝的产生。

(4) 骨料粒径越细、针片含量越大，混凝土单方用灰量、用水量增多，收缩量增大。

(5) 使用的拌合水含有氯化物。

(6) 外加剂、掺合料选择不当或掺量不当，增加混凝土收缩，造成裂缝。

(7) 水泥等级越高、细度越细、早强越高，对混凝土开裂影响越大。

1.2 设计原因

(1) 设计结构的断面突变或尖角孔洞等产生的应力集中，引起局部裂缝。

(2) 结构设计中构造钢筋过少或钢筋用量不足、受力钢筋直径过粗引起裂缝。

(3) 设计中没有考虑到不均匀沉陷、混凝土收缩变形等原因而引起结构裂缝。

（4）设计中采用的水工混凝土等级过高，造成用灰量过大，对收缩不利。

（5）配合比设计中水灰比过大，容易产生收缩裂缝。

（6）配合比设计中砂率、水灰比选择不当造成混凝土和易性偏差，导致混凝土离析、泌水、保水性不良，增加混凝土收缩。

（7）单方混凝土水泥用量越大、用水量越高，表现为水泥浆体积越大、坍落度越大，收缩越大。

1.3 施工原因

（1）水工混凝土掺合料拌合不匀或拌合时间过长导致裂缝。

（2）运输时漏浆改变了浆骨比，运距较远而受烈日照射或雨淋改变了水灰比。

（3）浇筑顺序不合适，浇筑速度不当，振捣不当（漏振、过振或振捣棒抽拔过快）；或分缝分块不恰当，难以承受外界条件和荷载的影响等。

（4）硬化前受到振动或加荷，初期养护时急剧干燥，初期冻害等造成裂缝。

（5）温度控制设计不合理，浇筑温度过高，通水冷却不及时，对水化热计算不准，新浇混凝土气温骤降又无保温措施或保温效果太差，引起水工混凝土内部温度过高或内外温差过大，从而产生温度裂缝。

（6）钢筋被扰动或保护层厚度不足。

（7）模板漏浆或底部渗水、模板变形、模板支撑下沉及过早拆模。

（8）现场养护措施不到位，混凝土早期脱水，引起收缩裂缝。

（9）对大体积混凝土工程，缺少两次抹面，易产生表面收缩裂缝。

1.4 使用与环境原因

（1）水工混凝土建筑物基础不均匀沉降产生沉降裂缝。

（2）承受超负荷的意外荷载而引起裂缝。

（3）酸碱盐类对水工混凝土的侵蚀引起裂缝。

（4）混凝土碳化或氯化物的侵入引起内部钢筋锈蚀，引起体积膨胀，膨胀量在 2～4 倍左右，此时混凝土中产生很大的膨胀应力而把混凝土保护层胀裂，形成沿钢筋的“顺筋裂缝”。

（5）环境温湿度的剧烈变化、反复冻融作用引起裂缝。

（6）火灾、地震等意外事件产生裂缝。

2. 水工混凝土裂缝的控制

2.1 材料方面

（1）根据水工混凝土建筑物的要求，选择合适的水泥品种及等级（尽量选择 C_3S 和 C_3A 含量较低的中低热、低含碱量水泥）；选用质地优良、级配良好的砂石骨料，在条件允许时，粗骨料尽量选用粒径较大、热膨胀系数小（如石灰石、玄武岩等）的骨料，以降低温度应力；细骨料以中、粗砂为宜；优先选用优质外掺料；结合水工混凝土建筑物的工作特性及环境，优化配合比等。通过这些途径可以有效地改善混凝土的热学性能和力学性能，提高混凝土的密实性，这是控制混凝土裂缝的基础。

（2）混凝土的抗拉强度、极限拉伸值均随着水灰比的减小而提高，混凝土的收缩则随着水灰比的减小而减小。所以，在满足混凝土施工和易性的前提下，减小水灰比对大体积水工混凝土抗裂是有利的。工程实际中，应根据设计对水工混凝土性能的要求，由试验室通过试验确定水灰比，并不应超过表 34-1 的规定。

（3）积极采用水工混凝土掺合料和外加剂。使用掺合料和外加剂可以减小水灰比、减少水泥用量、降低混凝土绝热温升、降低水化热放热速率、延缓温度峰值出现的时间、改善水工混凝土的工作特性，因而可以极大降低产生裂缝的机会。我们应根据水工建筑物的工作性态及部位的不同，选用适宜的掺合料和外加剂。例如，三峡工程二阶段混凝土采用缓凝高效减水剂、引气剂、国标Ⅰ级粉煤灰三者联掺的技术，取得了明显的技术、经济

水灰比最大允许值　　表 34-1

混凝土所在部位	寒冷地区	温和地区
上、下游水位以上（坝体外部）	0.60	0.65
上、下游水位变化区（坝体外部）	0.50	0.55
上、下游最低水位以下（坝体外部）	0.55	0.60
基础	0.55	0.60
内部	0.70	0.70
受水流冲刷部位	0.50	0.50

注：1. 在环境水有侵蚀的情况下，外部水位变化区及水下混凝土的最大允许水灰比应减小 0.05；

2. 在采用减水剂和加气剂的情况下，经过试验论证，内部混凝土最大允许水灰比可增加 0.05；

3. 寒冷地区，系指最冷月月平均气温在－3℃以下的地区。

效益，大坝混凝土浇筑每万立方米的温度裂缝数量不到以往大坝混凝土浇筑的一半，并且三峡二阶段工程中，仅混凝土原材料就节约费用 2 亿元以上。

（4）水工混凝土建筑物抗裂要求高的部位可考虑采用混凝土抗裂合成纤维。例如，采用凯泰改性聚丙烯纤维对抑制裂缝的开展、增强混凝土抗裂性能有良好的作用。

（5）选用最佳掺量的微膨胀剂对水工混凝土收缩进行补偿。如掺用氧化镁、UEA 膨胀剂配制高性能补偿收缩混凝土，可以减少混凝土结构的收缩，有效阻止裂缝的产生，对抗渗等级要求较高的部位，这往往是必然的选择。

2.2 设计方面

（1）设计中应尽量避免结构断面突变或尖角孔洞等引起的应力集中。如因结构工作特性或结构布置方面不得已时，应充分考虑采用加强措施。例如，重力坝内廊道如果因廊道周边应力集中或温度应力可能产生贯穿到上游坝面或影响大坝整体性的裂缝，那么可通过配置一定的钢筋以期限制裂缝的进一步扩展。

（2）设计中应充分考虑不均匀沉陷、混凝土收缩等原因。例如，水电站机组段、安装间及副厂房因荷载差异较大可能产生不均匀沉降而导致裂缝，设计中应视地基情况设置沉降缝，厂房排架可考虑设置伸缩缝。

(3) 要纠正设计中的矛盾思想。如既在分块缝面设置止水，允许其伸缩，却又埋设了大量骑缝钢筋，制止缝面张开，结果使混凝土毫无规律地拉裂，这种例子在葛洲坝工程机组蜗壳顶板普遍存在。

(4) 设计中应根据水工建筑物的抗裂要求选用适宜的结构形式。例如，水闸胸墙抗裂要求高，在结构选型时可优先考虑选用简支式胸墙，这样的结构形式胸墙迎水面不易产生裂缝。

(5) 积极采用补偿收缩混凝土技术。在常见的水工混凝土裂缝中，有很大部分是由于混凝土收缩造成的。要解决因收缩而产生的裂缝，可在水工混凝土中掺用膨胀剂来补偿混凝土的收缩。在有充分论据的前提下，也可使用微膨胀水泥对混凝土降温过程的收缩进行补偿。

(6) 采取裂缝监测手段。在水工混凝土建筑物重要部位或对裂缝敏感部位设计预埋裂缝监测仪器。例如，埋设金属标点或用测缝针进行裂缝平面变化监测；需要观测裂缝空间变化时，亦可埋设“三向标点”。监测仪器能及时较好反馈水工混凝土裂缝性态，为运行管理人员是否需要对裂缝进行修补补强和怎样修补补强提供依据。

2.3 施工方面

(1) 运输工作。所用的运输设备，应使水工混凝土在运输过程中不致发生分离、漏浆、严重泌水及过多温度回升和降低坍落度等现象。混凝土运输工具及浇筑地点，必要时应有遮盖或保温设施，以避免因日晒、雨淋、受冻而影响混凝土的质量。

(2) 浇筑工作。浇筑层的厚度应根据拌合能力、运输距离、浇筑速度、气温及振捣器型号而定。振捣时要快插慢拔，要避免过振或漏振。每一位置的振捣时间以混凝土不再显著下沉、不出现气泡，并开始泛浆时为准。

(3) 温度控制工作。施工中严格地进行温度控制是防止大体积水工混凝土裂缝的主要措施。温控的主要任务是：①降低混凝土内部最高温升，减小内外温差，使内外温差控制在规范规定的25℃之内；②提高混凝土表面温度，降低混凝土内部温差（内部温差是指混凝土内同一点在不同时间的温度差值），按《块体基础大体积混凝土施工技术规程》的规定，把混凝土块体的降温速度控制在 1.5℃/d 以内，减小温度梯度；③延缓混凝土的降温速率，充分发挥混凝土徐变特性。

对于大体积水工混凝土可采用合理的分缝、分块浇筑措施防止温度裂缝。如混凝土重力坝施工时，横缝间距一般应为15～20m，纵缝间距一般应为 15～30m，相邻块高差一般应小于 10～12m，结构块体长宽比应尽量不要超过 2∶1。如果超过这些规定，要进行论证。控制标准是与施工技术水平和环境条件密切相关的，施工时应具体分析，不能盲目照搬。如前苏联在西伯利亚建造的一些大坝工程，分缝长度只有 13.5m，裂缝却很严重。由此说明，因地制宜地进行分缝分块，对预防温度裂缝非常重要。另外，相邻块高差对裂缝的产生影响也很大，实践证明，采用"薄层、短间歇、均匀上升"的浇筑方式，保持建筑物在施工期间的合理形象进度是预防和减少裂缝的有力措施之一。

（4）养护工作。在水工混凝土裂缝的防治工作中，对新浇筑混凝土的早期养护尤为重要。低温季节施工，要注意抵御寒潮袭击，表面覆盖塑料薄膜与麻袋作为保温材料，其中塑料薄膜除了保温作用外，对混凝土还具有明显的保湿效果，只要覆盖时幅间搭接严密，薄膜与混凝土表面可以长时间的保持湿润状态，这对混凝土的养护极为有利。在整个保温养护期间，不用花费人工及自来水每天浇水，而依靠混凝土的泌水足以保持混凝土表面湿润，既减少了混凝土表面干缩裂缝，又避免了因浇冷水而使混凝土内外温差增大而引起温度裂缝。高温季节施工，应结合工程的实际情况采取妥善的降低混凝土浇筑温度、减小混凝土的水化热温升峰值和加速混凝土热量散发的措施，以防温度裂缝的产生，对收仓仓面及时进行流水养护，以防热量回灌进入混凝土或产生表面干缩裂缝。对于地下基础工程，事实证明及早回填是最好的养护方法。

(5) 全面质量管理工作。加强混凝土施工期的全面质量管理，保证混凝土质量达到设计要求。施工中一旦发现问题，要立即引起高度重视，一方面分析原因，找出症结所在，采取措施，防止重复出现同样的质量问题；另一方面及时处理，把裂缝消灭在萌芽之中，不使其发展扩大，控制并减少裂缝造成的危害。

(6) 采用先进技术。已经被广泛应用于混凝土工程中的先进技术很多，如预冷骨料、夏天用冷水和冰屑拌制混凝土、高温季节施工进行仓面喷雾、微机控制混凝土拌合、采用液压滑模、平仓振捣机捣实、无损检测等，对预防混凝土裂缝均有积极作用。

3. 结论

综上所述，水工混凝土裂缝控制是一个综合性问题。为了防止裂缝，必须从原材料选择、结构设计、温度控制、配合比优化、施工顺序安排、施工质量、混凝土的表面保护和养护以及先进的技术手段等方面采取综合措施。

随着材料科学的不断发展和水利水电科学技术的不断进步，水工混凝土裂缝问题会得到更好的解决。

35 现浇混凝土楼板裂缝的原因及预防

现浇混凝土裂缝尤其是面积较大的现浇楼板的裂缝，是建筑工程最常见的质量通病之一。其产生裂缝的原因是比较多的，最主要、最关键的原因是因设计不当、选择材料质量性能差、施工控制及监理监督不到位、养护方法措施不当造成的。在工程实际及检查中经常会发现，楼板的裂缝形式多种多样，如早期的龟裂、不规则不同走向的纹裂，浅层纵横方向的裂缝，较深、较宽的达到钢筋的裂缝及贯穿结构的不同类型裂缝等。这种裂缝不但影响到使用功能和耐久性能，而且观感质量差，给人一种不安全感。因此，控制和预防混凝土结构的裂缝产生，尤其是影响结构安全的有害裂缝的出现，一直是工程管理和施工技术人员认真探讨积极对待的问题。现结合多年施工及检查验收的总结体会，从设计、施工两个重点来剖析楼板裂缝的原因及预防。

1. 设计原因造成的裂缝及预防

1.1 设计存在的主要原因

（1）建筑物体太长，超过规范规定的允许长度，未采取构造处理，在气候影响下的温度应力引起楼板的变形裂缝。

（2）配筋量不足、分布筋偏少，楼板的受力筋用量是通过荷载的需要经计算确定的，而板面的分布筋是按照混凝土结构设计规范要求进行的，其截面积不应小于单位长度上受力钢筋截面积的10%，其间距不应大于250mm设置，多数不验算抗裂度。由于板的纵横受力配筋都在板底部保护层内，楼板上部几乎是无筋的素混凝土，因而容易出现沿钢筋平行方向的裂缝。

（3）防裂构造措施未引起重视，在条形建筑的两端和转角处的楼板，容易产生板角斜裂缝，裂缝部位一般离板端1m左右位置，在板面附加筋的末端之外，与墙面约呈45°角。对此裂缝的原因是比较清楚的，一方面是端间楼板嵌固在外檐墙与外山墙的圈梁或框架梁内，外圈梁或框架混凝土在一年的气候变化中的温度作用下，楼板受纵横两个方向热胀冷缩应力的长期作用，端间构件还受到其他因素的作用而出现变形；另一方面是楼板混凝土受混凝土的自收缩和徐变的影响。在楼板混凝土浇筑后的半年左右，板混凝土收缩和干燥产生的拉应力基本才能趋于稳定。当各种应力的合力大于楼板混凝土的抗拉强度时，在板角的薄弱部位出现斜裂缝。

（4）设计对基础的处理方式考虑不周，对基础底部地基的不均匀程度或局部存在软弱未采取夯实或加固处理。对结构上部荷载差异较大的未作必要的加强措施，使混凝土浇筑后因地基承载力不匀而产生的不均匀沉降，造成结构应力集中，使楼板、结构件和墙体开裂。

1.2 设计预防措施

（1）现浇混凝土楼板比较薄，面积较大，是容易干燥收缩的结构体，设计人员应加强对现浇板施工裂缝质量问题反馈和调研，分析总结，认真进行抗裂的验算，积累理论和实践经验，采取科学方法预防楼板因干缩和温度应力而引起的开裂。设计时应将板面周边的抗负弯矩筋连通，成为板面层的抗裂缝钢筋网。也可参照地面板的防裂做法，在混凝土面层下 15～20mm 处配置直径 ϕ4～ϕ6mm、间距 150～200mm 的钢筋抗裂网片。

（2）当结构混凝土板厚度超过 250mm 时，应该考虑在设计时增加构造筋的措施，使其加强抗裂能力。配筋时一般应采用小直径、小间距的构造，例如采用直径 ϕ8～ϕ14mm、间距 150mm 的分布筋，按全截面对称配置比较合理，配筋率不应小于 0.3%。

（3）在受拉应力较大的端间及转角处的板面再增配一些放射构造钢筋，预防板端、板角处的斜裂缝。在应力可能集中的板孔洞周围、截面变换处放置放射形构造筋、钢筋网片，抵抗温度应力。

2. 建材质量问题及其预防

2.1 材料质量问题

采用了不合格或质量低劣的水泥、粗细骨料和外加剂、外掺合料配制的混凝土，会出现异常凝结，浇筑的混凝土结构更容易产生裂缝；采用了水化热高、收缩量大的水泥用量偏高或偏少，过细或含泥量过大的砂，混凝土拌制时间短不均，外加剂或掺合料失效，用水量过多等都会造成混凝土的干缩裂缝多、强度低、导致楼板质量的耐久性能低下。

2.2 材料质量的预防措施

选择合格的建筑材料，由有资质的试验室配制混凝土，对进场用的地产材料按规定抽检验收，保证其质量完全符合标准；同时要合理采用原材料，严格控制混凝土所用材料的数量。在我们监督的工程中，有许多采用“双掺法”施工的，即掺加一定比例的外加剂和粉煤灰等材料，以减少水泥水化热，同时也减少水泥用量。使混凝土构件施工产生了很好防裂效果。工程建设中，应当在满足设计强度要求的前提下，尽量选用粗骨料、中低热和安定性好的水泥品种，使混凝土减少温升。比如选 32.5 级矿渣硅酸盐水泥水化热 180kJ/kg，而 32.5 级普通硅酸盐水泥则 250kJ/kg，显然，前者比后者水化热减少了 28%（见表 35-1）。

水泥水化热量值 **表 35-1**

水泥品种	水泥强度等级	每 kg 水泥的水化热(kJ)		
		3d	7d	28d
普通硅酸盐水泥	42.5	314	354	375
	32.5	250	271	334
	22.5	280	229	294
矿渣硅酸盐水泥	32.5	180	256	334
	22.5	146	208	271

3. 裂缝产生的施工原因与防治措施

3.1 施工原因

（1）拌制混凝土的原材料不计量。混凝土配合比不标准。水泥用量偏多或偏少，水灰比、坍落度过大。搅拌卸出的混凝土停置时间超过 4h 再使用。浇筑混凝土接槎处，延续时间过长而凝固，使接槎处混凝土收缩不同而出现裂缝。

（2）混凝土浇筑前，模板、垫层过于干燥、吸水大。浇筑中过度振捣，粗骨料沉落，表面形成砂浆层，脱水干缩。浇筑后，养护不当，表面没有及时覆盖，受风吹日晒，水分蒸发过快，体积干缩产生裂缝。

（3）违规施工。钢筋绑扎时，不注意控制钢筋位置、间距和钢筋保护层厚度。楼面周边附加钢筋常被上部压力或施工人员踩踏下沉，失去抗负弯矩应力的作用。甚至造成楼板厚度不足，使楼板强度和刚度下降，导致楼板裂缝。

（4）预埋穿线管位置不当，造成楼板沿穿线管裂缝。

（5）拆除底模和支架过早，混凝土尚未达到拆模规定的强度。当自重和上部荷载大于实际强度时，楼板因挠度过大而产生裂缝。

(6) 混凝土表面过度抹平压光，使水泥和细骨料过多浮到表面，形成含水大的砂浆层。水分蒸发后，混凝土收缩，表面产生龟裂。

3.2 防治措施

(1) 加强混凝土准确计量，检验混凝土配合比、水灰比、坍落度；严格控制水、外加剂、水泥数量，偏差值不得大于±2%，粗细骨料不大于±3%，坍落度控制在40mm左右，混凝土应搅拌均匀，从搅拌机中卸出到浇筑完毕的延续时间不宜超过表35-2的要求。

从搅拌机中卸出到浇筑完毕的延续时间（min）　表35-2

混凝土强度等级	气温	
	低于25℃	高于25℃
小于C30	120	90
高于C30	90	60

(2) 浇筑混凝土前应将基层和模板浇水湿透，避免吸收混凝土中的水分。浇筑中避免过度振捣，造成粗骨料沉落，水分被挤出。混凝土浇筑后，对裸露表面应及时用潮湿材料覆盖，养护应不少于7d（除加早强剂外）。冬期施工要做好防冻保温，要防止风吹日晒，及时喷水养护；也可覆盖塑料薄膜，使水分不易蒸发。

(3) 严格现场施工管理。加强现场质量检查，用标准垫块控制钢筋保护层厚度。在浇筑混凝土前，做好钢筋的调整和保护，确保附加钢筋在板面混凝土下20mm。要严格控制楼板厚度并满足设计要求。楼板厚度允许偏差不得超过−5mm、+8mm。

(4) 预埋穿线管宜放在板中，即板底受力钢筋的上面、负弯矩筋的下面，并注意摆放的位置。

(5) 严格施工操作程序，不盲目赶工。杜绝过早施加荷载和过早拆模。保证楼板拆模时所需的混凝土强度，见表35-3。

现浇楼板拆模时所需混凝土强度　　表 35-3

结构类型	结构跨度(m)	按设计的混凝土强度标准值的百分率计(%)
板	≤2	≥50
	>2,≤8	≥75
	>8	≥100

(6) 限制混凝土表面刮抹程度。在混凝土振捣密实后，注意对楼板进行抹压。在混凝土初凝后，终凝前进行二次抹压。防止在混凝土表面撒干水泥，如表面粗糙，可撒较稠水泥砂浆压光。

4. 裂缝的处理方法

(1) 混凝土楼板出现浅层不规则裂缝和龟裂，可先将裂缝清洗干净，待干燥后，用环氧浆液灌缝涂刷封闭或用结构加固胶灌封。施工中若在终凝前发现龟裂，可采取再抹压一遍处理。

(2) 其他一般裂缝用 1∶2 或 1∶1 水泥砂浆抹压。

(3) 当裂缝较大时，应沿裂缝凿成八字形凹槽，冲洗干净后，用 1∶2 水泥砂浆抹平或用环氧胶泥嵌补。

(4) 当楼板出现裂缝面积较大时，应对楼板进行检测。保证结构安全，并可在楼板上加一层直径 5mm 高强冷拔钢丝，间距 200mm 的钢筋网片。

(5) 对通长、贯通的危险结构裂缝，裂缝宽度大于 0.3mm 的，采用结构胶粘扁钢加固补强，板缝用真空泵高压灌胶。

36　超长尺寸混凝土现浇板施工裂缝控制

建筑技术的不断进步和使用功能的扩展，建筑设计越来越多的要求超长尺寸建筑物取消伸缩缝，而普通混凝土的最大伸缩缝间距现行规范都作了严格限制，超长尺寸结构在以前必须进行留缝处理，留缝不仅清理麻烦，重要的是需在 42d 后或主体完工才能填缝处理，而且稍有不甚会留下渗漏等质量隐患。近年来由于膨胀混凝土技术的成功应用，对于大尺寸结构工程使用微膨胀混凝土后，可合理地加大伸缩缝间距或不留置缝，从而为大尺寸结构的整体性实现可能。

尽管超长尺寸建筑结构的无缝设计有其特点，但真正实现仍存在着许多技术难点，需认真解决。如超长尺寸建筑结构的温度应力问题，钢筋混凝土材料在施工与投用后的裂缝问题等。现以某超长尺寸结构施工控制裂缝的有效措施做一介绍。

1. 工程概况

某建筑工程占地 6000m^2，建筑面积 24000m^2，由 2 个部分组成，基础地下室统建一个。地下室全长 95m，宽 50m。地下室底板一端为弧形，厚 400mm，墙板厚 300mm。设计混凝土强度等级 C30，抗渗等级 P6 级。该工程结构比较复杂，地下室现浇混凝土必须一次完成，属于超长建筑结构。由于一次浇筑混凝土量比较多，除必须满足整体性、强度、刚度和耐久性外，最主要的是控制混凝土的裂缝及防水问题。重要的是如何采取措施控制混凝土在硬化时间的水化热，在释放时产生的温度应力和干燥收缩的共同作用，这两种应力产生的混凝土结构裂缝是施工质量控制的重点。

2. 控制裂缝的一般做法

根据现场状况和施工图设计质量构造要求，底板采取不留伸缩缝施工。为保证地下室在施工和使用阶段不出现温度裂缝和有害裂缝，采用了无缝施工的技术，利用 UEA-H 型膨胀剂的补偿收缩性能，控制底板混凝土由于多种原因引起的裂缝，并且加快施工进度缩短工期，提高结构的整体性。

拟定在中部设置一条宽 2m 的加强带，带两侧布小孔钢丝网，防止在浇筑混凝土加强带两侧混凝土流入，外剪力墙及顶板膨胀加强带位置同底板相应的设置。补偿收缩混凝土是在普通混凝土中掺入 UEA-H 型膨胀剂，通过掺入后与水泥的反应，使混凝土产生适量膨胀，在钢筋或基础模板的约束条件下，钢筋受拉混凝土受压。当钢筋拉应力与混凝土的压应力平衡时，混凝土预压应力与混凝土的限制膨胀率成正比关系，而限制膨胀率随膨胀剂的掺量增加而增加。所以，施工应通过调整膨胀剂的掺量使混凝土获得不同的预压应力，在混凝土结构的不同部位建立 0.3～0.7MPa 的预压应力。在钢筋的最大拉应力处给以较大的膨胀应力，而在两侧给以较小的膨胀应力，以便结构的收缩应力得到相适应的补偿，从而减少防止有害裂缝的产生。在结构的收缩应力最大处，设置膨胀加强带，加强带外侧用膨胀量小的补偿混凝土（UEA-H 掺量 6%）、而膨胀加强带处用大掺量（UEA-H 为 8%）补偿混凝土施工，可以较好地抵消混凝土干缩及温度收缩应力产生的拉应力。在 45m 左右设置一条加强带，此处混凝土的设计值为强度等级 C35、抗渗等级 P8。

同时，采用 UEA-H 膨胀剂混凝土的水化反应生成的钙矾石晶体属针状、棒状晶体，可以填充、切断、堵塞混凝土中毛细孔，使混凝土的抗渗能力大幅度提高，对提高结构的抗渗性能极为有利。

3. 施工技术措施

3.1 混凝土原材料选择

（1）水泥：采用天山牌 P. O42.5R 抗硫酸盐水泥。

（2）粗细骨料：砂：采用当地产中砂，细度模数 2.45、含泥量小于 1%；石子：采用机械破碎加工、连续级配 5～31.5mm，含泥量小于 0.5%，有缺陷颗粒符合要求。

（3）外加剂及外掺合料：膨胀剂：采用 UEA-H 型低碱掺量混凝土用膨胀剂，其化学成分见表 36-1；泵送剂采用自行复配的 FDN-A 型泵送剂；粉煤灰用石化热电厂 2 级粉煤灰。

UEA-H 中主要矿物化学成分　　　　表 36-1

名称	Loss	SiO_2	Al_2O_3	Fe_2O_3	CaO	MgO	SO_3
UEA-H	0.50	29.25	10.30	1.63	24.16	1.02	27.11

（4）拌合用水：生活自来水。

3.2　施工配合比设计

施工用配合比设计委托由有资质的试验室试配，提出具体特性要求。在传统的混凝土配合比设计中，最多的强调的是混凝土的强度，而对有其他性能要求的混凝土则缺乏重视，尤其是在混凝土的组成材料方面没有提出要求。该工程各部位混凝土的强度、抗渗等级、混凝土的施工设计配合比及混凝土的性能见表 36-2。

混凝土强度、抗渗等级、混凝土配合比及硬化混凝土性能　　表 36-2

编号	设计等级	工程部位	C∶S∶G∶W∶FA∶UEA-H∶FDN-J	坍落度 (mm)		抗压强度 (MPa)			限制膨胀率 ($\times10^{-4}$)		
				初始	1h	3d	7d	28d	3d	7d	28d
1	C30/P6	底板	300∶780∶1020∶177∶29∶5.7	180	160	16.7	26.5	35.8	/	1.59	1.78
2	C35/P8	加强带	310∶770∶1020∶171∶38∶6.7	180	155	23.2	30.7	43.7	/	2.97	3.89

为确保本工程浇筑混凝土的施工质量及其混凝土后期的耐久性，特提出如下的要求：

新拌混凝土性能：混凝土坍落度控制在 160～180mm，坍落流动度控制在 500mm 以上；混凝土坍落度经时损失小；不出现离析、泌水现象。

硬化混凝土要求：体积稳定性好，收缩、徐变小，温度变形系数小，不出现不均匀的体积变形，无非荷载作用的有害裂缝出现；耐久性好、密实度高、低渗透性。

3.3　混凝土施工技术

（1）混凝土浇筑。在浇筑混凝土前，模板及钢筋间的所有杂物必须清理干净。基础底板混凝土沿纵向采用“一个坡度、薄层浇筑、循序推进、一次到顶”的连续浇筑方法，混凝土自然流淌形成一个斜坡。这种方法能较好地适应泵送工艺，可以避免混凝土泵管的经常拆除冲洗和接缩，提高泵送效率，保证及时接缝，并且可以避免冷缝的出现。

混凝土浇筑时将配制混凝土所需要的各项原材料进行遮光处理，尽量降低混凝土的入模温度。使混凝土终凝时的温度尽量降低，这样可以减少混凝土内部的水化热，以减少混凝土的温度收缩。

浇筑混凝土时，保证混凝土振捣密实，不漏、欠振、不过振。振捣时间宜10～30s，以混凝土开始泛浆和不冒气泡为准。振捣时，振捣棒应快插慢拨，振点布置均匀。在施工缝、预埋件处，加强振捣，以免振捣不实，留下渗水通道。振捣时应尽量不触及模板、钢筋、止水带，防止其移位、变形。

每隔45m设置一道混凝土膨胀加强带，宽度为2m，将密孔钢丝网绑在上下筋之间，用短筋加固。采用掺加6%的UEA-H的泵送混凝土分层推进，振捣密实，浇至加强带时，用8% UEA-H掺量混凝土进行浇筑，浇筑方法是，先采用高膨胀率8%掺量的混凝土浇筑加强带内部，同时在加强带的两侧用掺6%UEA-H的混凝土浇筑，需注意必须保证低掺量的混凝土不得流入加强带内，反之可以但也尽量避免。若工程出现间歇，则以加强带一侧作为施工缝，在下次混凝土浇筑前将网缝清理干净，凿去部分保护层，然后用大膨胀混凝土浇筑加强带，再用小膨胀混凝土浇筑另一侧的底板，如此循环。混凝土接槎时间不宜超过初凝时间的一半。

(2) 混凝土施工中出现的接缝处理。在本工程的浇筑过程中，由于混凝土供应出现了问题，造成混凝土的浇筑出现了混凝土接缝。

继续浇筑混凝土之前，将接缝处的混凝土表面凿毛，清除浮粒及杂物，用水冲洗干净，保持润湿，再铺上一层25mm厚的同强度等级掺UEA-H的砂浆处理，然后继续浇筑混凝土。

(3) 拆模。墙体混凝土易受气温的剧烈变化而出现竖向裂缝，因此，应尽量延长模板的留置时间，一般不少于7d，上部结构不少于3d（按同条件养护试件达混凝土设计强度70%时拆模）考虑。拆除模板后，混凝土的表面与环境温度之差不得大于25℃；否则，必须对混凝土进行保温材料覆盖保护。

3.4 混凝土养护

派专人负责养护工作。养护期不少于14d。混凝土终凝后2h即开始养护。底板混凝土表面覆盖二层草袋，并派专人值班进行每天浇水养护，后期采取蓄水的方式养护。同时，保持混凝土内外温差不大于25℃。

在墙体养护时，模板留置了7d，因为混凝土的暴露面受阳光直射。干燥过急，很易产生开裂，所以模板拆除后，侧墙采用喷涂二次养护液方式养护。同时，在外墙养护挂草袋，采用喷淋水管养护。

4. 小结

本工程共浇筑混凝土近3000m^3。经现场试体检测，各方面性能均达到和超过了设计要求，投入使用至今，使用效果良好，没有产生裂渗等情况。这说明利用补偿收缩混凝土进行超长结构无缝施工是有效可行的，并且施工简单，易于操作且经济，因此，补偿收缩混凝土在工程应用中具有很大的使用价值。

37 混凝土结构的加固和处理方法

建筑结构加固的实质是原建筑结构的强度不能达到功能的需要而采取的加固补强的一种技术处理。结构加固设计有别于正常的建筑结构设计。工程加固是在工程鉴定结果的基础上进行的设计，加固的设计不仅在结构的安全性上十分重要，对正常使用和功能上也显得非常重要。

1. 混凝土工程结构加固的特殊性

结构加固的设计具有其自身的规律性，国家制定了混凝土结构加固技术规范等系列规程和标准，在熟悉掌握规范的前提下，对具体工程的加固设计时，以下几点必须引起重视。

1.1 加固设计前期准备

结构设计的外延性较大：介入工程现状的初勘、分析检测结果报告、参与可靠性鉴定、依据检测鉴定结果制定加固方案并征得业主的同意；对方案要进行对比分析，修改完善，再进行施工图设计。设计的一般进行程序是：对多层量大的加固设计应自下而上、先柱后梁的进行；进入施工阶段多深入施工过程、参与检查验收、制定检验观察要求。正常的加固进行程序应是：发现问题→检测→可靠性鉴定→加固方案制定→加固设计→制定技术方案→施工→验收→定期观察。检测数据是可靠性鉴定与加固设计的依据，长期观察是保证结构安全使用和对加固结果的如实总结。

1.2 设计人员参与加固全过程

结构设计人员应对混凝土加固工程中采用的主要材料性能详细了解；加固方案对工程造价影响较大，注重加固方案的优化，既要技术可靠又要经济合理，还要保证可施工性，方便施工加快进度。对加固材料的选择及施工工序的主要环节要熟悉，对施工中可能出现的问题提出改进等。

1.3 加固构件的受力特性

加固的结构常属于二次受力构件，新旧两部分存在应变超前和滞后问题。加固前由于自重及荷载作用已受力，加固后补强部分并没有受力，只是在继续增加荷载的情况下，加补部分才会受力，新旧两部分是靠其结合面在认真处理及特殊材料作用下剪力的有效传递而共同工作，补加部分的受力状态滞后于原有构件。在荷载不断增加，原有构件达到极限状态时，新增部分的承载力还没有充分发挥，在原有构件破坏后所有外荷载均由新增部分承担，新增部分往往没有独立承担全部荷载能力，可能会产生破坏现象。

如何求得在设计荷载作用下，原有结构达到极限状态时的新增部分应力水平及截面尺寸，是设计的重要问题。新增部分的应力水平取决于二次加载的大小，在没有卸载的具体措施下，不能发挥潜力。在实际工程中的卸载措施是难度较大的，往往把未施工的内外装饰及使用活荷载当作二次加载，这需要设计人员对现场施工掌握清楚，分清二次加载的界限，加快设计及施工进度。

2. 结构的加固技术措施

目前混凝土结构加固的方法很多，经常采用的方法有：大截面法、外包钢法、预应力法、外粘钢法和改变传力法等。随着新材料、新工艺、新技术的出现，加固方法会更多更好。

现在的多高层混凝土结构多为框架-剪力墙，大部分水平荷载作用在剪力墙上，柱承担垂直荷载。在地震设防区，柱截面尺寸由轴压比控制。由于多种原因的影响，轴压比有时不能满足需要，柱已施工完成，则需要进行加固处理。这时一般的处理会采取加大截面法或湿式外包钢法，有时两种方法同时兼顾并用。其设计的本意是求得在极限荷载作用下，使原有结构的承载力得到充分发挥，此时补加混凝土、钢筋或型钢的应力和水平截面。加大截面法是采用在原有混凝土的外围重新配置钢筋，补浇强度较高的混凝土，增加柱的截面受力面积，达到提高承载力目的。缺点是柱截面积的增大减少了有效的使用面积。

湿式外包钢法对截面的尺寸增加不大，通常不影响建筑的有效使用面积，其原理是通过特殊的胶结材料传递剪力到包裹的钢材上，达到提高混凝土柱承载力的目的。

加大截面法和湿式外包钢法的计算方法是相同的。

传统的胶结材料有乳胶水泥，但现场配比复杂，采用环氧树脂原料及添加剂种类繁多，不易操作，现已少有采用。

另外，也有采用灌缝胶（许多加固资料中介绍采用此方法）作为胶结材料的。但在大量的工程实践中发现，采用灌缝胶的方法有许多不足之处，其一是钢材与混凝土的间隙往往在 10mm 以上，而灌缝胶在 3mm 以上的收缩现象已不可忽视；其二是灌缝胶的施工要求是采用高压注入，施工难度大，实际工程中很难做到对混凝土与钢材间的缝隙进行耐高压封闭，这样就会产生串浆、气泡现象，影响加固质量；其三是灌缝胶的成本极高。

在大量的加固工程实践中，我们摸索总结了一套较为有效、施工方便、成本较低的方法，即以灌浆料代替乳胶水泥或灌缝胶。灌浆料是以高强水泥、水溶性环氧树脂、膨胀剂、石英砂等组成的产品，具有早强、高强、自流态免振捣、微膨胀的特点，广泛应用于混凝土空洞的修补。我们用它进行混凝土柱的湿式外包钢法加固，已有许多成功的工程实例。

在某大型建筑工程的柱加固中，由于原结构的施工偏差，上下柱错位，使得加固时钢材与混凝土间的缝隙超过了100mm。为进一步降低工程造价，我们考虑在灌浆料中添加一定量的碎石，以减少灌浆料的用量。为此，我们首先在实验室进行了实验，在各种配比中，我们筛选了比较满意的一组，应用到实际工程中，取得了满意的效果。

我们以灌浆料、碎石按4∶1的比例混合，即50kg灌浆料添加12.5kg的碎石，将干料拌和均匀后，加入14%的水，即(50＋12.5)×14%＝8.75kg的水，继续搅拌至均匀。以此配比所做的试块进行实验表明，所有的实验数据都均高于不添加碎石的试块。在实际工程的操作中，我们将钢材的焊接工作结束后，对钢材与混凝土间的缝隙进行封堵，在预留的灌浆口把拌合好的灌浆料灌入，不经振捣，静置24h后拆模，表面光滑、无微孔，达到了合格标准。

下面简单介绍混凝土柱的加固计算方法：

可以按下面的公式进行计算

$$N<\mu[f_{co}A_{co}+\alpha_c f_c A_c+\alpha_s f'_s A'_s]$$

式中 N——构件加固后使用阶段的轴力设计值；

μ——轴压比控制值，按混凝土高层规范选用；

f_{co}——原构件混凝土轴心抗压强度设计值；

A_{co}——原构件的截面面积；

α_c——加固部分混凝土（灌浆料）强度利用系数；

α_s——加固部分钢材强度利用系数；

α_c、α_s值由下式确定：

$$\alpha_c=2\sqrt{1-\beta}+\beta-1 \quad \alpha_s=\frac{E_s^2}{500f'_{Y2}}\sqrt{1-\beta} \quad \beta=\frac{N_1}{A_{co}f_{co}}$$

f_c——加固用混凝土（灌浆料）抗压强度设计值；

N_1——加固前柱轴力设计值；

A_c——加固用混凝土（灌浆料）截面面积；

f'_s——加固用纵向钢材的抗压强度设计值；

A'_s——加固用纵向钢材截面面积。

例：某柱截面为1000mm×1000mm，原设计强度等级为C50，轴压比限值0.8，柱测结果相当于C25，$N_1=11063.18$kN，$N_2=16987.95$kN，进行加固设计。

首先判断 $\dfrac{N_1}{A_cF_{c1}}=\dfrac{11063.18\times1000}{1000\times1000\times12.5}=0.885$

已是不安全的，但不至于发生破坏现象

$$\frac{N_2}{A_cF_{c1}}=\frac{16987.75\times1000}{1000\times1000\times12.5}=1.359>0.8$$

使用阶段轴压比超限，应加固处理。

依据有关资料 $\alpha_c=2\sqrt{1-\beta}+\beta-1$

$$\alpha_s=\frac{E_s^2}{500f'_{Y2}}\sqrt{1-\beta}$$

$$\beta=\frac{N_1}{A_{co}f_{co}}=0.885$$

式中 N_1——加固柱轴力设计值。

故 $\alpha_c=0.563$，$\alpha_s=0.678$（混凝土加固规程中为统一的固定系数0.9，这是规程的不足之处）。

现采用湿式包钢法和加大截面法进行加固，原柱四角包角钢，外补浇C40混凝土每边100mm厚，由

$$N<0.8(A_{co}F_{co}+\alpha_cA_cF_c+\alpha_sf_sA_s)$$

则 $A_s=\dfrac{N_2/0.8-A_{c1}F_{c1}-\alpha_cA_{c2}F_{c2}}{\alpha_sF_{Y2}}$

$$=\frac{\frac{16987.75\times1000}{0.8}-1000^2\times12.5-0.563(1200^2-1000^2)19.5}{0.678\times210}$$

$=27420.0\text{mm}^2$

扣除可贯通后补的钢筋 $A_s=9818(20\phi25)$

则每角角钢面积 $=\frac{A_s'-A_s}{4}=4400\text{mm}$

可选用∟160×16(4907mm²)。

38 混凝土结构件缺陷的粘结修复措施

钢筋混凝土结构件在施工及使用过程中，极容易出现各种各样的质量缺陷问题，由于一个建筑物属于空间体系，所以即使初期阶段的质量缺陷是局部个别的，如果在早期不及时加以修补而任其自由扩展，则一定会对结构的整体性承载力产生不良的影响。

1. 缺陷的产生及修整方法

质量缺陷的产生按混凝土构件各阶段的划分，一种应为施工中钢筋混凝土构件在拆模后，表面显露的如蜂窝麻面、掉角、露筋、孔洞等施工缺陷；另一种为投入使用或经常遭受动荷载作用的混凝土结构件，如混凝土桥面板，表面严重损伤而造成的使用缺陷。虽然需要具体针对的每一种缺陷的产生原因、危害程度、修补方法都会有所不同。大体上来看，对于施工缺陷一般处理都是要清理干净基层表面、冲洗湿润、浇筑叠加层、养护等基本工序过程。其中叠加层即新浇筑的部分，按缺陷的严重程度通常使用 1∶2 的水泥砂浆或高出混凝土一级的细石混凝土。对于大面积蜂窝和孔洞这种较严重的质量缺陷在清理时凿成喇叭口状（图 38-1），先刷一道 1∶0.5 的素水泥浆，细石混凝土的水灰比小于 0.5，用膨胀水泥或内掺水泥重量 0.1％的微膨胀剂，以抵消收缩造成的开裂。对于使用时间较长出现质量缺陷的混凝土结构件，对已碳化部分用高压力水冲除干净，这种方法除了具有施工速度快的优点外，其冲击面能留下一个粗糙干净的表面，而且不会在混凝土基面上产生裂缝，也不会对结构件内的钢筋造成破坏，并可以除去钢筋表面的锈渍；可以冲掉碳化破损混凝土疏散部分，而无质量缺陷的混凝土会保持良好状态。用高压水冲除有缺陷的混凝土后，要及时冲洗干净表面。在浇筑叠加层混凝土之前，基层底面预湿 24h。在新浇筑混凝土时，在基层表面先刷一道素水泥浆，边刷边浇筑，防止素浆干燥；振捣抹压要及时，抹压后及时覆盖保湿，尤其是薄层施工的混凝土，养护时间十分重要。同时，注意在养护期内不要出现较大振动，以免影响到新旧混凝土的结合和强度增长（图 38-2）。

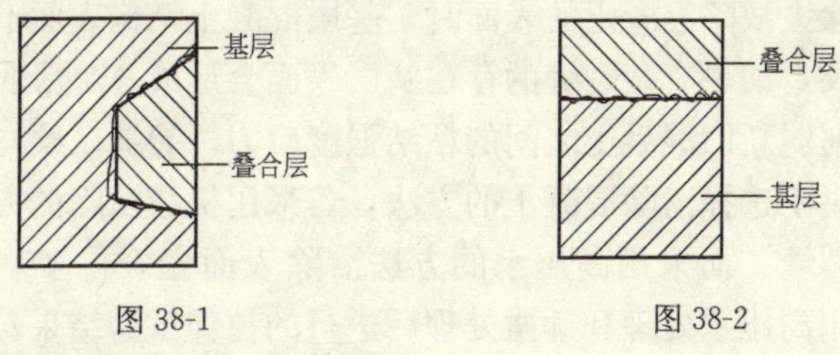

图 38-1　　图 38-2

2. 影响修补质量的原因

修补后的钢筋混凝土结构件实际是二次组合的结构，受力时尤其是当构件在临界极限时，新旧结合面会出现拉、压、弯、剪等复杂应力。特别是受弯或偏压构件，结合面的剪应力是比较大的。新旧混凝土之间的粘结力是其共同受力的基础，一些试验资料表明，新旧结合面的抗剪强度，远远低于整体浇筑混凝土的强度，新浇筑混凝土的凝缩、弹性变形、塑性变形、徐变等与原混凝土存在一定差异，也可能会出现裂缝，结合面的抗冻、抗渗漏能力会低。对此，除了对严重缺陷的结合面进行抗剪验算外，要对影响粘结力大小的不利原因认真分析，以便采取相应的施工控制措施。

2.1　结构基层表面的干净程度

假如需要修补的混凝土基层表面不干净，例如油渍、灰尘、砂浆等，那将影响新旧混凝土的粘结，使两者之间有一层隔离夹渣层，造成新旧混凝土之间的粘结力大大降低。一些已修补过的高速路面、桥面、设备基础、场坪等工程，修补前由于未重视对表面的洁净处理和充分湿润，而造成修补后不久就出现两张皮的状况。

当采用高压水清理破损的混凝土面时，基层表面最少要处理两次。第一次在缺陷的混凝土被清除后立即进行，以防止松散的水泥颗粒粘结在基层表面；第二次清洁必须在浇筑叠加层之前进行，确保基层表面没有油渍、砂尘、杂物等，最好的清洁处理是用高压水或真空吸尘。

2.2 混凝土结构基层的裂缝（纹）

在除去缺陷混凝土的表面时，基层混凝土结构表面不能有裂缝或裂纹，如果有微裂缝的存在基层表面会形成一个薄弱区，它会直接削弱新旧混凝土之间的粘结强度应力。裂缝（纹）数量的多少取决于选择清除混凝土的方法，若采用机械凿除的方法一般会出现裂缝，而采用高压水的方法清除表面会好得多。表 38-1 是分别用高压水处理和锤凿处理后进行的拉伸试验结果对照表。

表面裂纹状况影响的拉伸试验对照表　　　　表 38-1

处理方法	裂纹情况	全部破坏试验		界面破坏情况	
		次数	平均破坏强度（MPa）	破坏次数	平均破坏强度（MPa）
高压喷水	无	16	1.86	1	2.23
锤凿	有	16	1.10	5	0.94

从上表我们可以看出，基层结构混凝土表面微裂纹的存在将会大大降低界面新、旧材料之间的粘结强度，界面破坏次数明显增多。

2.3 基层结构混凝土表面的粗糙度

试验表明：粗糙度相差很大时，粘结强度相差不大。只是粗糙度大的表面，其界面破坏次数明显少于粗糙度低的表面的破坏次数。表 38-2 是采用高压喷水处理过的表面和采用喷砂打磨处理过的表面进行拉伸破坏试验时情况对照表。

表面粗糙度影响的拉伸试验对照表　　表 38-2

处理方法	粗糙情况	全部破坏试验		界面破坏情况	
		次数	平均破坏强度（MPa）	破坏次数	平均破坏强度（MPa）
高压喷水	大	16	1.86	1	2.23
锤凿	小	16	2.30	3	1.73

由此可见，基层结构混凝土表面的粗糙度存在某一个界限值，当粗糙度超过这一界限值时，再进一步增加粗糙程度将不会使粘结力增加。但这一界限值有待进一步试验确定。

2.4　基层结构混凝土表面的湿度

新、旧材料之间粘结力大小也会受到基层表面湿度的影响。具体有如下三种情况：一是基层混凝土表面过于干燥，那么在浇筑叠合层时，它会吸收新材料中的水分。这样就会在界面上叠合层中形成许多不均匀的多孔区，它会削弱此处的强度；二是基层表面混凝土湿度太大，那么浇筑叠合层时，界面上将可能形成一个高水灰比区，即浮浆层，它亦将减弱此处混凝土的强度；三是如果基层表面有自由水，那么它将可能完全破坏界面的粘结。

2.5　叠合层的压实度

足够的压实度对于新、旧材料之间形成一个良好均匀的粘结力是非常重要的。对通过高压喷水处理而成的粗糙表面就更为重要。叠合层足够密实会有效防止新、旧材料之间气囊的存在和发展。要达到足够的密实效果，目前常用的办法是在浇筑叠合层时采用振捣棒或平台式振捣器。对新浇筑的叠合层加强振捣，要尽量使新浇的水泥砂浆或混凝土充实到基层表面的每一个空隙，这样会增加界面上材料的粘结强度。

2.6　叠合层的养护

新浇叠合层的收缩要比基层旧混凝土的收缩量大，因此新的叠合层将受到拉力作用。当拉力超过其极限抗拉强度时，叠合层将会被拉裂，从而会降低界面材料的粘结强度。试验证明，浇水养护的叠合层中的拉力要比没有采用浇水养护的叠合层中的拉力小得多。原因是浇水养护时叠合层初期的收缩发展缓慢，能保证其抗拉强度的发展。

2.7 清理与浇筑叠合层的时间间隔

采用高压喷水处理表层破损的旧混凝土的结果是使处于良好状态的旧混凝土暴露出来。如果从清除完毕到浇筑叠合层的时间间隔较长，这个新的表面就会受到不同程度的腐蚀老化（如碳化作用），其结果是基层表面产生一个弱强度区，它会降低新、旧材料之间的粘结强度。

2.8 胶粘剂

目前胶粘剂的种类很多，对于这些胶粘剂的使用条件要求都非常高，有时在实验室里也难以做到。如果使用过程中的某些细节处理不好，不仅不会增强粘结力，甚至有可能降低粘结力。使用时处理不当，则可能在叠合层与胶粘剂之间、胶粘剂与基层混凝土之间形成两个弱强度层，从而会严重影响粘结强度，因此使用时应慎重。

2.9 荷载振动

在浇筑完叠合层的最初的几天内是其强度发展最快的时期，同时这几天也是新、旧材料之间粘结强度增长最快的时期（图38-3），在浇筑完混凝土最初的这一段时间内，要避免剧烈的振动，它会影响粘结强度的发展；而正常情况下的荷载振动不会妨碍粘结强度的增长。有些研究人员甚至发现，有限的连续振动会

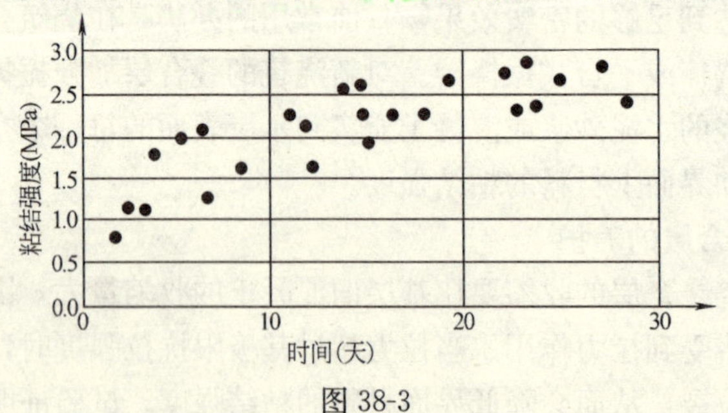

图 38-3

有可能增加粘结强度。

如今，许多桥面、路面、楼板等结构物的混凝土构件缺陷得到了修整，但效果并不理想，没有多长时间就又出现了问题。因此出现了常修常补的状况，浪费了大量的人力物力，甚至于酿成工程事故。主要原因是没有对有关影响粘结强度的因素有一个较全面的认识，从而不能科学地组织施工，注意不到一些重要的施工细节，最终影响了修整效果。影响新、旧材料粘结强度的因素很多，诸如材料性能、气候条件等等，都有待于进一步研究。

39 混凝土钢筋保护层厚度误差过大的危害

混凝土结构钢筋保护层厚度的确定，一般设计会依据两个原则考虑，一是能保证结构件的混凝土与钢筋能共同工作（受力），即达到受力筋锚固粘结的要求；另一个是保证混凝土中钢筋的耐久性得到确保。由于钢筋保护层的厚度控制属于工程的隐蔽内容，多数情况下保护层厚度的偏差在混凝土浇筑后很难发现，事后弥补的可能性很小。在工序施工过程中虽然强调对钢筋保护层厚度的控制要求，但往往控制不严，误认为只要不露筋就行了，正是操作人员认识的不正确才造成保护层厚度偏差过大，给工程留下质量隐患。

1. 钢筋保护层过薄对结构的影响

（1）由于钢筋保护层厚度过薄，无疑会缩短钢筋的脱钝时间，使钢筋提早开始生锈并加快锈蚀发展速度。钢筋钝化膜遭到破坏的主要原因就是混凝土的碳化引起。钢筋保护层被完全碳化是钢筋锈蚀的前提。而碳化所需的时间是同保护层厚度成正比，这时混凝土结构的耐久性年限主要取决于混凝土保护层完全被碳化所需用的时间。从这个角度出发，增加混凝土保护层厚度，可以保证结构体的使用寿命。

（2）保护层厚度过薄，钢筋周围因粘结滑移所产生的裂缝很容易延伸到构件表面，使混凝土保护层出现劈裂性开裂，导致钢筋的强度不能有效的正常发挥，且劈开裂缝对钢筋的腐蚀构成最大威胁，这会直接影响到结构的耐久性年限。

2. 钢筋保护层过厚对结构的影响

合理的保护层厚度可以保证钢筋和混凝土的共同工作，可使结构不致因环境恶劣达到钢筋很快失效而造成建筑物的整体破坏。但假如保护层过厚，除了在结构表面容易出现较多大的干燥收缩和温度裂缝外，还会直接削弱构件的承载能力，特别是对一些悬挑式、大跨度受力构件，过厚的保护层更明显也更容易出问题。现以一悬挑式阳台板实例说明保护层过厚的危害：阳台板厚120mm、主筋用直径 12mmHPB235 级筋，间距 150mm 布置，混凝土强度为 C20，设计板钢筋保护层厚 15mm，在施工中对钢筋未采取任何防护措施，任其踩踏变位，后经实测板下的保护层厚度分别为 25mm、35mm 和最大的 45mm，其承载力经过计算，若以保护层厚 15mm 为基准，当保护层厚度为 25mm、35mm 和45mm 时，其承载力分别下降 9%、21%和 30%，即保护层偏差达 10mm 时则承载力下降约 10%。同样，可以计算一些梁柱构件，保护层厚度增大时则会引起结构的承载力下降的实际问题。

3. 造成保护层厚度偏差过大的主要原因

3.1 设计图存在的问题

现在设计计算和绘图均由电脑进行，施工图的表达形式更简捷化，对钢筋及保护层厚度多采用列表示范形式，很少考虑钢筋位置的布置形式，这对现场施工人员的具体操作，保证钢筋位置的准确和保护层厚度是有一些困难的。

3.2 施工控制不到位的问题

钢筋加工制作及绑扎人员操作中，保护措施不到位是导致钢筋保护层厚度偏差过大的主要原因。在工序过程中踩踏悬挑构件、板面负筋的现象极其普遍，负筋的变形移位使悬挑构件从根部开裂；许多施工现场为图省事不制作正规钢筋垫块，在浇筑混凝土前用一些适当厚度不一的石子或混凝土碎块，垫在钢筋下部控制保护层厚度，这样垫的钢筋位置控制是没有保证的；有的垫块位置偏差在允许范围内，但由于混合料的入模及振动棒的碰撞而使钢筋位移，这种情况在混凝土浇筑以后很难发现，直接影响到构件的内在质量，严重的会成为事故的隐患。

3.3 监理检查验收的问题

钢筋制作绑扎是关键工序，现场监理人员应巡视抽检制作及绑扎质量，随时提出纠正处理。结构钢筋绑扎完成后，施工技术人员在自检合格的基础上，填写好实测检查记录报监理工程师验收，在验收合格后才能进行下一道工序。从目前的一些工程监理来看，对报验的钢筋绑扎只是个别抽检不是全检，对钢筋保护层厚度的检查也不认真，造成保护层厚度的控制处于失控状态。

4. 钢筋保护层厚度施工控制措施

对钢筋保护层厚度施工控制的习惯做法是采用砂浆或细石混凝土垫块，垫块的厚度也就是混凝土保护层的厚度。这就要求自行制作的这些垫块必须具有较高的强度和密实度。一般情况下，水泥砂浆的垫块的配合比应大于1∶2，垫块混凝土的等级应大于C15；否则，钢筋就可能压碎垫块，使保护层厚度的精度得不到切实保证。

传统的另一方法之一是采用钢筋马凳和钢筋弯钩或在主筋上焊接短钢筋等，这些做法费工费料，有时保护层厚度也不容易保证。例如，焊好的短钢筋绑扎后若不能保证正对模板，则会使受力钢筋的保护层厚度变小。

为了提高混凝土保护层厚度的施工精度，我们可以借鉴一些国外的先进经验，结合我国实际情况，采用一些先进做法。例如采用定型的砂浆或细石混凝土垫块，见图39-1。与传统的水泥砂浆垫块相似，垫块中预埋细钢丝，施工时可将垫块绑扎于钢筋上，同时也可在垫块上设置凹槽，以确保钢筋位置的准确性与稳

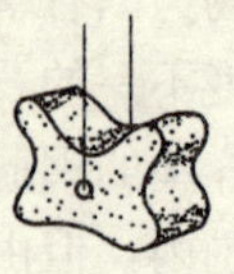
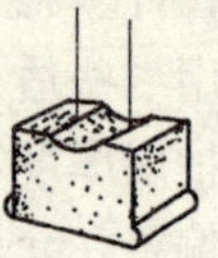

图 39-1 定型的砂浆或细石混凝土垫块

定性。

先进的另一方法之一是采用聚乙烯等高分子材料制作的垫块，见图 39-2。适用于楼板结构。其中图 39-2（*a*）适用于板底钢筋的定位，图 39-2（*b*）同时适用于板底和板面钢筋的定位。

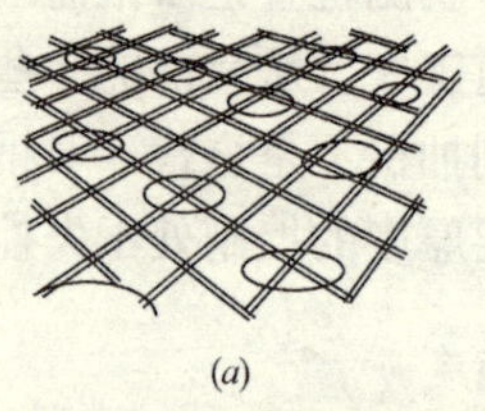
(*a*)

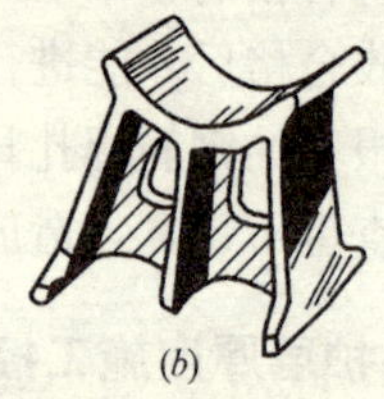
(*b*)

图 39-2 高分子材料垫块

先进的方法还有采用聚乙烯等高分子材料制作的钢筋定位夹具、模板定位夹具及聚乙烯与砂浆的组合夹具等。为了确保混凝土保护层的精度，若有条件，这些方法我们都可以采用。

5. 结论

混凝土保护层是钢筋与混凝土共同工作的基本前提，是防止钢筋受环境侵蚀、提高结构耐久性的重要措施，对结构耐水性也有重要影响。所以设计上对于保护层厚度的规定，应考虑不同使用环境、混凝土的抗碳化能力和构件类型等因素，并满足保护层完全碳化所需时间应大于结构的预期耐久年限。同时在施工上对于保护层厚度应加强施工人员业务培训，严格按照操作规程进行施工，在可能的条件下，尽量采用先进的方法确定钢筋位置和保护层厚度。因为在整个施工过程中，确保钢筋定位准确和混凝土保护层厚度精确是提高混凝土结构工程质量的重要环节。

40 现浇混凝土楼板裂缝原因、预防和处理

现浇钢筋混凝土结构中楼板裂缝成为现时普遍存在的质量通病。正确分析楼板开裂的原因，消除人为因素影响，把原材料的配制质量与施工工艺控制有机地结合，可以最大限度地减少和避免楼板混凝土的裂缝。

1. 板面出现裂缝的原因

由于混凝土出现裂缝是建筑工程的“多发病”，其原因也是多方面的。

1.1 干燥收缩裂缝

混凝土自身的干燥收缩产生的干缩开裂。如果环境温度较高且有风，随着混凝土表面水分的很快蒸发及含水量的不均匀分布，形成湿度梯度可导致混凝土表面开裂。另外，由于泵送混凝土为满足大流动性、坍落度的泵送条件，易出现局部粗骨料少、砂浆多、水灰比大的现象。当混凝土脱水凝结干缩时，易于出现表面裂缝。此类裂缝无任何规律走向，裂缝量多、细且长，但有害裂缝极少。

1.2 初凝扰动裂缝

混凝土初凝时，受到机械或人为扰动出现的裂缝。在混凝土初凝后逐渐失去自身流动性，受到扰动产生的这种裂缝再也不可能恢复了。扰动的原因有以下几个方面：泵送混凝土支撑对楼板的冲击和振动；输送管道上部在模板上产生的振动对初凝混凝土的影响；这种影响时间有时较长，在混凝土中会出现裂缝，裂缝的走向与钢筋方向基本相同，呈方格状或等距分布；底模板刚度不足，受力变形也会造成裂缝；在初凝时，人员在混凝土表面的走动、搬运材料、在表面放置的振动设备未及时搬运出去等。

1.3 支座处下沉裂缝

楼板负荷后的弹性变形及支座处负弯矩引起的裂缝。施工中

在混凝土未达到一定强度时过早拆模，或混凝土未达到终凝时就将材料吊压在上。这些现象在施工现场还是经常发生，可直接导致楼板产生内伤或断裂。施工中不重视对钢筋的保护，把负弯矩筋踩踏变形或位移等，会造成对负弯矩的承载力不足，导致面部出现裂缝。另外，大梁两侧的楼板不均匀沉降也会造成楼板在支座处出现横向裂缝。

2. 预防裂缝产生的措施

2.1 对重点部位的设计构造处理

对很多不同建筑工程的现浇楼板裂缝的产生部位分析，最常见和分布数量最多的裂缝产生在房屋四周阳角处约 1m 处，即在分离式配筋楼板的负弯矩筋及角部放射筋末端或外侧 45°出现的斜向裂缝，主要是混凝土的干缩和温差双重作用引起的，并且越靠近上部屋面处裂缝越大。主要是设计人员未充分考虑温差因素，配筋量偏少引起的刚度低所致。多数认为这种角裂不会造成结构安全问题，但因温差裂缝一般出现在房屋顶层，会引起防水层的破坏而产生防水的失效。设计人员要总结教训，重视房屋四周阳角处楼面板的配筋构造，加强配筋量和缩小网片筋间距，负筋应沿建筑的全长设置，并加密加粗。多年工程实践表明，按上述构造措施处理的楼板配筋，基本不再出现斜向角裂，较好地解决裂缝数量较多的问题，效果也较明显。试验表明，屋顶部阳角的放射筋作用不明显，主要是放射形筋的长度较短。当阳角处房间按分离式设置构造负弯矩短筋时，45°斜向裂缝仍会向内移至放射筋的末端或外侧，引起施工的难度。应加强双向通常采用的负筋构造，取消角部放射形钢筋的构造处理。

2.2 加强集中预拌混凝土的质量控制

现阶段现浇混凝土楼板已普遍采用泵送预拌商品混凝土施工，施工企业一般会注重到价格和施工便利的因素，许多混凝土粉煤灰掺量过大，砂石及添加剂的质量不好。这些因素使得混凝土水灰比、坍落度过大，使混凝土收缩量过大。建设主管部门应促使商品混凝土厂商控制好原材料质量，减小混凝土的收缩值。

承包商在订购商品混凝土时，应根据工程的不同部位和性质提出对混凝土品质的明确要求，同时现场应逐车严格控制好商品混凝土的坍落度检查。

2.3 施工中应采取的主要技术措施

预埋线管处裂缝、施工荷载较大处的裂缝以及板周边负弯矩裂缝主要由于施工不当产生。施工中应注意以下几点：

(1) 加强楼面上层钢筋网的有效保护措施

楼面施工时上层钢筋的保护一直是施工过程中容易忽略的问题，施工过程中应尽可能合理和科学地安排好各工种交叉作业时间，在板底钢筋绑扎后，线管预埋和模板封镶收头应及时穿插并争取全面完成，做到不留或少留尾巴，以有效减少板面钢筋绑扎后的作业人员数量。在楼梯、通道等频繁和必须的通行处应搭设（或铺设）临时的简易通道，以供必要的施工人员通行。加强教育和管理，使全体操作人员充分认识负弯矩钢筋的正确位置对结构的重要性。安排足够数量的钢筋工在混凝土浇筑前及浇筑中及时进行整修。混凝土工在浇筑时对裂缝的易发生部位和负弯矩筋受力最大区域，应铺设临时性活动挑板，扩大接触面，分散应力，尽力避免上层钢筋受到重新踩踏变形。

(2) 预埋线管处的裂缝防治

当预埋线管的直径较大，开间宽度也较大，并且线管的敷设走向又重合于（即垂直于）混凝土的收缩和受拉力方向时，多根线管的集散处混凝土截面受到削弱较严重，容易发生楼面裂缝。因此，对于较粗的管线或多根线管的集散处，应增设垂直于线管的短钢筋网。根据我公司的经验，建议增设的抗裂短钢筋采用 ϕ6@200，两端的锚固长度 300mm。

线管在敷设时应尽量避免立体交叉穿越，交叉布线处可采用线盒，同时在多根线管的集散处应尽量避免紧密平行排列，以确保线管底部混凝土灌筑顺利和振捣密实。

(3) 材料吊卸区域的楼面裂缝防治

不应过分强调主体结构的施工速度，楼层混凝土浇筑完后的必要养护必须获得保证。主体结构阶段的楼层施工速度宜控制在6～7d一层为宜，以确保楼面混凝土获得最起码的养护时间。科学安排楼层施工作业计划，在楼层混凝土浇筑完毕的24h以前，可限于做测量、定位、弹线等准备工作，最多只允许暗柱钢筋焊接工作，不允许吊卸大宗材料，避免冲击振动。24h以后，可先分批安排吊运少量小批量的暗柱和剪力墙钢筋进行绑扎活动，做到轻卸、轻放，以控制和减小冲击振动力。第3天方可开始吊卸钢管等大宗材料以及从事楼层墙板和楼面的模板正常支模施工。在模板安装时，吊运上来的材料应做到尽量分散就位，不得过多地集中堆放，以减少楼面荷重和振动。对计划中的临时大开间面积材料吊卸堆放区域部位的模板支撑架在搭设前，就预先考虑采用加密立杆和搁栅增加模板支撑架刚度的加强措施，以增强刚度、减少变形来加强该区域的抗冲击振动荷载，并应在该区域的新筑混凝土表面上铺设旧木模加以保护和扩散应力，进一步防止裂缝的发生。

（4）加强对楼面混凝土的养护

混凝土的保湿养护对其强度增长和各类性能的提高十分重要，特别是早期的妥善养护，可以避免表面脱水并大量减少混凝土初期伸缩裂缝产生。但实际施工中，由于抢赶工期和浇水将影响弹线及施工人员作业，楼面混凝土往往缺乏较充分和较足够的浇水养护延续时间。为此，施工中必须坚持覆盖麻袋或草包进行一周左右的妥善保湿养护，并建议采用喷HL等品种和养护液进行养护，达到降低成本和提高工效，并可避免或减少对施工的影响。混凝土抹平后至少24h禁止上人；合理布置混凝土输送管，输送管支架不得支撑在模板上，消除对模板的扰动。

3. 裂缝的处理方法

对于一般混凝土楼板表面的龟裂，可先将裂缝清洗干净，待干燥后用环氧浆液灌缝或用表面涂刷封闭。施工中若在终凝前发现龟裂时，可抹压一遍处理。其他一般裂缝处理，其施工顺序为：清洗板缝后用 1∶2 或 1∶1 水泥砂浆抹缝，压平养护。当裂缝较大时，应沿裂缝凿八字形凹槽，冲洗干净后，用 1∶2 水泥砂浆抹平，也可以采用环氧胶泥嵌补。

由于混凝土质量问题、板厚度不够或板截面受削弱较大以及钢筋位置偏差等原因产生的裂缝应视为结构承载力不足的表现，应对楼板进行静载试验，检验其结构安全性，会同有关部门进行分析，一般可采用胶粘扁钢或钢板，板缝用灌缝胶高压灌胶等措施补强。

根据经验，楼板上部找平层较厚，楼板的加固可以通过在找平层中增设钢丝网、钢板网或抗裂短钢筋进行加强，并且上部常被木地板等装饰层所遮盖。楼板底部抹灰层较薄，板底作业应妥善处理，以免影响美观，可以采用复合增强纤维等材料对裂缝做粘贴加强处理。

41　混凝土养护方法的选择与正确应用

1. 养护剂概述

1.1　养护剂发展情况

20 世纪 40 年代，由美国科学家首先提出并研制了混凝土薄膜养护剂，即在混凝土表面喷涂或刷涂一种涂液，使其在空气中成膜，防止水分损失而达到养护混凝土的目的。之后，日、英等国也相继研制出各种混凝土养护剂。50 年代末，英国规定飞机场跑道、公路工程推行混凝土养护剂。美国 1958 年也颁布了混凝土养护液技术标准。我国起步较晚，工程推广应用也不广泛。

1.2　养护方式对混凝土强度的影响

混凝土是水硬性材料，在其强度增长期必须保持构件表面湿润，以保证水泥充分水化。从而满足强度、耐久性等技术指标，这一点对于水胶比极小的高强混凝土来说，就更为重要，详见表41-1～表41-3。

不同养护条件下混凝土28d强度值　　表41-1

混凝土强度等级	标养	水中	塑料包裹	空气中	备注
C60	77.9	71.6	76.8	65.8	2003.3 试验
C30	36.1	31.8	35.9	28.4	2004.6 试验

不同养护条件对混凝土强度发展的影响　　表41-2

养护条件	抗压强度(MPa/%)			
	3d	7d	28d	60d
水中	18.7/100	26.8/100	31.8/100	37.1/100
涂硅酸盐类养护剂	15.9/85	21.4/80	28.0/88	31.3/84
涂氯-偏类养护剂	17.5/94	24.6/92	30.0/94	33.7/91
自然养护	15.3/82	19.0/71	25.4/80	29.7/80
包塑料布	20.3/109	27.0/101	25.9/113	36.2/98

不同养护湿度对C80混凝土28d强度的影响　　表41-3

相对湿度(%)	100	80	60
混凝土强度(%)	100	85(180d 达到 100)	78(1 年达 97)

1.3　使用养护剂养护混凝土的优点

(1) 可提高混凝土均质性，延长混凝土养护时间，特别是提高高强混凝土以及不便于浇水养护的剪力墙等垂直构件、高层建筑上部结构的后期强度。

(2) 节省劳动力，有利于文明施工。常规浇水养护需要配备2～3人，铺盖草袋子需要人力、运输，而且施工现场不整洁，采用喷涂养护剂法可节省这一部分劳动力。

(3) 浇水养护人为因素较多，不能确保养护质量，楼板较易开裂，采用养护膜可大大减少裂纹出现的几率。

(4) 节约用水。我国是一个水资源缺乏的国家，据调查，采用浇水养护法每100m^2建筑约需2t水，以沈阳市每年约2100万m^2建筑面积的中等城市为例，全年耗水约4200万吨，确实是个十分惊人的数字。

2. 养护剂的分类及作用机理

2.1 分类

我国目前研制生产的混凝土养护剂按其成膜材料、表面特性，主要有水乳型和溶剂型两大类。水乳型以石蜡乳液、沥青乳液、氯乙烯-偏氯乙烯为主要原料的共聚乳液为常见。这种乳液成膜会给混凝土饰面带来不便。而氯丁橡胶、丙烯酸树脂为溶剂的养护剂，虽性能可靠，又因气味大、有毒且价高而不便推广。

目前比较易于推广的还是以无机硅酸盐与有机材料复合而成的养护剂，它可与水泥发生物理化学作用而形成一体，性能稳定，无毒无味，价格便宜，便于推广。

2.2 无机硅酸盐养护剂作用机理

混凝土中水泥水化产生水化硅酸钙和氢氧化钙，养护剂喷洒在混凝土表面并渗透到其表面1～3mm，氢氧化钙与养护剂中的硅酸盐作用生成硅酸钙，能封闭混凝土表面空隙，形成一层薄膜，阻止混凝土中自由水过早和过多地蒸发，保证混凝土中水泥充分水化。

3. 养护剂质量评定及施工方法

3.1 失水率检测

我国目前尚无检测标准，我们参照美国ASTMC156标准，试件拆膜后涂敷养护剂试件与空白试件称重后放入烘箱（38±1)℃中烘72h后称重，试件的水分损失不应超过0.55kg/m^{2}表面积。按上述方法对养护剂进行试验，结果见表41-4。

养护剂失水率测定结果　　表41-4

养护方法	烘72h后水分损失(kg/m^2)
涂硅酸盐类养护剂试件	0.52
空白试件	1.31

3.2 施工工艺

养护剂可采用农用喷雾器喷涂施工，具体方法如下：

(1) 混凝土初凝（手轻按混凝土表面不沾手）或拆除侧模后即可喷涂。

(2) 喷头距混凝土表面 30cm 为宜，纵横向各喷一遍，防止漏喷。

(3) 养护剂系水溶性，雨前喷涂未成膜（夏季约 0.5h，冬期约 3h）受雨淋，应雨后再补喷。

(4) 养护剂使用前应搅拌均匀，施工结束必须用清水将喷雾器冲洗干净，防止喷头堵塞。

4. 采用养护剂施工技术经济效益

4.1 混凝土碳化深度、抗压强度

通过大量试验证明，混凝土抗压强度和碳化深度有着密切关系。表面涂刷养护剂较无养护措施的自然养护强度可提高 8%～10%，表面碳化深度也有较明显降低，这对于混凝土耐久性和预拌混凝土主体验收是十分有利的（回弹值推断混凝土抗压强度与混凝土表面碳化深度关系甚大）。见表 41-5。

不同养护方式混凝土碳化及抗压强度对比表　　表 41-5

养护方法	28d 抗压强度 (MPa/%)	混凝土碳化深度 (mm)	环境温度 (℃)	折合标准养护温度的强度值(MPa/%)
标准养护	50/128	0	19	50/111
包塑料布	46.4/119	0	16.5	53.4/119
涂刷养护液	42.1/108	1	16.5	48.5/108
自然养护	39.1/100	3	16.5	45.0/100

4.2 混凝土抗渗性

混凝土的抗渗性与其养护条件有着密切关系，掺 UEA 膨胀剂混凝土中的膨胀组分只有在潮湿的环境下才能产生膨胀，致密混凝土结构。如在干燥环境中不仅不能膨胀，反而会产生较大的收缩。不同养护方式的抗渗效果依次为：水中养护＞盖草袋子浇水＞涂养护剂＞自然养护，对于地下室底板，采用水膜养护是最为合理的方案。

4.3 经济指标（表 41-6）

不同养护方式平米造价对比表　　表 41-6

养护方式	单价(元/m²)	说明
盖草袋子浇水	0.17	工业用水 1.8 元/t,0.5cm 厚草袋子约 0.15/m²
涂刷乳化石蜡养护剂	0.35～0.45	乳化石蜡 3500 元/t,每 kg 涂刷 8～10m²
涂刷硅酸盐类养护剂	0.10	硅酸盐类养护剂 1500 元/t,每 kg 涂刷 15m²
包(盖)塑料布	0.70	塑料布 1.4 元/m²,按两次周转计算

5. 结语

(1) 试验证明包塑料布养护的试件失水率小，混凝土中水泥水化充分，内部结构致密，强度高且能减缓水化热的散失，强度增长快且因隔绝空气，碳化值几乎为零。水中养护的试件也能获得较好的强度值，尤其是 60d 强度和抗渗性能最佳。自然养护无论是早期强度和后期强度均最低，约比水中养护和塑料布养护低 15%～20%，较涂刷养护膜低 10%左右。

(2) 混凝土结构工程应根据不同的结构部位合理选择养护方法。常温下地下室底板抗渗混凝土，宜采用水膜养护；水平结构可采用浇水养护或涂刷养护剂方法；柱子系主要承重结构应尽可能采用包塑料布法；剪力墙结构最好采用涂刷养护剂法。

(3) 硅酸盐类养护剂价格便宜，无毒无环境污染，操作方便，涂膜不影响基层与饰面层的结合，施工现场文明整洁，宜于推广。但其保水性尚不如氯偏类，有待继续在推广中不断改进。

42　混凝土外加剂的选择与正确应用

外加剂是为改善新拌的和硬化的混凝土或砂浆的性能而掺入的物质。实践应用表明，在混凝土中掺入外加剂，可改善混凝土的和易性、提高耐久性、减少用水量和水泥用量、方便施工、保证工程质量、加快进度、提高设备利用率，其技术经济效益明显。外加剂已成为混凝土中不可缺少的第 5 组分。

1. 常用外加剂的种类、性能和使用

1.1 减水剂分类性能和使用

1.1.1 减水剂的分类

混凝土用减水剂也称水泥塑化剂，一般分为以下4类：

(1) 按塑化效果可分为普通型减水剂，减水率$W_r>5\%$；高效减水剂的减水率$W_r>10\%$，环境潮湿时早期强度增长快；

(2) 按引气量大小分为引气减水剂，其含气量在3.5%～5.5%；非引气减水剂，其含气量小于3.0%；

(3) 按凝结时间、早期强度影响，分为标准型减水剂，初凝时间延长1～3h，终凝时间小于3.5h；缓凝减水剂的初凝时间和终凝时间均超过标准型；早强型减水剂的初凝时间和终凝时间均在2h以内，并能显著提高早期强度，如3d大于15%、28d大于5%，低温下的早强效果明显；

(4) 按原材料及化学成分可分为木质素磺酸盐类、聚烧烷基芳基磺酸盐类（煤焦油系列）、磺化三聚氰胺甲醛缩合物（密胺类）、磺化丙酮甲醛缩合物类、氨基磺酸系、糖蜜类及聚羧酸盐高效减水剂，这些都属于表面活性物质。

1.1.2 减水剂的性能

混凝土用减水剂是混凝土外加剂应用最广泛的一大类，多为有机物且为表面活性物质，其亲水基团主要有—SO_3H、—COOH、—NH_2、—OH、—O—等。主要起分散、塑化、润滑作用。由于减水剂有较强的分散作用，使水泥水化初期加快，易水化的矿物迅速地形成水化物，凝胶膜增厚抑制水化过程。因此，在后期水化速度变慢，这对水泥浆凝胶体中微晶体的完整生长提供了条件，提高水泥石的致密性，减少用水、含气量增加、延长凝结时间、减缓水化热释放，同时还能使混凝土强度提高，耐久性能好。

1.1.3 减水剂的使用

减水剂的使用已有30多年时间，广泛用于多种建材的生产中，包括预制混凝土。水泥混凝土的使用主要是配制各种塑性、流动性、

大流动性、抗冻、抗渗、泵送、HPC的混凝土，通过减少用水，节省水泥等。现在最常用的减水剂有木钙类、萘系、糖蜜类、玉米芯及腐植酸盐减水剂等。聚羧酸盐高效减水剂的使用也较普遍。

1.2 早强剂的分类性能及使用

1.2.1 早强剂的分类

早强剂按功能可分为早强剂、早强减水剂及早强高效减水剂。早强剂的作用是提高混凝土的早期强度，但不具备减水功能，对混凝土后期强度没什么影响；早强减水剂具有提高混凝土早期强度和减水功能，对混凝土后期强度和耐久性能有一些提高；早强高效减水剂能显著提高混凝土的早期强度和耐久性能。随着混凝土减水剂的研发，用减水剂与早强剂复合成为具有减水功能的早强剂，如硫酸钠与减水剂复合产品。目前主要有：(1) 糖钙硫酸钠系早强剂，由蔗糖化钙与硫酸钠复合而成，有显著的早强和增强功能，但塑化性较低；(2) 木质素磺酸盐、硫酸钠系早强剂，由硫酸钠与适量的木钙等材料复合而成，增强效果明显，具有一定的减水功能；(3) 硫酸盐系早强高效减水剂是用硫酸钠与高效减水剂复合而成，早强、增强及塑化效果明显，但坍落度的损失较大。

1.2.2 早强剂的品种

(1) 氯盐类：氯化钙：能加速水泥的早期水化，降低水的冰点，使混凝土具有耐低温、早强抗冻性；氯化钠：与氯化钙效果相似，但浓度增加时能使混凝土强度降低，对钢筋腐蚀严重；氯化铁：具有早强、密实、保水降低冰点的作用，略具促凝性；氯化铝：具有明显的促凝性，对混凝土后期强度影响较大，一般不单独使用。

(2) 硫酸盐类：这些物质有元明粉、明矾等，其中用量最多的是 Na_2SO_4 和 $CaSO_4$ 两种。硫酸钠的掺量为水泥重的1%～3%，最佳掺量为1.5%；硫酸钙可作水泥的缓凝剂，掺量根据水泥中碱和 C_3A 含量而定。按 SO_3 计，掺量按水泥量的3%左右，若过多则起早强效果。

(3) 碳酸盐、硝酸盐类：碳酸盐主要有 Na_2CO_3、K_2CO_3，掺量较低时起缓凝作用。当掺量大于0.1%时，起加速凝结作用：硝酸盐

类主要有 $Ca(NO_2)_2$ 和 $NaNO_2$ 等。

(4) 有机早强剂：主要有三乙醇胺、三异丙醇胺、甲醇、乙醇、乙酸钠、甲酸钠和尿素等。最常用的是三乙醇胺（TEA），具有掺量少、作用大、早强好的特点，它对混凝土强度的影响见表 42-1。

TEA 对混凝土强度的影响 **表 42-1**

强度比/掺量	3d	7d	28d
0.00	100	100	100
0.01	118	127	104
0.02	141	142	121
0.03	145	126	114
0.05	117	114	100

(5) 复合早强剂：实践表明，采用多组分复合后的效果更好，如 TEA：NaCl=0.05%：0.5%～1.0%。

1.2.3 早强剂的性能及使用

(1) 早强剂对混凝土拌合物的影响：1）和易性。应用 $CaCl_2$ 能使和易性略有提高，用 Na_2SO_4 时没有塑化作用，用 TEA 时稍有塑化作用，且对混凝土的黏聚性有些改善。2）凝结时间。$CaCl_2$ 能显著的缩短混凝土初凝和终凝时间，随着掺量的增加，凝结时间缩短。当掺量超过 4%时，会引起混凝土快凝；但掺量小于 1%时，会起缓凝作用。硫酸盐类早强剂对凝结时间的影响因条件变化而有不同。当水泥中 C_3A 含量较低和 C_3A 与石膏的比例较小时，Na_2SO_4、K_2SO_4 均能延缓水泥的凝结速度。在正常条件下，硫酸盐能加速水泥的放热过程，加速混凝土的水化。3）泌水性。$CaCl_2$ 一般会降低泌水率，提高黏聚性。

(2) 早强剂对混凝土硬化的影响：1）强度。早强剂可以提高混凝土的早期强度，同种早强剂提高强度的程度取决于早强剂的掺量、环境温度、养护条件、W/C 和水泥品种。但早强剂对混凝土长期强度的影响不同，如与减水剂复合使用后，对后期强度的变化可以控制。2）变形性。早强剂对混凝土的变形（干燥收缩）不产生影响。3）抗渗性。经试验结果表明，硫酸盐系列早强剂可以提高混凝土的抗渗性能。4）钢筋的锈蚀。硫酸盐系早强剂对钢筋无锈蚀损害，但氯盐类早强剂对钢筋有腐蚀作用，现行施工规范规定不允许掺氯盐型外加剂，如果使用必须掺入钢筋阻锈剂复合使用。

1.3 引气剂和引气减水剂

引气剂是一种在混合料搅拌过程中能引入大量分布均匀封闭的微气泡的外加剂。引气减水剂是具有引气和减水双重功能的外加剂，现实中也难以严格区分引气剂和引气减水剂。

1.3.1 引气剂和引气减水剂的种类

引气剂是属于阴离子表面活性剂，常用的有：

（1）松香酸盐类：这类引气剂的主要原材料是松香类树脂，它是多种树脂酸的混合物，有9种异构体，其中主要成分是松香酸；

（2）烷基磺酸盐类：如十二烷基苯磺酸钠，它是含烷基和芳基的复杂石油分离物，经磺化中和后制得可溶性盐。属阴离子表面活性物质，许多洗涤剂均属于此类，其中烷基中碳为12～14，引气能力较强；

（3）脂肪醇及脂肪醇聚氧乙烯醚硫酸盐类：这类引气剂都有很好的引入气泡的能力，用于化妆品、家庭及工业用洗涤剂，其中碳12～16的效果最好。

引气减水剂有木质素磺酸盐类，它是造纸工业的副产品，还有石油磺化物类，它是用硫酸处理石油加工后的废渣，经过NaOH或三乙醇胺中和而成的水溶性盐，及与多种减水剂复合物等。

1.3.2 引气剂的性能及使用

（1）对混凝土拌合物的影响

1）坍落度与和易性：在相同用水量的前提下，加入引气剂后，可以使拌合物的塑性大大提高，这种作用被称作为气泡的“类球形轴承作用”。单位体积内的气泡越多，和易性越好施工性能好。

2）泌水和离析：泌水是指在混凝土浆体内部的水泌出后进入表面层，形成了多孔的表面区；离析是指混凝土中固体物料的不均匀沉降，从而破坏了混凝土拌合物的均匀性。引气剂的掺入使泌水和离析现象能显著减少。

3）凝结时间的影响：引气剂掺入拌合物中不会影响其凝结时间。

（2）对硬化混凝土性能的影响

1）抗冻性。当混凝土处于冰点以下时，硬化混凝土（水泥石）面层中的自由水冻结而产生约9%的体积膨胀，从而产生膨胀压；膨胀压使混凝土内层没有冻结的自由水受压而迁移，产生一定的静水压，致使混凝土中薄弱部分造成裂缝，反复冻融循环裂缝得以发展，逐步造成剥落。使用引气剂，由于引入稳定的微细气泡均匀分布于混凝土内，可容纳受迁移的自由水，从而缓解了静水压力，增加了混凝土的抗冻性。

2）强度。引气剂一般使混凝土的弹性模量和抗压强度有所降低。经验认为，含气量若增加1%，强度则下降5%左右。引气剂通常与减水剂一起使用，用以抵消其强度低的弱点。

3）渗透性。混凝土在硬化后期，过剩水蒸发可造成空隙，水化物的体积变化产生自缩现象，也会造成空隙或缝道，所以多孔三相体系的水泥石都有不同程度的渗透性。改善渗透性的关键在于降低水灰比，减少游离水，从而降低泌水率，增强密实性(堵塞通道和空隙)。不难看出，掺入引气剂和引气减水剂可达到以上目的。同时，大量微小气泡占据着混凝土的自由空间，切断了毛细管的通道，从而可显著提高混凝土的抗渗透性。因此，掺入引气剂成为防水混凝土工程的技术措施之一。

1.4 膨胀剂

水泥凝结硬化过程中，能使混凝土产生可控膨胀、减少收缩的外加剂称为膨胀剂（除本身产生膨胀外，又与混凝土某些组分反应产生膨胀）。

1.4.1 膨胀剂的种类

（1）硫铝酸钙（CSA）膨胀剂。硫铝酸钙是以石灰、石膏和矾土配料煅烧而成；也有用天然明矾石、无水石膏或二水石膏配合后，共同磨制而成，又称明矾石膨胀剂。中国建材研究院研制的UEA（简称U型）膨胀剂是由硫铝酸盐熟料、明矾石和石膏配合磨制而成的。

(2) 氧化钙（石灰）类。主要由 CaO(80%～90%）配制而成的，它的膨胀速率快，膨胀量大，应用时需控制 CaO 的水化速率，常采用过烧石灰或有机物（如松香酒精溶液和硬酯酸）局部包覆，以限制其水化反应的速率。一般掺量为 6%～8%。

(3) 其他　还有铁屑、铝粉膨胀剂及多种复合形式的膨胀剂等。

1.4.2　膨胀剂的性能及应用

(1) 对混凝土拌合物。掺 CSA 和石灰系膨胀剂，在坍落度相同时需水量要高于未掺的，且泌水率下降，掺膨胀剂凝结时间缩短，对含气量无明显影响，坍落度损失较大。

(2) 对硬化混凝土。在膨胀剂掺量适当（CSA8%～11%，石灰类 6%～7%）时，混凝土的物理性能如抗压强度、蠕变、弹性模量和耐久性等，与对应的硅酸盐水泥混凝土基本一致。当掺量超过上述范围时，会对力学性能产生不利影响。膨胀混凝土的养护很重要，在湿养护初期产生膨胀大，在 50%相对湿度的空气中时，几乎不膨胀。一般适宜的养护温度为 8～25℃。膨胀混凝土由于提高了密实性，因而渗透性降低。

膨胀剂与其他外加剂（尤其减水剂）共同应用时，发现有的降低了 CSA 的潜在膨胀，这是因为减水剂影响了钙矾石的形成，但在常温下，缓凝减水剂的影响不大，因此，为防止不利因素的影响，使用前应进行适应性试验。还有由于 U 型和 CSA 膨胀剂中都有 CaO，易吸收空气中水分和 CO_2，失去部分活性，使用时要注意产品的有效期。

膨胀剂在诸多外加剂中有着突出的地位，尤其对混凝土工程结构自防水和补偿收缩等方面，已成为较理想的廉价材料，今后在复合多功能系列膨胀剂、低碱膨胀剂的发展，将会更大拓宽应用范围。

1.5　防水剂

在高水灰比时混凝土中含有相连通的毛细孔，水和蒸汽均可透过。防水剂是改善砂浆及混凝土的耐久性，降低其在静水压力下透水性的一种外加剂。

1.5.1 防水剂的种类

（1）无机类。有氯化钙系、硅酸钠（水玻璃）系、二氧化硅粉末系、锆化合物及其他无机类。

（2）有机类。有脂肪酸及其盐，石蜡乳液、沥青乳液、树脂乳液、橡胶乳液、水溶性树脂及其他有机类。

（3）复合类。无机复合物、有机复合物及无机、有机复合物。市场上防水剂多数不是一种成分，而是几种复合而成的。

1.5.2 防水剂的性能及应用

（1）无机类。无机类防水剂中，如氯化钙能促进水泥的硬化，早期防水效果好，但对钢筋有锈蚀作用，且收缩性较大；硅酸钠能与体系中的氢氧化钙反应，生成不溶性硅酸钙，提高其水密性，但效果不太显著，多采用防水速凝剂；硅酸质粉末系，粉煤灰、硅藻土、火山灰及石粉等能直接填充到混凝土空隙中间，如用其微粉，其和易性和防水性更佳；锆化物与水泥中的钙结合能产生不溶性物质，具有疏水效果；用硅酸钠、二氧化硅及氧化钙粉末溶于或分散在水中，涂布于硬化混凝土中，与活性离子生成不溶性晶体或堵塞孔道，其防水效果明显。

（2）有机类。有机类防水剂多通过自身的疏水性（如石蜡、沥青及各种胶乳）和填充性来提高其水密性，或是与水化体系中的物质作用，生成疏水性物质而具防水性，如脂肪酸类。

（3）应用影响。对混凝土拌合物，脂肪酸类防水剂大都有引气性，石蜡和沥青乳液防水剂都有润滑性，因此能改善其和易性；细粉类能增加用水量，改善流动性。在规定掺量下，一般不改变凝结时间。对硬化混凝土来说，皂类和乳化石蜡等防水剂均对其强度有一定程度的降低，而对耐久性有所提高。

1.6 防锈剂

混凝土中钢筋的锈蚀是影响建筑混凝土耐久性的重要因素之一，防锈剂是增强混凝土自身保护能力的简单有效的方法。

1.6.1　防锈剂的种类

防锈剂按其主要成分可分为有机和无机两大类；按其防锈剂反应的电极位置可分为阳极的、阴极的和混合的三类。

(1) 阳极防锈剂：

1) 亚硝酸钠 ($NaNO_2$)。极易溶于水，呈碱性，能从空气中吸收氧逐步转化为硝酸钠 ($NaNO_3$)，在有氯盐存在下，掺量大于2%时，可起阻锈作用。但亚硝酸盐有毒，接触皮肤能致发炎、出现斑疹等。

2) 亚硝酸钙 [$Ca(NO_2)_2$]。可作为早强剂和防锈剂使用，掺量为2%～4%，同时还具有减轻浸出、风化及碱骨料反应的部分功能。

3) 铬酸钠 (Na_2CrO_4)/铬酸钾 (K_2CrO_4)。防锈作用与亚硝酸钠相似，掺量为6%～8%，效果比亚硝酸钠更好。

(2) 阴极防锈剂。

常用的阴极防锈剂包括苯胺、乙醇胺类和各种无机碱，如 $NaOH$、Na_2CO_3、NH_4OH，一般掺量为2%～4%。混合型的阻锈剂其分子可有一个以上的定向吸附基团，如含—NH_2 和—SH基，其掺量一般为1%～2%。

1.6.2　防锈剂的应用性能

(1) 对混凝土拌合物，大多数无机防锈剂对其和易性有所改善，对水泥水化过程的影响与早强剂相似；有机防锈剂有延缓放热的作用。

(2) 对硬化混凝土，掺入 $Ca(NO_2)_2$ 防锈剂，对早期和后期强度均有显著提高，若掺量在5%以下，强度随掺量的增加而增大。若掺入 $NaNO_2$ 防锈剂，各龄期抗压强度均有降低。

1.7　防冻剂

混凝土中掺入防冻剂的目的，是使其在负温下保持足够的液相，以利于水泥水化反应的继续进行，待转入正温后，混凝土强度能得到进一步增长。大部分防冻剂都是采用复合型的，单一组分的防冻剂极少。

1.7.1 防冻剂的分类

（1）按其主要组分可分为氯盐类，非氯盐类和复合类；

（2）按负温养护温度分为－5℃、－10℃、－15℃三类；

（3）按掺量及塑化效果分为高效防冻剂，其掺量小于5%（以无载体计算），适于－15℃～－20℃；普通防冻剂，掺量高于5%。

国内常用的复合防冻剂见表42-2。

常用防冻剂 **表42-2**

代号	主要成分	代号	主要成分
DN-1	$NaNO_2$、Na_2SO_4、TEA	LTD	Na_2SO_4、木钙、$CO(NH_2)_2$
KM-F	$NaNO_2$、$CO(NH_2)_2$（尿素）	NC-Ⅱ	Na_2SO_4、糖钙、NaOH
T-40	$NaNO_2$、$CaCl_2$	JD-15	K_2CO_3、Na_2CO_3、减水剂
KD-1	$CO(NH_2)_2$、Na_2SO_4	JK-3	$NaNO_2$、$CO(NH_2)_2$、减水剂

1.7.2 防冻剂的性能及应用

（1）降低体系冰点；

（2）促凝早强作用；

（3）减少用水量，起到增强和防冻效果；

（4）引气，减少冻胀应力；

（5）对混凝土影响。对混凝土拌合物，一般防冻剂不会促进泌水性，钙盐类塑化性较差，尿素要好一些，一般靠其减水组分提高塑化性能。$CaCl_2$、K_2CO_3能缩短混凝土凝结时间。

对硬化混凝土，由于低温下硬化速度较慢，掺入$CaCl_2$、$Ca(NO_2)_2$、$Ca(NO_3)_2$、$CO(NH_2)_2$复合防冻剂，力学性能有所改善；有引气剂组分的防冻剂，耐久性较好；有氯盐的防冻剂，只要不超过规定掺量，对钢筋无锈蚀影响。

1.8 泵送剂

塑化混凝土泵送工艺是当代水泥混凝土应用水平的重要方面。工业发达国家的泵送混凝土总量达到60%以上。泵送是一种有效的运输手段，它可以改善工作条件，节约劳动力，提高施工的质量和效率。

1.8.1 一般泵送剂

一般泵送剂有下列组分：以减水剂为主的塑化组分，引气组分，缓凝组分，黏聚保水及其他功能组分，如早强、防冻组分等。

1.8.2 防冻泵送剂

在北方冬期施工要进行泵送时，应使用防冻泵送剂。这类负温下的泵送剂，需要综合普通泵送剂、早强剂和防冻剂的有关功能与原理，解决早期和后期强度、坍落度损失和防冻害之间的矛盾等有关问题。其组分上要满足三点：一是在达到坍落度要求的条件下要有相当的减水率（一般在15%以上）；二是要有适当的早强剂、降低冰点和调节表面张力大小的表面活性剂组分；三是掺加适当的防水剂（如TEA），可达到防冻防水泵送的目的。这样可免去用常规降低冰点对混凝土有害的无机盐类，有利于提高混凝土的耐久性和配制高强混凝土（HPC）。

1.8.3 泵送剂的应用性能

泵送剂的应用，明显提高了混凝土拌合物的和易性。对凝结时间、泌水率、含气量等性能的影响，均与泵送剂的种类与掺量有关；对硬化混凝土来说，中等水泥用量的一般稍有降低，在增加用水量的情况下，收缩也会增大，所以要注意选择水泥品种和控制水用量。

1.9 速凝剂

速凝剂一般在喷射混凝土工程和井下、基坑喷锚支护等工程中采用，可使混凝土在较短时间（3～5min）内急速凝结、硬化，适用于工业和民用建筑。

1.9.1 速凝剂分类

（1）粉状速凝剂。以铝酸盐、碳酸盐等为主要成分的无机盐混合物。

（2）液体速凝剂。以铝酸盐、水玻璃等为主要成分，与其他无机盐复合而成的复合物。

速凝剂常见品种有：红星一型，掺量2.5%～4%（占水泥质量)，黑龙江鸡西产；711 型，掺量 2.5%～3.5%，上海硅酸盐制品厂产；782 型，掺量 6%～7%，湖南冷水江产。

1.9.2　速凝剂应用性能

（1）初凝在 3min 以内；

（2）终凝在 12min 以内；

（3）8h 后的强度不小于 0.3MPa；

（4）极限强度（28d 强度）不低于不加速凝剂的试件强度的 70%。

但是，掺速凝剂的喷射混凝土，后期强度往往偏低，与不掺者相比，后期强度损失 30%。应用喷射混凝土时，应采用新鲜的硅酸盐水泥、普通硅酸盐水泥、矿渣硅酸盐水泥，不得使用过期或受潮结块的水泥。

1.10　脱模剂

混凝土脱模剂能使拆模时混凝土与模板顺利脱离，并保持混凝土形状完好及模板无损，因此又称混凝土隔离剂。脱模剂的种类有：

（1）纯油类。各种动植物油和矿物油、废机油。

（2）乳化油类。采用乳化剂制成 O/W 及 W/O 的乳液。

（3）皂化油类。用碱与可能发生皂化的油类反应，生成水溶性皂液。

（4）其他类。石蜡、金属皂、脂肪酸、树脂等。

脱模剂通过隔离膜、润滑及化学反应等，达到脱模效果。

1.11　养护剂

混凝土养护剂又称为混凝土养生液，它喷涂于混凝土表面，形成一层致密的薄膜，使混凝土中的水分不再蒸发，从而利用混凝土中水分最大限度地完成水化作用，达到养护目的。

1.11.1　养护剂的分类

（1）水玻璃类。硅酸钠与水泥的水化产物 $Ca(OH)_2$ 反应生成致密的表面层（硅酸钙）。

（2）乳化石蜡类。将石蜡用表面活性剂乳化成水乳液，涂膜干燥后，石蜡微粒聚拢成膜。

（3）氯偏共聚乳液。用水稀释、中和，然后喷涂、干燥后聚合物形成连续薄膜。

（4）有机无机复合胶体类。如 PVAC 乳液与水玻璃配成乳液后应用，效果均比上述品种好。

1.11.2 应用

养护剂注意选择无毒、无臭及无污染的物质作养护剂。

2. 混凝土外加剂的选用原则

2.1 根据混凝土施工及性能要求选用外加剂的种类

由于外加剂的应用，混凝土施工技术的新工艺如泵送、喷射等才能实现；特殊工程需要的，如特殊防水混凝土、流态混凝土、速凝混凝土、高强混凝土等才可能出现；同时，为结构轻质高强开辟了途径，为大面积的现浇和结构大型化创造了条件。几乎各种混凝土都可以掺用外加剂，但必须根据工程需要、施工条件和施工工艺等选择合适的外加剂。对一般混凝土，主要采用普通减水剂，配早强、高强混凝土采用高效减水剂；气温高时，掺用引气性大的减水剂或缓凝减水剂；气温低时，一般不用单一引气型减水剂，多用复合早强减水剂；为了提高混凝土的和易性，一般要掺引气减水剂；湿热养护混凝土多用非引气型高效减水剂。北方低温施工的混凝土要采用防冻剂，有防水要求时需采用防水剂、抗渗剂，高层建筑、大体积结构采用泵送混凝土时应使用泵送剂等。根据不同混凝土施工及性能要求选用外加剂种类，各种外加剂有各自的特点，不宜互为代用，如将高效减水剂作普通减水剂用，普通减水剂当早强减水剂用都是不合适的，也是不经济的。

2.2 根据供应商生产技术水平与便捷性、经济性，试用外加剂品牌

商品混凝土搅拌站使用的大部分外加剂是复配制成的水剂产品，有些是外加剂生产厂直接出水剂产品，有些是较远的厂家提

供粉剂产品由搅拌站自行在站内复配。由于搅拌站自行复配受场地、设备、技术力量的限制，专业化及多品种复配往往难以实现，看起来节约成本实际上可能得不偿失。外加剂使用不当而造成的危害和经济损失远远大于其本身价值。因此，选择一家或几家生产稳定、在附近有水剂生产厂或复配站的供应商尤为重要。太远的水剂供应不经济，就近选择水剂厂具有便捷性、经济性。如上海泰标建材厂在多个大城市建立了水剂复配站，并派技术人员驻地指导，实时调配，给搅拌站提供优质服务就是很好的模式。满足规模、稳定、就近几个条件的外加剂品牌产品就可以取样（送样）试用。

2.3 根据水泥与外加剂的适应性，确定外加剂品牌

外加剂还存在与水泥相容性、适应性问题。不同品种的水泥，其矿物组成、调凝剂、混合材及细度等各不相同。若在外加剂和掺量均相同的情况下，则应用结果（减水率、坍落度、泌水离析等）会有差别。在初步选用外加剂品牌后，就要进行水泥与外加剂适应性试验。

外加剂适应性试验方法及步骤（见《混凝土外加剂应用技术规范》(GB 50119—2003))：

(1) 将玻璃板放置在水平位置，用湿布将玻璃板、截锥圆模、搅拌器及搅拌锅均匀擦过，使其表面湿而不带水滴；

(2) 将截锥圆模放在玻璃板中央，并用湿布覆盖待用；

(3) 称取水泥 600g，倒入搅拌锅内；

(4) 称取不同掺量的该种外加剂试样分别进行试验；

(5) 加入 210g 水，搅拌 4min；

(6) 将拌好的净浆迅速注入截锥圆模内，用刮刀刮平，将截锥圆模按垂直方向提起；同时开启秒表、计时，到 30s 用直尺量取流淌水泥净浆互相垂直的两个方向的最大直径，取平均值作为水泥净浆初始流动度。此水泥净浆不再倒入搅拌锅内；

(7) 已测定过流动度的水泥浆应弃去，不再装入搅拌锅中。水泥净浆停放时，应用湿布覆盖搅拌锅；

(8) 剩留在搅拌锅内的水泥净浆，至加水后 30min、60min，开启搅拌机，搅拌 4min，按第（6）条的方法分别测定相应时间的水泥净浆流动度；

(9) 试验结果分析：绘制以掺量为横坐标，流动度为纵坐标的曲线。其中饱和点（外加剂掺量与水泥净浆流动度化曲线的拐点）外加剂掺量低、流动度大，流动度损失小的外加剂对水泥的适应性好。

对于搅拌站较长期大量使用的水泥品种，若适应，则外加剂可用；若不适应，则考虑试用别的品牌外加剂。总之，与所用水泥不适应的外加剂不能用于生产。另外，还需进行正常的取样检验，质量合格的外加剂才能用于生产并跟踪质量。

3. 外加剂的调配方法及配合比设计调整

对不同的气候差异、集料差异、水质差异、掺合料差异及掺加方法等方面的变化均有可能引起对外加剂成分的调配和掺量的调整。现分述如下：

3.1 气候差异

3.1.1 冬期施工外加剂的调配

冬期施工由于在低温下施工，坍落度损失小，但强度发展会受到阻碍。要达到早强防冻，较为经济又有效的办法是：应用早强水泥，使用早强剂、早强减水剂或减水剂复合早强剂。在南方气温不太低的冬季，只需复配厂在减水剂中减少木钙和糖分含量，或者减水剂用量可适当减少。

3.1.2 夏季施工外加剂的调配

夏季施工混凝土由于原材料、搅拌、运输的温度高，水分挥发快，反应速度快，因而坍落度损失大，混凝土容易变稠、变硬。变稠不易泵送，干燥块硬使混凝土硬化初期易发生裂缝和出现混凝土每层之间结合不好等问题。因而，夏季施工混凝土必须增大流动度并延缓凝结时间，掺加缓凝剂或缓凝减水剂是极为有效的。一般可选用木钙、糖蜜、腐植酸等，必要时可用高效减水剂或采取复合措施。

3.1.3 负温下施工外加剂的调配

除使用复合防冻剂外，下列低温早强减水剂能使混凝土在温度降至0℃前就能获得必要的强度并能在以后继续硬化。

(1) 高效减水剂NF (0.25%) 和三乙醇胺 (0.03%) 复合使用。

(2) 三乙醇胺 (0.05%)、氯化钠 (1%)、亚硝酸钠 (1%) 复合剂。

(3) 减水剂 (MF0.5%或NNO 0.75%～1%) 三乙醇胺 (0.05%) 复合使用。

(4) 硫酸钠 (2%～3%) 和三乙醇胺 (0.03%) 复合使用。

以上几类低温早强剂必须结合工程实际作出现场试配，经试验验证可行后才能在工程上应用。

3.2 集料差异

(1) 碎石、卵石作为配料时，对混凝土拌合物流动度、和易性有较大的影响。碎石作骨料，虽然水泥石胶结牢固强度大，但因碎石有棱角，不易流动，掺外加剂要相应的增加掺量。卵石圆滑，掺外加剂可适当减量。

(2) 细集料为粗砂、中砂和细砂，不同的细度模数对混凝土拌合物的和易性有很大影响，也影响了外加剂的掺入量。砂子粗时流动度差，相应增加掺量；砂子细时流动度好，可相应减少外加剂掺量。

3.3 水质差异

混凝土及砂浆的拌合用水，通常使用自来水和不含有害物质且清洁的井水、河水、湖水及溪涧水（pH值不得小于4），但不得使用沼泽水、泥炭地下水、工厂废水及含矿物质较高的硬水。水中含有脂肪、植物油、糖类及游离酸等杂质时，也禁止使用。不得使用海水和其他含有盐类的水拌制混凝土。

当使用的拌合水有改变时，如原来采用自来水后来用河水，由于水质的不同，外加剂的掺量也会受一定的影响。先要经试配，测坍落度大小，看泌水离析有否发生、是否严重，再确定外加剂用量。

3.4 掺合料差异

掺粉煤灰、矿渣粉取代水泥，掺量较大，均超过了5%，40%也常见。这些矿物掺合料对外加剂的敏感度虽不如水泥，但也需要考虑与外加剂相容性、适应性的问题。

当掺早强剂的混凝土中配掺合料后，其早强效果要略低于不配掺合料的。而在应当掺入缓凝剂的混凝土中，则由于掺入了矿物掺合料可以少掺或者不掺也可取得同样效果。掺钢筋防锈剂时与混凝土的含碱量有关，掺入矿物掺合料后会降低混凝土含碱量，防锈剂应适当增加一些。速凝剂与矿物掺合料相容性也必须注意，掺合料会延长速凝剂的初凝、终凝时间。总之，在掺合料用量大（大于水泥用量20%以上）时，必须考虑与外加剂适应性，经过试验，经调整掺量或配方而达到预期效果。

3.5 掺加方法差异

在混凝土搅拌过程中，外加剂的掺加方法对外加剂的使用效果影响较大，也影响了外加剂的掺量。如减水剂掺加方法大体分为先掺法（在拌合水之前掺入）、同掺法（与拌合水同时掺入）、滞水法（在搅拌过程中减水剂滞后于水2～3min加入）、后掺法（在拌合后经过一定时间才按1次或几次加入到具有一定含量的混凝土拌合物中，再经2次或多次搅拌）。萘系高效减水剂，以后掺法为好；木钙类减水剂掺加法影响不大，以同掺法为好。根据不同的掺加法，经试拌确定外加剂的掺量。

掺外加剂时混凝土配合比设计调整：

一般来说，外加剂对混凝土配合比没有特殊要求，可按普通方法进行设计。但在减水或节约水泥的情况下，应对砂率、水泥用量、水灰比等作适当调整。

（1）砂率。砂率对混凝土的和易性影响很大。由于掺入减水剂后和易性能获得较大改善，因此砂率可适当降低。其降低幅度为1%～4%，如木钙可取下限1%～2%，引气性减水剂可取上限3%～4%。若砂率偏高，则降低幅度可增大，因为过高的砂率不仅影响混凝土强度，也给成型操作带来一定困难。具体配比均应由试配结果来确定。

（2）水泥用量。混凝土中掺用减水剂均有不同程度节约水泥的效果，使用普通减水剂可节约5%～10%，高效减水剂可节约10%～15%。用高强度等级水泥配制混凝土，掺减水剂可节约更多的水泥。

（3）水灰比。掺减水剂混凝土的水灰比应根据所掺品种的减水率确定。原来水灰比大者减水率也较水灰比小者高。在节约水泥后为保持坍落度相同，其水灰比与未省水泥时相同或者增加约0.01～0.03。

4. 商品混凝土中掺外加剂的注意事项

4.1 投料均匀

外加剂水剂贮存在池库中，所含固体颗粒有下沉的趋势，底部浓度大，上层浓度小，生产时应避免在最底层或最上层取料，或搅动后取料。试配时，将存放样品的容器桶摇匀后称取，利于试验的准确性。

4.2 计量准确

外加剂虽然掺量小，但对混凝土的性能影响巨大。如称量料斗出问题，掺量过大，不仅在经济上不合算，而且可能造成严重的质量事故。如木钙掺量大于水泥质量的0.5%，会引入过量空气而使初凝缓慢，降低混凝土早期强度，糖蜜、腐植酸类减水剂也有同样情况，甚至混凝土几天还不凝结硬化。国内由此造成的事故也不少，如某搅拌站供一工地混凝土，一层楼不硬化，打掉后，搅拌站赔款40多万元。使用时必须引起高度重视。

4.3 坍落度损失补偿措施

搅拌车到达现场后，如因路程长、压车等待等原因造成坍落度损失大，甚至泵不出去的情形，不准随意加水，可采取减水剂后掺法，进行二次流化，即掺加与原配合比相同的泵送剂（减水剂），在搅拌筒内进行 2min 的高速搅拌，搅匀后方可卸料。此法必须严格掌握，要有技术人员在场。

43 外加剂影响混凝土的因素及其处理措施

在混凝土中掺入适当的外加剂已成为施工配合比的必然，不仅能改善混凝土拌合物及其硬化过程或以后的性能，还能改善混凝土的各项物理力学性能。但是，假若外加剂选择使用不当，就会直接影响到混凝土的强度和施工过程的正常进行，从而影响混凝土结构的性能和质量。

1. 高效减水剂对水泥适应性的影响

对水灰比小的混凝土要首先考虑其流变性即和易性能。而小水灰比混凝土所具有的特性是流动性小，又受到所掺用的高性能外加剂和高性能减水剂的影响，即外加剂与水泥的相容性问题。水泥与外加剂的相容性主要影响因素是溶液中的 SO_3 含量、水泥的 C_3A 含量、熟料塑化度和细度等流动性不良，造成混凝土的坍落度损失严重，甚至出现急凝和假凝现象。熟料塑化度 $SD=SO_3/(1.29Na_2O+0.85K_2O)$。

在水泥颗粒比表面积相近时，熟料塑化比 SD 值越大则坍落度损失越小。根据上式可知，当碱含量不变时，SO_3 含量大则 SD 也大，坍落度损失小；SO_3 不变，含碱量（$1.29Na_2O+0.85K_2O$）越低，坍落度损失小即相容性则好。水泥中 SO_3 含量多少与水泥熟料中铝酸三钙（C_3A）的含量关系直接，更与配制水泥的石膏品质密切相关。混凝土的水灰比小于 0.4 时，SO_3 在水泥浆中的数量也相对少。此时如 C_3A 含量高，则在水化时与 $CaSO_4$ 争 H_2O 分子，自由水量越少，SO_3 则更加难溶出到水溶液中，这样的水泥与高效减水剂的相容性就差。早强 R 型水泥中 C_3A 的含量较高，配制的混凝土需水量则多，但坍落度相对小，同时后期强度也比较低。

2. 高效减水剂对混凝土的影响

2.1 坍落度损失的大小序列

不同品种的减水剂对坍落度损失的大小顺序是：甲基萘系>蜜胺树脂系>萘系>古玛隆树脂系>氨基磺酸盐系。

其次，影响因素还包括高效减水剂投入的先后次序、方法，水泥中 C_3A 含量、石膏的品质和数量的影响等。

此外，即使是同一种减水剂，当其中一个样品所含游离硫酸盐数量大时，该减水剂易使水泥浆变硬。新鲜拌合物坍落度的损失也快。例如，生产中浓硫酸和液碱用量都较高的萘系减水剂，尽管使混凝土流动性大，但坍落度损失也大。稠环芳烃系减水剂中硫酸钠含量通常高于萘系减水剂 10%左右，其混凝土的坍落度损失也快于萘系减水剂。

2.2 对混凝土引气量从大到小的顺序

甲基萘系>稠环芳烃系>古玛隆树脂系>蜜胺树脂系>萘系>氨基磺酸盐系。

2.3 对混凝土凝结时间影响从快到慢的顺序

蜜胺树脂系>萘系>古玛隆树脂系> 稠环芳烃系>氨基磺酸系。

3. 减水剂的掺入

3.1 高效减水剂的适宜掺量

引气型如甲基萘系，稠环芳香族的蒽系等掺量为 0.5%～1.0%水泥用量；非引气型如蜜胺树脂系、萘系减水剂掺量可在 0.3%～1.5%之间选择，最佳掺量为 0.7%～1.0%。

3.2 高效减水剂以溶液方式掺入为宜

溶液中的水分应从总用水量中扣除。高效减水剂除氨基磺酸类、接枝共聚物类以外，混凝土的坍落度损失都很大，30min 可以损失 30%～50%，使用中须加以注意。

4. 高性能减水剂对混凝土材料的影响

4.1　水泥品种的影响

水泥品种不同，高性能减水剂用量也不相同。普通水泥比矿渣水泥可以减少外加剂用量。掺量相同时，普通水泥的混凝土用水量低于矿渣水泥。

4.2　骨料的影响

一般来说，细骨料种类不同，对高性能减水剂使用影响不大，但细度有一定影响。当减水剂掺量相同时，骨料越细，减水率就越低，坍落度也小，必须增大掺量或调整混凝土配合比。细砂较河砂（中、粗砂）要多用 1～2 倍的减水剂，或减水剂不变而加大用水量 15～20kg/m^3。

4.3　配合比对掺量影响

一般强度混凝土由于水泥用量较小，稍增加减水剂掺量，减水效果就明显。掺量再加大会引起明显缓凝或混凝土黏性增大而成型困难。高强混凝土由于水泥用量大，减水剂掺量低会无法保持坍落度，因而经时损失大，混凝土和易性差。

4.4　混凝土入模温度的影响

要根据混凝土入模时处于温度范围来确定是使用标准型高性能减水剂还是缓凝型的。温度偏低时易于产生缓凝现象，应综合考虑掺合料数量，配合比条件而确定掺量。成型温度高时，坍落度经时变化大，甚至会发生速凝，因此使用缓凝型或适当加大掺量有利于混凝土成型质量。

4.5　对泌水量的影响

高性能减水剂品种不同则泌水量也不同。高性能减水剂的减水率高，混凝土用水量低因而泌水量少。泌水量按下列顺序减小：空白混凝土＞引气减水剂＞萘磺酸盐甲醛缩合物＞聚羧酸系丙烯酸—聚乙烯酸共聚物。而泌水时间长短顺序则与上述相反。当然，增加细骨料和掺合料细粉也是减水泌水的有效方法。

4.6 对凝结时间的影响

高性能减水剂使混凝土凝结时间略有延长，且掺量增加，缓凝时间也稍有延长。

5. 普通减水剂、缓凝剂和缓凝减水剂的影响

5.1 根据使用温度选择缓凝剂

由于羟基羧酸盐及其盐在高温时对 C_3S（硅酸三钙）的抑制程度明显减弱，因而高温时缓凝效果降低，必须加大掺量，而醇、酯类缓凝剂对 C_3S 的抑制程度受温度变化影响小，掺量一经确定即可不随温度而变化。气温降低，羟基羧酸盐及糖类、无机盐类缓凝剂时间都将显著增长，缓凝减水剂和缓凝剂不宜用于+5℃以下环境施工，不宜用于蒸养混凝土。

5.2 根据对缓凝时间的要求，选择缓凝剂

缓凝减水剂中，木质素磺酸盐类都有引气性，但是缓凝程度较轻，在一定程度上超掺不致引起后期强度低的缺陷，而糖钙减水剂不引气，缓凝程度重，超掺即会引起后期强度增长缓慢。不同的磷酸盐，其缓凝程度也有十分显著差别。需要超缓凝时，更多地选用焦磷酸钠，而不是磷酸钠。

5.3 严格按设计剂量使用，按品种使用

在混凝土中掺用缓凝剂和缓凝减水剂时，一定要准确剂量，超量 1～2 倍左右使用，会使浇筑的混凝土长时间达不到终凝。若含气量增加很多，甚至会严重降低强度，造成工程事故。若只是极度缓凝而含气量增加不多，可在终凝后不拆模，并使混凝土保持潮湿养护足够长时间，强度也有可能得到保证。

5.4 掺入缓凝剂的时间

缓凝剂和缓凝减水剂最好在混凝土已经开始加水搅拌 1min 后再掺，效果将明显增大。例如，木钙粉在干料加水拌合后 1min 掺，初终凝在原混凝土基础上再延长 2h；在加水拌合 2min 掺，则延长 2.5～3h，产生事半功倍的效果。

5.5 注意水泥适应性试验

缓凝减水剂和多元醇类缓凝剂有时会引起混凝土急凝（假凝）现象，因此要注意进行水泥适应性试验，合格后方可使用。若试验结果使水泥假凝，可以试用先加水拌合混凝土料，稍后（1.5～2min 后）再加入缓凝减水剂的措施，往往可以避免假凝的发生。

44 正确选择混凝土防冻剂用量的方法

现在，低温下混凝土防冻剂的掺量一般是依照使用时的环境温度和按外加剂生产厂提供的产品参考用量配制混凝土，虽然掺用简单方便，但对确定混凝土防冻剂掺量是不够准确的，因为掺用时并未考虑混凝土的设计强度、水泥品种等因素对防冻剂掺量的影响。如对设计强度等级较高的混凝土，因水泥用量多必然会产生高的水化热，能在短时间内使混凝土达到临界强度，应该减少防冻剂的用量才合理。因混凝土防冻剂的使用参考用量并未考虑混凝土强度对防冻剂掺量的影响，反而多用了防冻剂，这种掺用不但造成浪费，有时还会造成混凝土凝结时间的延长，容易使混凝土中的钢筋出现锈蚀和碱集料反应，而且对混凝土由负温度转入常温养护强度的增长是十分不利的。现行的混凝土外加剂应用技术规程要求，混凝土防冻剂的掺量及品种应根据其施工温度通过试验确定用量。工程实际中试验确定防冻剂用量的时间太长，不能及时指导现场施工，还会增加试验工作量。对此，采用一种可行的简便方法来确定混凝土防冻剂的掺量是十分必须的。

1. 确定混凝土防冻剂掺量的根据

如何能简便快捷的确定混凝土防冻剂的用量，这对指导刚进入冬期施工的混凝土正确施工是一个必须解决的实际问题。为此，首先应从理论上加以探讨。最早混凝土防冻的机理是用冰点来解释，即水溶液的冰点降低与其电解质浓度成正比，如早期的防冻剂主要采用氯盐等电解质物质，但该理论不能适用−15℃以下的低温施工。若按冰点理论计算，则要加入太多的食盐才能使混凝土能抵抗冻力。其次是以水灰比为基础的液灰比理论，认为混凝土的抗冻能力与溶液和用灰量比有关系。对应的使用防冻剂的计算公式为：

$$\alpha = C_t \cdot (W/C) \cdot (1-I) \cdot D_t \tag{1}$$

式中　α——防冻剂掺量，水泥重量的%；

C_t——温度 t 时防冻剂溶液浓度，重量的%；

D_t——原始水溶液密度，g/cm^3；

I——生成的冰量，重量的%；

W/C——混凝土的水灰比。

由上述公式可以看出，公式中的许多参数不容易确定，对使用造成一些困难。也需要较多的防冻剂掺量才能在理论上能确保混凝土具有足够的防冻和抗冻能力，这是与现实不相符合的。目前被工程界所能接受的是临界强度这一理论，在混凝土结构工程施工和验收规范中注明，冬期负温条件下浇筑的混凝土在受冻前，其强度不得低于：硅酸盐水泥或普通硅酸盐水泥拌制的混凝土为设计混凝土强度标准的40%、矿渣硅酸盐水泥拌制的混凝土为设计混凝土强度标准的50%。掺用防冻剂的混凝土当温度降至防冻剂的规定温度以下时，其强度不应小于3.5～5.0MPa。即在浇筑后的混凝土在上冻前达到某一个强度值时（即临界强度），就具有一定的抗冻能力，此后的低温不会再对混凝土造成永久性的损害。在气温恢复正温后，强度还会继续增长，达到或超过常温下浇筑的混凝土强度。

临界强度的混凝土受冻理论是比较认可的，但不能反映混凝土硬化初期抗冻的本质，容易使人误认为混凝土达到该强度值就会抵抗水变成冰相体膨胀所产生的破坏应力，事实上并不是这样的情况。在冬期，有水的无缝钢管也会被冻胀裂开，更何况强度很低的混凝土。混凝土之所以具备一定的抗冻能力要用抗冻临界强度结构理论来解释。临界强度理论认为，水泥水化到一定程度时，混凝土中所含的水一部分用于水泥水化用，而余下的一部分水称作自由水，存在混凝土粗的空隙中。自由（游离）水在低温下的结冰阻止了水泥水化，产生的相变体积膨胀使混凝土结构遭到永久性破坏。另一部分水存在于混凝土细的毛细管（$D \leqslant 500\text{Å}$）内和水泥水化产物中，称为细毛细管水和凝胶水。由表面物理化学可知，即使是这种状态的纯水在环境温度低于－30℃时也不会结冰，更何况是加入了防冻剂的溶液了。由于低温时毛细管中的水和凝胶水依然是以液态形式存在，故水泥水化过程可以继续进行，只是强度增长缓慢而已。在负温条件下混凝土强度仍然能不断增长，这一点已被大量的试验和工程实践所证实。

为什么混凝土细毛细管中的水和凝胶水即使在低温时也不结冰呢？可以从微观结构上加以说明。水结冰的本质是水分子从无序的液态转变为有序的固态-冰的过程，防止水→冰的相变有两种途径：①掺入杂质，如加入各种无机盐像食盐或加入有机物像酒精等物质，干扰水分子排列降低冰点；②使水分子准有序地排列，但远不是冰的结构。水泥的各种水化产物均具有亲水性和巨大的比表面积，而水分子是极性分子，可以被准有序地吸附在细毛细管内壁和各种水化产物内部，随着温度降低吸附的量增大，即准有序的范围加大。如果混凝土中的水大部分都以这种形式存在，就形成了所谓的抗冻临界结构。

为使混凝土具有早期抗冻能力，就应尽快形成抗冻临界结构。从上述分析可知，防冻剂应由这样一些组分所组成：①降低冰点的组分；②具有减水功能的组分，对细化毛细管孔径有利；③促进水泥水化的早强组分；④具有高比表面积的可激发水泥水化的活性混合材，如：硅灰、硅藻土、水泥品种等有利于形成耐冻的微孔结构，这一点可为研制新型混凝土早强防冻剂提供一个新的技术路线。所以说，抗冻临界结构的形成不但取决于混凝土防冻剂的掺量和品种，还取决于水泥的性质、混凝土的水灰比、环境温度、养护条件、减水剂的性质和用量、混凝土混合材，混凝土构件的体积、形状、使用的模板等许多因素。

2. 确定混凝土防冻剂掺量的计算公式

由于混凝土防冻剂掺量是水泥的品种、水泥的用量、水灰比、环境温度、养护条件、减水剂的性质和用量、混凝土构件的体积、比表面积、形状、使用的模板等诸多因素的函数。用数学形式可表示为：

混凝土的防冻剂掺量＝f(数学符号)（水泥的品种、水灰比、环境温度、养护条件、减水剂的性质和用量、混凝土构件的表面系数等）

其中与混凝土防冻剂掺量成正比的因素有：水灰比、环境的负温度值、混凝土构件的表面系数等。

与混凝土防冻剂掺量成反比的因素有：水泥用量、减水剂的减水率等。

考虑到有些因素容易用数字描述，如水灰比、环境温度，而另一些因素如养护条件等不容易用数字描述，而且施工单位技术人员难以掌握。经一定的假设，进一步简化整理，提出了计算混凝土防冻剂掺量的公式为：

$$\alpha=\beta \cdot K \cdot T \cdot (W/C) \tag{2}$$

式中 α——防冻剂掺量，水泥重量的％；

T——环境的负温度值，℃；

W/C——水灰比；

K——防冻剂掺量系数，该值随防冻剂性质不同而不同，应由试验确定；

β——与水泥的品种有关，采用硅酸盐水泥或普通硅酸盐水泥时为 1，采用矿渣硅酸盐水泥时为一个大于 1 的数，具体值由试验确定。

虽然公式（2）十分简单，但是否可行呢？有人研究证明了混凝土中的防冻剂水溶液结冰量（I）达到 40％～50％对混凝土长期强度不会产生不良影响。若按 I＝50％，由公式（1）计算在混凝土中指定的负温条件下防冻剂掺量公式为：

$$\alpha=0.5\cdot C_t\cdot(W/C)\cdot d_t \tag{3}$$

用公式（3）计算将防冻剂亚硝酸钠和碳酸钾的掺量与混凝土养护温度和水灰比的关系列入表44-1。

从表44-1中不难看出，不同防冻剂的防冻剂掺量系数只与环境温度有关，与混凝土的水灰比基本无关，这样给我们提供了一个方便，只要给出不同养护温度时的防冻剂掺量系数，试验技术人员或施工技术人员可以根据实际的水灰比和采用的水泥品种，大致估算防冻剂的掺量。

防冻剂掺量与养护温度　　表44-1

水灰比	防冻剂品种	防冻剂掺量占水泥重量(%) 混凝土环境温度(℃)				防冻剂掺量系数 混凝土环境温度(℃)			
		−5	−10	−15	−18	−5	−10	−15	−18
0.4	$NaNO_2$	2.25	4.35	5.75	6.56	1.125	1.08	0.95	0.91
	K_2CO_3	3.0	5.35	6.9	—	1.5	1.33	1.10	—
0.45	$NaNO_2$	2.55	4.9	7.46	7.4	1.13	1.08	1.10	0.91
	K_2CO_3	3.3	6.05	7.8	—	1.46	1.34	1.15	—
0.5	$NaNO_2$	2.83	5.43	7.19	8.2	1.13	1.08	0.95	0.91
	K_2CO_3	3.65	6.7	8.65	—	1.46	1.34	1.15	—
0.55	$NaNO_2$	3.1	5.95	7.9	9.03	1.127	1.08	0.95	0.91
	K_2CO_3	4.05	7.4	8.52	—	1.47	1.34	1.03	—
0.60	$NaNO_2$	3.4	6.5	8.6	9.85	1.13	1.08	0.95	0.91
	K_2CO_3	4.4	8.06	10.0	—	1.46	1.34	1.11	—
0.65	$NaNO_2$	3.67	7.03	9.35	—	1.129	1.08	0.95	—
	K_2CO_3	4.8	8.74	11.2	—	1.47	1.34	1.15	—

注：本表部分摘自（混凝土外加剂的原理与应用，P403）。

3. 确定混凝土防冻剂掺量的试验和实践

结合长春某工程的具体情况，在试验的基础上，验证上述混凝土防冻剂掺量计算公式是否可行。

试验所用的原材料情况如下：

河砂：细度模数 M_x＝2.75，含泥量2.2%。

碎石：最大粒径 d_{max}＝31.5mm，含泥量0.11%。

水泥：吉林松江散装 42.5 级普通硅酸盐水泥，其细度为 5.6%，28d 抗压强度为 56.2MPa。

混凝土防冻剂：ZK 系列，掺量见表 44-2。

ZK 系列混凝土防冻剂的掺量　　表 44-2

使用温度℃	型号	掺量(按水泥%)
−10℃	ZK-1	6.5
−20℃	ZK-2	9.0

高效减水剂：HZ-1 型，减水剂（液体）的减水率为 17%。

对混凝土配合比的要求是泵送 C30 及泵送 C40，环境平均温度为−10℃，其基准配合比如表 44-3 所示。

泵送混凝土的基准配合比（kg/m^3）　　表 44-3

强度等级	水泥	水	砂	碎石	减水剂
C40	530	209	689	988	10
C30	420	210	711	1067	8

试验过程为：

① 按照常温普通混凝土进行初步配合比计算。

② 依据公式（2）估算防冻剂用量。首先确定防冻剂掺量系数 K，考虑普通防冻剂试验多是按 C20 混凝土强度等级设计水灰比是 0.56，−10℃时该防冻剂掺量系数 $K=6.5\div(0.56\times10)=1.16$，所以 C30 混凝土防冻剂用量 $=1.16\times10\times0.5=5.8$，C40 混凝土防冻剂用量 $=1.16\times10\times0.39=4.5$。

③ 按选定的混凝土配合比进行试拌，测定混凝土坍落度、表观密度及温度，制成试件分别在不同养护条件下养护后测试它们的强度，其结果如表 44-4 所示。

不同掺量防冻剂的混凝土的强度值　　表 44-4

掺量(%)	强度等级(MPa)	R_{-7}	$R_{-7.28}$	R_{28}
4	C30	7.2	26	35.6
	C40	10.9	38.4	48.2
5	C30	11.2	29.6	38.4
	C40	11.5	37.5	48.5

注：养护条件为−15℃，其中防冻剂掺量 5%的 C30 及 C40 的 R_{-7} 相近是因为 C30 试件晚放入冰箱 5h 所致。

从表44-4可知：C40混凝土掺4.5%ZK—1型防冻剂，可保证混凝土在天气转暖后恢复其强度增长。但考虑工程中有许多不利因素，如工程的许多部位很难围护而直接暴露在寒风之中，如楼梯、柱头等处，为更稳妥起见，决定在仅覆盖一层塑料薄膜的情况下掺入ZK—1防冻剂5%，比厂家说明书少加1.5%的防冻剂，控制混凝土浇筑温度大于5℃，实测平均值8℃。在整个冬期施工中共完成4000多m^3混凝土的浇筑任务，最低温度为−17℃，节省了防冻剂33t，节约资金5万多元，而且同条件养护的混凝土试件全部合格。天气转暖后拆模检查，冬期施工的混凝土没有发现任何部位有受冻的迹象，达到了预期目的。

4 结论与建议

（1）混凝土防冻剂的掺量不仅应与施工时的温度有关，还取决于混凝土的水灰比、水泥品种等许多因素。

（2）本文提出的计算混凝土防冻剂掺量公式是方便可行的，以后应进一步试验以确定矿渣水泥对防冻剂掺量的影响，即确定系数β的数值。

（3）建议混凝土防冻剂生产厂家，应根据本厂防冻剂的性质，在防冻剂使用手册中提供不同温度下的混凝土防冻剂掺量系数，便于指导冬期施工。

45 外加剂与水泥的适应性对混凝土性能的影响

外加剂的应用促进了混凝土技术的发展，发达国家掺外加剂的混凝土占混凝土总量的80%以上，国内仅占40%左右。外加剂的使用程度标志着一个国家的技术水平，尤其是高效外加剂与高性能混凝土已成为本世纪混凝土的高新技术。现行的水泥标准同国际标准接近，外加剂同水泥的适应性及对混凝土性能的影响出现过一些具体问题。因此，了解外加剂与水泥的适应性，外加剂对混凝土性能的影响，正确地使用外加剂，处理好外加剂与水泥及混凝土的关系，充分发挥其在混凝土工程中的积极作用。

1. 外加剂与水泥的适应性

外加剂与水泥的适应性涉及水泥化学、高分子材料学、表面物理化学和电化学等方面的知识，是一个较复杂的但必须了解掌握的基本问题。水泥是组成混凝土的最基本也是最重要的胶结材料。为执行水泥新标准的技术指标，水泥厂采取了一系列技术措施，主要是提高水泥的早期强度、细度（增大表比面积）、C_3A的含量、混合料的质量等，使水泥产品达到新的质量标准，这样同外加剂的适应性却出现了不相容的问题。外加剂生产厂尽管调整外加剂与水泥的兼容性，但从工程的施工实践来看问题仍然不少，如同品种同掺量的外加剂，对不同品种的水泥效果差异很大；甚至同品种水泥不同期掺加效果也有差异。使用同一批外加剂的水泥浆流动性也大小不匀，其混凝土的坍落度损失时大时小，有时泌水有时又不泌水，凝结时间的差异也很大，个别还会出现促凝等，这些现象就是外加剂与水泥的适应性不相容问题。

1.1 外加剂与水泥的不相容性

两者的不相容性主要表现在减水效果低或增加流动的效果较差、凝结速度太快或缓凝、坍落度损失过快、降低混凝土的强度等。这许多不适应的现象是与混凝土外加剂的品种、作用机理、原材料的选择与工艺、胶凝材料的成分、细度、水泥细料配合产生的差异有关，同时因环境气温、掺加方式、外加剂用量、搅拌时间也会产生一定影响。

1.2 外加剂品种与性能的影响

外加剂产品中特别是化学合成的高性能减水剂，其性能对水泥净浆流动性的影响，如萘系高效减水剂的性能涉及磺化程度与磺化产物、缩合工艺程度、分子量大小、平衡离子、分子结构等多种因素。水泥等无机矿物颗粒由于不同电荷的静电互相作用，水泥颗粒表面的化学作用，导致粒子形成聚集结构，束缚一部分水不能用于滑润水泥颗粒，也不能立即用作水化使用。掺加高效减水剂及其他外加剂后，产生吸附作用和电荷斥力，使水泥颗粒分散，絮集结构解体，释放束缚水并阻止粒子的表面相互作用，使水泥浆体的流动性增大，其大小与技术性能及掺量有关。

聚羧酸盐（PC）及氨基磺酸盐（AS）、羰基磺酸盐类（SAF）、萘系（NS）的流动性大，而木质素磺硫酸盐类（LS）的流动性小，效果较差。NS能使水泥颗粒形成双电层的静电斥力分散，AS能使水泥颗粒表面的外加剂层互相作用的空间斥力而分散，SAF与PC是静电斥力和空间斥力的作用而分散，因而效果更好。

1.3 水泥矿物组分与化学成分的影响

水泥胶结料的矿物质成分和化学成分对外加剂吸附量的多少，对于流动性及强度增长有很大的影响。外加剂吸附量越少的水泥浆体，流动度值越大。C_3A、C_4AF 混水后，ζ电位呈正值，较多地吸附外加剂。C_3S、C_2S 混水后 ζ 电位呈负值，吸附量较少。在水泥矿物中 C_3A 需水量大，水化快，放热大，吸附外加剂量最大，后面依次为 C_4AF、C_3S、C_2S。水泥新标准实行后，水泥厂为提高强度而增加 C_3A 与 C_4AF，其含量越高，适应效果越差。且 C_3A 含量对相容性的影响远比 C_4AF 大，这是由于高效减水剂优先吸附于 C_3A 或其初期水化物的表面，C_3A 的水化速度比 C_3AF 快 。水泥中 C_3A、C_4AF 含量低对外加剂适应好，混凝土体积稳定性好，开裂趋势减少。

1.4 水泥细度与颗粒形貌的影响

为满足水泥新标准的强度要求，提高水泥细度是最有效的办法。但水泥过细，表面积的增加，需水量大，更加降低了液相中残留外加剂浓度，增加了液体黏度，塑化效果变差，混凝土坍落度损失更快；水泥过细水化速度快，水化热高，容易产生裂缝。

1.5 掺合料的影响

根据国家标准，允许在水泥中掺入一定量的掺合料，常用掺合料有水淬高炉矿渣、粉煤灰、沸石粉、火山灰、煤矸石、窑皮等。由于掺合料的性能不同，也会影响外加剂对水泥的适应性，火山灰、煤碱石、窑皮最差。

1.6 调凝剂的影响

调凝剂（石膏）的形态、细度、用量、研磨温度等均有影响。

水泥常用调凝剂为石膏（硫酸钙），石膏又分为二水石膏、半水石膏、硬石膏。根据有关标准，三种石膏都可作水泥调凝剂使用，而其中硬石膏溶解性能较差，一些外加剂如糖钙、木钙等与硬石膏同用，不但不能促进石膏溶解，反而会降低硬石膏的溶解度，使水泥因缺少调凝成分而产生速凝等异常凝结。就是半水石膏，也由于 $CaSO_4 \cdot 1/2H_2O \longrightarrow CaSO_4 \cdot 2H_2O$ 的结晶，水泥与水拌合后，反应就十分迅速，而且消耗大量水，不同水泥与高效减水剂相容性上的差别，这也是其中一个重要原因。

石膏研磨细度不够，会影响石膏的溶解性，即使运用二水石膏也会产生速凝等现象。

在 C_3A 含量偏高的水泥中，调凝剂仍按常规用量（3%～5%），无论选用何种石膏，凝结时间都会提前，这主要是水泥中 C_3A 水化快，C_3A 含量增加，少量石膏不能满足它生成胶状钙矾石，从而影响了石膏的调凝效果。尽管水泥和外加剂都合格，但影响水泥与外加剂的适应性，使混凝土工作性变差，坍落度损失加大。

水泥厂为了缩短熟料冷却时间，经常将温度较高的熟料与石膏同磨，二水石膏在150℃高温下会脱水成为半水石膏，温度再高至160℃以上，半水石膏还会成为溶解性较差的硬石膏，影响水泥的适应效果，使混凝土流动性变差，甚至出现假凝。

1.7 碱含量的影响

水泥中的碱主要来源于所用原材料，特别是石灰和黏土。含碱量越低，相容性越好，高含碱量则会加速水泥的早期水化速率，导致需水量增大并且加快工作度损失，塑性效果变差。

1.8 新鲜水泥存放时间与温度的影响

陈国忠等通过试验认为：新鲜水泥在生产后12d内对外加剂

吸附量较大，大部分 15d 后趋于正常。由于新鲜水泥干燥度高，而且温度相当高（达 80～90℃），早期水化快、水化时发热量大，所以需水量大，而且对外加剂的吸附量也大。同等掺量时，流动度变小，必然会产生对混凝土的需水量大、坍落度损失快、凝结时间短等许多怪现象。这完全是因为水泥存放时间的不同，导致混凝土的性能技术指标出现较大差异。如能注意到这些问题，有了这方面的认识和经验，出现此类现象也就不足为怪了。

在外加剂已供施工现场的情况下，可通过调整增加掺量来解决新鲜水泥与外加剂不兼容的问题，其调整幅度视水泥新鲜的程度和对外加剂的适应性而定。

2. 混凝土外加剂对混凝土性能的影响

2.1 混凝土是当代最大宗的人造材料

混凝土是现代主要建筑材料，它对人类社会的进步和发展做出了极为重要的贡献。混凝土在中国发展之迅速、生产数量之大、品种之多、应用范围之广当属世界之最。但现代混凝土施工技术的发展离不开外加剂，特别是高效减水剂在高强与高性能混凝土技术的发展中起主导作用。

2.2 混凝土外加剂的发展促进混凝土技术的发展

根据混凝土设计与施工的要求，研究、开发了混凝土外加剂，外加剂技术的发展又促进了混凝土施工技术的发展。使混凝土技术从塑性混凝土向干硬性混凝土⟶流态化混凝土⟶高性能混凝土方向发展。

正在研发中的聚羟酸类，像高效 AE 减水剂以及与超塑化剂精细配制的复合高效外加剂等新型高效减水剂可称为外加剂的第三代产品。它克服了第二代外加剂存在着坍落度经时损失大的缺点并兼顾耐久性的指标，将混凝土的高强、高施工性能、高耐久性三者结合起来。另外，它们还需进一步提高在低水灰比下的减水率，满足有的混凝土工程不仅提出高性能，而且要求能满足高功能化的要求。新型第三代高效减水剂具有 20%以上高减水率，在 60～90min 的输送时间内具有能保持坍落度及所需稳定的含气量，能使用现场的成套设备或用商品混凝土设备制造出各项指标符合要求的高性能混凝土。用它也可制造出单位用水量少，流动性高，穿透钢筋网片性能良好，能不振捣、自充填、不分离的高性能不振捣混凝土，并在使用中进一步改良与发展。

2.3 选择与水泥相适应，能满足设计与施工要求的相应外加剂

不同生产工艺、种类或配方与掺量的外加剂对水泥适应性有差别，应通过试验确定，选用质量稳定、适应性好的外加剂；同时根据不同设计与施工要求，选择相应的各类外加剂，如高效减水剂或缓凝高效减水剂、泵送剂、防水剂等；根据设计与施工要求，结合现场实际使用材料，进行试配，确定合理施工配合比与外加剂适宜掺量。

2.4 大剂量高效减水剂对新拌混凝土稳定性的影响

随着高强混凝土和泵送工艺日益广泛的应用，原来掺量不仅减水率达不到要求，而且由于水灰比减小、浇筑时工作度要求增大，新拌混凝土的工作度损失加剧，不能满足较长距离运输的施工要求，因此高效减水剂的掺量逐渐增大。研究与应用的实践表明：大掺量高效减水剂使混凝土在水胶比很低的条件下，仍能具有较大的流动性，可以成型密实，生产强度与耐久性良好的高强和高性能混凝土。另一方面，在大掺量高效减水剂条件下，新拌混凝土的工作度损失率看来也减小了，其机理是：新拌混凝土中水泥的硫酸钙含量与形态，影响液相中 SO_4^{2-} 的浓度，是其流变行为的控制因素之一。低水胶比混凝土由于溶解硫酸盐产生 SO_4^{2-} 的水分少，而需要控制的 C_3A 量又多，相对而言，有较多的 C_3A 就地水化。因为缺少硫酸根离子，高效减水剂分子上的磺酸根基因就会与 C_3A 结合，使液相里的高效减水剂量下降，逐渐失去对水泥的分散作用，加速其工作度的损失。增大高效减水剂的掺量，使液相里的 SO_4^{2-} 量增加，故工作度损失率减小。

但是，每一种高效减水剂-水泥之间的搭配，都有一相应的饱和浓度。对于大多数高效减水剂-水泥的体系，其饱和浓度约

为0.8%～1.2%。在配制高强与高性能混凝土时，高效减水剂的掺量通常要接近或等于其饱和掺量，但需要特别注意控制高效减水剂的适宜剂量，需要与其外加剂和矿物掺合料使用，才能获得预期的效果。对于不同的高效减水剂品种，产生这种现象的敏感性不一样，有时掺量在增减0.1%～0.2%范围内变动，就会从减水率还不够理想跃变为稳定性不佳的另一极端，这种情况给混凝土配制和施工质量控制都带来不便，或者说更高的要求。

2.5 其他因素对混凝土性能的影响

要配制品质优良新拌混凝土与获得良好的硬化混凝土，必须注意满足对原材料选择，合理的配合比以及施工要求。

2.5.1 水泥的矿物组分和化学成分以及物理技术指标

选择满足设计与施工技术要求的水泥品种。如配制高性能混凝土用的水泥，最好使用C_3A含量低、C_2S含量高的水泥，混凝土流动性大，坍落度与扩展度的经时变化也少。如果使用的水泥$C_3A<3\%$，$C_4AF<7\%$，C_3S在40%～50%，C_2S在50%～40%，这样的水泥制作高性能混凝土效果会较好。

2.5.2 保证砂、石质量，原材料用量准确

砂的含泥量与细度模数必须符合要求，碎石的含泥量及针片状不超标，最好选用连续级配或单粒级石子，粒径适中；原材料质量保证，用量准确。

2.5.3 通过设计与试配，确定合理的配合比，必要时需进行适当调整

施工配合比虽然是设计问题，但它是影响混凝土性能的关键因素，如泵送混凝土适当提高砂率可提高混凝土可泵送性，但砂率过高也会影响混凝土的保塑性能，增加混凝土坍落度的经时损失率。降低水灰比可以提高混凝土强度，而在较低水灰比条件下配制掺外加剂混凝土应有一最低用水量，这不但是保证混凝土有一定工作性，更重要的是保证水泥在水化时，石膏有足够的溶解用水。石膏在缺水时会大大影响溶解度，影响外加剂对水泥适应性。

高效减水剂掺量过多时，水泥浆的流动度大，浆体稀薄，不足以维持与集料的黏聚，往往会引起混凝土离析、泌水，此时可以适量增加用砂量，增加胶凝材料用量或适量减少高效减水剂用量或用水量，产生离析的混凝土拌合物有害于工程质量。

2.5.4 注意水泥的出厂及进货时间

砂、石、水泥及外界的温度对水泥与外加剂适应性都有着不同程度的影响。特别是刚出厂的水泥温度有时高达 80～90℃，在高温情况下，需水量与外加剂吸附量增大，坍落度减少，坍落度损失加快。适当增加外加剂的掺量，增加混凝土中外加剂残留率也有比较明显的效果。

2.5.5 掺入部分活性掺合料

试验证明具有一定活性的水硬性材料或自硬性材料，如硅灰、磨细矿渣粉、粉煤灰等，在满足一定的技术要求条件下与外加剂同掺，不但节约水泥，改善混凝土工作性，提高混凝土强度，还能改善外加剂对水泥的适应性。

2.5.6 保证施工质量

保证制模质量、防止漏浆与支架变型、钢筋变位；施工中混凝土要振捣密实，防止漏振或振捣过度；及时利用原浆收光面层，在初凝前再进行二次压实收面，可减少塑性裂缝；混凝土浇注后表面泛白或 8h 内及时浇水养护或喷养护剂，最好加薄膜密封养护或覆盖湿麻袋养护，养护日期不少于 14d，以免因施工质量不佳而引起与外加剂无关的异常现象。

46 影响加气混凝土施工稳定性的因素和防控措施

加气混凝土是以石灰、水泥为钙质材料，以粉煤灰、石英砂等硅质材料，经磨细按确定比例混合加入发气剂、外加剂与水搅拌成混合体，利用其反应产生气体使拌合料膨胀，经过硬化后形成多孔结构，在蒸压养护下形成人工石。这是一种节能、质轻、保温的新型墙体材料。这种新的墙体加气混凝土在浇筑发气硬化过程中，铝粉在化学反应中能产生大量气泡，形成充满混凝土结构内部空间均匀的气孔，它是浇筑稳定性的主要因素。而浇筑稳定性主要在于料中铝粉发气过程中的适应程度。当铝粉发气完成、气泡均匀较好的存在于稠化的料体中，拌合料逐渐硬化产生多孔结构的坯体，铝粉发气速度与混合浆体稠化速度相适应，这种状态时的浇筑稳定性好；反之，则浇筑稳定性差。浇筑稳定性是加气混凝土对配合比和生产工艺最重要的参数，这在加气混凝土的形成过程中至关重要的，对产品性能和生产效率有较大影响。

1. 影响施工稳定性的因素

1.1 铝粉对浇筑稳定性的影响

铝粉（膏）的发气量和发气速度、发气时间及初始发气时间都会影响混合料的发气速度，尤其是施工的稳定性。质量合格的铝粉，在混合料全部浇筑完成前一般不发气，在浇筑完成后，混合体在无任何强度的情况下则产生大量的气体，促使拌合料体积膨胀，随着混合浆体强度的逐渐提高，发气量慢慢减少。当拌合浆体硬化时，铝粉的发气则结束。然而，要使浆体发气速度能与铝粉（膏）的发气速度相适应，浇筑时的拌合浆料温度控制是一个重要因素。

铝粉颗粒细度对浇筑稳定性也有一定的影响。铝粉材料颗粒过细：铝粉颗粒盖水面积大于6000cm^2/g，则粒径过细。这种铝粉在运输车上就开始发气，混合浆入模后在模具内高度增长，每分钟30～40mm，几分钟则满模，使混合浆料的凝结速度赶不上铝粉发气速度，浆料黏塑性差、强度低，难以支承上部浆体的自重而产生塌陷；铝粉颗粒过粗：铝粉颗粒径盖水面积小于4000cm^2/g，则粒径过粗。使用粒径过粗的铝粉，在拌合料浇筑入模后发气缓慢，造成拌合料已凝结而铝粉仍在发气，大量气泡上涌，冲破已硬化的坯体表面，产生大量气泡而使坯体沉陷、收缩，坯体因此而高度不足。

1.2 石灰对浇筑稳定性的影响

石灰材料的消解速度对浇筑时温度、拌合料稠化、坯体温度和硬化都有明显的影响。快速溶石灰：采用消解时间在7min以内的石灰，混合料浆凝结速度快、温度高，常出现大量雨点状气泡，严重时会塌模，但坯体后期的温度下降很快，坯体易产生收缩下沉；慢溶性石灰：采用消解时间在28min以上的慢溶性石灰，易出现早期塌模，且硬化速度慢，坯体静停的时间要长。

1.3 石膏对浇筑稳定性的影响

石膏能延缓铝粉的发气速度，抑制石灰的消解时间和延长拌合料的凝结时间。特别是采用快速石灰和慢溶性石灰用于加气混凝土，石膏的掺量是否适当，是影响铝粉发气和凝结的重要因素。见表46-1。

石膏掺量对料浆稠化时间的影响　　表46-1

品种	编号	石膏掺量(%)	料浆温度(℃)	稠化时间(min)
粉煤灰	D-1	0	53	9
	D-2	1	58	11
	D-3	1.5	64	12.5
	D-4	2	68	14
	D-5	3	70	14
	D-6	5	65	15

1.4 粉煤灰细度对浇筑稳定性的影响

粉煤灰越细，其比表面积越大，活性越高，水化反应越充分。但粉煤灰细度并非越细越好，一般选择在0.08筛余量15%左右即可。粉煤灰内含碳量越低则浇筑稳定性能好。含碳量高的粉煤灰若浇筑稳定性差，是由于末燃尽碳是多孔的惰性物质，在实际使用中需增加用水量，使其具有流动性能，增加可施工性。同时在浇筑入模后不易凝结硬化，易塌模，制品强度较低。

1.5 水料比对浇筑稳定性的影响

各施工单位浇筑的配合比是各种材料的相适应性一致的。施工浇筑稳定性的关键是控制其之间的量比例，如用水过多，拌合料流动性大，早期塌模；用水量过小，难以流动，稠化快，易发不满模，坯体出现憋气，易产生水平裂缝，其影响见表46-2。

水料比对浇注稳定性的影响 表46-2

品种	编号	水料比	石灰温度（℃）	料浆温度（℃）	稠化时间（min）	浇筑状况
粉煤灰	B-1	0.59	60～63	42	14	稠化稍快
	B-2	0.60	63～66	45	16	稠化尚好
	B-3	0.62	66～69	47	18	稠化良好
	B-4	0.63	69～72	49	20	稠化稍慢

1.6 搅拌对浇筑稳定性的影响

搅拌机械拌合的均匀程度对黏聚性有重要作用，因此拌合必须要用强力搅拌，时间要适当。若过长，拌合料粘结性大，流动性小；时间过短，黏聚性小，流动性大，稠化慢，易塌模，石灰溶解不充分，有白点。

2. 浇筑稳定性的调整措施

2.1 铝粉发气速度的调控

在一定的混合浆体温度下，铝粉的发气速度与其细度有关，铝粉过细或过粗都会影响发气速度，要采用细度盖水面积在4000～6000cm^2/g之间为宜。

2.2 石灰的调控

石灰的A·CaO含量和溶解速度、温度对浇筑的稳定性起有重要的作用。一般来说，加气混凝土用的石灰要求有效氧化钙含量A·CaO≥65%，消解最高温度在70～82℃，消解时间在12～20min为宜，磨细度0.080筛余量小于15%。采用快速石灰时浇筑温度可控制在40～42℃，中速石灰可控制在40～44℃，慢速石灰可控制在44～46℃。但是浇筑温度也不完全控制在此范围内，也要随着季节气温的变化和石灰的消解温度变化因素而随时进行调节。采用快速石灰时，可适当缩短搅拌时间，以利浇筑稳定；采用慢速石灰时，可适当延长搅拌时间，以利于增加料浆黏塑性，使铝膏发气速度与料浆稠化时间相适应。在实际生产浇筑时，胶凝混合料搅拌时如果料浆太稠，可适量加水调节稠度；如料浆太稀，则可增加搅拌时间使料浆黏度增大，或可适当减小水料比。使用快速石灰料浆稠化快，控制不好易产生大量冒泡、塌模，且料浆温度偏高，但坯体后期温度下降快，并出现坯体收缩下沉。建议可适当延长石灰的储存时间，或可减少石灰用量，适当增加水泥掺配量；也可增大水料比、降低浇筑温度，使用颗粒较细的铝膏；必要时可加入“三乙醇胺”，也可在石灰磨细时加入适量的废加气混凝土渣混磨。使用慢速石灰时稠化慢，控制不好易早期塌模，可适当增加石灰用量、提高浇筑温度、减小水料比、延长搅拌时间，或者使用水覆盖面积较小的铝膏。

生石灰是加气混凝土的主要钙质材料，其主要作用是提供A·CaO，使之在水热反应过程中与氧化硅、氧化铝反应，从而使制品获得强度。

2.3 水料比的调节和控制

水料比的大小根据各厂生产工艺参数来决定，控制水料比主要一点即配制适宜的料浆相对密度，而料浆相对密度则又根据不同成品容重级别来配制。对粉煤灰净浆相对密度控制在1.38～1.40之间。浇筑料浆坍落度的大小反应了水料比的大小，水料比大则坍落度大，水料比小则坍落度小。由于石灰的性质不同，同样的水料比的料浆坍落度也不尽相同，稠化稍快的石灰坍落度小，稠化慢的石灰坍落度大。一般对粉煤灰加气混凝土的坍落度可控制在23～25cm之间。快速石灰可取高值，慢速石灰可取低值。产生塌模时宜取低值，坯体出现揭顶、水平裂缝时宜取高值。采用中速石灰的粉煤灰加气混凝土水料比可控制在0.59～0.63之间。

2.4 石膏的调节和控制

石膏质量的好坏取决于其 SO_3 和 CaO 的含量，一般要求石膏中 $SO_3 \geqslant 22\%$，质量好的石膏 $CaSO_4 \geqslant 96\%$。石膏的掺配比例根据其质量的好坏及石灰质量的好坏进行调节。一般的石膏掺配比例在3%～5%之间。石膏质量好掺配比例少些，差时掺配比例多些，但石膏掺配量过多会使坯体发气明显变慢，且初期稠化快，而后期硬化慢。石膏在粉煤灰加气坯体静停过程中主要生成水化硅酸钙、水化铝酸钙和水化硫铝酸钙等物质，使坯体强度提高。

2.5 水泥的调节和控制

通过多次试验证明，水泥在加气混凝土中主要起到调节浇筑稳定性的作用和对坯体硬化过程中起促进作用，而对制品强度只有辅助作用，但如果在总胶结料不变的情况下，增加水泥用量可提高制品抗碳化能力，减少收缩值。水泥适宜的掺量可控制在5%~10%。石灰质量好时，水泥掺量少些；石灰质量差时，水泥掺量多些。但如果水泥掺量过多而石灰掺量少时，则坯体后期温度低，静停时间长，易出现坯体中间硬、四边软状况；反之，稠化快、热膨胀值大、冒泡严重、收缩下沉。

影响浇筑稳定性的因素是多方面的，但主要的是控制好适宜的水料比、配合比和原材料质量，尤其是石灰的质量，对以石灰为钙质材料的加气混凝土，提高石灰的质量是保证浇筑稳定性的主要因素。当然各厂生产使用的原材料不同，各生产厂家依据实际生产情况及生产过程中出现的问题去分析、探讨，针对问题找出原因，提高产品质量、降低生产成本，提高产品在建材市场上的竞争能力。

47 混凝土早强剂的应用及质量品种的发展

现在国内较常用的混凝土早强剂产品主要是氯盐系、碳酸盐系、硫酸盐系、有机物系、矿物类及复合早强剂等。氯盐系早强剂对钢筋有较强的腐蚀作用，因此，氯化物系早强剂不能用作钢筋混凝土工程的早强剂。硫酸盐系早强剂也由于钠、钾系早强剂本身存在难以克服的问题，应用受到极大的限制。对于现在使用的其他一些类型的早强剂，也存在着这样或那样的缺陷或不足，如早强效果差、后期强度受影响、材料来源缺乏或生产成本高，生产及使用受到一定影响。为了能满足混凝土早期强度的需要，要求从事混凝土外加剂开发研制的生产厂家，生产出不含氯离子、钠离子、钾等有损混凝土耐久性强度且早强效果好的混凝土早强剂，满足混凝土施工建设快速发展的需求。

1. 传统外加剂质量的缺陷

1.1 氯盐系早强剂

氯盐系早强剂成分主要是氯化钠、氯化钙、氯化钾、氯化铝等。能产生早强的机理主要是氯化物与水泥中的 C_3A 的作用，生成不能溶于水的水化氯铝酸盐，能加速水泥中 C_3A 的水化。氯化物与水泥水化所形成的氢氧化钙生成不易溶于水的氯酸钙，降低液相中氢氧化钙的浓度，加速 C_3S 的水化速度，并且生成的复盐增加了水泥浆中固相的体积，形成内部的骨架体系，有利于水泥石结构的形成。同时由于氯化物多为易溶性盐类，具有盐的效应，可促进硅酸盐水泥熟料矿物的溶解速度，加快水化反应进程，从而加速混凝土拌合料的硬化速率，提高混凝土的早期强度。

单从早强效果而言，氯化物系是效果最佳的早强剂用料，也是建筑工程中应用最早的早强剂。但由于氯离子浓度增大，使混凝土中的钢筋与氯离子之间形成较大的电极电位，这就容易使钢筋产生锈蚀，许多混凝土结构体的破坏证明了这个事实，因而氯盐系早强剂实践表明不应用于钢筋混凝土结构工程中。因此，该类早强剂的应用有很大的局限性，凡是有钢筋的混凝土结构体不允许使用，现行混凝土施工及验收规范已明确规定并限制了使用范围，对保证混凝土结构的耐久性是极为有效的。

1.2 硫酸盐系早强剂

硫酸盐系早强剂主要是以硫酸钠、硫酸钙、硫酸铝及硫酸钾等材料。应用最多的是硫酸钠早强剂，其是硫酸盐化工厂生产的芒硝矿下游产品。国内在 20 世纪 70 年代初即研制开发并广泛应用。

硫酸钠早强剂在较低环境温度条件下和早期强度发展较缓慢的水泥的使用效果是明显的，且后期的强度有较大幅度的提高。不仅在常温及低温环境下能加快强度的增长，就是在蒸汽养护条件下也可提高混凝土的强度。硫酸钠的早强机理主要是以下的原因：

(1) 硫酸钠是一种强电解质，能增加水泥液相的离子强度，对扩散双电层能产生压缩作用。从而使 F 电位绝对值下降，加快水泥的凝结和硬化进程。

(2) 在水泥水化进程中，硫酸钠与游离氢氧化钙作用时生成石膏和氢氧化钠：

$$Na_2SO_4 + Ca(OH)_2 + 2H_2O \longrightarrow CaSO_4 \cdot 2H_2O + 2NaOH$$

碱的生成提高了液相的 pH 值，产生塑化效果，增加水泥浆的塑性强度。同时，新生成的细粒二水石膏比水泥粉磨时加入的石膏对水泥水化速度快的多，促使较多的水化硫铝酸钙的生成：

$$CaSO_4 \cdot 2H_2O + C_3A + H_2O \longrightarrow 3CaO \cdot Al_2O_3 \cdot CaSO_4 \cdot H_2O$$

从而更加促进了早期强度的增长。

(3) 硫酸钠与水泥水化所析出的氢氧化钙反应及水泥中的 C_3A 与 SO_4^{2-} 和氢氧化钙生成钙矾石的水化反应，加速消耗了 C_3S 水化释放的氢氧化钙，使水化进一步加快速度。

但随着水泥标准的进一步修订及提高，国内的水泥生产逐渐与国际接轨，有些大型水泥生产厂采用窑外分解法新烧成技术，烧制的水泥熟料强度有很大的提高，同时水泥中混合料的掺入比例也相应减少，已出现硫酸钠早强剂对此类水泥不起早强的作用。据认为，这主要是由于硫酸钠的早强效应在激发活性混合料的活性、加速火山灰反应方面更加强烈，而对纯熟料硅酸盐水泥激发、活化和早强效果则较低。发达国家由于更多的使用纯熟料硫酸盐水泥，所以硫酸钠在这些国家未作为早强剂使用，只有前苏联水泥生产体系与我国相似，因此也使用硫酸钠作为混凝土早强剂。

由于硫酸钠早强剂同新标准水泥使用早强效果较低外，硫酸钠早强剂中的钠、钾离子本身的缺陷是在近些年混凝土工程界谈论较多的问题。其中之一是由于K^+、Na^+不与水泥水化产物化合，且其盐类均与水易溶解，因而较多残留在混凝土的液相中，这是造成混凝土表面析白的主要原因。盐（碱）的析出使混凝土表面形成白色污染。这对现在的清水混凝土表面是极为有害的，更为严重的是钠盐在混凝土表层结晶发生膨胀，会造成混凝土表面开裂以至脱落，对结构造成一定的危害。因此，对结构表面不装饰的工程要限制钠、钾系早强剂用于混凝土。

另一个谈论较多的问题是关于碱-集料反应。碱-集料反应发生的基本条件是有碱的存在，而混凝土中碱的来源有两个途径：一是水泥中所含的K_2O及Na_2O；另一个为外加剂含量中K^+、Na^+带入混凝土中。由此分析可见，钠、钾早强剂中存在着导致碱-集料反应的有害物质。在很大程度上限制了此类早强剂的大量使用。

1.3 有机系列早强剂

有机系列早强剂产品主要是三乙醇胺、三异丙醇胺、甲醇、乙醇等，其最常用的是三乙醇胺。三乙醇胺对水泥水化作用影响的真正作用机理还不是很清楚。多数认为三乙醇胺的早强作用是由于能促进C_3A的水化，在$C_3A—CaSO_4—H_2O$的体系中，它能加快钙矾石的生成，因而对混凝土的早期强度发展是有利的。三乙醇胺分子中因有N原子，它有一对未共用电子，很容易与金属离子形成共价键而产生络合，与金属离子形成较稳定的络合物。这些络合物在溶液中形成了许多可溶区，从而提高了水化产物的扩散速度。由于络合物的形成，在水化初期必然会破坏熟料粒子表面形成的C_3A水化物及其他生成物，如硫铝酸钙等。而使C_3A、C_4AF溶解速度提高，与石膏的反应也会加快，迅速生成硫铝酸钙，并且使钙矾石与单硫酸型硫铝酸钙之间的转化加快。随着硫铝酸钙生成量的增加，必然会降低液相中Ca^{2+}、Al^{3+}的浓度，进一步促进C_3S的水化速率。但在许多的工程应用实际中，人们感觉到三乙醇胺早强剂的早强效果不是很理想，由于掺量很少，难以准确掌握，如控制不好，掺量加大反而会使混凝土缓凝，强度受到严重影响。

2. 早强剂产品的开发

2.1 产品的现状问题

由于常用的传统型混凝土早强剂存在着这样或那样的种种不足，混凝土科技研究工作者在致力于开发新型的早强剂产品。从目前看其研制方向及思路着重在以下几方面。

2.1.1 钙盐的早强作用开发

钙盐能降低 $C_3S—H_2O$ 系统的 pH 值，从而加速 C_3S 的水化，尽而加快水泥的水化和凝结。具有这一作用效果且不含有氯离子、钠、钾离子的钙盐有硝酸钙、甲酸钙、溴化钙等。其中甲酸钙是替代氯化钙的最佳材料。目前在国外的早强剂中即含有甲酸钙的成分。但由于甲酸钙价格偏高，目前难以被施工企业所接受。硝酸钙对硅酸盐水泥也有较好的早强作用，但对掺有混合料的硅酸盐水泥早强作用弱，也会随着研究试验的更加深化，钙盐将是新型早强剂发展的较好品种。

2.1.2 对有机和无机复合型早强作用的探讨

现在已有一些以有机物和硫酸盐或氯盐复合型的早强剂产品，尽管其早强及其他性能可改善混凝土的性能，早强效果也有一些提高，但仍然没有改变传统早强剂对混凝土不利影响的另一面。有机物系列早强剂本身不存在对混凝土损害性的缺陷，作为早强剂应用到混凝土中主要作用是如何提高所期望的早强效果。现在许多科技人员及工程应用者认为早强剂的研究方向，可以沿着有机物和无机物复合型的组成方向发展，只是无机物的选择有待进一步开发与提高。此外，现在已有另一种固体醇胺有机早强剂开发并得到应用，与无机早强剂的复合更加容易，能获得更理想的早强效果。

2.1.3 有早强功能的高价阳离子性能及作用的研发

水泥的水化产物中其多数为 C—S—H 凝胶体，它是由 C_3S

及 C_2S 水化而产生的。由于高价阳离子对 C—S—H 胶体粒子的扩散双电层有压缩作用，可以加速 C—S—H 胶体粒子的凝聚，因而可降低其在液相中的浓度，加速 C_3S 及 C_2S 的水化反应，并尽而加速水泥及混凝土的凝结进程。例如，Al^{3+} 就是一种具有上述作用效果的高价阳离子。也就是 Al^{3+} 能加速 C_3S 及 C_2S 的水化反应，促进了水泥及混凝土的凝结进程。类似的高价阳离子还有一些，一旦加工成复合型早强剂产品，将会使早强剂开发有着很好前景。

2.1.4 晶胚物质用于早强剂

结晶过程是能量降低的过程，从理论上讲这一过程是自然发生的。但事实上晶体从液相中析出时，需突破一能量阻碍。这一能量阻碍使得晶体析出有时很难自然进行，这也是过饱和溶液的存在原因。在过饱和溶液中加入微量的同种晶体，即可使溶液迅速地析出晶体。如在水泥水化过程中加入晶体胚物质，即可降低水化产物析出的能量阻碍，从而加速析出的速度。析出速度的加快可导致液相中水化产物的浓度降低，因而水化加快速度，促使混凝土的硬化加快。晶胚物质的作用也被混凝土科技人员重视和深入研究。从试验资料上表明，在混凝土中掺入 2%的磨细水泥石，可以使混凝土的早期强度增加 10%～15%，后期强度也不受影响。需要注意的是，在混凝土中掺入的晶胚，如果是和拌制混凝土所用的同种水泥水化的产物，其效果将会更好。

2.2 开发前景展望

以上浅述可以看出，氯盐及钠、钾系混凝土早强剂的本身缺陷使研制开发无氯离子和钠、钾早强剂是亟待解决的迫切问题，虽然国内外很多混凝土科技工作者已重视到氯盐早强剂对混凝土存在较严重的质量后果，在近年来已着手研发新型早强剂产品，而无氯离子和钠、钾系列早强剂的适应性较强，作用效果明显，且成本也不高，需要该种产品早日批量生产并应用于工程中。因此，无氯离子和钠、钾系混凝土早强剂的研发，前景是极其广阔的，大量混凝土工程是需要此类产品的。

48 膨胀剂在集中搅拌混凝土中的正确使用

在混凝土中掺入一定比例的膨胀剂，可以有效地控制混凝土裂缝的产生，是现在超长结构无缝设计采取的具体技术措施之一。它具有施工方便、缩短工期、加快进度、经济效益明显的优势，已逐渐被设计和施工企业所认可。现在使用的膨胀剂多以混凝土在水泥硬化过程中生成具有膨胀性的钙矾石（$3CaO \cdot Al_2O_3 \cdot 3CaSO_4 \cdot 2H_2O$）为膨胀源，对混凝土的收缩起到有效的补偿作用，而且可以使混凝土的密实性得到提高，抗渗、抗冻性能有明显的改善。现在一些商品混凝土搅拌站按照用户需要生产的防水抗渗混凝土中，均采用掺入膨胀剂的混凝土，其工程中应用的效果大多较好。但也出现使用混凝土膨胀剂后对结构的防裂效果不明显，甚至导致混凝土后期强度降低、耐久性下降等问题。这是由于目前建筑市场膨胀剂品种多，质量、用量、价格相差较大，因此，如何正确使用混凝土膨胀剂，是商品混凝土搅拌站必须重视的大问题。

1. 膨胀剂的品种

目前常用的混凝土膨胀剂品种有：明矾石膨胀剂、铝酸钙膨胀剂、复合膨胀剂、U 型膨胀剂等，其中明矾石膨胀剂 EA-L 产品的掺量较多、效能低、碱含量较高，对于重要工程有碱骨料反应要求的混凝土或对碱含量有严格要求的混凝土应慎重使用。复合膨胀剂 CEA 属于氧化钙-硫酸钙类膨胀剂，以 $Ca(OH)_2$ 和钙矾石作为膨胀源，掺量为 10%～12%，碱含量为 0.4%～0.8%，属于中碱性；铝酸钙膨胀剂 AEA，以钙矾石作为膨胀源，掺量为 10%～12%，碱含量为 0.4%～0.8%，属于中碱中掺；U 型膨胀剂 UEA，在混凝土中应用最广泛，其膨胀源也是钙矾石，其制作工艺采用回转窑生产的高铝膨胀熟料。经过 20 多年的研制、应用、总结开发 UEA 膨胀剂已生产到第 4 代产品，发展到现在的低碱低掺量。

2. 混凝土膨胀剂的应用

混凝土膨胀剂的正确应用主要表现为补偿收缩结构的自防水，超长结构不留伸缩缝，以及大体积混凝土的裂缝控制等方面。

2.1 补偿收缩自防水混凝土

在拌制混凝土中掺入适量的UEA膨胀剂，利用膨胀剂在水泥硬化过程中生成的大量具有膨胀性的钙矾石，对混凝土的收缩起到很好的补偿作用。不但明显减少混凝土的收缩，而且由于混凝土自身的膨胀作用使处于限制下的混凝土密实度得到提高，可显著改善混凝土的抗渗漏能力。补偿收缩混凝土结构的自防水技术多用于工厂的水池、循环水装置、多高层建筑地下室、地下车库、水工建筑物、防水底板的钢筋混凝土工程、后浇带及施工缝的施工。

2.2 无缝或少缝应用

UEA膨胀剂加强带取消后浇带（沉降缝除外），可使超长结构变为无缝的建筑设计，该方法的原理是在结构收缩应力最大的部位产生一定的膨胀应力。据介绍，在一些超长结构工程中得到了无缝设计和施工，其效果是较好的。在这种无缝技术应用之前，考虑到混凝土的收缩变形，施工规范中规定每30～40m设置一条后浇带，42d以后再用膨胀混凝土浇补平齐。这种留置后浇带的措施麻烦、费工费时、延长工期、后期补浇混凝土清理困难，给地下防水混凝土中留下了渗漏的隐患。

2.3 大体积混凝土结构处理

大体积钢筋混凝土除了要满足强度、刚度、整体性等要求外，还存在由于失水和温度变化引起的混凝土干燥收缩开裂问题。特别是由温度变化引起的冷缩比干缩更容易引起的开裂。大体积混凝土内部的最高温度是同浇筑入模温度、水泥水化热引起的升温和混凝土的散热速度所决定。其中高温是主要取决于水泥的水化热，水化热的高低取决于水泥的水化速度，所以在大体积钢筋混凝土施工中普遍采取“三掺”技术，即 UEA 膨胀剂、高效缓凝减水剂、粉煤灰矿渣等，以此来控制混凝土的升温及高温裂缝。“三掺”技术在降低水泥水化热的同时，利用 UEA 膨胀剂产生的前期膨胀性以补偿混凝土的冷缩，后期（28～60d）的微膨胀效应以补偿混凝土的干缩，工程实际表明能有效地控制大体积钢筋混凝土的裂缝问题。

3. 膨胀剂在混凝土中的应用

3.1 UEA 膨胀剂掺量的确定

实际应用表明，UEA 膨胀剂在混凝土中的掺量并不是固定不变的，而是根据建筑结构的长度、宽度、体量大小及需要来确定的。在通常情况下，加强带中 UEA-H 的掺量可达水泥用量的 8%～12%，而以加强带为轴线的两边的用量应逐渐减少。由中国建材科研院研制的 UEA-H 型膨胀剂的掺量为 8%时配制的补偿收缩混凝土，经实测限制膨胀率为 0.031%、掺量为 12%时限制膨胀率为 0.643%，在大量工程应用中防裂的效果比较理想。

3.2 膨胀剂混凝土配合比设计

需要掺膨胀剂的混凝土配合比设计同普通混凝土配合比的设计是相同的，但有 3 点是值得引起重视的。

（1）可以把膨胀剂视为另一种混凝土掺合料，占混凝土的微量体积；

（2）每使用一个品种、一个厂家的膨胀剂产品必须经试验室做出检测鉴定，确定其掺量、强度、抗渗、抗冻的需要指标。质量好的膨胀剂可内掺，膨胀剂的单位用量应分别取代水泥和外掺合料。但质量不明显的膨胀剂最好别取代胶结料，属于外掺，可作为细骨料用，不影响混凝土的强度性能；

（3）膨胀剂与其他外加剂复合使用时，必须做适应性的试验，这个试验一定要做，防止出现不相容的不良后果。

3.3 膨胀剂混凝土的质量检测

掺用UEA膨胀剂的混凝土应该进行检测，检测项目包括：抗压强度、限制膨胀率和控制干缩率，有抗冻、抗渗要求的要做冻融和抗渗试验。掺UEA膨胀剂的混凝土质量检测与普通混凝土的主要不同是增加了一项混凝土的限制膨胀率，这是确保膨胀剂混凝土防裂抗渗性能的一项重要技术指标。

3.4 膨胀混凝土的养护

膨胀混凝土的早期养护十分重要，养护不及时或早期失水都会影响其膨胀性能的正常发挥。在浇筑振捣表面抹压中随抹随即用塑料布覆盖，混凝土初凝后要采用蓄水养护，保湿时间不少于14d；对剪力墙、柱等竖向面积大、不能蓄水养护的结构，浇筑后拆模时间要延长至3d以上，拆模后设水管喷淋养护，时间不少于14d；冬期浇筑的混凝土振抹后立即覆盖保温材料，保养时间不少于14d。

4. 影响膨胀混凝土质量的原因及预防措施

4.1 集中搅拌混凝土影响质量的原因及预防

对进入搅拌站的膨胀剂必须有出厂合格证、检测报告，其中最重要的一项是膨胀剂的碱含量值。需要时还必须抽样送检，由专门试验室检测分析；投料时严格计量，按配合比数量配料，计量误差控制在1%以内；投料的顺序要正确，搅拌时间不能少于90s，要充分搅拌均匀；在施工大体积膨胀混凝土时，应控制混凝土的入模温度，尽量使混凝土内部温度低于50℃，施工单位要做好内部的降温和外部的保温，做到两个低于25℃（即内外温差小于25℃、表面同大气温度小于25℃）。这是由于水泥水化早期生成的钙矾石在温度达70℃以上时可能会出现分解，并在外部温度降低后，在硬化过程再次生成，这种在已硬化的水泥石中延迟生成的钙矾石具有体积膨胀性，使混凝土结构内部存在严重隐患。

4.2 施工工艺过程影响质量的原因及预防

混凝土施工过程中必须按工艺过程控制浇筑膨胀混凝土，膨胀混凝土的入模厚度要控制，大体积混凝土的分层厚度要小于400mm；振捣必须分层进行，不漏振、欠振和过振；在初凝前进行二次振捣，在终凝之前要进行二次抹压，防止沉缩裂缝；掺膨胀剂的混凝土特别要加强养护，膨胀结晶钙矾石形成过程需要水，补偿收缩混凝土浇后1～7d内部是膨胀变形的重要阶段，就应特别加强补充水，7～14d仍需要浇水，才能发挥膨胀剂的膨胀效应；膨胀混凝土的拆模不能过早，因浇筑成型后的3～4d内部水化热升温很高，而抗拉强度却很低。如果过早拆模，墙表面水分又得不到补充，很容易干燥收缩开裂，因此，墙体混凝土的拆模时间最好在5d以上。

膨胀混凝土的补偿防裂作用经过工程的实际应用已得到了认同，尤其是泵送混凝土容易出现裂缝能进行有效的预防和控制，掺膨胀剂的措施不失为一种极好的办法。但是如何正确使用混凝土膨胀剂是商品搅拌站值得重视的大问题，对膨胀剂的作用机理要深入认识，执行《混凝土外加剂应用技术规范》（GB 50119—2003）中关于膨胀剂使用的具体规定，依此进行混凝土的生产和供应。

49 活性混合料对高性能混凝土抗氯离子的影响

钢筋混凝土作为目前土木工程中最为重要的结构材料，其耐久性受到普遍重视，而其中钢筋腐蚀又被认为是混凝土结构破坏和耐久性不足的首要因素。引起钢筋锈蚀的原因很多，其中由于环境中的Cl^-不断地向混凝土内部扩散，引起钢筋电化学锈蚀是主要原因，也即“盐害”。Cl^-的来源包括沿海环境、工业污染以及近年来常使用的化雪盐等。据日本1982年对沿海地区920座桥的调查，有196座桥发生盐害。在美国、加拿大的寒冷地区，为防止路面结冰，过量使用氯化钙，仅20世纪 80 年代就有 20 万处桥梁、停车场遭受盐害，损失达 200 亿美元。

针对某大型预应力混凝土桥梁所需的高性能混凝土，通过添加高活性的Ⅰ级粉煤灰和矿渣微粉，在改善其工作性的同时，重点研究了活性混合材对高性能混凝土抗 Cl^- 性能的影响。

1. 原材料及混凝土的基本性能

工程现场确定的水泥为 42.5 级 P·O（R），其物理力学性能和总碱含量结果列于表 49-1 中。

粉煤灰采用Ⅰ级灰，其性能的检验结果列于表 49-2 中。

本实验采用 S95 级粒化高炉矿渣微粉（简称矿渣微粉），检

水泥物理、力学与化学性能　　**表 49-1**

序号	测试内容		42.5P·O 标准指标	测试结果	备注
1	标准稠度需水量(%)		—	26.6	检测依据： GB 175—1999 GB 17671—1999 GB 1345—1991 GB 1346—1989 GB 176—1996
2	凝结时间	初凝	≥45min	2h42min	
		终凝	≤10h	4h29min	
3	安定性(雷氏值)		≤5mm	0.8	
4	细度(%)(80μm 筛余)		≤10.0	2.52	
5	抗折强度(MPa)	3d	≥3.5	6.9	
		28d	≥6.5	9.9	
6	抗压强度(MPa)	3d	≥16.0	30.1	
		28d	≥42.5	45.1	
7	总碱含量(%)		—	0.87	

粉煤灰物理性能　　**表 49-2**

序号	测试内容	Ⅰ级灰标准指标(max)	测试结果	备注
1	细度(%)(0.045mm 方孔筛余)	12	8.3	检测依据： GB 1596—91 GB 176—1996
2	需水量比(%)	95	91	
3	烧失量(%)	5	0.48	
4	含水量(%)	1	0.06	
5	SO_3(%)	3	0.93	
6	总碱含量(%)	—	1.24	

验结果列于表 49-3 中。

矿渣微粉碱含量与物理性能指标　表 49-3

序号	检测内容		S95 标准指标	测试结果	备注
1	密度(g/cm^3)		≥2.8	2.90	依据：GB/T 18046—2000 GB/T 208—1994 GB/T 2419—1994 GB/T 8074—1987 GB/T 17671—1999 标准进行测试评定
2	总碱含量(%)		—	0.74	
3	三氧化硫(%)		≤4.0	1.78	
4	含水量(%)		≤1.0	0.40	
5	比表面积(m^2/kg)		≥350	439	
6	流动度比(%)		≥90	97	
7	活性指数(%)	7d	≥75	81	
		28d	≥95	104	

通过试配确定了添加不同掺量的粉煤灰、矿渣微粉和单掺、双掺的混凝土的基本配合比（表 49-4）。

高性能混凝土配合比　表 49-4

组号	混凝土配合比(kg/m^3)							W/B
	水泥	粉煤灰	矿渣微粉	砂	碎石	水	减水剂	
F0	500	—	—	697	1025	156	12.5	0.31
F12	432	58	—	650	1106	152	12.3	0.31
F18	430	94	—	638	1081	154	13.1	0.30
SL25	390	—	130	694	1088	154	13.0	0.30
F12SL15	390	62	78	663	1081	151	13.1	0.30

表 49-5 和表 49-6 分别为本文所配制高性能混凝土的工作性和力学性能。从中可以看出，各组混凝土均具有大流动性、低泌水率、早强、高强和高模量的性能特点，满足大型预应力桥梁对混凝土的性能要求。

高性能混凝土新拌混凝土性能　表 49-5

组别	ρ_{∞}(kg/m^3)	坍落度 T(mm)	泌水率(%)	含气量(%)	碱含量(%)
F0	2430	150	0	1.5	4.48
F12	2410	180	0	1.5	4.79
F24	2400	150	0	1.0	5.08
SL25	2420	150	0	1.0	4.32
F12SL15	2400	155	0	1.5	4.69

高性能混凝土力学性能　　表 49-6

组别	抗压强度(MPa)			棱柱体抗压强度(MPa)	抗压弹性模量(GPa)
	3d	7d	28d		
F0	45.3	59.8	68.6	61.6	48.0
F12	38.4	52.4	64.4	60.9	46.6
F24	35.7	49.4	64.7	57.5	43.3
SL25	43.8	61.0	73.0	65.5	48.0
F12SL15	33.9	49.8	66.1	59.2	41.9

2. Cl^- 对钢筋的腐蚀机理

Cl^- 对混凝土内部钢筋的腐蚀作用是多方面的，包括：

(1) 破坏钝化膜：水泥水化的高碱性，使钢筋表面产生一层致密的钝化膜，对钢筋有很强的保护能力。然而当 pH＜11.5 时，钝化膜就开始不稳定（临界值）；当 pH＜9.88 时钝化膜生成困难或已经生成的钝化膜逐渐破坏。Cl^- 进入混凝土中并到达钢筋表面，当它吸附于局部钝化膜处时，可使该处的 pH 值迅速降低到 4 以下，于是该处的钝化膜就被破坏了。

(2) 形成“腐蚀电池”：Cl^- 对钢筋表面钝化膜的破坏首先发生在局部，使这些部位露出了铁基体，与尚完好的钝化膜区域之间构成电位差，铁基体作为阳极而受腐蚀，大面积的钝化膜区作为阴极。腐蚀电池作用的结果，钢筋表面产生点蚀（坑蚀），由于大阴极（钝化膜区）对应于小阳极（钝化膜破坏点），坑蚀发展十分迅速，这就是 Cl^- 对钢筋表面产生“坑蚀”为主的原因所在。

(3) Cl^- 的去极化作用：Cl^- 与 Fe^{2+} 相遇会生成 $FeCl_2$，从而加速阳极过程，通常把此过程，称作阳极去极化作用；而 $FeCl_2$ 是可溶的，在向混凝土内扩散时遇到 OH^-，立即生成 $Fe(OH)_2$ 沉淀，又进一步氧化成铁的氧化物（通常的铁锈），而释放出的 Cl^- 可继续参与阳极去极化作用，从而周而复始地起破坏作用，这正是氯盐危害的特点之一。

(4) Cl^- 的导电作用：电化学腐蚀的要素之一是要有电子通

路。混凝土中 Cl^- 的存在，强化了离子通路，降低了阴、阳极之间的欧姆电阻，提高了腐蚀电池的效率，从而加速了电化学腐蚀过程。

目前，降低 Cl^- 对混凝土内部钢筋腐蚀作用的途径主要包括：

（1）降低环境中的 Cl^- 浓度，如限制使用化雪盐和含 Cl^- 的早强剂，以及在混凝土表面采用有机涂层等；

（2）提高混凝土的密实度、降低 Cl^- 的扩散速度；

（3）提高 Cl^- 腐蚀的临界值。

3. 高性能混凝土抗 Cl^- 渗透能力

在测试了不同混合材掺量下，混凝土中 Cl^- 的扩散速度，从表 49-7 中可以看出，在混凝土中掺入一定量的活性掺合料，混凝土的导电性下降、电阻明显增加，这有利于延缓钢筋混凝土内部的电化学腐蚀，而 Cl^- 的渗透系数也下降了 30%～40%，使在相同保护层厚度的前提下，钢筋表面的 Cl^- 聚集速度降低、Cl^- 浓度下降，从而起到延缓腐蚀的作用。并且随着粉煤灰掺量的增加，混凝土的导电性和 Cl^- 渗透系数都明显呈下降趋势，并且双掺也表现出非常好的效果，这进一步预示着添加活性混合材是提高混凝土抗 Cl^- 能力的有效途径。

高性能混凝土抗 Cl^- 渗透快速试验　　表 49-7

组号	电阻(Ω)	电导(10^{-4}s)	Cl^- 渗透系数($10^{-8}cm^2/s$)
F0	941	10.83	2.55
F10	1014	9.86	2.37
F12	1117	8.95	2.15
F18	1340	7.46	1.79
SL25	1443	6.93	1.66
F12SL15	1580	6.33	1.52

表 49-8 为掺不同剂量混合材的混凝土试件，经标养 28d 后置于 3.5%的 NaCl 溶液中浸泡（70h），再烘干（24h），如此循环 15

次，测其强度损失率和混凝土中不同部位中水溶性氯离子含量的试验结果。从中可以看出，没有掺加混合材的混凝土由于 Cl^- 腐蚀，其强度下降是较为明显的。而粉煤灰的加入可以有效地抑制 Cl^- 的腐蚀，使混凝土试件在 Cl^- 环境中仍保持着较高的强度（单掺 25％的矿渣微粉的试验结果较特殊）；同时，Cl^- 的扩散速度也明显降低，钢筋表面的聚集的 Cl^- 浓度降低了 30％～50％。

高性能混凝土在氯盐溶液中加速腐蚀试验结果　表 49-8

组别	抗压强度(MPa)		强度损失率(%)	Cl^- 含量(%)		
	腐蚀试件	同龄期对比试件		A	B	C
F0	60.8	70.1	13.3	0.90	0.47	0.29
F18	66.7	69.8	4.2	0.52	0.27	0.19
SL25	63.7	74.6	14.6	0.75	0.32	0.23
F12SL15	70.6	73.9	3.6	0.57	0.26	0.16

注：砂浆位置距原表面 A：0～6mm，B：10～16mm，C：20～26mm（靠钢筋）。

4. 简要小结

（1）在混凝土中添加高活性的混合材可以有效地提高抗 Cl^- 的能力，使基体的电阻增加、Cl^- 的扩散速度下降，从而有效延缓外界环境中 Cl^- 在钢筋表面聚集而引起的钢筋锈蚀。

（2）在一定范围内，混凝土的抗 Cl^- 渗透的能力和在 Cl^- 环境中的强度保持能力都随粉煤灰掺量的增加而增加，同时粉煤灰和矿渣微粉的双掺表现出最佳的效果。

四、建筑设计与施工中必须重视的细部问题

1 建筑设计和施工中需解决和重视的几个问题

随着建筑业的快速发展，对结构的工程质量、施工安全和建设工期要求越来越高，因此必须加大依靠科技创新，不断改进，以适应科技进步的需要，在现阶段的建筑设计和施工中的几个问题，要引起重视。

1. 高层建筑的围护结构

目前，多层及高层建筑的钢筋混凝土框架-剪力墙结构的填充墙，几乎都采用了各种材料制作的加气混凝土砌块作填充墙，如果外饰面干挂石材，还要做钢结构骨架及保温层，这种做法工序复杂，影响施工进度，垂直运输要专门设置。

解决办法：采用预制装配墙板结构、保温装饰为配套的单元墙体拼装工艺。为降低造价，可以用钢骨架或钢筋混凝土骨架在现场预制。利用地下室或低层内预制外墙板，与结构同步施工，这样不但可以加快施工进度，又充分利用了场地，减少了湿作业。科学发展单元拼装工艺的外墙板、外装饰，如能与石材、铝材、玻璃等饰面材料配合设计，成为一个单元，单独装饰效果更好。

2. 建筑节能技术应用

现在框架结构剪力墙的构造在填充墙体外，一般都把保温层直接粘贴在墙外侧，然后在保温层上做饰面，这种外墙外保温的

构造虽然比较简单，但容易产生空鼓开裂。其主要原因是保温材料与聚酯水泥砂浆的粘结质量难以保证，抹灰层分格不当也有影响，但总体使用上还是可以采用的。这种构造措施的耐久性如何，还需要考察经受环境时间的检验。另一种外墙外保温做法也常被采用，设有钢筋网片的保温聚苯板，复合在外侧钢筋上与混凝土同时浇筑，但因浇筑时上、下侧压力不同，下部聚苯板受钢筋混凝土自重侧压力较大，回弹量也大，所以只能在抹灰时找平。这样造成抹灰层厚度不宜控制，抹灰层砂浆薄厚不同容易产生裂缝，为减少开裂在砂浆中掺入聚丙烯纤维或用防裂砂浆，并且墙面分格要小，这种外墙外保温做法适宜粘贴外饰面砖，质量能保证。对于其他外墙外保温聚苯颗粒浆料喷涂工艺、夹芯做法目前使用量也很大，较为成功的做法是先在墙上面喷 20～30mm 厚泡沫聚氯酯，在其上再喷一定厚度的聚苯颗粒浆料，然后再做面层，其保温效果也好。

以上几种外墙外保温构造做法现在都比较普遍，其造价在 90～110 元/m^2。现在建设部提出公共建筑节能要求由过去的 50%提高到 65%，采用哪种材料和工艺才能达到该项性能指标，根据现状提出以下几种在实践中完善。

(1) 采用整体单元式外挂板，集结构、装饰、保温为一体；

(2) 研究开发优质轻质保温性能好、强度高的砌块，能在空心中填充保温材料；

(3) 采用钢骨架配以轻钢龙骨，双面可以铺设固定各种板材，外侧能做防水材料及饰面，中间填充保温材料的可调节安装的墙体构造体系；

(4) 钢筋混凝土框架-剪力墙结构工程也可采用直接粘贴聚苯板或喷涂聚氨酯等高分子保温材料，不再砌筑较厚的加气混凝土砌块后再做外墙保温构造处理。

3. 外、内墙石材干挂（粘）饰面

从 20 世纪 90 年代开始，外墙饰面采用石材粘贴的湿作业改

进为干挂技术施工，防止了石材因受碱侵蚀而产生的花斑。近几年生产出了超薄型饰面石材，厚度仅为5～10mm，同时多种非碱性强力胶粘剂和改性聚酯水泥砂浆在许多地区施工效果较好。采用上述外墙由干挂改性干粘施工不仅降低了工程造价，而且减轻了自重，节省了石材资源。至于内墙花岗石饰面更不需做钢骨架干挂施工，因室内不受气候环境的影响和雨、雪水的侵蚀，完全可以采用干粘薄型石材饰面，即使一般的轻质隔墙也能承受其重量，必要时轻钢龙骨加密处理。

4. 地下防水工程

地下防水工程采取的多道设防是可行的，在具体实施时要根据工程的地下情况而进行。我国南、北方地下水位、土质结构相差巨大，统一的防水规范不能满足各地区的实际需要的，工程中还要参照各地区标准执行。如克拉玛依地区，一般市区地下水在地面以下4.0m、而金龙镇地面地下不足1.0m则出水，防水设防等级会不相同，应有针对性地采取防水措施。

4.1 重视混凝土的自防水功能

采取多道设防应明确以钢筋混凝土自防水为主。设计和施工单位必须确保钢筋混凝土工程的整体质量，控制混凝土结构产生裂缝，级配合理、振捣密实、混凝土的强度高是地下混凝土自防水的关键。但在具体工程中多数情况下的重视是不够的，把钢筋混凝土工程质量同防水联系不到一块。如何确保地下工程不产生裂缝，提高混凝土的性能，近几年推行的高性能混凝土是提高防水工程的重要措施。混凝土自身的防水性能好，地下工程设防有一道也会使工程正常使用而不会出现渗漏。

4.2 地下防水区别情况处理

对地下工程的防水设计和施工中，严格区分地下室基础底板、地下室外墙、内隔墙及地下水位以下、以上及承压水位部分，这些部位应对防水材料的使用有严格的要求，根据工程情况区别对待。如在重点工程中，较深底板使用SBS两层（3＋3）

mm 的防水做法，但底板标高以上的地下室外墙防水就可以采用防水涂料，如聚氨酯防水涂料，不但能保证质量效果也不错。地下室外墙如仅采用 1 道钢筋混凝土自防水措施，有可能会在局部出现渗漏水，应采取在外墙内侧用水泥基渗透结晶型防水涂料涂刷处理。

5. 屋面防水工程

屋面防水在 20 世纪 80 年代成为严重的质量问题，由于使用了传统的沥青油毛毡做防水层，不论二毡三油或是三毡四油，因其耐久性差、收头处理不好、保温层内水分蒸发形成空鼓、细部处理不当造成的渗漏现象比较严重，成为质量通病。进入 90 年代，为保证屋面防水的耐久性，国家制定了屋面工程技术规范，对屋面工程的防水等级、建筑物类别、防水层使用年限、防水层构造和材料使用作了规定，在以后的几年中使用效果还是可以的，屋面的渗漏现象有所好转。

但近年来由于设计和施工的原因，有的平屋顶上又增加了彩钢板坡屋面，但渗漏现象时有发生，影响到顶层用户的正常使用功能。经检查屋面防水节点细部的构造处理不当，是造成渗漏的主要原因。这些细部主要是指屋面的天沟、檐沟、檐口落水口、变形缝、高出屋面的排气孔、管道等位置的防水构造处理，是屋面工程中最容易产生裂缝引起渗漏的薄弱环节。为此，应加强对屋面节点细部防水的构造设计措施，施工时认真选择合适的防水材料，严格工艺工序质量，做好卷材的收头处理，监理跟踪监督检查，使屋面的防水工程不要再成为影响正常使用的质量通病。

6. 提高混凝土的性能

钢筋混凝土已成为现代建筑工程的主要材料，在很大程度上决定着建筑物的使用寿命。多年来，人们只重视混凝土的表面质量，但对混凝土的裂缝处理有所忽略。钢筋混凝土的裂缝涉及结构的耐久性，是保证结构正常安全使用的大计。对于混凝土的强度检测只依试块 28d 的标养为根据，或实体回弹应该是不够的。建设部颁发的建筑业 10 项新技术应用指南为我国的钢筋混凝土技术提出了更高的要求。

高性能钢筋混凝土的特点是：以耐久性作为设计的目标，针对不同用途的要求，保证钢筋混凝土的强度和适用性，并达到高强度、高耐久性、高工作性、高体积稳定性和经济适用性。实现高性能钢筋混凝土的目标首先要从混凝土的配合比入手，配制时必须是低水灰比（水胶比），应小于 0.4。并掺入高性能的外加剂和矿物掺合料，砂率控制在 38%～42%、石子连续级配好。现在配制混凝土的骨料空隙率大，级配连续性差，缺乏 5～10mm 粒径骨料，骨料的品质较低、离散性大，是配制高性能混凝土的突出问题。为了达到混凝土体积的稳定和自收缩，控制干缩缝，要求 C30 混凝土中水泥用量小于 250kg/m^3、C40 小于 280kg/m^3。掺合料以粉煤灰为主，最大掺量应为水泥的 30%为宜。混凝土的强度等级高的可以双掺（即粉煤灰和细矿粉），要严格控制混凝土的坍落度、摊铺厚度要控制、振捣必须到位、不过振和漏振。浇筑后抹压要跟上，抹后立即覆盖保湿，消除早期失水出现的塑性裂缝。终凝后立即养护，一般混凝土不少于 7d，防水混凝土不少于 14d。同时重视到不论什么混凝土必须保证 2 个 25℃（即混凝土内部温度与表面温度的温差不超过 25℃、混凝土表面温度与大气温度不超过 25℃）。

现在的钢筋混凝土裂缝产生的主要原因是：与结构设计及荷载有关；与材料性质及配合比有关；与施工工艺及操作方法有关；与使用及环境有关。

解决钢筋混凝土的裂缝已是当务之急，为推行高性能混凝土的使用和耐久性能，在混凝土表面涂刷一道环保型化学渗透剂，在混凝土中形成永久防水层并能透气，使外层更坚固，解决混凝土的保护及耐久性问题。

2 钢筋混凝土下板梁箍筋配置技术措施

1. 下板梁结构形式在工程中的应用

下板梁在钢筋混凝土梁板结构中经常遇到。随着人民生活水平提高，住房条件进一步得到改善，很多地方建设了两层一户的“楼中楼”住宅建筑。在这种形式建筑中，下层设置大客厅，上层在客厅对应位置布置成两间居室，所以需要在客厅中部上方设置承重梁，用于承担客厅顶板及居室分隔墙的重量。为了使客厅获得较大净空和平整的顶棚效果，采用下板梁结构形式，即梁板整浇且梁、板底面在同一平面上，如图 2-1 所示。当框架结构建筑物有地下室且采用整体式梁板基础时，为了减少挖填土方量、直接利用基础整板做地下室地面，降低工程造价，也常采用下板梁结构形式。

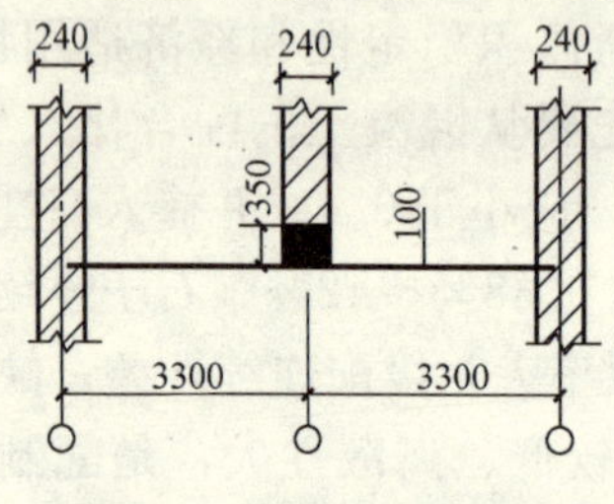

图 2-1 某住宅楼下板梁

2. 下板梁工作受力状态及影响安全主要因素

当采用下板梁结构形式时，由于梁、板整体现浇，梁板荷载产生的作用使得梁下部混凝土处在复杂应力状态，而且在板厚范围内从一种应力状态过渡到另一种应力状态：在板面荷载和梁上均布荷载共同作用下，梁下底面附近混凝土处于一向挤压、另外两向受拉的应力状态，向上至板面高度附近处，梁中混凝土处于三向受拉的应力状态。混凝土在三轴受压时强度提高，三轴受拉时强度略有降低，三轴拉/压时强度降低，因此，梁下部混凝土的复杂应力状态对构件的破坏形态和极限弯剪承载力有影响，但影响不是很明显。

当采用下板梁结构形式时，板面荷载传递路径发生了变化。

配置箍筋的钢筋混凝土梁在斜裂缝出现以后，受力模型为一下承式桁架：剪压区混凝土成为桁架的受压弦杆，纵向受拉钢筋成为桁架的受拉弦杆，斜裂缝之间的混凝土斜压杆成为受压腹杆，箍筋成为受拉腹杆。对于梁、板顶面在同一平面上的上板梁，楼面荷载直接位于上弦受压弦杆，距离混凝土梁支座较近时，楼面荷载直接通过斜压腹杆传递到混凝土梁的支座。距离混凝土梁支座较远时，楼面荷载依次通过斜压腹杆传递到混凝土梁的支座。对于下板梁，楼面荷载则先通过梁腹部材料传递至上弦受压弦杆，然后再通过斜压腹杆直接或依次传递到混凝土梁的支座。

板面荷载的传递路径的变化，使得梁腹部的混凝土应力状态发生了变化。上板梁时，荷载在梁腹部混凝土内产生竖向压应力；下板梁时，荷载在梁腹部混凝土内产生竖向拉应力。虽然竖向正应力的数值变化不大，但竖向正应力的变号（抗压性质改变）足以对构件的破坏形态和极限弯剪承载力产生极为不利的影响。研究表明，在持续不变拉伸荷载作用下，混凝土的强度会降低，荷载作用的时间越长，强度降低越多。强度降低的主要原因是由于水泥凝胶体的塑性流动及骨料界面和砂浆内部微裂缝发展。强度降低的规律是施加荷载早期快，随着时间延续，降低的速度逐渐变缓。强度降低的幅度与应力水平、加载龄期、原材料和配合比、制作养护条件、使用环境等因素有关。有资料表明，在正常施工、使用条件下，600d 时强度降低的幅度在 35%～40%。混凝土强度降低，引起混凝土和箍筋之间的应力重分布，箍筋应力大幅增加，可能导致梁腹出现水平裂缝。适当增加箍筋，可以弥补由板面荷载传递路径变化引起的混凝土抗拉强度降低的不利影响。

板面荷载的传递路径的变化，影响到结构对累积损伤的累积效应。荷载对结构的作用方式有两种：一种是直接影响结构的安全，在结构设计基准期内，任一时点的荷载效应大于结构抗力都会使结构失效；另一种是荷载对结构的累积损伤作用，累积损伤作用的后果使结构抗力降低，从而降低结构的安全度。累积损伤作用分为静态累积损伤作用和动态累积损伤作用。静态累积损伤指的是在静态荷载作用下结构损伤随时间的累积，动态累积损伤指的是在动态荷载作用下结构损伤随时间或荷载作用次数的累积。由于一般民用建筑的荷载为静态荷载，所以发生在民用建筑累积损伤主要是静态累积损伤。累积损伤的实质是材料内部缺陷比例不断增加的过程，混凝土材料的累积损伤主要是微裂缝的不断发展。微裂缝不断发展的原因是材料中存在拉应力，拉应力与荷载方向一致时产生的累积损伤属于直接累积损伤，拉应力与荷载方向不一致时产生的累积损伤属于间接累积损伤。在相同荷载作用下，直接累积损伤的效应远大于间接累积损伤的效应。适当增加箍筋，可以有效降低结构对累积损伤的累积效应，保证累积损伤下结构承载能力的可靠度。

板面荷载的传递路径的变化，影响到结构的抗震能力。结构的变形较大、延性好，能够耗散更多的地震能量，结构的抗震能力就强。混凝土受压时的峰值应变远大于受拉时的峰值应变，所以混凝土受压变形性能远好于受拉变形性能，因此，混凝土受压抗震能力远大于受拉抗震能力。当梁腹混凝土由上板梁的受压变为下板梁的受拉时，耗散地震能量的能力大为降低。适当增加箍筋，可以有效弥补由板面荷载传递路径变化引起的结构抗震能力的降低。

3. 下板梁箍筋配置建议

基于以上分析，对于下板梁和荷载传递路径与下板梁相似的钢筋混凝土梁，由于梁腹部混凝土由间接受拉变为直接受拉，从局部看应视为混凝土受拉构件，其箍筋为纵向受拉钢筋。因此，该类梁的箍筋最小配筋率应不再以《混凝土结构设计规范》（GB 50010—2002）中 $\rho_{sv} \geqslant 0.24 f_t / f_{yv}$ 来控制，而应以轴心受拉构件纵向受力钢筋最小配筋率来控制，即 $\rho_{sv} \geqslant 0.002$，且 $\rho_{sv} \geqslant 0.45 f_t / f_{yv}$，以满足安全的要求。此时，下板梁箍筋的最大间距除了应满足规范 GB 50010—2002 中的相关要求外，尚应满足下列要求：

当箍筋采用 HPB235 时，箍筋最大间距：

$$s \leqslant (f_{yv}A_{sv})/(0.45f_tb)$$

当箍筋采用 HRB335 时，对于强度等级为 C20、C25 的混凝土箍筋最大间距：

$$s \leqslant (500A_{sv})/b$$

对于强度等级为 C30 及以上混凝土箍筋最大间距：

$$s \leqslant (f_{yv}A_{sv})/(0.45f_tb)$$

根据以上要求，将钢筋混凝土下板梁在常用材料、常用梁截面宽度情况下的箍筋最大间距列入表 2-1，供工程设计参考。

钢筋混凝土下板梁箍筋最大间距 **表 2-1**

混凝土强度等级	钢筋		梁截面宽度(mm)	
	型号	直径(mm)	200	250
C20	HPB235	8	210	170
	HRB335	6	140	150
	HRB335	8	250	200
C25	HPB235	8	180	140
	HRB335	6	140	140
	HRB335	8	250	200
C30	HPB235	8	160	130
	HRB335	6	130	100
	HRB335	8	230	180
C35	HPB235	8	150	120
	HRB335	6	120	100
	HRB335	8	210	170

3 混凝土中钢筋保护层厚度的操作控制

混凝土保护层厚度对钢筋混凝土结构的安全耐久性、耐碳化时间、防火性能、钢筋与混凝土的粘结锚固性能有着重要的影响。保护层过薄会缩短钢筋的脱钝时间，使钢筋尽早生锈，加快锈蚀的发展速度，将直接影响到结构的安全耐久性能；此外，由于保护层过薄，则钢筋外侧由于粘结滑移所引起的裂缝很容易发展到结构的表面，形成沿钢筋的纵向裂缝，使混凝土表面钢筋部位处产生有害裂缝，也会影响到结构的安全耐久性及钢筋与混凝土的共同工作，而足够适宜的保护层厚度能有效保护钢筋不会因受恶劣环境影响而使结构受到过早破坏而丧失使用功能。但假使保护层过厚，结构件的自重及承载后产生的裂缝宽度将会增大，构件的有效截面相对减小，承载能力也随着下降，满足不了设计耐久性要求。为此，合理确定混凝土保护层厚度及确保在施工过程中的精度控制是极其重要的，也是施工质量细部操作的关键工序。

1. 目前混凝土保护层厚度控制存在的问题

1.1 施工技术及操作人员对保护层要求重视不够

现在施工现场的操作人员一般只知道保护层只保护钢筋不生锈，对其他的功能作用缺乏了解。有的错误认为只要不漏筋就行，保护层厚度偏差多少对工程质量影响不大。施工组织设计及质量控制技术措施中，多数较少涉及对保护层厚度的控制处理，如区别不同结构件垫块的厚度、材质、间距、设置位置未提出相应要求。

1.2 操作程序存在不正确和不规范行为

现在工程中对垫块规格、材料、强度、密实度等指标设计没有明确要求和检测手段，造成具体工程施工中垫块应用的混乱现状。如自制砂浆垫块、卵石垫块、钢筋短头垫块、直至用碎砖和混凝土废块支垫钢筋，材料的规格尺寸、强度及放置部位达不到需要。有些施工单位为防止漏筋，有意减小箍筋尺寸，造成梁、柱有效截面的减小。普遍存在着设置的垫块部位不区别主筋还是箍筋、纵向还是横向筋，经过施工后的保护层厚度偏差过大。也存在钢筋加工制作误差大，使骨架尺寸不准，进而影响到对钢筋保护层的有效控制。在施工现场检查经常会发现各种柱、墙的竖向筋整体位移，甚至无保护层的情况；在梁柱节点、主次梁相交部位钢筋密集处未采取有效措施控制保护层厚度。施工现场技术及监理人员在验收时只重视钢筋的规格品种、数量、绑扎间距、锚固长度，却往往忽视对保护层厚度的检查。

1.3 现行规范对保护层的规定及存在的问题

现行的《混凝土结构设计规范》(GB 50010—2002) 中对钢筋保护层厚度的规定与 GBJ—89 规范相比有较大的提高。但同发达国家规范相比仍存在一定的差距，最大的不同就在于国外规范的保护层厚度是从钢筋表面（包括箍筋、环筋）和最近的混凝土表面的距离，我国现行规范对保护层厚度的规定是从纵向受力主筋表面算起，对箍筋保护层厚度未作要求，而对主筋保护层则是强制性规定。这就很容易产生设计和施工忽视对箍筋保护层的控制要求。现在对钢筋保护层的规定是根据应用经验确定的，没有按照极限状态下可靠指标进行设计，且过多地考虑了结构的安全性能，对耐久性的考虑较少。目前国内对建筑的设计期限是依据现有碳化模型确定基准期一般为 50 年，对一类环境条件下混凝土的碳化深度进行了计算，其结果表明 C40 强度等级以下的，混凝土的碳化深度已达到钢筋表面；随着混凝土强度等级的降低，碳化深度在增加，将加快钢筋的锈蚀速度，进而缩短结构的使用年限。

1.4 钢筋保护层厚度的现实状况

以某写字楼为例，钢筋混凝土框架结构，构件的钢筋实际保护层厚度检测结果见表 3-1。从检测结果可以看出，除板底受力筋的保护层厚度与设计的规定值相符合外，其他结构件的受力钢筋保护层厚度总体上较规定值偏大，其中柱、墙及板面的保护层厚度更为明显，平均值分别达到设计值的 1.37、2.13 及 2.2 倍。板面的受力保护层厚度的离散性最大，变异系数达到 0.38。

某办公楼受力钢筋保护层厚度实测结果表　　表 3-1

构件类型	设计值(mm)	实测值					
		样本数量	最小值(mm)	最大值(mm)	平均值	标准差(mm)	变异系数
柱	30	16	21	48	41	6.7	0.16
梁	25	16	15	39	28	8.0	0.29
墙	15	16	21	48	32	6.7	0.21
板底	15	16	11	23	16	3.5	0.22
板面	15	42	10	65	33.1	12.73	0.38

2. 混凝土保护层厚度的控制措施

2.1　柱保护层厚度的控制

(1) 柱边线弹好钢筋绑扎完后，沿柱四边柱主筋方向距混凝土地面 30～50mm 高度焊短钢筋头（$\phi12$～$\phi16$mm，端头刷防锈漆）。钢筋与边线对齐，焊接时注意避免烧伤主筋，该筋起支撑模板与支设主筋保护层作用。

(2) 钢筋焊完后，根据主筋的规格，选择塑料保护层，沿主筋每 800～1000mm 设置一个，柱钢筋经监理验收合格后合模，模板加固校正完后，在柱顶（混凝土浇筑标高往上 30～50mm）安放特制的主筋卡具（图 3-1）。混凝土浇筑完毕，待混凝土终凝后取下，可重复利用。此方法关键要控制好模板的截面尺寸及垂直度，主筋卡具制作要准确。

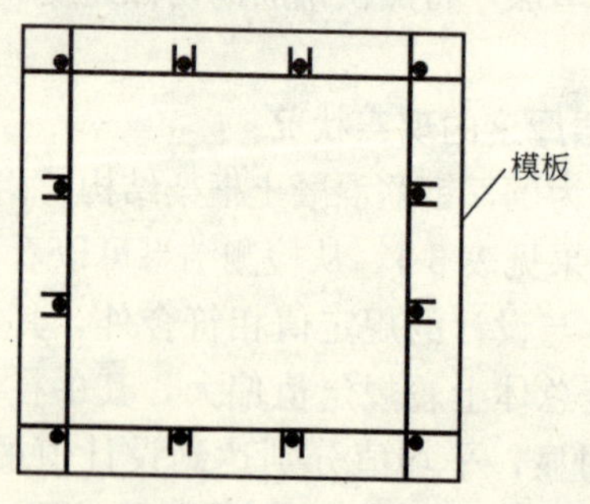

图 3-1　柱主筋卡具

2.2 墙保护层厚度的控制

针对墙钢筋直径较细，混凝土浇筑时墙钢筋容易移位的问题，提前制作梯子筋。可采用 $\phi12\sim\phi16$mm 钢筋制作，每隔 1200～1500mm 布置一道，梯子筋与竖筋规格相同或大于时，可代替竖筋。墙底部离地面 30～50mm 处同样焊间距 80～100mm 钢筋，用于控制底部钢筋保护层和固定模板。在模板上口放置水平梯子筋，高度离混凝土浇筑标高 30～50mm，用于固定顶部钢筋位置及保护层厚度。浇筑完混凝土，待混凝土终凝后取下可重复利用。钢筋绑扎注意要绑扎到位，特别是阴阳角及预留洞等钢筋密的关键部位。

2.3 板保护层厚度的控制

（1）V 形槽混凝土控制块方法。控制块采用细石混凝土预制，厚度同现浇板厚度，其配合比设计应高于现浇板设计等级，养护龄期应达到 28d。控制块上平面开 V 形槽，用于固定上部受力钢筋。槽深等于上部受力钢筋的保护层厚度加上部钢筋直径，槽宽宜采用上口宽、下口窄的 V 字形方式留设。控制块两侧可设竖向纵肋或可预留竖向凹槽，有利于控制块与现浇混凝土紧密结合，控制块底面，可直接支到底模上，也可预留 V 形槽，以便于底部钢筋通过。施工时控制块应根据不同板厚、主筋规格分别预制。使用前，提前浇水湿润，控制块应按照施工组织设计规定的位置设置。

（2）采用粗钢筋悬挂负弯矩钢筋方法。采用不小于 $\phi20$ 的钢筋作为辅助架立筋，钢筋绑扎完后每 800～1000mm 设置马凳，在负弯矩筋上面每 400～600mm 设置辅助架立筋，马凳、负弯矩筋、架立筋之间要逐点绑扎。将板的负筋临时悬挂固定于辅助架立筋下，使辅助架立筋、负弯矩筋、分布筋和马凳连成整体，形成一个刚度较大的钢筋网片。能承受一定的冲击力和施工时的人工踩踏，避免混凝土浇筑过程造成负筋的严重偏位和变形。较可靠的保证负弯矩筋的正确位置，从而保证保护层厚度。混凝土第一次振实的厚度不应接近实际厚度，应留有 3～5mm 的余量。

辅助架力筋待第一遍振捣后应马上拆除，以便平板式振动器第二遍振捣。

3. 过程中控制措施

（1）改变传统工艺，推广使用塑料垫块和塑料卡子。

（2）施工时下料制作，主筋、箍筋尺寸要符合设计及施工要求，以防止因主筋、箍筋尺寸不符合要求而导致钢筋骨架尺寸不准确，从而导致主筋偏移正确位置。

（3）放线结束，对移位的钢筋应按 1∶6 斜度比例进行调整。浇筑顶板前，对柱、墙钢筋位置进行二次校核，校核后在柱、墙上部分别加一个箍筋和一道水平筋用于固定钢筋位置。

（4）柱、墙钢筋绑扎要全绑，采用八字绑。箍筋与主筋、水平筋与竖筋要绑扎牢靠，绑丝不得深入保护层内。

（5）在主次梁交接处、钢筋密的地方，正确处理构件内各类钢筋的相互关系，按钢筋正确位置确定构件内钢筋的保护层的有效截面高度，并进行构件的截面设计。主筋的保护层厚度可采用 $A+B$，其中 A 为箍筋保护层最小厚度，B 为箍筋直径，并大于规范规定的最小保护层厚度，不仅要满足主筋的保护层同时要保证箍筋保护层厚度。正确区分同一构件所处的环境条件，区别对待不同环境条件下的保护层厚度。

目前混凝土保护层厚度控制仍然是施工中的薄弱环节，结合实践经验对保护层的控制提了几点措施及方法，文中的所提方法还有待进一步实践和完善。

4 混凝土结构中钢筋的正确选用

国内钢筋生产的品种数量和质量，能够满足建筑工程结构的安全和耐久性需要，现今建筑用钢材量约占全国总产钢量的 20％以上，主要品种仍是混凝土结构用钢筋（丝）、钢绞线和冷轧钢筋（光圆、带肋、余热处理）、预应力用钢丝、钢绞线和冷加工钢筋（冷拔钢丝、冷轧扭钢筋、冷轧带肋钢筋）。目前，建筑用钢筋的抗拉强度从210MPa到1860MPa之间，且性能差异较大，直接影响到混凝土结构或构件的刚度、可靠度和经济性，因此，正确掌握和熟悉钢筋的性能，采用钢筋时认真进行分析对比，为正确、合理、经济地选择应用钢筋提供有益借鉴。

1. 现行混凝土设计规范同旧规范的比较

1.1 现行混凝土结构设计规范对钢筋的要求

《混凝土结构设计规范》（GB 50010—2002）中对钢筋选择应用时，提倡使用HRB400（新Ⅲ级）钢筋作为混凝土建筑结构的主要受力钢筋；用高强度预应力钢绞线、钢丝作为国内预应力混凝土结构的主要钢筋，以整体提高钢筋的强度等级，其重点规定是：

（1）普通钢筋宜采用HRB400级和HRB335级钢筋，也可采用HPB235级和RRB400级钢筋；

（2）预应力钢筋宜采用预应力钢绞线、钢丝，也可采用热处理钢筋。

1.2 同原规范的不同之处

（1）采用国家钢产品标记代号标准表示方法有所不同。按照GB/T 15575—1995规定方法表示，将过去按强度等级划分的热轧Ⅰ、Ⅱ、Ⅲ级钢筋修改为HPB235、HRB335、HRB400和RRB400级钢筋。未列入热轧Ⅳ级钢筋品种。从而可直接反映钢筋的加工状态、表面特征和强度标准值。同时，预应力钢筋的表示也增加了反映钢筋的加工状态和表面特征的符号，如消除应力钢丝采用ϕ^{P}（光面）和ϕ^{H}（螺旋肋）的符号表示；

（2）以屈服点为400MPa的HRB400钢筋代替屈服点为370MPa的热轧Ⅲ级钢筋，新增了用余热处理的RRB400级钢筋；

（3）冷加工钢筋未列入规范中，例如用量较大的冷拔钢丝、冷轧扭钢筋、冷轧带肋钢筋等，其应用时只能按相应的规范规定执行；

（4）调整部分钢筋强度设计值：HPB235和HRB400级钢筋

的设计值仍按原规范取值，而 HRB335 级钢筋的取值则改为 300N/mm^2，使这 3 个级别钢筋的分项系数的取值相一致。对预应力钢丝、钢绞线和热处理钢筋，其屈服点由 0.8σ_b 调整为 0.85σ_b，材料分项系数取用 1.2。如 f_{ptk}=1470N/mm^2 的热处理钢筋，强度设计值 f_{py}=0.85×1470/1.2=1041N/mm^2，取其整数为 1040N/mm^2。

（5）调整了预应力混凝土用钢丝、钢绞线的品种和力学性能。如增加了螺旋肋钢丝、直径 7mm 的刻痕钢丝作为预应力钢筋等。钢绞线的品种由原有的 3 个直径（即 9、12、15mm）增加至 7 个。除对强度提高外，还对刻痕钢丝和钢绞线的弹性模量由 1.8×105N/mm^2 分别调整为 2.05×105N/mm^2 和 1.95×105N/mm^2。另外，又增加了直径 6mm 的细钢筋品种。

（6）对钢筋的抗疲劳强度验算提出了要求。将原规范的钢筋疲劳强度设计值改为应力幅，并确定了应力比的钢筋疲劳应力值限幅限值，增加了钢绞线的疲劳应力幅限值。

2. 结构混凝土对钢筋的要求

2.1 钢筋应具备的强度

钢筋的强度应是其最基本的性能，强度应包括抗拉强度和屈服强度。抗拉强度是安全储备所需要的基本要求，而屈服强度却是结构混凝土设计计算的主要依据。结构采用高强度等级钢筋可以节省钢筋，经济效益更趋合理。但钢材强度过高时，高应力所引起的结构变形会影响到构件的正常使用，如裂缝较宽、挠度过大等。欲提高钢筋强度，在冶炼时一方面要改变组成材料的化学成分、增加碳和锰的含量，加入微合金元素铌、钛或钒，同时开发新的钢材品种；另一方面则采用热处理的方法或对钢材进行冷加工来提高强度。在提高钢材强度时不能以损失材料的其他性能为代价，如材料的塑性、可焊性等。

2.2 钢材的延性

钢材的延性是指材质的变形能力，需要结构混凝土在地震或外力作用破坏时能给以预兆，要求钢筋在断裂前应具有一定的变形能力和时间，一般用伸长率和强屈比来表示。其值越大延性则越好，但强度则降低。以前检测是以测量断口区域的伸长率，有几种表达方式，如 δ_5、δ_{10}、δ_{100} 等，难以真正反映钢筋的延性，现在改用同国际标准接轨的均匀伸长率 δ_{gt}，即钢筋在最大拉应力下的总延伸率。《钢筋混凝土用热轧带肋钢筋》（GB 1499）规定 $\delta_{gt}>2.5\%$。同时，延性对结构抵御地震作用是非常重要的，现行结构规范 GB 50010 中规定，“按一、二级抗震等级设计时，钢筋的抗拉强度实测值与屈服强度实测值的比值不小于 1.25”。而国内应用的《高强混凝土结构技术规程》（CECS104：99）则要求，保证高强混凝土的受弯构件应有一定的延性，宜限制梁的最大配筋率，取界限配筋率的 75%。

2.3 钢筋的冷弯性能

钢筋在使用时必须经过加工制作，冷弯性能是为满足加工的需要。在具体工程中钢筋需要弯折或反复弯曲，应保证弯折不产生裂缝或脆断。衡量钢筋冷弯性能的两个重要参数是弯心直径 D 和冷弯角度，弯心直径越小、冷弯角度越大，则钢筋的冷弯性能越好，延伸率也越好。

2.4 钢筋的焊接性能

钢筋的焊接是连接的主要形式之一。要求钢筋的焊接搭接处在施焊后不产生任何裂纹及不允许的变形，确保焊接处质量性能稳定。由于搭接处焊接产生较高温度，使缝处材质软化而退火，造成材质强度的相对降低。因此，冷拉钢筋应先施焊再行冷拉。影响钢筋焊接性能的主要因素是碳当量比例（C_{eq}），当其含量超过 0.55%时不宜施焊。规范中规定的建筑结构用钢筋 HRB335、HRB400 和 HRB500 级钢筋的最大碳当量分别为 0.52%、0.54%和 0.55%，并有相应的计算公式。

2.5 钢筋与混凝土的粘结握裹力

粘结握裹力是钢筋与混凝土能够共同承受重量的基础，是由化学胶结力、摩阻力和机械咬合力而共同作用，钢筋的表面形状对粘结力有极为重要的影响，光圆钢筋主要依靠粘结力和摩阻力，粘结握裹力小；而表面刻痕钢筋依靠机械咬合力，粘结力则大。影响钢筋表面刻痕的因素主要是横肋的高度、肋面积之比和混凝土的强度等级及振捣密实度等。

2.6 混凝土结构的耐久性

混凝土结构的耐久性与结构的安全、使用环境、设计使用年限、施工质量优劣是密不可分的。由于混凝土在自然条件下的碳化、碱集料反应引起的混凝土胀裂及外表面损坏，引起钢筋的腐蚀，从而使钢筋的有效面积减小，这是造成结构耐久性下降的主要因素。影响钢筋锈蚀的主要原因是自然环境长期作用的结果，而结构体混凝土保护层厚度和钢筋表面状态也有一些影响。而细直径钢筋对锈蚀较敏感。

2.7 钢筋的耐低温性

我国北方地域较大，在季节性冻胀地区的混凝土建筑结构，钢筋应具有耐低温不脆的性能要求。随着环境温度降低而钢材的强度反而提高，其塑性、韧性略有降低，脆性会有增加。若钢材存在一些缺陷，易产生脆断现象。因此，要求钢筋在低温环境下具有一定的塑性和韧性，提高预防脆断的能力。钢筋的韧性用 α_k 表示，即反映其在塑性变形和断裂过程中吸收能量的能力。正常情况下，α_k 值越高，抗脆断裂的能力越强。影响钢筋低温性能的因素有材质的化学成分、冷拉、焊接和工艺缺陷。

2.8 钢筋的抗疲劳性

对长期承受荷载的结构件，需要关注钢筋的疲劳性能。材质表面凸凹变化大的钢筋容易在形状突变处产生应力集中，并首先产生裂纹，易在裂纹处出现疲劳破坏。影响钢筋疲劳强度的主要原因有应力值幅度、最小应力值、钢筋外表面几何尺寸等。同时，钢筋的直径、骨架刚度对结构件也有影响。钢筋品种多，规格齐全，加工、制作、施工方便，减少施工过程中的再加工，如冷拉等。钢筋骨架刚度大、整体性好，对防止施工过程中钢筋的位移和保护层厚度的准确，避免隐蔽工程质量极有利。

2.9 经济适用性

钢筋的经济性可用强度价格比（t·MPa/元）来表示，即单位货币（元）购买的钢筋质量（t）强度（MPa）。强度价格比值高，则钢筋用量减少，节省钢筋，减少运输、加工制作、绑扎等工程量，还会缓解密集配筋区域（例如框架节点）的钢筋绑扎和布置困难。

3. 钢筋在混凝土结构工程中的应用

3.1 热轧光圆钢筋

最常用的光圆钢筋 HPB235 级是由低碳钢 Q235 轧制而成的，强度较带肋钢筋低，但延伸率却较大（$\delta_{gt}>20\%$），可焊性能好，易于加工制作。由于该钢筋表面光圆，同混凝土的粘结握裹力低，用作受力构件时末端需加弯钩。一般多用于梁板中的受力筋、构造筋、箍筋、锚固筋、分布筋等。按照《高强混凝土结构技术规程》（CECS104：99）条文说明，此类钢筋不宜用于高强度混凝土中。目前，其钢筋价格比为 0.1t·MPa/元，如用于受力构件时经济上不合算，从发展前景看，该品种钢筋的使用范围会减小。

3.2 热轧带肋钢筋

热轧带肋钢筋目前有 HRB335 和 HRB400 两种，外表面为月牙肋，属于低合金高强度结构用钢。HRB335 级钢筋原牌号为 20MnSi，而 HRB400 级钢筋是在 20MnSi 中加入微合金元素铌（Nb）、钛（Ti）或钒（V）而冶炼制成。强度较高，可达 335MPa 和 400MPa；延伸率大，$\delta_{gt}>10\%$和 $\delta_{gt}>15\%$，可以焊接，冷弯性能和抗疲劳性能较好。由于钢筋表面带肋，能与混凝土有较高的粘结强度，且咬合齿较宽厚，锚固延性好。用于受力构件时末端不需加弯钩状，此品种筋多用于梁柱的受力筋。钢筋的强度价格比为 0.13～0.14t·MPa/元，因此用于受力筋时其经济性较好。现在 HRB335 级钢筋的占有量在工程施工中约为 85%以上。由于强度不是很高，在建筑的部分主要受力构件设计中，造成配筋过密，给施工造成一定困难。而 HRB400 级钢筋的性能有较大的提高。同时，小直径的带肋钢筋也有较大生产规模。从长期建设发展前景看，该两种钢筋将作为建筑用主导建材而较长期使用下去。

3.3 余热处理钢筋

余热处理钢筋 RRB400 级，是由原牌号为 20MnSi 的 HRB335 级钢筋，经过余热处理后达到 HRB400 级钢筋强度标准的钢筋，其生产成本很低但缺陷是很明显的。如，焊接后焊头处强度值降低，延伸率较 HRB400 级钢筋偏低，使用范围受到一定限制。

4. 预应力混凝土用钢筋

4.1 钢绞线

钢绞线由冷拉钢丝捻合而成，并进行了消除应力的热处理工艺，属于冷加工钢筋。钢绞线捻合有 3 股和 7 股钢丝两个品种，应力松弛等级分为Ⅰ级（普通）松弛和Ⅱ级（低）松弛。其钢绞线的强度高，施工方便，长度可任意截取。3 股捻合的钢绞线适用于中等以上跨度的预应力构件，预应力损失较大，7 股捻合的钢绞线的锚固性能略差，能适用于大跨度、荷载大的预应力构件，采取自锚固或用锚具锚固施工。

4.2 消除应力钢丝

消除应力钢丝是用优质碳素结构钢盘条，经过索氏体化处理后冷加工而成。材质外表面有光圆、螺旋肋和刻痕 3 种，同属于冷加工钢筋。应力松弛等级也分为Ⅰ级（普通）松弛和Ⅱ级（低）松弛。其钢筋强度高，延伸率（$L_0=200$mm）δ_{gt} 不小于 3.5%，韧性也好。适用于中等以上跨度的预应力构件。

4.3 热处理钢筋

热处理钢筋是用氧气顶吹转炉或电炉冶炼的 40Si2Mn、48Si2Mn、45SiCr 的螺纹钢筋经淬火和回火工艺热处理的钢筋，改善材质性质，其强度的成品较低。其钢材外形分为有肋和无肋两种，属于高强度用钢。但延伸率较低（δ_{10} 为 6%），与混凝土的粘结强度高，但咬合齿较小，易断裂，后期的延性差。可用于高强度高性能混凝土结构中的预应力筋。

5. 冷加工钢筋在混凝土中的应用

冷加工钢筋是指用强度较低的钢筋盘条经过冷拉、冷拔或冷轧（扭）后缩小截面积，改变外形而制成的冷拉钢筋、冷拔钢丝、冷轧带肋和冷扎扭钢筋的简称。钢筋经过冷加工后，材质的设计强度提高不大，但其延性却下降较多，均匀伸长率降低。强度价格比相对 HRB400 级钢筋无优势而言，按照国情需要，仍会在以后建筑工程中使用。

5.1 冷拔钢丝

冷拔钢丝分冷拔低碳钢丝和冷拔低合金钢丝。按建设部行业标准《冷拔钢丝预应力混凝土构件设计与施工规程》（JGJ 19）的规定，冷拔钢丝适用于一般工业与民用建筑工程的中小型预应力混凝土构件的预应力筋。非预应力筋，主要用于焊接骨架、焊接网、架立筋和构造筋等。该品种钢筋在过去的几十年，为发展我国中小型预应力混凝土技术发挥了重要作用。由于表面光圆，与混凝土的粘结锚固性能较差，伸长率也低等不足，已开始逐渐被冷轧带肋钢筋所代替。

5.2 冷轧带肋钢筋

按《冷轧带肋钢筋》（GB 13788）的规定，冷轧带肋钢筋分 650 级和 800 级，适用于中小型预应力混凝土的结构件。而 550 级适用于普通混凝土的结构件，也适用于焊接钢筋网，其应用必须按照现行的行业标准《冷轧带肋钢筋混凝土结构技术规程》（JGJ 95）的规定。而在国外将此类钢筋焊成网片后用于非预应力混凝土结构工程中。

5.3 冷轧扭钢筋

冷轧扭钢筋按截面形状分为Ⅰ形（矩形）和Ⅱ形（菱形）二种。虽存在均匀伸长率低，但具有钢筋骨架刚度较大、与混凝土的粘结力较强、锚固延性好、方便施工等优点。主要用于小型混凝土梁板类结构中，其使用应遵循建设工程行业标准《冷轧扭钢筋混凝土构件技术规范》(JGJ 115) 的相应规定。由于冷加工钢筋质量受母材质量的影响十分明显，质量波动大、均匀伸长率低，从使用发展分析，只有严格控制质量，提高钢材的延性，才会有生存发展的前景。

从上述建筑用钢筋可以认为，根据建筑结构安全度及现有钢筋品种强度性能的实际能力，结构混凝土梁柱内应以 HRB400 (新 3 级) 钢筋为主；墙板类宜采用细直径的 HRB335 级和 HRB400 级钢筋为主导用钢筋；用高强钢丝、钢绞线作为预应力混凝土的主导用钢筋。而冷加工钢筋只能作为辅助用钢筋，使工程用钢筋多样化。

5 建筑设计中窗户及玻璃选用技术的控制

窗户的形式设计一直是建筑师在进行建筑立面设计中所使用的一个非常重要的设计元素，它对于一个建筑的整体形象起着非常重要的作用。窗户的形式也由原来的封闭、窄小发展为高大、开敞，整体的玻璃幕墙已经成为现代建筑的一个标志。全玻璃幕墙的玻璃盒子建筑更是晶莹剔透，让人耳目一新。然而在利用这些高科技产品的时候，窗户的设计和选用也有很多不如人意的地方，有些建筑过于注重建筑形式的表达，而忽视了建筑的物理性能。例如，在我国寒冷地区，有些建筑仍然选用大面积的普通玻璃幕墙，有些幕墙甚至设置在北侧或西侧，导致建筑的热能损耗非常大。所以随着各种新的建筑产品的不断推出，窗户的选用上已不再仅仅是遮风避雨，或仅考虑外观形象那样简单。窗户的热工性能、光学特性等物理特性也应该是窗户选用的另一个非常关键的要素，所以如何正确合理地将窗户的这些物理性能与它的美学特性、耐久性结合起来成为选用这些新的产品的一个关键。

1. 冷热环境与窗户的选择

建筑师在进行建筑设计的过程中，一般仅对窗户的形式、玻璃的厚度、品种和颜色加以选用和注明，如选择 3mm 厚蓝色镀膜玻璃，单框双玻塑料窗，而在玻璃的品质、透光性、热工性和透射率等参数的选用上基本还是空白。而在当今节能、环保的大环境下，这样的选用条件显然有些粗犷而不够科学。所以，如何更加科学、合理地选用窗户玻璃就显得非常的必要。

太阳光照射到窗户玻璃上的光线由可见光、红外线、紫外线组成，这些能量照射到玻璃上面，一部分能量被玻璃吸收了，一部分被反射了，还有些透过玻璃进入到了室内。在我国的严寒地区，经常采用双层窗或双层窗玻璃来保暖，太阳光通过双层的普通玻璃窗辐射到室内，室内能够得到的太阳能仅是太阳照射到玻璃上面所有能量的 1/3 左右。其他的能量全部被玻璃反射或吸收了。低反射率玻璃最初的产品就是为了减少玻璃对光线的反射作用，增加了玻璃对光线的透射和吸收的作用，从而提高室内热量的吸收。对有些建筑或者建筑在某些季节，能够更多地吸收太阳能是有益的。而对于另外的一些建筑或在不同的季节，过多地吸收太阳能可能并不是一件好的事情。所以，它的第二代产品在此基础上做了一定的改进，它可以提高对太阳能的吸收量或将太阳能储存起来。第三代有选择性的低反射玻璃的最新产品给建筑师提供了更多的选择，如低、中、高反射玻璃，还有吸收热能玻璃、反射热能玻璃，甚至某些公司推出的产品还有南向用玻璃、北向用玻璃等，供建筑师及用户选用。

在有些国外窗户产品中，还可能看到以下的参数：

（1）U-value：它是用来描述窗户热损耗的物理量，数值越低热损耗越少，现在很多的窗户产品给出的是窗户整体的 U-value 值，热能损失比较小的产品在 U-0.4 左右，有些产品给出的是 R-value 值，正好与 U-value 值互为倒数。

（2）遮蔽系数（SC）：用来表示有多少太阳能被锁定或阻

隔，高反射玻璃 SC 系数一般为 0.8 左右，标准的隔热玻璃 SC 系数一般在 0.87 左右，系数越小阻热性能越佳。

(3) 太阳能吸收系数（SHGC）：也表示太阳能被阻隔的大小，但与遮蔽系数有所不同，它表示太阳能被吸收的数值与太阳能被反射的数值的比值。数值越小表示进入到室内的太阳能数量越少，与 SC 数值相比较，SHGC 更能准确地反应太阳能被阻隔的情况。

(4) 可见光透射率（VLT）：表示穿过玻璃之后，可见光与外界光线照到玻璃上的百分比。它反映出白天在室内能看见物体所需要的光的最低亮度和人能看见外面的物体所需要的玻璃的透光性能，洁净的普通玻璃 VLT 系数在 90%左右，反射玻璃只有 20%左右。对于绝大多数场合来说，应选用 40%～70%为宜。

(5) 光能比（LSGR）：是 VLT（可见光透射率）与吸收热能的比率。当 LSGR 等于 1 时，透过窗玻璃所得到的光和所得到的热量是相等的。如果建筑位于南方，能量的消耗主要来自于制冷的需要，那么该系数大于 1 是比较合适，因为这样建筑物既可以保证有一定的亮度又不致吸收过多的热量。

从以上的参数分析可以看出，窗户如果选择得合理，可以减少很多的热损耗或冷负荷；如果选择得不合理，不但会浪费很多的能源，也降低了室内的舒适度。

2. 光线的射入量与窗户的选用

在夏季，建筑不需要更多的热量射入进来，也不必选择透射率过低的玻璃。因为那样就需要更多的人工照明，而且大多数人还是喜欢自然的光线，阴暗的房间或过多的采用人工照明都会使人感到不舒适。因为窗户并不是遮挡光线进入室内的第一道防线，你也可以利用室外的落叶乔木、阳台、遮阳板等去减少夏季阳光过多的射入室内。因为夏季太阳的入射角比较高，而冬季太阳的入射角比较低，所以阳台、遮阳板等并不会过多地减少冬季阳光的射入量。

3. 天窗的选用

普通天窗的热损耗是非常大的，一般是墙面热损耗的 2～3 倍，而天窗的热损耗又是普通竖向窗户的 2～3 倍。由此可以看出，水平的天窗或水平倾斜的窗户的热损耗是相当惊人的。所以，采用双层玻璃的天窗的 R-value（保温系数）值一般要不小于 2。这种保温隔热性能较低的天窗带来的另一个问题就是结露的问题。由于冬季室内外的温差较大，天窗的内表面很容易达到露点温度结露而产生冷凝水。冷凝水的产生对天窗有腐蚀作用，所以需要采取一定的办法加以解决。解决的办法有：

(1) 选择多层窗户。3～4 层玻璃，缺点是增加了结构的荷载，减少了光线的照度，提高了造价。

(2) 选择复合材料的天窗玻璃。含有绝热的半透明材料，这种由玻璃纤维、塑料制品或发泡制成的半透明材料兼顾了 R-value 值与采光透明的特性，在市场上已有了广泛的认可度，在不久的将来会逐渐替代传统的采光玻璃。现在的阳光板等天窗采光的半透明材料的 R-value 值在 10 以上。

(3) 利用机械原理。安装可移动的遮阳保温措施，这种设施在发达国家的建筑中曾经采用，但技术要求比较高。

4. 窗户的外观与窗户的选用

窗户玻璃的外观也是需要考虑的一个重要因素，高反射率的玻璃会带来室外光环境的污染，大面积鲜艳的色彩会给人带来浮躁的感觉，所以室外环境的舒适度也是建筑师需要考虑的因素之一。

过去一段时间，很多的高层建筑采用镜面镀膜玻璃来减少阳光的辐射，它的 SC 系数一般在 0.11 左右，它不但遮挡住了能量的进入，也遮挡住了光线的进入，使室内的光线非常阴暗。同时，镜面玻璃的高反射率会对室外树木、草地造成灼伤，加上眩光对司机的影响更是非常危险，所以镀膜玻璃很快就失去了自己的市场。淡色的玻璃，如淡茶色、淡灰色的玻璃吸收能量和透过光线的能力接近。而淡绿色、淡蓝色的玻璃吸收紫外线会更多一些。而且这两种玻璃外观形象比较好，所以近年来受到广大用户的欢迎。淡色玻璃的 SC 值一般在 0.5～0.15。

由于绝大多数位于气候炎热地区的建筑，冷负荷是主要的能源消耗，为了适应市场的需求，低反射玻璃也由最初的防止热量的流失转向防止阳光辐射能的进入。由于选择性的低反射玻璃可以阻止热量的进入但不阻止光线的射入，所以不同于镀膜玻璃，低反射玻璃的室内光线并不减弱。

结合了低反射玻璃和淡色玻璃优点的综合玻璃产品更是兼顾了两者的优点，既减少了室内夏季的冷负荷，同时又不减少室内光线的照度。所以，这种综合产品很受用户的欢迎。

参数选取：

位于寒冷地区的建筑，采暖是主要需要解决的问题，那么就应选择在采暖季节同时可以吸收更多的热量和光线的窗户玻璃，U-value 值应在 0.25～0.33，SC 值应在 0.7 以上，VLT 值应在 70％以上。

位于炎热地区的建筑，或者是位于建筑西向、南向大片的玻璃幕墙，减少太阳辐射进入室内的热量便是主要需要解决的问题，那么应该选择对红外线吸收比较少的玻璃，U-value 值应该在 0.25～0.5，SC 值应该在 0.3～0.6，VLT 值应该在 40％以上。

当然，在建筑设计中，房间的室内环境可能还有很多其他各种不同的情况、不同的要求。在这里提出的玻璃选择参数希望对其他的一些情况有一定的参考价值。

6 框架梁柱节点处混凝土质量事故处理措施

钢筋混凝土框架结构的梁柱节点处，由于受力复杂、配筋较密，加之纵横向钢筋的交叉，使得混凝土浇筑比较困难。若施工过程中对此部位重视不够，就会造成质量事故。现介绍某宾馆二层端部几榀框架梁柱节点混凝土浇筑质量事故的处理过程，分析发生的原因，并提出类似问题的预防措施。

1. 工程概况

某宾馆建筑面积 3300m^2，框架结构，5 层，总高 23m。底层为中空式营业大厅，二层为多功能娱乐厅，三层以上为客房。框架梁柱设计混凝土强度等级为 C20，采用钢管脚手架及钢模板施工，二层柱子于 2000 年 10 月底浇筑，三层梁板于当年 11 月初浇筑。当时正值春节来临，梁、柱节点处及梁的侧模均未拆除。春节后拆除侧模时，也未发现明显蜂窝、麻面和空洞。继续浇筑至二层梁板时，甲方会同设计单位检查前段混凝土浇筑质量，发现二层的管道夹层端部两根柱头处有如图 6-1 所示的漏振孔洞。同时，检查该批混凝土浇筑试块报告，发现数据离散性大，试验结果不能作为评定强度等级依据。建设单位要求停止三层以上施工，进行全面质量检查。据此，经专家组研究，决定用 CTS-25 型超声仪、H-225 型回弹仪，采用“超声-回弹综合法”对一层和二层的柱、梁进行重点测试，对三层柱进行抽检，抽检数量不少于总数的 30%。

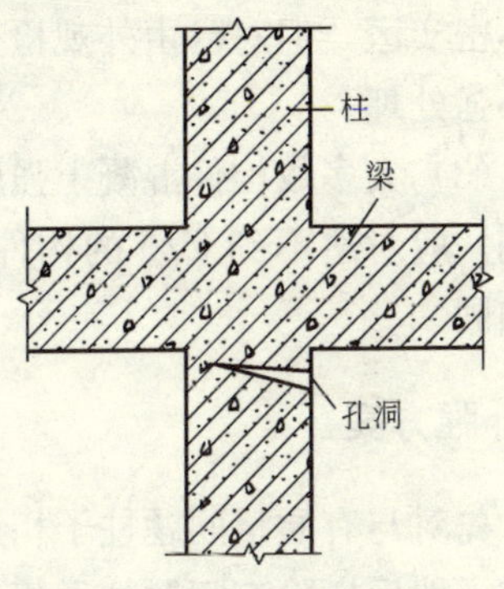

图 6-1　漏振孔洞

2. 检测结果分析

通过对所测数据的整理分析看出：各测区强度换算值离散性偏大。这与同期试块抗压强度试验报告的结果相符；超声波在混凝土中的传播速度、首波幅度、接收信号频率等声学参数没有很大的波动。测点的超声波在混凝土中的传播速度平均值为 $m_v=$

4553km/s，离差系数 $C_v = 0.019$，可以说明混凝土内部没有较大的空洞和不密实区。测区布设时，对已从外观发现的漏振、孔洞等质量问题的构件均未列入。因此：

（1）本工程框架混凝土强度值离散性偏大，说明混凝土施工质量不稳定。

（2）梁、柱节点处混凝土匀质性测试，未发现有较大的空洞及不密实区，但对已由外观检查发现的混凝土孔洞等问题，应进行补强处理。

（3）大多数构件混凝土强度等级达到 C20，仅有个别构件达不到。应对达不到 C20 的构件重新验算其承载力，确定是否予以加固。

3. 补强方案

先对与有质量问题柱子相连的梁及对应下层梁，均加垫板并支撑，然后撤除有问题柱子相邻跨的三层施工荷载及楼板。对底层已砌填充墙的梁，拆去梁下侧砌的部分砖，在与上部支杆对应部位打入木楔，如图 6-2 所示。用水准仪对支撑的梁端观测竖向位移。

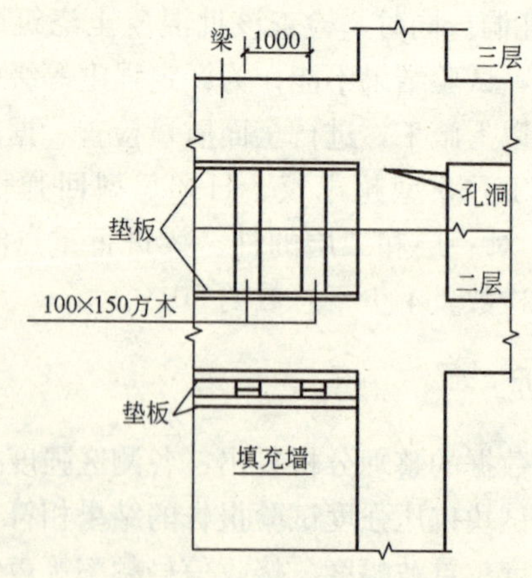

图 6-2 梁柱节点施工缝补强

施工中先凿去漏振的施工缝上、下面不密实的混凝土，扶正钢筋，然后用水冲洗干净并洒水湿润 72h 后，刷素水泥浆二道，再刷 108 胶。在 108 胶湿润的状态下，用木模封闭，木模上预留进料漏斗，如图 6-3 所示。

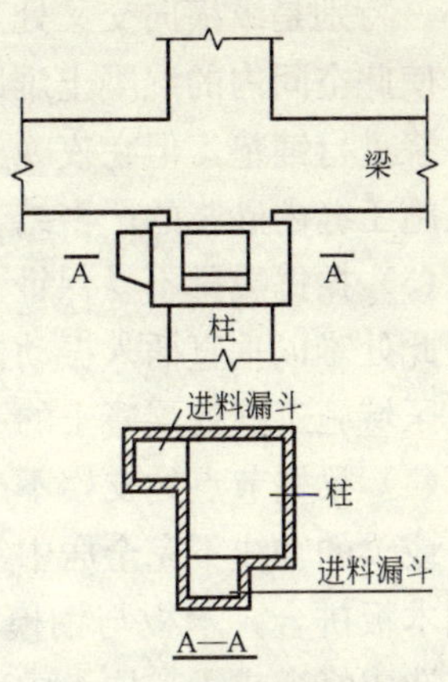

图 6-3 施工缝处理方案

按实验室出具的 C30 配合比单计算出施工配合比进行配料。水泥：32.5 级普通硅酸盐水泥；石子：5～10mm 碎石；砂子：中粗砂；外加剂：铝粉（水泥重量的 0.03%），对铝粉进行脱脂处理后掺入拌合料。对灌入的混凝土，孔洞深度不大于 50mm 的部位，采用人工分层捣实；大于 50mm 或孔洞较大的部位采用 $\phi30$ 振动棒振捣。施工完后，洒水养护不少于 7d。拆除侧模后，凿去漏斗处凸出柱面部分的混凝土。28d 时对同期试块试压，并对原位进行了回弹，结果表明补强混凝土强度均达到 30MPa。

经过处理的柱子新旧混凝土结合面是否完全闭合，以及其上层柱梁是否产生竖向位移等，是衡量处理结果的主要标准。从一年来的使用情况看，被处理部位未出现梁柱下移及柱表面抹灰裂缝等现象，说明补强达到了要求。

4. 质量原因分析

根据对本工程的调查及类似事故的统计分析，出现此类事故的原因主要有：

（1）工人疏忽大意，施工中不严格执行操作规程。本工程浇筑三层梁板时，正值春节放假前，工人情绪不稳定，加之夜间浇筑混凝土，对施工工序把关不严。

（2）梁柱节点处由于抗震设防等结构方面的因素，钢筋网格较小，特别是纵横向交叉处上部受力钢筋和下部锚固钢筋相互交叉，使此空间内的混凝土难以落下去。虽然先用同强度等级的水泥砂浆进行铺垫，但在夜晚施工及振捣监督不严格时，往往难以保证施工缝内砂浆的严密结合。

（3）振捣质量不易保证。由于上下两层纵横向钢筋的交叉，使得此处难以垂直插入振动棒，只能斜向插入。因此，容易产生交叉区域施工缝处混凝土的不密实问题。

（4）梁柱节点处支模不严密。有的梁长度不符合模板模数尺寸，或梁的轴线不完全居中等原因，使得柱头与梁交接处模板局部用木板拼合，木板与钢模板之间不易固定严密，容易产生漏浆，造成蜂窝或梁、柱头成型尺寸偏大（小）等现象。

（5）浇筑柱子混凝土时，柱顶面标高控制不严，致使支模后梁底钢筋与柱顶面间隙过大。这是造成施工缝处混凝土不密实的一个主要原因。有的未凿去前期施工的混凝土松散面，更加剧了施工缝处混凝土的不密实和结合面的不连续。

5. 预防措施

上述施工质量问题，具有通病性，应该采取有效的预防性措施，做到事前控制、事中监督、事后检查。

（1）严格控制前期柱顶浇筑标高，可以使其略高于梁底面标高 10mm 左右，并在梁底模板支设时，及时剔除柱顶面水泥薄膜、松动石子和较弱混凝土层等，并冲洗干净。

（2）铺设的水泥浆稠度不能太稀，混凝土的级配要合适，要选用中粗砂配制。

（3）对梁模板在柱梁节点处的拼装应尽可能做到严密、稳定，并便于拆除。为防止施工中出现模板内移或外倾或下滑现象，可在已浇柱子端部包裹一层油毡、纸袋以后，再支模压紧，或制作专用抱箍或支撑拉紧模板。

（4）拆除侧模后应及时用凿子等工具检查柱头施工缝，看节点处混凝土有无空洞、蜂窝麻面等现象。

总之，在混凝土工程施工中，要重视柱梁节点处混凝土浇筑质量，它不仅直接关系到整个结构的可靠性，而且会影响到整个建筑物的安全和使用寿命。因此，应对施工现场工人的施工过程，进行严格旁站监督和技术指导。只有从各方面进行全面地控制，才能杜绝此类质量事故的发生。

7　小区混凝土路面质量问题及预防措施

用混凝土材料硬化场地、地坪及浇筑住宅小区道路，一般是在建筑的主体工程完成后。在某小区至库区道路施工过程的检查中发现，道路施工未完成35%的工程量，而面板严重开裂甚至下沉，造成较严重的质量事故。为避免类似问题的再度发生，处理时采取了以下一些具体措施。

1. 工程情况及质量问题

1.1　基本情况

生活小区内部道路同主干道和一仓储间道路连接，车辆较多，吨位也大。主干道基础采用2∶8灰土分层夯压实，密实度要求达0.96，面层C25混凝土厚220mm，6m分格缝处理。

1.2　存在的质量问题

（1）基础灰土密实度不足，从现场随机抽样送检的结果看，均达不到设计要求；灰土的石灰含量严重不足，最少的石灰含量才4%。

（2）路面混凝土强度不足，从现场抽取的芯样试压结果看，达到设计强度的不足50%，最低一组强度只达到设计的65%。

（3）混凝土路面的厚度不足，从施工的断面实量，220mm厚的仅达160～170mm，只达到设计厚度的70%左右，施工试块试压45%达不到设计要求；路面出现多处横向、纵向裂缝和不规则开裂，横向裂缝部分已贯穿断开。同时未设置伸缩缝，未做防滑处理等。

2. 存在质量问题原因

2.1 建设（业主）方面

小区及库区的主体建筑工程完成后，忽视了地面道路工程的质量要求和管理工作，甲方（业主）一般存在的主要问题表现是：

（1）违反基本建设程序，在未办理任何基本建设手续的情况下擅自开工建设，使这些基础工程的建设脱离了政府监督管理的范围；

（2）业主为节约投资和加快工期，没有委托设计人员进行道路设计，只是同施工单位在施工承包合同中约定了道路技术的一些要求和做法；

（3）指派无道路施工资质的建筑队伍进行道路施工，这样的建筑单位既无施工资质更没有道路施工的知识和经验；

（4）为节省建设费用，在不具备工程管理能力的情况下，也不委托专业监理机构对工程实施全过程的监理控制；为了节省投资，对工程量进行压低价格的不合理做法，促使施工单位降低工程质量。

由于这些原因的存在，造成该道路工程的施工处于失控状态，质量问题严重存在。

2.2 施工方面

选择房屋建筑的施工单位去修道路，是属于严重违规的无证施工行为，施工人员无资质、无专业技术、无设备、无能力、无知识经验、管理不善是造成该道路工程质量低劣的主要原因。由于道路工程施工全过程都处于业主对工程质量的完全失控状态，承包商乘机在整个施工过程中进行了偷工减料。

2.3 混凝土路面裂缝的主要原因

（1）原材料质量低劣

水泥强度偏低、存放时间长、安定性不好。由于水泥中游离氧化钙超出限量，水化缓慢凝结后继续起水化作用，影响已水化的水泥颗粒，使抗拉强度大大降低；另外，水泥的水化热高，干燥收缩量大，混凝土表面未采取保护措施导致混凝土路面开裂；粗细骨料级配不连续，含泥量、有机物杂质超标，导致混凝土路面早期开裂。

(2) 基础处理不合格

基础质量是面层稳定的保证，基层回填夯实土由于石灰含量太低、压实度差、整体性不好，使其透水性和抗变形能力差；基层标高控制误差过大，造成混凝土浇筑的厚度相差过多。当混凝土收缩或产生变形时，容易在厚度相差过大薄弱处形成裂缝；基层标高差距过大处用松散材料补填，使混凝土底部因渗水混凝土变得疏松，沉降不匀导致开裂；基层干燥吸收混凝土中水分，混凝土底部失水过早强度低，导致面层混凝土开裂。

(3) 施工配合比不当

水泥用量偏少则强度降低、用量偏大则水化热高干缩量大，水泥用量的多少均会导致混凝土路面的早期断裂；为便于操作，水灰比偏大、较稀的拌合物振捣后，使混凝土表面的水膜较厚，混凝土强度降低；如不采取再次抹压，混凝土表面引起的开裂更多、更严重。

(4) 温度应力的影响

混凝土在早期干燥脱水、温度变化、干湿交替等因素作用下会产生变形，混凝土板因温度降低而自行缩短，混凝土板上下因温差呈温度梯度会翘曲。混凝土白天浇筑时气温偏高、空气干燥，但夜间气温偏低，一天中的温差使混凝土路面产生收缩或翘曲，又因周边约束的限制，使板内产生拉应力和弯曲应力。当这些应力超过混凝土板的抗拉强度时，就会导致混凝土板裂缝的出现，严重时会发生断板现象。另外，在混凝土硬化过程中，水泥放出大量的水化热，造成混凝土内外温差较大。当养护不及时或环境温差较大时，会在表面或内部产生收缩裂缝。

(5) 缩缝影响

混凝土板的宽、长尺寸较大时，会使板内产生较大的翘曲应力，容易发生裂缝现象。一般板的宽度不超过 4m，板的长度不超过 6m。但在工程实践中，板的宽度和长度对裂缝的影响较大，4m×6m 的板较 3.5m×4.0m 的板产生裂缝的比例有明显提高。混凝土板的连续长度越大，可能产生的应力也就越大。当应力在某一局部超过极限抗拉、抗折强度时，混凝土板即在此出现裂缝断开。缩缝设置的目的是将收缩和翘曲产生的应力控制在一定范围内。而该工程未设置缩缝也是主要裂缝原因之一。

(6) 施工工艺的影响

① 混凝土搅拌时间不足或过长，都会造成粗骨料沉底，细骨料滞留上层，致使振捣不密实而形成混凝土强度不足或不均匀，易导致混凝土早期裂缝或断板。

② 混凝土在搅拌时，水泥或骨料温度过高，加之水泥的水化热，造成混凝土在硬化过程中温差收缩加大而开裂。

③ 因停水、停电、机械故障或突然天气变化原因而使混凝土浇筑间断。若此时按施工缝处理，则新旧混凝土由于结合不良、收缩不一致而造成断板。

④ 切缝不及时或切缝深度不足是施工工艺不当造成混凝土板开裂的主要原因之一。

⑤ 养护不及时或养护方法不当，也会造成混凝土板的开裂。

⑥ 开放交通时间过早也是混凝土板裂缝的影响因素之一。

3. 混凝土路面裂缝控制措施

该混凝土路面裂缝的产生同时受到多种因素的影响。不但在施工过程中应采取“预防为主，综合防治”的原则，还应该对参建各方主体的行为进行规范。主要应采取以下控制措施。

3.1 控制基层施工质量

控制基层的施工质量，是保证混凝土路面整体施工质量的基础。在路基按规范要求完成后，对灰土结构层的做法不但要保证每个结构层的厚度，更重要的还要控制灰土的石灰含量和压实度，并按规定进行现场检测，上道工序检测合格后方可进入下道工序施工。整形碾压是保证基层密实和平整的关键，在实际施工中还要杜绝薄层补贴找平法的错误做法，以达到保证基层良好的整体性能和抗变形能力的目的。

3.2 控制原材料和配合比

混凝土原材料的质量是决定混凝土质量的根本因素。在施工过程中首先应严把原材料质量关，要建立和推行原材料合格准入制度。在有原材料合格证的基础上，材料的复检复试工作要实行“三共同”（业主或监理和承包商的取样员共同取样、共同送样、共同取试验报告）的原则，以达到控制原材料质量的目的。

在施工过程中，控制混凝土配合比是保证混凝土质量的重要一环。原材料的配合比应采用重量比，并以现场材料的实际情况确定施工配合比。配料计量应当准确，符合施工规范和设计要求，并将施工配合比明码标出，不得随意改动。合格的原材料和准确的配合比是满足混凝土抗折强度要求和控制收缩的必要保证，对防止混凝土裂缝的发生具有较大的作用。

3.3 加强混凝土的振捣控制，积极采用新的工艺

混凝土的振捣是保证混凝土密实度的重要施工工艺。因此，在振捣中应采用振动棒、平板振动器、振动梁相结合的方法，并根据所选择机械类型，合理控制振动方式和振动时间。对边角不易振捣处一定要振捣充分，不得漏振。在有条件的情况下应积极采用真空吸水法的新工艺。

3.4 及时切缝，加强养护

混凝土路面浇筑完毕达到设计强度的25%～30%时，应当适时进行切缝分块，以控制其出现裂缝。切缝的深度应达到板厚的三分之一，并切割到头，保证裂缝准确地发生在切缝上。混凝土路面浇筑后，表面用手指轻压不留印痕时，即可用养护剂、草袋、塑料薄膜等喷洒或覆盖养护，在常温下养护一般不少于7d。

3.5 控制开放交通的时间

按规定混凝土路面在施工和养护期间及填缝前，应禁止车辆通行。在未达到设计强度的40%以上时，严禁行人行车，并在周边设置必要的防护措施。

3.6 规范参建各方的行为

建设行政主管部门要加强对库区、厂（场）区、住宅小区的附属建筑工程的管理，改变政府失控的局面，严禁无证设计、无证施工现象的发生，严把工程质量的源头关，对避免和减少库区、厂（场）区、住宅小区道路工程的质量和减少国家损失会起到关键的作用。

实践证明，无论是库区、厂（场）区、住宅小区的混凝土道路工程，在实施过程中，业主和承包商都要依法遵守有关法律、法规，严格按基本建设程序办事，杜绝无证设计和无证施工的私招乱雇现象的发生，严格按照国家现行标准、规范施工，加强管理、科学管理，就能够避免和减少混凝土路面断裂及其他质量问题的发生。

8 建设工程低价中标的利弊及对策

目前，国内建筑市场的发展使工程低价中标极为普遍，这对完善招投标工作，控制建设投资规模，让建筑市场同国际经济接轨是有利的。但低价中标的负面效应和对市场的冲击是很大的。建筑市场的发展和管理由于竞争激烈存在着较难解决的问题，低价中标的工程许多往往是中标价低于实际工程成本价，造成工程管理和工程质量控制中的诸多难度，实际上阻碍了建筑市场的良性健康发展。

1. 工程低价中标对建筑市场发展有利的方面

1.1 低价中标的原则利于规范招投标

工程招投标采用工程量清单后的低价中标做法，就不会被人随意操纵。对于同一项工程谁的报价低谁就可以中标，在预防腐败的源头上有所缓解。因此所有参加投标的施工企业，都是通过建设单位进行了资格审查合格才邀请投标，都有可胜任该建设项目的技术能力，由于采用不同的施工方案和履行承诺的能力，通过施工企业内部挖掘资源潜力和互相竞争，投标报价是可以一个比一个企业低的。

1.2 低价中标降低工程造价和资源消耗

建设项目的低价中标对业主的投资控制作用是明显的。在以前按预算定额进行投标的过程中，许多工程招投标都是按建设单位规定采用的定额标准，确定一个下浮比例进行招标。由于施工企业在多年的经营中熟悉概（预）算的相关规定，可以钻定额中的一些空子，投机取巧，使建设单位在工程建设中对投资失去控制，工程建成后不但没有减少投资，反而工程结算超过概算的现象极其普遍。采用工程量清单后的低价中标，并辅之以严格的标准合同条款，就完全可以将建设投资控制在项目预算造价范围以内。

1.3 低价中标利于建筑市场同国际接轨

我国建筑市场同其他行业一样已经初步融入整个世界经济，形成全球经济一体化。国外建筑市场开始进入国内建筑市场，国内建筑市场已进入国际建筑市场参加竞争，这种大趋势已经形成。按照国际建筑工程招投标惯例，多数是采用最低价中标的办法。国内要融入世界经济并与其接轨，就必须采取同样的竞争规则。特别是我国参加“政府采购协议”，按照此协议中对工程采购的规定，工程终将采用无标底招标，且中标者应为最低投标价。因此，采用低价中标的方法是今后的大趋势，也只有采用和适应了低价中标的规则，国内建筑市场才能进入国际市场参与竞争。

2. 目前采用低价中标方法的弊端

2.1 建设项目过少、建设单位控制建筑市场

目前建筑市场的现状是僧多粥少，施工企业为了生存，形成恶性无序的相互竞争现象严重。工程采用低价中标的方法，对一

些重质量、守信誉、以前施工业绩好的施工企业是极不利的。现在施工企业中一些信誉、业绩较好的大型建筑企业，由于承担了较多的社会职能，企业的管理体制健全，施工质量控制到位，建筑产品高质量、高标准的运行体系使其成本较高，对现在工程的低价中标办法是不能适从的。因此，采取工程项目低价中标的方法，只能使这类建筑企业的路越走越窄。大型建筑企业为了维护其继续生存，只有降低工程质量或牺牲企业应得的利润去参与竞争投标。甚至报出低于成本的价格也要争取拿上工程，目的是要完成年度施工计划，亏本也要树立企业形象，使职工不要待岗，这严重阻碍影响了国有企业的正常发展。

2.2 低价中标的做法使施工企业资金周转困难

建设项目采用低价中标后施工企业亏本经营，造成企业的经济状况更加恶化，尤其要求施工企业开工后自行垫付一定资金，使企业更没有资金更新增加需要的设备，也拿不出资金投入科技研究，造成企业不能进行新技术、新设备、新工艺的推广开发项目，阻碍建筑科技的进步与发展，导致建筑企业生产力水平的停滞和下降，对社会发展造成不利的影响。

2.3 无序的低价竞争也会产生腐败问题

一些中小建筑企业会利用低价优势，把优秀的施工企业挤掉或挤垮。利用以低价中标，然后利用不正当手段串通业主，在签订合同时设下埋伏，使招标文件中关于工程造价结算的条款变灵活，富有弹性。在工程建设施工过程中，通过设计变更及工程量签证等手法，增大一些不必要的工程量，使投资费用提高，满足个别腐败分子及施工企业的私利，让建设单位蒙受不必要的经济损失。这种腐败现象在建筑界不是个别现象，而带有普遍性，将严重损坏施工企业进入国际市场的形象，不利于进入国际建筑市场的竞争。

2.4 工程质量及进度控制难度加大

为了获得建设项目、揽到工程，施工企业不得不低价中标，低价中标的工程在甲、乙双方签订合同时也会按质量进度要求填写，对甲方的承诺内容也不会减少。但是由于是低价中标，甚至是低于工程成本价承建，其质量进度会大打折扣的，监理工作的控制难度会加大。为了尽可能节省费用、压低造价，施工企业会在各个环节节省费用。这就需要加大对建筑材料进场的控制，施工过程中的工序检查次数也会增多，偷工减料也会经常发生，会造成质量隐患的存在，极不利于正常的施工控制。同时，由于资金短缺，采购材料也不及时。为节省费用，施工人员的数量和素质也可能达不到需要的标准。所有这些具体问题，都会增大管理难度及质量和进度的不确定性。

3. 改革企业体制培育低价中标市场环境

要想让低价中标的竞争方式在建筑市场继续发展，必须有一套有效的管理体制和市场运行环境，必须对现在的管理体制进行改革，以利于培育出工程建设最低价中标的市场环境。现就目前建筑市场的基本状况分析，要做好以下几方面的工作。

3.1 强化资质作用，让信誉质量好的企业参与竞争

对一些没有实力的施工企业或施工中信誉、业绩差的企业，以挂靠生存的小包工队清除出建筑市场。根据已形成的工程总承包惯例，鼓励技术力量雄厚、有实力的企业进行工程总承包，利用其优良的管理、先进的设备技术、丰富的施工经验去管理各专业分包队伍，以便提高在建项目的质量目标和培育参建队伍的整体水平。让那些管理水平低、但在某一专业方面还可以的施工队伍进入（劳务市场），在总承包方的管理下进行分包施工。而一些无管理能力、技术素质低下的小施工队伍，限制其在建筑市场揽不到工程，用管理手段让其自然淘汰。

3.2 加强招投标资质的预审查

对投标企业资质的预审查，不能只注重施工企业报交的资料，还要对施工企业进行全面地考察，听取社会及行业内的广泛评价，确实选择多年来施工业绩好、重信誉、质量有保证、有实际管理能力的施工企业。将多年有劣迹的施工企业坚决拒之门

外，不让其有投标竞争的机会。

3.3 强化建筑市场执法力度，防止多头管理

工程建设管理的法规比较健全，关键是要加强管理者的自身法律意识和执法力度。要界清工程管理的职能范围，提高管理的信息化，对过去施工中不讲信誉、轻视质量、不守合同的施工企业在适当场合予以“曝光”。同时采用各种行政手段，依法对违规企业给予重罚，特别是加大对法人代表的处罚力度。要明确执法管理的责任，防止多个部门插手管理，对出现的问题又互相推诿。

3.4 规范工程合同管理

建筑工程合同文本虽然在几年前印制了统一的格式，但多数合同内容仍需签约双方协议填写，因此有必要规范合同对等的权利和义务。目前存在着某些不平等的合同条款，对这些不平等的合同条款，合同备案管理部门应进行干涉，使合同双方能在条款中互相得到约束，削弱业主与承包商之间一些不平等的关系。不能让一些建设单位在工程承发包和施工中的控制权利过大，而应尽的义务却太少，减少承包商在合同执行过程中受约束过多的被动处境。例如，前期施工垫资过多、不按合同付进度款、不按时结算、拖欠工程款等。同时对设计变更要严格审查，对设计部门的设计文件也应有约束，不该变更的、可变可不变的坚持不变更。要从源头上制止不合理的变更修改，杜绝“感情变更”、“人情变更”的不规范行为，从费用上得到有效控制。

3.5 加强建筑市场施工企业档案网络管理

在各地区建筑工程招标交易中心，要对本地区范围内参于投标的施工企业进行注册登记管理。对每一企业的资质证书按号输入招标交易中心进行网上管理，该网页应记录每一个施工企业在本地区施工的每一项工程的业绩、质量、信誉及企业经理等情况。资质预审时，建设单位可到交易中心网站上下载施工企业的详细资料，同时招标交易中心也可以对施工企业报交的预审资料进行核实。发现有弄虚作假不守信的企业，应当否决参与工程投

标的资格。

建设工程的招投标施工发展演变到今天，采用低价中标需要加快培育出一种良好的市场竞争环境和运行机制。使工程低价中标在施工企业承受能力许可的情况下，能良性健康地向前走。决不能让它在建筑市场竞争中，破坏建筑市场已形成的有序竞争环境，使国内建筑企业尽早进入国际建筑市场并参与工程的竞争。

9 工程质量实体检测鉴定存在的问题

工程质量实体检测与建筑工程施工送样检测是不同的，施工送检是对工艺过程中使用的材料进行检测，而工程实体检测是直接针对工程实体，依据科学的检测手段和相应的规范标准对建筑工程结构进行检测，以确定构件的实际强度、承载能力和耐久性。工程质量实体检测更能真实地反映出建筑工程的实际质量状况，为最后的鉴定提供科学的依据。而工程质量鉴定则是依据检测的成果，对建筑物的安全性、正常使用性能及强度、抗震性能多方面进行验算分析，对其能否继续使用、能否改变使用用途做出结论，并对建筑物能否进行加固补强处理提供依据。

在现实的工程检测鉴定工作过程中，存在着一些不符合规范的做法，需要在实践中改进提高，以真正达到科学的检测鉴定目的。

1. 不实施检测或少检测

1.1 不实施检测

实际检测数据的结果是出具鉴定结论的最重要依据，而有些检测技术人员在做鉴定工作时却不进行工程实体检测，而是根据设计文件资料、施工技术资料来确定结构构件的强度，对建筑物进行结构验算、做出鉴定。设计施工图、工程交工技术资料是鉴定工作所需要的参考资料，但是不能依靠这些几十年前的旧资料，而当时的施工也会有与图纸不完全相同地方，资料中也存在不真实的成分，不可避免地存在一些偏差；另外，随着时间的推移，结构也会自然老化，一些建筑物的设计寿命只有50年，在使用的二三十年中受多种因素的影响，各部位、各构件强度、承载能力会有一定的降低。因此，不进行检测而对建筑物做出鉴定结论，是盲目的、不负责任的，也是很危险的。更加严重的是，有的检测人员不实际检测，出具虚假鉴定报告，这样做是为了承揽到检测工程量，服从于委托方的不合理需求。有时就属于缺乏职业道德，也欺骗了委托方。

1.2 尽量少检测

不能按规定的检测点进行实际检测，而是尽量少检测也是一个经常出现的问题。一般需要进行鉴定的建筑物多数处于使用状态，检测过程会给正常使用带来不便。有的检测人员就减少了检测的规定数量。根据实际工程检测结果，即使是同一幢建筑，同一个楼层中，同一类构件的强度有的差别也很大，甚至同一构件的不同部位结构的强度都会有很大的差别。不按规定少检测，就会出现漏检，结构构件的强度评定就反映不出真实的强度。在这种少检测的情况下，给工程鉴定带来很大的危险性，也给建筑物的正常使用留下安全隐患。

2. 无资质检测鉴定

建筑工程的实体检测属于技术性很强的专项检测，在建设部颁布的《建设工程质量检测管理办法》中，对于能够进行基层、主体结构工程现场的检测人员及检测单位的资质都有明确的规定。但是，事实上有一些单位并没有取得相应的检测资质，在承揽建设工程的鉴定项目后，自行对结构实体进行检测，他们出具的检测数据是无法律效力的。依靠这种检测数据得出的鉴定报告也同样缺乏法律效力。这种不规范行为一是扰乱了建筑市场的秩序，二是建筑结构检测鉴定作为建筑行业质量检测的一部分，有其自身的理论依据和实际的操作规程。没受过正规专业检测培训的人员进行检测，往往是有差之毫厘、谬之千里。由于检测结果的偏差，就很容易得出错误的鉴定结论。相对于检测单位，鉴定单位的资质管理则更加存在问题，目前建设管理部门没有出台相应的鉴定资质管理办法，对于能够从事鉴定工作的单位所需要具备的技术人员、设备等均未做出规定，导致现在一些单位都在从事鉴定工作。其中有设计单位、教学部门、建筑科研单位，还有一些民营性质的咨询中介单位；有些单位有建设主管部门下发的准许其进行鉴定工作的批示；有些单位在营业执照上有鉴定业务，但并无相关建设主管部门的批准文件；而有些单位既无营业执照，更没有相关建设主管部门的批文等。这就造成了鉴定单位的混乱无序，急需要进行规范管理。

3. 检测方法不规范

建筑实体的检测方法较多，采用不同的检测方法有不同的适用范围，超出其适用范围，检测的结果就不准确。例如，采用回弹法测混凝土强度，规程中对所测混凝土的龄期、强度范围、成型工艺均有规定，而实际在检测当中有许多混凝土不符合规程的要求，应采取其他检测方法或制定专用检测曲线，这就大大增加了检测的难度和费用。为了降低检测难度和节省成本，一些检测人员在超出回弹法的适用范围时，依然采用回弹法测定混凝土的强度，这就严重影响了混凝土强度推定值的准确性。

4. 检测鉴定依据不准确

依据不准确包括两个方面：一是在检测鉴定工作过程中，技术人员对相应规范的采用易出现偏差；二是不同规范之间的要求不一致。建筑行业的规范标准目前还是比较齐全的，整个体系正在逐步完善阶段。各种结构的建筑物的检测鉴定，都会有相应的规范标准在制定颁布。在具体检测鉴定过程当中，技术人员对相应规范的采用还会产生理解上的偏差。例如对一幢 20 多年前的砖混结构建筑物需要改造，实测结果是，砌筑砂浆强度仅为 M3.2，按现行标准《建筑抗震设计规范》（GB 50011—2001）

中对 7 度抗震地区砌筑砂浆最低强度为 M5.0 的规定，这幢建筑的砂浆达不到规范的要求，有许多设计人员据此认为该建筑楼应进行抗震加固处理。但对投用多年的旧楼仍按照《建筑抗震鉴定标准》(GB 50023—95) 中的规定，对于 7 度地区，砌筑砂浆强度等级最低为 0.4MPa，则该建筑物不需要进行抗震加固处理。另外，部分规范标准在编制过程中，编制人员相互之间没有协商沟通，造成同类规范之间不是完全协调统一，这就给应用带来了不便。如对于混凝土强度的检测，在行业标准《回弹法检测混凝土抗压强度技术规程》(JGL/T 23—2001) 和国家标准《建筑结构检测技术标准》(GB/T 50344—2004) 均有规定，但两本规范中无论是抽样方法还是检测结果的评定方法均有较大的不同，如采用相同数量的抽样方案，两者的检测结果评定存在较大的差别，很可能出现不同的鉴定结论，也容易引起争议和纠纷。

同时，由于目前从事检测鉴定工作的单位多且乱，为了能揽取检测任务，竞争压价，导致检测鉴定费用越来越低，低价格的直接结果就导致减少检测数量、降低鉴定工作的深度和准确性，给所鉴定的建筑留下一定的隐患。

对于上述检测鉴定中存在的实际问题，各地的建设行政主管部门，应加强对建筑检测鉴定行业的规范和管理，借建设部新颁发的《建设工程质量检测管理办法》实施之时，认真学习落实。对检测单位的资质必须严格审批，不准乱发检测鉴定。对专业人员、仪器设备、管理不达标的单位，不允许再进行检测鉴定工作。建设主管部门应加强对质量检测鉴定工作的监督和管理，对无资质的检测鉴定单位予以认真地查处，以确保检测鉴定工作的科学严肃性。另外，在市场经济形势下，检测鉴定单位自身应更加努力学习，掌握最新的检测技术、配备先进的检测设备，提高检测人员的技术素质，加强服务意识，保证检测鉴定工作的精度和准确性。

建筑工程质量检测鉴定工作是建筑行业工程质量的一部分，正处于发展阶段，有许多理论和技术手段需进一步完善和提高，从事检测鉴定工作的技术人员以及管理部门，要不断在实践中总结经验，提高自身技术素质，为提升检测鉴定工作水平做出努力。

10　建筑物沉降观测技术应用中注意的问题

随着城市人口的大量集中，全国各地的工业及民用建筑日新月异，其中相当一部分建筑体形高大，在施工过程中由于情况复杂忽略了对体型高大建筑物的沉降观测，造成了许多工程事故发生前得不到及早的预测发现，由此而带来了较大的经济损失及社会影响。因此，在体形高大建筑物施工中对其进行有效的沉降观测就显得很有必要；另外，在处理一些由于自然灾害、工程事故以及人为因素导致的建筑物墙体开裂、倾斜等问题时，对存在上述问题的建筑物的沉降观测起着重要的作用。

1. 沉降观测的要求

建筑物的沉降观测要求高，为能较精确地反映出建筑物在荷载不断作用下的基础沉降情况，一般情况测量的误差应小于变形量的1/10～1/20。建筑物的沉降观测对时间有严格的限制条件，特别是进行的首次观测，必须按时间规定观测；否则，沉降观测得不到原始数值，从而使整个观测得不到完整的有效数值。

相邻两次观测的时间间隔称为一个观测周期，一般是在建筑物的沉降观测按一定的时间段，来划分为一个观测周期（如：次/3d），或按建筑物的加荷情况每建成几层为一观测周期。建筑物墙体开裂及整体倾斜监测中的沉降观测周期仅有几小时，无论采取何种方式都必须按施测方案中规定的观测周期准时进行。

为了能够反映出建筑物的准确沉降数值，沉降观测点要埋设在最能反映沉降特征且能方便观测的位置，观测点也应牢固，不受周围环境影响，易于观测。一般要求建筑物上设置的沉降观测点纵向、横向基本对称，而且相邻点之间的距离以 20～30m 为宜。根据建筑物的外形特征，建设、设计单位应要求选择沉降观测精度的等级需求。在没有特殊要求的情况下，一般的多、高层建筑物在施工过程中，采用二级水准测量的观测方法就可以满足沉降观测的精度需要。

各项的观测指标要求是：

（1）根据水准仪对水准基点和观测点观测值之差，计算出观测点与水准点之间的高差，求出观测点的实际沉降值。该沉降值所包含的中间误差为 $\Delta_1=\sqrt{2}m$，m 为仪器测高中误差。为了检验水准点测量读数的可靠性，一般采用变动测量仪器的位置或高度，也可采用双面尺法进行复检。为了提高精度而采取用多次测量结果的平均值，则该平均值的中误差为 $\Delta n=\sqrt{2/n}m$，n 为测量次数。

（2）前后视距：＜30m。

（3）前后视距差：＜1.0m。

（4）前后视距累积差：＜3.0m。

沉降观测点相对于后视点的高差允差：＜1.0m，水准仪的精度不低于 N2 级别。

沉降观测自始至终要遵循“稳定”的原则，坚持“稳定”就是通常所说的沉降观测依据的基准点、工作基点、被观测物上的沉降观测固定点，其点位必须保护好，不要碰撞；测量用的仪器、尺子、尺垫要固定；观测人员要稳定；观测时的环境条件必须接近一致；观测线路、站位、转点位、方法程序要固定。以上的控制方法可以客观上尽量减少观测误差的偶然出现，使所测的结果有统一的趋向性，确保各次复测结果与首次观测的结果可比性更强一些，所观测的沉降量更接近实际。

2. 具体的施测程序和步骤

2.1 建立水准控制网

根据工程的现场及外部特点布局、现场环境条件来制定测量施测方案，由设计单位提供的水准控制点（城市精密导线点），依据工程的测量施测方案和布网原则要求建立水准控制网。具体要求是：

(1) 一般建筑物周围要布置3个以上水准点，水准点宜距观测点的距离要近，一般不超过100m；

(2) 在场区内任何地方架设仪器至少后视到2个水准点，并且场区内各水准点构成闭合形式，以方便闭合校验；

(3) 各水准点要设在建筑物开挖、地面占用和施工震动的范围之外，水准点的埋深要符合二级水准测量的规定（大于1.5m，寒冷地区水准点基础底面要埋深在冰冻线以下0.5m）。根据工程特点，建立合理的水准控制网，与基准点联测，平差计算出各水准点的绝对高程。

2.2 建立固定的观测线路

由工程场区水准控制网，依据沉降观测点的埋置要求或图纸设计的沉降观测点布点图，确定沉降观测点的位置。在控制点与沉降观测点之间建立固定的观测线路，并在架设仪器站点与转点处做好标记桩，保证各次观测线路的统一性。

2.3 沉降观测方法

按照工程编制的施测方案及确定的观测周期，首次观测应在观测点架设仪器调整好，尽快施测。一般建筑物有1～3层地下室，施工过程中首次观测应自基础开始，在基础的纵横轴线上（基础外边角），按设计好的位置埋设沉降观测点（临时的），待临时观测点稳定后进行首次观测。

首次观测的沉降观测点高程值是以后各次观测用以比较的基础，其精度要求应该最高。施测时用的水准仪应是DSZ05或DS05型较精密仪器，铟瓦合金标尺按光学测微法观测，并且要求每个观测点的首次高程应在同期观测两次，以平均值确定。随着建筑施工的进展，楼体每升高一层，将临时观测点移上一层并进行观测。直到±0.00m再按规定埋设永久观测点（为方便观测可将永久观测点设在建筑物＋500mm的适当部位）。

2.4 确定沉降量

将各次观测记录整理校对无误后，进行平差计算，求出各次每个观测点的实测高程值，从而确定出沉降量。例如，某个观测点的每周期没降量：$\Delta c = H_{\mathrm{n}}(I) - H_{\mathrm{n}}(I-1)$，$n$ 表示某个观测点，I 表示观测周期数（I=1、2、3……）且 $H_{\mathrm{I}} = H_0$

累计沉降量：$\Delta c = \sum \Delta c(n)$，$n$ 表示观测点号。

2.5 统计汇总

（1）根据各观测周期平均计算的沉降量，列出统计表汇总，绘制各观测点的下沉曲线。

首先建立下沉曲线坐标，横轴为时间坐标，纵轴上半部为荷载值、下半部为各沉降观测周期的沉降量。将各统计表中观测点对应的观测周期所测得沉降量画在坐标上，并将相应的荷载值也画在坐标上，连线就得到对应于荷载值的沉降曲线。

（2）根据沉降量统计表和沉降曲线图，就可以预测建筑物的沉降走势，将建筑物的沉降情况及时反馈到相应的主管部门，正确地指导施工。特别是在沉降量较大的地基上，重要建筑物的不均匀沉降的观测就显得尤其必要。

利用沉降曲线还可以计算出因地基不均匀沉降引起的建筑物倾斜：$q = (\Delta c_{\mathrm{m}} - \Delta c_{\mathrm{n}})/L_{\mathrm{mn}}$，$\Delta c_{\mathrm{m}}$、$\Delta c_{\mathrm{n}}$ 分别为 m、n 点的总沉降量，L_{mn} 为 m、n 点的距离。

对沉降观测的成果分析可以找出同一地区类似结构形式建筑物影响其沉降量的主要因素，指导施工单位编制施工组织设计和正确指导施工，同样也为设计单位提供可靠的地基资料。

3. 必须引起重视的问题

3.1 要确定建筑物沉降观测的精度

由于现行规范对施工单位在施工过程中的沉降观测要求不明确，造成施工单位在建筑物建筑时的沉降观测精度选择随意性很大，但测量精度的准确程度直接影响到沉降观测的成效。对沉降观测的精度选择要合适，适合工程的特点。既不造成无谓的浪费，又必须保证观测的准确性。只有这样，一般建筑物在首次观测过程中采用精密仪器设备（高级水准仪、铟瓦合金标尺）在±0.00以上部位按二等以上水准测量方法，采用放大率倍数较大的DS1或DS05型水准仪观测，就可以测出准确的结果。

3.2 沉降观测过程中的沉降量

与其时间关系曲线不是单边下行光滑曲线，而出现起伏现象较明显时，要认真分析原因，进行复合修正。

11 多层建筑工程施工阶段监理程序的控制

我国工程建设实行监理制起步只有10多年的时间，国家制定了监理规范，对监理的操作行为、人员素质作了具体规定。但由于各地建筑业发展不平衡，在监理实施中，监控的粗细存在较大差异，特别是在大型公共建筑和多层建筑的监理技术尚不完全成熟的现在，监理工作并未贯穿项目实施的全过程中。因此，从施工阶段质量控制程序逐一做好多层建筑的监理工作，是监理工作的核心内容。

1. 施工准备阶段的监理控制

1.1 确定总监并组成相应的机构

对于承担监理任务的新建多层工程，监理企业根据工程的建设规模、重要性、业主对监理的要求，选择委派有相应资质的人员担任项目总监理工程师。总监理工程师必须具备所需资质、有丰富的类似工程监理施工经验，较高学历和相应的协调组织能力。在总监的组织指导下组建项目监理机构，并开展监理工作。监理机构的形式应根据项目的特点、承发包模式、业主委托的内容及监理企业自身的惯例确定。对于多层建筑的监理组织，一般可采用直线制组织形式；对于工程项目在布局上相对集中的建筑，也可采用职能制的组织形式监控。

1.2 编制监理规划和实施细则

监理规划是工程项目监理组织全面开展监理工作的指导性文

件。由工程总监组织、各专业监理工程师共同参加编写完成。监理规划应针对工程的实际状况认真编写，明确项目监理机构的工作目标，确定具体的监理工作制度、程序、方法和具体措施，并具有可预控操作性。监理实施细则则是在项目监理规划的基础上，由项目监理组织的各相关专业部门，按照监理规划的要求，在专业负责人主持下，针对所分担的监理专业工作，结合项目实施情况和掌握的工程信息，编制指导具体的监理业务文件。对于多层建筑编写的监理实施细则中，应充分体现监理机构对该建设项目在各专业技术、管理和目标控制方面的具体做法。监理细则可根据工程进展情况编制，也可以按项目监理机构设置的不同专业职能进行编写。如，按地基与基础分部、主体分部、门窗及装饰分部编写，或者按进度控制、质量控制、投资控制来编写监理实施细则，内容必须具体详尽，力求面面俱到。

1.3 认真熟悉掌握设计文件

对所发的施工图和相关文件仔细审看，认真核对建筑相应尺寸及位置，对图纸中确定存在的问题通过建设单位代表，用书面形式向设计单位提出修改意见或建议；参加由建设单位组织的设计图技术交底；主持各施工方参加的图纸会审；整理编写图纸会审纪要。

1.4 审查施工组织设计及专业方案

多层建筑工程的施工必须要求施工企业按分项分类编制施工组织设计（方案）。对呈交的方案重点审查方案的可行性、全面性、合理性和经济性。对新材料、新技术、新工艺的应用要给予特别重视，特别是国家提倡和推广的建筑节能产品、新的施工机械使用及操作方法等。

1.5 审查施工企业的安全质量管理体系的建立情况

施工企业现场管理机构的安全质量体系、技术管理体系和质量保证体系的建立和完善，是保证建设项目能得到有效控制的先决条件。一个不能建立完善安全质量管理体系、技术管理体系和质量保证体系的施工企业，不可能施工出符合验收标准的建筑产品。在审查中重点注意施工企业的现场管理体系：管理人员、特殊工种人员持证上岗情况、安全质量管理制度、安全质量责任制、执行的技术规范标准、分包项目单位资质及总包对分包的监管制度等。

1.6 检查进场原材料及设备

认真查验进场的各类设备和原材料，首先检查施工企业报验的各种证件是否齐全，在证件符合要求的基础上再实地查看。对地产砂石料、砖石（砌块）、大型钢厂、水泥厂的各种型号钢筋、水泥，都必须按要求抽样检验，监理人员见证取样送检；对进场的机械设备同样进行验收，并由有资质的检验机构验校，出具合格证才能用于工程施工。

1.7 检查施工现场并签发开工令

检查施工现场准备情况，核实是否具备开工条件。包括现场障碍物的清除、“四通一平”是否到位，要求施工企业对现场进行科学合理布局，及早申领施工许可证（现在该证由建设单位领办）。当切实具备开工条件时，由总监理工程师签发开工令。

开工时，全面复核工程定位放线及标高的确定，确保建筑体之间相互距离和高程的准确。对施工方报验的测量控制成果及保护措施进行核实，当确定正确时及时签字认可。同时，审查施工方专职测量人员的岗位证、测量仪器的监测合格证、复核控制桩的检测成果、平面控制网及保护措施等。

2. 施工阶段的监理控制

施工阶段即从原材料进场的质量控制开始，直至整个工程施工全过程工序质量监理系统控制的完成为止。其监理控制的重点应放在事前的质量控制。

（1）重点部位设置质量控制点。

实行施工全过程的旁站监理，在人员、机具、材料、方法、环境因素中，应将重点放在对人员素质的监控、使用材料及施工方法的过程控制上。根据项目的监理大纲及监理实施细则所明确的监理程序、质量控制要点、质量预控措施等内容对施工进行全方位的监理。

(2) 施工过程的监理方法。

可采取旁站、巡视、平行检测等手段跟踪监理，对关键部位、关键工序的质量要重点检查；同时，要求施工单位切实按“三检制”检查质量，即自检、互检及专职检查。

(3) 对隐蔽工程的工序交接应严格控制程序。

经监理现场检查质量合格，签证认可后方可进入下道工序，坚决杜绝自行隐蔽的现象。对监理中发现的质量问题要及时组织人员整改，以确保工序交接按计划进行。

(4) 对施工中产生的设计变更内容应按程序进行。

施工必须有依据。施工图纸以外出现的质量技术问题必须有法律效力的签证，由现场各专业监理工程师在原始凭证上签字，再由项目总监理工程师审签确认。

(5) 在施工中遇到质量问题和工种之间需要协调处理时，及时组织各有关方在现场实地解决，定期召开监理例会，及时向业主汇报施工进度、工程质量及存在需要协调解决的问题。根据工程进度及时收集整理工程技术资料，做到施工进度及资料同步，防止丢失及残缺不全，及时收集归类建档。

3. 多层建筑施工质量监理工作控制的重点

3.1 基坑边坡支护及降水工程监理

多层及高层建筑基础埋地较深且有地下水，一般都有地下室建筑，因此，基础开挖及施工期间边坡的支护处理是十分重要的。边坡的支护按工程机理和防护材料性质可分为水泥挡土墙体系、排桩和板墙式支护体系及边坡稳定三个类型。对于边坡采取水泥围护结构，施工时应重点控制过程中搅拌桩是否均匀、搭接长度是否满足、水泥掺量是否达到配合比设定的量、相邻桩的施工间歇是否超过规定、土方开挖前养护时间是否到期、开挖顺序及分层厚度是否规范等。对常采用的排桩式支护体系、钻孔灌注桩围护墙，应重点控制桩位偏差和桩的垂直度、桩成孔质量、钢筋笼加工绑扎质量、孔内位置、混凝土配制强度等级、抗渗帷幕水泥土搅拌桩的施工质量控制，同时对支撑和围檩的施工质量和形成时间掌握好。施工必须按设计及施工规范进行，监理按监理规范及施工质量验收规范进行，基坑支护的施工还应同时注意坑边塔吊基础对护坡的影响，并重视塔吊的稳定及周围建筑物的安全等。

降低地下水的方法有集水井和井点降水两种。在软土基础一般多采用井点降水，降水可能会引起周围地面沉降。在降水过程中注意观察，并应有预防因降水沉降引起周围地面沉降的措施。

3.2 基础开挖的监理

基础土石方开挖工程要严格按已批准的施工组织设计方案进行。开挖按顺序分层进行，不允许超挖。支撑或拉锚按设计要求设置，同时制定土方开挖过程可能产生的应急措施；如支护墙的渗漏水、断桩或漏桩的处理、预防倾斜位移扩展、流砂及管涌的处理、邻近建筑物及地下管道的位移控制等。土方开挖应注意防止基坑土减少、原坑边回弹变形、边坡失稳、桩位移或倾斜，做好配合支护的安全准备工作。基坑开挖过程中时刻关注土质的变化和地下水位的监测。若基坑每天或总的位移、水位变化超过开挖前估算的量时，应采取相适应的预防措施，防止基坑发生质量事故。

3.3 大体积混凝土施工及裂缝控制监理

多层建筑基础工程的混凝土量一般较大，要认真审查施工方案，提出控制温度具体措施。实际施工时，对混凝土入模温度、表面温度、中心温度要采取动态监测，及时测试。控制混凝土中心温度和表面温度的差小于 25℃，当超过裂缝开裂的极限温度时，采取内部降温和外部保温的措施预控。施工中在混凝土中掺入一定量的干净毛石、中间加放冰块、减少水泥用量、掺入混合料延缓升温时间、减少用水量、降低坍落度，使混凝土收缩变形量减小等措施，来控制混凝土的开裂。

3.4 防水工程的监理

地下室工程的防水工作极其关键，关系到工程的安全性、耐久性和正常使用。重点检查施工缝、后浇带与预埋穿墙套管处的质量。现在用于止水带的材料有薄钢板、塑料、橡胶制品，根据使用要求选择使用。浇筑混凝土前，监理人员核查材料是否合格、是否符合设计要求、是否满足工艺要求。对柔性止水带的搭接长度、钢质止水带的焊接质量作为检查的重点，并做好隐蔽记录；同时，对止水带在混凝土中的位置及埋深应加控制等。对防水涂料的合格证及出厂试验报告要查验，确保防水涂料合格后再用于工程。对双组分涂料应按配兑说明配制，符合要求再进行大范围施工。涂刷时，控制好均匀及涂层厚度、间隔时间、涂刷遍数等，并做好对涂层的保护，防止损伤。

3.5 各种管道工程的质量监理

多层建筑工程的各类管道量较大，而且纵横交错，接头较多，材质也各不相同，如给排水、暖气、煤（天然）气、热水管道等，其管材质量和安装质量对正常使用影响极大。由于管道的渗漏出现的使用问题经常发生，管道施工过程的监理重点是：目前建筑用给排水管多采用镀锌钢管或 PVC 塑料管、UPVC 螺旋塑料管等；暖气及地暖、天然气多采用钢质管道。施工前，必须检查各种管材的三证是否齐全、材质是否符合设计、配件是否齐全、型号是否配套。当验收及检查合格后，准许管道用于工程。安装过程检查其位置及标高、钢管焊接质量、塑料管道粘结质量、支吊架间距及固定、管道的横平竖直、穿墙板套管的密封等。

3.6 钢结构工程的监理

审查施工方案特别是吊装加固措施，检查原材料及成品的合格证、检验报告，需要复检的检查合格后再用于工程。对主要构件的焊接，要求施工方提供焊接工艺评定报告，经审查符合验收规定后再施焊。监理人员除了控制好现场焊接质量外，还必须对半成品、成品的焊接质量跟踪监理。对成品质量控制，要事前要求生产厂家提供相关质量证明，出厂时提供合格证。监理对现场焊缝，根据规定按比例进行超声波检查；对钢结构用高强螺栓连接重点检查；对外涂料检验其原材料、涂层厚度、外观质量，用测厚仪、手摸及观察方法检查，控制施工质量。

3.7 垂直吊装安全监理

多层建筑的垂直吊装运输具有运量大、机械费用高、影响施工速度的特点。正确选择和有效使用垂直运输机械对降低工程造价、加快施工进度十分关键。监理人员要首先检查施工单位垂直运输的专项方案，检查选用的起重运输体系是否满足安全的使用需要。目前，多高层建筑起重运输机械一般采用塔式起重机、施工电梯和混凝土输送泵及管道。垂直运输使用最多的塔吊要重点检查起重幅度、起重量、起重力矩和吊钩高度，直接影响施工及安全正常使用的功能部分。同时，要求施工单位对塔吊的基础混凝土、塔身稳定垂直度、连接件固定按设计施工，并经所在质量安全劳动部门检查验收，颁发准运证后，才能投入使用。

12 优质品牌建筑工程的质量技术管理控制

优质建筑工程是一个系统工程，品牌工程是每个建筑企业追求的目标，而品牌工程必须是精品工程。精品工程从项目开始应建立“目标管理、动态控制，阶段考核、过程控制”的创优机制。为使建设工程达到品牌的目标，对工程的质量技术管理方法浅介于下。

1. 质量保证体系

为了创造优质精品工程，企业在投标获得工程施工项目以后，必须提出明确目标：整顿建立新的规章制度、创造精品、服务社会、共创双赢。在创精品的过程中，将每一个项目做成一个精品，开拓更大的市场。针对精品工程建立企业质量保证体系和项目经理部质量保证体系。

企业质量保证体系为：

总经理—管理者代表—生产经理—经营经理—供应经理—总工程师—生产管理部—经营管理部—劳动人事部—材料设备部—办公室—技术质量部—试验室—项目经理部。

2. 精品工程质量目标

工程质量是每项性能指标所要求的，而面对具体的工程项目来说，是由6种性能所制约的。结构要求可靠性、安全性、耐久性（设计规定期50～100年），功能要求适用性，装修要求可维修性、业主的建设投资经济性。这就要求建筑企业将工程作为重点来做，配备有经验的技术人员任项目经理；委派高素质的质检员，对工程进行质量监督；选择优秀管理人员组成项目经理部；项目经理在公司总部的服务和监控下，充分发挥企业的整体优势和专业化施工支持，按照《建设工程项目管理规范》（GB 50326—2006）的管理模式，并执行GB/T 19002—ISO 9002模式标准，建立质量保证体系来运作，将专业管理与计算机管理相结合的科学化管理体系。以一流的管理、一流的技术、一流的施工、一流的服务，以及严谨的工作作风，精心组织、精心施工，履行对业主的承诺，实现品牌工程的目标。

项目经理部质量保证体系为：

项目经理—项目副经理—项目主任工程师—主管工长—质量检查员—技术员—试验员—翻样员—放线员—木工工长—钢筋工工长—混凝土工工长—瓦工工长—油漆工工长—抹灰工工长—安全员—材料员—水电工工长—预算员—资料员。

3. 质量控制保证原则

（1）建立完善的质量保证体系，真正体现以人为本的经营理念，体现出30%和70%之间的关系，即30%的控制缺陷在操作人员手中，70%控制缺陷在管理人员手中，所以要配备高素质的管理人才和质量管理人员，强化“项目管理、责任分明、以人为本”。

(2) 严格过程控制和程序控制，推行两全管理（全员和全过程），树立创“过程精品”、“业主满意”的质量意识，使所建工程成为企业的品牌工程，即省级以上优质工程。

(3) 制定合同承诺的质量方针目标，将目标层层分解到班组，质量责任、权力、义务彻底落到实处，严格奖罚制度。

(4) 严格样板制、三检制、工序交接制度、质量检查审批制度和挂牌制等。通过挂牌评定，明确各自责任，出现质量问题，要查清是属于交底不清还是没按交底去施工，这就变成有可追踪的依据，可查清责任。

(5) 广泛深入开展质量职能分析，质量例会讲评，大力推行“一案三工序”管理措施及“质量设计方案，监督上工序，保证本工序、服务下工序”。质量设计方案应有施工准备、作业条件和强制措施、工艺标准和过程等，让其操作者明确工序的要求。严格控制工序质量，不合格工序不下交。

(6) 加强图纸的会审力度、深化图纸设计、详图设计和综合配套图设计和审核工作，确保设计图的无差错质量，保证施工质量的优良。工程设计图深度不够是造成工程质量缺陷的原因之一。所以，裂缝、渗漏、下沉的部分原因是设计处理措施不理想，如防水温度裂缝是一通病，而将质量不过关问题推给施工责任，有失公平性。

(7) 一个好的建筑企业必须是内业指导外业，尤其是现在的决策者、管理者和劳动者分开，建筑施工队伍中的农民工技术是远远不能适应专业施工要求的，必须使管理层明白，只有培养提高操作者的素质，才能创造精品。

(8) 严把材料质量关，建筑用的各种材料数以百种，尤其是建筑用的主要材料，如水泥、钢筋、大宗土产材料砂石料、砌块等，由于量大，每次进场质量不会相同；设备成品、半成品；各种上下水管材、电线等。这些材料进场必须要有合格证、检验报告，进场后按规定抽样检验，合格后用于工程。材料质量是工程质量的保证，技术人员素质再高，材料质量不合格，也施工不出品牌工程的。

(9) 针对施工进度和工期的要求，面对管理工作时限，先行控制更重要。质量要求必须进行精品策划、过程控制，必须于施工操作前先走一步，策划在先才能为创造精品提供支持。

(10) 确保检验、试验和验收工程进度同步、工程资料与工程进度同步、竣工资料与工程竣工同步、用户手册与工程竣工同步，这就要求各项目工作走在进度之前。在这里尤其是工程资料与试验资料往往不能与工程进度同步，影响了工程交验。要做到不违规、不造假，真实地反映施工实体的质量，充分体现建筑市场经济质量的 6 个属性（即安全性、可靠性、耐久性、适用性、可变性、经济性）。

4. 实施过程的控制

质量工作的指导思想是全面对接市场，实施“过程精品”战略，必须在全企业形成共识，才能在工程的实施过程中达到创造精品的保证。

4.1 过程精品的指导方针

(1) 坚持各负其责做法

项目经理部人员分工以后，是哪个人分管的项目哪个人自己负责制，使人人自负其责，工作有责任。在施工方案和措施面前、任务安排和责任落实上，任何执行人都必须无条件严格执行。

(2) 加强内部管理

建筑工程施工质量的控制是创精品工程的重中之重。在开工前必须制定出关键工序的控制点，明确关键工序的控制部位、控制内容、执行人、执行标准、检验程序和检查级别等。在工程质量上要加强结构工程、装修工程，水、暖通、电气工种之间的协作配合管理，在工种施工前由技术人员交底，后作样板，实行实物培训效果，要一次成活，深化精品意识。

(3) 强调过程精品的作用

只有在实际操作过程中才能做成、做好达到精品，每道工序是优质的才能使整个工程成为精品。任何管理层和具体操作人员必须以此为自己的行为准则，严格控制每一道工序过程，做好每一个管理点、每一过程和环节，做好针对关键控制点的四方验收制（即业主、监理、施工企业、操作班组）。

（4）严格执行制定的制度

在工程建设过程中，必须做到任何事情“有章可循、各负其责、有人监督、有据可查”的制度，对每一个分部分项工程都制定出管理流程，严格执行所制定的会议制度和奖罚制度相结合的方式，彻底解决施工中出现的质量问题，以过程控制来保证精品工程的实施。

4.2 工程的试验和检验

在整个施工中有大量的材料及产品需要检验和试验，这项工作非常重要，时间性极强。取样不及时或不到位，其试验结果也无效，会造成重要的损失，后果相当严重。施工企业必须重视此项工作，用试验数据说话是对工程质量进行检验和验证的关键环节和手段。大型工程施工企业必须有试验室，如果没有试验室时，必须委托有认证资质的试验室承担试验任务，并协助监理公司及监测机构进行抽样，具有第三方公证性，以合法手段进行检验，确保试验数据的真实可靠性。

13 乡村道路桥涵工程的人为损坏及防治措施

国民经济的高速发展及城乡建设面貌的巨大变化，这些成就的取得原因是受益于交通的飞速发展。农村的建设发展必须优先解决的是道路交通。国家非常重视乡村交通问题，要求在公路交通现代化建设进程中，加快农村公路建设的进程，全面推进农村经济发展的社会进步。但在推进农村民间交通事业发展的同时，也存在着许多不利的影响因素。其中最为严重的是乡间交通工程项目的施工质量难以保证。而已有的民间道桥也普遍地存在不同程度的质量问题，严重影响了广大人民群众的切身利益。为此，根据几年的观察和建设特点分析出现质量问题的原因，主要是人为因素是造成上述质量原因的关键，同时提出相应的防治措施。

1. 乡村民间道路工程特点及人为因素对质量的影响

1.1 民间交通道路工程的特点

乡间道桥工程通常是乡村群众为发展经济改善交通问题而自行集资兴建，政府扶持补助，以民间为主而进行施工建设的公路工程。主要的特点是：工程项目的建设即业主多为民间而不是政府或企业；工程建设项目的资金通常是以民间集资为主和政府一定补助，资金相对短缺及紧张。

1.2 工程建设质量影响因素多

公路工程的施工质量涉及许多方面，具体要涉及前期的准备是否充分，设计是否周到、合理，施工机械人员能否确保工程进度、质量和投资费用不超，管理人员素质好坏直接影响等方面的因素。乡村民间工程项目的施工与管理是民间而非企业或政府，因此业主在进行管理的过程中有其特点与弊端，人为因素是建设的主要影响因素。

1.3 政府对民间交通项目管理失控

现在的实际状况是民间工程建设项目的管理是不规范的，缺乏统一的规范标准可依。目前我国县以下民间工程建设项目的施工通常是由民间业主自行管理，包括项目的前期准备、设计标准与施工单位的选择、设计与施工质量的监督控制等。而对于无专业知识、管理水平又很低的基层民众而言，对工程项目进行施工过程管理，不能按照相应的国家规范标准执行，很难达到建设的质量目标。因此，对工程建设质量的控制过程会存在这样那样的众多弊端，质量隐患难以避免。

1.4 民间业主无专业知识，管理水平很低

从现在来看，乡村所建的工程项目，包括道路桥涵，常会出

现不同程度的质量问题，有时会倒塌、沉陷，造成事故。从一个侧面反映出民间业主对工程建设项目没有选择好设计和施工队伍，对项目的施工质量控制放任自流。主要是由于业主不了解工程的管理控制内容和方法，与现代的建设项目管理水平和建设管理所具备的专业知识、经验存在较大差距。这主要表现在如何做好工程项目的前期工作、如何选择好工程项目的设计单位、如何组织工程的招投标选好施工队伍以及如何对施工单位进行工程质量监督，以确保工程质量顺利完成等方面均显示出民间业主管理落后的一面。

2. 防治思路

通过对我国民间交通建设存在严重质量问题原因的分析，我们可以看出，导致目前我国民间交通建设存在以上问题的原因有多方面的因素，但就目前我国民间交通建设的关键是：国家对民间交通建设的项目没有制定统一规范标准，同时缺乏相应的管理；民间业主管理水平落后，缺乏对专业知识的认识以及对工程质量监控不严。

为确保我国民间交通事业快速发展，早日实现农村民间脱贫致富，针对以上问题，结合我国民间业主的特点，提出相应的防治对策与思路。

2.1　国家应制定完善民间工程项目建设必须遵守的法规政策

（1）主管部门对民间工程项目的建设应制定具体的行业标准

我国目前交通主管部门只对国家投资的项目制定了相应的标准规范，如道路建设方面：高速公路、一级公路、二级公路、三级公路、四级公路以及与其相应的是平原或是山岭等不同情况均制定出相应的公路等级规范标准，其中不同等级公路中的桥梁也有相应的规范标准。这样作为工程项目的管理、设计、施工以及监理等不同部门均可以根据国家相应的标准进行有序的操作。但对于民间工程项目的建设，国家就没有提出相应具体的标准规范。因此，民间业主在进行民间工程项目的建设过程中就缺乏相应的规范标准，因为民间工程项目的建设是有别国家投资的工程项目，包括对工程项目的使用要求、设计和施工以及对工程质量的监理等均有所不同，特别是对工程项目的使用要求上更是如此。比如，相同跨径、相同宽度的桥梁，民间业主所要求的使用要求与国家等级公路上的桥梁使用要求明显有差别的。标准等级公路上的桥梁往往比民间相应桥梁的使用要求要高，尤其是承载力方面的要求更高，民间桥梁的使用任务通常是解决一般交通问题，不像等级公路上有较多的大型车辆通过。另外，民间桥梁的建设通常是由民间自己集资而建的，往往资金比较短缺。因此，在使用要求上也相应比较低，从而也相应降低部分造价。

因此，要想从根本上解决我国民间交通工程项目建设存在的以上问题，国家首先要制定出符合我国民间特点、适合民间交通事业发展的标准规范，使民间业主在进行工程项目建设的过程中可以按照国家的具体标准规范进行操作。目前也有不少省份已经注意到这方面的问题，如对民间道路建设方面，浙江省交通主管部门已经制定出相应的等级标准，对于农村民间机耕路的改造采用了准四级公路的设计标准。这对于当地民间交通事业的发展起到了很好的效果，各地民间业主均可以按照该标准规范进行民间道路的建设与管理。

(2) 主管部门要积极参与民间工程项目的建设，把好工程质量关

民间交通事业的建设主要是民间自主集资，政府补助而进行建设的。因此民间交通的发展除了国家政策鼓励的同时，关键还是当地人民群众建设的积极性如何。当地人民群众建设积极性对于推动当地民间交通事业的建设发展是主要的。民间交通的建设主要是民间业主从事管理进行建设的。但民间业主由于自身的文化素质比较低，对工程项目的建设缺乏必要的知识与理解。故在其进行具体工程项目管理的同时存在多方面的不足与弊病，尤其对工程项目进行质量监控时显得更加薄弱不力，主要是对工程项目的设计与施工质量。民间业主通常对所设计的工程项目很少进

行专业的设计会审，所以对所设计的项目是否合理、是否适合民间特点等情况均存在不少的问题；另外，对于在进行具体的施工过程中如何对施工单位的施工质量进行全方位的质量监控知之甚少。这一点目前在我们国家的农村普遍存在这一问题，即民间工程项目的建设很少进行施工质量监理，即使有也只不过是一些形式而已，却没有真正起到质量监控的目的。

因此，为确保我国民间交通建设质量，我们国家各级政府应该多参与民间工程项目的建设管理，特别是对工程项目质量的监控，应该与民间业主一道做好质量监理，国家对民间工程质量的监控也应制定相应质量要求，确保所建的民间工程安全使用。

2.2 民间业主应加强自身的管理水平

民间业主管理水平的落后是发展农村民间交通建设的一个有碍因素，也是民间所建工程项目存在质量问题的关键所在。由于农村民间交通建设大多是当地的村干部成员组成对工程项目进行管理的指挥部进行工程项目各方面的管理，而他们出身在农村民间，没有进行过专业的管理培训和专业学习，故对工程项目的管理是相当陌生的。因此，要加快农村民间交通建设和确保所建工程质量，提高民间业主的建设管理水平是十分必要的也是必须的。

（一）提高工程管理方面的能力

工程管理方面的能力涉及的内容比较多，通常包括具体工程项目专业方面的能力和非专业方面的能力。对于提高工程管理方面能力的途径也是多种多样，如去专业的学校学习进修、去相应的工程项目进行实习了解以及通过各种方法进行学习等。但针对农村民间业主自身的特点，应该选择合适的途径进行学习提高。

（1）民间业主应该与当地交通主管部门取得联系，向当地交通主管部门多处了解工程项目建设的过程，搞清楚工程项目建设过程中需要注意的问题具体是怎样操作的。这些基本的管理知识作为民间业主应该非常清楚。

（2）掌握了工程项目建设的基本过程之后，民间业主要主动参加交通主管部门所举办的专业技术知识学习。

(3) 民间业主之间多建立联系，互相学习，从而可以互相弥补，共同提高。这主要是从专业的角度来看的，对于非专业方面的管理也涉及较多的内容，如财务管理、人员安排、工程项目组织、资金收集、调动群众建设的积极性等，均要通过各种途径多方面地学习提高。

(二) 加强改善民间交通建设的招投标工作

目前民间基础设施建设，其设计以及施工市场均非常混乱。主要的原因是村干部不知如何把工程项目发包出去，又不知如何选择施工队伍。根本不知道如何去采用招投标工作，使自己的工程按有关的规定办理。也有些民间业主为个人的利益或为了节省资金，把工程包给了非正规施工单位的个体企业。而个体企业为了赚钱又给转包了。例如有一座民间桥梁由于民间业主管理水平落后无知，把工程以低价包给了当地的一个个体私人企业，而该个体又把工程转包给另一个个体，另一个个体又转包给在当地打工的外来人员。这样层层分包，层层剥皮，后来七八个墩台基础的标高离设计标高平均还差 1.5m 左右，然而施工单位私自浇筑，就连标准长度的面板也长短不一，一些长一点，一些短一点，结果可想而知。这个例子充分地体现出由于民间业主管理水平的落后，对工程项目招投标意识的淡薄是导致问题产生的根本原因所在。所以要加快民间交通的建设，确保所建工程质量，必须要完善民间交通建设的招投标工作。只有这样，民间业主才能选择较好的施工队伍，才能使自己的工程项目的质量有法可依，有法得以保证。

(三) 提高民间业主的质量意识

当前的民间交通建设，包括民间道路以及桥梁等项目的工程质量均存在普遍的质量问题。分析其原因主要在于民间业主的质量意识缺乏，从而对施工队伍的选择比较盲目。另一方面，民间业主质量意识的淡薄还表现在对工程质量的监理上缺乏认识，即对于某一项工程只要包出去了就什么事情都没了，让施工单位自己去干就好了。甚至某些工程的施工质量根本没人过问，从而导致施工队伍的为所欲为，结果给工程的质量埋下严重的隐患。民间交通建设的业主质量意识的淡薄导致在施工队伍的选择上没有做好调查分析，择优选取。在施工队进行施工的过程中没有做好质量监理工作。故要加快民间交通建设确保工程质量，还要加强民间业主的质量意识，加强专业技术知识的学习，不断完善民间交通建设的质量监督工作。

（四）完善民间工程项目建设的财务工作

民间工程项目的建设是当地群众集体集资而建的，因此建设资金往往比较短缺，所以作为民间的业主更应注意对资金的合理使用。在进行具体的工程建设的过程中应建立相应的财务规章制度，确保建设资金合理的运用。这方面在我国民间工程项目的建设也存在不少的问题，不少民间业主由于贪污受贿导致了半拉子以及豆腐渣工程等严重工程质量问题，给当地人民群众带来了巨大的经济损失。因此，对于民间交通工程的建设，制定完善工程项目建设的财务工作也是相当重要的一个环节。

2.3 加强民间业主的思想教育，提高群众投入民间交通建设的热情

加快民间交通建设的另一重要难题就是农村的政策处理相当困难，这主要的原因在于村民的思想观念相对落后、私利意识较强的思想所导致的。故一旦进行现场勘测时村民就提出许多过分的要求，总之，村民的思想还是相当落后的，从而导致民间交通建设政策处理极其困难，无形中阻碍了民间交通建设的步伐，也很难对工程项目确保质量，使某些项目可做的而没法做，错过了一次又一次的良好机会。故加快民间交通的建设，提高民间群众的质量意识确保工程质量，加强民间群众的思想教育也是非常重要，要从多方面提高民间群众对工程质量监控的认识与理解。

2.4 在民间业主内部应建立相互监督的管理机制

民间工程项目建设由于管理比较落后，各项管理制度比较松散，民间工程项目在具体进行建设的过程中，对于民间的业主很

容易出问题，包括对设计、施工、质量监理等不同情况均存在这样或那样的管理弊病。因此，对于民间交通建设，尤其要加强民间业主内部之间的互相监督的管理机制，从而确保各方均投入到工程建设的热潮去而不要为自己的利益相互竞争。因此，只有建立相应的相互监督的管理制度才能确保工程项目的顺利完成，才能有个较好工程质量的前提。

2.5 实行民间交通建设的规范化

我国对国家投资的交通项目的建设，包括工程的前期工作及设计、施工、监理等基本上实行了规范化。但民间交通的建设还比较混乱，对民间交通建设还没有统一的标准规范。所以，要加快发展民间交通的建设必须使民间交通建设纳入规范化的轨道。

3. 结束语

交通部和国家发展计划委员会联合发文，要求在我国公路交通现代化的建设进程中，加快开创民间交通发展的新局面，全面推进民间经济发展和社会进步。从而显示国家对发展民间交通建设的重视。由于我国农村人口占很大的比例，为了快速发展经济，提高我国的综合国力，对于交通行业特别是基础设施的建设在发展大交通的同时，必须要发展民间交通的建设。解决我国广大农村出行难、生产和生活资料调入难、生产产品运出难问题，为农村经济发展和农民脱贫致富创造基本条件，为实现我国的四化建设提供有力的保证。因此，我们在快速发展民间交通建设的同时，更应注意对所建工程项目质量的监控，不然很可能就会前功尽弃。

五、地下工程的设计施工细部质量控制

1 建筑地下室结构设计与施工必须重视的问题

现代多层及高层建筑由于经济技术的因素，一般都没有大底盘地下室，地下室最多不超过 4 层，其面积占总建筑面积的 15%左右。随着人们对地下空间的需求，地下工程在整个建筑中所占的比重会越来越大。由于地下工程的材料用量大、施工周期长、工程难度大，结构设计的质量要求更加严格，设计好坏将直接影响到投资及施工周期。地下室结构设计比较复杂，所涉及的技术问题繁多，主要包括地基承载力及沉降变形、抗浮问题、不均匀沉降、结构超长、基础形式及计算方式、人防处理等。技术措施处理与经济问题密切相关，先进适用的技术措施使地下工程有良好的经济效益，而经济因素在一定程度上制约先进技术的采用。因此，正确处理好技术与经济的关系是设计者必须切实重视的。现以地下室结构设计存在的一些具体问题为主要内容，辅以个别的经济分析作比较，简要分析地下室结构设计中的问题及相互关系。

1. 抗上浮问题

对于大底盘的地下室结构工程，塔楼部分一般在使用阶段不会出现上浮问题，但裙房及纯地下室结构部分会出现有抗浮不能满足要求的问题，针对此种情况，结合工程设计及施工实践经验，浅要分析总结以下一些具体技术处理措施。

1.1 确定合理的抗浮设防水位

目前地质勘察单位提供的岩土工程勘察报告中，对地下水的水位有 3 个指标：①拟建场地历史最高水位；②近几年最高水位；③勘察时的实测静止地下水位。在合理确定地下室抗浮设防水位时，必须根据当地地基勘察设计规定的原则进行：对防水要求等级高的地下室工程，其设防水位可依照历年最高的地下水位；对设防要求一般的地下室工程其设防水位，可参照近几年最高水位及勘察时的实测静止地下水位考虑。一个科学合理的抗浮设防水位，对地下室进行结构设计和施工质量的控制是极其重要的。地下水位可参照近 3～5 年最高水位及勘察时的实测静止地下水位。根据北京地区缺水的现状及周边地区地下水位的情况，笼统地将拟建场地 1959 年以来历史最高水位或近 3～5 年最高水位作为抗浮设防水位略显保守。于是我们建议甲方委托有相应资质的勘察单位重新对建筑物抗浮设防水位进行精确的评估，将抗浮设防水位确定在一个科学合理的水平。以北京万达广场一期西区地下工程为例，岩土工程勘察报告中提供的地下水水位为：拟建场地 1959 年以来历史最高水位为 37.000m，近 3～5 年最高水位为 35.000m 左右，北京市勘察设计研究院根据所掌握的水文资料重新评估后的抗浮设防水位确定为 33.500m，按此水位计算不需要进行抗浮设计；而万达广场一期东区（外单位设计）没有进行抗浮设防水位的重新评估，按地下水水位为 35.500m 进行了抗浮设计，利用增加基础配重来抵抗地下水浮力，因此其基坑坑底标高比西区低 1.1m，两者的直接经济效益差别显而易见。由此可见，确定一个科学合理的抗浮设防水位对于地下室的结构设计是很重要的。

1.2 在建筑允许的情况下，尽可能提高基坑坑底的设计标高，间接降低抗浮设防水位

具体措施有以下几种：

（1）采用平板式筏形基础。一般而言，平板式筏形基础的重量与“低板位”梁板式筏形基础上填覆土的重量基本相当，但后者的基础高度一般要比前者高。以北京万达广场一期为例，西区地下车库底板采用带下翻式柱帽的平板式筏形基础，板厚为

700mm，而东区则采用“低板位”梁板式筏形基础，基础梁高为1300mm，仅因基础高度一项，东区的基抗深度就比西区深0.6m，如图1-1所示。

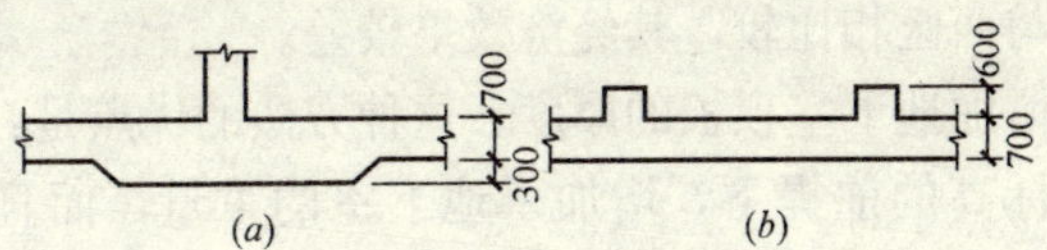

图1-1　基础形式

(a) 下翻式柱帽的平板式筏形基础；(b)“低板位”梁板式筏形基础

(2) 楼盖提倡使用宽扁梁或无梁楼盖。一般宽扁梁的截面高度为跨度的1/16～1/22，宽扁梁的使用将有效地降低地下结构的层高，从而相对降低了抗浮设防水位。在北京万达广场一期西区地下室结构设计中，由于地下二层战时为六级人防物资库，地下一层顶部有1.8m厚的覆土，荷载相对较大，因此在该项目的设计中，宽扁梁的截面高度取为600mm，为跨度的1/13.5。如果不使用宽扁梁，截面高度估算在800mm以上，综合经济指标良好。

1.3　增加地下室的重量

增加地下室本身的重量有以下几方面的优点：

(1) 增加地下室的重量是解决地下室抗浮问题的一个直接有效的方法，但这种方法还应该结合地基土的承载力而定，不能顾此失彼；

(2) 在对主体结构的地基承载力进行深度修正时，增加地下室的重量可以提高主体结构的有效埋置深度，从而提高了主体结构修正后的地基承载力特征值。

如果设计中决定采取增加地下室重量的方法来解决抗浮问题的话，笔者认为可以采用以下两种方法：

(1) 增加基础配重。此种方法大致又有以下几种情况：①增加基础底板的厚度；②增加基础顶面覆土厚度；③基础顶面采用重度大且价格低廉的填料。这三种方法的共同特点是：在增加基础配重用以解决抗浮问题的同时又不可避免的增加了基础的埋置深度，从而相对地提高了地下室抗浮设防水位的高度，因此它不是一种效率最高的方法，万达广场一期东区就采用了第 2 种方法，通过与西区相比较，其经济效果较差。

(2) 增加地下室顶板的厚度。这种方法的优点是：在不增加基坑坑底标高的前提下，增加了地下室的重量，而且使用厚板后，地下室顶板的大板块之间可以不再设置次梁，既有利于其他专业的使用，又简化了施工工序；但此种方法的缺点是会略增加地下室顶板框架梁的负荷，而且由于板厚有限，这种方法解决抗浮问题的效果也是有限的。北京利星行广场（奔驰大厦）就采用了这种大板结构。整体使用效果较佳，但由于该场地地下水位太高，所以仍然有抗浮问题。

1.4 设置抗浮桩

表面上看这是一种解决抗浮问题行之有效的方法，但仔细分析，这种方法也有一定的局限性，且不说设置抗浮桩的造价如何，单从结构受力方面讲，由于地下室的抗浮设防水位是根据拟建场地历年最高水位结合近几年的水位变化情况提出来的，即使是经过重新评估后确定的抗浮设防水位，也是按一定的统计规律得出的结论。很显然，这种方法确定的地下水位在一般的情况下是很难达到的，加之设计计算的不精确性也使得抗浮桩都具有一定的安全储备，因此，“抗浮桩”实际上长期起着“抗压桩”的作用，这种“反作用”将阻碍有抗浮要求的地下室的合理沉降，而这种变化将会使不设缝的大底盘地下室在主体结构和裙房之间产生更大的不均匀沉降差，这正是我们在设计中想极力避免的；同时，设置抗浮桩后，计算基础底板内力及配筋时应考虑地下水压力，这样也会增加基础底板的荷载。另一方面，如果地下水位长期处于一种较高的水平之上，设置抗浮桩也不乏是一种有效的方式，北京利星行广场（奔驰大厦）就属于这种情况。因此，抗浮桩是一把双刃剑，使用时需仔细考虑。

方法 1 和 2 可以称之为主动方法，而方法 3 和 4 是一种被动的方法，有时方法 1、2 和 3 也会同时使用。

2. 不均匀沉降问题

不均匀沉降问题对于大底盘高层建筑群而言，是一个必须面对而且必须得到很好解决的问题，除非该建筑群直接坐落在坚硬的岩石地基上。而解决此问题大致有几种方法。

2.1 采用人工处理地基

目前北京地区比较常用的方法是在主体结构部分采用 CFG 桩（水泥粉煤灰碎石桩）复合地基，在裙房及纯地下室部分采用天然地基；CFG 桩技术成熟、经济合理，据有关资料显示，CFG 桩复合地基的工程造价是普通工程桩基的 1/3～1/2，性价比较高。根据地基处理程度的不同，又有以下两种情况：

（1）CFG 桩地基处理＋设置沉降后浇带。此方法的出发点是：在 CFG 桩复合地基承载能力满足设计要求的前提下，允许主体结构在施工期间有相对量的沉降，由此造成的沉降差靠主体结构和非主体结构之间的沉降后浇带来解决。这种方法的优点是：降低地基处理的程度，进而减少 CFG 桩的数量，降低建设成本，减少施工周期；缺点是：①由于沉降后浇带一般是在主体结构封顶后 1～2 个月封闭，这样将使施工期间的基坑降水时间加长，增加了降水费用；②后浇带放置时间过长质量难以保证，而且相应位置底板还要加厚；③由于沉降后浇带的存在使得主体结构在施工期间长时间不能处于四边嵌固的状态，对结构在施工期间的整体稳定性也不利。如果能采取有效措施避免由于设置沉降后浇带所带来的问题，这种方法还是很经济适用的。北京万达广场一期西区等多个项目都采取了这种方法，实践证实技术经济效果都不错。

（2）CFG 桩地基处理＋不设置沉降后浇带。这种方法要求在 CFG 桩复合地基承载能力满足设计要求的前提下，严格控制主体结构的最终沉降量，这样做的优缺点正好和方法（1）相反。中国气象局国家气候中心科技大楼由于施工顺利等各方面的原因，采用了此种方法，从技术角度讲没有任何问题，但经济效果略欠佳。

2.2 主体结构采用桩基础

这样既能保证主体结构具有较小的最终沉降量，也不存在地基的承载能力问题，而且可以避免设置沉降后浇带后所带来的一些问题。但此种方法造价较高，一般适用于超高层建筑或地基条件较差的情况。北京财富中心及万达广场二期等采用了此种方法。

2.3 主体结构部分采用整体基础，裙房及地下室部分采用独立基础外加防水板

这种处理方法充分发挥了各种不同基础形式的优点且造价低廉，但施工工序复杂，目前在实际工程中使用较少。

2.4 计算措施

计算措施应结合以上相应方法，在一定程度上准确确定不均匀沉降量，具体措施有：

（1）计算主体结构的沉降量时应考虑基础的补偿作用；

（2）考虑基坑开挖后基坑坑底的土反弹量。

3. 地下室结构超长问题

地下室结构超长问题存在的普遍性可以从以下几个项目中略见一斑：北京万达广场一期西区地下结构平面尺寸为 143m×156m；北京利星行广场地下结构平面尺寸为 198m×169m；财富中心地下结构平面尺寸为 185m×152m。地下结构虽然受温度变化的影响较地上结构小，但周边约束作用较强，结构超长问题的重要性仍然不容忽视。目前比较成熟的做法有以下几种：

（1）设置伸缩后浇带。地下结构一般在结构长度大于 40～60m 时宜设置一道伸缩后浇带，普通的伸缩后浇带宽度约为 800～1000mm，钢筋贯通不切断。对于平面尺寸特别长的地下结构，设置钢筋断开的伸缩后浇带，后浇带的宽度按钢筋搭接所需最小尺寸和必要的操作空间确定，北京利星行广场和财富中心一期就同时设置了钢筋断开和不断开两种伸缩后浇带，用以解决地下室

结构超长不设缝问题，从使用效果看没有发现问题。当地下结构的超长问题不是特别突出时，为了简化施工工艺，也可以采取不设置伸缩后浇带而采取其他措施的方法。

(2) 不设置伸缩后浇带，采取其他相应措施。这些措施主要有：①采用低强度等级混凝土；②混凝土中添加微膨胀剂；③采用粉煤灰混凝土技术；④适当加大分布钢筋配筋量；⑤施工缝处设置膨胀止水条；⑥设置膨胀加强带。

(3) 方法。①结合方法；②一起使用。

4. 基础形式的选取及计算分析方法问题

现代高层建筑大都为大底盘多塔楼式建筑群，由于上部结构荷载差异巨大，导致基底反力相差很大，因此，对基础而言，有必要根据不同的上部结构形式、上部结构荷载大小、地基的承载力及压缩模量等问题，因地制宜地采用不同的基础形式。目前高层建筑中比较成熟且常用的基础形式有：筏形基础（包括平板式筏形基础和“低板位”梁板式筏形基础）、箱形基础、桩筏和桩箱基础等。由于北京地区的特殊情况，筏形基础是用的最多的一种基础形式，因此，本文将重点讨论筏形基础的有关问题。

(1) 平板式筏形基础和梁板式筏形基础的适用范围。

相邻柱间距及柱荷载差别较小时，适用平板式筏形基础，反之，则宜采用梁板式筏形基础。通常，在材料用量相当的情况下，梁板式筏形基础的刚度较平板式筏形基础大，底板标高变化较多时宜采用平板式筏形基础。

(2) 梁高、板厚的选取及计算方法问题。

目前计算筏形基础时，常用的方法有“倒楼盖”方法、弹性地基梁板方法和有限元分析方法，其中“倒楼盖”方法是一种传统方法，按该法进行基础设计时，基础内力按基底反力直线分布进行计算。按《建筑地基基础设计规范》(GB 50007—2002) 的要求，基础内力按基底反力直线分布进行计算时，要求地基土比较均匀、上部结构刚度较好、荷载分布比较均匀、梁板式筏形基础梁的高跨比或平板式筏形基础的厚跨比不小于1/6。当不满足上述要求时，应按弹性地基梁板计算。“规范”对基础梁高跨比和板厚跨比的要求，其本质是要保证基础具有一定的刚度，但笔者认为基础刚度应与基底反力的大小相匹配，对于层数较多的高层建筑而言，该要求很容易满足，但对于层数较少的高层建筑而言，该条要求就显得偏严。根据设计经验，对于层数较少的高层建筑当其平板式筏形基础的厚跨比小于1/6（北京大学新化学南楼为1/7.5和1/8.4、朝阳医院为1/8.4）、荷载较均匀时，按弹性地基板计算（JCCAD计算）所得的基底反力仍然很均匀，其数值比按基底反力直线分布计算的基底反力还要小。

（3）基础底板抗冲切验算及抗剪切计算问题。

按《建筑地基基础设计规范》（GB 50007—2002）第8.4.5条规定，梁板式筏基底板应满足受冲切承载力和受剪切承载力的要求，通过对跨度从6～10m、长宽比从1～3、板厚从400～1000mm变化的梁板式筏基底板的计算来看，梁板式筏基底板都是受冲切承载力起控制作用，因此，一般的梁板式筏基底板可以不进行底板受剪切承载力的验算。对于平板式筏基而言，底板的柱下及核心筒边的抗冲切验算则必不可少，且应考虑不平衡弯矩的作用，尤其是边柱和角柱。

（4）采用平板式筏形基础时，宜设置平面尺寸较大的柱帽。

当有条件时设置上翻式柱帽，没条件时设置下翻式柱帽。设置柱帽有以下优点：①解决底板抗冲切问题；②减小底板的计算跨度；③减小支座负筋。北京大学新化学南楼由于基础面层较厚设置了上翻式柱帽，柱帽平面尺寸较小，经济效果较好。

5. 人防地下室的结构设计问题

大底盘地下室根据其使用要求，通常会分为人防区和非人防区两部分，普通民用建筑的防空地下室人防等级一般以五六级居多。按照平战结合的设计原则同时考虑结构的受力特点以及经济因素，五级人防区大都设置在主体结构部分，六级人防区大都设置在裙房或纯地下室部分，并且人防区基本上都位于地下室最下一层。北京万达广场一期东区和西区地下二层分别设有五级人防区、六级人防区和非人防区，在地下室结构设计中具有一定的代表性。人防地下室和非人防地下室相比，由于增加了核爆动荷载以及对辐射等方面的要求，使人防地下室在结构设计上与非人防地下室有较大区别，主要体现在以下几个方面：荷载及荷载组合、材料强度、内力计算和构造规定等，《人民防空地下室设计规范》(GB 50038—94) 中都有详细的规定，本文仅涉及其中几个具体的问题。

5.1 人防构件的最小截面尺寸取值问题

按照《人民防空地下室设计规范》(GB 50038—94，2003 年版) 第 4.7.2 条规定，人防顶板、承重内外墙、密闭门门框墙的结构最小厚度为 200mm，同时还应满足人防地下室防早期核辐射所要求最小防护厚度。对于人防顶板，当顶部有覆土时，可以将覆土的厚度折算成相应的混凝土厚度来计算顶板的防护厚度，当顶部没有覆土时，也可以考虑建筑面层的防护作用；对于人防墙、密闭门门框墙，当其防护厚度不足时，则应增加墙厚或按规范要求采取相应的加强防护措施。确定人防构件的截面尺寸除考虑上述两个方面外，还应使人防构件在相应的人防荷载作用下具有规范所要求的允许延性比 [β]。

5.2 人防构件的荷载取值问题

防空地下室在核爆动荷载下的动力分析采用等效静荷载法，当人防构件的等效静荷载标准值按《规范》第 4.5 节取值时，应注意这些荷载的使用前提，即：构件的允许延性比和计算长度。对于人防顶板、底板，当其覆土厚度大于 1.5m 时，其等效静荷载标准值可以适当减小。

5.3 人防底板的荷载控制问题

人防地下室位于主体结构部分时，人防底板一般是平时荷载起控制作用；人防地下室位于纯地下室部分时，当仅有一层地下室且顶部有覆土时，人防底板一般是战时荷载起控制作用；当有两层或两层以上的地下室且顶部有覆土时，人防底板一般是平时荷载起控制作用。

总之，地下室的结构设计是一个综合性很强问题，涉及的内容繁多而复杂，有些问题至今尚未得到很好的解决，如：地基与基础的相互作用问题、上部结构刚度对地基基础的影响等等。现代高层建筑由于地下工程庞大，建设工程在地下的投资已经接近甚至超过了地上部分投资，因此，无论是从技术还是从经济的角度讲都需要我们更深入地研究地下室结构设计的技术问题，提高地下室结构设计的水平，真正做到技术与经济同步、安全与适用协调。

2 地下混凝土工程的渗漏及防治措施

地下混凝土工程的防水构造处理是保证建筑物能正常使用的关键。但实际工程中常常由于设计不周、材料选择不当或施工质量低劣而出现渗漏，影响工程的正常使用。而出现渗漏的部位一般是在施工缝、裂缝、变形缝、蜂窝麻面及穿墙套管等处。渗水形式有孔洞漏水、面层渗水或其他形式。

1. 渗漏水部位及原因

1.1 混凝土结构渗漏部位及原因

（1）由于模板表面粗糙或未清理干净，木制模板浇水湿润不到位，脱模剂未刷或刷得不匀；（2）板拼缝不严、振捣混凝土欠振不密实，防水混凝土出现孔洞、蜂窝麻面，引起外部水压力大而渗漏；（3）墙板和底板、墙板和墙板之间的施工缝留置不当，缝处清理不干净，新旧混凝土之间形成夹渣层，外部水沿施工缝进入；（4）由于采用了含泥量大的砂石料，浇筑后的养护又不及时，产生干燥收缩或温度裂缝，造成渗漏水；（5）混凝土内预埋件表面没有认真清理，埋件周围混凝土振捣不实，结合不紧密，埋件与混凝土之间产生缝隙水沿缝隙进入；（6）采用的穿墙套管未焊止水环和止水片，套管周围混凝土与管壁粘结不牢，造成渗漏水进入。

1.2 卷材防水层渗漏部位及原因

（1）由于保护墙和地下工程结构主体的沉降不同，防水卷材粘结在主体结构上，因保护墙同卷材挤压的紧密而拉裂卷材，使防水层失效造成渗漏水；（2）卷材质量低，承受不了水压力、搭接接头长度不够、接缝不严，有的接头处甚至未搭接压槎，在接头不够长度处产生渗漏水；（3）在结构体的转角处卷材铺贴不严密、后砌或后浇结构体时，卷材被损伤破坏而出现渗漏水；（4）由于卷材延伸韧性差，建筑物出现不均匀沉降时防水层被拉裂而出现渗漏水；（5）因埋管处的卷材与管道周围的粘结不十分匹配牢固，会出现翘边现象，地下水沿此逐渐渗透进入室内形成渗漏水。

1.3 变形缝处的渗漏原因

（1）变形缝处止水带固定方法不对、埋设位置不准，因固定不牢固浇筑混凝土时挤压移位；（2）止水带两翼混凝土的包裹不密实，特别是底板止水带下面的混凝土振捣不密实；（3）钢筋过于密集，使浇筑混凝土下料及振捣不能到位，形成止水带周围粗骨料集中、拌合料产生离析、振捣不能到位产生混凝土松散，这种情况在下部结构的转角处更加严重；（4）混凝土分层浇筑前止水带周围掉入的木屑、废浆、石子未冲洗干净，新浇筑混凝土中形成了局部干夹层而产生渗漏水。

2. 渗漏处堵漏方法

对地下防水混凝土渗漏的堵漏修补方法，通常采用的是用水泥同促凝剂拌成的速凝水泥胶浆，快速堵漏或大面积修补处治。目前由于膨胀剂的广泛使用，采用膨胀水泥或掺膨胀剂的普通水泥进行防水处理，其抗渗堵漏效果很好。而对混凝土产生的细小裂缝，采用化学灌浆堵漏方法处理。

2.1 快硬性水泥胶浆堵漏

（1）堵漏的材料：

快凝水泥胶浆一般是由促凝剂和水泥拌合而成。促凝剂是以水玻璃为主料，并与硫酸铜、重铬酸钾及水配制而成。常用的溶液配合比是：硫酸铜（胆矾）∶重铬酸钾（红矾）∶硅酸钠（水玻璃）∶水＝1∶1∶400∶55～70。

配制时按需要定量的水加至100℃，然后将硫酸铜和重铬酸钾倒入水中，继续加热并不停搅拌至完全溶解后，冷却至环境温度。再将此溶液倒入称量好的水玻璃液体中，搅拌均匀静置一段时间可用。快凝水泥胶浆的配合比是：水泥∶促凝剂＝1∶0.5～0.6。由于这种胶浆凝固很快（一般1min即凝结），使用时随拌随用，防止来不及施补。

(2) 堵漏的方法。

地下混凝土工程的渗漏情况比较复杂多变，堵漏的方法措施也多。因此，在选择堵漏方法时，必须因地制宜，根据自身条件和工程具体实际确定。最常用的堵漏方法有堵塞法和抹面法。堵塞法适用于孔洞漏水和下管堵漏。直接堵塞法适用于水压不大，漏水孔洞较小。操作时，先将漏水孔洞处剔槽，槽壁必须与基面垂直，并用水冲洗干净，随即将配制好的快凝水泥胶浆捻成与槽尺寸相近的锥形团，在胶浆开始凝固时，迅速压入槽内，并挤压密实，保持半分钟左右即可。当水压较大，漏水孔洞较大时，可采用下管堵漏法。操作时，先将漏水处剔成上下基本垂直的孔洞，其深度视漏水情况而定，如图2-1所示。

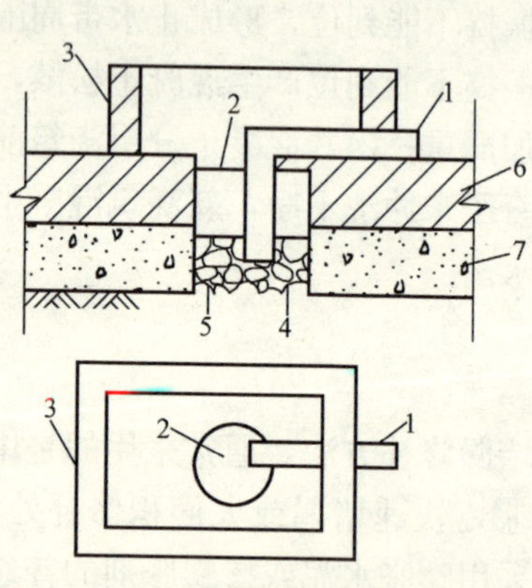

图2-1　下管堵漏法

1—胶皮管；2—快凝胶浆；3—挡水墙；4—油毡一层；5—碎石；6—构筑物；7—垫层

在孔洞底部铺碎石和油毡，并插入胶皮管，将水引出，使管周围的水压降低。如地面孔洞漏水，可在孔洞四周做挡水墙。然后用快凝水泥胶浆填塞孔洞并压实。孔洞堵塞好后，在胶浆表面抹素灰一层，砂浆一层，以作保护。待砂浆有一定的强度后，将胶管拔出，按直接堵塞法将管孔堵塞。最后拆除挡水墙，再做防水层。

裂缝漏水的处理方法有裂缝直接堵塞法和下绳堵漏法。裂缝直接堵塞法适用于水压较小的裂缝漏水，操作时，沿裂缝剔成八字形坡的沟槽，冲洗干净后，用快凝水泥胶浆直接堵塞，经检查无渗水，再做保护层和防水层。当水压较大、裂缝较长时，可采用下绳堵漏法，如图 2-2 所示。

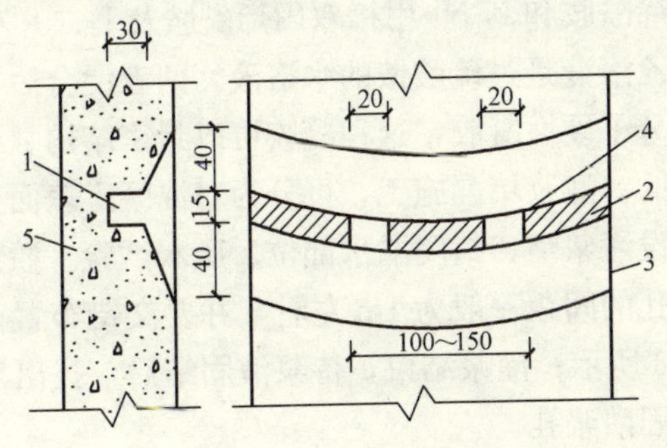

图 2-2 下绳堵漏法

1—小绳（导水用）；2—快凝胶浆填缝；3—砂浆层；
4—暂留小孔；5—构筑物

先剔好沟槽，在槽底沿裂缝方向放置一根导水小绳，使水沿导水小绳流出，以便降低水压。将快凝水泥胶浆填塞于每段槽内压实后，即可把小绳抽出。待各段胶浆凝固后，再按孔洞直接堵塞法将各段间空隙堵塞好。抹面法适用于较大面积的渗水面，一般先降低水压或降低地下水位，将基层处理好，然后用抹面法做刚性防水层修补处理。先在漏水严重处用凿子剔出半贯穿孔眼，插入胶管将水导出。这样就使“片渗”变成“点渗”，在渗水面做好刚性防水层修补处理。待修补的防水层砂浆凝固后，拔出胶管，再按“孔洞直接堵塞法”将管孔填塞好。

2.2 化学灌浆堵漏法

氰凝是一种新型灌浆堵漏材料。它的主体成分是以多异氰酸脂与含羟基的化合物（聚酯、聚醚）制成的预聚体。使用前，在预聚体内掺入一定量的副剂（表面活性剂、乳化剂、增塑剂、溶剂与催化剂等），搅拌均匀即配制成氰凝浆液。氰凝浆液不遇水不发生化学反应，稳定性好；当浆液灌入漏水部位后，立即与水发生化学反应，生成不溶于水的凝胶体；同时，释放二氧化碳气体，使浆液发泡膨胀，向四周渗透扩散直至反应结束。丙凝浆液也是一种化学灌浆材料。它由双组分（甲溶液和乙溶液）组成。甲溶液是丙烯酰胺和 N-N′-甲撑双丙烯酰胺及 B-二甲铵基丙腈的混合溶液。乙溶液是过硫酸铵的水溶液。两者混合后很快形成不溶于水的高分子硬性凝胶，这种凝胶可以封密结构裂缝，从而达到堵漏的目的。灌浆堵漏施工，可分为对混凝土表面处理、布置灌浆孔、埋设灌浆嘴、封闭漏水部位、压水试验、灌浆、封孔等工序。灌浆孔的间距一般为 1m 左右，并要交错布置；灌浆嘴的埋设如图 2-3 所示；灌浆结束，待浆液固结后，拔出灌浆嘴并用水泥砂浆封固灌浆孔。

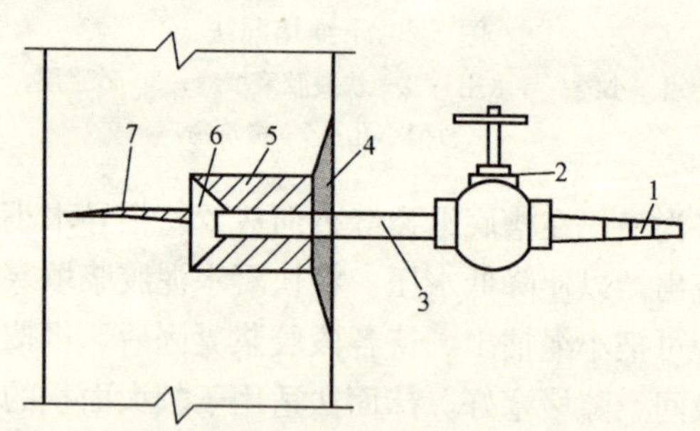

图 2-3 埋入式灌浆嘴埋设方法

1—进浆嘴；2—阀门；3—灌浆嘴；4—一层素浆至一层砂浆找平；5—快硬水泥浆；6—半圆钢片；7—混凝土墙裂缝

对于地下防水工程中出现的各种渗漏情况，经许多工程实践，分析其原因，采用以上有效的方法予以处理，效果显著，有效地预防和控制了地下防水工程的渗漏现象。

3　地下室抗裂防渗技术的工程应用

随着我国城市化进程的加快，为了缓解地上空间的压力，大体量的地下室工程不断涌现。由于设计、材料、施工等方面的原因所造成的地下室开裂及渗漏问题也日益突出。此类问题不仅影响了建筑的使用功能，而且还影响到结构的安全和耐久性。

1. 地下室结构开裂及渗漏的原因分析

通过对大量工程的调查及研究，可以将造成地下室开裂及渗漏的原因概括为以下三个方面。

1.1　设计

(1) 墙体配筋不合理。许多地下室外墙钢筋直径过粗、间距过大，减小了对混凝土收缩的约束，造成了墙体裂缝。如某工程地下室外墙配筋为双层双向 ϕ20@200，其外墙每隔 5～6m 就出现 1 道竖向裂缝。

(2)“后浇带”设计不合理。未根据地基对底板的约束情况确定合理的后浇带间距。某地下室最大边长 200m，中间仅设 2 道后浇带（其最大间距达 70m），且底板设有大量的抗浮锚杆，加大了对底板的约束作用，限制了混凝土的收缩变形，导致了地下室多处开裂和渗漏。另外，因后浇带部位清理困难，若后浇带设置过多，会形成较多的渗漏隐患。在底板后浇带中采用钢板止水带，由于止水钢板下部难以清理且混凝土不密实，易出现渗漏。

(3) 混凝土强度等级过高。某工程地下室外墙采用 C50 混凝土，虽然在施工前采取了多项优化配合比的措施，外墙还是出现了裂缝。

(4) 防水材料选择不合理。由于地下工程的作业面潮湿、操作环境差，要求防水材料有较好的适应性。因此，一些工程尽管选择了三元乙丙等高档防水卷材，但其外防水效果却很差。

1.2 混凝土配合比及材料

(1) 水泥用量大，未掺加粉煤灰、阻裂纤维、膨胀剂等提高混凝土抗裂性能的材料，使混凝土的收缩及温度应力过大，造成地下室结构开裂并渗漏。选取 2 个工程 C40 混凝土配合比及最高温度对比，如表 3-1 所示（工程Ⅰ为普通混凝土，工程Ⅱ采用的是抗裂防渗高性能混凝土）。

2 个工程 C40 混凝土配合比及最高温度对比 **表 3-1**

	材料用量(kg/m³)							最高温度(℃)
	水泥	砂	石	外加剂	水	粉煤灰	PP 纤维	
Ⅰ	452	692	1075	6.78	185	0	0	75
Ⅱ	301	695	1011	13.3	181	174	0.7	65

(2) 采用水化热较高的水泥或早强水泥，使用一些减水或膨胀效果差的复合型外加剂，以及未达到标准的粉煤灰等掺合料，影响了混凝土的抗裂性能。

1.3 施工工艺

(1) 钢筋绑扎。绑扎钢丝接触模板，迎水面保护层不够，钢筋或底板上翻梁的模板支架直接接触垫层。

(2) 松动或拆除模板过早。扰动穿墙螺栓，形成渗漏通道；不利于养护，易产生干缩裂缝。

(3) 使用钢丝网封挡后浇带两侧的混凝土，钢丝网上附着的水泥浆，在混凝土结合面上形成了隔离层，造成后浇带部位的开裂及渗漏。底板后浇带中堆积的杂物及后浇带的结合面清理不彻底，也是造成该部位渗漏的原因。

(4) 底板上翻梁、底板外侧上返部位、竖向与水平结构交界部位混凝土浇筑方法不当，钢筋密集及预留管道部位振捣不密实，造成结构渗漏。

(5) 地下室工程较多采用补偿收缩混凝土，而膨胀剂要发挥作用，需保证正确和充足的养护。许多工程因墙体或大体积混凝土的养护措施不当，造成了混凝土的收缩和温度裂缝。

2. 抗裂防渗关键技术研究

2.1 设计优化

2.1.1 后浇带的间距

根据不同的地质条件，由基岩面、桩基、底板约束等确定的后浇带间距一般为 30～65m。设计时应根据式 (1) 计算，并结合上部结构及施工段的划分等因素确定。表 3-2 是近几年青岛地区几个地下室工程的最大后浇带间距值：

$$L_{\min}=\sqrt{\frac{EH}{C_x}}\operatorname{arcch}\frac{|\alpha T|}{|\alpha T|-\varepsilon_p} \tag{1}$$

式中 $L_{\min}$——最小裂缝间距；

E——混凝土的弹性模量；

H——均拉层厚度（强约束区）；

C_x——水平阻力（约束）系数；

α——膨胀系数；

T——包含水化热、气温差及收缩当量温差，同号叠加，异号取差；

ε_p——混凝土的极限拉伸，$\varepsilon_p \leqslant |\alpha T|$；当取等号时，$L_{\min}\rightarrow\infty$。

不同地基约束的地下室工程最大后浇带间距　　表 3-2

工程名称	奥帆赛基地	东部医院	中院综合楼	都市华庭
最大后浇带间距(m×m)	73×49.6	49.6×63.6	49×45	37.5×35
底板约束条件	细砂滑动层	细砂滑动层	岩石	桩基础

几种不同地基约束条件的后浇带最大间距建议值如下：(1) 桩基础，不宜大于40m；(2) 基岩面，不宜大于50m；(3) 滑动层，不宜大于65m。

2.1.2 后浇带构造

底板后浇带宜采用企口式。为了减少底板后浇带清理的难度，保证混凝土的密实，底板后浇带可采用下凹式，并留有一定的顺水坡度（图 3-1）。

底板等水平结构的止水带应选用缓胀型膨胀止水条，外墙后浇带宜采用止水钢板。外墙后浇带外侧采用砌砖或挂混凝土板封口，可以提前回填地下室外侧的土方，加快工程进度（图 3-2）。

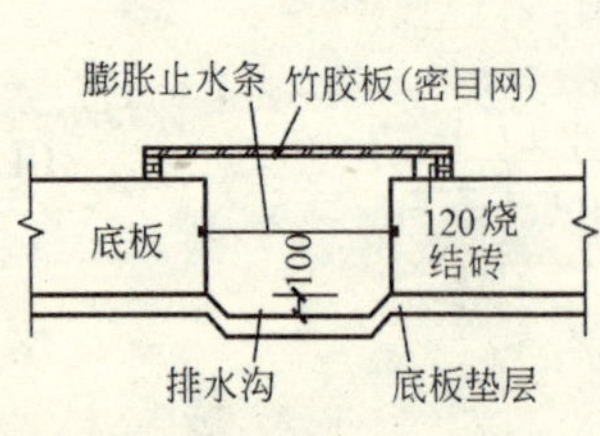

图 3-1 底板后浇带构造

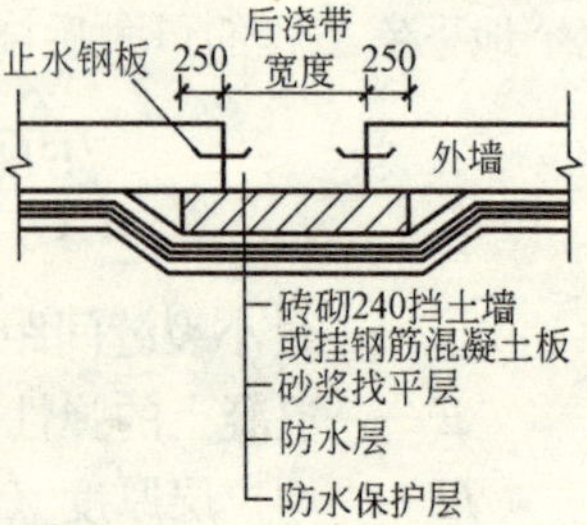

图 3-2 外墙砖模示意

2.1.3 膨胀带及滑动层的设计

设置膨胀带和滑动层，可以减少后浇带的数量，方便施工。膨胀混凝土在湿养期间的限制膨胀率为 ε_r，混凝土的热膨胀系数为 α，则因膨胀产生的补偿当量温度 $T_0=\varepsilon_r/\alpha$。试验表明，一般 $\varepsilon_r=1.5\times10^{-4}\sim2\times10^{-4}$，$\alpha=1.0\times10^{-5}$，则 $T_0=15\sim20$℃，即可消减混凝土水化热温差 15～20℃，可见，膨胀混凝土可以有效降低综合温差，补偿温度应力，减小收缩。膨胀带可以设置在后浇带之间或独立的板块之中，使其作为一个施工段连续浇筑混凝土，实现无缝施工。其间距应依据计算、流水施工以及混凝土浇筑的能力确定。带中膨胀剂的掺量比其两侧混凝土高 4%左右，带内混凝土强度比两侧混凝土提高 1 个等级，其构造如图 3-3 所示。

取混凝土厚度 $H=1\text{m}$，弹性模量 $E=2.80\times10^4\text{N/mm}^2$，温差 $T=20℃$，膨胀系数 $\alpha=1.0\times1.0^{-5}$，极限拉伸 $\varepsilon_p=1.50\times10^{-4}$，分别假设地基条件为硬度黏土（$C_x=6.00\times10^{-2}\text{N/mm}^3$）和砂层（$C_x=6.00\times10^{-3}\text{N/mm}^3$），按式（1）进行对比计算，硬度黏土地基最小设缝间距为 44.5m，砂层地基为 140m，可见设置滑动层可以大大减少地基对地下室结构的约束，增加缝的间距。另外，滑动层还能隔震，可以提高结构的抗震性能。滑动层可采用铺细砂覆盖聚乙烯塑料膜或平面浇沥青胶、铺砂等方法，其构造如图 3-4 所示。

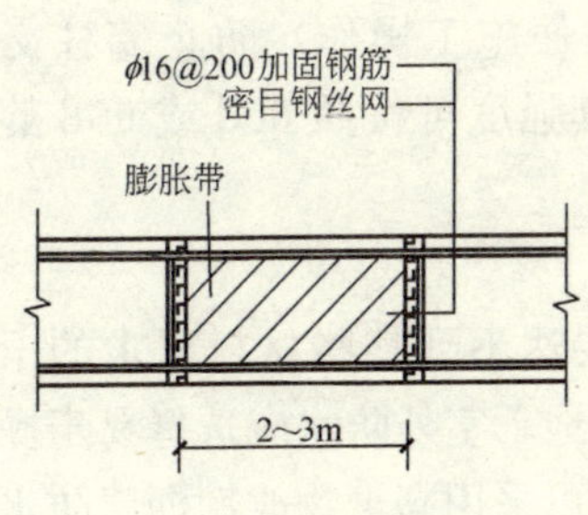

图 3-3　膨胀带构造

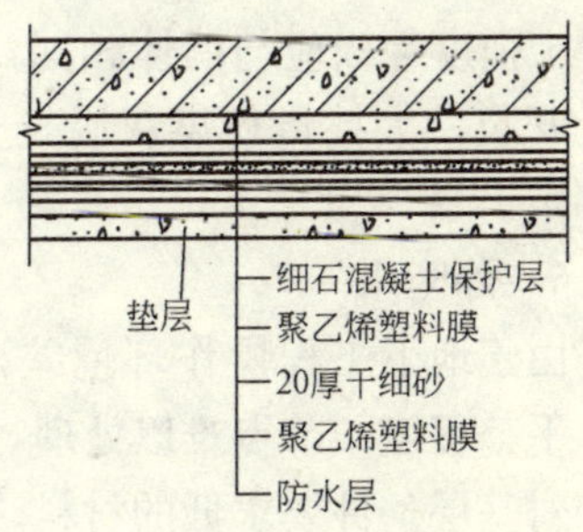

图 3-4　滑动层构造

2.1.4　间歇式膨胀带

间歇式加强带的原理同膨胀带，其混凝土应在两侧混凝土浇筑完成 14d 后进行，构造同后浇带，宽 2～2.5m。采用间歇式膨胀加强带施工，可以不受混凝土浇筑能力的制约，易于组织流水施工。

2.1.5　钢筋与混凝土

（1）抗温度及收缩应力的钢筋应采用“细”而“密”的设计原则。“细”而“密”的钢筋将约束混凝土的塑性变形，从而分担混凝土的内应力，推迟裂缝的出现，即提高混凝土的极限拉伸。混凝土极限拉伸和钢筋直径及间距的关系见式（2）。

$$\varepsilon_{pa}=0.5R_f\left(1+\frac{p}{d}\right)\times10^{-4} \quad (2)$$

式中 ε_{pa}——配筋后的混凝土极限拉伸；

R_f——混凝土的抗裂设计强度，MPa；

p——配筋率×100；

d——钢筋直径，cm。

因此，墙体水平分布筋除满足强度计算要求外，其配筋率不宜小于0.4%，水平钢筋直径以12～14mm为宜，间距不宜大于100mm，且应设置在竖向钢筋的外侧。

（2）为了降低水泥用量，减少混凝土收缩，底板混凝土强度等级不宜超过C40，墙体混凝土强度等级不宜超过C45。附墙柱混凝土强度等级应与墙体相同，以方便施工操作，防止墙柱交界处开裂。大掺量粉煤灰混凝土，其强度可按照60d或90d龄期评定。

2.1.6 外防水

由于地下工程操作环境差，基层达不到某些材料要求的干燥、平整程度，节点难以处理，因此地下室外防水应选择易于操作和对基层条件要求低的材料。底板可采用高聚物改性沥青防水卷材SBS，外墙可采用聚氨酯等便于操作的材料。另外，涂料防水层可选用反应型、水乳型、聚合物水泥防水涂料或水泥基渗透结晶型防水涂料。

2.1.7 盲沟排水

为降低地下室外侧的水位，以减小对混凝土结构的水压力，可在地下室底板外侧设盲沟，并利用地势的走向和排水管道将水自然排出。

2.2 抗裂防渗高性能混凝土

2.2.1 原理及试验研究

为确定抗裂防渗高性能混凝土配合比的设计原则，结合实际工程对不同聚丙烯纤维掺量、不同膨胀剂掺量、不同约束条件及不同养护条件下混凝土的性能，进行了大量对比试验。试验结果表明，采用适当配合比的聚丙烯纤维粉煤灰补偿收缩混凝土的综合抗裂性能可以得到极大提高。

（1）聚丙烯纤维对混凝土性能的影响：

① 混凝土各龄期抗压强度增加幅度不大，但受压破坏形式发生改变，极限压应变大幅度提高；

② 混凝土劈拉强度增大，聚丙烯纤维掺量越大，混凝土的拉压比随龄期的降低越小；

③ 混凝土的弯拉强度和弯曲韧性大幅度提高；

④ 混凝土的断裂能随聚丙烯纤维掺量增加而线性增大；

⑤ 聚丙烯纤维混凝土表现出显著的抵抗早期塑性收缩的能力；

⑥ 试验表明，体积掺量为0.9%时，混凝土的各种力学性能达到最佳。建议工程应用中，聚丙烯纤维的掺量为0.7～0.9kg/m³。

（2）粉煤灰对混凝土性能的影响：

① 降低混凝土的水化热、延缓水化温升时间；

② 增大混凝土的密实度，改善混凝土的力学性能；

③ 粉煤灰替代水泥还能起到降低造价、保护环境的作用；

④ 粉煤灰可替代10%～30%的水泥用量。

（3）膨胀剂对混凝土性能的影响：

① 膨胀剂掺量越大，混凝土的膨胀率越大，对混凝土后期收缩的补偿作用越明显，防止收缩裂缝的效果也越好；

② 在约束良好的情况下，膨胀剂的使用能提高混凝土的抗压强度，但当无约束时，会导致抗压强度下降。

（4）约束条件对混凝土性能的影响：

① 混凝土早期膨胀受到的约束越强，相同条件下其限制膨胀率越小，混凝土建立的预压应力越大，对收缩的补偿作用越明显；

② 掺加纤维能起到内约束的作用，纤维掺量越大限制膨胀率越小，但最终收缩率以掺量为0.9kg/m³ 时达到最小。

（5）养护条件对混凝土性能的影响：

施工现场养护条件很难达到试验室的水平，其限制膨胀率仅为试验室标准试件的70%左右，因此工程用补偿收缩混凝土应加强养护。

2.2.2 配合比设计原则

抗裂防渗高性能混凝土除应按行业标准《普通混凝土配合比设计规程》(JGJ 55—2000）的规定，根据要求的强度及抗渗等级、耐久性、工作性进行配合比设计外，还应符合下列规定：

（1）混凝土90d的干缩率宜小于0.06%；

（2）在满足施工要求的条件下，尽量采用较小的混凝土坍落度，坍落度可控制在140～160mm；

（3）在满足强度的情况下，尽量减少水泥用量，水泥用量不宜大于350kg/m^3，可掺加一定数量的矿物掺合料替代水泥，粉煤灰可替代10%～30%的水泥用量，矿渣粉不宜超过水泥用量的50%；

（4）应尽量采用较小的水胶比（≤0.55)，用水量不宜大于180kg/m^3；

（5）在满足工作性要求的前提下，应采用较小的砂率，砂率宜控制在35%～45%；

（6）地下室底板、外墙、后浇带及加强带部位的混凝土应配制成补偿收缩混凝土，为提高混凝土的抗裂性能，可掺加0.7～0.9kg/m^3 的聚丙烯纤维。

2.2.3 材料要求

（1）宜采用中、低水化热水泥，如硅酸盐水泥、普通硅酸盐水泥或矿渣硅酸盐水泥，不应采用早强型水泥；对防裂抗渗要求较高的混凝土，所用水泥的铝酸三钙（C_3A）含量不宜大于8%，使用时水泥的温度不宜超过60℃；水泥的强度等级不应低于32.5MPa。

（2）采用Ⅱ或Ⅰ级优质粉煤灰及磨细矿渣粉。所用矿物掺合料应分别符合国标《用于水泥和混凝土中的粉煤灰》（GB/T 1596—2005)、国标《用于水泥和混凝土中的粒化高炉矿渣粉》

(GB/T 18046—2000)。

(3) 高效减水剂或膨胀剂应分别符合国标《混凝土外加剂》(GB 8076—1997)、行标《混凝土泵送剂》(JC 473—2001)、行标《混凝土膨胀剂》(JC 476—2001)、国标《混凝土外加剂应用技术规范》(GB 50119—2003) 等规定。

(4) 聚丙烯纤维的主要技术指标：线密度偏差率±6%；抗拉强度大于550MPa；断裂伸长率小于等于28%；初始模量大于6600MPa。

2.3 关键施工技术

2.3.1 钢筋工程

应采用新型保护层垫块，严格控制外墙、底板等迎水面部位的钢筋保护层厚度（50mm），以保证混凝土自防水的质量。上翻梁模板支架处应增设保护层垫块。钢筋交叉点应全部绑扎，扎丝严禁与模板接触。

2.3.2 模板工程

(1) 对拉螺栓的设置应进行计算，间距不宜过密，以减少外墙渗漏的隐患。对拉螺栓中间设止水钢片，尺寸不应小于80mm×80mm，厚度大于3mm，并应双面满焊。墙体模板构造如图3-5所示。

(2) 为避免在对拉螺栓部位形成渗漏通路，应在墙体混凝土浇筑完毕，达到一定强度1~3d后，方可松动对拉螺栓；宜保持外墙带模养护7d后，拆除模板。

(3) 后浇带模板不得采用钢丝网加钢筋支撑的形式，宜采用木模板或快易收口网。底板后浇带模板的内侧用木条留出安装膨胀止水条的凹槽（图3-6）。外墙后浇带模板如图3-5所示。

2.3.3 混凝土工程

(1) 为保证上返部位混凝土的密实，上翻梁及其他上返部位宜采用先浇筑底板混凝土，再浇筑上返部位混凝土的方法。即待底部混凝土稳定或接近初凝后，再浇筑上返部位的混凝土。

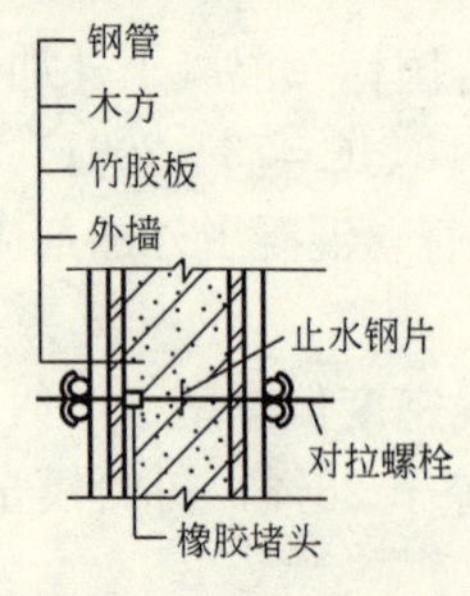

图 3-5　墙体模板构造

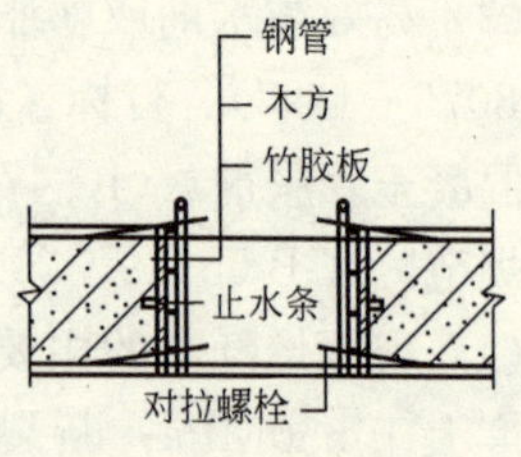

图 3-6　底板后浇带模板

(2) 浇筑到预留洞口、预埋管件及钢筋密集部位，要振捣密实，不得漏振，也不得过振。

(3) 当竖向构件与水平构件一起浇筑时，先浇筑墙、柱，待混凝土沉实后，再浇筑梁和楼板，并对结合部位实施二次振捣。

(4) 地下室结构多采用掺加膨胀剂配制的补偿收缩混凝土，为了达到补偿收缩的效果，地下室工程的混凝土更要重视养护：

① 底板混凝土的养护。混凝土浇筑收浆和抹压后，应及时覆盖薄膜，防止水分蒸发；混凝土硬化后，可铺麻袋或草帘浇水养护，也可采用蓄水养护，养护时间大于 14d。

② 大体积混凝土养护。可采用覆盖薄膜及麻袋或草帘的保温、保湿养护方法；也可在混凝土浇筑完毕、硬化后，采用蓄水 50～100mm 的养护方法，养护时间大于 14d；大体积混凝土的养护应实施信息化管理，即合理布设测温点，根据测温记录，及时调整保温与养护措施，将混凝土中部与表面、表面与环境的温差均控制在 25℃之内，防止出现有害裂缝。

③ 外墙混凝土的养护。混凝土浇筑完毕，应带模浇水养护 7d；拆除模板后，可在墙体顶部架设喷淋管持续浇水养护，也可在墙两侧挂麻袋或草帘等，覆盖喷水养护，养护时间≥14d。

④ 冬期施工不能向裸露部位的混凝土直接浇水养护，应用塑料薄膜和保温材料进行保温、保湿养护。

2.3.4　后浇带施工

(1) 膨胀止水条安装。将止水条嵌入预留槽内，通过隔离纸向止水条均匀施压，使止水条贴紧粘牢在基层上，并用钢钉固定。止水条定位完毕后应及时浇筑混凝土，以避免被雨水或其他侵入水浸泡。混凝土振捣时应避免振捣棒触及止水条。

(2) 底板后浇带的保护及清理。为减少后浇带内的杂物，底板后浇带留置期间，可采取一定的遮挡保护措施。为便于清理底板后浇带内的杂物及水，后浇带下部的凹槽沿长度方向应有0.5%的坡度，并应按一定间距设集水坑，将后浇带内的水排向集水坑。

3. 工程应用

3.1　青岛市中级法院审判综合楼工程

该工程由地下3层和地上25层组成，建筑面积59913m^2。地下室南北长107.4m，东西长67.2m，基础为筏形基础，厚度不等，最大4m，属超长大体积钢筋混凝土结构。底板及外墙混凝土为C40P8，外防水采用水泥基渗透结晶型防水涂料。混凝土配合比见表3-3。

C40P8抗裂防渗高性能混凝土配合比　　表3-3

材料名称 型号	水泥 P·O42.5	粉煤灰 Ⅱ级	膨胀剂 JM-Ⅲ	砂	石	阻裂纤维 KDZ-Ⅱ	水
质量配合比	0.64	0.28	0.08	1.30	2.22	0.001	0.39
用量(kg/m^3)	310	135	39	630	1076	0.7	190

通过大掺量粉煤灰、采用JM-Ⅲ复合型外加剂和掺加聚丙烯阻裂纤维配制的抗裂防渗高性能混凝土，改善了混凝土的各项性能，满足了超长大体积混凝土结构裂缝的控制要求。该工程地下室混凝土在浇筑后3～4d达到最高温度65℃，温差均未超过25℃。另外，该工程还采用了间歇式膨胀带技术。

3.2　青岛奥帆赛基地工程

该工程临近海边，地基为风化岩，地下2层，面积近4万

m^2，采用筏形基础，厚 700～1300mm，墙、底板混凝土均为 C40P10，施工中采用了掺加聚丙烯纤维的抗裂防渗高性能混凝土。由于设置了细砂滑动层（图 3-4），有效地减小了地基对底板的约束作用，减少了后浇带的数量。由后浇带划分的单块底板最大尺寸为 73m×49.6m（图 3-7）。

3.3 都市华庭工程

该工程为大型商住楼，建筑面积 92056m^2，地下 1 层（局部 2 层），面积 14655m^2，长度 135.9m，采用筏形结合桩基础的形式，厚 400～1800mm，底板混凝土为 C30P6，墙体为 C40P6。该工程采用后浇带与膨胀带结合的形式（图 3-8），并控制其间距不超过 40m，减小了桩对结构的约束作用，取得了较好的抗裂防渗效果。

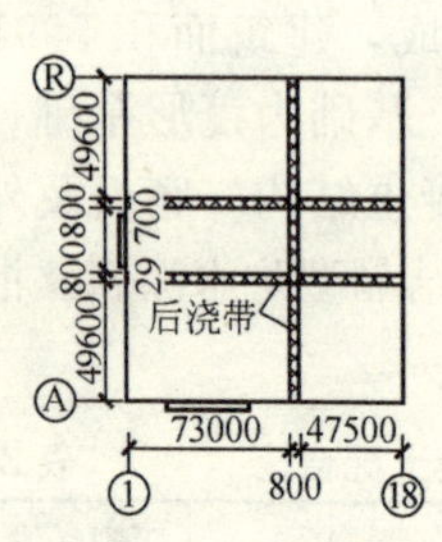

图 3-7 奥帆赛基地工程地下室后浇带设置

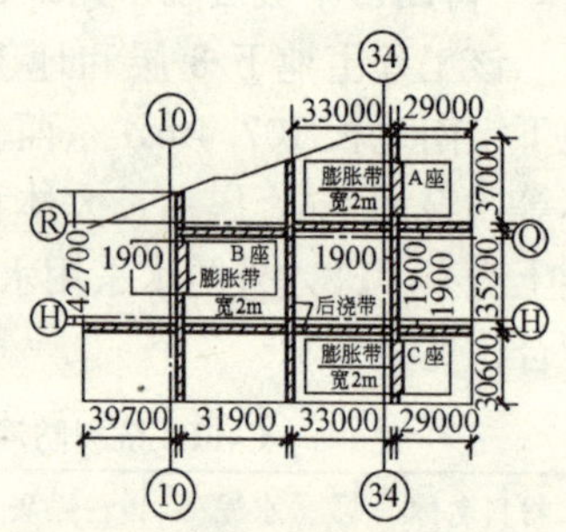

图 3-8 都市华庭工程地下室膨胀带及后浇带设置

4. 结语

（1）为有效解决地下室开裂及渗漏问题，应遵循“混凝土自防水为主，外防水为辅”的技术原则，并综合运用设计、材料、施工三方面的技术措施。

（2）根据地基、结构、施工等条件，并依据“抗”、“放”结合的原则，选择采用后浇带、膨胀带、间歇式膨胀带及滑动层等技术措施，可以有效地减小或抵消混凝土结构的收缩及温度应力。

（3）经过大量试验研究和工程实践配制的大掺量粉煤灰聚丙烯纤维补偿收缩“抗裂防渗高性能混凝土”，不仅大大提高了混凝土抗裂防渗的性能，而且还利用了工业废料，符合国家可持续发展的方针。

4 抗渗混凝土在工程中应用的质量控制

现在建筑工程地下部分的混凝土结构体，为防止地下水的渗入，保证工程的正常使用，几乎对该部分混凝土工程都采用抗渗混凝土进行施工。所谓抗渗混凝土，是对普通混凝土通过调整配合比的方法，提高其自身的密实程度来达到抗渗能力的一种混凝土。抗渗混凝土中的水泥砂浆除了起到填充、润滑和粘结作用外，还要在粗骨料周围形成密实的砂浆包裹层，以切断粗骨料表面存在的毛细渗水通道，从而提高混凝土的密实抗渗透能力，达到地下工程安全耐久的使用目的。

1. 抗渗混凝土的基本要求

抗渗混凝土在工程中的应用已有几十年的时间，根据建筑工程的应用实践表明，混凝土抗渗性能的优劣不仅在于组成骨料的级配合理，更重要的是取决于混凝土的施工密实度。对此，可以认为对粗细骨料的级配不作过分苛刻要求。由于混凝土是非均质性材料，从微观结构上分析属于多孔性，其内部有众多不同的微细孔隙，它的渗水就是通过众多的微细孔隙或裂纹进行的。混凝土的渗透能力与孔隙大小及贯穿程度相关。混凝土的密实性差、游离水多、孔隙越大渗水率越多。尤其当孔径大于25Å的升放式孔隙的危害性更大，是造成混凝土渗漏的重要原因。要提高混凝土的抗渗漏能力，关键是提高混凝土的密实性，切断和堵塞渗水通道的存在。从理论分析认为，孔隙的形成和孔径的大小是与拌合混凝土的水灰比密切相关，实践表明与施工全过程的质量控制尤其是认真振捣和养护同样重要。因此，对防水混凝土的水灰比设计、水泥品种和用量、砂率的控制，从几个方面来保证混凝土中砂浆的数量和质量，抑制孔隙的形成，使混凝土外部存在的有一定深度的水长期浸蚀而不能渗入，保证地下建筑室内干燥达到正常使用的需要，这就达到了抗渗混凝土所具备的实际应用价值。

抗渗混凝土的防水机理是，必须在保证施工和易性的前提下，尽量减少用水量，以减少多余游离水在向外蒸发时形成的毛细孔数量和孔径。同时选择较富余的水泥用量、砂率和灰砂比，在粗细骨料周围形成质量好、数量充足、厚度保证的砂浆包裹层，使骨料之间有足够厚的砂浆隔离层，预防沿粗骨料外表面因无砂浆而形成的渗水通道。在骨料选择上，避免用较大粒径石子，以减少在终凝前自然沉降产生的孔隙。同时，必须加强施工全过程的质量控制，从原材料、搅拌、入模厚度、振捣和后期养护，任何环节的失控都会造成抗渗性能的质量问题，这是极其重要的经验总结。

2. 材料的质量要求及控制

2.1 水泥的选择

水泥是混凝土结构最重要的材料，配制抗渗防水混凝土所用的水泥，要求抗水性能好、不泌水、水化热低和具有一定的耐浸蚀性；一般抗渗防水混凝土多采用普通硅酸盐水泥或火山灰硅酸盐水泥；水泥强度等级可根据工程地下结构强度及抗渗水压力需要择优选择，水泥强度不低于42.5MPa、抗渗等级不小于P10；水泥必须是产品质量稳定的大厂生产、在使用期内未受潮过期的合格产品；在环境无侵蚀性介质和冻融作用时，应采用火山灰质或普通硅酸盐水泥；当环境受冻融影响时，必须采用普通硅酸盐水泥，而不宜采用火山灰质硅酸盐水泥。

2.2 粗骨料选择

粗骨料可以选择天然或机械加工的卵石或碎石。但要求石子的外形、粒径、级配及杂质含量均符合抗渗性及强度质量等级要求。石子质地细密坚硬、形状整齐的卵石或碎石、含泥量小于0.5%、针片状颗粒小于10%、级配连续、最大粒径小于31.5mm、5mm筛孔累计筛余量大于98%。

2.3 细骨料选择

抗渗防水混凝土采用细骨料，要求天然砂颗粒均匀或质地坚硬的河砂。含泥量小于2%，砂的粒径0.4～1mm的中粗粒径较好，0.2～1.25mm粒径含量达95%以上，有微量的细粉对抗渗混凝土质量不造成影响。

2.4 外加剂选择

各种不同抗渗等级混凝土几乎都掺用外加剂，掺入外加剂的作用是减少单位用水量，降低水灰比，提高和改善混凝土的性能，增强流动性便于操作施工，调整拌合物的凝结时间、减少水泥用量降低水化热、提高混凝土的早期强度和耐久性能。对抗渗混凝土常采用的外加剂主要是防水剂，其主要成分是萘系减水剂、多羟基及多种辅助成分，其优点是掺量少、减水性好、坍落度损失小、保水和易性好、能较大地提高黏聚性、对混凝土的抗压、抗折、抗渗、耐久性都有明显的提高和改善，掺量一般按水泥量的3%左右。同时掺入适量的加气剂和防水剂复合使用，其混凝土的抗渗效果更好。

2.5 外掺合料的选择

掺合料在混凝土中的使用已十分明显，尤其对有特殊要求的混凝土，外掺合料的使用更对结构有利。最常用的外掺合料以磨细矿粉和粉煤灰为主。大量工程实践表明，外掺合料的适量掺入，对提高混凝土的强度、改善混凝土的性能、减少水泥用量、降低水化热效果显著。但外掺合料的早期强度增长较慢，对结构早期强度要求高的混凝土外掺合料的掺量相对低一些，影响较小。

2.6 拌合和养护用水

凡是混凝土的拌合、养护用水，必须是清洁的可饮用水，抗渗防水混凝土用水亦是同样。当用水有困难时，也不允许用有侵蚀性的不干净水拌制和养护混凝土。其用水需经化验得到认可合格后再用。

3. 抗渗混凝土的设计

3.1 配合比设计的一般要求

对抗渗混凝土的配合比设计原则，首先要考虑的是应有足够的砂浆厚度保证其结构体不透水。要增大骨料之间的拨开系数（拨开系数＝砂浆体积/石子空隙体积），形成在混凝土粗骨料周围有一定厚度的砂浆包裹层，促使粗骨料之间能有效隔开，有效隔断沿粗骨料外壁因浆体过薄形成的渗水孔网，这是抗渗混凝土的技术关键所在，也是配合比设计的重点控制措施。抗渗混凝土的配合比设计一般采取绝对体积法，在进行具体设计时，还应重视以下几点：

（1）最重要的是考虑满足抗渗性能。根据工程结构需求，由混凝土的抗渗性、耐久性、使用环境及原材料情况确定水泥的品种；由混凝土的抗渗强度选择水泥的强度等级，并根据施工影响程度增加水泥的富裕用量。

（2）粗细骨料级配应合理选用。要优先选择使用地产砂石材料，适当考虑砂率含量的富余和灰砂比例，但用量要符合相应工程的要求。

（3）水灰比要根据工程设计的抗渗性能、相应工程施工经验和最佳和易性确定。施工和易性是由结构截面及钢筋布置密集程度、施工方法和浇捣方式综合考虑决定的。

严格控制水灰比是非常关键的，但有时会出现失控，如加水计量表不准、人工加水拌合或运输停置时间长随意加水等。控制水灰比减少用水量，主要是预防混凝土在硬化中因多余游离水蒸发后形成的空隙大小、数量多少和通道的贯穿，这将直接影响混凝土结构体的抗渗性。从工程实践及满足混凝土抗渗性的要求，混凝土的施工水灰比以 0.50 较好。当水灰比过小，施工操作困难，会严重影响混凝土的密实性，降低抗渗性能。

同时，施工有抗渗要求的混凝土，从工序的全过程、原材料计量、搅拌时间、运输入模、浇筑振捣、后期养护各环节进行监督控制，防止材料配料不准、搅拌不匀、用水量不准、振捣不到位、早期失水、随意留施工冷缝等，这是影响抗渗混凝土质量的主要施工方面原因。要确保抗渗混凝土绝对不渗水从技术措施上讲是可行的，但施工质量控制难度是较大的，只要按上述措施控制当地下水浸到一定深度而不穿透混凝土进入室内，抗渗混凝土的质量就是成功的。

3.2 配合比绝对体积法的计算

3.2.1 确定水灰比

根据工程设计要求的混凝土抗渗等级、强度及结构状态、施工技术措施选择的坍落度，确定水灰比和用水量，计算出水泥用量。

(1) 确定水灰比（W/C）。抗渗混凝土的水灰比选择参考值是：抗渗等级为P6～P8时，C30混凝土的水灰比为0.55～0.60；抗渗等级P8～P12时，C30混凝土的水灰比为0.5～0.55；抗渗等级大于P12时，C30混凝土的水灰比为0.45。

(2) 确定用水量（W）。用水量一般按水灰比计算应用，但若水泥用量多又掺入外加剂，计算的用水量过大，因此应根据工程结构及施工实际通过试验来确定最佳用水量。

(3) 计算水泥用量，根据经试验确定的水灰比及用水量，采用配合比设计计算公式 $C=W/(W/C)$ 求出水泥用量。

3.2.2 选定砂率

抗渗混凝土的砂率不得低于38%，对结构钢筋稠密、厚度较薄、埋件较多等不利于混凝土浇筑施工的部位，亦可将砂率加大到42%左右。

3.2.3 计算砂石混合表观密度

$$P_{a(S+G)}=P_{aS}S_p+P_{aG}(1-S_p)$$

式中 S_p——为砂率（%）；

$P_{a(S+G)}$——为砂石混合表观密度（g/cm^3）；

P_{aS}——为砂的表观密度（g/cm^3）；

P_{aG}——为石子的表观密度（g/cm^3）。

3.2.4　计算砂石混合用量（$S+G$）

按照下列公式，计算砂石的混合用量。

$$\alpha=P_{a(S+G)}(1000-W/P_w-C/P_{sc})$$

式中　α——为砂石混合用量（kg）；

W——为水的用量（kg）；

P_w——为水的密度（g/cm^3）；

C——为水泥用量（kg）；

P_{sc}——为水泥密度（g/cm^3）。

3.2.5　计算砂、石子用量（S、G）

按照下列公式分别计算砂和石子的用量：

$$S=S_p\times\alpha \qquad G=\alpha-S$$

式中　S——为砂的质量（kg）；

S_p——为砂率（%）；

α——为砂、石混合用量（kg）；

G——为石子质量（kg）。

3.2.6　初步确定配合比

根据上述计算所求得每 $1m^3$ 混凝土的各种材料质量，将计算求出的值列出初步配合比：

水泥∶砂∶石子＝$C:S:G$　　水灰比＝W/C

3.2.7　按初步配合比确定施工配合比

根据计算初步确定的配合比进行现场试配。分别测定其密度、强度、和易性，并按工程要求进行校核。若与工程要求有差异，则必须进行调整，直至满足工程及施工要求为止。对正式调整确定的配合比按要求制作强度和抗渗试件，由有资质的试验室检测评定。事实上，现在建设工程的各种混凝土配合比均由有资质的试验室试配，施工企业只按照工程要求提供标准即可。

4. 混凝土的主要性能要求

4.1　混凝土的抗渗性能

抗渗性能是抗渗混凝土的主要耐久性指标。在具体建设工程中，抗渗混凝土的抗渗能力是通过试验来确定。混凝土结构体在外部水长期压力渗透作用下，不仅不会降低其抗渗强度，应该还有所提高。这是由于混凝土在水中继续得到了较好的养护，水中的微细颗粒堵塞了蒸发水的通道，水泥石的体积也产生微膨胀。另外，混凝土结构中产生的微裂缝也会自然愈合。这是由于微裂缝处水的侵入时，混凝土中的游离水会被 $Ca(OH)_2$ 带出，随着时间的延长带出的越多而转变为 $Ca(OH)_2$ 结晶。

4.2　混凝土抗压和抗拉强度

抗渗混凝土的抗压强度同普通混凝土基本相同，当水泥用量和砂率不变时，其抗压强度随水灰比的变化而增减；而抗拉强度又随抗压强度的提高而增加，两者之间的比值波动在 1/8～1/10 变化。

4.3　混凝土弹性模量

混凝土的弹性模量是反映抗渗混凝土变形的主要性能指标，同组成混凝土的材料变形性能相关。抗渗混凝土的弹性模量较普通混凝土较低。例如 C25 抗渗混凝土的轴心抗压强度为 20MPa、弹性模量是 2.92（104MPa）。

4.4　混凝土的耐热性

在正常温度下，混凝土的抗渗性能是较高的。但当混凝土加热至 100℃时，其抗渗性能有所降低。当混凝土温度超过 250℃时，则抗渗性能急速下降，如常温时抗渗压力为 1.8MPa、温度达 100℃时抗渗压力则降至 1.1MPa、200℃时抗渗压力则降至 0.7MPa、温度 300℃时抗渗强度则降至 0.4MPa。因此，抗渗混凝土的正常使用温度以不超过 100℃为宜。

5. 抗渗混凝土在工程中的应用

在克拉玛依地区的工业和生活用大型蓄水池、工业及生活污水处理工程中，抗渗混凝土水池的应用是十分普遍的。现以某工业污水处理混凝土水池工程为例，该项目各类水池计 10 个，最大单体面积为 1000m²，混凝土强度设计等级 C30、抗渗等级为

P10，属于较高强度要求的抗渗混凝土，具体实施要求是从以下几方面进行控制的。

5.1 原材料的选择

水泥：普通硅酸盐 P.O42.5R 水泥，28d 实测强度 52.2MPa；细骨料：选用地产中、粗砂，经水洗细度模数 2.85，属中粗砂级配，含泥量为 1.2%；粗骨料：天然级配卵石子，最大粒径为 40mm，含泥量小于 0.5%，属连续级配，针片状含量为 6%，压碎指标小于 5%；外掺合料：选择当地热电厂的 2 级粉煤灰；外加剂：由于考虑到该地区水工混凝土的抗冻性要求，掺用松香酸钠加气剂和木钙类减水剂复合使用；拌合水使用生活自来水。

5.2 配合比及水灰比

抗渗混凝土的强度等级 C30、抗渗等级 P20；水灰比确定为 0.43～0.45；坍落度（未进行泵送）30～50mm；砂率按 38%～40%范围内；外加剂：减水剂为木质素硝钙，加气剂为松香酸钠，掺量分别为水泥重量的 0.1%和 0.01%。

5.3 混凝土施工实际配合比

配合比见表 4-1。

施工配合比（单位：m^3）　　表 4-1

水灰比	水泥	水	砂率	砂子	石子	松脂皂	木钙粉	水泥	砂子	石子
0.43	350	150	38%	665	1235	0.0001	0.001	1	1.90	3.53

5.4 施工质量效果

按上述施工配合比施工的大型工业蓄水池工程及循环冷却水工程，混凝土试件的实际抗压强度，经 250 次冻融循环后最低仍达到 45.3MPa、最高为 58.2MPa；抗渗等级试验机构按国标（GBJ 82—85）要求，试验是从水压为 0.1MPa 开始，以后每隔 8h 增加 0.1MPa。以每组 6 个试件中 4 个试件未出现渗水时最大压力计算抗渗等级。其试件最低为 P34、最高为 P40 级。并将试件从中劈开检查其渗水深度，最大渗水深度为试件高度的 1/2～

2/3，完全满足抗渗要求。该抗渗混凝土的施工配合比从1986年、1990年的多项工程实际应用，至今投用已20年的水池工程仍未出现渗漏的质量问题，应用的实践表明是成功的。

5　地下建筑工程的排烟设置技术

地下建筑物的特殊位置使其防火问题极为突出，如何处理好地下建筑的防火设计，仍然是一个需要深入探讨、并在实践中不断积累总结的议题。一个优秀的地下建筑防火设计，必须在建筑、结构、给排水、电气、暖通、消防各专业密切配合下，共同完成总体防火设计。地下工程的防烟、排烟是防火设计的最主要内容，也是暖通专业的工作责任，通过工程应用实践及对火灾特点的分析，浅介通风系统的排防烟方式。

1. 地下建筑工程的火灾特征

1.1　地下火灾特点

地下建筑工程火灾的防止和扑救与地面建筑火灾有着许多不同的特点。地下建筑是在地面以下通过挖掘而获得的建筑空间，外部有土壤或岩石包围，只有内部有限的空间供使用，不存在外部空间，不同于地面建筑有外窗与大气相通，窗玻璃在温度达280℃时就会破碎，80％的热烟可以从窗口排出建筑物外，在热烟从窗口排出的同时，窗口底部还可进入新鲜空气，降低火灾房间的温度。而地下建筑却不同，几乎没有窗，与建筑外部相连的孔洞很少而且面积很小，发生火灾后热烟排不出去，热量聚集、散热缓慢、空间小温度升高快，可能较早地出现“轰燃点”，火灾房间的温度很快上升到800℃以上，房间的可燃物会全部烧尽。这时空气体积急剧膨胀，大量的一氧化碳、二氧化碳等有害气体的浓度升高。

地下建筑出现火灾时可燃物的燃烧需要氧气，氧气是通过与地面相通的出入口和其他孔洞提供的。当地下建筑物有两个以上出入口时，一般排烟口与空气进入口是分开的，火灾燃烧速度比较快。总之，火灾初期与地面建筑相差相同，但当进入中期后燃烧状况，要视出入口供给空气量而定。

1.2 地下疏散困难

地下建筑出现火灾，人员疏散极为困难。由于高温产生的浓烟扩散方向与人流疏散方向相同，而且烟扩散速度比人疏散速度要快得多，人员无法逃避高温浓烟的伤害。国内外研究认为，烟的水平扩散速度为0.5～1.5m/s、烟的垂直上升速度比水平方向快3～5倍。地下建筑物出现火灾时会造成严重缺氧，产生大量的一氧化碳及其他有害气体，对人员危害极大。资料统计，火灾中伤亡、烟害缺氧死亡人数占总的死亡人数的60%～85%，地下建筑出现火灾造成严重缺氧的情况，比地面建筑火灾严重得多。

1.3 救助难度大

地下建筑出现火灾时的救助十分困难，由于消防人员无法直接观察到地下建筑物中火场的确切部位及燃烧状况，对现场组织灭火造成极大的困难。灭火进出入口有限；灭火人员在高温浓烟情况下难以接近着火点；用于地下建筑的灭火剂比地面少，有害的灭火剂一般不宜使用；通信联络和照明条件比地面差得多。由于条件的制约，从外部到地下建筑内的火灾要进行有效的扑救难以进行。因此，地下建筑内的防火只能在地下建筑防火设计措施上得到解决。

2. 地下建筑物的排烟措施

2.1 密闭防烟

用密闭性高的防火墙、防火门窗和阀，使火灾房间隔离封闭起来，控制烟气扩散和新鲜空气的补充。地下建筑中密闭防烟是一种有效的防扩散措施，但并不是适用于所有地下建筑。从密闭防烟作用效果而言，防火单元分区划分的要小，经常停留人员较少的房间，应是考虑的方面。在人民防空工程设计防火规范中规定：丙、丁、戊类物品库房宜采用密闭防烟措施。

2.2 自然排烟

利用火灾产生的热气流（热压）或风压从地下建筑的对外孔洞、采光窗将烟排出地面（室外）。自然排烟在地面建筑中是很正常的，但地下建筑由于受到环境条件的制约，难以实施，只能适用于没有采光窗井的部分地下室。其优点较多，但不是所有采光窗井的地下室建筑都能满足自然排烟的要求。这首先受到建筑设计的制约，按自然排烟要求的设计，其对外有效排烟开口面积必须大于房间（或防火分区）地面面积的1/50以上。另外，自然排烟有许多不稳定因素，很难确保人员的疏散安全。对地下建筑物而言，只能利用机械排烟为主的自然辅助排烟作用。

2.3 机械排烟

机械排烟是地下建筑的主要排烟方式。根据不同类型的地下建筑物，划分合理的防火功能分区，设计有效的排烟系统，是保证人员疏散和扑救火灾的重要措施。

（1）防火分区的划分：是在防火区域内进行的功能划分。可以分成几小防火分区，防火分区不能阻止火灾的扩散和蔓延，只是依靠防烟垂壁和隔墙来划分，只起到阻烟作用。对于地下建筑物应该尽可能设置完善的防烟分区，使其具有良好的阻烟功能。在同一直排烟系统中的防烟分区大小应基本对等，使每一个防烟分区烟量不要差别太大。《人民防空工程设计防火规范》规定：每个防烟分区的使用面积不应超过400m^2。防烟分区在尽可能的情况下，尽量小面积较好。这样，可以使实际的排烟量小，排烟管道直径也小，相应可使建筑设计时容易布置，同时可减少设备投资。

（2）高层建筑的地下室排烟系统的功能划分：地下室可以设独立的排烟系统，与地面建筑的排烟系统分开。如人防地下室，由于要考虑建筑的防护要求，其对外排烟口要设防护设施。因此，地下室的排烟口和地面建筑分开的好；一般地下室的排烟系统可与地面建筑的排烟系统统一设置，地面与地下用一个排烟系统，这种排烟系统可以节省排烟设备，方便管理，设计简单。

（3）独立地下室建筑排烟系统的划分：可分为机械送风与机械排烟系统。当火灾时进行机械排烟的同时，对楼梯间前室或走道机械送风，使这些部位的风压略高于火灾区的压力，这种排烟系统能可靠的保证疏散通道的安全，对人员疏散和火灾扑救都是十分可靠的。机械送风与自然排烟系统，单独对楼梯间、楼梯间前室或疏散走道送风加压，使这些部位的风压高于火灾部位压力。这种排烟系统只适用于地下建筑中经常活动人数很少，易于疏散且着重于火灾扑救的建筑工程。对于以人员为重点的工程，不适合采用这种排烟系统。由于一个出入口正在送风，其他的出入口都会成为排烟道，影响其他疏散出入口的疏散功能。所以，这种排烟系统在地下建筑中采用的很少，也不宜推广。自然进风与机械排烟系统：火灾区的烟从房间上部设置的排烟口用风机将烟排至室外，靠所有的出入口自然进风，这种排烟系统是地下建筑的主要排烟方式。此系统的优点是：排烟设备少、系统运行可靠。在火灾初期室内气压低，烟不会向其他区域扩散，地下建筑一般都没有连通大气的窗，排烟的同时，向房间内补充空气的通道只有楼梯间（或出入口），使出入口成为新鲜空气的补给口，这就给人员安全疏散创造了有利条件。所以，这种排烟系统在地下建筑中的应用是最适用的。

3. 小结

目前，对地下大型建筑一般都采用自然进风与机械排烟系统的方式，采用的方案有三种：

（1）设置独立的排烟系统，排烟风机、管道和风口均单独布置。排烟风口平时关闭，火灾发生时靠烟感器自动开启排烟风机和相应的排烟口。这种方案的缺点是：排烟设备长期停用，需定期检修和试运转，否则一旦急用不能启动。所以，独立的排烟系统在关键时不一定是可靠的。

（2）利用通风、空调送风系统进行排烟，另设排烟风机。火灾时靠烟感器将送风系统转换为排烟系统。这种措施的主要缺点是：系统转换复杂，必须采用可靠的安全措施，保证在火灾时将送风系统转换为排烟系统。

(3) 采取排风与排烟相结合的系统，设置必要的防火阀，平时排风口即为火灾时常开的排烟口。这种措施的主要优点是：排风系统经常运转，控制转换系统较简单，出现火灾时，能够及时地将烟气排出室外。

采取这几种方案的排风量和排烟量，应按防烟分区进行平衡划分，最好3～4个防火分区设一排烟系统。因为400m^{2}防火分区的排烟量约24000m^3/h，负担2个以上防烟分区的排烟风机的风量为48000m^3/h，而4个防烟分区的面积为1600m^2，全排风时的排风量为96000m^3/h，是可以满足需求的。据介绍，火灾时按6次/时换气的排烟量是可行的，符合人防工程规范（GB 50098—98）的要求，采用这种方案是比较可靠的。

6　城市地下建筑防火设计技术

随着经济建设的快速发展，许多城市地下空间（如地铁、隧道、地下商场、超市、地下车库、人防工程）的兴建越来越多。各种地下空间的外围是土或者是岩石，只有人工处理后的空间。其特点是：与外界联通的出入口少，空间面积有限，发生火灾时排烟排热能力很差，能见度低，内部温度上升很快，对人员、财产的安全危险极大，地下建筑的特殊性使得防火安全极为重要。

1. 地下空间的特点

随着城市人口的急剧增加，建筑、交通、公共设施、生活用地之间的矛盾日益严重，尤其是特大城市这个问题更加突出。地下空间的开发利用可在很大程度上解决这个矛盾，为城市的再发展开辟一条新的途径。同时，地下空间还节省了维修、养护及采暖制冷费用。据介绍，与地面建筑同等条件下，绝大部分地下空间可节省一半或 2/3 的运行费，而经过改进设计，情况更加有利。另外，地下建筑往往比地面建筑有更好的耐火性，相对来说地下建筑的抗震性能也要比地上建筑物强。当然，地下空间由于位置的特殊性，存在难以克服的缺陷，例如开发初期投资费用特别高，通风、照明的设备多，防火设计的难度相对较大等。

2. 地下建筑火灾发生的分析

地下建筑发生火灾除了人为因素外，地下空间发生火灾的其他可能性有以下几种。

2.1 电气设备引发的火灾

地下空间由于没有自然的通风和照明条件，大量使用各种通风和照明电气设备，因而发生火灾的可能性大大提高。在电气火灾中，最常见的是电热器具，照明器具引燃周围的可燃材料而逐渐扩大成火灾；电气设备如电熨斗、电视机的故障引起火灾；电线漏电或短路造成电弧火花引燃可燃衣、纸类引发火灾；配电箱接地不良或超负荷使电线本身过热引燃外包材料造成火灾等。

2.2 明火引起的火灾

明火管理不善如地下商业街，为方便和吸引顾客而设置的餐馆、饮食店、快餐店随处可见，餐饮店就要取火做饭，卡式炉火锅、煤气烧烤、烛光晚餐、炉火烤羊肉串等，明火用量增多，又加上地下施工现场电气焊割，在使用过程中，如果管理不善，就可能引发火灾，可燃气体也会爆炸。

2.3 机械设备故障引发火灾

在地下空间有各种各样的机械设备，如排烟机、送风机、空调机等。这些设备如果质量出现问题，或者保养维修不当，很容易出现使用故障，某种情况下也会导致火灾的发生。

2.4 吸烟引发火灾

地铁、地下商场人流量大，吸烟者难以杜绝，吸烟的火是不固定流动性的，吸烟者在拥挤的店铺游走，如有不慎就会引燃可燃物品。许多吸烟者将未熄灭的烟头乱扔。一般丢在人不注意的角落处、废弃物处，逐渐燃烧而引发火灾。

3. 地下建筑的防火对策

地下建筑的防火设计，是一项复杂的系统工程，需要各有关方面的共同努力。世界上一些国家在地下空间利用中已非常的发达，具有一套完整的体系，而我国在地下空间的开发利用方面只是刚刚起步，没有完善的地下空间防火安全规范。在学习借鉴发达国家成功经验中，结合城市地下空间开发利用的实际，主要从以下几方面进行完善和提高。

3.1 规划好地下空间的平面布置

城市地下空间是建筑结构的一种形式，地下工程虽然没有外墙面和外门窗，出入口也只能设在一层，似乎与其他建筑没有什么关系。其实并不是这样，地下建筑的规划建设要与整个城市的其他建筑有机地结合起来，形成有机的联系。规划必须准确地确定其相互位置、防火距离、消防通道、疏散口位置及消防用水等。

(1) 根据建筑物规划防火距离。当地面建筑为单、多层民用建筑，耐火等级分别为一、二、三、四级时，地下公共空间的通风口、排烟口与其他民用建筑的安全防火距离分别为 6m、6m、7m、9m；当地面建筑为多层民用建筑且耐火等级为一、二级时，城市地下公共空间的通风口、排烟口与其他的安全距离为 6～13m。地下公共空间如果与居民区相邻时，在满足防火间距的前提下，还应设防火带，阻止火势的蔓延。

(2) 地下建筑出入口的设置。出入室外的直接出入口必须留有足够的用地，一方面要满足疏散人群的需要，另一方面要满足消防停车和展开工作的需要，其预留面积要根据建筑规模而定。地下空间的出入口不可以全部借用地面其他建筑，而必须要有至少一半的出入口需要单独设置，且不少于 2 个。

3.2 划分防火分区

防火分区就是采用一定耐火性能的分隔材料来划分开，可以在一定时间内阻止火灾向建筑内的其他部分蔓延，在建筑物内采取划分防火分区这一措施，可有效防止在建筑物一旦出现火灾时，有效地将火势控制在一个区域内，减少火灾损失，同时也为人员安全疏散、消防灭火提供时间。

(1) 防火分区的面积确定。对于地下建筑的空间防火分区划分，目前还没有专门的地下建筑设计防火规范。如果参考国外发达国家现在的地下工程设计防火规范，按照国内现有的地下工程实际状况，防火分区的最大面积可达 2000m^2（人防工程的防火面积为 400m^2）。前提条件是设有自动报警系统和自动喷淋灭火系统，且采用了不燃或难燃烧材料作装修的。

(2) 防火分区使用材料选择。在接近公共疏散通道上的防火分区可采用防火墙、防火门、防火卷帘、防火水幕，以形成防火安全分隔。防火墙是水平防火分区最有效的防火构件，目前规定防火墙的耐火极限不应低于 4h；在建筑结构中厚度为 240mm 的烧结普通砖、混凝土、硅酸盐砖、钢筋混凝土墙的耐火极限为 5.5h，均可以达到防火墙的耐火极限要求。尽管设置防火门或防火卷帘较设置防火墙在平时人流通行更方便，而且不存在空间视线影响，但设置独立的防火墙使防火分区更明显，防火的效果更安全、更好。设置防火水幕划分防火分区时，一般不适宜用于宽度大于 15m、高度大于 5m 的开口部位，更不适合整体的防火分区划分。同时，如果采用防火水幕对大空间建筑的防火分区进行划分，势必造成室内消防用水量的剧增，其实是不经济的，也不符合发生火灾时应积极主动灭火的原则。

3.3 疏散通道要保证

地下空间一旦出现火灾，最好的措施是阻止火势的蔓延，并将火灾扑灭在初期阶段。如果火灾发生后不能将火势控制在一个消防单元或防火分区内，特别是火产生的烟就会迅速传播蔓延。要保障人员的安全疏散，在设计时必须考虑这个问题。首先，应设定地下建筑的安全疏散时间。从资料介绍看，安全疏散时间以 1.5min 为时限，这是指从火灾危险现场疏散到地面的时间。其次，应考虑地面空间安全通道宽度、疏散楼梯数量、安全出口的间距。从实践分析，每个防火分区除了必须保证有2个独立的不同方向的直通地面的安全出口外，直通地面的疏散楼梯应分散设施在地下空间的两侧，而且以在地下建筑内能看见通向地面的出口为宜。楼梯的有效宽度不应小于1.5m，通向楼梯的通道宽度原则上不应小于3m，楼梯间距不宜大于30m，具体的计算公式为：

出入口的疏散时间＝安全疏散间距/疏散速度＋疏散速度＋疏散人员数/(流动系数×疏散口宽度)×安全率

现在，国内地下建筑关于火灾疏散时间还没有明确的规定，从资料分析上看，人可以屏住呼吸的时间中央值为40s，在停止呼吸时步行速度一般为1m/s左右，人员密度根据工程实际和所在的地域条件设定为0.10～0.50人/m^2，在高峰时期人员密度可达1.0～3.0人/m^2，其他指标取值及流动系数为1.3人/(m·s),安全率为2。

3.4 室内装修材料的选择

防止火灾的发生是人们所希望的，也是消防安全的第一目标。为此，对地下建筑的内装修材料应尽量做到非燃和难燃，严格限制可燃材料用于装饰，大量使用高分子装饰材料，燃烧时会散发出大量有害气体，仅一氧化碳含量最高可达到10%，如果一氧化碳的含量占1.28%时，1～3min可以致人死亡。有资料表明，在公共场所的火灾死亡人数中有一半以上是吸入一氧化碳中毒。特别是顶棚、护墙板应采用非燃材料，局部使用了可燃材料也应经过阻燃处理，尤其是安全疏散通道、疏散楼梯间，要禁止使用可燃装饰材料。

3.5 疏散通道标志明显

地下公共空间的安全疏散标志及光环境，包括火灾事故及疏散指示照明部分。这是地下空间发生火灾时引导内部人员进行疏散和逃生的重要设施。地下空间内发生火灾后照明供电中断，周围一片漆黑，遇险者无法辨别方向，是造成大量人员死亡的一个重要原因，因而必须设置可靠的照明设备和疏散标志。在人员密集的场所、疏散通道的入口处、过道上、交叉口、疏散楼梯和安全出口处等重要部位，安装一些专用的照明器具，其间距不应大于10m。

地下空间中的疏散指示标志应采用非燃烧体透明的材料制成，罩上一般写有“疏散通道”、“安全出口”等引导文字，罩内装有照明灯具。疏散指示标志安全的位置一般距地面高1.0～1.2m的地方，标志的亮度应高于应急照明的高度，以显示其与应急照明的区别，能让疏散人员辨认。火灾事故照明和疏散指示标志内应采用专门备用电源，发生火灾时一旦断电，备用电源可自动供电。

3.6 设置消防灭火设施

对于地下公共空间，应设置火灾自动报警系统；室内消火栓系统和自动喷水系统，对于这些设备系统应结合地下空间建筑设计的要求进行设计。

地下建筑的安全防火直接影响人民生命和财产的安全，城市地下公共空间的安全防火处理的好坏，更是制约整个工程防灾能力大小的关键所在，工程设计者责任重大。所以，设计时应该立足于现有规范，不断总结实践经验和教训，勇于创新，搞好设计，把地下空间的开发与利用不断推向新的高度。

7 多层小区地下室墙板早期裂缝防治

某多层生活住宅小区建筑多数为6层，总高度为21m，地下室一层、地上一层为商用房，其余均为住宅用房，总建筑面积为4.2万m^2。框架、剪力墙、柱混凝土设计强度等级C40P6，其余混凝土均为C30P6，为减少混凝土的裂缝而掺入UEA膨胀剂、减小水灰比等措施，每立方米混凝土水泥用量小于350kg、膨胀剂60kg、粉煤灰及矿粉95kg等。

为防止地下室混凝土墙板出现裂缝，便于在产生裂缝后能及时查清原因，采取可靠的补救措施，制定出详细的混凝土工程施工过程、养护、环境温湿度监测、裂缝产生原因分析等跟踪检查方案。地下室施工后经检查，每幢均出现了不同程度的裂缝，其中较严重的贯穿性裂缝有 7 条，多产生在地下室的端部、中部。

1. 裂缝原因分析

经过认真调查分析，地下室墙顶底板混凝土产生的裂缝主要是以下几类：

1.1 混凝土硬化初期产生的底板、顶板表面的塑性裂缝

该类裂缝在混凝土出现较多，但只发生在混凝土表面，主要原因是由于采用泵送混凝土的水灰比、坍落度较大，经检查，少数操作人员为方便抹面，表面边洒水边压抹，水分蒸发后表面缺水产生收缩，而产生早期该类裂缝。多数裂缝位于表面的较低洼处，由于表面析水水泥浆上浮，与周围混凝土相比颜色明显发白。检查发现，其中一处顶板表面的裂缝特别，有十分明显的龟裂面积，约 $4m^2$，而且与周围混凝土相比有起鼓现象，经分析确认，可能是由于该车混凝土原材料投料比例不对，膨胀剂和外加剂过量造成的。

为防止该类裂缝的继续出现，坚决制止随意的洒水的违规操作外，确保板大面平整，不允许有低洼处，混凝土初凝时再用滚筒压实一遍，铁抹子压一遍，立即覆盖保湿。要求集中搅拌站严格控制配合比、外加剂和掺合料的准确性，保证拌合料的质量。

1.2 温度应力引起的裂缝

此类裂缝多发生在结构刚度变化较大的部位，此次检查中主要集中表现在：①地面绿化处与主楼交接部位的地下室顶板；②在电梯井邻近的顶板处；③外墙结构走向突变的拐角处。其中地面绿化部位与主楼交接处的裂缝，出现在主楼浇筑的地上一层顶板。而此时结构没有任何荷载，排除了不均匀沉降裂缝的可能。检查施工日志，该处浇筑时间在 4 月间，由于新疆气候此时冷热不正常，受冷空气影响，加之一层顶板进入地上施工，结构细部较复杂，且绿化处地下是车库。为加大停车量该墙体转角较多，

又未设置后浇带，因而导致应力集中而出现多处裂缝。

从浇筑顺序分析，出现裂缝多的几处在混凝土浇筑过程中，存在浇筑顺序不合理的现象。浇筑过程中由于混凝土输送泵出现故障，在转角部位停置 3h，前面浇筑的已经初凝，又不是设置施工缝的部位，加上停置的缝处理不当，使后浇混凝土处于三面受限的状态，约束系数高，出现质量问题是难以避免的。另外，该处较明显的裂缝产生的时间为养护龄期的第 16d。此前 3d 为低温天气，气温回升有个过程，此时又拆除了模板，更加剧了降温收缩和干燥收缩，是导致裂缝进一步扩大的主要原因。

由此可见，同大体积混凝土结构相似，多层建筑的地下室结构中，混凝土结构尺寸一般不大，由水泥水化热产生的内外温差较小，表面裂缝也少。但从整体来说，大多属于超静定结构，各构件受到基础、相邻墙、柱、板的强大约束，如遭受急降温的影响，极容易出现贯穿性裂缝。据分析，由于混凝土徐变作用未能发挥作用，气温急降引起的混凝土应变，比较长时间内（3～4 周）相同幅度的温度下降产生的应变甚至大 3～4 倍。防止该类裂缝的产生，一是要合理地选择结构形式，墙线尽量拉平，避免突出与转角过多；二是要选择正确的养护保温措施、拆模时间，防止温度急剧下降。

1.3 因地基不均匀沉降引起的裂缝

该类裂缝主要出现在地下车库的入口坡道处。对于主体结构来说，经地基处理后一般不会产生，但地下坡道处由于独立基础的深度出现变化，底板、顶板的高度不相同，容易产生该类裂缝。同时，在前述温度裂缝产生的位置，同时也是结构体形变化大的部位，不排除包括地基不均匀沉降引起开裂的因素。

1.4 顶板混凝土浇筑后的养护时间太短，过早上人和材料堆放引起的裂缝

由于工程赶进度，同时业主单位在预售商品房既定时间的临近，部分地下室顶板在前一天下午浇筑的混凝土，过了不足 12h 即在第二天上午堆放架杆、扣件、施工机械等材料，此时的混凝

土尚未有任何强度，只是终凝后开始增长强度的初期阶段，不能经受任何振动和重物，过早的荷重使该顶板产生不应出现的裂缝，有的裂缝宽达1～2mm、长30～50mm。

1.5 其他因素引发的裂缝

如发现几处由于预埋管线套管下部未设垫块，套管直贴模板无保护层引起的开裂，同样也因埋管顶部保护层大薄而产生的沿管线的开裂。另外，由于混凝土下沉引起的开裂等。

2. 裂缝的预防及处理

建筑地下室结构产生裂缝，不仅会产生渗漏破坏防水功能，更重要的还会引起结构内钢筋的腐蚀，影响结构的耐久性，因此，必须进行有效的处理。目前修补裂缝是根据缝的宽度采用不同的材料进行处理的，但对不宽的缝（1mm以下）仍采用环氧树脂注浆处理。表面刷防水涂料的保护措施。

2.1 设计是防裂的关键因素

设计选择合理的构造形式对裂缝的防范作用是很大的。依据使用功能的要求，无法避免折角时，该转角处的钢筋要设加强防裂筋。要根据规范规定进行应力计算，按需要设置伸缩缝、后浇带，尽量在接近结构刚度急剧变化处设置。混凝土墙板应根据抗裂要求，配置细直径、间距密的水平分布筋，以阻止裂缝的出现，配筋率的合理范围约在0.8%～1.1%。

2.2 根据防裂需求优化混凝土的配合比

目前常规用的混凝土配合比优化设计方法，是从经济上考虑确定为优化目标。当结构的防裂要求较高时，完全可以将裂缝的发生频率最低作为优化目标，或转换成水泥用量最低，减少水化热，用水量最低，以减轻干燥收缩。如对某工程混凝土配合比按既定成本，水泥用量、用水量进行优化设计，其效果十分明显。

在混凝土中掺入矿渣细粉、粉煤灰等外掺合料，并配置膨胀剂以补偿混凝土的收缩量，或采用纤维混凝土以提高结构的抗裂能力，都是防止混凝土裂缝的有效措施。但这些方法的定量计算仍存在一些困难，应用不十分普及，也有一些实际应用实例。必须强调的是，确保混凝土配制过程中各种原材料的计量准确，这也是施工中经常强调抽查的问题，关系到拌合料的成分合格，是十分重要的工序环节。在工艺过程中要抽查砂石料的自然含水率，调整用水量对控制水灰比很重要。

2.3 混凝土浇筑前必须制定科学合理的浇筑顺序

如板面浇筑在泵送混凝土的条件下从远开始边浇边拆管，避免浇筑混凝土的人员踩踏；厚大体积混凝土浇筑，从中间或一侧开始推进，不留施工缝；大型水池整体浇筑，要分层转圈浇筑，不留施工缝且上下层结合牢固。严格控制水灰比，不准随意加水，改变混凝土水灰比；混凝土采取二次振捣和二次抹压，表面的保温和保湿绝不能忽视。

2.4 拆模时间必须严格掌握

拆模时间如遇气温急降，要加强混凝土的表面保温工作，此时不能拆除模板，造成混凝土的降温更快。在实际施工中，由于风雨经常出现，需要施工人员严格掌握。此时风雨天室外作业不能进行，施工企业很多安排拆除板底模的工作，对温控防裂是有害的。对混凝土的养护方案有需要时，应经计算确定。干燥收缩可以转换成当量温差，与实际温差一并计算，一般可采用指数表达式：

$$\varepsilon_{y(t)}=\varepsilon_{oy}(1-e^{-0.001t})\times M_1\times M_2\times M_{3x}\sim M_n$$

式中，t——为从混凝土浇筑后至计算时的天数；标准状态下的最终收缩值（即极限收缩值），可取 0.325×10^{-4}；$M_1\sim M_n$——为考虑各种非标准条件如水泥品种、细度、骨料、水灰比、水泥浆体、环境湿度、水泥半径及操作方法、配筋率等的修正系数。当量温差按下式计算：

$$T_{y(t)}=\varepsilon_{y(t)}/a$$

式中，$T_{y(t)}$——即收缩当量温差；a——为混凝土的热膨胀系数，可取 1×10^{-5}。如对本裂缝进行计算，16d 的龄期时混凝

土的收缩变形值为 0.325×10^{-4}，转换成当量降温值为 3.25℃。与实际温降量叠加后，达到 12℃，此时混凝土结构自应力与约束应力均较大，因此导致了混凝土结构裂缝的产生。根据工程实际综合考虑，实际降温与干缩当量温差，在不同结构体形、不同表面放热系数等条件下，最佳拆模时间存在一个范围，可通过计算获得。

混凝土墙板的裂缝由于存在材料、施工技术、环境条件的复杂性，地下室结构裂缝的情况比较多。裂缝的产生不但影响使用功能，也是影响耐久性的重要因素。如何避免和减少裂缝的产生、发展，是一个值得深入探讨、总结、实践的长期课题。从上述分析后提出的一些具体控制措施，尚需要根据不同工程情况从理论和实践中总结提高、完善，符合科学规律。

8 城市扩大化进程对地下水承载能力的影响

加快城市化进程是我国发展的必然趋势。我国目前的城市化水平已达 31%以上，面对人口众多、资源紧缺、环境脆弱的较大压力，其中水资源短缺已成为限制城市及社会发展的重要因素。国内的水资源分布很不平衡，南北地区相差悬殊。随着城市化的加快，使水资源更加缺乏，北方广大地区的城市依靠挤占生态环境和大量超采地下水来维持。地下水作为城市水资源的一部分，对城市人口的身体健康及生产发展密切相关，同时随着人口的增加和生产的发展，对地下水资源的需求越来越大，地下水资源的承载能力正受到巨大压力。

1. 城市地下水承载能力理念

1.1 承载能力的研究现状

承载能力，按照联合国环境规划署和世界野生生物基金会出版的《保护地球》一书的定义为：一个生态系统，其所能支持的健康有机体，即维持它的生产力、适应能力和再生能力的容量。

承载能力与承载力、环境容量具有不同的内涵，若相互混用不利于清晰反映承载能力的概念。目前国内外对承载能力的研究主要是在土地资源的承载力方面。我国由于受人口及资源不足的压力，专门提出了“水资源承载能力的问题”，并成为水资源领域的研究热点。相对于水资源承载能力的研究现状，地下水环境承载能力的研究还远远不够。传统的地下水承载能力计算只是考虑地下水的纳污能力和容许开采量，并没有将其与日益密切的经济、社会、环境因素考虑在内。目前面对日趋严重的城市水资源短缺，正确评价城市地下水承载能力，已成为城市实现可持续发展的重要因素。

1.2 地下水承载能力的分析

1.2.1 地下水承载能力的概念

地下水承载能力可以认为在某一时期、某种状态条件下、某地区的地下水环境所能承受的人类活动的限值。它是相对于一定时期、一定区域的社会经济发展状况和发展水平而言，其目的是保护现实的或拟定的地下水环境结构不出现明显的不利于人们需要的状况，以确保地下水环境系统功能的可持续正常发挥。依此为前提，对区域性的人口活动，尤其是城市经济发展的行为在规模、强度或速度上应加以限制。因此，城市如果要实现可持续发展必须重点考虑水资源，尤其是地下水资源的承载能力问题。

1.2.2 承载能力考虑的重点

研究地下水承载能力的关键是要有相应的指标体系。地下水环境的承载能力指标确定的主要原则是：适用性强、易于量化、可反映系统本质。重要的是必须以人口、经济、环境相关的地下水资源及防污染状况表示。对不同的地下水系统指标的选择应有所不同，但对同一地下水系统要尽量保持指标的时间连续性，以考虑对环境承载能力随着时间的变化进行比较、监测控制。

因此，地下水承载能力指标可分为两类，一类是与地下水系统环境有关的变量指标，用来表征系统的状态、质量、发展方向等，描述环境资源的客观条件；另一类是人口、社会、经济活动方面的指标，描述社会经济发展的规模大小。例如：人均工业产值，城市化水平的倒数，工业固定资产产出率，单位水资源消耗量的农灌面积，可供水量与总用水量之比，污水处理投资占工业投资之比，污水处理率，单位 COD 排放量的工业产值。这些指标和水承载能力的大小成正比例。

1.2.3 地下水资源承载能力组成

评价城市地下水资源承载能力目的，在于揭示城市有限地下水资源与人口、环境和经济发展的关系，从中找出制约城市发展的因素和条件，以利统筹对策，促进全社会的持续发展。然而地下水资源对城市发展的支撑条件，并不仅仅体现在可提供地下水量的多少，更需要从地下水资源对人类社会所产生的利害关系全面考虑，综合评价。据此，一个城市的地下水资源承载能力，基本上是由地下水资源量的承载能力、地下水资源水质或地下水环境承载能力和地区水害防御能力三个部分所组成。

(1) 地下水资源量的支撑能力

地下水资源量的承载能力是指地下水资源可供地区人口、生态环境、工农业和社会其他用水的能力。它是衡量地区地下水资源承载能力的主要成分和主导方面，其现时能力与未来能力的阀值，可通过地区的供需平衡来确定。

(2) 地下水环境承载能力

地下水环境承载能力是指一定的地下水域一定时期内，为了维持地下水域生态环境和人类健康环境，实施设定的地下水质和环境质量目标对人类活动的支持能力。

(3) 区域水害的防御能力

区域水害的防御能力是指对水具有危害一面进行防御，从而支持地区经济、社会发展的能力，就是根据地区自然、社会条件，依设立的防灾目标，采用工程和非工程措施相结合的防御体系，所能保护和支持地区社会发展的能力。

总之，地下水资源数量、质量和水害防御对城市可持续发展的支持作用是毋庸置疑的，但它们各自的作用并不等同。城市的持续发展及规划必须考虑这三方面的因素，并结合当地水资源的状况对城市水资源进行管理规划，以保证城市及其生态环境实现持续发展。

2. 城市化对地下水承载能力的破坏

城市化最突出的特征就是人口、产业、物业向城市集中，导致人口密度增大，土地利用性质改变，建筑物增加，道路及下水管网建设使下垫面不透水面积增大，直接改变了当地的雨洪径流的形成条件。城市社会经济发展，人口增多，对水的需要量增大，废水、污水相应增多，从而对水的时空分布、水分循环及水的理化性质、水环境尤其是地下水环境产生了各种各样的影响。

从地下水承载能力的定量分析来看，地下水承载能力评价的各项指标都受城市化影响很大，城市化水平越高，人们对水的需求量也就越大，各种产业发展的越快，从而产生的各种废弃物也会越多，对水尤其是地下水的污染也就越严重。城市化使人均工业产值、工业固定产出率以及单位水资源消耗量的工业产值等都相应增加，同时用于污水处理的投资、污水的处理率、COD排放量的工业产值也相应增大。在各项指标都相应增大的情况下，那些依靠地下水资源发展的城市地下水环境承载力也会相应地发生变化。

城市化对地下水环境承载能力的影响还表现在：一方面，由于部分城市自产水量少，许多城市不得不通过开采地下水来满足城市日益增长的用水需求。由于城市水资源污染严重，地下水将成为主要的清洁水来源，人们盲目开采及超量开采地下水，不但破坏了地下水的运动规律，而且更容易对地下水造成污染；另一方面，城市化的发展使城市不透水面积增加，造成了地下水补给量的减少。这样地下水资源量的支撑能力减弱，对地下水承载能力造成直接的破坏。由此产生的地下水环境承载能力也相应减弱，为防御城市水资源短缺所采取的各种防御措施也相应增加。

这样带来一系列的环境问题将限制城市中各种产业的发展，最终会对城市经济及社会产生各种不利影响。

3. 结论及建议

地下水承载能力体现了可持续发展的思想，为城市地下水环境恶化问题的解决指明了方向。城市化的发展与城市规划必须量水而行。对现有城市地下水资源进行承载能力评价可以对城市水资源管理措施进行调整，对未来城市水资源利用进行预测。若要从根本上扭转这种局面，首先应对在规划建设中的城市充分考虑当地水资源条件，合理规划城市发展规模和产业结构，根据城市人口、规模、功能和产业结构来制定各种城市水资源设施标准，使城市发展规划与能否拥有水资源这一问题协调起来；其次，城市用水要实现开源节流，减少城市用水的浪费，加大治污力度，保护现有的地下水及其他清洁水源，实现地表水与地下水的联合调度。只有这样才不会造成地下水资源盲目开采，不会破坏地下水环境，地下水的承载能力才可能保证城市及其生态环境实现可持续发展。

9　加筋垫层在工程应用时必须重视的问题

加筋土是由一层或多层水平的加筋材料与填料交替铺设所组成的复合体，加筋材料主要承受土体产生的侧向拉力。加筋土技术的应用有多种类型和形式，按其工作性质和设计计算理论假定，可分为加筋土挡墙、加筋陡坡和加筋垫层三大类。加筋垫层是软土地基处理的常用方法，可以单独应用在不同的工程中，或者与其他软基处理形式联合使用，各种应用情况的加筋机理有相同点与不同点，而目前并无文献对此进行分析。本文将加筋垫层的应用形式归纳为天然地基上的加筋垫层和复合地基上的加筋垫层，而天然地基上的加筋垫层根据其处理地基上的构筑物不同可分为堤坝地基上的加筋垫层和建筑物地基上的加筋垫层。

1. 天然地基上的加筋垫层

1.1 天然地基上加筋垫层的分类

天然地基上的加筋垫层是在地基表面沿水平方向铺设一层或多层的加筋材料，并与填料组成一定厚度的加筋复合土体。它的作用主要是提高地基的承载力，均化地基应力，减少地基的不均匀沉降。天然地基上的加筋垫层根据其处理地基上的构筑物不同，可分为堤坝地基上的加筋垫层和建筑物地基上的加筋垫层。

1.2 堤坝地基加筋垫层与建筑物地基加筋垫层的区别

建筑物软基处理用的加筋垫层和堤坝地基的加筋垫层虽然同属加筋垫层形式，但两者是有区别的。为了避免在工程实践中把两者混淆，更好地完成设计，笔者试图从以下三个方面来对比这两者加筋机理的区别。

1.2.1 筋材拉应力产生的原因

在加筋垫层中，筋材和填料的相对变形使筋材产生了界面摩阻力，界面摩阻力使筋材产生了拉力。路堤的填料是散体材料，因此，路堤填料的荷载一方面表现为竖向柔性荷载，使筋材变形而受力；另一方面还表现为由轴线向两侧的水平推力，这个水平推力通过筋材与填料的摩阻力使筋材产生拉应力。建筑物一般是刚性体，筋材上面的荷载不能产生水平推力使筋材产生拉应力。因此，在建筑物地基加筋垫层中，筋材拉应力的产生一般是由于地基变形而引起的，而在路堤地基中除了地基变形使筋材产生拉力，路堤填料的水平推力也会使筋材产生拉力。筋材所受拉力的大小将影响筋材抗拉强度的发挥，从而影响加筋的效果。实际应用中宜考虑不同应用形式对筋材抗拉强度发挥的影响，并可以通过增加筋材界面摩阻力、铺设时对筋材施加预应力等措施来提高筋材抗拉强度的发挥，从而提高加筋效果。

1.2.2 加筋垫层变形形状的不同

路堤是以柔性荷载的形式作用于地基的，建筑物则以刚性荷载的形式作用于地基，柔性荷载的特点使地基在荷载的作用下产生“弯沉盆”状的变形。建筑物的基础一般是刚性基础，筋材在地基中的变形形状和基础宽度与筋材长度的比 L/B 有关。当 L/B 较小时，如图 9-1（a）所示；当 L/B 较大时，如图 9-1（b）所示。可见当 L/B 较小时，加筋垫层为类似“弯沉盆”状的变形；当 L/B 较大时，加筋垫层在接近建筑物的边缘处产生较大的变形。筋材在地基的变形形状直接影响筋材界面剪应力的分布和筋材拉力的发挥，从而影响地基的应力分布及加筋效果。实际应用中宜考虑不同应用形式下加筋垫层的变形形状，正确分析其加筋效果。

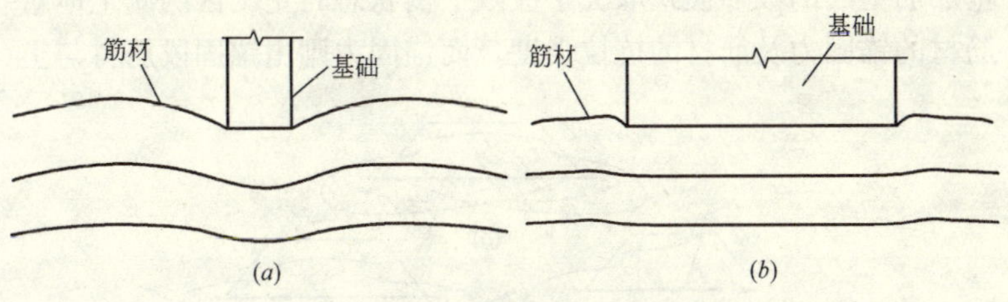

图 9-1　加筋建筑物地基的变形形状

（a）L/B 较小；（b）L/B 较大

1.2.3　破坏机理不同

（1）堤坝软基加筋垫层的破坏模式。在堤坝和地基之间铺设水平加筋垫层之后，堤坝及地基的破坏形式与无加筋垫层的情况不同，坝体的失稳和地基破坏的可能性有如下几种，如图 9-2 所示。图中（a）为基底加筋强度较高，不可能被拉断裂，并保持坝体的整体性，堤坝滑动破坏或失稳只能在地基中产生；图中（b）则为由于加筋强度不足，坝体和地基一起产生整体滑动；图中（c）为加筋材料的弹性变形大于堤坝自身的变形，加筋失效而破坏；图中（d）为加筋材料锚固失效，被拉拔出破坏的情况；图中（e）为堤坝边坡失稳，沿水平加筋表面滑动破坏等。由上可知：影响堤坝软基加筋垫层破坏模式的因素有：天然地基的强度及稳定性、筋材的抗拉强度、界面摩擦强度等。

（2）建筑物软基加筋垫层的破坏模式。目前一般认为加筋建筑物地基的破坏模式为 1975 年宾库埃特（Binquet）提出的，即筋材长度比基础宽度宽得多的情况下，地基达到极限平衡状态时基础下会出现一主动区，主动区的加筋被主动区两侧的土体所锚固，也就是说，只有超过基脚宽度部分的筋材对增加地基承载力起作用。在极限平衡状态下，如果主动区两侧的土体所提供的锚固力大于筋材抗拉强度，即会发生筋材断裂破坏，如图 9-3（*a*）所示；如果筋材抗拉强度较大，而锚固力较小，即会因为锚固力不足而发生筋材拔出破坏，如图 9-3（*b*）所示。可见，建筑物软基加筋垫层的破坏模式取决于极限平衡状态时主动区两侧土体对筋材的锚固力及筋材的抗拉强度，而锚固力则由锚固段筋材与土

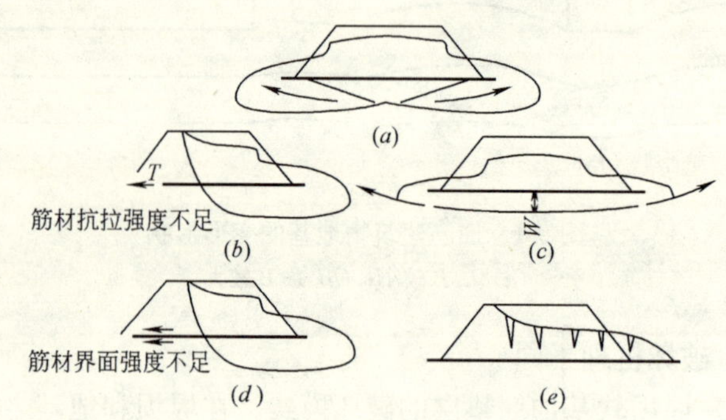

图 9-2　堤坝软基加筋垫层的破坏模型

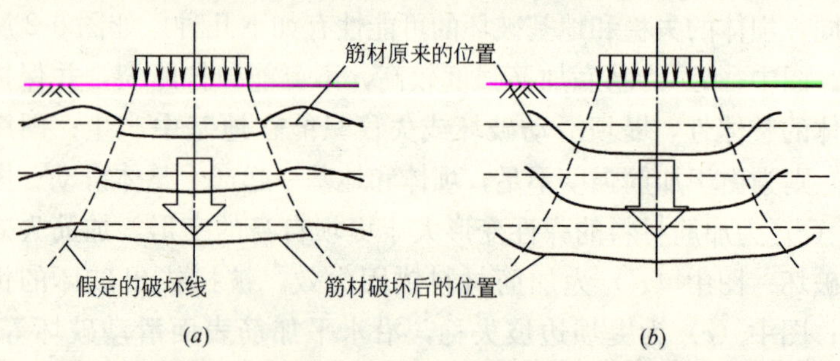

图 9-3　锚固力与筋材的抗拉强度对加筋建筑物地基破坏的影响

（*a*）筋材断裂破坏；（*b*）筋材拔出破坏

体的接触面积和筋材的界面摩擦系数决定。

1.2.4　设计重点的不同

在堤坝地基的加筋垫层的设计中，一般是以堤坝地基的稳定为设计重点的，在堤坝地基安全系数的计算中，要综合考虑加筋垫层对地基稳定的影响；而在建筑物地基的加筋垫层中，当承载力满足时，一般情况下地基的稳定是可以保证的，而地基沉降则是设计中必须考虑的重要问题。

综上可见，堤坝软基的加筋垫层和建筑物软基的加筋垫层的机理是不尽相同的，其破坏模式和设计重点均有所不同，应加以区别。

2. 复合地基上的加筋垫层

复合地基上的加筋垫层是在桩体复合地基上铺设加筋垫层，其主要作用是使荷载通过加筋垫层均匀传到复合地基上，发挥桩和土的共同作用，提高软土地基的承载力。

复合地基上的加筋垫层作用可归纳为以下几点：

(1) 具有应力扩散作用，可以减少桩顶和桩间土的附加应力；

(2) 加筋垫层可以调整桩土应力比，充分发挥桩间土的承载力；

(3) 垫层中的加筋材料可以约束地基土的侧向变形，提高地基承载力；

(4) 加筋垫层具有均化不均衡沉降的作用，这样可以控制由于个别桩强度不足和其他原因产生的不均匀沉降。

影响复合地基上加筋垫层的破坏形式主要有：下卧软土层的承载力、桩土复合地基的强度及加筋垫层的强度。当采用刚性较大的桩（如水泥粉煤灰碎石桩），要考虑垫层的刚度匹配及垫层对桩土应力比的影响。

复合地基上的加筋垫层一般应用在堤坝、油罐、房屋建筑等的软基处理，亦可用于解决桥头跳车等问题。工程实践证明，复合地基上的加筋垫层使上部构造物荷载合理分布于桩和桩间土上，更好发挥桩土复合地基的作用，可提高整个地基承载力和稳定性，并减少地基沉降和不均匀沉降。

3. 结语

（1）加筋垫层的应用形式归纳为天然地基上的加筋垫层和复合地基上的加筋垫层，而天然地基上的加筋垫层根据其处理的构筑物不同分为堤坝地基上的加筋垫层和建筑物地基上的加筋垫层。

（2）堤坝软基的加筋垫层和建筑物软基的加筋垫层的机理是不尽相同的，其破坏模式和设计重点均有所不同，应加以区别。

（3）复合地基上的加筋垫层使上部构造物荷载合理分布于桩和桩间土上，更好的发挥桩土复合地基的作用，可以提高整个地基的承载力和稳定性，并减少地基的沉降和不均匀沉降。

六、建筑屋面的防渗细部质量控制

1 建筑屋面防水节点的细部构造措施

屋面在房屋建筑的最顶端，承担着围护和保温防水的重要功能。屋面防水节点的细部构造，主要是指屋面的天沟、檐沟、檐口水落口、变形缝、高出屋面的排气孔、管道等结构处的防水构造处理。这些部位的防水节点的细部构造是整个屋面工程中最薄弱、最容易出现渗漏的部位。但在现实工程中，由于设计、施工及材料选用等多方面的原因，常会出现各种不同部位的裂缝，渗漏水流入室内的墙体和顶棚等处，严重影响到正常的使用功能，处理又不易找到真正的渗水点，成为屋面防水处理的多发病和难点。

1. 细部构造处渗漏的原因

通过工程实践和检查发现，细部构造节点渗漏的原因一般有以下几点：

（1）屋面板目前采取整体现浇的较普遍，现浇混凝土天沟是多层砖混结构住宅普遍采用的屋面有组织排水的形式，天沟、檐沟与屋面交接处的变形量大，若采用满粘的施工防水层，防水层很容易被拉裂。天沟及檐沟与屋面交接处、阴阳角等细部，由于结构件断面的变化和屋面气候影响的变形极易产生开裂。檐口部位防水层的收头和滴水处理不当，也容易产生裂缝。

（2）天沟及檐沟的混凝土在搁置梁部位也会出现裂缝，裂缝会延伸至檐沟顶部；水落口与天沟及檐沟的材质不同，环境温度变化引起的材料热胀冷缩会造成落水口与檐沟细部产生裂缝；天沟及檐沟的排水方向和坡度不顺畅，屋面局部长期积水或干湿交替，在天沟和檐沟的较低处霉变或积垃圾，最终导致该处渗漏。

（3）女儿墙用砖砌筑，山墙常因抹灰及压顶开裂使雨、雪水从裂缝渗入墙体内，沿砖缝渗入室内；防水层在女儿墙的泛水收头细部处理不到位产生裂缝渗漏；伸出屋面的排气孔、管道常采用钢管或PVC管道，由于温度的变化引起材料的收缩会使管道同屋面结构层产生裂缝，向上的泛水上部因温度变化也会产生裂缝，该处防水层被拉裂，水会沿管道外壁流入室内。

针对上述节点细部易产生裂缝渗漏的原因，在屋面防水工程的施工中，必须加强对节点细部构造处理的重视，对节点处均应增加防水材料的层数，并对重点处的工序过程要监督到位。

2. 细部构造节点防水措施

用于细部构造节点的防水材料的品种较多、质量各异，但用量较小，其作用效果却非同小可，所以对节点的材料选择和检查验收要按要求进行；同时，对细部构造节点处的防水做法更应严格操作。

2.1 檐口节点防水施工处理

在檐口宽度800mm范围内防水卷材应采用满铺法，卷材收头应压入凹槽贴紧，用金属压条钉压、并用柔性防水材料封口；涂膜收头应采用防水涂料多遍涂刷或用密封材料封严；檐口下端应抹出滴水槽。

2.2 落水口节点防水施工处理

落水口是屋面雨、雪水集中排出的部位，为保证屋面雨、雪水能迅速排出，应做好落水口上口的标高按设计确定位置并预先在保温层和找平层控制到坡的最低处；落水口周围500mm范围内的坡度要大，一般在5%左右，并用防水涂料或密封材料涂严，厚度不小于2mm；落水口与基层接触处预留宽、深为20mm的凹槽，用密封材料填满，防水卷材要粘到落水口内。

2.3 天沟、檐沟节点防水的施工

天沟、檐沟的施工应一次浇筑完成，不能在该处留施工缝，或者将施工缝留置在天沟的伸缩缝处；混凝土的配合比和水灰比一定要控制好，振捣压抹好该处的混凝土；在天沟及檐沟与屋面的交接处、阴阳角等细部要增铺卷材或涂抹附加层，天沟、檐沟内的附加层与屋面交接处的卷材宜空铺，空铺宽度大于 200mm；天沟、檐沟与细石混凝土防水层的结合处应预留凹槽并用密封材料嵌填密实；卷材防水层铺设由沟底上翻至沟外檐顶上部，收头应用水泥钉固定并用密封材料封严实。要保证天沟及檐沟的排水方向和坡度正确，使雨、雪水能及时排掉，不允许有积水的现象存在。

2.4 变形缝的节点防水施工

变形缝的节点防水处理是屋面防水的薄弱环节，该处渗漏水的机率较高。对变形缝内用聚苯乙烯泡沫塑料或沥青油麻丝填充，缝上端用两层卷材搭盖，中间加放衬垫材料，以适应沉降不均的变形需要；变形缝处的泛水高度不小于 150mm，防水层铺贴到变形缝两侧砌体的上部；顶部用混凝土或金属板扣盖，混凝土板的接缝用防水密封材料嵌填密实。

2.5 女儿墙泛水节点处的防水施工

女儿墙泛水处铺贴防水卷材应采用满铺法；砖墙上的卷材收头可直接铺贴到女儿墙压顶上部，压顶上部也要做防水处理，收头也可压入砖墙凹槽内固定密封。凹槽距屋面找平层以 250mm 为宜，凹槽上部的墙体要做防水处理；如果女儿墙上部用防水卷材防水，卷材的收头应用金属压条钉压，并用防水密封材料封严；如采用涂膜防水层时应直接涂刷到女儿墙压顶下，收头处用防水涂料多遍涂刷封严，压顶同样做防水处理，防止裂缝处水逐渐渗漏，冻融循环损坏女儿墙体。屋面与高出部分的墙体或管道，要抹成圆弧形过渡，为方便贴防水卷材，圆弧半径一般为 100～300mm（如用高聚物改性沥青防水卷材的圆弧半径为 100mm、合成高分子防水卷材的圆弧半径为 50mm 等）；各种卷材的垂直粘贴高度不低于250mm，对于较低的女儿墙卷材应贴到整个立墙面，并在压顶底部封口严密，压顶上部刷防水涂料保护。

2.6 高出屋面管道节点的防水施工

管道同屋面接触处250mm半径范围内，抹出高度不小于100mm的泛水，下端抹50mm高的找平层圆台；管道周围与找平层或细石混凝土防水层之间，抹成20mm宽深的凹槽，用密封材料嵌填密实；管道周围要增设防水附加层，宽度以300mm为宜；管道的防水层收头处要用金属卡固定，并用密封材料封严实。

3. 细部构造节点施工措施

3.1 泛水、分格缝部位的处理

基层与突出屋面的女儿墙、排气孔、管道和落水口的接触处，泛水均抹成半径为100～300mm的圆弧；对屋面分格缝及细部构造处需认真嵌填防水密封油膏；对高出屋面的管道根部、落水口等容易产生裂缝造成渗漏的部位，在其200mm范围内均匀涂刷一层胶粘剂，厚度约1mm，随即粘贴一层聚酯纤维无纺布，并在无纺布上再涂刷一层厚度为1mm的胶粘剂。女儿墙泛水的附加层必须伸入预留的槽中，固定牢固并进行防腐处理。

3.2 卷材的收头处理

卷材的收头容易松动产生裂缝，对收头细部构造要密封。女儿墙上部卷材收口压入预留凹槽中，用金属压条钉牢密封并防腐；卷材接触部位的处理，在热熔连接前，先将卷材表面的隔离层熔化，搭接缝热熔以溢出热熔的改性沥青为控制点，趁着卷材尚未冷却时，用小平铲封刮接口，再用喷灯均匀加热细致密封。

屋面节点细部构造处的防水施工，应严格按设计构造措施和现行技术规范的要求，合理选择防水材料，加强专业防水施工人员的工序控制，严格监督检查，加强施工技术管理和检验验收工作，以确保防水施工的质量。同时，在用后也要加强维护管理，防止人为因素造成的渗漏。

2 屋面女儿墙泛水处渗漏原因及防治措施

屋面尤其是女儿墙泛水处的渗漏成为困扰建筑工程和广大顶层用户的质量通病。多年来，为了解决平屋面的渗漏和屋顶保温隔热问题，许多地区进行“平改坡”的改造，将平屋顶改造成坡屋顶。事实表明，“平改坡”并没有从根本上解决屋面的渗漏问题，尤其是女儿墙泛水处的渗漏。并且还带来了诸如增加屋顶荷载、提高造价、维修不便、屋面材料耐久性与建筑物设计使用年限不符、瓦片粘结不牢容易坠落等弊端。因此，解决处理好平屋顶泛水渗漏的问题，革新平屋顶泛水处的构造措施和施工方法，对处理好屋面渗漏和平屋顶空间的开发利用具有现实的应用价值。

1. 泛水处渗漏现象及原因

平屋顶一般由顶棚、混凝土结构层、平屋面（隔气、保温、保护、防水层等）三部分组成，其中屋面的主要作用是防风、雨、雪、日照对室内使用的影响，其功能主要是防水、保温隔热。屋面的渗漏包括平面渗漏和泛水处渗漏两种。平面渗漏在合理选择防水材料，保证施工质量的前提下是能够彻底处理好的。泛水处一般系指突出屋面的墙体、管道、结构件与屋面的交接部，因该部位处于屋顶的平立交叉点，而且在构造设计、材料选用与施工的质量控制都很少引起人们的重视，由于处于较高部位检查力度相对较小，所以其渗漏现象比较普遍。泛水处渗漏的主要现象是在屋顶与室内墙体交界处，阴雨天时常可见与屋顶交界处的室内墙面出现滴水或渗湿状况，有时天晴以后的若干天渗水的痕迹依然明显，长时间以后该处墙面、顶棚装饰层开始开裂起皮、剥落及霉变。

当室内墙面或顶棚某一部位出现渗漏现象时，人们会习惯地在屋面的相应部位查找平面或泛水处防水层有无破损，但往往是在相应部位的屋面防水层完好无损，不存在开裂、空鼓造成渗漏的现象，维修处理找到真正的渗水点比较困难。因此，要彻底根治屋面的渗漏问题，就不只是孤立的泛水处问题，必须将泛水与女儿墙作为一个整体来解决，从构造上通过剖析再结合多年的工程实践，分析造成渗漏的真正原因后，有针对性地堵渗维修才能有事半功倍的效果。现以卷材防水平屋面为例，比较常见的渗漏部位有 4 处：一是女儿墙，二是压顶，三是泛水转折处上部，四是泛水下部。如图 2-1 所示。

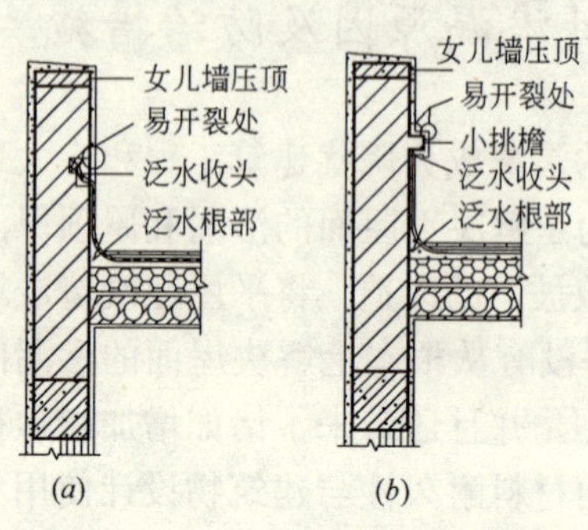

图 2-1　泛水收头剥落出现的裂缝

通过现场的观察和室内现状的分析，一般渗漏原因是：

（1）女儿墙渗漏主要是指由于该处混凝土因温度变形造成裂缝而产生的渗漏。

女儿墙处裂缝系指该处垂直的裂缝，其水平裂缝是泛水下部的渗漏。垂直裂缝通常在长度较长的女儿墙中部和女儿墙转角处出现。按照砌体结构设计规范要求，当屋盖有保温或隔热层时，砌体房屋温度缝的最大间距应是 60m，但实际工程中女儿墙长度在 40m 时，其竖向裂缝已十分普遍了。实践表明，有些裂缝宽度已达到 1mm 左右，分布间距一般 8～10m 不等，这是由于屋顶女儿墙与下部墙体相比，所处环境日温差和年温差都比较大，且其垂直方向约束很少，变形相对自由的缘故。产生这种裂缝后雨水因自重的作用进入墙体导致渗漏，虽然范围不大，但进入冬期的冻融会使墙体裂缝扩大逐渐受到损坏。

（2）压顶渗漏是由于压顶裂缝或断裂而造成。

屋顶女儿墙压顶一般为现浇混凝土压顶，其量小，混凝土薄，振压差，且保湿养护难到位，而混凝土的线性膨胀系数约为

10×10^{-6}，砖砌体的线性膨胀系数为 5×10^{-6}，两者相差一倍。当钢筋混凝土压顶较长时，在环境气温影响下压顶混凝土的变形量就大，其开裂、断裂现象就极为普遍。出现这种裂缝的后果是，当女儿墙的含水量较多时，在冬期冻融循环过程中，女儿墙表面的装饰层被剥落，导致女儿墙直接渗水；另一个是雨、雪水通过压顶裂缝直接进入墙体中，然后逐渐渗入室内墙体，导致室内墙体的污染。这种渗漏一般表现较慢，通常是在阴雨连续几天后，室内墙面才出现较大面积的湿痕。当女儿墙高度为 1.2m 或中部有圈梁时，出现渗漏的情况较少。

(3) 泛水上部渗漏的原因是由于外部抹灰层开裂和泛水的防水层“收头”未压好引起的。

由于防水材料与水泥砂浆的性能差异很大，在具体操作中预埋的防腐木砖和封口的薄钢板、油膏、防腐压条没有按规定做，所以在该结合部位出现的固定不牢、剥落现象很普遍。而泛水外部抹灰层产生裂缝有两种情况，如图 2-1 (*a*) 中的凹槽处，按要求该凹槽是必须用不低于 C20 的细石混凝土填实的，而在实际工程中往往用碎砖块等材料填充，因此，填充的质量很差，表面抹灰层的厚度相差也大，造成在竖向变形过程中此部位出现水平开裂。而另一种是图 2-1 (*b*) 中的小“挑檐”处，通常小挑檐是用砖挑出 60mm×60mm 的挑出线，其抹灰层是水泥砂浆厚度小于 20mm，按要求在下部边缘内留一 10mm 的小槽便于滴水。材质的不同造成水泥砂浆的膨胀系数与砌体的膨胀系数差异较大，在自然环境温差影响下空裂剥离，使砌体裸露而雨水直接从灰缝渗入墙体，出现渗漏现象；另外，由于水泥砂浆的变形存在方向的差异，在水平和垂直交叉点处容易产生渗漏现象。泛水上部的抹灰层裂缝出现后女儿墙上的雨、雪水直接进入女儿墙中，造成室内的墙面污染，这种渗漏比压顶开裂和女儿墙垂直裂缝所造成的渗漏速度快，而且对室内墙面污染更严重。

(4) 泛水下部渗漏是因为泛水与屋面交接处水平裂缝而造成的。

泛水与屋面交界处水平开裂有两种原因：一种是由于女儿墙水平位移而造成的开裂；另一种是由于泛水处材料变形不一致引起的开裂。女儿墙的水平位移通常出现在女儿墙的根部，保温层与屋面板的交接处，严重时沿屋面四周都有裂缝，甚至是相互贯通的。这是由于在屋面设计和施工中，屋面板端部构造处理措施不当，屋面板水平方向变形受到约束，夏天膨胀时引起的温度应力无处释放，导致女儿墙被水平推动而造成的，严重时这种水平位移可达 10mm 以上。女儿墙的水平位移直接使女儿墙根部的裂缝断开，这种裂缝的产生不仅影响到房屋的结构安全，而且造成泛水转折处的断裂。泛水处材料变形不一样引起的开裂常常会产生在非保温的上人屋面，上人屋面的找平层和保温层所采用的材料无论是厚度还是强度，都较泛水内墙面的抹灰层用量大，而且相互之间的变形方向和变形量也有很大差异，在施工中很容易忽视对质量的严格控制，而防水层因基层两个方向的变形量不一致而拉裂。这两种裂缝所造成的屋面渗漏是比较多且严重的，其造成的后果是室内墙面顶棚经常滴水、掉皮、污染，对室内空间的正常使用影响很大。

2. 泛水处渗漏的预防控制

屋面泛水处的渗漏治理应是先防后治，通过对渗漏状况的解剖和原因分析，泛水渗漏的治理应从以下几个方面进行。

2.1 设计方面

设计时，采取构造措施，避免各种裂缝的产生，从源头上防止出现渗漏。构造措施主要是：在女儿墙内沿水平方向每 1.5～2.0m 设置构造柱，构造柱底部锚入顶圈梁、顶部同压顶钢筋绑扎，柱截面不小于 120mm 并同女儿墙砌体拉结；对长度超过 30m 的女儿墙采用双构造柱留置伸缩缝，如图 2-2 所示。对高度超过 600mm 的女儿墙，砌体中每 500mm 高灰缝中放两根直径 8mm 的拉结筋，减少女儿墙压顶因温度变形而产生的开裂；在设计屋面板时，在中间梁墙或女儿墙构造柱与屋面板之间预留混凝土板的伸缩缓冲带，如图 2-3 所示。并将顶圈梁设置在屋面板的底部，避免女儿墙屋面板及其构造层因温度应力造成的水平位移，加强女儿墙同屋面的整体性。

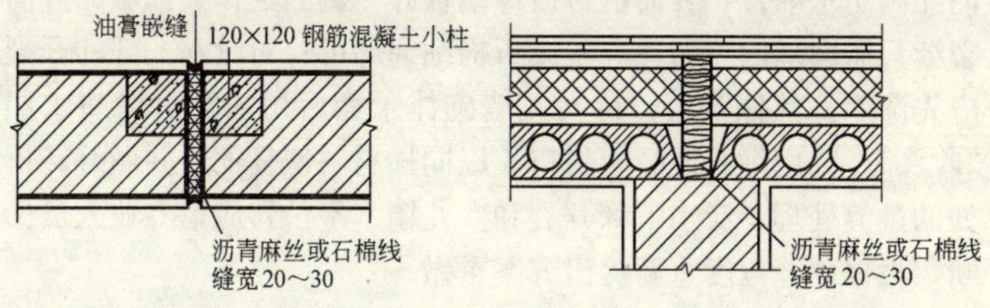

图 2-2　设计双构造柱伸缩缝　　图 2-3　预留伸缩缓冲带

2.2　施工方面

施工过程实施监理严格跟踪监督，确保施工过程中各工序的操作质量。由于施工中按工艺将各种的材料组合成一体，操作人员的水平不同，其产品质量差别很大。科学合理的设计虽然是保证屋面防水性能的关键因素，但防水施工人员不专业规范，工艺条件不到位也同样影响到防水的质量。屋面结构采用的混凝土要求水泥强度等级合适，原材料级配好、计量准确、水灰比要尽量小、振捣必须密实，特别要重视高处浇筑混凝土养护不到位的缺陷，以最大限度减少混凝土的干燥收缩变形。防水层下找平层在平面与立面过渡处，应采用半径大于 100mm 的圆角，并保证材料的品种、厚度、强度的一致性，泛水边的防水层“收头”必须严格按图集构造大样施工，其外部抹灰层要求平立面过渡平缓。如图 2-4 所示。

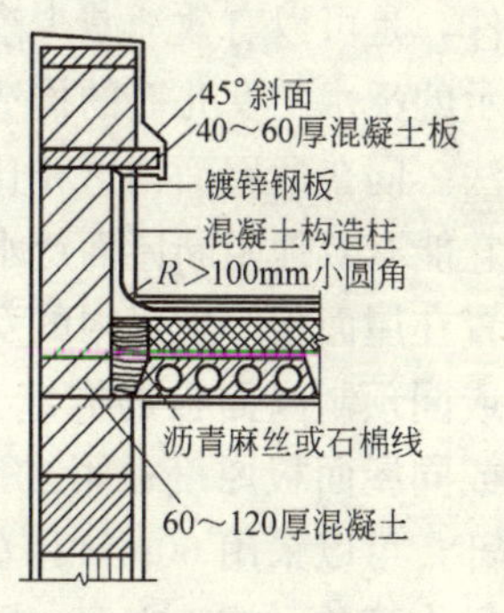

图 2-4　立面过渡平缓的外部粉刷层

2.3　科学合理方法

采取科学合理的方法处理渗漏部位，对泛水渗漏部位的处理原则是：不损伤主体结构、建筑的外观，有效堵塞渗漏源，施工方便，材料经济，耐候性好。女儿墙压顶混凝土开裂宜先将裂缝处凿开宽度 10～15mm 的缝，缝内清理干净，边缘垂直，在缝内注满防水油膏，表面覆盖镀锌钢板并一侧固定；女儿墙的竖向裂缝只需向缝内填沥青麻丝或石棉细绳即可；对泛水上部的开裂应先凿除外部抹灰层，待女儿墙砌体干燥后用油膏封堵防水层“收头”，并用细石混凝土封口，以同样材料恢复面层并做好转折处的过渡处理。泛水下部开裂和女儿墙水平位移应请专业人员诊断，根据裂缝程度重新提出方案重做。

3. 经过改进的泛水构造与施工重点

普通平屋面的泛水和女儿墙出现裂缝后，雨、雪水通常是沿砌体的毛细孔渗入室内造成渗漏，而造成开裂的原因是多方面的。因此，在女儿墙压顶圈梁之间适当设置可以防止渗漏的构件，是可以有效地减少渗漏现象的发生。事实表明，如图 2-4 所示的泛水与女儿墙的构造，对防止屋面渗漏是一种比较有效的方法。同普通屋面构造相比，这种构造是增加了两道防渗混凝土，它能有效地阻断屋面泛水和女儿墙的渗漏通道。第一道混凝土设置在屋面板厚度以内的女儿墙上，可以同现浇屋面板时一起现浇或同预制屋面板的嵌缝工序一道进行施工。其厚度大于 40mm 或同屋面板厚度；第二道混凝土是设置在防水层的“收头”上部，可以采用 60mm 厚的预制钢筋混凝土板。该改进后的构造操作简单，施工方便，屋面工程总造价也没有增加，但减少了堵渗漏的人工及材料费用，女儿墙内增加的两道防渗混凝土小梁是非常值的。在施工中必须注意的是：屋面板厚度范围内的第一道混凝土宜采用 C25 以上的干硬性混凝土，振捣必须密实；防水层“收头”上部的第二道预制板的混凝土接头处要处理好，在缝上部铺设 100mm 宽的防水卷材；女儿墙上的小挑檐要按设计施工和抹灰，外边缘下部留 10mm 宽的滴水槽，抹灰层厚度不大于 20mm，并注意养护。

平屋面泛水渗漏与房屋屋面设计的构造形式、施工材料的选择、施工控制、工序过程密切关联的，防水是一项综合性的系统工程，值得广大施工者和科研人员认真研究的长久课题，在理论与实践结合的过程中，不断对屋面构造、材料、施工方法进行革新，平屋面的渗漏问题可以彻底得到解决，屋顶的开发利用范围会更广泛。

3 坡屋面渗漏的原因与控制措施

随着欧式风格建筑的日益普及，坡屋面以其屋面坡度大、排水畅通、多样化的立体造型等特点受到人们的青睐，被广泛应用于建筑工程中。然而，坡屋面由于施工工艺复杂、操作难度大，施工质量难以控制，加之设计、材料质量等原因，存在着不同程度的渗漏现象。

1. 构造特点

坡屋面构造由现浇钢筋混凝土板，上铺 20mm 厚 1∶2.5 水泥砂浆找平层，卷材防水层，50mm 厚挤塑聚苯板保温层，40mm 厚 C20 细石混凝土掺入水泥用量 3% TH2000 配 ϕ6@200mm×200mm 钢筋网找平层，20mm 厚 1∶2.5 水泥砂浆粘结层，波形瓦。

2. 渗漏现象及原因

（1）坡屋面变坡交接处、老虎窗与屋面连接处，由于受力钢筋配置不足，不能满足板块支座弯矩应力的要求，导致开裂渗漏。

（2）构造设计不当。为了追求建筑形式而将泛水高度过分地降低，使屋面与屋面连接处、屋面与墙身交接处的防水高度，低于下暴雨瞬时积水高度；屋面变坡处、老虎窗与屋面连接等处防水处理不当，也是形成屋面渗漏的隐患。

（3）聚苯乙烯保温板选择不当。寒冷地区冬期由于屋面临空面与室内温差很大，室内湿度大于室外，在进行内外热交换时出现的大量冷凝水，长期侵蚀室内吊顶材料、电气埋管等；有些屋面选择密度较小的聚苯乙烯保温板材料，造成受荷后瓦屋面沉降下陷、裂缝或找平层下陷产生裂缝，从而引起屋面漏水。

（4）屋面瓦选择不当。目前建筑坡屋面瓦材品种较多，其材质密度、抗折强度、吸水率、耐久性是在自然环境下使用的重要物理力学指标。如在工程中使用的一些混凝土彩色瓦的耐久性差，抗冻性、抗渗性、吸水率均达不到要求，导致工程投用不久即出现瓦片龟裂，引起屋面渗漏。

由于块瓦制作外形尺寸控制不严、误差大，安装后的屋面不平整，瓦接缝不严，排水不畅，出现沿缝隙处的渗漏。

（5）由于屋面细石混凝土使用的水泥质量、原材料含泥量、配合比及水灰比控制不严、养护时间及保护措施不当等，造成细石混凝土的干燥收缩龟裂，也会导致屋面的渗漏。

（6）因温差应力、屋面自重水平分力造成的开裂。混凝土的线膨胀系数是砖砌体系数的 2 倍，受外部环境温差的影响，屋面板同砌体的变形不一致，混凝土屋面板会对砖砌体产生水平推力，在顶层砌体的薄弱部位即产生裂缝。

（7）细部处理欠妥造成的渗漏。因屋面形式复杂、交接面多、节点多而发生质量问题。当两种或几种坡屋面正交时，如楼梯间的屋面、天窗坡面和主屋面坡正交部位钢筋交叉接头多，不仅钢筋绑扎难度大，浇筑该处混凝土的振捣难度更大，容易出现振捣不密实的缺陷；同时，因各斜面变形不协调，出现应力集中致使混凝土开裂。另外，屋面还有一些附加设施，如通排风道、下水管、电信及接地线路、天沟等节点处，均存在使用材质的性能差异、变形量不一致等问题，这不仅增大了施工难度且易造成渗漏。

（8）施工缝位置留设不当。如将施工缝位置留设在屋面变坡处、屋面与屋面的交接处，这些都是结构应力转换的部位，容易产生裂缝而导致屋面渗漏。

(9) 施工坍落度选择不当。现浇钢筋混凝土板施工时用水量过多，混凝土在凝固过程中，由于内部多余的水分蒸发后，在混凝土中形成微小的空隙，而混凝土体积减小产生收缩，这些空隙连在一起便形成毛细孔隙，从而引发裂缝产生。

(10) 施工方法不当。坡屋面的坡度在30°以上时，如仍采用板底支模法浇筑，则容易造成施工质量事故，如局部板厚不能满足设计要求，致使结构出现裂缝；钢筋配置不到位，负筋很容易被踩低，无法和混凝土一起抵抗弯矩而使板产生裂缝。

3. 控制措施

(1) 设计时，应考虑整个斜屋面板、板与梁之间相互变形的影响，合理地考虑结构约束形式。在斜板边界部位，如屋面变坡处、老虎窗与屋面交接处，除按要求配置负筋外，在板面上部板接缝两侧，还应各加配筋200mm宽的ϕ4@200双向钢筋网片，以增强斜屋面板整体刚度，提高抗裂性。

(2) 保证钢筋混凝土屋面板的施工质量是模型板采用双面支模浇筑混凝土斜板，并将模板支撑牢固，以防走模。

严格控制板的厚度，施工前认真校对检查钢筋型号、规格、数量，每隔500mm放一个50mm×50mm×15mm的混凝土垫块，与板筋绑扎牢固，保证受力筋位置正确。在绑扎构造负筋时，用ϕ6钢筋完成Ω形的钢筋凳，每隔500mm放一个，与负筋绑扎，以免踩低，使其与混凝土形成骨架，以抵抗负弯矩，从而避免表面裂缝的出现。

做好混凝土施工质量控制。施工时，水泥、砂、石、水、外加剂等材料要严格按混凝土强度设计的配合比配置；根据施工季节和屋面倾角大小，选择最佳坍落度，沿屋面坡度方向自下而上进行浇筑，并且加强振捣。对已浇筑好的混凝土斜板，应在浇筑10～12h及时进行浇水养护，保证混凝土处于足够的湿润状态，连续养护期不少于15d，以提高混凝土斜板抗拉强度及抗裂性。

(3) 严格按设计及施工规范的要求留置施工缝。在施工缝处继续浇捣混凝土时，要求原混凝土抗压强度不小于 1.2MPa，将其表面凿毛并用水冲洗，铺上 10～20mm 厚与原浆成分相同的水泥砂浆，再振捣密实，形成自防水。

(4) 认真做好屋面细部处理。泛水、滴水、管道周边以及其他节点严格按设计图纸和技术规范施工，泛水平整光滑，滴水无缺棱掉角，做到嵌缝密实，檐口顶梁和外侧面事先找平及粉刷面层；否则，事后难以施工，易导致细部渗漏水。

(5) 坡屋面保温层施工。一般采用聚苯乙烯保温材料，该板材的施工重点是控制其材料的密度，因密度小的聚苯乙烯板的刚度小，在荷载作用下容易造成瓦屋面的不均匀下陷。用于瓦坡屋面保温层的聚苯乙烯保温板的密度不得小于 $18kg/m^3$，在保温层与防水层之间要增设泄水孔，使冷凝水能排出。泄水孔出口距排水天沟底高度不得小于 100mm。

(6) 坡屋面防水层施工。坡屋面防水层现在均采用高聚物改性沥青卷材作为防水材料，并用冷作业铺设。①为防止卷材下滑，第一层应垂直屋脊自上向下铺设，每幅卷材都要铺过屋脊大于 300mm，屋脊顶应加铺 500mm 宽条顺铺；②山墙、分格缝处的卷材要压入压顶下，还要在该部位增铺加强层；③在通风道、下水管、落水管和集水口、天沟等节点部位也要增设附加层，对高出屋面的结构部位，防水层高度按泛水要求施工，对存在的缝隙要用高分子嵌缝油膏封闭。

(7) 波形瓦屋面施工：

① 采用坐浆挤压法贴实波瓦，要求灰浆挤满瓦缝，以防波瓦空鼓；为使波瓦与细石混凝土找平层面结合牢固，施工时基层板面洒水湿润，波瓦要充分吸水待用，在板上先刷一道纯水泥结合层，再用 1∶2.5 水泥砂浆铺贴波瓦，并按要求做好泛水、屋面变坡等部位的瓦面搭接，以增强屋面整体的防渗能力。

② 波瓦的搭接要求：相邻两瓦应顺主导风向搭接，大波瓦和中波瓦搭接宽度不应小于半个波，小波瓦不应少于一个波；上

下两排波瓦的搭接长度应根据屋面坡长而定，但不应少于100mm。

③ 波瓦的固定：波瓦采用带防水垫圈的镀锌弯钩螺栓固定在金属檩条或混凝土檩条上，或用镀锌螺钉固定在木檩条上，螺栓或螺钉设在靠近波瓦搭接部分的盖瓦波峰上。在上下两排波瓦搭接处的檩条上，每张盖瓦的螺栓或螺钉为两个，在每排波瓦当中的檩条上，相邻两波瓦搭接处的盖瓦，都应设有一个螺栓。

④ 波瓦在异表部位应严格做好密封处理。屋脊、斜脊用脊瓦铺盖，脊瓦与波瓦之间的空隙，用麻刀灰等嵌封严密；屋面如有天沟、檐沟时，波瓦应伸入沟内至少50mm，沟底防水层与波瓦间的空隙，用麻刀灰等嵌填严密；屋面与突出屋面的墙或烟囱的连接处采用镀锌薄钢板做泛水时，波瓦与泛水的搭接宽度不小于150mm，其空隙用麻刀灰等嵌填严密。

4　砖混建筑房屋顶部轻钢加层的加固技术措施

建筑的加层处理是比较复杂的工作，比新建房屋的难度要大。需要在加层前对原有建筑结构的设计、施工和使用情况及现状进行充分全面地调研分析，并经有关部门进行抗震能力的鉴定，决定是否加固处理，如需加固是强度加固还是抗震加固，或者两方面都加固，重点考虑地震作用时加层部分的鞭鞘效应。

加层设计时的计算应对原有建筑承载力进行验算，包括地基承载力验算、砖混结构承重墙承载力验算、原有屋面板改为楼面板承载力的验算，以及顶层楼梯梁的验算。对于砖混结构的加固方法有多种：扩大砌体截面、外加钢筋混凝土、外包钢、钢筋网水泥砂浆、增加圈梁、拉杆等方法加固。

1. 墙体的补强与加固

1.1　新增设抗震墙

当多层砖混房屋的抗震横墙最大间距不能满足《建筑抗震设

计规范》GB 50011—2001 的要求时，应采取如下措施：

（1）如使用上允许将大开间改为小开间时，在抗震横墙间距超限值处增加新的抗震横墙；若建筑平面不允许增设横墙时，可采取加强楼面及屋面刚度的方法，如在原有楼面上增加钢筋网片，现浇厚度 50mm 的 C25 细石混凝土面层。

（2）原有隔墙是用轻质材料时，可将其拆除后改砌为抗震横墙；如原有隔墙为半砖墙（即 120mm 厚）时，可采取双面夹板墙加固处理成抗震墙。

（3）新增或改造的抗震墙，均应自下而上连续贯通，确保剪力的向下传递；如上层不需设抗震横墙，可在该层不再向上设横墙。

（4）对于原有平面复杂、质量和刚度分布极不均匀的建筑，应该重点验算质量中心和刚度的中心偏心距，当偏心率 $2e/L<0.1$，7 度抗震时可不计算扭转的影响（L 为房屋的长度）；当偏心率 $2e/L<0.05$，8、9 度地震时可不计算扭转的影响。当偏心率超过上述限制时，可结合加固增加抗震墙或夹板墙，将偏心距减小到允许的范围内，减小扭转的影响。

如果原有隔墙未设基础，则应新增加基础。同时，抗震横墙的顶部也要采取措施，使其与楼面板或屋面板有可靠的连接。抗震横墙与原有的纵墙或壁柱间应保证拉结牢固，新增加的抗震横墙与原有的纵墙交接处要设置拉结钢筋，如图 4-1、图 4-2 所示。

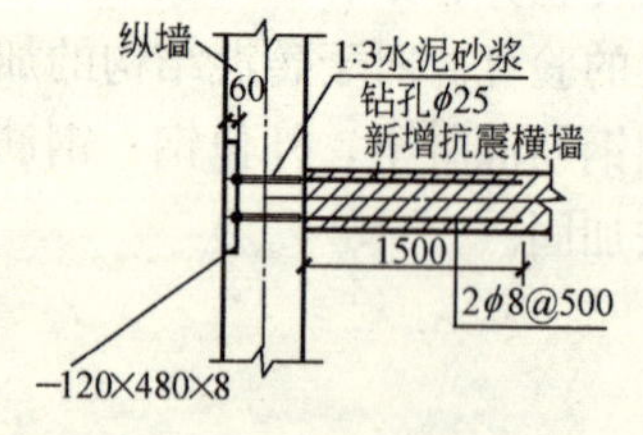

图 4-1　抗震横墙与原有纵墙连接（一）

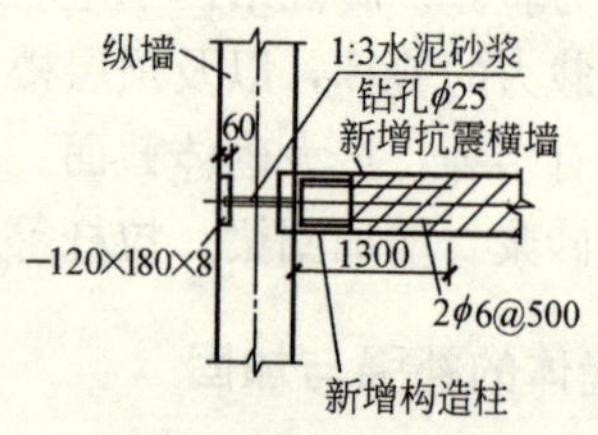

图 4-2　抗震横墙与原有纵墙连接（二）

1.2 面层加固原有砌体

采用钢筋网片水泥砂浆双面层或单面层加固原有墙体。钢筋网的竖向筋穿楼面板处或下伸入地坪时，可在楼面板或地坪上打孔，插入短筋，短筋的截面面积总和应大于中断竖筋的截面面积的总和，短筋与竖筋的搭接长度为 40*d*（短筋直径）、且不应小于 400mm，孔洞应用不低于 C30 的细石混凝土填充密实，如图 4-3、图 4-4 所示。

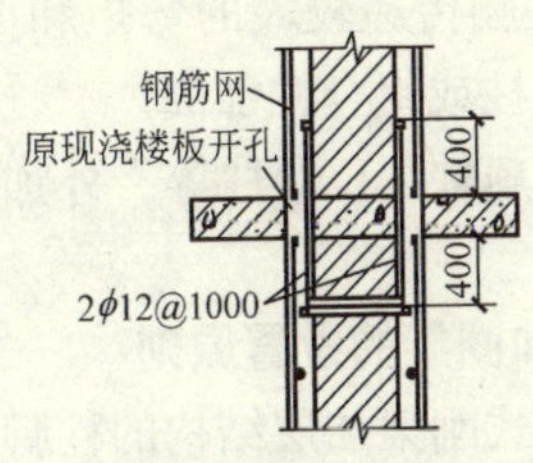

图 4-3 钢筋网水泥夹板墙在现浇楼面处做法

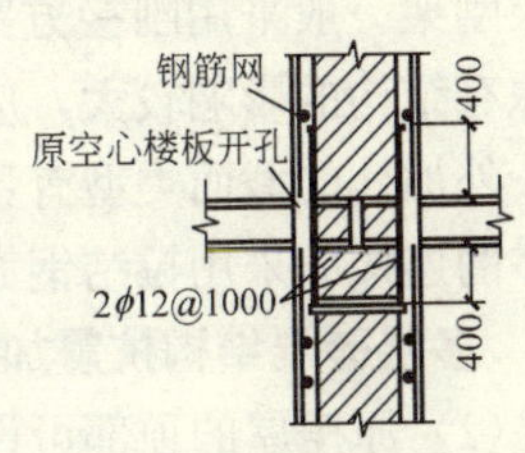

图 4-4 钢筋网水泥夹板墙在空心楼面处做法

1.3 增加墙砌体、柱砌体的截面面积

根据原有砌体的结构平面布置，可采取不同的加固措施：

(1) 在窗间墙或适当部位，增设壁柱。因门窗开孔过多过大，窗间墙太狭小，加层后墙体承载力不足时，如使用上许可，可适当将门窗洞口宽度减小，用砖堵砌或增设钢筋混凝土现浇窗框。

(2) 对原带有壁柱的砖墙或独立砖柱，可在砖墙或砖柱的一端或两个端面用砖镶砌，增加其截面面积。

1.4 增设型钢或钢筋混凝土支撑

对刚度较差的房屋，可增设型钢或钢筋混凝土的支撑或支架加固。

2. 新设钢筋混凝土构造柱及圈梁

2.1 多层砖混结构抗震加固采用外加构造柱的设计

(1) 轻钢加层后，房屋的总高度超《建筑抗震设计规范》规定的 3m 左右时，应隔开间设置外加柱；超过 6m 左右时，应每开间设置外加柱加固。

（2）加层后，若墙体抗剪强度不满足，且差值率在 20%左右，可在设有横墙的纵墙外侧设外加柱加固。

（3）设有外加圈梁加固的房屋，应在墙的尽端及每隔三开间设置外加构造柱。

（4）纵墙承重的砖混结构，如大开间的教室或会议室，由于加层刚架一般采用刚接方案，刚接柱脚传递较大的弯矩和剪力，对原有结构的影响较大，应增设外加柱或组合柱加固。

外加柱的截面类型有：矩形柱、扁柱、L 形柱等。外加柱与墙体的连接应采用拉结钢筋和销键。

2.2　多层砖混结构抗震加固采用外加圈梁的设置原则

（1）原房屋的顶部可设置作为门式刚架加层结构的柱脚基础的反梁，代替屋面钢筋混凝土圈梁。

（2）纵墙承重的砖混结构原房屋的墙宜适当增设外加圈梁。

圈梁应沿外墙及内承重墙设置，组成闭合交圈，力求不被洞口截断。外墙圈梁一般采用现浇钢筋混凝土圈梁，内墙圈梁可采用钢拉杆（圆杆或型钢）代替，钢拉杆应尽可能靠近楼（屋）盖和横墙墙面。

3. 基础的加固

按《砖混结构房屋加层技术规范》（CECS 78：96），当原房屋经长期使用，未出现裂缝和异常变形，地基沉降均匀，上部结构刚度较大，原基底地基承载力在 80kPa 以上地基，结合当地实践经验，对粉土、粉质黏土、砂土、黏土的原地基承载力可适当提高，提高系数 μ_1 在 1.05～1.25 之间。

$$f_k=\mu_1 f_{0k} \tag{1}$$

式中　f_k——加层设计时地基承载力标准值；

f_{0k}——原房屋设计时的地基承载力标准值；

μ_1——地基承载力提高系数。

按上海市工程建设规范《现有建筑抗震鉴定与加固规程》DGJ 08—81—2000，当建筑物建成年限为10～20年时，地基土长期压密提高系数ζ_c=1.10；当建筑物建成年限大于20年时，ζ_c=1.20；其他情况，ζ_c=1.0，也可根据实际情况确定。

$$f_{sc}=\zeta_c f_s \tag{2}$$

式中 f_{sc}——中长期压密地基土静承载力设计值；

f_s——地基静承载力设计值；

ζ_c——长期压密提高系数。

当加层后地基承载力满足时，基础不用加固，钢筋网水泥夹板墙的底部标高宜为室外地坪以下400mm。多层砖混结构的基础多为墙下条形基础，当地基承载力不足时，可加宽原有基础，加宽部分与原有基础的连接通过钢筋锚杆，并将原混凝土基础的表面凿毛、清洗，使新旧两部分混凝土较好地连成一体。

刚性基础应满足刚性角要求，柔性基础应满足抗弯要求。钢筋锚杆应有足够的锚固长度，有条件时可将加固筋与原基础的受力钢筋焊接。基础加宽也可将柔性基础改为刚性基础，条形基础扩大成筏形基础。

4. 砖混结构加层加固的工程实例

工程概况：某大学综合教学楼，建于20世纪80年代，建筑面积5335m^2。该建筑的一侧为教室，另一侧为走廊。4层结构顶面标高15.6m。结构形式为砖混结构，采用MU7.5砖及M5砂浆，纵墙承重体系，原建筑采用预应力空心楼面板及屋面板，基础形式为钢筋混凝土条形基础，场地土为Ⅱ类。由于该学校准备扩大招生规模，要求增加1层，加层面积1550m^2，加层平面布置与原教学楼4层相同。并要求在立面上保持原有的建筑风格。

抗震鉴定结果表明，承重墙基本完好，基础现状较好，没有出现不均匀沉降，可接建一层轻钢结构，但原结构设计不符合《建筑抗震设计规范》，故在加层改造中一并解决整体房屋的7度

（0.10g）抗震设防问题。

（1）由于加层为大开间教室，在中部跨间无法设置横向柱间支撑，只能在加层两端设置。刚架加层的刚度较小，故边柱柱脚采用刚接方案，中柱柱脚采用铰接方案。

在原屋面增设反梁，作为门式刚架加层结构的柱脚基础。由于刚接柱脚平面尺寸较大，而且刚接柱脚传递较大的弯矩，反梁在纵横双向设置，在柱脚处局部加大反梁尺寸。反梁与外加构造柱及原楼板应有可靠连接。

横向反梁用来抵抗刚架柱脚的水平剪力和弯矩。但由于横向反梁的设置，必须在原楼面上增设一层木楼面，提高了加层的楼面标高，所以在设计加层楼梯时应考虑。

（2）为保证新旧结构有良好连接，在加层结构设计中，反梁与原屋面连接植筋采用混合材料的结构胶，植筋连接为 2ϕ12@500，在原屋面结构的植筋深度 240mm，在新增反梁中的锚固长度为 360mm（C20 混凝土）。将原建筑女儿墙的构造柱钢筋保留，锚入新增反梁中，保证锚固长度。并在新增反梁混凝土中加入适量的膨胀剂，以提高粘结性能。施工时要求把与新增反梁连接处的原屋面板混凝土表面凿毛。

在楼梯间及外墙四角等处增设构造柱，构造柱不仅与原有墙体采用销键连接，而且要与反梁可靠连接。

（3）对部分局部温度裂缝的墙体进行加固，采用钢筋网水泥砂浆层双面加固。由于在教学楼的一侧增设室外消防钢梯，把端部 1800mm 宽窗洞口改为 1000mm 宽门洞口，凿掉窗台以下部分砖砌体，并采用 MU7.5 砖及 M7.5 砂浆，在旧砌体上每隔 4～5 皮砖剔 120mm 深的槽，砌筑扩大砌体时应将新砌体与之仔细连接，新旧砌体成锯齿形咬槎，可保共同工作。考虑到后加砌体存在着应力滞后，加固后砌体承载力计算公式：

$$N \leqslant \varphi(fA + 0.9 f_1 A_1) \tag{3}$$

式中 N——荷载产生的轴向力设计值；

φ——由高厚比及偏心距 e 查得的承载力影响系数；

f，f_1——分别为原砌体和扩大砌体的抗压强度设计值；

A，A_1——分别为原砌体和扩大砌体的截面面积。

（4）将原屋面保温层及防水层铲除。由于原空心板承载力不足，对原楼面板采用板缝加钢筋和空心板圆孔内加钢筋并增加钢丝网片混凝土面层加固，同时加强结构的整体性。

（5）加层内、外隔墙采用轻质水泥钢丝网夹芯板，屋面采用75mm厚EPS隔热夹芯板，故轻钢结构加层自重较轻。考虑地基承载力的提高，通过对加层后结构的验算，基础能满足设计要求，不用加固原有基础。

5. 小结

（1）房屋的加层设计应与房屋的抗震加固、强度加固相结合，施工时应先加固后加层。

（2）加层后，原有墙体强度不足时，可采用钢筋网水泥砂浆层加固及增加墙体截面面积。

（3）增设外加圈梁及构造柱应与原有墙体采用销键可靠连接。

（4）在原屋面增设作为钢结构加层结构的柱脚基础的反梁，对加层加固起关键作用。

（5）加层房屋设计应考虑原建筑地基承载力提高。

七、北方寒地建筑施工质量细部控制

1 北方住宅建筑节能问题及解决途径

建筑节能是全国节能工作一个重要的领域，也是建设部推广应用重点技术之一，越来越受到各方面的严重关注。目前国内正在按照建筑节能在1980年基准水平上提高50%的标准施行，而北京市节能已达到65%，但整体水平同国外相比仍有较大差距。按照国家节能发展规划，到2020年全面实行节能75%的标准。为此，尽快研制开发出经济合理、技术可靠的节能标准超过75%的建筑材料，高性能的建筑节能材料的广泛应用是建筑设计和施工所追求的目标。现在国家已颁发了一系列相关的标准和规范，如《民用建筑热工设计规范》(GB 50176—93)、《民用建筑节能设计标准（采暖居住建筑部分)》(JGJ 26—95)、《夏热冬冷地区居住建筑节能设计标准》(JGJ 134—2001）等。

现以北方广大城市为例，浅要分析寒冷地区住宅建筑节能设计的问题处理。三北地区建筑能耗绝大部分是冬季采暖消耗掉，节能是用来降低这部分能量的损失。建筑节能的核心就是加强围护结构的保温和隔热性能，以提高门窗气密性能，减少热量流失，要采用节能型高效供热系统。当围护结构的保温性能及门窗气密性能足够好时，只需少量的供热即可满足室内的温度需要(室内温度不低于18℃)，这应该是低能耗的应用标准。

1. 建筑围护体受环境的影响

加强围护结构的保温与隔热是节能的最重要措施，建筑的围护结构是指建筑物及房间各个面的围护物，分为透明和不透明两种类型：不透明围护结构有墙、屋面、地板、顶棚等；透明围护结构有窗户、天窗、阳台门、玻璃幕墙等。围护结构通常是指与环境大气相接触的外围护结构，包括外墙、屋面、外窗、阳台门、外门以及楼梯间的隔墙和入户门等。建筑物外围护结构将人们的生活与工作空间区分为室内和室外两个部分。因此，建筑热环境也就分为室内热环境和室外自然环境。建筑物外部长期受室内外各种冷热的循环作用，属于室外的不利因素如太阳辐射、空气的冷热变化、干湿变化、风、雨雪的侵蚀等，一般统称为“室外的热湿作用”；属于室内的如空气的温湿度、生产和生活、人体散发的热量与水分等，则称为“室内热湿作用”。建筑热工则利用热工学原理，通过建筑规划和设计上的相应措施，有效地防护或利用室内外热湿作用，合理地处理房屋的保温、防热、防潮、节能等问题，以创造良好的室内热环境并提高围护结构的耐久性。当然在大多数情况下，单靠建筑措施是不能完全满足对室内热环境的需要的。为了获得达到标准的室内热环境，一般都需要配备适当的设备，进行人为的调节。如在寒冷地区设置采暖设备；在炎热的环境采用空调降低温度等。如果环境气温适宜人的生存，就不需要这些设备了，不需要能源也就节省了能源。但应注意的是，只有首先充分发挥各种建筑措施的作用，再配备一些必不可少的设备，才是技术上和经济上都符合适用性的建筑工程。

2. 窗墙比及体型合理的控制

（1）在满足使用功能和采光要求的前提下，控制符合规范的“窗墙比”，即适当控制外门窗的面积（尤其是北向窗），以减少外门窗耗热量过多。其此，通过建筑平、立、剖面的设计，将建筑体型系数控制在规范允许的范围内（体形系数以 0.3 为限），不同的体形系数对应不同的 K 值，围护结构各部分的 K 限值见表 1-1。

围护结构各部分的K限值（Ⅱ气候区）　　表 1-1

屋顶	外墙	窗、门、阳台	阳台下门芯板	地板		地面	
				接触室外空气	不采暖地下室上部	周边	非周边
0.50 0.30	0.52 0.40	2.50	1.35	0.30	0.50	0.30	0.30

（2）建筑平面布局的合理也是节能的一个方面。应该把对温度要求不高的房间布置在山墙侧或边角处，由于此类房间采暖温度要求不高，室内外温差较小，相应的耗热量也降低了。目前常将楼梯间、电梯走道、卫生间、管道井等布置在此部位。

3. 保温形式

墙体的保温结构形式主要是作承重用的保温材料墙体，单一材料往往难以满足较高的保温、隔热需求。要能满足建筑节能的需要，复合墙体越来越受到各地的广泛采用，成为节能墙体的主流。目前复合墙体的主要做法有：外墙内保温、外墙夹芯保温（中间保温）、外墙外保温等。通过近年大量工程实践，表明外墙外保温具有保护主体结构，延长建筑物寿命、基本上消除“冷桥”、使墙体潮湿情况得到改善，有利于室温的稳定，利于提高墙体的防水和气密性，利于改善室内的热环境质量，便于旧建筑进行节能改造，可减少保温材料的用量，可增加房屋的使用面积等多方面的优点。这也是建设部向全国推荐的保温做法。现在克拉玛依等西北许多地方也采用外墙外保温的做法。通过多项工程的施工实践，在北方地区的外保温设计与施工中，处理好保温材料的细部结构及“冷桥”处很重要。

细部构造的节点处也是保温处理的薄弱环节，如窗、阳台、线角处、转角处等。同时，冷桥部位是由于立面造型或结构形式的需要造成的薄弱部位。若细部处理不好，会使外围护结构的整体保温性能受较大影响，并造成该部位在室内冬季出现墙体的结露，损坏该处墙面。要对保温节点细部构造按设计措施处理，也就是采用内外结合的方式，尽量采用外保温形式杜绝冷桥的产生，同时用内保温形式作辅助，节点细部构造如图 1-1 和图 1-2 所示。若图 1-2 中的线角材料采用挤塑苯板，保温效果更好。

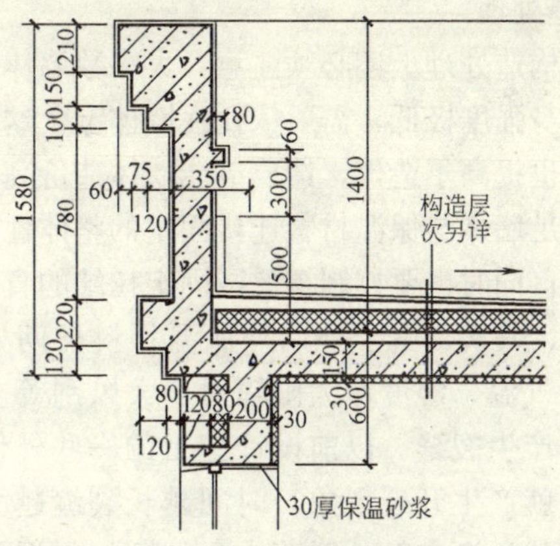

图 1-1　女儿墙窗口部位

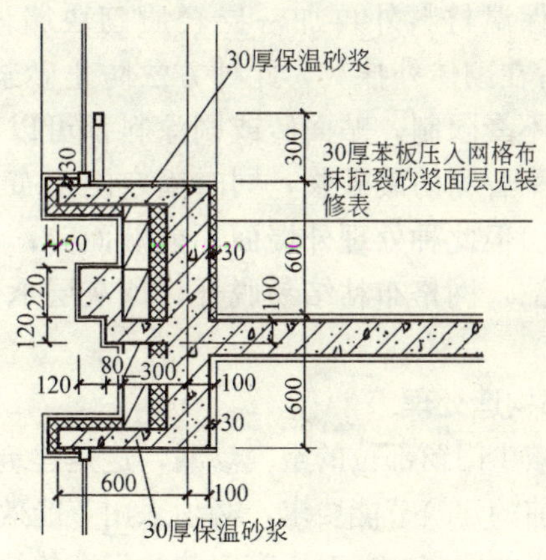

图 1-2　有线脚的凸窗部位

采用这些外保温构造将建筑物外墙体的所有立面、外挑构件进行保温处理，隔断所有冷空气可能入侵的细部节点，相当于给建筑物穿上了棉外衣。这样可使墙体和屋面的传热系数降到最低，使墙体的围护结构和屋面的传热损失达到节能标准。

4. 细部构造问题

4.1 外墙构造处理

外墙保温构造处理上还必须注意：大多数墙体保温材料属松散性材料，自身强度极低，需要依托在墙体上，这样增大了施工的难度，同时也提高了造价，造成节能墙体造价高的情况。对费用高首先要满足墙体与保温材料连接固定的整体性能，减少固定点铁件的用量；同时也要控制钢丝网固定拉结的直径和用量，对费用降低有利；其次，由于外墙外保温材料长期处在自然环境下，不断经受气温、湿度、太阳辐射、大风刮等多种不利因素的影响，容易产生裂缝。以前设计施工的一些外保温墙体，使用后不久墙面就产生开裂现象，时间越长裂缝越多，缝也越来越宽，个别部位逐渐空鼓、脱落。要处理好保温层结构，裂缝问题是影响耐久性的关键因素。目前的常用处理措施分为两类：一类是在保温材料外再加一层轻质砌块墙体（120mm厚空心砖），然后在砌体外抹灰，此种方法防止砂浆开裂有作用，外抹灰材料也不受限制，贴面砖或刷涂料都可以；另一类是在保温材料外抹聚合物防裂砂浆，同时固定网格布以达到阻止面层开裂的目的。但此种处理外墙面不能贴面砖，由于外保温材料表面比较光洁，网格布粘结易脱开，抹灰层承受不了贴面砖的重量会脱落。

4.2 门窗细部构造处理

要避免和减少门窗部位的空气渗漏，这是建筑热损失量较大的部位。按目前的建筑节能要求，必须采用节能效果即气密性能好、隔热性能强的门窗，并对所有安装的门窗传热系数限值做出具体规定。要在施工设计图中对门窗细部构造作专门的说明要求。在工程具体设计中，目前北方地区几乎都对外窗均采用单框双玻（中空）塑钢窗或铝塑窗，其气密性和隔热性数值在理论上是有依据的，但外门窗冬季的结露现象依然存在。分析其原因是多方面的，在此不一一赘述，仅根据实际提出一些解决问题的措施：(1) 寒冷地区的外窗应采用双框（尤其是北向和迎风面窗）双玻，会增大建筑的费用，也会加大制作及安装难度。但从长远节能效果分析是合算的，双框双玻璃的保温效果和抗渗透能力，远远高于单框双玻的。(2) 在外窗上必须设置气窗，以方便冬期的通风换气需要，气窗面积小换气时的热损失不多，这是冬期必要的空气质量调节需要。这两点在以前的设计施工中有时被忽略，实际上是很容易做到、做好的。

2 混凝土冬施质量通病分析、处理及预防措施

我国寒冷地区，每年约有 4～6 个月的冬期施工，据调查统计，暴露的质量问题 60%以上发生在此期间。查明其产生的原因，采取相应的修复、预防措施，以期将工程建设的质量控制、管理提高到一个新的水平。

1. 结构混凝土裂缝与钢筋锈蚀

1.1 干缩裂缝与沉降裂缝

裂纹或裂缝以单向较直、较浅为外貌特征。通常多发生于沿主筋方向的长短不等裂缝。因较薄的保护层（一般 15～35mm）和钢筋网阻止混凝土沉落；混凝土结构表面严重泌水；其本身低温下抗拉强度较低（极为脆弱）、失水太快、骤然收缩而导致裂缝；混凝土沉降受到钢筋埋设件的抑制，模板移动以及基础或垫层混凝土模板吸水，致使混凝土尚未形成抗拉强度时，较大变形引起沉降裂缝或塑性收缩裂缝。

梁板结构混凝土振捣成型结束后，真空吸水法或物理方法吸除多余游离水，或者往表面均匀撒一薄层干灰，拍实压光，再覆盖塑料薄膜和草垫及时保湿、保温，即可避免硬化混凝土完全水饱和变成干燥而有 5×10^{-4}～10×10^{-4}左右长度变化。所以，不能忽视这种变形引起的裂缝。

1.2 地基不均匀沉降引起的裂缝

通常均为宽度大于 0.5mm 的斜裂缝，45°左右或“八”字形裂缝最为常见。地基土局部受冻；局部风化岩地基浸水软化或局部有回填土夯实不够，致使其上部基础、梁、板等结构受剪、受拉而引起裂缝。某大型高炉软水泵房电气室条形基础曾出现约 0.7mm 宽、900mm 长的裂缝。沿裂缝凿 100mm 宽 V 形坡口至裂缝消失，钻孔插 ϕ8@300Ⅱ形钢筋填充 C30 细石混凝土。采用化学灌浆处理此类裂缝同样有效。

1.3 不均匀膨胀引起的裂缝

某工程厂房地面混凝土出现大面积蛛网裂纹或龟裂（通常均为 0.3mm 左右细小裂纹），其中 2～3 处出现表面隆起“裂包”，经查是水泥安定性不良。加之混凝土骨料中不慎混入废镁耐火砖块，遇水形成 $Mg(OH)_2$ 伴生体积膨胀所致。

某连铸厂房钢管混凝土柱冬期施工，使用复合防冻剂（含硫酸盐早强剂）和膨胀剂，初期蒸汽养护而未进行钢管表面被覆保温材，后期裸露冷却，加之多余的硫酸盐［$CaSO_4$］成分在混凝土凝结硬化后，继续水化形成水化硫铝酸盐（$C_3A \cdot 2CaSO_4 \cdot 31H_2O$），体积膨胀至 2.5 倍。造成混凝土连同钢管纵向裂开。后来在气温较暖后采取钢管扩径加箍，重新浇筑微膨胀混凝土而修复。

1.4 钢筋锈蚀膨胀及其引起的混凝土裂缝

常用的矿渣、粉煤灰、火山灰硅酸盐水泥，尤其是硅酸盐水泥和普通硅酸盐水泥有较强的碱性。pH 值大于等于 14 时，钢筋表面形成钝化膜而避免腐蚀。但当水泥、混凝土外加剂含有 Cl^-（氯离子）或使用海水搅拌混凝土，且混凝土拌合物中 Cl^- 超过水泥重量 0.06%～0.10%时，或者钢筋与埋设件中铝（Al）、镁（Mg）板构成腐蚀电池，则发生 $Fe—Fe(OH)_3—Fe_2O_3$，伴随锈蚀过程，钢筋表面体积膨胀至原体积的 2.78 倍。致使混凝土保护层沿主筋方向开裂，造成钢筋锈蚀——混凝土开裂——锈蚀加重——混凝土开裂加剧的恶性循环。

预防冬施混凝土开裂的方法有限定氯盐掺量或阻锈剂（亚硝酸钠）与氯盐重量比为1.36∶1；或在钢筋表面涂覆树脂类防锈膜等阻锈措施；尽量选用碱性保护作用强的硅酸盐或普通硅酸盐水泥；提高混凝土抗拉强度以达到防锈防裂的双重目的。

2. 混凝土疏松、盐析、粉化

2.1 混凝土疏松

混凝土疏松，有新拌混凝土立即受冻和幼龄受冻危害最大的两种模式，即世界建联RILEM《关于冬期施工的国际建议》中，前苏联B·A克里罗夫描述的混凝土初期的冻害。

（1）水的相转变伴生的9%的体积增大。根据统计资料和我国寒地建设研究院试验，将产生204N/mm^{2}压力，对混凝土造成严重损害，6～8h内冻胀变形均为6×10^{-4}，强度损失30%～40%，主要是结构疏松造成的。

（2）积聚在粗骨料周围的游离水负温下形成“冰夹层”，影响水泥石与骨料的粘结强度。弗格兰德研究认为：将降低强度13%，可想而知混凝土与钢筋的握裹力亦随之降低。

（3）水分转移加之负温下水泥水化缓慢，致使混凝土结构疏（酥）脆。

负温环境施工的混凝土添加复合防冻剂，或者防冻剂用量严重不足，又未及时采用覆盖塑料薄膜和草垫保温设施，结构混凝土外观表现为表面呈冰晶、土黄色；敲击的声音空哑；锤击冒烟，一触即溃。

这种情况如不很严重，尚可用20%左右浓度的防冻剂（亚硝酸钠、尿素、碳酸钾等）溶液喷湿混凝土表面，再覆盖塑料薄膜持续保湿措施，溶液逐渐由混凝土毛细通道渗入其内部，不断水化硬化而“自愈”。日本北海道大学长谷川寿夫教授，用初期冻害已有微裂纹疏松混凝土，分别置于空气中自然养护，后者强度提高20%以上。

预防冬施混凝土疏松的措施是：

① 合理的复合防冻剂组成和用量：（含防冻剂——减水剂——早强剂——引气剂；低氯盐型防冻剂与亚硝酸钠阻锈剂并用）按施工当日未来预报的最低气温和40%～60%含水率，确定防冻剂掺量。

② 适度提高热拌混凝土初始温度和浇筑速度，分层振捣密实。

③ 重视结构混凝土的表面处理，如泌水的梁、板表面可均匀撒一层干灰，再压实、抹光；重复振动，真空吸水以缩小混凝土内部毛细孔径，提高结构致密性。

④ 根据日温度差，选择当日9：00～16：00施工混凝土，及时覆盖保湿保温的塑料布和草垫，争取有8h以上的混凝土预养时间，以使混凝土中的可冻结游离水由99.4%降至86.5%。

⑤ 混凝土表面"冰封"或喷雾状氯化钙、氯化钠溶液，利用其吸水性，增湿保水均为有效。

2.2 盐析（表面反霜）和缺边掉角

这种情况为混凝土最为常见的质量缺陷，产生盐析的内因在于复合防冻剂成分未能在低温下与水泥硫矿物充分反应。需通过提高窑罐温度和适当延长搅拌时间（150s以上），以形成氯铝酸钙［$C_3A \cdot CaCl_2 \cdot 10H_2O$］、钙矾石（Ettrningite）［$C_3A \cdot 3CaSO_4 \cdot 32H_2O$］、氟里铬盐［$C_3A \cdot CaSO_4 \cdot 14H_2O$］、亚硝酸铝酸钙［$C_3A \cdot Ca(NO_2)_2 \cdot 11H_2O$］等复盐。既缓解盐析，又有利于提高混凝土早期强度。

产生盐析的外因在于拆模过早，又未能恢复覆盖，混凝土表面失水快，盐分迅速达到过饱和浓度而呈现表面反霜。

由于混凝土（特别是矿渣硅酸盐水泥混凝土）在低温、负温下水化硬化、凝结极为缓慢，早期强度较低，往往急于用模板周转，过早拆模，拆模操作又不够规范（敲击、杆杆撬模、铁钎子凿打模板等），混凝土粘模、工具碰撞混凝土而造成结构混凝土缺边掉角。

2.3 混凝土表面粉化

以下两种情况将引起结构混凝土表面粉化（表面起粉）。

（1）混凝土表面泌水，低温、负温下水泥水化硬化极为缓慢，水泥石与砂、石的粘结非常脆弱，加之骤然受冻，失水致使表面干疏而起粉。吸除混凝土表面游离水，强化保湿、保温即可避免这一缺陷的产生。

（2）常用的钢模板在低、负温下有圈套收缩，即使掺用复合防冻剂的混凝土，由于允许有50%左右含水率（此时冰晶畸变，细鱼鳞状的冰晶不足以降低混凝土强度）。研究证明，不可能也不必要采用“冰点下降法”大量掺入防水剂达到混凝土丝毫不受冻的状态。这种模板收缩与混凝土微膨胀的两种反向应力导致混凝土表面粉化。

因此，可在模板接缝间或模板与连接件之间衬以橡胶垫，借助其变形缓冲应力作用来达到预防表面粉化的目的。

3. 混凝土渗漏

严格来讲，凡有防水抗渗要求的混凝土结构，不适宜在负温环境施工。故如前所述，冬施混凝土是领先其抗冻结构形成和达到一定允许受冻的临界强度来保证其达到设计强度（等级）的。尤其在低于－10℃环境下，混凝土中的细小冰晶形成是难以避免的。而混凝土中的毛细孔径大于ϕ200Å～ϕ300Å的有害毛细孔，即渗水毛细通道。但寒冷地区某些防水混凝土结构施工，统筹考虑生产线形成和经济效益情况，往往需要进行冬期施工。

最稳妥的施工方法即暖棚法以营造＋5℃施工环境或者采取综合蓄热法［即热拌混凝土——复合防冻剂（确保－3℃以上混凝土不冻结）——保湿保温措施（一层塑料薄膜加二层草垫）］，保证混凝土结构浇筑后72h内混凝土表面最低温度在0℃以上。

同时，从防水混凝土工艺原理出发，采取如下综合技术措施：

3.1 骨料紧密堆积原理

即通过不同级配试验，根据最大堆积密度、最小空隙率、最小比表面积指标确定砂石最佳级配。且有骨料总量 2.5%～8%小于 0.15mm 的细粉。其中该量的 32%～45%的超细活性微粉（如硅灰或水渣微粉，其比表面积达 5800～6500cm^2/g。Celik·Ozyidirim 认为：少量硅灰（3%～5%）和高达 47%的矿渣（作为胶凝材料的一部分）在水灰比（W/C）为 0.45 的情况下，可获经济又具有足够强度的低渗透混凝土。

3.2 最小水灰比原理

最大限度减小水灰比以减少因水分蒸发留下的湿气孔渗水通道。水灰比（W/C）很小（小于 0.51），水泥砂浆黏稠性、黏滞性增大。因而，泌水造成的渗水网通道大幅度减少，抗渗性能得以提高。渗透深度法试验中，渗透系数 $K_P \propto V$，V 为混凝土孔隙率。孔隙率减小，渗透系数 K_P 相应减小。

通常可引入高效减水剂（密胺树脂——三聚氰胺甲醛缩合物、萘系减水剂等）。如 NST-S 型混凝土早强型高效泵送剂，减水率可达 20%～30%。混凝土抗压强度比 1d 大于 155%，3d 大于 130%，增强了混凝土的抗渗性、耐久性。

3.3 综合效应原理

防水剂的掺入，如明矾［$KAl\cdot(SO_4)_2$］、硫酸亚铁 $FeSO_4$、三氯化铁 $FeCl_3$ 等成分，将与水泥矿物反应生成钙矾石［$C_3A\cdot 3CaSO_4\cdot 32H_2O$］、氯铝酸钙［$C_3A\cdot CaCl_2\cdot 10H_2O$］等复盐，伴生体积膨胀，塑性水泥浆受膨胀应力作用而趋于致密，加上 C—S—H、$Fe(OH)_3$、$Al(OH)_3$ 等各种凝胶进一步填充混凝土微孔，大于 200Å 的有害孔最大限度地减少。混凝土的水密性、抗渗性得以提高。此外，引气性减水剂或松香酸钠［$C_{17}H_{35}COONa$］引气剂，产生稳定而均匀的小于 50μm 微气孔，隔断了渗水通道，从而显著提高了混凝土的抗渗性。

3.4 防水混凝土渗漏缺陷的“自愈”与修复

某钢铁企业 3200m^3 大型高炉中 INBA 冷却集水槽 4 个

($A \times A/B \times BH = 8500 \times 8500/1200 \times 1200 \times 4000$ (mm)，壁厚300mm)，由于施工过程中不可预测原因停电，混凝土浇筑中途停顿形成施工缝。致使产生约 1/3 的侧壁面积渗水，不连续滴答水珠。我们在投产前 3 周全槽充满水养护，达到了湿胀密实而“自愈”，取得了预期效果。日本小樽港堤坝混凝土（约在 1892 年建成），在海水中养护 50 年后，比在空气中养护提高强度 26.5%，足见恒湿养护对于水工混凝土结构具有何等重要的意义。

3 预拌混凝土冬期施工技术及质量控制措施

我国广大的北方地区冬季可长达 4～5 个月，寒冷的气候条件对于预拌混凝土工程施工影响很大。然而随着城市经济建设的发展，一大批急于投产的项目需要在冬期继续施工，混凝土工程的冬期施工已不可避免。在这种情况下，如何保证工程质量，就成了冬期混凝土施工作业的关键，也是投资者和建设者最关心的问题。我国规范规定，根据当地多年气温资料，室外日平均气温连续 5d 低于 5℃时，即进入冬期施工阶段，水泥混凝土工程应相应采取冬期施工措施。为保证预拌混凝土施工的质量和进度，一般采取原料加热法、加防冻剂法、蓄热法、蒸汽养护法等措施来保证混凝土的冬期施工。那么如何在冬期施工中更加科学地分析、有效地运用各种防冻措施、减少成本的浪费以及保证质量则是我们面临的主要问题，为了能使混凝土结构工程在冬期得以顺利进行，必须依据标准，确定冬期施工技术和质量管理措施。

1. 预拌混凝土早期冻害机理

对新拌混凝土而言，温度降低的快慢决定了水化程度的大小，换言之温度降低愈快，强度的增长就愈慢。当混凝土过早受冻后强度就不会再增长，留在混凝土内部的游离水分也就愈多，结冻后产生的冻胀应力就愈大，混凝土就容易破坏。塑性混凝土的早期受冻机理，归结起来有下列3个方面：

(1) 水结冰后体积增加9%，混凝土内游离水分愈多，冻胀应力就愈大，膨胀的体积在解冻后并不会缩回去，而是保留了下来。这样导致了混凝土的孔隙增加，如果孔隙增加至15%，强度就降低10%。当冻胀应力超过混凝土的极限抗拉强度，混凝土结构就会产生裂缝。

(2) 在骨料周围的水泥浆膜受冻后，其粘结力将受到严重损害，解冻后不能恢复。如果粘结力完全丧失，强度将降低13%。

(3) 在结冻与融解过程中，会发生水分转移的现象。受冻时由于混凝土表面温度低，先结冻产生冻胀压力把水分挤向混凝土内部，融解过程中，外部先融解内部压力大，又将水分向表面挤压，水分反向转移。由于水分体积的变化，使混凝土各组分的相对位置发生变化，这对强度还很低的新浇筑混凝土很容易造成结构性裂缝。

针对塑性混凝土的早期受冻机理可以看出，要使混凝土不受冻害，只要使新拌混凝土保持正温一定时间，让混凝土达到一定的强度就可以不怕冻，该强度就是临界强度，是冬期混凝土施工的一项重要性能指标。混凝土允许受冻而不致使其各项性能遭到损害的最低强度称为混凝土受冻临界强度，即新拌混凝土达到临界强度后受冻再恢复正温养护，强度可继续增长并达到设计强度的95%以上时，所需的初始强度。达到临界强度时的混凝土已有相当一部分拌合水固定到已经形成的水化物中，此时不但可冻结的水量较少，混凝土本身也已具有了一定的强度，产生了一定抗冻能力。因而防止混凝土早期冻害，使混凝土达到受冻临界强度是冬期施工应解决的主要问题。归纳起来，主要有两类解决问题的方法：

(1) 早期增强措施。主要提高混凝土早期强度，使其尽快达到混凝土受冻临界强度。具体措施有：提高设计强度等级、使用早强水泥、掺早强剂或早强型减水剂、早期保温蓄热、早期短时加热等。

(2) 改善混凝土内部结构，降低冰点。具体做法是：增加混凝土密实度，排除多余的游离水，降低混凝土的冰点温度。利用两种液态或固液态物质在混合以后，其冰点便达到一个新的温度，该温度界于两种物质之间的原理，来降低凝固点高的物质的冰点。对于混凝土而言，主要是降低水的冰点，这样便能保证混凝土在负温下也不受冻。所以，就要引入降低水冰点的另一组分，即混凝土防冻剂。常用的混凝土防冻剂有氯盐、硝酸盐、亚硝酸盐、胺类、醇类等，通常可降低冰点至—20℃。但在使用过程中，要注意对钢筋的锈蚀及对混凝土耐久性能的影响。

2. 混凝土冬期施工的实质

混凝土所以凝结硬化，并获得强度是由于水化反应的结果，水和温度是水泥水化反应得以进行的两个必要条件，水是水化反应能否进行的决定因素之一。在混凝土强度发展初期，其内部的孔隙中含有大量与水泥化合的游离水。当温度降到－2～－4℃时，混凝土内部的游离水开始结冰，游离水结冰后体积增长约9%，在混凝土内部产生冰晶应力，使强度较低的混凝土内部产生裂缝和孔隙；同时，损害了混凝土与钢筋的粘结力，导致结构强度降低。新浇混凝土在养护初期遭受冻结，当气温恢复到正温后，即使正温养护到一定龄期，也不能达到设计强度，这就是混凝土的早期冻害。混凝土的早期冻害是由于混凝土内部的水结冰所致。试验证明：混凝土在浇筑后立即受冻，抗压强度约损失50%，抗拉强度约损失 40%，受冻前混凝土养护时间愈长所达到的强度越高，水化物生成愈多，所结冰的游离水就愈少，强度损失就愈低。同时，混凝土遭冻结带来的危害与遭冰冻的时间早晚、水灰比、水泥等级、养护温度等有关。

因此，混凝土工程冬期施工的实质是指在自然负温气候条件下采取防风、防干、保温防冻等措施，尽量创造正温的养护环境，使混凝土在一定时间内保持正温，保证混凝土在达到临界强度前不被冻坏。

3. 混凝土冬期施工质量控制措施

3.1 原材料的控制措施

冬期施工的混凝土所用材料的选择决定于混凝土养护条件、结构特点和结构在使用期间所处的环境。为此，冬期施工的混凝土材料应满足以下基本要求：

(1) 配制生产冬期施工的混凝土，应优先选用硅酸盐水泥或普通硅酸盐水泥。水泥强度等级不应低于42.5级，最小水泥用量不宜少于300kg/m^3，水灰比不应大于0.5。水泥应储存在暖棚内，使用时保持在5℃以上，不得加热。

(2) 用热水搅拌混凝土是保证冬期混凝土拌合物质量的重要措施。热水供应系统由2t以上锅炉、汽水交换器和水箱组成。水温应随气温而调整，最高不应超过80℃，水中不得含有导致延缓水泥正常凝结硬化及引起钢筋和混凝土腐蚀的离子。

(3) 拌制混凝土所采用的砂、石骨料应清洁并堆放在暖棚内，不得含有冰、雪、冻块及其他易冻裂物质。当施工期间日平均气温高于−5℃时，只加热水即可满足要求；日平均气温低于−5℃时，应再将细骨料采用蒸汽加热，加热温度一般不宜大于40℃。粗骨料除非气温过低，尽可能不进行加热。如果必须加热，加热的温度一般控制在15℃左右即可。

(4) 使用具有减水、增强、防冻、引气等功能，并能满足泵送要求的复合型防冻剂。当防冻剂为粉剂时，可按要求掺量直接撒在水泥上面和水泥同时投入；当防冻剂是液体时，应先配制成规定浓度溶液，然后再根据使用要求，用规定浓度溶液再配制成施工溶液。各溶液应分别置于明显标志的容器内，不得混淆。每班使用的外加剂溶液应一次配成。

(5) 选择冬期施工保温材料，应以导热系数小，密闭性好，坚固耐用，防风防潮，能够多次重复使用的优先。

3.2 混凝土搅拌、运输、浇筑过程中的控制措施

(1) 在合理配合比条件下，混凝土的坍落度可按具体工程钢

筋的配筋程度及浇筑方式确定。在满足施工要求的前提下，尽量选择较低的坍落度值。

（2）搅拌机和运输混凝土的容器，在使用前应用50～80℃的热水冲洗干净，以提高机械和容器的温度，使用完后应用热水洗净，运输和浇筑混凝土的容器应具有保温措施。

（3）材料的投放顺序为：砂石骨料、水、水泥，使水与骨料预拌，然后投入水泥开始正式搅拌。水与骨料混合后的温度不应高于40℃，避免水泥与80℃以上热水直接接触，否则会发生假凝或形成团块。冬期搅拌时间应较常温时延长30～60s，特别是当外加剂为干掺时更应如此。

（4）混凝土出机温度应控制在15℃以上，入模温度不得低于5℃。

（5）混凝土拌合物的浇筑应及时进行，运输时间要尽可能缩短，避免中间倒运，要使拌合物直接到达施工地点并一次卸入模板内。混凝土拌合物各个环节的温度计算以及施工中的热量损失，可参照施工规范和有关规定确定，以验证所采取的各项保质措施是否满足要求。

（6）冬期施工的混凝土结构，浇筑前对模板、钢筋、铁件等的检查必须严格。如有冰、雪等杂物，必须清除干净，但不可用水清洗。为了保证新浇筑混凝土与钢筋的可靠粘结，当气温在－15℃以下时，直径大于25mm的钢筋和预埋件，可喷热风加热至5℃。

（7）泵送前要对到达现场的预拌混凝土测温，混凝土温度不满足要求的不得入泵。

（8）泵送时，先将泵车上管路系统用热水冲洗，然后用热水搅拌的砂浆润滑，再泵送混凝土。同时加强车辆调配，保证混凝土输送不断档，防止因间断泵送造成管路堵塞。必要时，泵管外用石棉袋保温，以减少混凝土在泵送过程中的热量损失。

（9）冬期施工的混凝土不得在强冻胀性地基土上浇筑，在弱冻胀性地基土上浇筑时，基土不得遭冻。

(10) 冬期施工浇筑混凝土不宜留置施工缝，如因技术或组织上的原因不能连续浇筑时，则应正确留置施工缝。施工缝的位置宜留在结构剪力较小，且便于施工的部位。留施工缝处，在水泥终凝后立即用3～5个大气压的气流吹除结合面的水泥膜、污水和松动石子。继续浇筑时，要对旧混凝土表面进行加热，使其温度和新浇筑混凝土入模温度相同。

(11) 浇筑预应力混凝土构件的湿接缝时，宜采用热混凝土或热水泥砂浆，并应适当降低水灰比。浇筑完成后应加热或连续保温养护，直至接缝混凝土或水泥砂浆抗压强度达到设计强度的75%。

(12) 分层浇筑厚大的整体式结构混凝土时，已浇筑层的混凝土温度在未被上一层混凝土覆盖前不应低于2℃。采用加热养护时，养护前的温度也不得低于2℃。

(13) 在施工操作上要加强混凝土的振捣，尽可能提高混凝土的密实程度。冬期振捣混凝土要采用机械振捣，振捣时间应比常温时有所增加，快插慢拔，接槎时应插入下层混凝土5cm。特殊部位（如钢筋较密、插筋根部、斜坡上下口处）要重点加强振捣。底板混凝土表面，要求抹3遍（2遍木抹搓平，1遍铁抹压实），以减少表面收缩裂缝。混凝土振捣压抹以后及时覆盖塑料薄膜，上部盖2层防火草帘，保温保湿养护。布置测温点测混凝土中心温度、表面温度与大气温度。中心温度与表面温度、表面温度与大气温度之差控制在25℃以内。

(14) 浇筑的同时留置标养28d试块一组，同条件养护3组（一组用于测试临界强度，一组为结构实体检测，一组备用）。同条件试块要装在专用的铁笼子中，固定在具有代表性的地点如西北角的房间等。除按规定留置试块外，还需做下列检查：检查混凝土表面是否受冻、粘连、收缩、产生裂缝，边角是否脱落，施工缝处有无受冻痕迹；检查同条件试块的养护条件是否与施工现场结构养护条件相一致。根据与结构同条件养护试件的试验，证明混凝土已达到要求抗冻强度及拆模强度后，模板方可拆除。当拆除模板后的混凝土表面与环境温度差大于15℃时，混凝土表面应加以覆盖。

3.3 冬期施工混凝土养护方法

3.3.1 蓄热法

蓄热法指采取加热拌合水或砂等方法，使混凝土拌合物在浇筑成型时温度不低于10℃，混凝土成型后立即覆盖保温养护的方法。当室外最低温度不低于－15℃时，地面以下的工程或表面系数不大于$5m^{-1}$的结构，应优先采用蓄热法。且对结构易受冻部位，还应加强保温措施。

3.3.2 综合蓄热法

当采用蓄热法不能满足要求时，可选用综合蓄热法养护。综合蓄热法是在配制混凝土时掺入具有早强、防冻等组分的外加剂，同时采取加热拌合水或砂等方法，使混凝土拌合物在浇筑成型时温度不低于10℃。混凝土成型后立即覆盖保温养护，利用混凝土自身热量和水泥水化热在混凝土温度降低到0℃前达到抗冻临界强度。选用综合蓄热法养护，同时应符合下列规定：

(1) 应根据环境条件，经过计算在能确保结构物不受冻害的条件下采用。

(2) 应采取加速混凝土硬化和降低混凝土冻害的措施。

(3) 混凝土应采用较小的水灰比。

(4) 对容易冷却的部位，应特别加强保温。

(5) 外加剂应优先选用含引气成分的外加剂，含气量宜控制在2%～4%。

(6) 不应往混凝土和覆盖物上洒水。

3.3.3 蒸汽养护法

蒸汽加热就是利用蒸汽对混凝土结构构件均匀加热，使混凝土的温度升高，并能保持很高的温度，水泥的水化作用加快，迅速硬化。这种方法费用高，一般不采用。

3.3.4 电加热养护法

电加热法是指通过对混凝土进行电极加热或其他电流热场加

热的一种方法。使用电加热时，应注意，电加热法养护混凝土的温度一般不应超过 40℃，要根据构件部位选择适当的电加热方法，如电极加热法、电热毯法、工频涡流法、电热红外线加热器加热等方法。

3.3.5 暖棚法

暖棚法就是在混凝土浇捣地点用保温材料搭成暖棚，在棚内生火，使温度提高，混凝土的养护如同常温中一样。此法应注意，如生火炉加温，应使火炉热量能均匀发散，不要使其紧靠混凝土，否则混凝土会产生局部干裂。养护还要经常浇水，保持棚内一定的湿度。

上述混凝土养护方法中，由于蓄热法或综合蓄热法养护具有简单易行、节省能耗的优点，具有代表性，是冬期施工混凝土首选的养护方法。

4. 冬期施工中混凝土防冻方案的建立

混凝土冬期施工防冻方案的建立主要基于气温的不同及达到临界强度时间的预测，通过热力学的计算分析，最终确立混凝土冬期施工方案。

4.1 混凝土防冻等级的划分

根据混凝土在养护期间的最低温度 T_{min} 及平均温度 T_f 对混凝土防冻等级进行划分，见表 3-1。

混凝土防冻等级的划分 **表 3-1**

等　级	温 度 条 件
第一等级(低温混凝土)	5℃ > T_{min} > 0℃
第二等级(冷混凝土)	5℃ > T_f > 0℃　T_{min} ≤ 0℃
第三等级(负温混凝土)	T_f ≤ 0℃

4.2 混凝土达到临界强度值龄期预测

混凝土达到临界强度值所需时间的预测主要有两种方法：

(1) 依据平时试验数据的积累进行推算。通过平时大量生产和试验积累的数据列出不同负温下混凝土强度表或增长曲线图，可大致推测出混凝土达临界强度所需时间。

（2）依据成熟度法进行的估算。

计算步骤如下：

用标准养护试件的各期强度数据，经回归分析拟成下列形式的曲线方程：

$$f=ae^{-b/D} \quad (1)$$

式中 f——混凝土立方体抗压强度，N/mm^2；

D——混凝土养护龄期，d；

a，b——参数。

将临界强度值代入式（1）中求得 D 值，然后按公式（2），令 $T=D$，求得在外界同温度下的时间 T_t：

$$T_t=T/\alpha_t \quad (2)$$

式中 T_t——与外界同温度条件下的龄期，d；

T——标养下的龄期，d；

α_t——温度为外界环境温度 T 时的等效系数（查表）。

4.3 不同等级混凝土防冻方案的建立

4.3.1 第一等级

由于 5℃$>T_{min}>$0℃，所以一般可以不加防冻剂便可保证不受冻，必要时加早强剂，无需覆盖。

4.3.2 第二等级

该等级有负温出现，所以必须进行覆盖，然后可通过热工计算，验证一下在混凝土达到临界强度所需时间内是否能保持正温。如果可行，通常可掺入早强剂就可以保证混凝土不受冻；如果验证不可行则要在覆盖的基础上掺入防冻剂，这样基本可以保证混凝土的冬期施工。

4.3.3 第三等级

该等级的混凝土均在负温下，所以必须掺入防冻剂并加以覆盖，防冻剂的掺量以最低温度为准，并且通过热工计算保证混凝土入模温度在5℃以上。如果不能保证还要采取对原材料加热的措施，通常采用加热水的办法，同时骨料必须保持干燥或低含水率；以及采取减少混凝土出罐后的间歇时间或增加混凝土搅拌室内的温度等一系列措施来加以保证。

综上所述，预拌混凝土冬期施工的特点决定了在冬期施工过程中必须采取一些措施，从施工期间的气温情况、工程特点和施工条件出发，按照上述的冬期施工技术及质量管理要求，在保证质量、加快进度、节约能源、降低成本的前提下，建立一套科学、经济、行之有效的混凝土防冻措施，保证冬期施工的顺利进行。

4　严寒地区铝塑复合窗在工程中的应用

建筑节能已成为严寒地区建筑领域面临的重大课题，节能窗作为建筑节能的一个重要组成部分，已在门窗制造企业中得到重视。北向窗的传热系数必须小于 2.00W/(m^2·K)。对于 PVC 塑料窗来说，这已不是一个难题，但对于铝塑复合窗来说，还有很多的技术难点等待解决。目前北方城市开发的建筑小区，多数是中高档住宅，对窗的要求不仅限于 PVC 塑料窗，而向中高档的铝塑复合窗、高档木窗、铝木复合窗发展。铝塑复合窗是对铝合金窗进行隔热的改进，其传热系数与铝合金窗相比已提高很多，单框双玻铝塑复合窗的传热系数一般在 3.0W/(m^2·K) 左右，但离细则要求还有一定差距。各大门窗制造厂纷纷探求降低铝塑复合窗传热系数的方法，已有一些成效。

1. 铝塑复合窗结构原理分析

降低铝塑复合窗的传热系数应从三个方面入手：

(1) 增大型材的热阻。窗框的面积一般占整樘窗的 30%左右，型材的传热阻对整樘窗的传热系数影响很大，这从 PVC 塑料窗的传热系数（单框三玻 PVC 塑料窗的传热系数为 1.5～1.9W/(m^2·K)）远低于铝塑复合窗（单框三玻铝塑复合窗的传热系数为 2.1～2.4W/(m^2·K)）这点上就能看出。相同的框玻比，相同的玻间距，单框双玻铝塑复合窗的传热系数约为单框双玻塑料窗的 1.25 倍左右。同时，如果铝塑复合型材热阻小，窗框的表面温度过低，会导致窗框表面结露、淌水。因此，改善型材的结构，增大传热阻，是降低铝塑复合窗传热系数的必要手段。

(2) 降低玻璃部分的传热系数。玻璃的热工性能决定了窗的使用性能，如何有效降低玻璃的热传导性能至关重要。其结构虽然简单，但降低其热传导性能的潜力很大。

(3) 增加窗的气密性，防止室内热量散失。

1.1 型材传热分析

铝塑复合型材的断面如图 4-1。图中 1、2 为隔热条。型材的传热方式包括热传导、对流换热、热辐射。

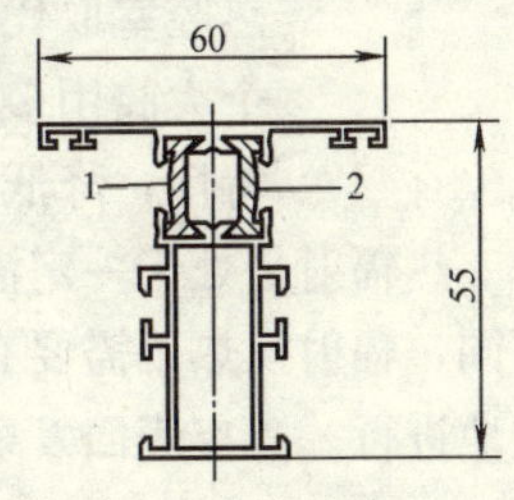

图 4-1 55 梃料断面图

1.1.1 改善型材的热传导性能

在没有相对运动的介质中，由于温度梯度的存在，引起介质内部之间的能量传递，即发生所谓的热传导过程。在这样的传热过程中，通过某一界面的热流密度，可用著名的傅里叶定律表达，即：

$$q=-k\frac{\partial T}{\partial n} \tag{1}$$

式中 k——介质的导热系数；

n——截面的外法线方向；

T——温度。

铝合金的导热系数为 210W/(m·K)，1、2 为隔热条，若选用聚酰胺尼龙 66，其导热系数为 0.3W/(m·K)，由公式（1）可见，降低材料的导热系数 k 值，即可降低热流密度，因此用隔热条将铝合金隔断，阻止热在型材断面上的传导，可有效降低窗的传热系数。单框双玻窗的传热系数可降至 3.4W/(m^2·K) 以下，但还未达到节能窗的要求。

1.1.2 减少型材的对流换热和热辐射

对流换热是指固体边界表面和运动流体之间的热量交换过程。对流换热的热流密度可用牛顿冷却定律计算，即：

$$q=\alpha(T_f-T_w) \tag{2}$$

式中 α——对流换热系数；

T_f——流体的特征温度；

T_w——固体边界的温度。换热系数 α 的大小取决于表面的几何形状、流体运动的特性，以及流体的热力学参数和热物性等。如果型材中部的隔热条将被多个隔热腔室取代，隔热腔室一般用 PVC 材料。这样把一个大腔用多个小腔代替，可改变腔体中空气的运动特性，降低 α；降低了腔中空气的对流换热。

热辐射是处于一定温度下的物质发射的能量。和传导及对流不同，辐射换热不需要有物质媒介。事实上，它在真空中最能有效地进行。真空表面发射的热流应用下式计算：

$$q=\varepsilon\sigma T_z^4 \tag{3}$$

式中 ε——表面发射率，其值在 0～1 之间；

T_z——表面绝对温度（K）；

σ——斯蒂芬·玻耳兹曼常数 [$\sigma=5.67\times10^{-8}$ W/(m^2·K^4)]。

对于铝塑复合窗，若型材中部的隔热条被多个隔热腔室取代，把一个大腔用多个小腔代替，腔室横壁阻断热直接辐射至型材外壁；同时每个小腔室壁的温度 T_z 从室内向室外逐渐降低，由公式（3）可知 q 与 T_z 的 4 次幂成正比，所以降低 T_z，可有效降低热辐射。试验证明，在室温为 18℃，室外温度为－20℃，用隔热条或单腔室的铝塑型材室内窗框表面温度为 6～8℃，而用 PVC 材料的三腔室作热隔断，室内窗框表面温度可达 9～10℃，不仅有效提高型材热阻，还可以阻止窗框结露。

门窗中通过玻璃的辐射热损失占窗户总的热损失的 66%左

右，因为普通的单片浮法玻璃很容易发射热到冷的表面（具有高的发射率）。将玻璃表面的发射率降低可以减少玻璃的辐射传热；普通白色透明玻璃的热辐射率 $E=0.84$，热反射玻璃的热辐射率在 0.50 左右，对于北方地区，热反射玻璃阻挡了太多的太阳能进入室内，是不可取的选择；而 Low-E 玻璃（低辐射镀膜玻璃）的热辐射率仅为 0.20 以下，相比较而言，Low-E 中空玻璃比传统普通中空玻璃节能 40%左右。

1.2 玻璃部分热工特性分析

目前单框双玻和单框三玻已普遍应用于节能窗中，玻璃与中部的空腔组成了对热的有效隔断。其热阻主要由三部分构成：玻璃的热阻；中部空腔的热阻；双玻或三玻之间的隔条。下面就这三部分探讨一下怎样有效降低窗的传热系数。

1.2.1 增加玻璃热阻

单一材料的热阻计算公式为：$R=\delta/\lambda$ (4)

式中 R——材料层热阻 [$(m^2\cdot K)/W$]；

δ——材料层的厚度 (m)；

λ——材料的导热系数 [$W/(m\cdot K)$]。

增加玻璃的厚度可增加热阻，现已不用 3mm 的玻璃，而用 4mm 的玻璃。但玻璃的厚度增加是非常有限的，目前比较有效的是：（1）用三玻代替双玻，同样的型材结构，同样的型材厚度，当采用双玻 4mm+12mm+4mm 结构时，窗的传热系数为 2.65$W/(m^2\cdot K)$；当采用三玻 4mm+9mm+4mm+9mm+4mm 的结构时，窗的传热系数为 2.12$W/(m^2\cdot K)$。（2）玻璃镀膜，如前所述，低辐射玻璃（Low-E）、多功能镀膜玻璃，又称保温镀膜玻璃，这类材料具有最大的日光透射率和最小的反射系数，可让 80%的可见光进入室内被物体所吸收，同时又能将 90%以上的室内物体所辐射的长波保留在室内，大大提高了能量的利用率，在寒冷地区能有选择地传输太阳能量，同时把大部分的热辐射反射进室内，因此，在采暖建筑中可起到保温和节能的作用。目前这种方法在哈尔滨市还未被采用。

1.2.2　增加中部空腔的热阻

中部空腔为气体，其热阻主要取决于气体的干燥程度和气体种类。若中部空腔内为空气，则空气湿度对窗热阻影响很大。由于水的导热系数是空气的25倍左右，所以保持两层玻璃之间的空气干燥可增大热阻，采用中空玻璃就是以此为根据，利用分子筛保证腔内空气干燥，维持良好的隔热效果。槽铝式中空玻璃有两种：一种是单道密封，一种是双道密封。单道密封中空玻璃密封效果较差，容易进潮气，难以达到使用要求，故建筑上多采用双道密封，防止潮气进入。

中部空腔的气体种类对其热阻影响较大。按照气体分子运动理论，理想气体的导热系数可按式（5）计算。

$$\lambda=1/3\times C_{vg}\omega_g l_g \tag{5}$$

式中　C_{vg}——单位容积气体的定容热容，J/(m^3·℃)；

l_g——气体分子的平均自由程，即分子在两次碰撞之间走过的平均距离；

ω_g——按麦克斯韦公式计算的气体分子的平均速度。

在一定温度下 ω_g 与气体的相对分子量 M_r 的平方根成反比，M_r 越小，λ 越大。所以气体中以相对分子量最小的氢气的导热系数最高。0℃时氢的 $\lambda=0.175$W/(m·K)，氙由于 M_r 大，它的 λ 值最小，0℃时其 $\lambda=0.005192$W/(m·K)。试验证明，中空玻璃腔体内充填惰性气体氩气，其分子量为39.95，空气的平均分子量为29，单框三玻铝塑复合窗的传热系数由2.1W/(m^2·K)左右降至1.7W/(m^2·K)左右。玻璃表面温度升高2℃左右。可见这是一个很有效的方法。

1.2.3　玻璃的隔热条对传热系数的影响

单框双玻或三玻窗玻璃之间的隔热条如果处理不好，容易形成热桥。传统铝间隔条的热传导率为10.8W/(m^2·K)，美国实唯高胶条的热传导率为3.06。仅仅更换中空玻璃密封系统，整个门窗节能效果就可提高5%～10%，所以国外把美国实唯高胶条叫做“暖边”密封系统。检测中发现用传统铝间隔条的窗传热系数要大于用热压胶条的窗的传热系数。

1.3 提高整樘窗的气密性

以往的铝塑复合窗的铰链与窗扇配合不好，密封条被人为断开，降低了窗的气密性。如果把铰链改为外扣式，密封条可保持完整连续，增加了窗的气密性，过去铝塑复合窗大都采用单道密封，现在多改为双道密封和三道密封。

2. 结语

（1）改善框体结构，从热的传导、对流与辐射三个方面考虑，把隔热条改为腔室结构，把大腔室改造成多个小腔室。

（2）通过玻璃镀膜，改善玻璃的热辐射性能；中空玻璃采用暖隔条；或用热压法制造。中空玻璃充填惰性气体。

（3）改变铰链的安装方式，保持密封条的连续性；将开启扇的单道密封改为多道密封。

以上只是从热工角度考虑降低窗的传热系数，但对于铝塑复合窗，还存在一些缺陷，如框与扇搭接量过小，影响其物理性能指标。窗的节能指标还包括水密性，而铝塑复合窗的水密性达不到节能窗的要求，即水密性达 5 级。由于铝塑复合窗仍处于发展阶段，还需要采取措施逐步改进。

八、建筑材料在工程应用的质量控制

1　建筑材料质量控制的难点与对策

建筑材料的质量关系到建筑产品的耐久性质量，由于建筑工程所用各种材料很多，在此对用量最普遍的几种材料质量控制作简要介绍。

1. 新材料质量控制令人堪忧

目前，对于新材料的质量控制是个难点。由于对新材料的性能认识不足，对新材料的使用效果不甚了解，缺乏新材料施工经验，一些新材料生产、加工、施工没有国家标准，新材料的检验跟不上新材料的发展，新材料的生产技术监督管理不严格等原因，在建筑领域，由于采用了新材料，产生了一些质量问题。目前存在问题较多的新材料，如蒸压加气混凝土砌块、新型轻体墙板、玻璃纤维增强水泥外装饰欧式构件、新型聚苯板墙体保温材料、新型防水材料、新型管材等。

目前对于钢筋、水泥两大主材的监控应该说比较规范，检测也比较严格。砂、石子等天然材料通过目测就能辨别好坏，现场控制比较容易做到。自从黏土砖禁止使用后，墙体材料大量使用蒸压加气混凝土砌块，加气砌块干缩率超标，引起墙体普遍产生整体斜裂缝。为了防止裂缝不得不采取措施，如增加构造柱、拉结带、双面满挂钢丝网等，墙体造价大幅增加。这个问题的根本原因是由于加气砌块干缩率超标造成，控制加气砌块干缩率目前的难点是，砌块出厂时干缩率是否达标搞不清楚，厂家的出厂合格证及检验报告上没有这项性能指标，建筑工程质量检测单位目前又做不了这项检测。按照蒸压加气混凝土砌块国标，加气块出釜后 5d 就可以出厂，刚出釜 5d 的砌块干缩率一般不达标。目前解决这个问题的办法需采取两个措施：第一，买来后放置 28d 以上；第二，采取增加构造柱、拉结带、双面满挂钢丝网等措施。依据砌体规范，蒸压加气混凝土砌块其产品龄期应超过 28d，这一点很重要，实践验证，加气块干缩是一种分子内聚力，力量很大，干缩率超标干缩没有稳定，采取其他措施防止开裂很难奏效。

黏土砖禁止使用后，除了砌块，市场上相继出现了一些新型墙体材料，如各种轻体墙板，客观地讲这些新材料有很多优点，如重量轻、施工方便、可利用废料、节能环保、刚度强度能满足要求等。有的厂家还进行了大量的宣传推广，有技术专利，由省级设计院专门制作了构造图集，在全国创办分厂。通过实地考察和使用，这些新型轻体墙板存在一个致命的缺点，就是普遍开裂，墙体的上边及两个侧边开裂严重，板与板之间的立缝也开裂。原因是墙板间的连接及墙板与上部构件、侧部构件的连接这个技术难点到目前为止还没有很好地解决。墙板板缝的问题类似于预制板板缝的问题，解决起来难度较大，解决预制板板缝的问题各地走过很长一段路，如有意拉大板缝 4～6cm 浇筑钢筋混凝土，板面铺设钢筋网作整浇层等，这些措施没有根本解决板块之间材料各向连续同性这一关键问题，没有根本解决两个独立的弹性体形成一个变形一致的整体的问题，解决预制板楼地面开裂的问题，最后大家还是回归到现浇板上，现浇板解决了连续同性的问题。轻体墙板表面虽然有把钉和绷带，但他们之间的连接最多也就算平面内的铰连接，平面外的振动变形仍然是不均匀连续的。所以不解决材料连续同性的问题，裂纹问题很难彻底解决。

玻璃纤维增强水泥外装饰欧式构件，随着欧式建筑的增多，欧式构件用量增大，国家没有这种产品的加工制作安装标准（或规范）。存在的问题是：壁厚不足，强度、刚度不能保证，接缝处理简单，普遍开裂，连接件简陋，抗腐蚀能力差，固定不牢，有安全隐患。目前在没有国家标准的情况下，只有地方建设行政主管部门制定临时地方标准，或参照全国其他地方标准，将这种无序状态规范起来，禁止粗制滥造。

类似于砌块这样的材料的质量问题很普遍，这类材料存在一个共性，这些材料或成品是从市场上买来的，不是施工单位现场加工制作的，这些材料或成品质量鱼龙混杂，伪劣产品充斥市场。虽然也有合格证甚至还有检验报告，但有不少确实是假货。对于这些产品目前的检验条件还不够，建筑工程质量检测站检测不了众多的材料或成品，技术监督局的检验报告存在内容不全或不能检验、不检验、假检验等问题，造成检验报告参考价值不大。现在的新材料新产品层出不穷，而这些新材料新产品都打着节能、环保等美丽的招牌，一些新材料新产品被当地建设行政主管部门列入地区必须使用的材料或应使用的材料，这些材料一分为二地讲，有些确实是好材料，有它的先进性，有些还存在严重的隐患或问题。新材料的应用最好有一个试验考察过程，技术成熟了再大量推广，不能一刀切。

2. 五金、水暖配件质量隐患不少

从房屋使用情况看，目前存在问题最多最普遍的是建筑五金、水暖器材配件、开关电器这些低值易损品。这部分低值易损品的成品质量控制也是个难点，也是以后质量控制的重点。建筑五金包括：滑轮、窗锁、门锁、不锈钢拉手、地簧、活页等。水暖器材包括：水龙头、蹲便器冲洗阀、坐便器水箱及配件、球形阀、延时阀、洗脸盆及小便器挂斗镀铬钢板S弯、地漏、蹲便器胶皮碗、给水蛇皮管、淋浴喷头、PVC给水管件、附墙PVC管道固定管卡、暖气自动排气阀等，触摸开关，红外线感应等。例如，现在很多推拉门、推拉窗没用几年就拉不动了，究其原因是由于滑轮造成的，它的使用寿命远远小于国标指标，建筑五金伪劣产品太多。一些地区质监站要求水暖管材实行强制性检测目前仍是非常必要的，如 PVC 管、PPR 管、铝塑管、镀锌钢管等，然而也有许多地区未将如上众多水暖器材配件列入强制性检测范围，这些水暖器材配件出问题最多，大部分水暖器材配件加工质量没有一个国家标准，质量无法要求，检测也缺乏依据。这部分材料、配件质量控制需要工作细中再细，需要有很强的实践经验，对材料配件比较了解。另外，选择材料配件时一定要选择信得过的产品，选择中上档次产品，千万不能选择低档产品。选择名牌产品，不要用不知名的杂牌产品。工程建设各主体在保证房屋主体质量的前提下，把工作重点放在房屋装饰阶段，提高房屋装饰、安装质量，严把材料、配件入场关，严把验收检验关，减少用户使用中维修更换的麻烦，减少用户使用中的投诉。

3. 严格检查建筑材料“三证”

为了控制以上材料配件的质量，严把材料进场检验关是一个重要措施。工程所使用的主要材料、成品、半成品、配件、器具和设备必须具有中文质量合格证明文件，规格、型号及性能检测报告应符合国家技术标准或设计要求。进场时应做检查验收，并经监理工程师核查确认。实行生产许可证和安全认证的制度的产品，应有许可证编号和安全认证标志。实行生产许可证和安全认证的制度的产品，在选购前需对产品的生产许可证及安全认证标志原件进行核查，以防复印件伪造。同类产品不同型号、不同规格产品要分别核查每个品种的证件，以防冒名顶替，以一代十。招标或采购技术要求、产品样品、投标书、合同等重要文件资料要专人妥善保管，甲方工地代表或监理工程师要全面掌握这些资料，货到工地后依据资料核查验收，对产品的型号、规格、性能指标、产地、数量、外观质量进行检查，不符合要求者不许接收。重要的设备、产品，需要特别关注的产品在设备产品加工生产过程中，需要甲方去现场核查监督生产过程。

加热管管材生产企业应向设计、安装和建设单位提交下列文件：国家授权机构提供的有效期内的符合相关标准要求的检验报告；产品合格证；有特殊要求的管材，厂家应提供相应说明书。

4. 强化地方备案制度管理

为了控制以上建筑材料配件质量，为加强建设市场管理，防止假冒伪劣产品用于建设工程，确保建设工程质量和人民生命财产安全，根据《中华人民共和国建筑法》、《中华人民共和国产品质量法》、《建设工程质量管理条例》等有关法律、法规，各地建设厅都制定了《省建设工业产品登记备案管理办法》。凡列入登记备案管理范围的建设工业产品，均应登记备案并取得当地建设工业产品备案证，未办理登记备案手续的，不得用于本地建设工程中。凡纳入登记备案管理范围的建筑工业产品，各建设、施工、监理、工程质量监督、工程安全监督等单位，要严格把关，严禁无《市建设工业产品备案证》产品进入建设市场。实行地方工业产品备案制度，虽然有地方保护、地区垄断之嫌，但在目前现实情况下，假冒伪劣产品一时禁堵不了，实行地方建设工业产品备案制度还是非常必要的，也是控制建筑材料质量的一项有效措施。生产或销售单位向使用单位提供建设工业产品时，应同时提供《市建设工业产品备案证》的原件和复印件，使用单位核查无误后，复印件加盖生产和销售单位公章留存备查。建设工业产品进入工地时，建设、施工、监理单位根据《建设工程质量管理条例》等有关文件的规定进行抽检，未经抽检或抽检不合格的产品，不得用于工程。对已登记备案的产品，有下列情况之一者，给予通报并取消其登记备案资格：①在国家、省及本市的产品抽检时有两次不合格的；②提供假冒伪劣产品的；③造成严重的安全隐患或工程质量事故的；④随意涂改、转让或者提供假备案证书的；⑤备案证到期后未提出续期登记备案的。对没有按规定使用《市建设工业产品备案证》产品的工程，不予验收，建设、施工、监理等单位违反本办法规定的，由建设行政主管部门按有关规定予以处理。

凡纳入登记备案管理范围的建筑工业产品，各建设、施工、监理、工程质量监督、工程安全监督等单位，要严格把关，严禁无《市建设工业产品登记备案证》产品进入建筑市场。生产或销售单位向使用单位提供建筑工业产品时，建设、施工、监理单位应根据《建筑工程质量管理条例》等有关文件的规定进行抽检，未经抽检或抽检不合格的产品，不得用于工程。对没有按规定使用《市建设工业产品登记备案证》的产品的工程，不予验收；建设、施工、监理等单位违反本办法规定的，由建设行政主管部门按有关规定予以处理。备案制度重在核查，质量监督站管理的力度较大，但往往工作滞后被动，在一线工作的监理工程师核查监督的力度还不大，监理工程师和甲方代表要加大备案证的核查监督力度，配合支持政府职能部门的工作，共同把关。

5. 严格强制性产品认证（CCC 认证）

实施强制性产品认证是国家控制产品质量一项重要手段，也是国际上控制产品质量一个常规方法。实施强制性产品认证的部分建筑工业产品有：低压电器，荧光灯，消防产品，安全技术防范产品，安全玻璃，空调器，防爆照明灯，中小型起重运输设备，电线电缆类，电路开关及保护或连接用电器装置，小功率电动机，电动工具，电焊机，家用和类似用途设备，音视频设备，信息技术设备，照明设备。

强制性认证建筑工业产品目录现在已经明确，关键工作是建设系统各主体，甲方、监理、质监站、检测站进行仔细认真的核查。

6. 必要的强制性检测

为了保证结构安全，治理质量通病，禁堵伪劣材料用于工程，根据设计要求、规范要求或主管部门规定，需要进行项目检测。目前一些地区质量检测站常规检测项目有：主体结构（梁、板、柱）混凝土强度等级及钢筋数量检测，竣工后房屋空气质量状况检测，钢筋抽样检测，混凝土试块检测，加气块两项性能（外观质量及强度）检测（非必检项目），瓷砖性能检测，铝合金门窗三性检测等，这些项目都是强制性要求必须检测的项目。

一些地区将建筑工程使用的涂料、PVC 管材（管件）、电器等建筑材料也列为必须检验项目很有必要。如：聚氯乙烯绝缘电线，家用插座，家用照明开关，给水用硬聚氯乙烯管材、管件，排水用硬聚氯乙烯管件，排水用芯层发泡硬聚氯乙烯管材，合成树脂乳液内外墙涂料等。

国家职能部门（技术监督部门）对建筑材料、配件、设备的监督管理任务也很艰巨，有很多工作要做，可谓任重而道远，技术监督部门对建筑原材料、成品、半成品从源头上负责质量监督管理把关，建筑工程质量依赖于社会上工业产品的质量，工业产品的质量建设系统不好控制管理，建设系统对建筑工程质量负责，不把关不行。虽然对一些项目或材料进行多次检验会造成资源浪费，增加工程成本，增大建设单位和材料经销商的负担，但这项工作是客观必要的。

总之，建筑材料质量控制有其难点，难就难在建筑材料大部分是在建设系统以外生产的，需要建设系统采取行政管理手段，备案措施，检验等措施来保证工程质量。国家实行强制性产品认证的产品中大部分是建筑工业产品，CCC 产品认证真正见成效，通过 CCC 认证的建筑工业产品可放心使用，将给建筑材料的质量带来一场革命。

2 聚合物纤维在沥青混合料中的应用质量控制

传统沥青路面受行车载荷不断加大、气候环境影响等因素影响，通常不能达到设计寿命就开始出现裂缝、车辙、推移、松散等病害，已经不能满足社会经济快速发展的需求。这要求人们不断改进，使用新技术、新材料来提高道路使用性能。

近年来，国内外从沥青改性、配合比优化设计到在沥青混合料中掺加纤维材料，不断研究改进沥青混合料的路用性能，取得了巨大进展。

1. 纤维的种类和技术参数

在道路沥青混凝土中常用的纤维有：玻璃纤维、矿物纤维、木质素纤维、聚合物纤维等。玻璃纤维脆性大、效果差，矿物纤维对人体有害、污染环境，因此不宜采用。木质素纤维和聚合物纤维都具有较好的使用性能，但是木质素纤维由于本身强度低、纤维较短、材质较脆、易吸水腐烂、耐热耐磨性较差，在沥青混合料中很难发挥增韧作用，使用效果不如聚合物纤维。

聚丙烯腈纤维与木质素纤维的技术参数，见表 2-1。

两种纤维技术参数比较　　　　表 2-1

指　　标	DOLANITAS 纤维	普通木质素纤维
纤维直径(μm)	13	45
切断长度(mm)	6	1.2
长纤比	461	26.7
织物数(根/g)	87 万	—
抗拉强度(MPa)	910	极低
断裂延伸率(%)	8～20	15～30
回潮率(%)	<2	12～15
溶胀性	极低	高
耐碱性	极高	低
耐日光性	除含氟纤维外，居首位	一般
防霉，耐菌能力	高	低
环境友好性	好	较好

2. 纤维在沥青胶浆中的作用机理

2.1　增粘作用

(1) DOLANITAS 聚丙烯腈纤维直径大约 13μm，单位重量纤维的表面积大，分散在沥青中，其巨大的表面积成为浸润界面，使集料表面沥青膜厚度加大。与普通沥青混凝土相比，沥青膜厚增大55%～110%，对延缓沥青老化、延长路面使用寿命具有重要作用。

(2) 沥青矿粉纤维混合胶浆的粘度提高，软化点可提高约20℃，沥青混合料高温稳定性得以改善。

2.2 增韧作用

(1) 大量纤维（87万根/g）附着在集料表面，增强沥青结合料与集料表面的粘结力，防止剥离，提高抗水损害能力。

(2) 纤维在集料中呈三维分布，并有比较高的强度，提高沥青胶浆在低温条件下的变形能力和韧性，减少低温开裂。

(3) 沥青胶浆变形过程中纤维具有取向作用，使得沥青混合料变形追随能力显著提高。

2.3 增强作用

(1) 掺加纤维的沥青混合料具有良好的疲劳抵抗能力，疲劳寿命显著增加。

(2) 掺加纤维的沥青混合料具有良好的冲击韧性，特别适合旧水泥混凝土路面上的沥青加铺层使用。

(3) 掺加纤维的沥青混合料耐磨性能提高，可以用于防滑路面、履带车通行路面等特殊场所。

3. 聚合物纤维对沥青混合料的路用性能影响

3.1 高温稳定性

采用交通部行业规范JTG 052—2000规定的混合料车辙抵抗能力实验方法（T 0719—1993）测定动稳定度。由于DOLANITAS聚丙烯腈纤维的增黏作用，必然会导致混合料的高温稳定性明显提高。采用克拉玛依90号沥青配制AC—16Ⅰ型混合料的实验结果，见表2-2。

可见，尽管沥青用量有所增加，但是由于纤维的增黏作用，动稳定度提高46%。

动稳定度实验结果对比 表 2-2

纤维及沥青用量(%)	空隙率(%)	VMA(%)	VFA(%)	动稳定度(次/mm)
无纤维	3.122	13.20	76.35	616
4.2%沥青	3.696	13.71	73.04	720
		平均值		168
0.2%纤维	3.940	14.30	72.48	1070
4.7%沥青	4.052	14.40	71.86	879
		平均值		975

3.2 低温韧性

美国洛特曼冻融劈裂实验，将空隙率 7%的试件在−18℃冻 16h 后，在 60℃热水中浸泡 24h 后在 25℃进行劈裂实验，以评价混合料低温韧性。而我国采用冻融劈裂强度比（TSR）来评价此指标，区别在于不要求空隙率，见表 2-3。

TSR 实验对比 表 2-3

沥青用量及纤维用量	实验条件	空隙率(%)	劈裂抗拉强度(MPa)
6.2%沥青	未冻融组	6.264	0.720
0.4%木质素纤维	冻融组	5.916	0.659
		TSR=91.5%	
6.40%沥青	未冻融组	5.787	0.743
0.2%DOLANITAS 纤维	冻融组	5.623	0.699
		TSR=94.1%	

可见，掺加纤维后的 TSR 值远远高于国家规定的 80%，而且聚合物纤维作用大于木质素纤维的作用。

还可以使用小梁弯曲破坏实验来评价混合料的低温性能。在−10℃破坏时小梁底部的最大弯拉应变为评价指标。据国内有关实验表明：掺加 0.2%的 DOLANITAS 纤维的 AC 16—Ⅰ混合料与不掺加纤维的混合料相比，最大破坏强度略有提高，而最大破坏应变水平提高了 10%以上，表明掺加 DOLANITAS 纤维的混合料的低温变形能力有明显提高，具有较好的抵抗低温开裂的柔韧性。

3.3 水稳定性

由于使用了纤维，可以提高沥青用量，平衡粉尘含量失控造成的沥青胶浆脆硬。同时，含有纤维的沥青胶浆能够有效分散空隙分布，降低混合料空隙率和透水性能。

采用浸水马歇尔实验来评价混合料的水稳定性能，以 60℃ 的水浸泡混合料 48h 后的马歇尔稳定度与未浸泡的混合料相比较，即以马歇尔残余稳定度为混合料水稳性能的评价指标，见表 2-4。

马歇尔残余稳定度实验结果对比　　表 2-4

混合料类型	纤维掺量	沥青用量(%)	残余稳定度(%)
AC—13 Ⅰ	0.2%	4.9	89.4
AC—13 Ⅰ	0	4.7	84.9
AC—16 Ⅰ	0.2%	5.0	87.7
AC—16 Ⅰ	0	4.7	84.1
AC—20 Ⅰ	0.2%	4.6	87.6
AC—20 Ⅰ	0	4.5	86.0

3.4 疲劳性能

沥青混合料具有显著的应变软化特性，在重复载荷作用下混合料劲度模量逐渐降低。采用自动沥青路面分析仪进行实验，实验结果见表 2-5。

可见，掺加 DOLANITAS 纤维后，混合料的疲劳寿命会明

不同纤维疲劳性能对比　　表 2-5

纤维种类	疲劳次数	平均值
DOLANITAS 纤维	30457 33250 37381	33675
木质素纤维	27896 28978 30125	29000
无纤维	10950	10950

显增加，与掺加木质素纤维相比提高16%，与不掺纤维相比提高208%。差别十分明显。

3.5 抗冲击磨耗性能

通过肯塔堡飞散实验可以评价混合料抗冲击磨耗性能，国内一些实验表明，掺加纤维后，混合料飞散实验质量损失减少30%以上。

4. 掺加纤维的施工工艺特性

(1) DOLANITAS纤维具有很好的耐热性。纤维在拌合机中可能承受180～200℃的高温，DOLANITAS纤维在这样的温度条件下不发生物理和化学变化。

(2) DOLANITAS纤维投料可以采用人工投料，不必拆包装，连同塑料包装袋投入拌合设备即可。

(3) DOLANITAS纤维进行表面抗静电处理，具有良好分散性能，只要适当延长拌合时间即可拌合均匀。其摊铺碾压也不需要特殊的条件，参照《公路沥青路面施工技术规范》(JTG F40—2004) 要求操作。为避免掺加纤维后混合料黏度上升造成碾压困难，影响压实度，可提高碾压温度5～10℃。

5. 小结

综上所述，在沥青混合料中加入DOLANITAS纤维可以有效地减少温缩裂缝，降低老化速度以提高沥青路面耐久性、提高沥青路面车辙抵抗能力，减少水损害，防止沥青路面磨光和滑溜，同时DOLANITAS纤维具有良好的施工性能。目前像DOLANITAS纤维这样有效地综合改善沥青结合料各种路用性能的添加材料还是比较少见的。欧洲一些国家，如奥地利，已经将DOLANITAS纤维列为沥青路面指定纤维添加剂；哈尔滨市已在民益街、哈东路、江北三环等近50km道路设计或施工中采用。随着我国道路建设水平不断提高，DOLANITAS纤维这类聚合物纤维的应用必将得到广泛推广。

3 石材装饰干挂施工的质量控制要素

装饰工程石材干挂工艺的施工技术难度较大，其干挂施工是利用高强耐腐蚀连接件，将装饰石材安装固定在建筑物外墙表面的一项新型装饰施工工艺。作为工程承建单位，首先要根据工程设计要求和施工合同规定，建立健全工程质量管理体系和安全质量责任制，认真进行工程项目的质量控制策划，确定工程质量方针目标，查出项目施工控制的难点和确定关键工序。实践表明，要达到装饰的质量目标，必须围绕“人员、机具、材料、方法、环境”五个施工质量控制要素进行全面质量控制。

1. 干挂石材施工中人员素质的影响

施工中人员的素质是关键因素，无论是现场技术管理人员还是具体操作者，其具有的技术高低、责任心强弱、熟练程度都将直接影响到工程的质量和进度。

对于质量管理人员和施工技术管理人员，要求必须具备类似工程的施工及管理经验，责任心、敬业精神强，将确保施工质量达到预期的目标。由于装饰石材干挂施工属于室外高空作业，对于安全管理人员必须了解脚手架的安全使用要求。要能意识和防范在高空进行焊接、安装施工存在的危险，针对施工中可能出现的危险预防进行策划，提前对操作人员进行防范风险的培训，对可能出现的风险采取具体处理措施。正式施工前，管理人员必须对操作人员进行安全技术交底，对石材干挂施工的工序要求、操作要点、质量控制方法、措施，如焊接焊缝、涂胶、挂石材的间隔时间、达到的质量标准等详细交待清楚，使操作人员心中有标准，成活有要求，减少返工浪费。

2. 机具对施工质量的影响

现在装饰施工机械化程度相对较高，机械设备的广泛使用对提高施工进度、确保施工质量更加有利。在机具的配置时要考虑对复杂石材的加工需要，为满足外观质量要求，对异形石材应由智能自动控制的水刀切割机切割，加工制作应在场外进行。半成品进入现场只有安装的工序，因此，石材切割的标准对安装影响较大，外形规格误差超标，安装质量控制难度相对困难。对石材干挂的质量控制要求是：表面平整、拼缝宽度均匀、大小一致、粘结牢固。要达到外观的质量优异，实践表明石材切割加工是关键，安装是保证。因此，对有拼花图案石材的加工精度要切实认真预控，机械切割精度的选择是重点，要防止边加工边安装易产生的质量弊病。

机械的选择要考虑切割速度及精度，还有噪声及排污对环境的污染与危害。机械设备的布置不能影响施工人员及周围相关方面的安全，做到加工材料的搬运量要小、距离要近。从施工实际来看，机械对施工质量的影响会越来越大，确保机械的工作处于良好状态，对进场前机械的维护保养显得至关重要，对机械设备的性能选择是确保质量进度的关键。

3. 材料质量的影响

3.1 材料质量检验

材料质量的影响是非常关键的。在干挂石材装饰工程中，材料是质量安全影响最主要的因素。装饰所用的材料主要是几个类型：钢（铝）骨架材料、焊接材、挂板、挂钩、石材、结构胶和耐候密封胶等。对使用的每一种材料都必须有出厂合格证和检验报告，质量保证资料，还应有材料力学性能试验及石材放射性检测报告。除出厂具备的各种试验资料符合要求外，按规定还必须对部分材料取样抽检，抽样复试合格后才准许用于施工。

3.2 石材选择

石材质量的选择是最重要的，要选择色泽均匀、花纹接近、色差小、没有裂缝、没有缺棱掉角、没有任何损伤的石材，且试验弯曲强度大于10MPa的材质。在选择时一定要重视石材的受力性能、外观尺寸误差，表面平整光洁，厚度必须符合设计要求。块体四周平直、方正，开槽正确，材质吸水率、变形量均符合相应的规定或行业标准，使干挂装饰石材质量经得起时间和环境的检验。

3.3　连接型材

固定石材的主要型材，钢质或铝型材都必须符合设计要求，钢材要选择镀锌型材，如需要防腐时必须采用加强级处理，铝材表面的电镀层要达到国家AA15级以上的厚度要求，连接挂板厚度要用大于3mm的不锈钢板或4mm以上的铝板，以确保基底材料的强度、刚度和耐久性。

3.4　结构胶选用

必须选择符合国家或行业标准的专用结构胶和耐候胶，以保证不发生渗漏的质量弊病。一些石材干挂外墙装饰出现渗漏的问题，原因就是石材粘结缝隙内的胶不是石材专用胶，粘结质量得不到保证，容易出现渗漏现象。

4. 工艺方法的影响

工艺方法即装饰施工的具体操作实施工序过程。在外墙石材干挂饰面施工中，合理的工艺流程、先进的方法措施，才能更好、更快地完成项目的装饰施工。

4.1　工序流程

测量划线—检查预埋—检查型材—验收连接件—钢架制作安装—钢架验收—石材检验—石材安装—块体缝抹胶封闭—表面清理—验收。

4.2　施工方法

根据石材规格测量弹好纵横线。弹线前再认真熟悉、查验施工图，确定放线的方法步骤，画出测量放线控制草图，再到现场实地丈量，弹出施工控制线，将误差减小到允许范围内。

4.3　钢框架的制作安装

根据设计型材规格首先切割所需要的材料长度，需要在地面焊接拼装的，因地面操作方便，尽量在地面焊接，所用焊条必须同母材相符合，对焊接质量必须有专业人员检查。在建筑外墙相应固定的部位安装预埋构件，将已焊好的框架固定在埋件上，需要焊接的配件按要求焊接，并对焊接处经检查作为隐蔽验收，需要防腐时要认真防腐，检查合格后再进行下道工序。

4.4 石材的安装

这是外饰面的最后一道工序，也是工程质量检查的重点。施工时，将选择好的石材用嵌缝胶嵌下层石材的上孔，插入连接钢针，再嵌入上层石材下孔。临时固定上层石材，钻孔、插膨胀螺栓、镶不锈钢固定件，检查无任何问题后清理石材表面，粘防污染胶条、嵌缝、刷罩面涂料。

5. 环境因素的影响

自然环境对外饰面工程施工的质量影响是直接的。由于外墙在露天又是在高空作业，受气候影响较大。电焊作业不宜在雨天和风天施焊，也不宜在烈日下作业。必须根据工程所处位置的具体实际，编制可操作性的施工组织措施。例如工程外饰面即将进入冬期，日最低气温降至0℃或以下时，由于工程必须继续施工，要采取冬施保温措施的特殊方案。方案经相关部门批准后再施工，项目部根据方案要求和施工现场的实际情况，组织落实所需物资材料，对参加高空作业的人员进行安全、质量专项教育，考核合格人员才能进行施工。同时，应安排专人收看天气预报，随时掌握气候变化。对冬施最主要的保温材料要准备充足，冬施人员的安全保温防护也必须到位。如遇雨天或大雾天，钢材、石材表面结露或凝湿时停止施工作业；罩面涂料涂刷之后的4h以内要保证其干燥不受雨淋；施焊时风速超过3级即采取遮掩措施；焊接后的高温处避免雨水冲淋急降温；当外部风力达到5级以上不允许在高空作业，尤其雨、雾气候要做好高空的防滑安全措施。

结构胶的自身质量对工程质量和石材粘结的牢固、安全耐久、防止水的渗漏特别重要，必须严格选用并按产品说明书的要求施工。结构胶的保存要有专门的房间，室内要求通风、防尘、清洁、无火种，并配有必要的设备，室内温度夏天低于25℃、初冬不低于10℃、相对湿度在40%左右的环境下储存。现场注胶时的最低气温不能低于5℃，且在风雨天停止作业，防止雨水或沙进入胶缝。若温度过低胶液延缓固化时间，会逐渐流淌影响到延伸变形的强度和外观质量。

在从事石材装饰干挂施工的应用中体会到，要达到装饰施工的设计和验收质量，必须围绕“人、机、料、法、环”五大施工质量控制要素展开工作，任何一个环节控制不到位，势必影响到整个施工质量达不到相应的要求。只有认真有效地对这五个影响施工质量的要素严格控制，抓好每个环节过程的施工质量，才能生产出符合质量要求的装饰效果。

4 碳纤维加固钢筋混凝土构件质量控制

碳纤维加固技术是近几年来发展起来的一种加固技术，这种加固技术已经成功地应用于多项加固工程中，本文是工程实践中的一些总结，以便在以后工程中借鉴。

1. 碳纤维的特点

碳纤维增强聚合物（Carbon Fiber Reinforced Polymer，简称CFRP）是一种新兴的高强加固材料，由于碳纤维布粘贴在混凝土构件的外表面，与混凝土协同工作，共同承担外荷载；同时，对混凝土构件裂缝的产生和发展有一定的约束作用，具有高强、高效、施工便捷、使用面广等优点，因此，在加固工程中得到极为广泛的应用。

1.1 高强高效

由于碳纤维材料优异的物理力学性能，在对混凝土结构进行加固补强过程中可以充分利用其高强度、高模量的特点来提高结构构件的承载力和延性，改善其受力性能，达到高效加固的目的。

1.2 协同工作

由于碳纤维材料膨胀系数与混凝土相近，当环境温度产生变化时，CFRP 与混凝土协同工作，不会产生温度应力。

1.3 耐腐蚀性能及耐久性

碳纤维材料的化学性质稳定，不与酸碱盐等化学物质发生反应，因而加固后的钢筋混凝土构件具有良好的耐腐蚀性及耐久性，解决了其他加固方法所遇到的化学腐蚀问题。

1.4 不增加构件的自重及体积

碳纤维布质量轻且薄，经加固修补后构件，基本上不增加原结构的自重及尺寸，也就不会减少建筑物的使用空间。

1.5 适用面广

碳纤维布是一种柔性材料，且可以任意地裁剪，所以这种加固技术可广泛地应用于各种结构类型、结构形状和结构中的各种部位，且不改变结构形状及不影响结构外观。

1.6 施工便利

在施工现场不需要大型的施工机械，占用施工场地少，而且没有湿作业，因而工效很高。

2. 碳纤维布及粘结树脂材料性能

碳纤维片材及配套胶粘剂力学性能见表 4-1～表 4-4。

碳纤维片材的主要力学性能指标要求　　表 4-1

性　能	碳纤维布	碳纤维板
抗拉强度标准值 f_{clk}	≥3000MPa	≥2000MPa
弹性模量 E_{cf}	≥2.1×10^{5}MPa	≥1.4×10^{5}MPa
伸长率	≥1.4%	≥1.4%

底层树脂性能指标 **表 4-2**

性　能	性能指标要求	试验方法
正拉粘结强度	≥2.5MPa 且不小于被加固混凝土抗拉强度标准值 f_{tk}	

找平材料性能指标 **表 4-3**

性　能	性能指标要求	试验方法
正拉粘结强度	≥2.5MPa 且不小于被加固混凝土抗拉强度标准值 f_{tk}	

浸渍树脂和粘结树脂性能指标 **表 4-4**

性　能	性能指标要求	试验方法
拉伸剪切强度	≥10MPa	GB 7124—86
拉伸强度	≥30MPa	GB/T 2568—1995
压缩强度	≥70MPa	GB/T 2569—1995
弯曲强度	≥40MPa	GB/T 2570—1995
正拉粘结强度	≥2.5MPa 且不小于被加固混凝土抗拉强度标准值 f_{tk}	
弹性模量	≥1500MPa	GB/T 2568—1995
伸长率	≥1.4%	GB/T 2568—1995

3. CFRP 在加固工程中的应用范围

3.1　CFRP 加固受压构件

（1）碳纤维加固轴心受压构件：轴心受压构件在包裹碳纤维布后可以提高混凝土的抗压强度，并有效地改善混凝土的变形性能，其效果随碳纤维布用量的增加而更加显著，在工程实践中环形包裹 2～3 层为宜。在碳纤维布用量相同的情况下，分条包裹的效果优于整条包裹的效果，通过工程实践与试验，幅宽 100mm 为宜。

（2）碳纤维加固大偏心受压构件：使用碳纤维布加固补强钢

筋混凝土柱，可有效提高大偏心受压构件的正截面承载力，特别是构件混凝土强度较低时（C15～C30），经过碳纤维加固后，其受弯承载力提高明显。

随着纵向粘贴碳纤维布层数的增加，补强加固效果会愈加明显，但纤维布层数与构件承载力的提高并不呈线形增长关系，当粘贴两层以上纤维布时，需要考虑一个共同工作折减系数。

碳纤维布的抗拉强度存在尺寸效应，随着纤维布宽度的增加，其极限拉应力有一定的降低，所以在纵向粘贴时幅宽应小于等于 200mm。

碳纤维布纵向粘贴加固柱时，应考虑有效锚固，通常在柱两端作钢板压条。

（3）混凝土柱的抗震加固：在需抗震加固的柱根部 $h/4$～$h/3$（h 为柱高）范围内横向包裹碳纤维布，能有效提高其延性，在不加荷角度情况下，这种抗震加固方式均具有显著的加固效果。对于剪跨比较大的高强混凝土，抗震加固效果更加明显。碳纤维布横向包裹混凝土柱使其延性提高的本质原因是，外包碳纤维布的环向约束作用有效地改善了高强混凝土的变形性能，而且外包碳纤维布对内部混凝土的约束作用比箍筋更为直接、更加有效。

3.2　CFRP 加固受弯构件

（1）钢筋混凝土受弯构件的正截面加固：碳纤维布补强加固钢筋混凝土梁受弯构件正截面时，受弯承载力明显提高，其中极限受弯承载力的提高更为显著。碳纤维布的应用中存在使用效率的问题，同样的碳纤维用量，分条粘贴的加固效果略好于整条粘贴，构件受弯承载力随碳纤维布用量的增加而提高。当碳纤维布使用层数较少时，提高幅度相对较大；随着碳纤维布层数的增多，由于使用效率的影响，这种提高幅度相应减小。因此，设计时要考虑层数折减系数。

碳纤维布的用量还将影响受弯构件的破坏形态。当碳纤维布用量过多时，构件破坏将由碳纤维布拉断引起的破坏转变为混凝土被压碎的破坏。同时由于碳纤维为完全弹性材料，它与钢筋的共同工作会减弱钢筋塑性变形对提高构件延性的作用。碳纤维布用量过多时，构件延性有所降低。因此，防止碳纤维粘贴量过大，产生“超筋破坏”。

（2）钢筋混凝土受弯构件斜截面加固：实践证实，使用碳纤维来提高混凝土构件抗剪承载力的加固方法是有效的，粘贴碳纤维布以后，梁的开裂荷载和抗剪承载力都明显提高，其中抗剪承载力的提高更为显著。碳纤维加固混凝土构件情况见表4-5。

碳纤维加固混凝土构件一览表　　表 4-5

构件分类	加固粘贴部位	粘贴数量(层数)
轴心受压构件	垂直与受力方向，横向环形闭合粘贴或包裹	2～3层
大偏心受压构件	纵向条形粘贴	粘贴数量(层数)由计算确定
柱抗震加固	在柱根部 $h/4 \sim h/3$ 柱高范围内，横向环形闭合粘贴	2～3层
受弯构件正截面	在梁板受拉部位条形粘贴	粘贴数量(层数)由计算确定
受弯构件斜截面	在梁端 1/3 梁长的范围内，环形闭合粘贴或 U 形粘贴(U 形粘贴时应在梁两侧作压条)	粘贴数量(层数)由计算确定

碳纤维对提高抗剪承载力的作用机理与箍筋类似，因此，在提高钢筋混凝土梁抗剪承载力的同时，还可以明显改善构件的变形能力，增加构件的延性。用碳纤维加固后的混凝土梁斜截面，在破坏之前都有碳纤维条的撕裂、起鼓和起皱等破坏先兆，从而改善了原有混凝土梁抗剪破坏的脆性性能。在提高抗剪能力的同时，可以增加受弯碳纤维的锚固。

4. CFRP加固工程实例

4.1 框架柱抗震加固

某大厦一层个别框架柱抗震性能较差，采用碳纤维布横向环形粘贴进行加固补强，碳纤维布的主要作用就是对其内部混凝土起到了约束作用。由于碳纤维的抗拉强度和弹性模量都很高，因此这种约束作用很明显。当混凝土受压产生横向变形时，碳纤维布可以约束混凝土变形，加大混凝土的极限压应变，因而推迟了受压区混凝土的破碎，充分发挥纵筋的塑性变形性能，改善钢筋混凝土框架柱的延性，从而提高框架柱的承载力和抗震性能，解决了上述问题。

4.2 梁板加固

某建筑由于使用荷载增大，梁受弯承载力不足，采用碳纤维加固后承载力得到大幅提高。

4.3 裂缝补强

某建筑由于地基的不均匀沉降致使梁柱及节点出现大量裂缝，经碳纤维加固后裂缝得到有效控制，承载力明显增高。

4.4 其他补强

某建筑楼板开洞，碳纤维加固后楼板承载力明显增高。

5. 结语

碳纤维在钢筋混凝土结构构件的加固工程中，有着适应性强、加固范围广、高强高效、施工简便等传统加固方法所不具备的特点，将碳纤维广泛地应用于混凝土结构的加固中，对促进加固工程的发展有着积极的推动作用。

5 给水系统中倒流防止器的正确应用

为确保城市居民的饮用水质量，防止供水管网二次受到污染，管内倒流是导致城市供水管网水质遭受污染的主要原因。现在管道上使用的各种类型止回阀，虽然具有引导液体单向流动的功能，但从产品的标准和结构特点分析，并不具备完全能防止水倒流的功能。一旦阀瓣或密封件受到损坏，就会完全失去防止水倒流的功能，所以止回阀不是防止倒流污染的有效配件。新的倒流防止器是一种防止倒流污染的有效设施，它的特点是能严格地限定管道中的压力水只能单向流动，在任何情况下都可防止管道中的介质倒流。

1. 倒流防止器的构造及工作原理

1.1 倒流防止器的构造

倒流防止器是一种用于防止生活饮用水管道发生介质回流二次污染的安全装置，它一般安装在生活饮用水入户管上，防止出现局部压力异常时倒流水污染给水管网。它的结构是由两个隔开的止回阀和一个中腔及液压传动的泄水阀组成。泄水阀隔膜上腔与止回阀进口端连通，隔膜下腔与倒流防止器中腔连通。两个止回阀主要是由阀体、阀盖、阀瓣、密封垫、弹簧等组成；泄水阀主要由阀体、阀盖、隔膜、阀瓣、密封板、阀芯、阀座及弹簧等组成。由于止回阀的局部水头损失，中间腔内的水压始终低于入口处水压。当压力出现异常时，即使两个止回阀都不能反向密封，安全泄水阀也会自动开启将倒流水泄空，并保持空气隔断，保证管道内水的安全。

国内阀门厂生产的倒流防止器品种较多，外形构造不尽相同，但工作原理基本是一致的。也有一些防止器为两个止回阀串联制成，没有安全泄水阀的构造处理。当其中一个止回阀的密封受到破坏时，另一个止回阀还能起到密封的作用，防止介质的回流。但当两个止回阀密封同时受到破坏后，就失去了止回的作用，其安全可靠性较差，达不到倒流防止器的产品质量标准，选用时应货比三家。

1.2 防止器的工作原理

（1）介质正常流动状态下，在上端管网压力作用下，上下两个止回阀都开启工作，由于上止回阀的水头损失，中腔压力至少比上游低0.01MPa左右，隔膜受弹簧弹力及中腔压力和上游压力的共同作用，隔膜上方压力大于下方压力，泄水阀关闭，水流自左至右正常流动。

（2）无水流静态状态下，管道内无水流动的静态状态下，两个止回阀均关闭，泄水阀也处于关闭状态。

（3）下游出现超压的异常状态下，由于下游止回阀关闭，可能受到污染的下游水不能进入上游管网。即使下游止回阀出现渗漏，则中腔压力增高。当上游止回阀的前后压差下降到一定值时，则弹簧推动泄水阀阀瓣向上，泄水阀开启泄水，维持空气隔断，保证上止水阀不会出现倒流泄漏污染。泄压至与进口处压力恢复一定压差值时，泄水阀又自行关闭。

（4）上游出现降压的异常状态下，当上游压力突然降低，上下游止回阀自动关闭，上游与中腔形成压力差，中腔压力高于上游压力，在弹簧力的作用下，泄水阀开启泄水，空气进入中腔，形成空气隔断，避免产生虹吸倒流，保证安全。随着中腔压力减小，各部位又回到初始平衡状态。

从上述工作原理可以看出，只要在配水管网的适当部位安装了倒流防止器，当管网内有可能发生倒流危险时，倒流防止器的泄水阀即可自动开启，将倒流入泄水阀腔的水全部排放并形成空气隔断，从而防止倒流现象的产生，杜绝了倒流污染。

2. 安装要求

（1）倒流防止器必须按阀体箭头方向水平安装，安装地点环境应清洁并保证不会被液体淹没，有足够的维护空间，并便于及时发现水的泄放或故障的产生。

（2）泄水阀的排水应间接排放，不应与排水管道直接连接。泄水阀出口离地面高度应大于300mm，其泄水阀出口附近应有排水沟或口径不小于泄水阀出口的排水管，且不得有杂物阻塞。

（3）倒流防止器安装前要清洗管路；阀前后应视管路具体情

况设置阀门；阀体未自带过滤器的倒流防止器前端应安装过滤器，以防止杂质粘附，使止回阀阀瓣关闭不严产生渗漏，引发自动泄水阀误动作泄水。阀后装可曲挠橡胶接头（或伸缩器），方便维护。

（4）倒流防止器的构造和工作原理使其具有较大的局部水头损失，工程设计人可向所选倒流防止器产品的生产厂家索取该产品的通用性能曲线，避免因计算误差导致给水系统运行效果不理想。

3. 倒流防止器在工程中的应用

在《建筑给水排水设计规范》（GB 50015—2003）（以下简称规范）第 3.2.5 节中，对给水系统的哪些部位需要设置倒流防止器作了较为详细的规定，具体条文在此不再赘述。概括起来讲，规范表达了两点原则：一是保护城市给水管网不受用户管网的水质污染；二是用户户内的生活饮用水管网不受非生活饮用目的用水的水质污染。

深入理解规范，利用倒流防止器具有切实有效防止倒流污染的功能加以灵活运用，可以实现一些不常见的给水系统设置方式，给我们的给水系统设计带来一些变化和好处。下面试举一例：

在市政水压周期性不足的低、多层建筑中用气压水罐取代屋顶高位水箱可以实现。市政给水管网水压周期性不足是很多地区都存在的问题。对于多层或低层建筑，目前大多采用屋顶高位水箱来储存和调节供水。水箱的进水管从水箱最高水位以上进水，用浮球阀或液位控制阀来控制水箱内水位，底部出水接至各用水点。这种供水方式存在着明显的缺陷：

（1）受高位水箱设置高度的局限，顶层的住户存在供水水压不足的情况；

（2）由于水箱的密封性差，水箱水质容易被二次污染；

（3）浮球阀或液位控制阀的失灵往往造成溢流浪费大量

的水；

(4) 影响建筑立面美观，使屋顶的观赏性变差。

在城市管网水压波动较大的前提下，一些地区的市政给水管网的水压，白天为0.15MPa，夜间可达0.40～0.45MPa。这种情况下，在接户管上安装倒流防止器后，就可以用气压水罐贮水和贮压来调节用水。如图5-1所示，图（*a*）主要用于别墅等低层建筑；图（*b*）主要用于住宅等多层建筑，将系统分区的作用可以充分利用市政水压，不必设置过大的气压水罐。采用气压水罐取代重力水箱的好处是没有水质二次污染和漏水，摆放位置灵活，设备维护和运行费用也很低廉。

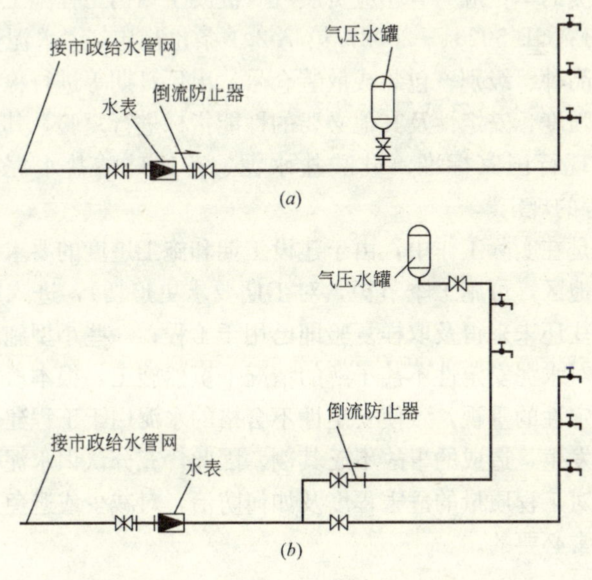

图5-1　用气压水罐取代屋顶水箱

综上所述，倒流防止器是一种有效的防止管网倒流污染的装置。它的推广使用对于改善我国的饮用水水质具有重要的现实意义。随着国民经济发展和人民对生活质量要求的提高，给排水领域管理的规范、法制的完善，倒流防止器将得到越来越多的了解和应用。同时，对倒流防止器产品特点的灵活运用，也会给我们的给水系统设计带来一些新的思考。

6 安定性不合格的水泥在混凝土结构工程上使用的防治措施

为保证工程质量现行国标《建筑工程施工质量验收统一标准》(GB 50300—2001) 第3.0.3条规定，“建筑工程施工质量应按有关要求进行验收：涉及结构安全的试块、试件以及有关材料，应按规定进行见证取样检测；承担见证取样检测及有关结构安全检测的单位应具有相应资质”。《混凝土结构工程施工质量验收规范》(GB 50204—2002) 第7.2.1条也规定，“水泥进场时应对其品种、级别、包装或散装仓号、出厂日期等进行检查，并应对其强度、安定性及其他必要的性能指标进行复验，其质量必须符合现行国家标准《硅酸盐水泥、普通硅酸盐水泥》(GB 175) 等的规定”。

但是在实际工作中，由于建设工期和施工进度的要求（尤其在北方地区，可施工季节短，对工期要求更迫切)，进入现场的水泥往往还未来得及取样复验即已用于工程；一些小型施工企业甚至在对水泥安定性不甚了解的情况下贸然施工，根本谈不上对水泥安定性的重视，致使安定性不合格的水泥用于工程建设的现象屡有发生，造成的事故不乏其例。因此，充分认识水泥安定性不合格对工程质量的危害程度及如何防治，对减少或避免工程损失是非常必要的。

1. 水泥安定性的主要影响因素及其危害

水泥的安定性是指水泥硬化后（确切地说是指水泥石凝结硬化后)，体积变化的均匀性。水泥熟料中的氧化镁（MgO)、游离氧化钙（f-CaO）及水泥中的三氧化硫（SO_3）超过标准规定含量，就可能导致水泥安定性不合格，造成废品。

通常水泥生产企业对水泥安定性的检验按以下方法控制：f-MgO和硫酸盐与硫化物的危害不便快速测定，通常在生产时严格控制其成分含量（国家标准规定，MgO含量不超过5.0%，SO_3含量不超过3.5%或4.0%）来保证水泥质量；f-CaO的危害依据《水泥标准稠度用水量、凝结时间、安定性检验方法》（GB/T 1346—2001）中规定检验水泥安定性的方法，用试饼法和雷氏法来测定，即现行国家标准中规定的安定性检测方法只能检测f-CaO引起的安定性不合格。

f-CaO的水化特点是：水化反应慢，持续时间长，水泥石形成后还在继续水化，体积不断膨胀，产生内应力。当内应力小于水泥石的强度时，它会削弱水泥石内部强度时，就会使水泥石出现裂缝、疏松，直至崩溃。

f-CaO的水化膨胀的特征：一是在空间上的不规则性，使得难于预测结构变形和开裂的方位；二是在时间上的不确定性，使得难以预测结构破坏的期限。上述特征给结构的安全造成了严重的隐患和潜在的危害。

安定性不合格的水泥用于混凝土结构工程的梁、板、柱及预制构件处的混凝土材料，浇筑后凝结缓慢、无强度，随后便在构件表面出现不规则的裂纹。尤其是位于承重部位的阳台、梁、挑檐板、雨篷等，拆除模板的同时就可能发生断裂或损坏。安定性不合格的水泥拌制的混凝土与集料的握裹力差、粘结力小，石子容易从混凝土的表面剥离下来。

2. 避免使用安定性不合格水泥的预防措施

2.1 水泥生产企业应认真执行国家或地方的有关规定

水泥熟料磨制前后应贮存一段时间，无论水泥需求是淡季还是旺季，都应坚持这一做法，坚持未检验的水泥不得出厂，不合格品不得流入社会的原则，树立本企业的质量形象。

2.2 使用水泥的单位和个人应坚持先检验后使用的原则

避免因水泥质量问题给工程造成损失，同时为了确保试验结果具有准确性和代表性，水泥检验过程中应该注意以下方面：

(1) 取样应规范。在水泥进入施工现场后，首先应该取样送检。每批水泥应至少取样一次，取样要有代表性，可连续取或者从 20 个以上的不同部位取等量样品，总量至少 12kg。样品取好后，应及时送往检验单位试验，并应按相关规定进行见证取样。

(2) 试验操作应准确。在试验过程中为了确保试验结果的准确性，应该严格按照国家标准进行操作，以减少人为因素造成的误差。试验操作中，当雷氏法和试饼法的试验结果出现矛盾时，应以雷氏法为准。

(3) 当试验结果不合格时，应及时通知施工单位和见证人员。如果水泥生产厂家对试验结果有异议，应该在尽可能短的时间内，在施工单位、生产厂家和监理单位等各方的见证下重新取该批水泥送检，水泥检验合格后方可使用。

3. 误用了安定性不合格水泥的混凝土的处理办法

安定性不合格的水泥，由于某种原因，被误用到结构混凝土中，往往令建设、施工、设计、监理等有关各方不知所措，主要是因为安定性不合格的水泥用到结构混凝土中，并不一定立即引起结构混凝土开裂、疏松或崩溃等质量现象，因而有时很难立即判定这种水泥对结构混凝土的影响。但混凝土中一旦使用了它，就必须采取严肃认真的态度和科学合理的方法进行处理。

制定处理方案是一项周密、细致而严谨的工作，GB 50300—2001 第 5.0.6 条规定了当建筑工程质量不符合要求时的几种处理办法，我们可根据该批混凝土使用的部位及重要程度、有资质的检测单位出具的检测（鉴定）结论，经原设计单位核算后，按是否满足设计要求或设计规范的规定，制定出切实可行的技术方案，来保证建筑物的安全性、可靠性和耐久性，切不可草率盲目行事。

4. f-CaO 对结构混凝土的影响的检测方法

f-CaO 含量偏高，必然导致混凝土不均匀的体积变化，使结构混凝土产生膨胀性裂缝，降低工程质量，甚至引起严重事故，为了判定 f-CaO 对结构混凝土质量影响的大小，《建筑结构检测技术标准》（GB/T 50344—2004）附录 B 提出了 f-CaO 对混凝土质量影响的检测方法。

4.1 现场检查

混凝土一旦使用了安定性不合格水泥，首先应查明情况，主要内容是：

（1）水泥生产厂家、进货日期、批号和数量；

（2）混凝土浇筑时间和部位；

（3）混凝土结构构件表面是否有裂缝、脱皮、疏松、甚至崩溃等现象。

4.2 抽样数量

通过调查和检查，发现建筑工程中使用了安定性不合格的水泥，或发现结构混凝土外观质量有开裂、疏松、崩溃等现象，则可初步假定是水泥安定性不合格对混凝土质量的影响，并确定受影响的部位和范围，核实该部位和范围所用水泥的批次和批量，将该部位和范围确定为检测批。按检测批进行检测的项目，并应进行随机抽样，且检测批的最小样本容量不宜小于 GB/T 50344—2004 表 3.3.13（表 6-1）的限定值，一般由建设、施工、设计、监理、检测等有关各方协商选取被测构件。

4.3 钻取芯样

在初步确定有 f-CaO 对混凝土质量有影响的部位上钻取混凝土芯样，芯样的直径可为 70～100mm，在同一部位上钻取的芯样数量不应少于 2 个，同一批受检混凝土至少应取得上述混凝土芯样 3 组。

建筑结构抽样检测的最小样本容量　　表 6-1

检测批的容量	检测类别和样本最小容量			检测批的容量	检测类别和样本最小容量		
	A	B	C		A	B	C
2～8	2	2	3	501～1200	32	80	125
9～15	2	3	5	1201～3200	50	125	200
16～25	3	5	8	3201～10000	80	200	315
26～50	5	8	13	10001～35000	125	315	500
51～90	5	13	20	35001～150000	200	500	800
91～150	8	20	32	150001～500000	315	800	1250
151～280	13	32	50	＞500000	500	1250	2000
281～500	20	50	80	—	—	—	—

注：检测类别 A 适用于一般施工质量的检测，检测类别 B 适用于结构质量或性能的检测，检测类别 C 适用于结构质量或性能的严格检测或复检。

4.4　芯样加工

在每个芯样上截取 1 个无外观缺陷的 10mm 厚的薄片试件，同时将芯样加工成高径比为 1.0 的芯样试件，芯样试件的加工质量应符合《钻芯法检测混凝土强度技术规程》（CECS 03）的要求。

4.5　试件的检测应遵守的规定

4.5.1　薄片沸煮检测

将薄片试件放入沸煮箱的试架上进行沸煮，沸煮制度应符合第 4.5.3 条的规定。对沸煮过的薄片试件进行外观检查。

4.5.2　芯样试件检测

将同一部位钻取的 2 个芯样试件中的 1 个放入沸煮箱的试架上进行沸煮，沸煮制度应符合第 4.5.3 条的规定。对沸煮过的薄片试件进行外观检查。将沸煮过的芯样试件晾置 3d，并与未沸煮的芯样试件同时进行抗压强度测试。芯样试件抗压强度测试应符合 CECS 03 的规定。按公式（1）、公式（2）计算每组芯样试件强度变化的百分率 ξ_{cor}，并计算全部芯样试件抗压强度变化百

分率的平均值 $\xi_{cor,m}$

$$\xi_{cor}=[(f_{cor}-f_{*cor})]/f_{cor}\times 100\% \tag{1}$$

$$\xi_{cor,m}=1/n\times\sum[(f_{cor}-f_{*cor})/f_{cor}]\times 100\% \tag{2}$$

式中 ξ_{cor}——芯样试件强度变化的百分率；

f_{cor}——未沸煮芯样试件抗压强度；

f_{*cor}——同组沸煮芯样试件抗压强度；

$\xi_{cor,m}$——芯样试件强度变化百分率的平均值。

4.5.3 沸煮制度

调整好沸煮箱内的水位，能够保证在整个沸煮过程中都超过试件，不需中途添试验用水，同时又能保证在 30±5min 内升至沸腾。将试件放在沸煮箱的试架上，在 30±5min 内加热至沸，恒沸 6h，关闭沸煮箱自然降至室温。

4.6 f-CaO 对混凝土质量影响的判定标准

4.6.1 有 2 个或 2 个以上沸煮试件（包括薄片试件和芯样试件）出现开裂、疏松或崩溃等现象。

4.6.2 芯样试件强度变化百分率的平均值 $\xi_{cor,m}>30\%$。

4.6.3 仅有 1 个薄片试件出现开裂、疏松或崩溃等现象，并有一个 $\xi_{cor}>30\%$。

5. 工程实例

5.1 工程概况

某综合楼工程，11 层框架结构，由于某种原因五层（Ⓐ～Ⓒ)×(①～⑤）轴共 15 根框架柱误用了安定性不合格（$C>$ 50mm，试饼沸煮后弯曲、龟裂）的水泥，混凝土强度设计等级为 C30，混凝土浇筑 25d 后，经建设、监理、施工、检测等单位协商后，决定采用钻芯沸煮法检测水泥中 f-CaO 对该批混凝土质量的影响。

5.2 抽样方案

通过调查和检查，确定该工程使用了安定性不合格的水泥，受影响的部位和范围为五层（Ⓐ～Ⓒ)×(①～⑤）轴共 15 根框架柱，将该部位和范围确定为检测批。按检测批进行检测的项目，应进行随机抽样，且检测批的最小样本容量不宜小于 GB/T 50344—2004 表 3.3.13（表 6-1）的限定值，检测类别 C 适用于结构质量或性能的严格检测或复验，样本最小容量为 5 组，按照从严把握的指导原则，建设、监理、施工、检测等单位共同协商后确定抽样数量为 6 组，随机选取 6 根框架柱，在其结构受力最小部位钻取 6 根长约 30mm、直径为 100mm 的混凝土芯样。

5.3 检测结论

由于该批薄片试件及芯样试件沸煮后均未出现开裂、疏松或崩溃等现象，并且 6 组芯样试件强度变化百分率（表 6-2）的平均值 $\xi_{cor,m}=10.8\%$ 小于 30%，因此可判定该批安定性不合格的水泥中的 f-CaO 对混凝土质量影响较小；沸煮后的 6 个芯样试件抗压强度经计算，该检测批 15 根框架柱具有 95%保证率的标准值（0.05 分位值）的推定区间上限值为 25.5MPa、下限值为 22.4MPa。

芯样试件强度变化的百分率　　表 6-2

序号	检测部位	直径(mm)	高度(mm)	修正系数	破坏荷载(kN)	芯样抗压强度(MPa)	芯样强度变化百分率(%)	备注
1—1	框架柱 1	100.00	100.00	1.00	202.6	25.8	−3.1	沸煮前
1—2		100.00	100.00	1.00	209.1	26.6		沸煮后
2—1	框架柱 2	100.00	100.00	1.00	255.1	32.5	15.7	沸煮前
2—2		100.00	100.00	1.00	215.3	27.4		沸煮后
3—1	框架柱 3	100.00	100.00	1.00	220.7	28.1	12.5	沸煮前
3—2		100.00	100.00	1.00	193.1	24.6		沸煮后
4—1	框架柱 4	100.00	100.00	1.00	247.3	31.5	12.7	沸煮前
4—2		100.00	100.00	1.00	216.0	27.5		沸煮后
5—1	框架柱 5	100.00	100.00	1.00	243.3	31.0	16.5	沸煮前
5—2		100.00	100.00	1.00	203.4	25.9		沸煮后
6—1	框架柱 6	100.00	100.00	1.00	236.5	30.1	10.3	沸煮前
6—2		100.00	100.00	1.00	211.9	27.0		沸煮后

按照 GB/T 50344—2004 规定，可判定该检测批 15 根框架柱的混凝土抗压强度低于设计要求。

6. 混凝土结构子分部工程的非正常验收

6.1 混凝土结构子分部工程非正常验收的标准

国家规范 GB 50204—2002 第 10.2.3 条规定，当混凝土结构施工质量不符合要求时，应按下列规定进行处理。

6.1.1 返修再检验收

规范第 10.2.3 条第 1 款规定："经返工、返修或更换构件、部件的检验批，应重新进行验收。"

6.1.2 检测鉴定验收

规范第 10.2.3 条第 2 款规定："经有资质的检测单位检测鉴定达到设计要求的检验批，应予以验收"。

6.1.3 设计复核验收

规范第 10.2.3 条第 3 款规定："经有资质的检测单位检测鉴定达不到设计要求，但经原设计单位核算并确认仍可满足结构安全和使用功能的检验批，可予以验收"。

6.1.4 加固处理验收

规范第 10.2.3 条第 4 款规定："经返修或加固处理能够满足结构安全使用要求的分项工程，可根据技术处理方案和协商文件进行验收"。

6.2 混凝土结构子分部工程的验收

该检测批 15 根框架柱的混凝土抗压强度虽然低于设计要求，但原设计单位将该检测批混凝土抗压强度的推定值进行计算复核后，混凝土强度仍可满足结构安全和使用功能。经监理单位和质监部门认可，在能够满足设计规范的规定（亦即还能保证最低限度的安全要求）的情况下，该检测批 15 根混凝土框架柱可予以验收。

7. 结束语

7.1 水泥安定性是判定水泥质量是否合格的主要指标之一，对工程质量的影响最大，出厂检验必须合格方能用于建筑工程，因此水泥使用前的复检尤其重要，必须引起施工、监理、建设等参建各方的高度重视。对于可能出现的安定性方面的问题应该是以预防为主。

7.2 无论是水泥的生产企业还是施工单位，都要对水泥的安定性有足够的重视。生产企业一定要把好质量关，未检验的水泥不得出厂，不合格品不得流入社会；施工单位一定要坚持先检验再使用的原则，才能杜绝安定性不合格的水泥用到工程建设中去。

7.3 安定性不合格的水泥用在混凝土结构上，会给建筑物的质量带来隐患。制定处理方案是一项周密、细致而严谨的工作，要根据该批混凝土使用的部位及重要程度、有资质的检测单位出具的检测（鉴定）结论，经原设计单位核算后，按是否满足设计要求或设计规范的规定，制定出切实可行的技术方案，来保证建筑物的安全性、可靠性和耐久性，切不可草率盲目行事。

7.4 混凝土结构工程施工质量的“非正常验收”作为具体规范条文的形式得到了建设、设计、监理、施工、质监等各方的认可并加以接受。一方面可以减小抽样检验偶然性带来错判的风险；另一方面即使是真正的质量缺陷，也通过不同层次的验收确保了结构应有的安全和主要使用功能，同时避免了更大的经济损失和社会财富的浪费。

7 混凝土抗裂材料的使用和正确选择

混凝土结构的大型和复杂化以及预拌商品混凝土强度等级的提高，结构裂缝出现较过去普通混凝土严重得多，有些已危及到结构安全和耐久性使用功能。《钢筋混凝土裂缝控制指南》书中要求：应采取防、放、抗的综合措施，由设计、材料、施工相结合的裂缝控制方法，其中对混凝土材料的选择和配合比，除了能达到设计的强度、抗冻、抗渗等级外，还应具有抵抗裂缝的能力。混凝土结构的耐久性设计必须对组成混凝土的原材料进行选择，同时对混凝土的水胶比参数提出具体要求，使混凝土有良好的抗入浸性、体积稳定性和抗裂性能。如何科学地选择混凝土的抗裂材料，取得较好的技术经济效益，有效地控制混凝土的裂缝极为重要。

1. 混凝土现在抗裂缝的做法

普通混凝土只要认真地浇筑和早期养护就能有效控制有害裂缝的产生。降低混凝土的干燥和温差收缩，合理的设置构造配筋与分缝是最基本的。根据混凝土施工经验，现在减少混凝土裂缝的措施是：

(1) 混凝土的强度等级尽可能低些；

(2) 基础混凝土设计强度等级宜采用60d或90d强度；

(3) 水泥选择低水化热品种，水泥中 C_3A 含量小于 8% 以下；

(4) 混凝土中掺入磨细矿渣和粉煤灰细料，减少水泥用量；同时选用收缩率小的减水剂，减少拌合用水；

(5) 选择含泥量小、连续级配好的粗细骨料；

(6) 采取细而密的配筋和小分块的设计构造，每 30～40m 设后浇带，也有采取无缝设计、用膨胀混凝土施工加强带做法；

(7) 混凝土终凝前要进行多次收光抹压，消除表面的塑性裂缝；同时也采取二次振捣的处理措施；混凝土在硬化后及时保温、保湿养护，时间一般不少于 7d，而抗渗防水混凝土不少于 14d；

(8) 北方进入秋季后，结构要及时采取保温，减少环境温度对结构的影响，如地下室及早回填、楼层尽早做好围护、屋面及时做好保温及防水等。

2. 混凝土用附加抗裂材料

到目前为止的基本工程混凝土抗裂措施，实践表明可减少结构的大量有害裂缝的产生。但是在具体采用时有些措施难以实现，常见的是：在设计上需要提高强度等级混凝土才能满足结构的安全，混凝土的强度等级降不下来；选择混凝土材料时，该地区市场低、中热水泥不生产，购买困难；粗细骨料就近选择其含泥量往往偏高，中小石子连续级配达不到规范标准；矿渣细料细度达不到1级；粉煤灰的含碳量偏高；减水剂的减水效率偏低等。另外，原材料的价格也影响材料质量，这些不利因素都会对混凝土的收缩造成不利影响。对于超长结构的分缝施工会延长工期，施工清理和养护也不到位。因此，在结构设计上除了采取细而密的配筋控制措施外，往往要求在普通混凝土的配合比中再掺入适量的膨胀剂、纤维、加气剂、减缩剂等附加抗裂材料的措施。但是，如何科学地选择抗裂材料，各人有不同的经验和认识，结果也不相同。

根据国内外在施工抗裂材料的许多应用经验介绍的前提下，必须了解可用于混凝土中材料的特性和效果，同时对技术经济影响因素不可低估，以下就几种用于混凝土的抗裂材料作简要分析。

2.1 纤维

常用于混凝土结构的纤维主要有碳纤维、钢纤维和聚丙烯纤维，它们的抗裂性能见表7-1。由此可见，纤维的抗拉强度比素混凝土高100～1000倍，而极限延伸率比素混凝土高100倍左右。碳纤维和钢纤维的弹性模量比素混凝土高10倍，而聚丙烯纤维的弹性模量比素混凝土低10多倍。这三项综合性能，都表明纤维具有非常好的抗裂性能。

纤维的抗裂性能 **表7-1**

品　种	抗拉强度(MPa)	弹性模量(MPa)	极限延伸率(%)
碳纤维	3000～4000	$2.5\times10^5\sim5.0\times10^5$	1.5～2.0
钢纤维	900～1200	$2.1\times10^5\sim2.5\times10^5$	1.5～2.5
聚丙烯纤维	300～450	$3.5\times10^3\sim5.0\times10^5$	15～18
素混凝土	3～5	$2.0\times10^4\sim3.0\times10^4$	0.02～0.03

由于纤维的直径很细，例如杜拉纤维是一种以100%的高强聚丙烯束状单丝纤维，其长度19mm，直径0.0048mm，其实用体积掺率为0.05%～0.1%，即每立方米混凝土仅需掺入0.7kg～1kg聚丙烯纤维，纤维丝数量可达2000多万条，即每立方厘米混凝土中有20多根纤维。碳纤维单丝直径约0.0015mm，比聚丙烯纤维直径小三倍，每平方米碳纤维丝数量多达3600万条。钢纤维的直径为0.6mm左右，长度为33mm，其实用体积掺率为1%～2%，即每立方米混凝土需掺入60～120kg钢纤维，钢纤维数量多达100万～150万条。

在混凝土中，掺入上述的数量巨大的单丝纤维，形成乱向分布的重重网状撑托系统，承托骨料，从而有效减少骨料的离析，减少了混凝土泌水和离析。当胶凝材料基体收缩时，由于纤维这些微细配筋的作用，有效地消耗了收缩拉应力的能量，对克服混凝土凝结期间的塑性裂缝十分有利。混凝土硬化过程中产生水化热温差收缩和干燥收缩，收缩裂缝出现难免，但它要扩展必然受到乱向分布的纤维的重重阻挡，阻止扩散为大的可见裂纹。这是纤维提高混凝土抗裂性的基本原理。同时，加入纤维后，混凝土的性能得到很大改善。以杜拉纤维为例，每立方混凝土掺入0.5～1.0kg纤维后，与普通混凝土相比其抗裂性能提高近70%；抗渗性能提高60%～70%，抗拉强度提高15%～20%，抗冲击能力提高15%～25%。掺入钢纤维混凝土与普通混凝土相比，抗拉强度提高20%～40%，抗弯强度提高20%～50%。由此可见，纤维在混凝土中起到的主要作用是，阻止基体中原有的微裂缝的扩展并延缓新裂缝的出现；提高混凝土的变形能力并从而改善其韧性与抗冲击性能。然而，不同纤维各有自己的技术特性，所增强的方面各有所长，亦各有缺点。纤维混凝土专家李士恩教授指出，要真正认识每一种纤维材料的特性和优劣，才能综合解决工程中所遇到的问题。此外，纤维混凝土应用于建筑工程，还涉及适用范围和造价问题。

2.1.1 碳纤维

在各种纤维中，碳纤维的抗拉强度最高，其弹性模量也很高，主要应用于航天航空工业的特殊复合材料。由于它的造价昂贵，碳纤维片材国内售价约 60～100 元/m^2，难以在混凝土工程应用。目前，国内外碳纤维片材主要应用于混凝土结构补强加固。

2.1.2 钢纤维

它分熔抽碳钢纤维（长度为 33.3mm，当量直径为 0.634mm）以及铣削型钢纤维，长径比 40。钢纤维的抗拉强度高，弹性模量高于混凝土，所以，它是混凝土的优良抗裂材料，它的掺量为 60～100kg/m^3，增加造价约 100～120 元/m^3，难以在混凝土工程中大量应用。目前，它主要应用于高层建筑转梁层大梁、高强混凝土框架节点、桩头和桩帽、防水屋面和铺装道路及桥梁铺装层等。

2.1.3 聚丙烯纤维

它掺入混凝土中对减少塑性裂缝和防止裂缝扩展是有好处的。但是，由于它的弹性模量比混凝土低 10 倍，因此，它对已硬化混凝土的变形裂缝只能起分散和阻抗作用，对提高混凝土结构的抗裂性贡献很小。另外，它的造价高，国外产品约 8 万元/吨，国内产品约 5 万元/吨。聚丙烯纤维掺入混凝土中约 0.7～1.0kg/m^3，增加造价约 50～80 元/m^3，所以，它应用于大体积混凝土则大大提高工程造价。目前，它主要用于铺装桥面、屋面、内外墙、衬砌薄壁和结构转换层等。

2.2 减缩剂

混凝土减缩剂是由聚醚或聚醇类有机物或它们的衍生物组成。它可降低孔隙水的表面能力，从而减少失水时产生的毛细收缩压力，降低混凝土的干缩率约 20％～30％。减缩剂能起到减少混凝土塑性裂缝和干缩裂缝的作用，尤其适用于难以养护的混凝工结构。目前，我国已研制成功几种牌号的减缩剂。其掺量为胶凝材料的 3％～4％。但是，由于它的价格较高，每立方米混凝土成本约增加 50～60 元/m^3。另外，它的实际防裂效果尚需作出全面评估，故至今尚未较多推广应用。

2.3 膨胀剂

混凝土膨胀剂是从膨胀水泥发展而来。分硫铝酸钙类和氧化钙类和氧化镁类膨胀剂。国内外绝大多数生产硫铝酸钙类膨胀剂，它以 8%～12%（等量取代胶凝材料率）掺入混凝土中，与水泥水化反应形成钙矾石（$C_3A \cdot 3CaSO_4 \cdot 32H_2O$）膨胀结晶，使混凝土结构产生如下变化：

（1）由于钙矾石产生体积膨胀，在钢筋和邻位限制下可在混凝土结构中建立 0.2～0.7MPa 预压应力，改善了混凝土的应力状态，从而提高了它的抗裂性能。

（2）由于钙矾石具有填充、堵塞毛细孔缝的作用，改善了混凝土的孔结构，降低总孔隙率，从而提高了混凝土的抗渗性能。

掺膨胀剂的补偿收缩混凝土和填充性膨胀混凝土，在潮湿环境中可保持 50～200 微应变的膨胀状态，在干空中也会产生一定干缩。由于它能推迟收缩起始时间，此间混凝土的抗拉强度得到足够的增长，而可减免有害裂缝的发生。基于补偿收缩混凝土这些特性在我国已大量应用于地下、水工、海工和二次灌注的抗裂防渗工程。补偿收缩混凝土另一优点是以膨胀加强带取代后浇带，可实现连续式或间歇式无缝施工，《超长钢筋混凝土结构无缝设计与施工方法》专利技术（专利号 93117132.6）已在上千个超长混凝土结构中应用成功。从而促进了结构设计和施工的技术进步。20 年来，我国膨胀剂用量累计达 500 万吨，折合补偿收缩混凝土约 1.2 亿 m^3。可以说，在混凝土的抗裂防渗材料中，膨胀剂的用量最多、最广。膨胀剂掺量为 8%～12%，一般等量取代胶凝材料为 30～40kg/m^3，混凝土增加成本约20～30 元/m^3。

3. 抗裂材料的复合应用

上述混凝土的抗裂材料各有优缺点，还要考虑混凝土的造价

（表 7-2），应根据工程结构的耐久性设计要求，选择合适的抗裂材料。例如，碳纤维适用于结构修补加固，如用于混凝土工程，则大材小用，且造价昂贵；钢纤维适用于抗裂耐磨的铺面层和高强混凝土；聚丙烯纤维适用于铺装面层、薄壁结构和楼板等；减缩剂适用于难以养护的混凝土薄壁结构；膨胀剂适用于地下、水工和大体积混凝土与超长混凝土结构工程等。

混凝土的抗裂材料 **表 7-2**

抗裂材料	抗裂原理	掺量	增加成本
碳纤维	增强抗拉，分散应力集中	片材	60～100 元/m^3
钢纤维	增强抗拉，分散应力集中	60～100kg/m^3	100～120 元/m^3
聚丙烯纤维	增加韧性，分散应力集中	0.7～1.0kg/m^3	50～80 元/m^3
减缩剂	降低表面张力，降低干缩	C×3%～4%	50～60 元/m^3
膨胀剂	建立预压应力，补偿收缩	替代 C×8%～12%	20～30 元/m^3

由于商业需要，有些人夸大了纤维材料和膨胀剂的抗裂效果，又有人提出纤维替代膨胀剂，在大体积混凝土中加入聚丙烯纤维。膨胀剂并非“万能之药”，用于暴露在空气中的混凝土结构，如桥梁、路面、屋面等都不适用。支持纤维混凝土的开发应用，但仅用它解决混凝土表面塑性裂缝，似乎大材小用。由于C35 以上的墙体，容易出现纵向收缩裂缝，笔者主张采用加聚丙烯纤维的补偿收缩混凝土，工程实践效果不错。有人提出什么东西也不用加，用普通混凝土也可解决结构裂渗问题。对于强度等级较低、结构尺寸较小、工作环境较稳定的建筑结构是可行的。但是，对于强度等级较高，结构尺寸又厚又长，混凝土有害裂缝出现机率必然增多，为了提高结构的耐久性和防渗等使用功能，在混凝土中掺入适当的抗裂材料是一个技术措施。

从以上分析可见，作为提高混凝土抗裂性能的材料，钢纤维最好，但根据其性能的可靠性、施工难易性和单方增加成本来看，膨胀剂较好，聚丙烯纤维次之。近年来，设计界根据抗裂材料的特性，取长补短，成功地进行了复合应用。例如，对于墙体、转换层、大跨度梁和自防水结构采用膨胀剂与聚丙烯纤维复合应用；高强混凝土结构和耐磨面层采用膨胀剂与钢纤维复合应用；为减少收缩裂缝的混凝土结构采用膨胀剂与减缩剂的复合应用；大体积混凝土结构采用膨胀剂、细磨掺合料和缓凝减水剂的复合应用等。

混凝土结构的耐久性与裂缝控制有密切关系。裂缝控制是个系统工程，在结构设计中应采取“防”、“放”、“抗”的综合措施。由于混凝土是一种脆性材料，在硬化过程中容易产生收缩裂缝。因此，如何提高混凝土的抗裂性能是工程界十分关注的难题。国内外研究表明，掺钢纤维或聚丙烯纤维的混凝土，以及掺膨胀剂的补偿收缩混凝土都可提高结构的抗裂性能。这些抗裂材料各有优缺点，材料价格不同。因此，要根据混凝土结构的耐久性要求和使用环境，科学合理地选择混凝土的抗裂材料，并采取相应的应用技术才能达到预期的技术经济效果。

8　建筑工程材料领域中纳米技术的应用

纳米技术是指纳米材料和特质的获得技术、组合技术以及纳米材料在各个领域的应用技术，是在20世纪90年代才逐步发展起来的前沿交叉性学科。处于新材料科技前沿的纳米技术，已应用于建筑材料、光学、医药、半导体等领域。

1. 纳米技术在建材中应用现状

1.1　在陶瓷材料中的应用

纳米陶瓷即具有纳米尺度显微结构的陶瓷材料，纳米陶瓷具有独特的性能：如作为建筑外墙用的陶瓷材料，在经过修饰的陶瓷表面具有自清洁和防雾功能；具有塑性，本质上具备吸收外来能量，可以解决陶瓷的脆性；纳米陶瓷具有低的烧结温度、烧结时间短、高塑性和高断裂韧性；在陶瓷基中加入纳米级金属纤维可大大提高强度等。由纳米陶瓷材料制成的烧结体可作为储气材料、热交换器、微孔过滤器及测温度气体的多功能传感器等。

开发利用纳米陶瓷的应用在世界范围得到最快的发展。我国在纳米技术及材料在陶瓷行业的研究取得了突破性进展。如中国科学院的纳米添加剂氧化铝陶瓷改性生产方法；华南理工大学的大块体致密纳米陶瓷材料及制备方法；浙江大学的氧化铝基纳米粉及复相陶瓷的制造方法；吉林大学的立体系纳米晶陶瓷粉生产法的应用都取得了崭新的研究成果。

1.2 在建筑涂料中的应用

自20世纪90年代以来，世界涂料需求量大增，以3%的速度向前发展，欧洲和北美是全球最活跃的地区，而除日本以外的亚太地区增长率最快。环境压力正在改变全球的涂料工业。因此，建筑市场正朝着适应环境要求的水性、高固体、无溶剂、粉末和射线固化的涂料。而利用纳米材料改性提高涂料产品质量是目前在涂料领域的研究方向。

纳米材料在涂层材料中的应用可分为两种情况：一是纳米粒子在传统有机涂料中分散后形成的纳米复合涂料；二是完全由纳米粒子组成的纳米涂层材料。第一种纳米复合涂料主要通过添加纳米粒子对传统涂料进行改性，工艺相对简单，工业可行性好。后一种纳米涂层材料一般直接与固体物件的制备联系在一起，并不单独列作涂料研究，而且由于技术及成本问题，短期内较难在工业化方面有所突破。

同一种纳米粒子在不同粒径下会有不同的作用，不同种类的纳米粒子也可以在涂料中起相同作用。因此，有必要对纳米复合涂料的种类进行归纳总结，下面按用途分别介绍。

1.2.1 光学应用纳米复合涂料

由于纳米粒子粒径小、表面分率高，对不同波长的光线会产生不同的吸收、反射、散射等作用。纳米粒子的粒径远小于可见光的波长400～750nm，具有透过作用，从而保证了纳米复合涂料具有较高的透明性。纳米粒子对紫外线则具有较强的吸收作用，现市场上销售的纳米TiO_2、SiO_2、ZnO等颗粒填充于涂料中，可显著提高涂料的紫外线吸收性，从而提高户外用涂料的耐候性。在外墙建筑涂料中添加纳米 TiO_2、SiO_2 等纳米粒子以提高耐候性，在汽车面漆中添加 TiO_2 以提高汽车涂料的耐老化性等。

1.2.2 吸波纳米复合涂料

同样利用纳米粒子的表面效应，可以制备出吸收不同频段电磁波的纳米复合涂料，可用作雷达波吸收剂的纳米粉体有：纳米金属（Fe、Co、Ni 等）与合金的复合粉体、纳米氧化物（Fe_3O_4、Fe_2O_3、ZnO、NiO_2、TiO_2、MoO_2 等）的粉体、纳米石墨、纳米碳化硅及混合物粉体等。国外用纳米级羰基铁粉、镍粉、铁氧体粉末已成功配制了军事隐身涂料，涂到飞机、军舰、导弹、潜艇等武器装备上，使该装备具有隐身性能。由于纳米涂层材料具有吸收频带宽、重量轻、厚度薄等优点，因而可望在未来军事隐身化方面大展身手。

1.2.3 纳米抗菌涂料

在国内纳米抗菌粉体已实现工业化生产，市场上已有多个牌号的产品出售，主要用于纤维织物中，制成新一代抗菌保洁内衣。如将纳米抗菌粉用于涂料中，则可制得纳米杀菌涂料，涂覆在建材产品，如卫生洁具、室内空间、用具、医院手术间和病房的墙面、地面等，起到杀菌、保洁效果。

另外，采用纳米技术可制成纳米界面涂料，其涂膜界面为超双亲性二元协同界面（既疏水又避油），将这种涂料涂于建筑材料（如玻璃、陶瓷等），任何油质、水、灰尘等都不能存留于表面，可保持玻璃和陶瓷等挂面的建筑物长期一尘不染，也会使浴室内的大镜子以及人戴的眼镜在任何情况下也不会产生雾气，如果涂于布料，它不仅可以防水、防油，而且可以防止墨水、酱油等将衣服弄脏，是一种理想的卫生保健布料。

目前美国研究开发成功并进行产业化的具有随角异色性的豪华轿车面漆、军事隐身涂料、绝缘涂料等，另外，还开展了光致变色涂料、透明耐磨涂料、包装用阻隔涂料层等纳米涂料的研究。

我国目前主要集中在改善建筑外墙涂料的耐候性和建筑内墙涂料的抗菌性方面，二者基本已研制成功。而在工业用涂料，航空航天用涂料以及功能性涂料的研究开发和产业化方面则落后于发达国家。我国已有较多的纳米粉末生产企业，但其并未打开在涂料工业中的应用市场，纳米粒子生产企业及科研单位在纳米粒子的制备及表面改性技术方面具有优势，而涂料科研单位则在涂料的应用研究方面具有优势。只有两者之间紧密结合，才能加快纳米粒子在涂料中的应用步伐。纳米材料在涂料中应用产业化与基础研究应齐头并进。由于涂料种类繁多、成分复杂，纳米粒子的一种亲油改性并不能适用于所有涂料体系，因而必须加强纳米粒子的表面特性与不同涂料体系之间的匹配性研究，只有这样才能充分发挥纳米粒子的特性。

1.3 纳米技术在高分子材料中的应用

从强度方面比较，塑料（高分子材料）较金属材料还有很大的差距。利用纳米微粒可以提高其强度，同时还能起到增韧的作用。如建材中的塑料门窗、塑料水管、塑料装饰板等的强度还可提高。纳米材料的问世，为新型增强塑料的合成提供了新的机遇，为传统增强塑料的改性提供了一条新的途径。把分散好的纳米颗粒均匀地添加到树脂材料中，可达到全面改善增强塑料性能的目的。通过加入纳米材料的塑料，能够明显提高塑料的强度和延伸率，提高耐磨性和改善材料表面的光洁度，提高抗老化性能。纳米技术在高分子材料中的作用主要体现在以下几个方面：

（1）增加刚性和抵抗变形：增韧的方法过去主要是添加橡胶，这样会降低塑料的强度和刚性。采用纳米粒子可增强其刚性，同时不降低韧性。（2）提高阻燃性：由于无机阻燃剂的颗粒达到纳米级，其与塑料母粒熔融可使阻燃性大大提高。（3）提高耐热性：塑料的耐热一般不超过100℃，采用纳米技术可大幅度提高其耐热性。（4）增强耐老化性：纳米 TiO_2 以及纳米 SiO_2 对紫外线具有屏蔽作用，可增强塑料的耐老化性。（5）提高保温性：纳米 SiO_2 等材料对红外线具有强烈的反射能力，可提高其保温性。(6) 抗静电作用：将 Fe_2O_3、TiO_2、Cr_2O_3、ZnO 等纳米级粒子与塑料共混制成的材料可抗静电。(7) 提高阻隔性能：采用阴离子型层状纳米材料，控制层间插层材料的化学组成，可使其对光谱的吸收范围和吸收程度进行有效的控制，从而显著提高制品的外阻隔性能。

目前由于纳米塑料良好的性能组合，简单的加工工艺和低廉的价格使得纳米塑料在各种高性能工用农用民用管材，汽车及机械零部件，电子和电气部件等领域中有广泛的应用前景。日本是世界上最早开始纳米科技研究的国家之一，其在纳米塑料方面已经有很多的发明专利，并且广泛应用到建材塑料中。在我国，中国科学院利用插层聚合复合、融插层复合和溶液插层复合等方法对纳米塑料的制备进行了研究，成功开发出了以 PA6 和 PA66、PET 和 PBT、聚苯乙烯、聚苯胺等为基材的一系列纳米塑料，并实现了部分纳米塑料的工业化生产。

1.4 纳米技术在水泥材料中的应用

1.4.1 纳米矿粉在水泥混凝土中的应用

混凝土是现代应用最广泛、最重要的工程材料之一，利用纳米技术和纳米矿粉开发新型的混凝土可大幅度提高混凝土强度、施工性能和耐久性能，纳米矿粉主要包括纳米 SiO_2、纳米 $CaCO_3$ 和纳米硅粉等。纳米矿粉不但可以填充水泥的空隙，提高混凝土的流动度，更重要的是可改善混凝土中水泥石与骨料的界面结构，使混凝土强度、抗渗性与耐久性均得以提高。据有关文献报道，当纳米矿粉的掺量为水泥用量的 1%～3%，并在高速混拌机中与其他混合料干混（或是制成溶胶由拌合水带入）后，制备成纳米复合水泥混凝土结构材料，其 7d 和 28d 龄期的水泥硬化浆体的强度比未掺纳米矿粉的水泥硬化浆体的强度提高约 50%，且其韧性、耐久性等性能也得到改善。这主要是纳米粒子的表面效应和小尺寸效应在起作用，因为当粒子的尺寸减小到纳米级时，不仅引起表面原子数的迅速增加，而且纳米粒子的表面积和表面能都会迅速增加，因而其化学活性和催化活性等与普通粒子相比都发生了很大的变化，导致纳米矿粉与水化产物大量键合，并以纳米矿粉为晶核，在其颗粒表面形成水化硅酸钙凝胶相，把松散的水化硅酸钙凝胶变成纳米矿粉为核心的网状结构，降低了水泥石的徐变度，从而提高了水泥硬化浆体的强度和其他性能。

1.4.2 纳米金属粉末在混凝土中的应用

纳米金属粉末具有两个特殊性能：其一是纳米金属粉末的强度、硬度高，并随着晶粒尺寸的减小，其强度、硬度不断提高，同时还表现出非常好的塑韧性；其二是纳米金属粉末是一种良好的吸波材料，这是由于纳米材料的表面效应，增加了纳米材料的活性。在微波场的辐射下，原子和电子运动加剧，促使磁化，使电子能转化为热能从而增加对电磁波的吸收。故它可用于雷达波、红外及可见光的隐身材料，该材料能在很宽的频带范围内逃避雷达的侦察，起到隐身作用。

1.4.3 纳米 TiO_2 制备光催化混凝土

锐钛型纳米 TiO_2 是一种优良的光催化剂，它具有净化空气、杀菌、除臭、表面自洁等特殊功能。利用纳米 TiO_2 具有净化空气的特性来制备光催化混凝土，使之对机动车辆排放的二氧化硫、氮氧化物等对人体有害的污染气体进行分解去除，起到净化空气的作用。

1.4.4 聚合物/无机纳米复合材料在混凝土中的应用

与传统的聚合物/无机复合材料相比，聚合物/无机纳米复合材料具有很多优点。由于无机纳米填料与聚合物之间的界面不是宏观的，而是微观的，甚至是分子水平的，界面面积很大，能大幅度降低界面应力集中，消除无机物与聚合物基体之间热膨胀系数不匹配问题，充分发挥无机物分子的优异力学性能、高耐热性和聚合物的可加工性，其物理力学性能明显优于相同组分的常规复合材料。聚合物/无机纳米复合材料具有很好的增强与增韧作用、良好的耐热性能与热稳定性以及良好的导电性能等。目前，关于聚合物用于混凝土中，国内外已经有许多报道，而关于聚合物/无机纳米复合材料用于混凝土中却未见报道。由于聚合物/无机纳米复合材料的优异性能，使得有关它的理论和应用研究成为当前复合材料的热点，它也有可能应用于水泥混凝土中。

虽然纳米矿粉的加入对水泥混凝土的强度有明显的增加，并且能改善其韧性和耐久性等，但目前加工纳米矿粉的成本很高，这就限制了它在水泥混凝土中的应用。故必须尽快解决纳米矿粉的制备工艺，使其成本下降，同时还需要加强纳米矿粉与水泥水化产物之间的相互作用机理的研究。纳米材料在水泥混凝土中的应用在国内还很少报道。故从事材料科学的研究人员有必要加强纳米材料在混凝土中的增强、抗冲击等作用机理的研究以及利用纳米材料来制备功能化、智能化水泥混凝土的研究。只有这样才能使纳米材料在混凝土中应用实现工业化，为混凝土材料的高性能、多功能、智能化及超耐久性打下扎实的基础。

1.4.5 绿色水泥工业

在水泥配料中加入部分纳米级粉料，经均匀分散，在生产过程中可大大节约能源，降低烧成温度，并有利于固相反应和水泥材料显微结构的形成，改善水泥性能，提高水泥强度、耐久性等一系列指标。若采用一定措施控制配料中纳微米颗粒的晶粒长大，则可获得一系列其他意想不到的良好性能，生产一系列高性能水泥新品种，如弹性水泥、延性水泥、太阳能水泥、远红外水泥、环境友好水泥等。

虽然纳米矿粉的掺量一般为水泥质量的1%～3%时就有明显的效果，但由于加工纳米矿粉的成本很高，例如纳米 $CaCO_3$ 约为5元/kg，纳米 SiO_2 约为60元/kg，这在一定程度上限制了纳米矿粉在水泥材料中的使用（即使是制备高性能的制品）。这就需要探索研制纳米级 SiO_2、$CaCO_3$、Al_2O_3 和 Fe_2O_3 等溶胶的方法，并由拌合水带入此溶胶直接制备纳米复合水泥结构材料。

2. 纳米技术在建材中的应用前景

纳米技术是对未来经济和社会的发展将产生重大影响的一种关键性前沿技术，这是世界各国科学家的共识。纳米技术经过近20年大量基础性研究工作，目前一些科技成果的产业化正处于大发展的前夜。可以说，哪个国家对纳米技术的重要性认识得深，行动得快，投入的人才和财力多，科研成果转化得快，谁就占领这一领域的科技制高点，谁就赢得这一领域发展的市场主动权。纳米技术对建材的发展也是十分巨大的。因此，我们对纳米材料、纳米技术的战略地位要有足够的认识，要制定纳米建材的发展战略，要集中优势人力和财力，加快纳米建材的研究和开发工作。加快纳米技术提升、改造传统建材的步伐，是时代的要求，是21世纪建材业面临的机遇和挑战。

纳米技术是对未来经济和社会的发展将产生重大影响的一种关键性前沿技术，这是世界各国科学家的共识。纳米材料在建筑材料方面的应用前景非常广泛，研究开发工作刚刚起步，可以预料，纳米技术不仅会推动建材新产品的开发，也将为改善人们的生活环境，提高生活质量作出不可估量的贡献，纳米材料将为21世纪的建筑材料发展开拓新的方向。因此，我们对纳米材料、纳米技术的战略地位要有足够的认识，要制定纳米建材的发展战略，要集中优势人力和财力，加快纳米建材的研究和开发工作。加快纳米技术提升、改造传统建材的步伐，是时代的要求，是21世纪建材业面临的机遇和挑战。

主要参考文献

1. 砌体结构设计规范（GB 50003—2001）
2. 砌体工程施工质量验收规范（GB 50203—2002）
3. 王宗昌. 建筑工程施工质量问答（第二版）. 北京：中国建筑工业出版社，2006
4. 王宗昌. 建筑工程质量百问（第二版）. 北京：中国建筑工业出版社，2005
5. 建筑施工手册编写组. 建筑施工手册（第 4 版）. 北京：中国建筑工业出版社，2003
6. 王铁梦. 工程结构裂缝控制. 北京：中国建筑工业出版社，2002
7. 王宗昌，王晓菊. 实用建筑施工技术（第二版）. 北京：中国计划出版社，2004
8. 王宗昌，方德鑫，王晓菊. 建筑工程质量控制实例. 北京：科学出版社，2004
9. 王宗昌. 建筑施工细部操作技术. 北京：中国建材工业出版社，2001
10. 现行建筑施工及质量验收大全. 北京：中国建筑工业出版社，2002
11. 现行建筑设计规范大全. 北京：中国建筑工业出版社，2001
12. 混凝土 2003～2006 年（合订本）
13. 低温建筑技术 2003～2006 年（合订本）
14. 工业建筑 2004～2006 年（合订本）
15. 江见鲸，王元清等. 建筑工程事故分析与处理. 北京：中国建筑工业出版社，2003
16. 徐荣年，徐欣磊等. 工程结构裂缝控制—"王铁梦法"应用实例. 北京：中国建筑工业出版社，2005
17. 多孔砖砌体结构技术规程（JGJ 137—2001）
18. 郭进士. 钢结构别墅应用实例分析. 钢结构 2003（1）
19. 北京建研院. 低温热水地板辐射供暖应用技术规程
20. 黄振利. 外墙外保温技术百问. 北京：中国建筑工业出版社，2003
21. 建设部. 胶粉聚苯颗粒外墙外保温系统. 北京：中国标准出版社，2004
22. 付祥钊. 夏热冬冷地区建筑节能技术. 北京：中国建筑工业出版社，2002

23. 外墙外保温工程技术规程（JGJ 144—2004）
24. 膨胀聚苯板薄抹灰外墙外保温系统（JGJ 149—2003）
25. 韩素芳. 钢筋混凝土结构裂缝控制指南. 北京：化学工业出版社，2004
26. 陈志源. 土木工程材料. 武汉：武汉工业大学出版社，2000
27. 冯乃谦. 实用混凝土大全. 北京：科学出版社，2001
28. 钱爵时. 粉煤灰特性与粉煤灰混凝土. 北京：科学出版社，2002
29. 钟善桐. 钢管混凝土结构（第 3 版）. 北京：中国建筑工业出版社，2003
30. 吴中伟，康慧珍. 高性能混凝土. 北京：中国铁道出版社，1999
31. 中科院混凝土研究所. 混凝土应用手册. 北京：中国建筑工业出版社
32. 湖南大学、天津大学、同济大学、东南大学合编. 土木工程材料. 北京：中国建筑工业出版社，2002
33. 建设工程项目管理规范（GB 50326—2006）
34. 候兆欣. 大力推广应用钢结构新技术. 施工技术　2001（8）
35. 建筑结构检测技术标准（GB 50344—2004）
36. 万墨林，韩建云. 混凝土结构加固技术. 北京：中国建筑工业出版社
37. 建筑结构可靠度设计统一标准（GB 50068—2001）
38. 姚祖康. 水泥混凝土路面设计. 合肥：安徽科技出版社，1999
39. 游宝坤. 混凝土建筑结构裂缝控制的技术措施. 建筑结构　2002（5）
40. 林李山. 大型地下室混凝土结构工程无缝施工技术. 施工技术　2004（4）
41. 邱桂杰. 建筑屋面防水探析. 施工技术　2003（1）
42. 项玉璞. 冬期施工手册. 北京：中国建筑工业出版社，1998
43. 北京钢铁设计院. 钢结构设计规范. 北京：中国计划出版社，2003
44. 碳纤维材料加固混凝土结构技术规程（CECS 146：2003）
45. 何延树. 混凝土外加剂. 西安：陕西科学技术出版社，2003